作者简介

黄玉源，男，教授，博士。1978 年 9 月至 1982 年 6 月，广西农学院(现广西大学)本科学习，毕业，获农学学士学位，留校任教；植物学教研室，助教；1985 年 9 月至 1987 年 1 月，西南师范大学(现西南大学)生物系硕士课程助教进修班学习，毕业；1987 年 2 月至 1995 年 8 月，广西农业大学植物学教研室任教，讲师，副教授；1993 年 9 月至 1996 年 7 月，广西大学经济学院第二学历班学习，毕业；1995 年 9 月至 1998 年 12 月，在中山大学生命科学学院攻读博士研究生，毕业，获理学博士学位。1999 年 1 月至 2002 年 8 月，在广西大学任教，2001 年获教授职称，植物学教研室主任，广西教育厅学科带头人；生态学、植物学、作物栽培学等专业硕士生导师，南宁市政协委员；2002 年 9 月至今，作为高层人才引进，在仲恺农业工程学院任教，园林植物与观赏园艺、森林培育等专业硕士研究生导师，森林培育学科带头人，生物科学系主任，同时兼任广西大学部分工作；中国植物学会苏铁分会理事，中国野生植物保护协会苏铁保育委员会委员，教育部学位与研究生教育发展中心评审专家，生态环境部华南环境科学研究所生态环境部重点实验室学术委员会委员，广东省生态学会理事、城市生态专业委员会副主任，深圳市环境监测中心站专家，深圳市大鹏新区政府专家。2005 年 1 月，墨西哥国民生态研究所、维拉克鲁斯州大学访学；2011 年 7～9 月，澳大利亚·乔治布朗达尔文植物园、查尔斯·达尔文大学访学、合作研究。

主要从事环境生态学、植被生态学、城市生态学、植物系统与进化和生态经济学方面的研究，主持 2 项、参加 6 项国家自然科学基金项目，同时主持 30 多项、参加 10 多项省市级及其他各类科研项目。从 20 世纪 80 年代起，即主持进行植物叶片类型、结构特征与吸收净化大气污染物及抗性特点的研究项目；接着陆续开展了城市园林植物群落结构特征差异与其调节小气候、净化和消减大气污染物关系的研究；同时对多种植物进行了 SO_2、O_3、酸雨、$PM_{2.5}$ 等污染物的熏气等试验处理，对叶片的外部症状及内部组织结构伤害症状、抗性强度、植物生理生化指标的变化规律和吸收净化污染物的能力进行测定与分析研究。在较多探索领域为国内率先开展研究的学者之一。在植物和农作物对水、土壤中重金属和其他污染物的吸收、受害程度、产品质量和净化效率等方面也开展了较多深入的研究。在植物系统学与进化研究方面，首次在现存最原始的裸子植物苏铁类植物中发现了导管，接着在银杏纲、松柏纲等除买麻藤纲以外的所有的裸子植物纲的植物中发现了导管。这对过去一直认为裸子植物只有最进化的买麻藤纲才有原始的导管，而其他的几个纲的 10 多个科只有管胞而无导管的理论是一系列极为重要乃至重大的理论突破，引起国际学术界极为高度的重视和好评。同时，发现了维管植物新的中柱类型，新的孢子类型，新的维管束类型和新的木质部分化方式。这些在约 26 万种高等植物中是仅有的几种至 20 多种类型，因此，在植物的系统发育与进化等方面具有重要的学术意义。对苏铁类植物系统与进化问题及起源地等问题进行了研究和探讨，指出苏铁类植物应起源于东亚地区。在植被生态学方面，带领团队，组织和参与在多个地区开展了山地、城市公园和绿地及水域等区域的近 500 个乔木林(部分为红树林)植物群落(群丛)的结构特征及生物多样性研究，部分还进行了与吸收大气污染物关系、改善小环境与景观，以及改善土壤结构和肥力等关系的研究。在湿地生态、生态监测、生态经济学方面开展了很多系统、深入的研究，提出了较多新的观点、理论，以及计算与评价方法和策略。较多生态经济的战略被广泛采纳和运用。

研究成果获得了国际学术界的重视和好评，多个国际最权威学术团体主办的国际学术大会曾多次邀请做学术报告，如获得邀请出席由国际生物科学联盟(IBUS)、国际植物学与真菌学联盟(IABMS)联合主办的第 18 届国际植物学大会(IBC)并在会议上做报告，出席由国际生物科学联盟主办的第 31 届国际生物科学暨生物产业大会并做报告；出席由世界自然保护联盟(IUCN)苏铁专家组主办的国际苏铁生物学会议并做报告等；共获得政府、高校、学会等授予的奖励和荣誉近 30 项。作为主编和副主编出版著作 6 部，代表作有《中国苏铁科植物的系统分类与演化研究》和《生态经济学》，发表论文 160 多篇。

梁鸿，教授级高工，现任深圳市环境监测中心站副站长。1984 年毕业于北京大学地球物理系。长期在生态环境保护第一线从事环境监测研究工作，率先在全国环境监测系统开展城市生态长期观测，创建环境保护部(后组建为“生态环境部”)第一批科学观测研究站，持续开展水环境自动监测技术和方法研究。主要参加科技部重大科学仪器设备开发专项子课题研究 2 项，参加国家“水专项”子课题研究 1 项，主要参加国家自然科学基金项目 1 项，参加环境保护部公益性行业科研项目子课题研究 1 项，主持深圳市科技创新委员会科研项目 4 项，主持深圳市人居环境委员会科研项目 3 项。

主持编写《深圳市水质自动采样技术规范》和《深圳市恶臭气体自动采样技术规范》；主要参加的“东江流域毒害化学品使用风险和污染监测预警技术体系构建示范研究”获广东省科学技术三等奖、“深圳市空气污染控制研究”获广东省环境保护局科学技术二等奖；主持编写深圳市环境质量报告书 3 次，获国家环境保护局一等奖，4 次获广东省环境保护局一等奖。获广东省监测科技成果奖 3 项，广东省环境保护科学技术奖二等奖 1 项，科技成果 6 项，专利 8 项；出版著作 3 部，发表学术论文 30 余篇。

深圳市人居环境委员会、深圳市环境监测中心站科技项目(D11520349)
深圳市大鹏新区建筑工务局科技项目(QT2016-166，QT2016-167)

深圳坝光区域生态学研究

黄玉源　许　斌　梁　鸿
杨立君　余欣繁　马　嵩　段振亮　熊向陨　温海洋　等 编著

中国林業出版社

图书在版编目(CIP)数据

深圳坝光区域生态学研究 / 黄玉源等编著. —北京：中国林业出版社，2020. 8
ISBN 978-7-5219-0595-3

Ⅰ. ①深… Ⅱ. ①黄… Ⅲ. ①区域生态环境-环境生态学-研究-深圳 Ⅳ. ①X21②X171

中国版本图书馆 CIP 数据核字(2020)第 093812 号

中国林业出版社·自然保护(国家公园)分社
策划编辑：曾琬淋
责任编辑：曾琬淋　刘家玲　宋博洋
电话：(010)83143630

出版发行　中国林业出版社(100009　北京市西城区刘海胡同 7 号)
　　　　　http://www.forestry.gov.cn/lycb.html
经　　销　新华书店
印　　刷　北京中科印刷有限公司
版　　次　2020 年 8 月第 1 版
印　　次　2020 年 8 月第 1 次印刷
开　　本　889mm×1194mm　1/16
印　　张　23.5
彩　　插　40P
字　　数　735 千字
定　　价　215.00 元

Science and Technology Project of Shenzhen Human Habitat Environment Committee and Shenzhen Environmental Monitoring Center(D11520349)
Science and Technology Projects of Construction Public Works Bureau of Dapeng New District, Shenzhen(QT2016-166, QT2016-167)

The Ecological Studies of Baguang Region in Shenzhen

Yu-yuan Huang, Bin Xu, Hong Liang,
Li-jun Yang, Xin-fan Yu, Song Ma, Zhen-liang Duan, Xiang-yun Xiong, Hai-yang Wen et al.

China Forestry Publishing House

深圳坝光区域生态学研究

撰写成员

主要著者 黄玉源　许　斌　梁　鸿
杨立君　余欣繁　马　嵩　段振亮　熊向陨　温海洋

撰写成员 黄玉源　许　斌　梁　鸿　杨立君　余欣繁　马　嵩　段振亮
熊向陨　温海洋　王　帆　叶　蓁　陈志洁　陈鸿辉　吴凯涛
李志伟　魏若宇　许立聪　赵　顺　林炎芬　洪继猛　廖栋耀
黄启聪　邱小波　李法民　唐　力　高俊合　李佳婷　董家华
何　龙　王思琦　黄荣希　万小丽　李云源　姜林林　曾清怀
杨慧纳　蒋呈曦　周婉敏　石　雷　袁克明　吴生媛　雷彦君
陈　刚　招康赛　李秋霞　杨志明　刘德全　何思谊　莫素祺
杨　敏　黄远峰　谢　芳　卢云鹤　邓素妮　马海鹏　黄玉道
黄丽娟　周志彬　郭小建　罗　成　王伟民　许　旺　秦介堂
周华俊　鹿　浩　赖标汶　黄健欣　李莉萍

承担本项目人员所属单位：
仲恺农业工程学院
深圳市环境监测中心站
深圳市大鹏新区坝光开发署
深圳市大鹏新区建筑工务署
生态环境部华南环境科学研究所
深圳市大鹏新区生态环境保护监测站
深圳市南山区环境监测站
部分作者为环保志愿者

本研究获得深圳市人居环境委员会、深圳市环境监测中心站科技项目（D11520349），以及深圳市大鹏新区建筑工务局科技项目（QT2016-166，QT2016-167）的资助。

Whole Authors

Leading outhors: Yu-yuan Huang, Bin Xu, Hong Liang,
Li-jun Yang, Xin-fan Yu, Song Ma, Zhen-liang Duan, Xiang-yun Xiong, Hai-yang Wen

Writer members: Yu-yuan Huang, Bin Xu, Hong Liang, Li-jun Yang, Xin-fan Yu, Song Ma, Zhen-liang Duan, Xiang-yun Xiong, Hai-yang Wen, Fan Wang, Zhen Ye, Zhi-jie Chen, Hong-hui Chen, Kai-tao Wu, Zhi-wei Li, Ruo-yu Wei, Li-cong Xu, Shun Zhao, Yan-fen Lin, Ji-meng Hong, Dong-yao Liao, Qi-cong Huang, Xiao-bo Qiu, Fa-min Li, Li Tang, Jun-he Gao, Jia-ting Li, Jia-hua Dong, Long He, Si-qi Wang, Rong-xi Huang, Xiao-li Wan, Yun-yuan Li, Lin-lin Jiang, Qing-huai Zeng, Hui-na Yang, Cheng-xi Jiang, Wan-min Zhou, Lei Shi, Ke-ming Yuan, Sheng-yuan Wu, Yan-jun Lei, Gang Chen, Kang-sai Zhao, Qiu-xia Li, Zhi-ming Yang, De-quan Liu, Si-yi He, Su-qi Mo, Min Yang, Yuan-feng Huang, Fang Xie, Yun-he Lu, Su-ni Deng, Hai-peng Ma, Yu-dao Huang, Li-juan Huang, Zhi-bin Zhou, Xiao-jian Guo, Cheng Luo, Wei-min Wang, Wang Xu, Jie-tang Qin, Hua-jun Zhou, Hao Lu, Biao-wen Lai, Jian-xin Huang, Li-ping Li

The orgnizations of the projects participants:

Zhongkai University of Agriculture and Engineering, Guangzhou, China; Shenzhen Environmental Monitoring Center, Shenzhen, China; Baguang Development Agence of Dapeng New District, Shenzhen China; Construction Public Works Department of Dapeng New District, Shenzhen, China; South China Institute of Environmental Sciences. Mee, Guangzhou, China; Ecology and Environmental Protection Monitoring Station of Dapeng New District, Shenzhen, China; Environmental Monitoring Station of Nanshan District, Shenzhen, China;

Some authors are Environmental Volunteers

前言

PREFACE

深圳坝光区域位于深圳市东北部，属于大鹏新区北部沿海区域。其在大鹏半岛的东北面，地理位置为北纬 22°37′47.54″~22° 40′0.48″，东经 114°29′4.50″~114°34′27.07″；面积共 31.9km²；为亚热带季风气候，年平均气温 22.1℃，1 月平均气温 13.9℃，极端最高气温 36.6℃，极端最低气温 1.4℃ ，年平均相对湿度 79%，年降水量 1800.4mm。由于该区域北部与东北部面朝大海，南部背靠大山，与葵冲镇相距山路逾 10km，且山路相对崎岖，因此，开发很少。当地的民众生态意识很强，因此，形成很好的自然生态系统，被深圳市民誉为“深圳的九寨沟”。

坝光是一个三面环山、一面向海的美丽滨海区域，共有 18 个自然村分布于此。南面和西面被笔架山和排牙山脉呈犄角之势包围，北面濒临大亚湾。风景秀丽，至今还保留着较为原始的地形地貌和生态环境。这里最早可以追溯到 300 年前，早期的客家人来到这里定居，后世代生活在这里，以农为业，渔、盐为辅(深圳市客家文化研究会，2016)。村中古树成荫、民居古朴典雅，海边红树林沿滩而生、白鹭成群而飞，附近还有火山岩石地貌的岛屿、沙滩，是人们休闲旅游的好去处。这里不仅被认为是“深圳最美的古村落之一”，同时也被深圳市民誉为“深圳最美的渔村”。

坝光的盐灶村、产头村和坝光村周围均分布有银叶树，其中以盐灶村的银叶树规模最大，是我国乃至世界上分布最完整、树龄最大的古银叶树群落，具有很高的科普价值和科研价值。该银叶树群落中超过 200 年树龄的有约 32 株，其中有一株树龄超过 500 年。整个群落正处于稳定增长期，发育良好，自我更新较稳定(陈晓霞等，2015)，并且整个银叶树群落的植物种类也较多，包含有植物 132 种(中国红树林保育协会，2009)。坝光不但是银叶树的分布地，同时也是红树林的重要分布地。其中真红树植物有桐花树、木榄、秋茄、卤蕨、老鼠簕、海漆和白骨壤等，半红树植物有银叶树、海杧果、苦郎树、黄槿等，几乎包含了全部常见的红树植物。由红树林营造的湿地环境为许多两栖动物提供了栖息空间，该区域有软体动物 3 纲 50 科

141 种、蟹类 5 科 17 种(中国红树林保育协会，2009)。自盐灶村银叶树林区域在 2005 年被列为“市级保护小区”之后，2006 年，深圳市通过了《深圳市排牙山市级自然保护区建设方案》，拟用 15 年分三期建设排牙山自然保护区(陈姝，2006)，而坝光的盐灶水库、坝光村、高大村就处于该自然保护区的实验区内。

由于过于单纯追求经济利益，没有充分认识到生态文明是经济发展的基础和可持续发展的保障，随着经济的发展，许多原本历史文化浓郁、生态植被良好的地方都因城市扩张而遭到破坏。同样，坝光也没有逃过这样的命运。自 2005 年 4 月深圳市城市规划委员会决定将坝光作为深圳精细化工园区首选地，美丽祥和的小渔村就彻底地被打破了宁静(李兴华，2006)。LNG(液态天然气)化工、新材料和精细化工将成为工业园的 3 个重要产业，工业园的开发和运营会对坝光的生态环境、旅游资源、珍稀古树都会造成严重的破坏，甚至波及的范围更广。在当地居民和环保人士的努力下，深圳精细化工厂项目于 2011 年下马(谭建伟，2011)。

然而，随着深圳市经济发展的东扩，盐坝高速的开通，2013 年深圳市开始实施深圳国际生物谷坝光核心启动区项目，深圳国际生物谷的范围为深圳市大鹏新区、盐田区和坪山区的一些区域，该项目拟将坝光区域建成国际生物谷的核心区域，受到深圳市民的广泛关注，希望能保住这美好的生态环境。对此，深圳市政府提出坝光区域的国际生物谷核心区建设和运行将秉承“低成本、低冲击、低碳绿色”的开发理念，最大程度地利用坝光的生态禀赋资源优势，降低区域开发成本，以得到好的经济和生态效益(深圳市发展和改革委员会，2013)。高婷等学者在探索坝光生命科学小城低碳交通(高婷，2015)。深圳市城市管理局也组织给老树古树挂牌，绿源环保志愿者协会等环保组织清点盐灶村银叶树数量并挂牌。但是尽管经过各方的努力，生态环境破坏的现象依然存在(颜鹏等，2016)。因此，如何协调好当地生态环境与工业园建设之间的矛盾显得尤为重要。

深圳是一个近 30 年来经济发展较快、开发较为强烈的城市，其所辖区域大部分平地为街道和楼房占据，而大多数的山地则被桉树林、相思树林和几种果树林占据，自然林的植被所占比例很少，仅 20%~25%，因此，城市及郊野的山地自然景观相当单一化。在生物多样性方面，虽然看似生物种类较多，但这是地理位置处于亚热带，气候高温多雨，以及沿海、山地等较为复杂的地形所致，而人工林的群落里，其大多数种类为人工林下的草本植物和灌木，自然分布和发育的高大乔木植物种类较少。因此，其生态系统的结构是中等偏差水平的，因而其生态效益也是较差的(于立忠等，2006；鲁绍伟等，2008；王芸等，2013；黄玉源等，2016)。这是由于我国长期以来只认为山地和街道有树有绿即可，因此，导致了大面积的经济林和果树占据各地大部分区域的现象，而深圳市在这方面的现象又较为明显。

2014 年，深圳市政府颁布文件，为坝光区域建设“深圳国际生物谷坝光核心启动区”的推进做出指示。其中，这片至今依然保护很好的古朴、典雅风貌的生态区域的生态状况如何，则急需进行较为细致和深入的调查研究。本课题组因此受深圳市政府相关部门委托开展了“深圳市坝光社区生态本底调查(植物、动物、微生物)的研究”，后又接连开展了“深圳坝光国际生物谷生态本底补充调查研究”和“深圳坝光区域生态状况及建设与生态保护相融合对策研究”几个项目的研究。参加的人员主要为仲恺农业工程学院、深圳市环境监测中心站、深圳市大鹏新区坝光开发署、深圳市大鹏新区建筑工务署、生态环境部华南环境科学研究所、深圳市大鹏新区生态环境保护监测站、深圳市南山区环境监测站等单位的科技人员及工程管理等部门的人员。经过5年多的研究，取得了丰硕的成果，现撰写成书，旨在为深圳市坝光国际生物谷的规划、设计、施工以及建成后的运行等，在如何科学、合理保护的基础上，实现经济建设与生态保护相协调，有机融合、建成生态型的经济园区方面，在使新区开发建设尤其是工业等产业园区建设与运作过程中能够最大限度地保护当地生态环境方面，以及在经济开发与生态环境保护有机结合策略的制定及实施等方面提供理论参考，同时也为其他地区的生态学研究提供参考。

编著者　于广州

2019年10月

目录

CONTENTS

前言

第1章 坝光区域中西部及西北部主要植物群落结构特征 …… 1

1.1 研究地与方法 …… 1
1.2 结果与分析 …… 4
1.3 讨论 …… 30

第2章 坝光区域中部主要植物群落结构特征 …… 32

2.1 研究地与方法 …… 32
2.2 结果与分析 …… 32
2.3 讨论 …… 51

第3章 坝光区域东部主要植物群落结构特征 …… 53

3.1 研究地与方法 …… 53
3.2 结果与分析 …… 53
3.3 讨论 …… 75

第4章 坝光区域各主要植物群落结构综合指标比较分析 …… 77

4.1 研究方法 …… 77
4.2 结果与分析 …… 77
4.3 讨论 …… 80

第5章 坝光区域主要植物多样性研究 …… 82

5.1 研究地与方法 …… 82
5.2 结果与分析 …… 83
5.3 讨论 …… 90

第 6 章　坝光区域东部及东北部的滨海植被生态学研究 …… 94

6.1　研究地与方法 …… 94
6.2　结果与分析 …… 95
6.3　讨论 …… 111

第 7 章　坝光区域河溪植被生态学研究 …… 113

7.1　研究地与方法 …… 114
7.2　结果与分析 …… 116
7.3　讨论 …… 134

第 8 章　坝光区域植物名录及部分形态特征差异分析 …… 139

第 9 章　坝光区域昆虫调查研究 …… 307

9.1　研究地与方法 …… 307
9.2　结果与分析 …… 308
9.3　讨论 …… 316

第 10 章　坝光区域鸟类调查研究 …… 317

10.1　研究地与方法 …… 317
10.2　结果与分析 …… 317
10.3　讨论 …… 331

第 11 章　坝光区域微生物调查研究 …… 333

11.1　研究地与方法 …… 333
11.2　结果与分析 …… 335
11.3　讨论 …… 335

第 12 章　坝光国际生物谷生态保护对策 …… 337

12.1　把 4~5 个区域建成休闲观光生态公园 …… 337
12.2　在国际生物谷内建设大型工业废水处理厂 …… 338
12.3　对河溪的保护对策 …… 339
12.4　对区域内所有零星分布的高大或珍稀树木进行全方位保护 …… 340
12.5　对坝光区域已经调查研究的 50 多个较好的陆地植物群落必须进行整个群落的保护 …… 341

参考文献 …… 343

附录　深圳坝光区域植物名录 …… 349

第1章 坝光区域中西部及西北部主要植物群落结构特征

1.1 研究地与方法

1.1.1 研究地

深圳市坝光区域位于深圳市大鹏新区的东北面，北部一侧靠海，南部及东南部靠山。为亚热带季风气候，年平均气温 22.1℃，1 月平均气温 13.9℃，极端最高气温 36.6℃，极端最低气温 1.4℃，年平均相对湿度 79%，年降水量 1800.4mm。本调查研究对深圳市坝光地区的主要区域采用典型区域调查和随机抽样相结合的方法，在村落、海边、平地和山地都选择了调查的样地，对 25 个植物群落进行了植物群落结构特征及多样性的研究，并且在这些群落周围采集了较多的植物标本，从而掌握其植物资源的分布状况。25 个植物群落的研究地见图 1.1。

图 1.1　坝光区域植物群落结构研究地分布示意

25 个植物群落的代号以研究的起始时间先后进行排序，1 号研究地为最早开展研究的区域，2 号次之，依次类推。

本章介绍中西部和西北部区域从群落 1 至群落 7、群落 9 至群落 12 的植物群落结构特征。这部分是在 2015 年 5 月至 2016 年 3 月期间开展的对深圳国际生物谷坝光核心启动区规划范围的主要区域进行的研究工作内容。

各植物群落名及分布地见表1.1。

表1.1　各植物群落名称及分布地等资料

植物群落号	具体地点	植物群落名称	纬度	经度	海拔(m)	群落面积(m²)	坡向
群落1	产头村	秋枫-龙眼-海芋群落（Comm. *Bischofia javanica-Dimocarpus longan-Alocasia macrorrhiza*）	22°38′56″N	114°31′12″E	10	1200	
群落2	产头村	龙眼-九节-鬼针草群落（Comm. *Dimocarpus longan-Psychotria rubra-Bidens pilosa*）	22°38′54″N	114°31′7″E	10	1800	
群落3	坝光村	银叶树-黄槿-露兜草群落（Comm. *Casuarina equisetifolia-Hibiscus tiliaceus-Pandanus austrosinensis*）	22°38′49″N	114°29′38″E	1.3	2500	
群落4	白沙湾	水翁-白簕+宜昌润楠-五节芒群落（Comm. *Cleistocalyx operculatus-Acanthopanax trifoliatus+Machilus ichangensis-Miscanthus floridulus*）	22°39′37″N	114°29′52″E	1.8	17500	
群落5	白沙湾	麻楝-岭南柿-淡竹叶群落（Comm. *Chukrasia tabularis-Diospyros tutcheri-Lophatherum gracile*）	22°39′39″N	114°29′55″E	9.5	4600	
群落6	白沙湾	水翁-白簕+八角枫-五节芒群落（Comm. *Cleistocalyx operculatus-Acanthopanax trifoliatus+Alangium chinense-Miscanthus floridulus*）	22°39′36″N	114°29′47″E	4.6	1800	
群落7	银叶树公园	桐花树群落（Comm. *Aegiceras corniculatum*）	22°33′23″N	114°31′32″E	1.0	1200	
群落9	银叶树公园	木麻黄-银叶树-淡竹叶群落（Comm. *Casuarina equisetifolia-Heritiera littoralis-Lophatherum gracile*）	22°39′2″N	114°30′48″E	13	900	东北坡
群落10	银叶树公园	卤蕨群落（Comm. *Acrostichum aureum*）	22°39′3″N	114°30′50″E	1.2	800	
群落11	银叶树公园	台湾相思-朴树-海金沙群落（Comm. *Acacia confusa-Celtis sinensis-Kyllinga brevifolia*）	22°38′59″N	114°31′6″E	8	4500	西北坡
群落12	产头村	木麻黄-银叶树-金腰箭群落（Comm. *Casuarina equisetifolia-Heritiera littoralis-Synedrella nodiflora*）	22°38′59″N	114°31′4″E	3	4000	
群落19	坳仔下客运码头	木麻黄-朴树-芒萁群落（Comm. *Casuarina equisetifolia-Celtis sinensis-Dicranopteris dichotoma*）	22°39′8″N	114°31′46″E	20	3000	
群落20	渔排码头	龙眼-野桐-鬼针草群落（Comm. *Dimocarpus longan-Mallotus japonicus-Bidens pilosa*）	22°44′2″N	114°37′33″E	10	3000	
群落21	坳仔下	荔枝-银柴-海芋群落（Comm. *Litchi chinensis-Aporusa dioica-Alocasia macrorrhiza*）	22°38′57″N	114°32′25″E	10	1900	
群落22	双坑村	小叶榕-马缨丹-海芋群落（Comm. *Ficus concinna-Lantana camara-Alocasia macrorrhiza*）	22°38′59″N	114°32′48″E	10	2000	
群落23	坝核公路对面山地	荔枝-雀梅-乌毛蕨群落（Comm. *Litchi chinensis-Sageretia theezans-Blechnum orientale*）	22°38′53″N	114°32′56″E	70	1500	东北坡
群落24	田寮下	野桐-龙眼-海芋群落（Comm. *Mallotus japonicus-Dimocarpus longan-Alocasia macrorrhiza*）	22°39′9″N	114°33′36″E	10	7600	
群落25	田寮下	海杧果-白骨壤-芒萁群落（Comm. *Cerbera manghas-Aricennia marina-Dicranopteris dichotoma*）	22°39′8″N	114°34′2″E	20	4800	东北坡

注：由于各群落序号是按野外开展研究的时间顺序编号的，因此，群落8不属于此区域，而是东部区域。

1.1.2 研究时间

2015 年 6 月中旬进行初步踏查，7 月 9 日开始正式进行植物群落结构特征及多样性等调查研究。2015 年 10 月底，完成第 25 个植物群落结构的生态学研究野外调查测定等工作，后续在 11 月、12 月又陆续进行该区域的植物标本的采集等研究工作。而本章部分的 11 个植物群落研究即为这段时间进行的测定研究。2016 年 3 月至 2017 年 6 月又继续开展了上述的一些地方的补充调查研究，尤其是 25 个群落以外的地方一些老树、大树分布的情况等调查。

1.1.3 研究方法

1.1.3.1 样方测定方法

对每个群落采用随机抽样与典型性调查相结合的方法设置样方，样方面积主要为 1200~3000m^2 之间(指每个群落的样方总面积)，少数群落样方面积在 600~800m^2，而大多数群落的样方面积在 1500m^2 以上，部分群落的样方面积达到 17500m^2。每个群落设 3~10 个样方，部分群落设 30 余个样方，每个样方面积为 300~400m^2；灌木层样方在乔木的大样方内设 6~8 个 4m×4m 的小样方，草本植物样方在灌木样方内设 4 个以上 1m×1m 的小样方。测定及记录样方内乔木、灌木和草本植物的种类、名称、数量，每个种类各植株的高度、胸径(乔木)、盖度等指标；通过这些数据计算出不同物种的平均胸径、盖度、相对盖度、相对显著度、相对密度、相对优势度、相对频度及重要值，以及各群落之间的相似性系数、多样性指数、丰富度和均匀度指数等指标。其中胸径为树木距地面 1.3~1.5m 处的树干直径，但胸径小于 5cm 的则不测；以灌木类型计算(张峰等，2009)，当断面畸形时，测取最大值和最小值的平均值。乔木幼苗归入灌木层植物统计。参照欧阳志云(2002)的方法及植物在深圳的生态习性，把成年植株高度大于 4m 的植物划分为乔木层，在 4m 以下的划分为灌木层。因此即便为同一个种类，如果其成年植株高于 4m 的话，则划入乔木层；其 4m 以下的幼苗则划入灌木层。

1.1.3.2 数据分析方法

乔木层植物重要值计算公式：

$$\text{重要值}=(\text{相对密度}+\text{相对频度}+\text{相对显著度})/3$$

或

$$\text{重要值}=(\text{相对盖度}+\text{相对频度}+\text{相对显著度})/3$$

灌木层和草本层植物重要值计算公式：

$$\text{重要值}=(\text{相对密度}+\text{相对频度}+\text{相对盖度})/3$$

其中：

$$\text{相对密度}=\frac{\text{某一种的个体数}}{\text{全部种的个体总数}}\times 100$$

$$\text{相对频度}=\frac{\text{某一种的频度}}{\text{全部种的频度之和}}\times 100$$

频度为某个种出现的样方数占所有样方数的比例。

$$\text{相对盖度}=\frac{\text{某一物种的盖度之和}}{\text{全部物种盖度之和}}\times 100$$

$$\text{相对显著度}=\frac{\text{某一树种的胸高断面积之和}}{\text{所有树种的总胸高断面积之和}}\times 100$$

本研究的盖度采用种盖度，即每个种类的所有植株的盖度均测定，所以不同植株的枝叶之间会有重叠区，因此，每个层次或各层次的盖度值之和往往会超过 100%。

物种丰富度(species richness)是指某一植物群落中单位面积内拥有的物种数，也可称为物种饱和度(species saturation)。不同类型的植物群落其物种丰富度是不同的。丰富度指标为物种丰富度的其中的一类，本章研究采用的丰富度概念为多个丰富度指数里最简单的统计方式。

科、属丰富度指数为：$R_f=F$；$R_g=G$

式中，F 为科的数量；G 为属的数量。

$$R_s = S$$

式中，S 为某群落内的种类数。$R_s = S$ 为简捷统计法，即哪个群落的种类数多，则其丰富度高。而在后面的内容里采用的 R_1、R_2、R_3 为考虑了其种类数与其个体数的比例关系，更为客观地反映某群落的多样性特征。

1.2 结果与分析

1.2.1 秋枫-龙眼-海芋群落（Comm. *Bischofia javanica*-*Dimocarpus longan*-*Alocasia macrorrhiza*）

群落 1 的结构特征见表 1.2~表 1.4。

表 1.2 群落 1 乔木层的结构特征

物种名称 Species name	株数 Number	平均高度(m) Average height	平均胸径(cm) Average DBH	盖度 Coverage	相对显著度 Relative prominence	相对盖度 Relative coverage	相对频度 Relative frequency	重要值 Important value
秋枫 *Bischofia javanica*	12	9.9583	33.9167	32.5000	19.8940	22.3398	13.6372	17.2373
木麻黄 *Casuarina equisetifolia*	7	17.2857	53.5714	21.7100	28.9519	14.9230	9.0919	16.2166
大王椰子 *Roystonea regia*	11	13.1818	33.6364	16.7100	17.9360	11.4861	4.5453	13.0493
龙眼 *Dimocarpus longan*	7	7.4714	22.4286	16.0700	5.0748	11.0462	9.0919	8.2576
朴树 *Celtis sinensis*	2	13.0000	72.5000	19.1400	15.1502	13.1564	4.5453	7.5753
假柿木姜子 *Litsea monopetala*	4	10.0000	29.5000	13.1400	5.0167	9.0322	4.5453	5.2075
杧果 *Mangifera indica*	5	6.6000	19.0000	6.5000	2.6013	4.4680	4.5453	4.9074
假苹婆 *Sterculia lanceolata*	4	5.0000	15.2500	4.2900	1.3406	2.9489	4.5453	3.9822
台湾相思 *Acacia confusa*	2	13.0000	21.0000	3.9300	1.2711	2.7014	4.5453	2.9489
阴香 *Cinnamomum burmanni*	2	6.0000	18.0000	1.8800	0.9339	1.2923	4.5453	2.8365
鸭脚木 *Schefflera octophylla*	2	4.0000	14.0000	1.2900	0.5649	0.8867	4.5453	2.7135
木油桐 *Vernicia montana*	2	4.0000	11.5000	4.1400	0.3812	2.8458	4.5453	2.6523
大叶相思 *Acacia auriculiformis*	1	8.0000	18.0000	1.1400	0.4669	0.7836	4.5453	2.1758
荔枝 *Litchi chinensis*	1	4.5000	10.0000	0.6200	0.1441	0.4262	4.5453	2.0682
白楸 *Mallotus paniculatus*	1	5.0000	8.0000	1.1400	0.0922	0.7836	4.5453	2.0509
番木瓜 *Carica papaya*	1	5.0000	8.0000	0.2100	0.0922	0.1443	4.5453	2.0509
银柴 *Aporusa dioica*	1	4.5000	6.0000	0.4300	0.0519	0.2956	4.5453	2.0374
黄皮 *Clausena lansium*	1	5.5000	5.0000	0.6400	0.0360	0.4399	4.5453	2.0321

从表1.2可见，群落1乔木层植物有18种。植株高度很高，而且胸径值也很大，尤其是朴树、木麻黄、假柿木姜子和秋枫等，其高度很高，树的主茎值高，部分为100多年以上的老树，被列为国家三级保护古树(深圳市大鹏新区城市管理局组织鉴定后挂牌，下同)。其林内的郁闭度很高，从各树种的盖度值看，已超出所测的样地的面积。

表1.3 群落1灌木层的结构特征

物种名称 Species name	株数 Number	平均高度(m) Average height	盖度 Coverage	相对密度 Relative density	相对盖度 Relative coverage	相对频度 Relative frequency	重要值 Important value
龙眼 *Dimocarpus longan*	17	2.0671	19.7100	14.4068	20.4333	15.9089	16.9163
油桐 *Vernicia fordii*	18	2.5722	28.7800	15.2542	29.8362	4.5466	16.5457
九节 *Psychotria rubra*	20	1.4560	11.5200	16.9492	11.9428	11.3651	13.4190
阴香 *Cinnamomum burmanni*	22	0.9636	5.7200	18.6441	5.9299	6.8185	10.4642
黄皮 *Clausena lansium*	5	2.1600	9.3600	4.2373	9.7035	11.3651	8.4353
九里香 *Murraya exotica*	9	0.4333	1.0800	7.6271	1.1196	11.3651	6.7039
山乌桕 *Sapium discolor*	6	1.4583	2.2500	5.0847	2.3326	11.3651	6.2608
荔枝 *Litchi chinensis*	4	3.3250	8.9100	3.3898	9.2370	4.5466	5.7245
白簕 *Acanthopanax trifoliatus*	5	0.9800	1.7000	4.2373	1.7624	2.2719	2.7572
番木瓜 *Carica papaya*	2	3.4000	1.6300	1.6949	1.6898	2.2719	1.8856
鼎湖血桐 *Macaranga sampsonii*	1	2.4000	1.9800	0.8475	2.0527	2.2719	1.7240
梅叶冬青 *Ilex asprella*	1	1.9000	1.7900	0.8475	1.8557	2.2719	1.6584
三椏苦 *Evodia lepta*	2	1.4000	0.8100	1.6949	0.8397	2.2719	1.6022
水翁 *Cleistocalyx operculatus*	2	1.1000	0.3800	1.6949	0.3939	2.2719	1.4536
水茄 *Solanum torvum*	1	1.6000	0.3800	0.8475	0.3939	2.2719	1.1711
乌桕 *Sapium sebiferum*	1	1.2000	0.2200	0.8475	0.2281	2.2719	1.1158
羊角拗 *Strophanthus divaricatus*	1	1.3000	0.1800	0.8475	0.1866	2.2719	1.1020
火炭母 *Polygonum chinense*	1	0.5000	0.0600	0.8475	0.0622	2.2719	1.0605

群落1灌木层的植物种类也是18种。虽然种类数偏少，但是自然分布的种类还是较多的。从

其高度和盖度值看都属于较好状况。

表 1.4　群落 1 草本层的结构特征

物种名称 Species name	株数 Number	平均高度(m) Average height	盖度 Coverage	相对密度 Relative Density	相对盖度 Relative coverage	相对频度 Relative frequency	重要值 Important value
海芋 *Alocasia macrorrhiza*	16	0. 1162	136. 6700	8. 6957	60. 9753	11. 8722	27. 1811
水蜈蚣 *Kyllinga brevifolia*	36	0. 2200	21. 4900	19. 5652	9. 5878	8. 9037	12. 6856
香蕉 *Musa nana*	35	4. 5428	13. 5900	19. 0217	6. 0632	11. 7537	12. 2796
牛筋草 *Eleusine indica*	13	0. 4533	24. 9200	7. 0652	11. 1181	2. 9685	7. 0506
叶下珠 *Phyllanthus urinaria*	24	0. 0933	2. 5000	13. 0435	1. 1154	5. 9352	6. 6980
车前草 *Plantago depressa*	10	0. 1230	2. 4500	5. 4348	1. 0931	8. 9037	5. 1439
三叶草 *Oxalis corniculata*	17	0. 0571	0. 0900	9. 2391	0. 0402	5. 9352	5. 0715
小飞蓬 *Conyza canadensis*	7	0. 2814	2. 6900	3. 8043	1. 2001	8. 9037	4. 6361
华南毛蕨 *Cyclosorus parasiticus*	5	0. 2000	7. 4100	2. 7174	3. 3060	5. 9352	3. 9862
鬼针草 *Bidens pilosa*	3	1. 0300	1. 1200	1. 6304	0. 4997	5. 9352	2. 6884
半边旗 *Pteris semipinnata*	5	0. 3040	4. 1800	2. 7174	1. 8649	2. 9685	2. 5169
赛葵 *Malvastrum coromandelianum*	2	0. 3650	0. 4700	1. 0870	0. 2097	5. 9352	2. 4106
藿香 *Agastache rugosa*	3	0. 7333	1. 8500	1. 6304	0. 8254	2. 9685	1. 8081
金腰箭 *Synedrella nodiflora*	3	46. 0000	0. 8000	1. 6304	0. 3569	2. 9685	1. 6520
含羞草 *Mimosa pudica*	3	0. 1250	0. 4100	1. 6304	0. 1829	2. 9685	1. 5940
肖梵天花 *Urena lobatalinn*	1	0. 5400	1. 3100	0. 5435	0. 5845	2. 9685	1. 3655
芭蕉 *Musa basjoo*	1	2. 4000	2. 1900	0. 5435	0. 9771	2. 1758	1. 2321

群落 1 草本层植物有 17 种，丰富度属于中等稍偏低水平，但盖度较高，植株高度也较高，表明草本植物的长势较好。从草本植物看，其种类所属的科及属较多(彩图 1. 1~彩图 1. 3)。

1. 2. 2　龙眼-九节-鬼针草群落(Comm. *Dimocarpus longan*-*Psychotria rubra*-*Bidens pilosa*)

群落 2 各层次的结构特征见表 1. 5~表 1. 7。

表 1.5　群落 2 乔木层的结构特征

物种名称 Species name	株数 Number	平均高度(m) Average height	平均胸径(cm) Average DBH	盖度 Coverage	相对密度 Relative density	相对显著度 Relative prominence	相对频度 Relative frequency	重要值 Important value
龙眼 *Dimocarpus longan*	40	10. 0625	35. 5000	119. 2000	38. 1820	51. 2821	9. 5238	32. 9960
台湾相思 *Acacia confusa*	7	13. 4286	64. 7143	53. 6200	22. 2045	8. 9744	9. 5238	13. 5675
秋枫 *Bischofia javanica*	8	14. 1875	58. 2500	59. 4700	20. 5600	10. 2564	9. 5238	13. 4467
木麻黄 *Casuarina equisetifolia*	3	17. 1667	51. 0000	11. 0000	5. 9102	3. 8462	9. 5238	6. 4267
大叶桉 *Eucalyptus robusta*	2	13. 5000	43. 5000	3. 2000	2. 8665	2. 5641	9. 5238	4. 9848
黄皮 *Clausena lansium*	4	8. 0000	32. 5000	7. 2800	3. 2001	5. 1282	4. 7619	4. 3634
荔枝 *Litchi chinensis*	4	7. 0000	18. 0000	3. 7800	0. 9816	5. 1282	4. 7619	3. 6239
八角樟 *Cinnamomum ilicioides*	1	11. 0000	51. 0000	5. 0000	1. 9701	1. 2821	4. 7619	2. 6713
阴香 *Cinnamomum burmanni*	2	9. 5000	20. 5000	5. 1700	0. 6366	2. 5641	4. 7619	2. 6542
假柿木姜子 *Litsea monopetala*	1	7. 0000	50. 0000	7. 2000	1. 8936	1. 2821	4. 7619	2. 6458
朴树 *Celtis sinensis*	1	6. 0000	32. 0000	1. 6700	0. 7756	1. 2821	4. 7619	2. 2732
潺槁树 *Litsea glutinosa*	1	10. 0000	20. 0000	0. 7800	0. 3030	1. 2821	4. 7619	2. 1156
大王椰子树 *Roystonea regia*	1	10. 0000	18. 0000	0. 8900	0. 2454	1. 2821	4. 7619	2. 0965
鸭脚木 *Schefflera octophylla*	1	6. 0000	15. 0000	0. 5000	0. 1704	1. 2821	4. 7619	2. 0715
假苹婆 *Sterculia lanceolata*	1	8. 0000	9. 5000	0. 4400	0. 0684	1. 2821	4. 7619	2. 0374
木油桐 *Vernicia montana*	1	4. 0000	6. 5000	0. 6700	0. 0320	1. 2821	4. 7619	2. 0253

此群落在产头村村旁，相当于风水林。从群落的乔木层结构看，有 16 个种类。树体很高大，其中龙眼、秋枫和台湾相思等尤为高大，盖度大，部分树的冠幅达到 25～30m；且胸径较大，如台湾相思和秋枫等，为大树的高等级范畴。此群落里，多株树木树龄已经达到 100 多年，为三级保护古树(部分已挂牌)。此群落龙眼为优势种，台湾相思为次优势种。

表 1.6　群落 2 灌木层的结构特征

物种名称 Species name	株数 Number	平均高度(m) Average height	盖度 Coverage	相对盖度 Relative coverage	相对密度 Relative density	相对频度 Relative frequency	重要值 Important value
九节 *Psychotria rubra*	28	1. 3536	54. 6700	32. 6622	50. 0000	30. 7692	37. 8105
九里香 *Murraya exotica*	8	0. 4375	98. 0000	58. 5494	14. 2857	7. 6923	26. 8425

（续）

物种名称 Species name	株数 Number	平均高度(m) Average height	盖度 Coverage	相对盖度 Relative coverage	相对密度 Relative density	相对频度 Relative frequency	重要值 Important value
阴香 *Cinnamomum burmanni*	16	1.0188	6.0000	3.5847	28.5714	30.7692	20.9751
银合欢 *Leucaena leucocephala*	2	1.6000	2.8300	1.6908	3.5714	15.3846	6.8823
银柴 *Aporusa dioica*	1	2.6000	4.5000	2.6885	1.7857	7.6923	4.0555
朴树 *Celtis sinensis*	1	1.8000	1.3800	0.8245	1.7857	7.6923	3.4342

群落2的灌木层植物种类少，仅6种(此处为统计低于4m的木本植物，因此少数也包含了生物学性状为乔木的种类，即其树苗，下同)。因此，其结构上是以乔木层的大树、古树为主，下层兼具少数灌木植物种类。但从其盖度的情况看，已经占据了所测样地面积的150%，说明该层次的盖度值也是相当高的。在该群落九节为优势种，九里香次之。

表1.7　群落2草本层的结构特征

物种名称 Species name	株数 Number	平均高度(m) Average height	盖度 Coverage	相对盖度 Relative coverage	相对密度 Relative density	相对频度 Relative frequency	重要值 Important value
三叶鬼针草 *Bidens pilosa*	84	0.2850	59.9200	28.0485	41.7910	11.9576	27.2657
熊耳草 *Ageratum houstonianum*	22	0.4200	108.2400	50.6670	10.9453	11.9576	24.5233
蟛蜞菊 *Wedelia chinensis*	11	0.1300	5.6700	2.6541	5.4726	11.9576	6.6948
马齿苋 *Portulaca oleracea*	25	0.1100	2.1700	1.0158	12.4378	5.9779	6.4772
土牛膝 *Achyranthes aspera*	14	0.1400	9.7100	4.5452	6.9652	5.9779	5.8294
叶下珠 *Phyllanthus urinaria*	8	0.0900	12.0000	5.6172	3.9801	5.9779	5.1917
香蕉 *Musa nana*	15	7.6670	4.4400	2.0784	7.4627	4.3478	4.6296
飞扬草 *Euphorbia hirta*	7	0.2000	0.2800	0.1311	3.4826	5.9779	3.1972
牛筋草 *Eleusine indica*	3	0.1800	4.3200	2.0222	1.4925	5.9779	3.1642
飞蓬 *Erigeron speciosus*	3	0.3600	3.4000	1.5915	1.4925	5.9779	3.0207
酢浆草 *Oxalis corniculata*	5	0.0500	0.1500	0.0702	2.4876	5.9779	2.8452
海芋 *Alocasia macrorrhiza*	1	0.2000	1.6500	0.7724	0.4975	5.9779	2.4159

（续）

物种名称 Species name	株数 Number	平均高度(m) Average height	盖度 Coverage	相对盖度 Relative coverage	相对密度 Relative density	相对频度 Relative frequency	重要值 Important value
一点红 *Emilia sonchifolia*	1	0. 2600	1. 5600	0. 7302	0. 4975	5. 9779	2. 4019
金不换 *Abrus mollis*	2	0. 3100	0. 1200	0. 0562	0. 9950	5. 9779	2. 3430

群落 2 草本层植物比较少，为 14 种，但其中药用植物所占比例较高。其盖度值也较高，基本全面覆盖了所测的样地(彩图 1. 4)。

1. 2. 3　木麻黄-黄槿-露兜草群落(Comm. *Casuarina equisetifolia*-*Hibiscus tiliaceus*-*Pandanus austrosinensis*)

群落 3 各层次的结构特征见表 1. 8~表 1. 10。

表 1. 8　群落 3 乔木层的结构特征

物种名称 Species name	株数 Number	平均高度(m) Average height	平均胸径(cm) Average DBH	盖度 Coverage	相对盖度 Relative coverage	相对显著度 Relative prominence	相对频度 Relative frequency	重要值 Important value
木麻黄 *Casuarina equisetifolia*	53	19. 0849	29. 8018	77. 1500	38. 4400	38. 9700	14. 2800	30. 5600
银叶树 *Heritiera littoralis*	38	16. 8947	30. 0131	109. 6900	29. 7100	27. 9400	14. 2800	23. 9700
朴树 *Celtis sinensis*	12	19. 2083	34. 8333	44. 9400	14. 5800	8. 8200	9. 5200	10. 9000
龙眼 *Dimocarpus longan*	5	10. 8000	21. 9000	8. 6900	3. 0800	3. 6700	14. 2800	7. 0000
潺槁树 *Litsea glutinosa*	4	17. 2500	33. 7500	14. 6100	3. 3600	2. 9400	9. 5200	5. 2730
黄槿 *Hibiscus tiliaceus*	6	6. 2500	19. 8333	6. 2700	1. 8200	4. 4100	9. 5200	5. 2500
台湾相思 *Acacia confusa*	4	11. 8750	30. 5000	1. 2320	3. 2300	2. 9400	9. 5200	5. 2300
阴香 *Cinnamomum burmanni*	10	14. 4848	14. 0000	14. 4300	2. 3500	7. 3500	4. 7600	4. 8200
海杧果 *Cerbera manghas*	3	7. 0000	20. 0000	4. 3400	0. 8900	2. 2000	9. 5200	4. 2030
小叶榕 *Ficus concinna*	1	22. 0000	59. 0000	9. 3000	2. 4700	0. 7300	4. 7600	2. 6530

此群落乔木层共 10 个植物种类，其中银叶树和木麻黄为优势种和次优势种，其重要值很高。而银叶树为国家二级重点保护野生植物，其高度、胸径值均很高，盖度值在所有种类中位居第一，其密度只略低于木麻黄。此群落为一个非常茂密的以红树、半红树植物为主的群落，黄槿、海杧果等也为沿海红树林组成的重要成分。

群落内的银叶树高大，树龄达到 100 多年的有 7~8 株，已被列为三级重点保护古树。因此，这个区域为重要的保护小区，可结合当地的自然景观和珍稀植物的保护，将其开设为旅游景点。

表 1.9 群落 3 灌木层的结构特征

物种名称 Species name	株数 Number	平均高度(m) Average height	盖度 Coverage	相对密度 Relative density	相对盖度 Relative coverage	相对频度 Relative frequency	重要值 Important value
黄槿 *Hibiscus tiliaceus*	36	3. 3414	188. 5400	22. 3602	73. 8191	15. 1515	37. 1103
银叶树 *Heritiera littoralis*	80	0. 8785	51. 2400	49. 6894	20. 0620	15. 1515	28. 3010
土蜜树 *Bridelia tomentosa*	9	1. 3100	2. 0200	5. 5901	0. 7909	12. 1212	6. 1674
朴树 *Celtis sinensis*	11	0. 4455	0. 9400	6. 8323	0. 3680	6. 0606	4. 4203
马缨丹 *Lantana camara*	7	1. 7900	4. 1700	4. 3478	1. 6327	6. 0606	4. 0137
台湾相思 *Acacia confusa*	4	1. 4000	1. 0400	2. 4845	0. 4072	9. 0909	3. 9942
银合欢 *Leucaena leucocephala*	3	1. 2300	0. 9900	1. 8634	0. 3876	9. 0909	3. 7806
九里香 *Murraya exotica*	3	0. 9000	0. 8000	1. 8634	0. 3132	6. 0606	2. 7457
簕欓花椒 *Zanthoxylum avicennae*	1	3. 5000	2. 9580	0. 6211	1. 1581	3. 0303	1. 6032
桐花树 *Aegiceras corniculatum*	1	1. 6000	1. 9500	0. 6211	0. 7635	3. 0303	1. 4716
龙眼 *Dimocarpus longan*	2	0. 7750	0. 3400	1. 2422	0. 1331	3. 0303	1. 4686
老鼠簕 *Acanthus ilicifolius*	1	1. 0000	0. 2300	0. 6211	0. 0901	3. 0303	1. 2472
黄皮 *Clausena lansium*	1	0. 5000	0. 0700	0. 6211	0. 0274	3. 0303	1. 2263
阴香 *Cinnamomum burmanni*	1	0. 5000	0. 0700	0. 6211	0. 0274	3. 0303	1. 2263
九节 *Psychotria rubra*	1	1. 0000	0. 0500	0. 6211	0. 0196	3. 0303	1. 2237

在群落 3 灌木层中，黄槿为优势种，在乔木层此种类也较多，说明其植株高度的跨度较大。其次为银叶树，该树种较多植株的高度低于 4m，其中有的是树苗，表明此种类在坝光地区的发育很好，幼龄、成熟植株和老龄植株都在一个群落里，形成很好的种群发育状态。这是一个重要的特征，表明银叶树这种国家二级重点保护野生植物在坝光地区的种群繁衍和发育是很好的，也表明当地生态环境条件是好的。

表 1.10　群落 3 草本层的结构特征

物种名称 Species name	株数 Number	平均高度(m) Average height	盖度 Coverage	相对密度 Relative density	相对盖度 Relative coverage	相对频度 Relative frequency	重要值 Important value
露兜草 *Pandanus austrosinensis*	3	1.6000	48.0000	67.4347	4.6875	8.4750	26.8657
土牛膝 *Achyranthes aspera*	37	0.5351	3.2800	4.6080	57.8125	6.7749	23.0652
千里光 *Senecio scandens*	6	0.3450	2.1900	3.0767	9.3750	25.4250	12.6256
海芋 *Alocasia macrorrhiza*	4	0.3500	6.3300	8.8929	6.2500	16.9500	10.6977
二花珍珠茅 *Scleria biflora*	4	0.3500	8.4100	11.8151	6.2500	8.4750	8.8467
酢浆草 *Oxalis corniculata*	4	0.8625	1.8500	2.5990	6.2500	8.4750	5.7747
牛筋草 *Eleusine indica*	4	0.3750	0.7600	1.0677	6.2500	8.4750	5.2642
番薯 *Ipomoea batatas*	1	0.1200	0.2200	0.3091	1.5625	8.4750	3.4489
淡竹叶 *Lophatherum gracile*	1	0.0850	0.1400	0.1967	1.5625	8.4750	3.4114

群落 3 草本层植物有 9 个种类，种类不算多；其总盖度值约为 70，还是比较低的。可能是木本植物发育很好，林下很荫蔽的原因所致，只能使一些耐阴植物及少数不耐阴植物在树林的比较边缘处分布(彩图 1.5~彩图 1.8)。

坝光村周围的河溪中还有许多茂密的红树林分析，其中有桐花树、黄槿、海漆等较多的红树植物。(红树林的景象见彩图 1.9~彩图 1.11)

1.2.4　水翁-白簕+宜昌润楠-五节芒群落(Comm. *Cleistocalyx operculatus*-*Acanthopanax trifoliatus*+*Machilus ichangensis*-*Miscanthus floridulus*)

群落 4 为白沙湾观景平台与绿岛西南面、紧靠排牙山旁的北面(更靠近观景平台一侧)一条河溪两旁的群落。沿河溪从海边方向往山坡方向，乔木数量较多，生长很好，树木高大，特别是水翁等尤其高大，造型古朴，许多树为老树。

群落 4 各层次的结构特征见表 1.11~表 1.13。

表 1.11　群落 4 乔木层的结构特征

物种名称 Species name	株数 Number	平均高度(m) Average height	平均胸径(cm) Average DBH	盖度 Coverage	相对显著度 Relative prominence	相对密度 Relative density	相对频度 Relative frequency	重要值 Important value
水翁 *Cleistocalyx operculatus*	40	9.7875	37.25	36.23	83.5356	55.5556	15.0000	51.3637
银合欢 *Leucaena leucocephala*	1	5	15	0.75	0.3090	1.3889	5.0000	2.2326
对叶榕 *Ficus hispida*	3	5.5	11.33	3.71	0.6316	4.1667	5.0000	3.2661
朴树 *Celtis sinensis*	5	7.8	17.8	2.96	2.6873	6.9444	10.0000	6.5439

（续）

物种名称 Species name	株数 Number	平均高度(m) Average height	平均胸径(cm) Average DBH	盖度 Coverage	相对显著度 Relative prominence	相对密度 Relative density	相对频度 Relative frequency	重要值 Important value
光荚含羞草 *Mimosa sepiaria*	1	4	12	0. 38	0. 1977	1. 3889	5. 0000	2. 1955
阴香 *Cinnamomum burmanni*	2	8	18	1. 15	1. 1645	2. 7778	5. 0000	2. 9808
土蜜树 *Bridelia tomentosa*	2	4. 75	11. 5	0. 54	0. 3968	2. 7778	5. 0000	2. 7249
栀子 *Gardenia jasminoides*	1	6. 5	11	0. 27	0. 1662	1. 3889	5. 0000	2. 1850
水蒲桃 *Syzygium jambos*	2	6. 5	15	0. 94	0. 7525	2. 7778	5. 0000	2. 8434
潺槁树 *Litsea glutinosa*	2	5. 5	7. 5	0. 38	0. 1552	2. 7778	5. 0000	2. 6443
鸭脚木 *Schefflera octophylla*	1	6	15	0. 42	0. 3090	1. 3889	5. 0000	2. 2326
宜昌润楠 *Machilus ichangensis*	5	6. 9	22. 6000	1. 78	7. 7406	6. 9444	10. 0000	8. 2283
海南蒲桃 *Syzygium hainanense*	5	6. 3	10	1. 06	0. 7662	6. 9444	10. 0000	5. 9035
山乌桕 *Sapium discolor*	1	8. 5	28	0. 65	1. 0765	1. 3889	5. 0000	2. 4885
冻绿 *Rhamnus utilis*	1	6	9	0. 08	0. 1112	1. 3889	5. 0000	2. 1667

此群落乔木层有植物 15 种，沿河溪两岸能有如此丰富的植物种类说明此区的植被保护很好，人们保护生态环境的意识很浓。这些植株基本上都是自然发育的，长势很好。从植株的高度、胸径和盖度等指标均可看出，乔木层的植物是相当高大的树木，水翁的高度平均达到 9m 以上，而其胸径值达到了 0. 37m，是大树等级里的高等级。盖度值也很高，占了所测样方面积的 36. 23%。此处较宽的河溪，结合这么好的高大乔木植被，此处可以建成一个小型河边公园。

表 1. 12　群落 4 灌木层的结构特征

物种名称 Species name	株数 Number	平均高度(m) Average height	盖度 Coverage	相对盖度 Relative coverage	相对密度 Relative density	相对频度 Relative frequency	重要值 Important value
白簕 *Acanthopanax trifoliatus*	9	1. 0556	27. 94	24. 4039	15. 7895	11. 5385	17. 2440
宜昌润楠 *Machilus ichangensis*	2	3. 4500	42. 36	36. 9989	3. 5088	3. 8462	14. 7846
水翁 *Cleistocalyx operculatus*	9	1. 0556	12. 11	10. 5773	15. 7895	7. 6923	11. 3530
山乌桕 *Sapium discolor*	7	1. 4000	5. 17	4. 5157	12. 2807	15. 3846	10. 7270
黄花稔 *Sida acuta*	7	0. 9000	4. 53	3. 9567	12. 2807	3. 8462	6. 6945
山油柑 *Acronychia pedunculata*	2	1. 4500	7. 44	6. 4984	3. 5088	3. 8462	4. 6178

（续）

物种名称 Species name	株数 Number	平均高度(m) Average height	盖度 Coverage	相对盖度 Relative coverage	相对密度 Relative density	相对频度 Relative frequency	重要值 Important value
椿叶花椒 *Zanthoxylum ailanthoides*	4	0. 8250	2. 25	1. 9652	7. 0175	3. 8462	4. 2763
野牡丹 *Paeonia delavayi*	4	0. 5750	1. 08	0. 9433	7. 0175	3. 8462	3. 9357
乌桕 *Sapium sebiferum*	1	2. 0000	4. 00	3. 4938	1. 7544	3. 8462	3. 0314
肖蒲桃 *Acmena acuminatissima*	1	1. 9000	2. 78	2. 4282	1. 7544	3. 8462	2. 6762
九里香 *Murraya exotica*	2	0. 6000	0. 44	0. 3843	3. 5088	3. 8462	2. 5798
破布叶 *Microcos paniculata*	1	1. 5000	1. 78	1. 5547	1. 7544	3. 8462	2. 3851
鸭脚木 *Schefflera octophylla*	1	1. 2000	0. 69	0. 6027	1. 7544	3. 8462	2. 0678
大罗伞树 *Ardisia hanceana*	1	0. 8000	0. 69	0. 6027	1. 7544	3. 8462	2. 0678
鲫鱼胆 *Maesa perlarius*	1	1. 3000	0. 50	0. 4367	1. 7544	3. 8462	2. 0124
阴香 *Cinnamomum burmanni*	1	0. 7000	0. 21	0. 1834	1. 7544	3. 8462	1. 9280
红背山麻杆 *Alchornea trewioides*	1	0. 7000	0. 17	0. 1485	1. 7544	3. 8462	1. 9164
毛果算盘子 *Glochidion eriocarpum*	1	0. 5000	0. 11	0. 0961	1. 7544	3. 8462	1. 8989

群落 4 的灌木层里具 18 种植物，丰富度是高的，其中少部分为乔木中低于 4m 的植物种类，多数为灌木。

表 1. 13　群落 4 草本层的结构特征

物种名称 Species name	株数 Number	平均高度(m) Average height	盖度 Coverage	相对盖度 Relative coverage	相对密度 Relative density	相对频度 Relative frequency	重要值 Important value
芒 *Miscanthus floridulus*	61	2. 3333	28. 3100	42. 4565	53. 9823	9. 2857	35. 2415
莠竹 *Microstegium nodosum*	14	0. 3657	10. 6600	15. 9868	12. 3894	21. 6667	16. 6810
海芋 *Alocasia macrorrhiza*	3	0. 6167	14. 1500	21. 2208	2. 6549	3. 0952	8. 9903
熊耳草 *Ageratum houstonianum*	10	0. 4030	1. 3000	1. 9496	8. 8496	12. 3809	7. 7267
傅氏凤尾蕨 *Pteris fauriei*	4	0. 5000	2. 8200	4. 2292	3. 5398	6. 1905	4. 6532
花叶艳山姜 *Alpinia zerumbet*	2	0. 2625	1. 9300	2. 8944	1. 7699	6. 1905	3. 6183

（续）

物种名称 Species name	株数 Number	平均高度(m) Average height	盖度 Coverage	相对盖度 Relative coverage	相对密度 Relative density	相对频度 Relative frequency	重要值 Important value
小飞蓬 *Conyza canadensis*	3	0. 5000	0. 3900	0. 5849	2. 6549	6. 1905	3. 1434
珍珠茅 *Scleria hebecarpa*	1	1. 0000	2. 7700	4. 1542	0. 8850	3. 0952	2. 7114
一点红 *Emilia sonchifolia*	4	0. 2825	0. 6500	0. 9748	3. 5398	3. 0952	2. 5366
黄鹌菜 *Youngia japonica*	2	0. 3900	1. 2300	1. 8446	1. 7699	3. 0952	2. 2366
异叶鳞始蕨 *Lindsaea heterophylla*	2	0. 2750	0. 5000	0. 7499	1. 7699	3. 0952	1. 8717
淡竹叶 *Lophatherum gracile*	1	0. 1000	0. 6900	1. 0348	0. 8850	3. 0952	1. 6717
火炭母 *Polygonum chinense*	1	0. 5000	0. 1100	0. 1650	0. 8850	3. 5715	1. 5405
千里光 *Senecio scandens*	1	0. 4000	0. 1100	0. 1650	0. 8850	3. 5715	1. 5405
鬼针草 *Bidens pilosa*	1	0. 4500	0. 3800	0. 5699	0. 8850	3. 0952	1. 5167
半边旗 *Pteris semipinnata*	1	0. 4500	0. 3100	0. 4649	0. 8850	3. 0952	1. 4817
蜈蚣草 *Pteris vittata*	1	0. 2500	0. 3100	0. 4649	0. 8850	3. 0952	1. 4817
大飞蓬 *Erigeron acer*	1	0. 3900	0. 0600	0. 0900	0. 8850	3. 0952	1. 3567

群落 4 草本层植物有 18 种，处在中等稍微偏少的水平。

1.2.5 麻楝-岭南柿-淡竹叶群落（Comm. *Chukrasia tabularis* - *Diospyros tutcheri* - *Lophatherum gracile*）

群落 5 各层次结构特征见表 1. 14~表 1. 16。

表 1. 14 群落 5 乔木层的结构特征

物种名称 Species name	株数 Number	平均高度(m) Average height	平均胸径(cm) Average DBH	盖度 Coverage	相对显著度 Relative prominence	相对密度 Relative density	相对频度 Relative frequency	重要值 Important value
麻楝 *Chukrasia tabularis*	17	8. 3235	14. 3529	54. 90	5. 7191	22. 0779	8. 6957	12. 1642
朴树 *Celtis sinensis*	2	11	31. 5	10. 42	27. 5469	2. 5974	4. 3478	11. 4974
阴香 *Cinnamomum burmanni*	2	16. 5	27	10. 02	20. 2385	2. 5974	4. 3478	9. 0613
荔枝 *Litchi chinensis*	10	6	11. 9	28. 02	3. 9314	12. 9870	8. 6957	8. 5380
海南蒲桃 *Syzygium hainanense*	9	9	17	18. 63	8. 0232	11. 6883	4. 3478	8. 0198
冻绿 *Rhamnus utilis*	10	5. 6	6. 2	14. 75	1. 0672	12. 9870	8. 6957	7. 5833

（续）

物种名称 Species name	株数 Number	平均高度(m) Average height	平均胸径(cm) Average DBH	盖度 Coverage	相对显著度 Relative prominence	相对密度 Relative density	相对频度 Relative frequency	重要值 Important value
降真香 *Acronychia pedunculata*	5	8.04	14.5	20.75	5.8370	6.4935	8.6957	7.0087
山乌桕 *Sapium discolor*	5	6.5	12	12.13	3.9977	6.4935	8.6957	6.3956
鸭脚木 *Schefflera octophylla*	3	6.3333	14.6666	6.98	5.9719	3.8961	8.6957	6.1879
野桐 *Mallotus japonicus*	4	6.5	14.75	16.75	6.0400	5.1948	4.3478	5.1942
对叶榕 *Ficus hispida*	4	8.5	13.25	12.83	4.8740	5.1948	4.3478	4.8055
红花檵木 *Loropetalum chinense* var. *rubrum*	1	3.5	8	0.52	1.7768	1.2987	8.6957	3.9237
鸡蛋花 *Plumeria rubra* 'Acutifolia'	2	4.75	8	2.71	1.7768	2.5974	4.3478	2.9073
潺槁木姜子 *Litsea glutinosa*	1	5	7	1.33	1.3603	1.2987	4.3478	2.3356
乌桕 *Sapium sebiferum*	1	5	6	0.75	0.9994	1.2987	4.3478	2.2153
盐肤木 *Rhus chinensis*	1	6	5.5	1.33	0.8398	1.2987	4.3478	2.1621

群落5乔木层植物共16种，以麻楝和朴树占优势，但是从重要值看，其优势程度不明显，说明各种类的分布和长势相对比较均匀。此群落位于白沙湾观海码头和绿岛南侧一个保护较好的山地，山上自然植被的组成较好，乔木等发育均较好。

从乔木层的植物种类看，基本为自然分布的野生植物，而且涉及的科也较多，种类丰富。各种类的株高也较高，尤其以朴树、阴香和海南蒲桃最高，降真香的高度也较高。在树的主干方面，朴树、阴香等达到大树的较高等级；降真香和海南蒲桃的胸径也较粗，鸭脚木也是较大的树木。说明此处山地的保护状态是好的。此山地是该区域作为旅游观光的很好景观和野生植物分布、栖息的好场所，需要继续加强保护。

表1.15　群落5灌木层的结构特征

物种名称 Species name	株数 Number	平均高度(m) Average height	盖度 Coverage	相对密度 Relative density	相对盖度 Relative coverage	相对频度 Relative frequency	重要值 Important value
岭南柿 *Diospyros tutcheri*	1	4.0000	28.9286	38.6965	1.1364	1.7857	13.8729
银柴 *Aporusa dioica*	8	1.7250	1.2357	1.6530	9.0909	10.7143	7.1527
土蜜树 *Bridelia tomentosa*	3	3.1333	6.5905	8.8158	3.4091	1.7857	4.6702
水翁 *Cleistocalyx operculatus*	1	1.9000	6.6000	8.8285	1.1364	1.7857	3.9169

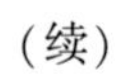

物种名称 Species name	株数 Number	平均高度(m) Average height	盖度 Coverage	相对密度 Relative density	相对盖度 Relative coverage	相对频度 Relative frequency	重要值 Important value
阴香 *Cinnamomum burmanni*	3	1.1000	2.2071	2.9524	3.4091	5.3571	3.9062
红背山麻杆 *Alchornea trewioides*	5	1.1000	0.4914	0.6574	5.6818	5.3571	3.8988
九节 *Psychotria rubra*	5	0.6750	0.4696	0.6282	5.6818	5.3571	3.8891
马缨丹 *Lantana camara*	5	1.1000	0.4071	0.5446	5.6818	5.3571	3.8612
盐肤木 *Rhus chinensis*	6	0.3667	0.1571	0.2102	6.8182	1.7857	2.9380
石斑木 *Rhaphiolepis indica*	4	1.3000	0.4964	0.6641	4.5455	3.5714	2.9270
九里香 *Murraya exotica*	4	1.1000	0.2286	0.3058	4.5455	3.5714	2.8075
白簕 *Acanthopanax trifoliatus*	1	3.0000	3.6429	4.8729	1.1364	1.7857	2.5983
檵木 *Loropetalum chinensis*	5	0.8400	0.1714	0.2293	5.6818	1.7857	2.5656
白花灯笼 *Clerodendrum fortunatum*	3	1.1000	0.3214	0.4300	3.4091	3.5714	2.4702
簕欓花椒 *Zanthoxylum avicennae*	2	1.0000	0.3714	0.4968	2.2727	3.5714	2.1137
宜昌润楠 *Machilus ichangensis*	1	2.0000	2.3571	3.1531	1.1364	1.7857	2.0250
龙眼 *Dimocarpus longan*	3	1.4000	0.4333	0.5797	3.4091	1.7857	1.9248
异叶鸭脚木 *Schefflera diversifoliolata*	2	2.6000	1.2286	1.6434	2.2727	1.7857	1.9006
鸭脚木 *Schefflera octophylla*	1	3.2000	2.0571	2.7518	1.1364	1.7857	1.8913
山杜英 *Elaeocarpus sylvestris*	1	3.0000	2.0571	2.7518	1.1364	1.7857	1.8913
毛果算盘子 *Glochidion eriocarpum*	3	1.2333	0.2905	0.3886	3.4091	1.7857	1.8611
假苹婆 *Sterculia lanceolata*	1	2.8000	1.8571	2.4842	1.1364	1.7857	1.8021
毛稔 *Melastoma sanguineum*	1	3.0000	1.7286	2.3122	1.1364	1.7857	1.7448
秤星树 *Ilex asprella*	1	1.2000	1.6000	2.1403	1.1364	1.7857	1.6874
鲫鱼胆 *Maesa perlarius*	1	1.5000	1.4857	1.9874	1.1364	1.7857	1.6365
荔枝 *Litchi chinensis*	1	1.5000	1.2857	1.7198	1.1364	1.7857	1.5473
紫玉盘 *Uvaria microcarpa*	2	0.9000	0.3571	0.4777	2.2727	1.7857	1.5121
红枝蒲桃 *Syzygium rehderianum*	2	1.1000	0.2857	0.3822	2.2727	1.7857	1.4802

（续）

物种名称 Species name	株数 Number	平均高度(m) Average deight	盖度 Coverage	相对密度 Relative density	相对盖度 Relative coverage	相对频度 Relative frequency	重要值 Important value
九节 *Psychotria rubra*	2	1. 1500	0. 7400	2. 0408	1. 1344	7. 6923	3. 6225
椿叶花椒 *Zanthoxylum ailanthoides*	2	1. 1500	3. 0500	2. 0408	4. 6758	3. 8462	3. 5209
山油柑 *Acronychia pedunculata*	3	0. 8000	2. 1200	3. 0612	3. 2500	3. 8462	3. 3858
银合欢 *Leucaena leucocephala*	1	2. 2000	2. 8600	1. 0204	4. 3845	3. 8462	3. 0837
竹节蓼 *Homalocladium platycladum*	4	0. 3500	0. 6700	4. 0816	1. 0271	3. 8462	2. 9850
乌桕 *Sapium sebiferum*	3	1. 0000	1. 0700	3. 0612	1. 6403	3. 8462	2. 8492
黄牛木 *Cratoxylum cochinchinense*	1	1. 5000	1. 7200	1. 0204	2. 6368	3. 8462	2. 5011
鲫鱼胆 *Maesa perlarius*	2	1. 0000	0. 7600	2. 0408	1. 1651	3. 8462	2. 3507
毛果算盘子 *Glochidion eriocarpum*	1	1. 6000	1. 1700	1. 0204	1. 7937	3. 8462	2. 2201
白花灯笼 *Clerodendrum fortunatum*	2	0. 6500	0. 3600	2. 0408	0. 5519	3. 8462	2. 1463
鸭脚木 *Schefflera octophylla*	1	0. 5000	1. 0000	1. 0204	1. 5330	3. 8462	2. 1332
阴香 *Cinnamomum burmanni*	1	0. 5000	0. 4300	1. 0204	0. 6592	3. 8462	1. 8419
台湾相思 *Acacia confusa*	1	1. 2000	0. 3600	1. 0204	0. 5519	3. 8462	1. 8062
假鹰爪 *Desmos chinensis*	1	0. 2500	0. 1300	1. 0204	0. 1993	3. 8462	1. 6886

此群落灌木层含 20 种植物，种类组成较为丰富，所属的科较多。说明其灌木层植物发育较好，多样性较高。

表 1. 19　群落 6 草本层的结构特征

物种名称 Species name	株数 Number	平均高度(m) Average height	盖度 Coverage	相对密度 Relative density	相对盖度 Relative coverage	相对频度 Relative frequency	重要值 Important value
五节芒 *Miscanthus floridulus*	21	2. 0952	271. 8750	38. 1818	93. 2572	4. 8527	45. 4306
莠竹 *Microstegium nodosum*	9	0. 3000	4. 1750	16. 3636	1. 4321	9. 7054	9. 1670
熊耳草 *Ageratum houstonianum*	6	0. 4250	1. 1638	10. 9091	0. 3992	9. 7054	7. 0045
海芋 *Alocasia macrorrhiza*	4	0. 4125	3. 8750	7. 2727	1. 3292	9. 7054	6. 1024

（续）

物种名称 Species name	株数 Number	平均高度(m) Average height	盖度 Coverage	相对密度 Relative density	相对盖度 Relative coverage	相对频度 Relative frequency	重要值 Important value
珍珠茅 *Scleria levis*	1	1. 0000	4. 5000	1. 8182	1. 5436	9. 7054	4. 3557
蜈蚣草 *Pteris vittata*	1	0. 1500	0. 7813	1. 8182	0. 2680	9. 7054	3. 9305
半边旗 *Pteris semipinnata*	1	0. 2000	0. 6250	1. 8182	0. 2144	9. 7054	3. 9126
小飞蓬 *Conyza canadensis*	1	0. 8000	0. 6000	1. 8182	0. 2058	9. 7054	3. 9098
淡竹叶 *Lophatherum gracile*	1	0. 1200	0. 4500	1. 8182	0. 1544	9. 7054	3. 8926
傅氏凤尾蕨 *Pteris fauriei*	1	0. 3000	0. 3750	1. 8182	0. 1286	9. 7054	3. 8841
三叶鬼针草 *Bidens pilosa*	4	0. 6750	2. 2125	7. 2727	0. 7589	2. 4263	3. 4860
一点红 *Emilia sonchifolia*	3	0. 3300	0. 7500	5. 4545	0. 2573	2. 4263	2. 7127
火炭母 *Polygonum chinense*	1	0. 4000	0. 1400	1. 8182	0. 0480	1. 4731	1. 1131
千里光 *Senecio scandens*	1	0. 6000	0. 0100	1. 8182	0. 0034	1. 4731	1. 0982

藤本植物：五爪金龙、海金沙、薇甘菊。

此群落草本层植物有 14 种，另有 3 种藤本植物。植物种类还是较多的。从丰富程度看处在中等偏低状态。

1. 2. 7 桐花树群落(Comm. *Aegiceras corniculatum*)

群落 7 的结构特征见表 1. 20。

表 1. 20 群落 7 的结构特征

物种名称 Species name	株数 Number	平均高度(m) Average height	盖度 Coverage	相对密度 Relative density	相对盖度 Relative coverage	相对频度 Relative frequency	重要值 Important value
桐花树 *Aegiceras corniculatum*	154	0. 9416	159. 18	77. 7778	55. 5520	44. 4622	59. 2581
海漆 *Excoecaria agallocha*	21	2. 0357	94. 09	10. 6061	32. 8363	11. 1021	18. 1845
白骨壤 *Aricennia marina*	10	1. 2000	12. 97	5. 0505	4. 5262	11. 1111	6. 8959
木榄 *Bruguiera gymnorrhiza*	3	2. 1000	11. 29	1. 5152	3. 9393	11. 1111	5. 5219
老鼠簕 *Acanthus ilicifolius*	7	0. 7000	2. 65	3. 5354	0. 9253	11. 1111	5. 1906
海桑 *Sonneratia caseolaris*	3	1. 0000	6. 36	1. 5152	2. 2208	11. 1111	4. 9490

群落 7 位于盐灶村银叶树湿地公园内，在这个公园里，该群落为银叶树林旁的一个真红树植物构成的群落，而该区域的银叶树在乔木层中占据主要地位。这里分布着树龄从 100 年、200 年，到 350 年

甚至500年的古树、老树，而且还有很多不同树龄的银叶树，树苗也比较多，说明此处的银叶树种群依然是处在年龄结构很好、发展状况很好的状态。对于这个国家二级重点保护野生植物，必须在进行本地区的经济建设等活动过程中，进一步加以很好的保护。银叶树在我国分布地点较少，而且背面银白色，造型古朴典雅，观赏性好，同时在沿海护堤、护岸，维护生态系统结构方面具重要的作用。同时，其周围分布着多种真红树植物，如表1.20的这些珍稀的红树林植物种类。这里分布着200多亩*的红树植物，面积还是比较大的。红树林为国家重点保护植被类型，所有的植物均为保护对象。红树林为护堤、护岸、防风，以及为鱼虾等海洋动物栖息、产卵、繁殖的重要场所，对于沿海地区的良好生态系统的构建和海洋生物的产量及多样性的增加等方面均具有很重要的作用。因此，对银叶树公园的保护中，同时加强对其内的各种红树植物如桐花树、木榄、海漆等种类的保护是同样重要的。这是一个让广大观光游客亲近自然界珍稀植物种类、观赏其美丽形态和接受生态学教育的好场所，也是开展生态旅游的一个好的场所。

从群落的组成和结构看，桐花树是这个群落的优势种，次优势种为海漆。此群落已经包含了红树林植物最主要的组成种类，反映了其多样性是较高的。在此区域，还有海莲、黄槿等红树植物分布在其群落的周围。这个区域红树林还有其他的群落，是相当好的海洋湿地生态系统。

1.2.8 木麻黄-银叶树-淡竹叶群落(Comm. *Casuarina equisetifolia*-*Heritiera littoralis*-*Lophatherum gracile*)

此群落坐落在盐灶村银叶树公园，在原来村庄房屋后面的一个山坡上，为山地植被；山岭的北面为海边。各层次结构特征见表1.21~表1.23。

表1.21 群落9乔木层的结构特征

物种名称 Species name	株数 Number	平均高度(m) Average height	平均胸径(cm) Average diameter	盖度 Coverage	相对显著度 Relative dominan	相对密度 Relative density	相对盖度 Relative coverage	相对频度 Relative frequency	重要值 Important value
木麻黄 *Casuarina equisetifolia*	26	12.4038	29.7692	102.19	8.2194	47.2727	25.0398	16.6669	24.0530
小叶榕 *Ficus concinna*	1	13	75	22.56	52.1710	1.8182	5.5279	5.5551	19.8481
银叶树 *Heritiera littoralis*	8	9.4375	35.375	81.69	11.6065	14.5455	20.0167	16.6669	14.2730
海杧果 *Cerbera manghas*	6	7	20	0.015	3.7099	10.9091	36.7548	16.6669	10.4287
朴树 *Celtis sinensis*	6	9.3333	22.5	33.14	4.6954	10.9091	8.1204	11.1119	8.9054
大头茶 *Gordonia axillaris*	4	6.625	14	8.92	1.8179	7.2727	2.1857	11.1119	6.7341
台湾相思 *Acacia confusa*	1	8	35	0.01	11.3617	1.8182	0.2450	5.5551	6.2450
蒲桃 *Syzygium jambos*	1	7	22	5.83	4.4890	1.8182	1.4285	5.5551	3.9541
桐花树 *Parmentiera cerifera*	1	6	12	0.01	1.3356	1.8182	0.2450	5.5551	2.9030
黄槿 *Hibiscus tiliaceus*	1	6	8	1.78	0.5936	1.8182	0.4362	5.5551	2.6556

* 1亩≈667m^2。

群落9的乔木层有10种植物，其中木麻黄的数量多，而且高度、胸径和盖度值均处在比较优势的地位。虽然银叶树的数量也较多，其胸径还高于木麻黄，但是其数量、高度和盖度等指标在综合统计上还是低于后者的。另外，山上还有海杧果和大头茶等，而且树体也比较高大，说明这个群落为受到较好保护的山地植物群落，与低处山岭的银叶树群落构成了一个较好的衔接，形成了一个较宽区域的森林植被系统，对于银叶树公园的景观多样性及植物多样性的构成具有重要的意义，需加以很好保护。

表1.22　群落9灌木层的结构特征

物种名称 Species name	株数 Number	平均高度(m) Average height	盖度 Coverage	相对密度 Relative density	相对盖度 Relative coverage	相对频度 Relative frequency	重要值 Important value
银叶树(苗) *Heritiera littoralis*	120	0.3600	5.0625	76.9231	10.4878	4.7619	30.7243
光荚含羞草 *Mimosa sepiaria*	4	2.9250	14.2188	2.5641	29.4565	14.2857	15.4354
土蜜树 *Bridelia tomentosa*	4	1.6125	10.6875	2.5641	22.1409	9.5238	11.4096
白簕 *Acanthopanax trifoliatus*	11	0.8818	7.4609	7.0513	15.4566	9.5238	10.6772
朴树 *Celtis sinensis*	3	1.6000	0.9844	1.9231	2.0393	14.2857	6.0827
木麻黄 *Casuarina equisetifolia*	1	3.0000	3.8672	0.6410	8.0115	4.7619	4.4715
羊角拗 *Strophanthus divaricatus*	3	1.3500	0.5672	1.9231	1.1750	9.5238	4.2073
对叶榕 *Ficus hispida*	1	3.5000	2.3438	0.6410	4.8555	4.7619	3.4195
黄槿 *Hibiscus tiliaceus*	1	1.3000	1.2656	0.6410	2.6220	4.7619	2.6750
马缨丹 *Lantana camara*	1	1.5000	0.8750	0.6410	1.8127	4.7619	2.4052
九里香 *Murraya exotica*	3	0.4833	0.1094	1.9231	0.2266	4.7619	2.3039
水翁 *Cleistocalyx operculatus*	2	1.0250	0.3281	1.2821	0.6798	4.7619	2.2412
山乌桕 *Sapium discolor*	1	1.4000	0.4688	0.6410	0.9711	4.7619	2.1247
三桠苦 *Evodia lepta*	1	0.9500	0.0313	0.6410	0.0647	4.7619	1.8226

在群落9的灌木层里，有14种植物，种类也是较为丰富的。部分为乔木的小树，说明此群落处在很好的发展时期，乔木的幼苗和小树能继续不断地发育，而增加其种类的多样性，维系好和进一步提高该群落的生物量。

表1.23　群落9草本层的结构特征

物种名称 Species name	株数 Number	平均高度(m) Average height	盖度 Coverage	相对密度 Relative density	相对盖度 Relative coverage	相对频度 Relative frequency	重要值 Important value
淡竹叶 *Lophatherum gracile*	513	0.1598	37.7000	61.6587	28.6304	19.5680	36.6190
叶下珠 *Phyllanthus urinaria*	58	0.0997	20.8523	6.9712	15.8358	11.1817	11.3296

（续）

物种名称 Species name	株数 Number	平均高度(m) Average height	盖度 Coverage	相对密度 Relative density	相对盖度 Relative coverage	相对频度 Relative frequency	重要值 Important value
飞蓬 *Erigeron acer*	65	0. 2500	13. 6000	7. 8125	10. 3282	2. 7954	6. 9787
紫花苜蓿 *Medicago sativa*	42	0. 0500	15. 5077	5. 0481	11. 7770	2. 7954	6. 5402
鬼针草 *Bidens pilosa*	10	0. 3600	6. 1215	1. 2019	4. 6489	11. 1817	5. 6775
牛筋草 *Eleusine indica*	11	0. 4155	6. 0615	1. 3221	4. 6033	5. 5909	3. 8388
藿香蓟 *Ageratum conyzoides*	13	0. 3500	8. 0000	1. 5625	6. 0754	2. 7954	3. 4778
平车前 *Plantago depressa*	35	0. 1200	2. 5846	4. 2067	1. 9628	2. 7954	2. 9883
华南毛蕨 *Cyclosorus parasiticus*	20	0. 2600	2. 9538	2. 4038	2. 2432	2. 7954	2. 4808
苏铁蕨 *Brainea insignis*	2	0. 5000	5. 5385	0. 2404	4. 2061	2. 7954	2. 4140
酢浆草 *Oxalis corniculata*	30	0. 0700	0. 5538	3. 6058	0. 4206	2. 7954	2. 2739
火炭母 *Polygonum chinense*	2	0. 5500	0. 2344	0. 2404	0. 1780	4. 9555	1. 7913
土牛膝 *Achyranthes aspera*	4	0. 3000	2. 7538	0. 4808	2. 0913	2. 7954	1. 7892
肖梵天花 *Urena lobata*	4	0. 6000	2. 3077	0. 4808	1. 7525	2. 7954	1. 6762
莠竹 *Microstegium nodosum*	8	0. 2500	1. 0338	0. 9615	0. 7851	2. 7954	1. 5140
赛葵 *Malvastrum coromandelianum*	4	0. 4500	1. 5385	0. 4808	1. 1683	2. 7954	1. 4815
海芋 *Alocasia macrorrhiza*	1	0. 5800	2. 0000	0. 1202	1. 5189	2. 7954	1. 4782
沿阶草 *Ophiopogon bodinieri*	4	0. 1500	1. 3292	0. 4808	1. 0095	2. 7954	1. 4285
三头水蜈蚣 *Kyllinga triceps*	3	0. 2200	0. 8769	0. 3606	0. 6660	2. 7954	1. 2740
一点红 *Emilia sonchifolia*	1	0. 1100	0. 0800	0. 1202	0. 0608	2. 7954	0. 9921
含羞草 *Mimosa pudica*	1	0. 1000	0. 0346	0. 1202	0. 0263	2. 7954	0. 9806
金腰箭 *Synedrella nodiflora*	1	0. 1000	0. 0154	0. 1202	0. 0117	2. 7954	0. 9758

群落 9 的草本层有 22 种植物，种类是很多的，丰富度很高。而且所属的科比较多，说明其遗传差异也比较大。一方面，在应用上可以作为资源库，另一方面，其草本植物种类丰富，说明其林下的生物量高，结构好。

1.2.9 卤蕨群落(Comm. *Acrostichum aureum*)

群落 10 的结构特征见表 1.24。

表 1.24 群落 10 的结构特征

物种名称 Species name	株数 Number	平均高度(m) Average height	盖度 Coverage	相对密度 Relative density	相对盖度 Relative coverage	相对频度 Relative frequency	重要值 Important value
卤蕨 *Acrostichum aureum*	6940	1.6539	130.18	35.9362	57.7878	14.4230	36.0490
海马齿 *Sesuvium portulacastrum*	11634	0.1300	2.26	60.2423	1.0044	14.4230	25.2233
秋茄 *Kandelia obovata*	174	1.7799	61.79	0.9010	27.4311	14.4230	14.2517
木榄 *Bruguiera gymnorrhiza*	71	1.6110	11.68	0.3676	5.1849	15.3846	6.9790
桐花树 *Aegiceras corniculatum*	132	0.8196	9.14	0.6835	4.0583	15.3846	6.7088
老鼠簕 *Acanthus ilicifolius*	349	0.5143	1.55	1.8072	0.6873	14.4230	5.6391
银叶树 *Heritiera littoralis*	10	4.4300	7.38	0.0518	3.2779	7.6923	3.6740
海桑 *Sonneratia caseolaris*	2	4.2600	1.28	0.0104	0.5684	3.8462	1.4750

群落 10 里还有秋茄幼苗 754 株。

此群落均为低于 4m 的植物，虽然海马齿的数量也很多，但是其高度、盖度等较多地低于卤蕨，因此，后者为优势种。在此群落里还有很重要的红树植物，如秋茄、木榄等。此群落的外围还有极少的如草海桐(*Scaevola sericea*)、许树(*Clerodendrum inerme*)等滨海植物分布。这个群落也是如群落 7 那样，为需要重点保护的珍稀植物群落。其生态效益和生态旅游方面的效益是同等重要的。

1.2.10 台湾相思-朴树-海金沙群落(Comm. *Acacia confusa*-*Celtis sinensis*-*Kyllinga brevifolia*)

群落 11 在盐灶村银叶树公园内桐花树群落以南沿海岸走向的一个山坡，为山地植被。群落的各层次结构特征见表 1.25~表 1.27。

表 1.25 群落 11 乔木层的结构特征

物种名称 Species name	株数 Number	平均高度(m) Average height	平均胸径(cm) Average diameter	盖度 Coverage	相对显著度 Relative dominan	相对密度 Relative density	相对频度 Relative frequency	重要值 Important value
台湾相思 *Acacia confusa*	12	10.4583	31.6667	11.2300	90.5791	9.92	3.45	34.6497
海杧果 *Cerbera manghas*	21	9.0476	26.4286	26.0000	1.8644	17.36	3.45	7.5581
木麻黄 *Casuarina equisetifolia*	15	9.4000	15.8667	17.2400	0.9719	12.4	3.45	5.6073
樟 *Cinnamomum camphora*	11	10.3182	25.8182	11.7800	0.9079	9.09	3.45	4.4826
破布叶 *Microcos paniculata*	8	7.5000	18.5625	5.1800	0.3817	6.61	3.45	3.4806
朴树 *Celtis sinensis*	7	9.0000	19.0000	13.1300	0.3114	5.79	3.45	3.1838

（续）

物种名称 Species name	株数 Number	平均高度(m) Average height	平均胸径(cm) Average diameter	盖度 Coverage	相对显著度 Relative dominan	相对密度 Relative density	相对频度 Relative frequency	重要值 Important value
阴香 *Cinnamomum burmanni*	7	9.4286	16.1429	4.8000	0.2481	5.79	3.45	3.1627
小叶榕 *Ficus microcarpa*	2	14.0000	55.0000	5.3600	0.8721	1.65	6.90	3.1407
假苹婆 *Sterculia lanceolata*	5	12.7000	28.8000	7.2900	0.4855	4.13	3.45	2.6885
变叶榕 *Ficus variolosa*	3	16.6667	51.0000	7.9600	0.9996	2.48	3.45	2.3099
龙眼 *Dimocarpus longan*	3	13.0000	27.6667	3.7800	0.2910	2.48	3.45	2.0737
白花苦灯笼 *Tarenna mollissima*	3	10.3333	15.3333	1.6700	0.0811	2.48	3.45	2.0037
野桐 *Mallotus japonicus*	3	5.1667	11.3333	2.5300	0.0449	2.48	3.45	1.9916
黄槿 *Hibiscus tiliaceus*	3	7.3333	13.0000	2.5400	0.0449	2.48	3.45	1.9916
九节 *Psychotria rubra*	2	14.0000	31.0000	5.6700	0.2571	1.65	3.45	1.7857
银柴 *Aporosa dioica*	2	10.0000	25.0000	2.0300	0.1409	1.65	3.45	1.7470
荔枝 *Litchi chinensis*	2	10.7500	20.0000	1.7400	0.0898	1.65	3.45	1.7299
大头茶 *Polyspora axillaris*	2	8.0000	16.0000	1.6400	0.0571	1.65	3.45	1.7190
山乌桕 *Sapium discolor*	1	17.0000	47.0000	3.2000	0.2454	0.83	3.45	1.5085
银合欢 *Leucaena glauca*	1	14.0000	42.0000	1.8000	0.1960	0.83	3.45	1.4920
扁担杆 *Grewia biloba*	1	15.0000	42.0000	3.2000	0.1960	0.83	3.45	1.4920
假柿木姜子 *Litsea monopetala*	1	14.0000	38.0000	1.8000	0.1604	0.83	3.45	1.4801
凤凰木 *Delonix regia*	1	12.0000	35.0000	1.8000	0.1361	0.83	3.45	1.4720
白楸 *Mallotus paniculatus*	1	13.0000	32.0000	1.4200	0.1138	0.83	3.45	1.4646
盐肤木 *Rhus chinensis*	1	17.0000	32.0000	4.5000	0.1138	0.83	3.35	1.4646
紫玉盘 *Uvaria macrophylla*	1	11.0000	28.0000	0.6000	0.0871	0.83	3.45	1.4557
蒲桃 *Syzygium jambos*	1	9.0000	25.0000	1.0900	0.0694	0.83	3.35	1.4498
七叶树 *Aesculus chinensis*	1	9.0000	22.0000	1.0900	0.0538	0.83	3.45	1.4446

群落11乔木层植物种类较多，有28种，既含陆地种类如蒲桃、盐肤木、凤凰木、大头茶等，也含沿海植物如海杧果、黄槿等。这个狭长形山地是海边的重要海陆植物多样性分布的重叠区域，其良好的植被结构，也构成了银叶树湿地公园更好的景观。林内有许多海鸟停留和栖息，也是鸟类繁衍的好场所。

表 1.26　群落 11 灌木层的结构特征

物种名称 Species name	株数 Number	平均高度(m) Average height	盖度 Coverage	相对密度 Relative density	相对盖度 Relative coverage	相对频度 Relative frequency	重要值 Important value
朴树 *Celtis sinensis*	33	1. 8090	227. 8800	47. 8261	51. 8673	19. 2297	39. 6410
马缨丹 *Lantana camara*	6	1. 6417	58. 4600	8. 6957	13. 3060	15. 3851	12. 4623
木麻黄 *Casuarina equisetifolia*	5	2. 6400	45. 2100	7. 2464	10. 2902	11. 5383	9. 6916
台湾相思 *Acacia confusa*	8	1. 9875	4. 1670	11. 5942	0. 9484	15. 3851	9. 3093
光荚含羞草 *Mimosa sepiaria*	4	1. 2750	44. 8300	5. 7971	10. 2037	7. 6914	7. 8974
土蜜树 *Bridelia tomentosa*	5	1. 5300	13. 5800	7. 2464	3. 0909	7. 6914	6. 0096
秋枫 *Bischofia javanica*	2	2. 3500	31. 4200	2. 8986	7. 1514	3. 8469	4. 6323
九里香 *Murraya exotica*	2	1. 0500	4. 3300	2. 8986	0. 9855	7. 6914	3. 8585
小叶女贞 *Ligustrum quihoui*	2	1. 7500	6. 0500	2. 8986	1. 3770	3. 8469	2. 7075
九节 *Psychotria rubra*	1	2. 7500	3. 0500	1. 4493	0. 6942	3. 8469	1. 9968
海杧果 *Cerbera manghas*	1	1. 8000	0. 3750	1. 4493	0. 0854	3. 8469	1. 7938

群落 11 灌木层植物也较多，有 11 种，构成了较好的群落空间格局。

表 1.27　群落 11 草本层的结构特征

物种名称 Species name	株数 Number	平均高度(m) Average height	盖度 Coverage	相对盖度 Relative coverage	相对密度 Relative density	相对频度 Relative frequency	重要值 Important value
海金沙 *Lygodium japonicum*	2	0. 2350	0. 3300	3. 2847	0. 3781	6. 2500	3. 3042
半边旗 *Pteris semipinnata*	3	0. 2567	0. 7000	6. 9675	0. 5671	3. 1250	3. 5532
海芋 *Alocasia macrorrhiza*	9	0. 2633	3. 5900	35. 7331	1. 7013	6. 2500	14. 5615
沿阶草 *Ophiopogon bodinieri*	14	0. 2426	12. 6600	1. 2601	2. 6465	9. 3750	4. 4272
虎尾兰 *Sansevieria trifasciata*	3	0. 3833	1. 5300	1. 5229	0. 5671	3. 1250	1. 7383
鬼针草 *Bidens pilosa*	98	0. 5109	2. 8610	2. 8477	18. 5255	9. 3750	10. 2494
山菅兰 *Dianella ensifolia*	3	0，3033	0. 4850	4. 8275	0. 5671	3. 1250	2. 8399
文殊兰 *Crinum asiaticum*	1	0. 4000	1. 9200	1. 9111	0. 1890	3. 1250	1. 7417

（续）

物种名称 Species name	株数 Number	平均高度(m) Average height	盖度 Coverage	相对盖度 Relative coverage	相对密度 Relative density	相对频度 Relative frequency	重要值 Important value
淡竹叶 *Lophatherum gracile*	132	0.1071	4.5200	4.4990	24.9527	6.2500	11.9006
棕竹 *Rhapis excelsa*	16	0.9800	25.0200	2.4904	3.0246	6.2500	3.9216
凤尾蕨 *Pteris cretica*	2	0.2650	0.6740	6.7087	0.3781	6.2500	4.4456
蟛蜞菊 *Wedelia chinensis*	44	0.3900	4.8100	4.7876	8.3176	6.2500	6.4517
胭脂花 *Primula maximowiczii*	2	0.1500	12.3900	1.2332	0.3781	6.2500	2.6204
单穗水蜈蚣 *Kyllinga monocephala*	84	0.2167	96.3900	9.5942	15.8790	6.2500	10.5744
酢浆草 *Oxalis corniculata*	32	0.1023	0.0830	0.8261	6.0491	3.1250	3.3334
莠竹 *Microstegium nodosum*	77	2.8863	6.2200	6.1911	14.5558	9.3750	10.0406
牛筋草 *Eleusine indica*	2	0.2050	0.2400	2.3888	0.3781	3.1250	1.9640
金腰箭 *Synedrella nodiflora*	5	0.3400	2.9400	2.9263	0.9452	3.1250	2.3322

群落里的藤本植物为薇甘菊、落葵薯、鸡屎藤。

群落 11 草本层植物有 18 种，另有 3 种藤本植物，植物种类可以说是相当多的，可见此群落长期受到自然状态的保护，草本植物在林下得到很好的发育，但是也存在一种外来入侵植物。从草本植物的种类看，它们隶属于很多科，多种具有经济和药用价值，因此，该群落也是一个植物多样性资源库之一。从这个山地植被的群落结构看，乔木、灌木和草本 3 个层次的植物均由较多的种类组成，生长状态很好，这也与林内有鸟类分布和栖息、能常提供肥料有关。此群落区域结合公园其他珍稀植物一起，也是进行生态系统结构和运行等理论知识教育的好场所。

1.2.11 木麻黄-银叶树-金腰箭群落(Comm. *Casuarina equisetifolia*-*Heritiera littoralis*-*Synedrella nodiflora*)

群落 12 位于产头村北面靠近大海一侧的一条河渠的两岸。群落各层次结构特征见表 1.28～表 1.30。

表 1.28 群落 12 乔木层的结构特征

物种名称 Species name	株数 Number	平均高度(m) Average height	平均胸径(cm) Average diameter	盖度 Coverage	相对显著度 Relative dominan	相对密度 Relative density	相对频度 Relative frequency	重要值 Important value
木麻黄 *Casuarina equisetifolia*	14	13.7143	29.0000	16.3000	24.1955	27.4510	16.6667	22.7710
银叶树 *Heritiera littoralis*	11	10.2727	50.4545	31.0813	33.0751	21.5686	11.1111	21.9183
黄槿 *Hibiscus tiliaceus*	5	6.4000	40.0000	8.4250	11.9190	9.8039	11.1111	10.9447
台湾相思 *Acacia confusa*	2	9.0000	32.5000	2.5563	3.8737	3.9216	5.5556	4.4503

（续）

物种名称 Species name	株数 Number	平均高度(m) Average height	平均胸径(cm) Average diameter	盖度 Coverage	相对显著度 Relative dominan	相对密度 Relative density	相对频度 Relative frequency	重要值 Important value
朴树 *Celtis sinensis*	9	10. 2222	23. 0000	10. 3500	12. 3361	17. 6471	16. 6667	15. 5499
龙眼 *Dimocarpus longan*	1	9. 0000	25. 0000	1. 3000	1. 4899	1. 9608	5. 5556	3. 0021
海杧果 *Cerbera manghas*	1	4. 0000	20. 0000	0. 4500	1. 1919	1. 9608	5. 5556	2. 9027
番木瓜 *Carica papaya*	1	4. 5000	10. 0000	0. 1000	0. 5959	1. 9608	5. 5556	2. 7041
秋枫 *Bischofia javanica*	1	9. 0000	10. 0000	2. 7500	0. 5959	1. 9608	5. 5556	2. 7041
凤凰木 *Delonix regia*	3	10. 0000	23. 3333	4. 5500	4. 1716	5. 8824	5. 5556	5. 2032
假柿木姜子 *Litsea monopetala*	2	12. 5000	45. 0000	2. 6250	5. 3635	3. 9216	5. 5556	4. 9469

从群落12的乔木层看，木麻黄处于优势地位，其高度和密度值较明显地高于其他种类，但此群落银叶树的数量、高度、胸径也是较高的，尤其是其胸径值明显较高。这里的银叶树也有很多为老树和大树。黄槿和台湾相思的胸径值也很高，属于大树里的高等级。此群落还有海杧果、凤凰树等，说明乔木的种类是较为丰富的。这个区域是珍稀植物银叶树的重要分布地之一，同时其他种类的大树、老树也很多。此处是一个很好的休闲和观光的地方，要加强保护。

表 1. 29　群落 12 灌木层的结构特征

物种名称 Species name	株数 Number	平均高度(m) Average height	盖度 Coverage	相对盖度 Relative coverage	相对密度 Relative density	相对频度 Relative frequency	重要值 Important value
银叶树 *Heritiera littoralis*	17	0. 5000	39. 6667	18. 9831	44. 7368	5. 2632	22. 9944
野桐 *Mallotus japonicus*	3	3. 0333	70. 0000	33. 4995	7. 8947	10. 5263	17. 3069
龙眼 *Dimocarpus longan*	3	1. 4667	16. 9583	8. 1157	7. 8947	10. 5263	8. 8456
红背山麻杆 *Alchornea trewioides*	1	3. 2000	27. 0833	12. 9611	2. 6316	5. 2632	6. 9520
白花灯笼 *Clerodendrum fortunatum*	3	1. 2333	1. 9583	0. 9372	7. 8947	10. 5263	6. 4527
光荚含羞草 *Mimosa sepiaria*	1	2. 6000	14. 8750	7. 1186	2. 6316	5. 2632	5. 0045
台湾相思 *Acacia confusa*	1	2. 2000	12. 7500	6. 1017	2. 6316	5. 2632	4. 6655
水茄 *Solanum torvum*	1	1. 8000	8. 5000	4. 0678	2. 6316	5. 2632	3. 9875
番木瓜 *Carica papaya*	1	2. 2000	6. 4167	3. 0708	2. 6316	5. 2632	3. 6552
黄槿 *Hibiscus tiliaceus*	1	1. 4000	3. 2083	1. 5354	2. 6316	5. 2632	3. 1434

（续）

物种名称 Species name	株数 Number	平均高度(m) Average height	盖度 Coverage	相对盖度 Relative coverage	相对密度 Relative density	相对频度 Relative frequency	重要值 Important value
黄牛木 *Cratoxylum cochinchinense*	1	0.6000	1.5000	0.7178	2.6316	5.2632	2.8709
九里香 *Murraya exotica*	1	0.8000	1.4583	0.6979	2.6316	5.2632	2.8642
土蜜树 *Bridelia tomentosa*	1	0.8000	1.3333	0.6381	2.6316	5.2632	2.8443
海红豆 *Adenanthera pavonina*	1	1.1000	1.2500	0.5982	2.6316	5.2632	2.8310
朴树 *Celtis sinensis*	1	1.5000	1.1667	0.5583	2.6316	5.2632	2.8177
大叶算盘子 *Glochidion lanceolarium*	1	1.4000	0.8333	0.3988	2.6316	5.2632	2.7645

群落12的灌木层里，植物种类也较多，而且有许多为其他地方没有或很少分布的种类，如海红豆、大叶算盘子、黄牛木、红背山麻杆等。

表1.30　群落12草木层的结构特征

物种名称 Species name	株数 Number	平均高度(m) Average height	盖度 Coverage	相对盖度 Relative coverage	相对密度 Relative density	相对频度 Relative frequency	重要值 Important value
金腰箭 *Synedrella nodiflora*	104	50.0000	23.6923	20.9261	16.0247	6.3492	14.4333
赛葵 *Malvastrum coromandelianum*	74	54.0000	11.1423	9.8414	11.4022	12.6984	11.3140
单穗水蜈蚣 *Kyllinga monocephala*	98	15.6667	6.1754	5.4544	15.1002	9.5238	10.0261
鬼针草 *Bidens pilosa*	57	71.0000	13.8231	12.2091	8.7827	6.3492	9.1137
华南毛蕨 *Cyclosorus parasiticus*	46	18.0000	14.1538	12.5013	7.0878	3.1746	7.5879
藿香 *Agastache rugosa*	71	46.0000	1.9558	1.7274	10.9399	9.5238	7.3970
胭脂花 *Primula maximowiczii*	15	56.0000	18.1731	16.0512	2.3112	3.1746	7.1790
淡竹叶 *Lophatherum gracile*	82	14.5000	2.5962	2.2930	12.6348	6.3492	7.0924
含羞草 *Mimosa pudica*	39	45.5000	4.3269	3.8217	6.0092	6.3492	5.3934
蟛蜞菊 *Wedelia chinensis*	28	33.5000	0.7215	0.6373	4.3143	9.5238	4.8251
土牛膝 *Achyranthes aspera*	9	1.2667	7.5833	6.6979	1.3867	4.7619	4.2822
五节芒 *Miscanthus floridulus*	14	131.0000	4.0677	3.5928	2.1572	6.3492	4.0330
肖梵天花 *Urena lobata*	4	88.0000	1.0615	0.9376	0.6163	6.3492	2.6344
香附 *Cyperus rotundus*	4	13.0000	3.3923	2.9962	0.6163	3.1746	2.2624

（续）

物种名称 Species name	株数 Number	平均高度(m) Average height	盖度 Coverage	相对盖度 Relative coverage	相对密度 Relative density	相对频度 Relative frequency	重要值 Important value
长裂苦苣菜 *Sonchus brachyotus*	3	40.0000	0.3462	0.3057	0.4622	3.1746	1.3142
飞蓬 *Erigeron speciosus*	1	57.0000	0.0077	0.0068	0.1541	3.1746	1.1118

群落12草本层里，植物种类较多，而且较多为其他群落没有分布的种类，如金腰箭、藿香等。

以上说明群落12的乔木、灌木和草本层的植物组成均很丰富，结构较好，而且具有重要的珍稀植物，需要在利用中加以很好保护。

1.3 讨论

从深圳坝光区域中西部及西北部区域的植被生态学特征看，所调查的12个植物群落的结构特征都很好，主要表现为：在群落里，高大的乔木数量很多，许多群落有100年以上的国家重点保护古树，有的群落还有300年以上的国家二级重点保护古树，如盐灶村的银叶树公园里的部分银叶树，以及坝光村的居住区及沿海、沿河的群落里和产头村几个群落里的一些古树；而其他的树龄在几十年、近100年的大树、老树也很多，表现出一个乔木年龄的连续过程，说明这些群落几乎是在自然状态下发育的，极少人为的干扰和影响。而且在各群落里，那些高大的古树、老树的种类并不是单一化的，而是有多个不同的种类，如银叶树、秋枫、龙眼、朴树、水翁等，表现出丰富度较高，以及近自然状态。这些群落乔木的高度值比深圳马峦山保护山地森林许多群落的高很多(廖文波等，2007)，与羊台山森林公园相比也处在较高的水平(胡传伟等，2009)。

从坝光的上述12个群落乔木的高度、胸径、冠幅和盖度等指标看，都比深圳的莲花山这个已经人为保护了近20年的区域的多个山地植物群落的要高很多(黄玉源等，2016a)；比同样是人为保护了近20年的深圳小南山森林公园的植物群落要高(黄玉源等，2016b)；甚至比基本在25年内没有人为干扰的处在保护区范围内的深圳杨梅坑区域山地植物群落的上述指标要高较多(Liang et al, 2016)。虽然上述3个区域的大部分群落的植被特点基本可以代表了深圳的主要的植被特点，而且这些群落的上述指标比深圳其他地方的人工林群落还要好很多(黄玉源等，2016b；Liang et al, 2016；魏若宇，2017)，但是它们还是比坝光中部及西北部区域的这些群落要较明显地弱。这说明，坝光的这个区域植物群落结构确实是在深圳处在最好状态的，基本为自然发育和演替、发展，形成很好的结构及多样性的区域。在全国范围内，能在有较多村落及人们居住和经营的区域保持这样优美和很好生态系统状况的区域，是很难得的，是一个非常珍贵的生态环境和美的范例。

在每个群落，灌木的种类都很丰富，构成林下较好的盖度，而不是像其他许多地方的人工林，乔木林下的灌木种类较少或很少。草本植物的种类也很多。而且这两个层次的极大部分种类均为自然发育的状态，即为自然林的特征为主，因而构成了林下比其他很多地区明显多很多的生物量。

这个区域的许多植物群落明显带有滨海植物的特点，较多群落有红树植物，如银叶树、桐花树等，或者有黄槿、海杧果及木麻黄等滨海植物。而且从第一个群落到第12个群落的组成状况都基本具备这个特点。盐灶村的银叶树湿地公园及其附近的红树植物种类稍多一些，有银叶树、桐花树、秋茄、木榄、海榄雌、海漆、老鼠簕、卤蕨、苦郎树、海杧果等，即这里的几个群落为具有较多真红树和半红树植物的红树林。而到了坝光村一带，则主要是银叶树，长期泡在海水或咸淡水中的以桐花树为主，兼有一些老鼠簕、苦郎树等，近岸的红树植物还有海杧果、黄槿、海漆等。

陈晓霞等(2015)对盐灶村的银叶树湿地公园的红树林进行了一些调查研究，但是所调查的范围仅涉及沿海岸线附近的较窄的区域，而且指标里没有涉及各个种类的盖度等指标，并且统计过程不分植物层次。这虽然属于可用的方法，但是也存在一些如容易造成层次之间的指标不清等问题。比如，高度指标，乔木、灌木和草本植物都混合统计，并不了解乔木的高度、灌木的高度各为多少，也不知道草本植物的高度状况，盖度的状况也如此；多样性指标的统计也存在类似的问题，不能了解各层次的多样性指标，而只是了解了整个群落的多样性状况，但是这是有所不同的。因为，其中在群落的组成及构建等方面到底是草本植物的贡献大，还是乔木层植物的贡献大，这会影响到群落的结构状况和生物量等状况。中国红树林保育联盟和阿拉善 SEE 生态协会(2009)也对该区域进行过调查研究，但是仅集中在有银叶树的区域为主，所做的植物群落样方测定调查涉及的范围也仅在那些有银叶树分布的范围，所列出的指标也相对较少，如盖度、高度等指标未统计和列出，而且像胸径和显著度等指标也只测定和列出了银叶树的，其他红树林的真红树和半红树 10 多个种类的结构特征指标均未列出。而本研究是在六七年之后再次对此区域进行植被的演替和动态变化调查研究，研究表明，这些区域原来的银叶树植株都保持着很好的发育状态，高度、胸径和盖度等有所提高，其他的小树、幼树也同样在较好地发育，说明银叶树种群在很好的发育之中。而且增加了对该区域的 10 多个红树植物种类的生态学指标的测定研究，表明这些真红树和半红树植物植株的数量、盖度及高度等指标都是相当好的。本研究还报道了该区域分布有海桑和海马齿，这在阿拉善 SEE 生态协会(2009)的报告里没有报道，在陈晓霞(2015)的研究里报道了海马齿，但未报道海桑这种红树植物。本研究在银叶树所分布山岭的西部的群落即群落 9 进行了调查研究，那里同样有很多其他被子植物和高大乃至古老的大树，群落结构很好，而且有很多的鸟类栖息，与其东面的银叶树群落构成很好的一个连续的植被系统，两者相互依托、相互庇护和共同发展。同时，本研究还对该区域东侧的沿海山地植物群落即群落 11 进行了调查研究，这是一个连接其南部、沿海东北部区域的这些基本长期在潮间带浸泡在海水中的真红树群落的近海过渡植被地带，对于这些红树林区域的肥力情况、风速，昆虫、鸟类的活动和物质循环等具有很重要的庇护和链锁的依托关系。实际上，这个山地的树林是很多海鸟的分布和栖息地。这个山地的植物群落结构也是较好的，有较多的近海植物如木麻黄、海杧果、海漆等植物，当然还有较多陆生但属于海陆过渡带的植物，也同样是需要一起加以保护的。

由于乔木层植物高大、盖度大，加上上述的灌木层和草本层的种类多、茂密，因此，几乎所有的植物群落的空间枝叶比例均很高。这样就构成了该区域植物群落单位面积的生物量比其他一些人工林或半自然林和自然林要高较多，也就会形成很好的增加大气湿度、释放氧气、降低小气候的气温和林内温度，以及保持水土、增加肥力等生态效益。

在坝光村的村屯里，有许多高大的树木，部分为超过 100 年的古树，冠幅很大，景观很好，而且种类较多。其靠海一侧的河通往大海，里面分布着很多红树林，有桐花树、银叶树、老鼠簕、海漆、黄槿等，而且造型很优美。建议把水域和陆地连接为一个整体，建立一个公园。

在白沙湾区域的几个群落里，其中的两个为从西北部的排牙山流出的河流沿岸的群落 5 和群落 6，那里有很多高大的老树，尤其是水翁，造型古朴典雅，加上其他的许多各种形态的植物的结合，景观很好。而在其东南侧山地的群落 3，则基本为近 20 年乃至更长时间里都处在自然发育的状态，有许多大树、老树，灌木和草本植物也很多，密度很大。而且其东侧即为海边，那里有大片的红树林。因此，白沙湾区域适合作为一个公园，生物谷的人们及来游览的游客在此既能观看优美的山地与河流附近的森林构成的美景，又能观看海景和海边珍稀的红树林的特征及接受生态学等知识的教育。

这里需要提及的是，银叶树作为红树植物，在我国仅防城港、广东的深圳和台山、海南的东寨港红树林区域及台湾有较小范围分布，因此，是很珍贵的红树植物。像深圳坝光这样的群落分布较多的银叶树而且那么多是高大的树木的情况，也是国内很少有的，需要加强保护。银叶树一方面能构建起好的红树林结构，增加单位空间的生物量；另一方面其树形和板根等特征构成了很好的景观，是观光的一个特色景致。

从坝光这个区域的上述这些重要的植物群落特征看，其各层次的种类较多，树木高大、古老，造型丰富、自然，说明当地民众对生态的保护意识很强，整个生态系统是很好的。

第2章 坝光区域中部主要植物群落结构特征

2.1 研究地与方法

各研究地的地理分布见图 1.1，各研究地的序号及植物群落名见表 2.1。

表 2.1 各植物群落名称及分布地等资料

植物群落号	具体地点	植物群落名称	纬度	经度	海拔(m)	群落面积(m^2)	坡向
群落 13	龙仔尾水库	台湾相思-台湾相思-鬼针草群落(Comm. *Acacia confusa*-*Acacia confusa*-*Bidens pilos*)	22°32′32″N	114°35′18″E	21.7	2500	
群落 14	坪埔村	龙眼-九节-飞扬草群落(Comm. *Dimocarpus longan*-*Psychotria rubra*-*Euphorbia hirta*)	22°38′54″N	114°31′53″E	40	3000	
群落 15	坪埔村	龙眼-对叶榕-海芋群落(Comm. *Dimocarpus longan* -*Ficus hispida*-*Alocasia macrorrhiza*)	22°38′51″N	114°31′51″E	40	1500	
群落 16	盐灶水库	柳叶桉-桃金娘-芒萁群落(Comm. *Eucalyptus saligna*-*Rhodomyrtus tomentosa*-*Dicranopteris dichotoma*)	22°38′47″N	114°30′45″E	40	1400	东北坡
群落 17	产头村东北	白车-野桐-海芋群落(Comm. *Syzygium Levinei*-*Mallotus japonicus*-*Alocasia macrorrhiza*)	22°39′15″N	114°31′33″E	10	1200	南坡
群落 18	横山	荔枝-银柴-活血丹群落(Comm. *Litchi chinensis* -*Aporusa dioica*-*Glechoma longituba*)	22°38′58″N	114°32′37″E	10	1200	
群落 19	坳仔下客运码头	木麻黄-朴树-芒萁群落(Comm. *Casuarina equisetifolia*-*Celtis sinensis*-*Dicranopteris dichotoma*)	22°39′8″N	114°31′46″E	20	3000	

研究时间和研究方法见第 1 章。

2.2 结果与分析

2.2.1 台湾相思-台湾相思-鬼针草群落(Comm. *Acacia confusa*-*Acacia confusa*-*Bidens pilosa*)

群落 13 位于坝光区域内主要道路南侧龙仔尾水库的东侧，群落各层次的结构特征见表 2.2~表 2.4。

表 2.2　群落 13 乔木层的结构特征

物种名称 Species name	株数 Number	平均高度(m) Average height	平均胸径(cm) Average diameter	盖度 Coverage	相对显著度 Relative dominan	相对密度 Relative density	相对频度 Relative frequency	重要值 Important value
台湾相思 *Acacia confusa*	44	11. 1818	38. 2386	146. 5200	68. 4832	47. 3118	11. 1111	42. 3020
龙眼 *Dimocarpus longan*	7	7. 0000	27. 8571	15. 2000	6. 1514	7. 5269	11. 1111	8. 2631
土蜜树 *Bridelia tomentosa*	6	7. 0000	25. 0000	9. 5200	3. 8951	6. 4516	11. 1111	7. 1526
朴树 *Celtis sinensis*	3	12. 0000	51. 6667	12. 8600	10. 0939	3. 2258	7. 4074	6. 9090
阴香 *Cinnamomum burmanni*	5	8. 0000	18. 0000	9. 9200	2. 2382	5. 3763	7. 4074	5. 0073
木麻黄 *Casuarina equisetifolia*	5	11. 8000	19. 2000	8. 9600	1. 9665	5. 3763	7. 4074	4. 9168
黄皮 *Clausena lansium*	4	7. 0000	17. 5000	4. 4000	1. 1875	4. 3011	7. 4074	4. 2987
番木瓜 *Carica papaya*	4	6. 0000	11. 5000	1. 4600	0. 9880	4. 3011	7. 4074	4. 2322
尖叶杜英 *Elaeocarpus apiculatus*	2	11. 0000	23. 0000	0. 7200	1. 0051	2. 1505	7. 4074	3. 5210
野桐 *Mallotus japonicus*	4	5. 8750	12. 0000	4. 1000	0. 5833	4. 3011	3. 7037	2. 8627
水榕树 *Anubias nana*	4	6. 0000	8. 5000	3. 6000	0. 3078	4. 3011	3. 7037	2. 7709
对叶榕 *Ficus hispida*	2	6. 2500	24. 5000	2. 4400	1. 9390	2. 1505	3. 7037	2. 5977
杧果 *Mangifera indica*	1	7. 0000	25. 0000	0. 8000	0. 5938	1. 0753	3. 7037	1. 7909
岭南山竹子 *Garcinia oblongifolia*	1	6. 0000	15. 0000	0. 4200	0. 2138	1. 0753	3. 7037	1. 6642
大头茶 *Gordonia axillaris*	1	6. 0000	12. 0000	0. 8000	0. 1368	1. 0753	3. 7037	1. 6386

这个群落以台湾相思为优势种，其中分布着朴树、木麻黄、尖叶杜英，还有一些人工种植的植物如龙眼、黄皮、杧果等，也有大头茶、土蜜树。群落 13 是自然生长和人工种植相结合的群落，其发展状态较好。其树的高度和胸径值等都比较高。尤其是台湾相思的主干很粗，平均胸径达到 38. 24cm，是比较老的树木。其高度及朴树等的高度也较高，达到 11~12m。

表 2.3　群落 13 灌木层的结构特征

物种名称 Species name	株数 Number	平均高度(m) Average height	盖度 Coverage	相对密度 Relative density	相对盖度 Relative coverage	相对频度 Relative frequency	重要值 Important value
台湾相思 *Acacia confusa*	13	1. 9000	19. 69	8. 9655	9. 8814	7. 9546	8. 9338
荔枝 *Litchi chinensis*	10	2. 2000	20. 02	6. 8966	10. 0432	7. 9546	8. 2981
银柴 *Aporusa dioica*	12	2. 4500	19. 41	8. 2759	9. 7397	6. 8182	8. 2779
九节 *Psychotria rubra*	14	1. 8929	21. 66	9. 6552	10. 8687	1. 1364	7. 2201
紫玉盘 *Uvaria microcarpa*	7	1. 7429	14. 20	4. 8276	7. 1257	7. 9546	6. 6360
土蜜树 *Bridelia tomentosa*	9	1. 6444	13. 28	6. 2069	6. 6645	5. 6818	6. 1844

物种名称 Species name	株数 Number	平均高度(m) Average height	盖度 Coverage	相对密度 Relative density	相对盖度 Relative coverage	相对频度 Relative frequency	重要值 Important value
竹节蓼 *Homalocladium platycladum*	14	0.7643	4.02	9.6552	2.0151	5.6818	5.7840
朴树 *Celtis sinensis*	8	1.4250	10.71	5.5172	5.3736	3.4091	4.7667
破布叶 *Microcos paniculata*	3	2.6667	12.96	2.0690	6.5026	3.4091	3.9936
九里香 *Murraya exotica*	7	1.0714	1.69	4.8276	0.8457	5.6818	3.7850
黄荆 *Vitex negundo*	7	1.3857	1.64	4.8276	0.8214	4.5455	3.3982
酒饼簕 *Atalantia buxifolia*	3	2.7000	6.08	2.0690	3.0510	3.4091	2.8430
黄皮 *Clausena lansium*	2	3.6000	9.29	1.3793	4.6615	2.2727	2.7712
野桐 *Mallotus japonicus*	3	2.3000	5.48	2.0690	2.7516	3.4091	2.7432
红背山麻杆 *Alchornea trewioides*	5	1.5800	4.53	3.4483	2.2741	2.2727	2.6650
变叶榕 *Ficus variolosa*	3	1.5000	3.48	2.0690	1.7481	3.4091	2.4087
八角枫 *Alangium chinense*	3	1.7333	4.95	2.0690	2.4845	2.2727	2.2754
番木瓜 *Carica papaya*	3	1.2667	2.66	2.0690	1.3353	3.4091	2.2711
扁担杆 *Grewia biloba*	2	3.8000	4.39	1.3794	2.2012	2.2728	1.9511
簕欓花椒 *Zanthoxylum avicennae*	3	0.8333	2.55	2.0690	1.2787	2.2727	1.8735
豺皮樟 *Litsea rotundifolia*	2	0.7500	2.06	1.3793	1.0359	2.2727	1.5626
山乌桕 *Sapium discolor*	2	1.6000	3.47	1.3793	1.7400	1.1364	1.4185
龙眼 *Dimocarpus longan*	2	2.0500	0.46	1.3793	0.2306	2.2727	1.2942
蒲桃 *Syzygium jambos*	1	2.1000	4.08	0.6897	2.0475	1.1364	1.2912
盐肤木 *Rhus chinensis*	2	0.9000	0.39	1.3793	0.1942	2.2727	1.2821
马缨丹 *Lantana camara*	1	1.5000	3.34	0.6897	1.6752	1.1364	1.1671
鲫鱼胆 *Maesa perlarius*	1	2.0000	2.19	0.6897	1.1006	1.1364	0.9756
黄牛木 *Cratoxylum cochinchinense*	1	1.2000	0.28	0.6897	0.1416	1.1364	0.6559
叶下珠 *Phyllanthus urinaria*	1	0.9000	0.20	0.6897	0.1012	1.1364	0.6424
绒毛润楠 *Machilus velutina*	1	0.7000	0.13	0.6897	0.0647	1.1364	0.6303

群落13灌木层的植物种类很丰富，达到30种，说明该群落长期没有受到多少人为的干扰和破坏，处在几乎半自然的发育状态。从灌木的种类看，所属的科及属是很多的，许多为具多种用途的植物资源，说明即便是在村旁，只要不对植被进行人为的干扰和破坏，植物的多样性就会提高。

表 2.4　群落 13 草本层的结构特征

物种名称 Species name	株数 Number	平均高度(m) Average height	盖度 Coverage	相对盖度 Relative coverage	相对密度 Relative density	相对频度 Relative frequency	重要值 Important value
鬼针草 *Bidens pilosa*	119	0.3584	31.8580	16.8942	18.3642	17.0455	17.4346
淡竹叶 *Lophatherum gracile*	73	0.3675	38.4100	20.3687	11.2654	13.6364	15.0902
蟛蜞菊 *Wedelia chinensis*	162	0.2500	7.9380	4.2095	25.0000	3.4091	10.8729
海芋 *Alocasia macrorrhiza*	10	0.4400	38.8800	20.6180	1.5432	6.8182	9.6598
马唐 *Digitaria sanguinalis*	100	0.1000	4.0000	2.1212	15.4321	3.4091	6.9875
土荆芥 *Chenopodium ambrosioides*	52	0.3700	13.7280	7.2799	8.0247	3.4091	6.2379
莠竹 *Microstegium nodosum*	40	0.4200	15.6000	8.2726	6.1728	3.4091	5.9515
香蕉 *Musa nana*	3	5.0000	2.0000	1.0606	0.4630	11.3636	4.2957
胜红蓟 *Ageratum conyzoides*	32	0.6300	4.6080	2.4436	4.9383	3.4091	3.5970
金腰箭 *Synedrella nodiflora*	17	0.5294	7.2400	3.8394	2.6235	3.4091	3.2906
山菅兰 *Dianella ensifolia*	9	0.9000	8.7750	4.6534	1.3889	3.4091	3.1504
苏铁蕨 *Brainea insignis*	1	0.7000	8.8000	4.6666	0.1543	3.4091	2.7433
沿阶草 *Ophiopogon bodinieri*	2	0.2600	4.0000	2.1212	0.3086	3.4091	1.9463
叶下珠 *Phyllanthus urinaria*	7	0.1500	0.9800	0.5197	1.0802	3.4091	1.6697
黄花酢浆草 *Oxalis pes-caprae*	10	0.0800	0.0225	0.0119	1.5432	3.4091	1.6547
飞扬草 *Euphorbia hirta*	6	0.3500	0.3240	0.1718	0.9259	3.4091	1.5023
华南毛蕨 *Cyclosorus parasiticus*	3	0.3000	0.3000	0.1591	0.4630	3.4091	1.3437
白花蛇舌草 *Hedyotis diffusa*	1	0.5600	0.7500	0.3977	0.1543	3.4091	1.3204
三头水蜈蚣 *Kyllinga triceps*	1	0.3200	0.3600	0.1909	0.1543	3.4091	1.2514

藤本植物：薇甘菊、海金沙、落葵、鸡矢藤、锡叶藤。

群落 13 草本层有植物 19 种，也是比较多的，另含 5 种草质藤本植物。这个群落的乔木等为护堤的很好植被，这个区域也是大树分布的区域，要进一步加以保护。

2.2.2　龙眼-九节-飞扬草群落(Comm. *Dimocarpus longan-Psychotria rubra-Euphorbia hirta*)

群落 14 在龙仔尾水库旁，位于群落 13 的南面，是一个较大的树林。各层次结构特征见表 2.5~表 2.7。

表 2.5 群落 14 乔木层的结构特征

物种名称 Species name	株数 Number	平均高度(m) Average height	平均胸径(cm) Average diameter	盖度 Coverage	相对显著度 Relative dominan	相对密度 Relative density	相对频度 Relative frequency	重要值 Important value
龙眼 *Dimocarpus longan*	19	10. 5	39. 25	40. 83	5. 3548	24. 0506	10. 0005	13. 1353
破布木 *Cordia dichotoma*	1	16	75	1. 88	19. 5519	1. 2658	3. 3332	8. 0503
榕树 *Ficus microcarpa*	6	12. 5833	43. 1667	15. 03	6. 4768	7. 5949	6. 6673	6. 9130
樟 *Cinnamomum camphora*	4	10. 75	50. 25	12. 63	8. 7768	5. 0633	6. 6673	6. 8358
朴树 *Celtis sinensis*	6	14. 3333	39. 3333	10. 83	5. 3776	7. 5949	6. 6673	6. 5466
土蜜树 *Bridelia tomentosa*	6	10. 75	21. 1667	6. 50	1. 5573	7. 5949	10. 0005	6. 3842
山蒲桃 *Syzygium levinei*	5	14	34	7. 88	4. 0181	6. 3291	3. 3332	4. 5601
台湾相思 *Acacia confusa*	3	8	40	1. 21	5. 5614	3. 7975	3. 3332	4. 2307
黄槿 *Hibiscus tiliaceus*	1	13	45	2. 70	7. 0387	1. 2658	3. 3332	3. 8792
小叶榕 *Ficus concinna*	1	22	45	50. .	7. 0387	1. 2658	3. 3332	3. 8792
尖叶杜英 *Elaeocarpus apiculatus*	2	13. 5	38	3. 01	5. 0192	2. 5316	3. 3332	3. 6280
苹婆 *Sterculia nobilis*	3	13. 6667	30	8. 90	3. 1283	3. 7975	3. 3332	3. 4196
水榕树 *Ficus glaberrima*	2	12	35	4. 33	4. 2580	2. 5316	3. 3332	3. 3743
海南蒲桃 *Syzygium hainanense*	3	10. 3333	28. 6667	4. 34	2. 8564	3. 7975	3. 3332	3. 3290
木麻黄 *Casuarina equisetifolia*	3	9. 6667	21. 667	2. 87	1. 6318	3. 7975	3. 3332	2. 9208
鸭脚木 *Schefflera octophylla*	1	11	34	2. 13	4. 0181	1. 2658	3. 3332	2. 8724
番木瓜 *Carica papaya*	3	7. 3333	16	1. 72	0. 8898	3. 7975	3. 3332	2. 6735
黄皮 *Clausena lansium*	2	5. 25	23. 5	2. 60	1. 9196	2. 5316	3. 3332	2. 5948
竹 *Bambusoideae*	1	9	20	1. 17	1. 3904	1. 2658	3. 3332	1. 9964
大头茶 *Gordonia axillaris*	1	9	16	0. 83	0. 8898	1. 2658	3. 3332	1. 8296
岭南山竹子 *Garcinia oblongifolia*	3	6. 6667	22	2. 20	1. 6823	3. 7975	0. 0000	1. 8266
野桐 *Mallotus japonicus*	1	8	15	1. 88	0. 7821	1. 2658	3. 3332	1. 7937
荔枝 *Litchi chinensis*	1	7	12	1. 20	0. 5005	1. 2658	3. 3332	1. 6998
润楠 *Machilus pingii*	1	6	9	0. 83	0. 2815	1. 2658	3. 3332	1. 6268

此群落虽然龙眼为优势种，但从其高度和胸径值看，这些龙眼树基本上都是高大和很老的大树为主。很多树古朴、苍劲，造型很好。而且群落里乔木茂密，种类很多，有樟树、榕树、苹婆、尖叶杜英、鸭脚木等，这些树的高度和胸径等指标值都很高，可见群落是处在长时期半自然发育状态，各种类发育很好。此为生态系统较好的表征。

表 2.6　群落 14 灌木层的结构特征

物种名称 Species name	株数 Number	平均高度(m) Average height	盖度 Coverage	相对密度 Relative density	相对盖度 Relative coverage	相对频度 Relative frequency	重要值 Important value
九节 *Psychotria rubra*	19	1. 23	30. 31	23. 75	24. 1062	8. 0004	18. 6189
九里香 *Murraya exotica*	15	0. 5	0. 77	18. 75	0. 6098	12. 0000	10. 4533
竹节树 *Carallia brachiata*	8	1. 8167	10. 84	10. 0	8. 6346	12. 1000	10. 2112
龙眼 *Dimocarpus longan*	4	2. 125	21. 04	5	16. 7370	8. 0004	9. 9125
野桐 *Mallotus japonicus*	2	2. 4	17. 25	2. 5	13. 7210	8. 0004	8. 0738
阴香 *Cinnamomum burmanni*	11	0. 622	1. 37	13. 75	1. 0911	8. 0004	7. 6138
荔枝 *Litchi chinensis*	6	0. 5	0. 46	7. 5	0. 3679	8. 0004	5. 2894
土牛膝 *Achyranthes aspera*	2	1. 95	4. 52	2. 5	3. 5960	8. 0004	4. 6988
八角枫 *Alangium chinense*	1	2. 6	9. 63	1. 25	7. 6559	3. 9996	4. 3018
罗汉松 *Podocarpus macrophyllus*	5	2. 5667	2. 08	6. 25	1. 6571	3. 9996	3. 9689
紫玉盘 *Uvaria microcarpa*	1	2. 3	8. 31	1. 25	6. 6119	3. 9996	3. 9539
银柴 *Aporusa dioica*	2	1. 3	5. 38	2. 5	4. 2754	3. 9996	3. 5917
三桠苦 *Evodia lepta*	1	1. 1	6. 25	1. 25	4. 9714	3. 9996	3. 4070
假苹婆 *Sterculia lanceolata*	2	1. 45	4. 50	2. 5	3. 5794	3. 9996	3. 3597
番木瓜 *Carica papaya*	1	2. 3	3. 00	1. 25	2. 3863	3. 9996	2. 5453

群落 14 灌木层植物种类也较多，且较多为其他地方少有分布的种类，是很重要的植物资源库之一。

表 2.7　群落 14 草本层的结构特征

物种名称 Species name	株数 Number	平均高度(m) Average height	盖度 Coverage	相对密度 Relative density	相对盖度 Relative doverage	相对频度 Relative frequency	重要值 Important value
飞扬草 *Euphorbia hirta*	160	0. 3433	30. 01	40. 8163	21. 8088	3. 0303	21. 8851
沿阶草 *Ophiopogon bodinieri*	18	0. 3667	25. 32	4. 5918	18. 4012	3. 0303	8. 6744

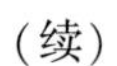
（续）

物种名称 Species name	株数 Number	平均高度(m) Average height	盖度 Coverage	相对密度 Relative density	相对盖度 Relative doverage	相对频度 Relative frequency	重要值 Important value
海芋 *Alocasia macrorrhiza*	11	0.4517	11.85	2.8061	8.6151	9.0909	6.8374
酢浆草 *Oxalis corniculata*	47	0.12	0.64	11.9898	0.4647	6.0606	6.1717
鬼针草 *Bidens pilosa*	21	0.4433	8.90	5.3571	6.4687	6.0606	5.9621
牛筋草 *Eleusine indica*	21	0.45	9.64	5.3571	7.0068	3.0303	5.1314
三头水蜈蚣 *Kyllinga triceps*	20	0.1867	6.47	5.1020	4.6996	3.0303	4.2773
土荆芥 *Chenopodium ambrosioides*	1	0.45	13.00	0.2551	9.4477	3.0303	4.2444
华南毛蕨 *Cyclosorus parasiticus*	6	0.21	1.74	1.5306	1.2636	9.0909	3.9617
肾蕨 *Nephrolepis auriculata*	11	0.318	3.38	2.8061	2.4598	6.0606	3.7755
马唐 *Digitaria sanguinalis*	20	0.16	4.20	5.1020	3.0491	3.0303	3.7271
飞蓬 *Erigeron acer*	21	0.6333	2.88	5.3571	2.0925	3.0303	3.4933
一点红 *Emilia sonchifolia*	3	0.44	7.93	0.7653	5.7631	3.0303	3.1862
三叉蕨 *Tectaria subtriphylla*	1	0.18	2.32	0.2551	1.6860	6.0606	2.6673
叶下珠 *Phyllanthus urinaria*	5	0.184	0.28	1.2755	0.2069	6.0606	2.5143
含羞草 *Mimosa pudica*	6	0.28	2.84	1.5306	2.0640	3.0303	2.2083
淡竹叶 *Lophatherum gracile*	10	0.1067	0.25	2.5510	0.1841	3.0303	1.9218
土牛膝 *Achyranthes aspera*	1	0.08	3.05	0.2551	2.2166	3.0303	1.8340
白花蛇舌草 *Hedyotis diffusa*	3	0.31	1.26	0.7653	0.9172	3.0303	1.5709
金腰箭 *Synedrella nodiflora*	1	0.45	0.85	0.2551	0.6202	3.0303	1.3019
凤尾蕨 *Pteris cretica*	2	0.525	0.20	0.5102	0.1487	3.0303	1.2297
半边旗 *Pteris semipinnata*	1	0.27	0.33	0.2551	0.2422	3.0303	1.1759
狗牙根 *Cynodon dactylon*	1	0.13	0.08	0.2551	0.0581	3.0303	1.1145

藤本植物：薇甘菊、薯莨、落葵、拔葜。

此群落的草本层植物种类也较多，许多为其他地方群落没有的种类。此区域也是很好的具有特点的草本植物分布区之一。

2.2.3 龙眼-对叶榕-海芋群落(Comm *Dimocarpus longan-Ficus hispida-Alocasia macrorrhiza*)

群落 15 的结构特征见表 2.8~表 2.10。

表 2.8 群落 15 乔木层的结构特征

物种名称 Species name	株数 Number	平均高度(m) Average height	平均胸径(cm) Average diameter	盖度 Coverage	相对显著度 Relative dominan	相对密度 Relative density	相对频度 Relative frequency	重要值 Important value
龙眼 *Dimocarpus longan*	13	10.4231	29.2308	55.0000	6.8156	24.5283	13.6364	14.9934
荔枝 *Litchi chinensis*	7	8.5000	23.4286	19.1500	4.5326	13.2075	13.6364	10.4588
阴香 *Cinnamomum burmanni*	5	13.1000	48.0000	21.8000	10.7660	9.4340	9.0909	9.7636
木麻黄 *Casuarina equisetifolia*	3	16.6667	38.3333	12.4700	17.4265	5.6604	4.5455	9.2108
尖叶杜英 *Elaeocarpus apiculatus*	4	7.6250	23.8750	8.0000	3.6475	7.5472	9.0909	6.7618
樟树 *Cinnamomum camphora*	4	10.5000	28.5000	12.5300	6.9166	7.5472	4.5455	6.3364
小叶榕 *Ficus benjamina*	2	13.0000	40.0000	17.9300	10.6023	3.7736	4.5455	6.3071
台湾相思 *Acacia confusa*	4	8.0000	15.0000	6.5000	4.0151	7.5472	4.5455	5.3692
破布叶 *Microcos paniculata*	1	12.0000	24.0000	4.2700	9.0339	1.8868	4.5455	5.1554
土蜜树 *Bridelia tomentosa*	2	10.0000	25.0000	5.9300	6.2735	3.7736	4.5455	4.8642
秋枫 *Bischofia javanica*	2	8.5000	15.5000	4.0700	4.5326	3.7736	4.5455	4.2839
黄皮 *Clausena lansium*	2	8.5000	23.5000	8.8200	4.5326	3.7736	4.5455	4.2839
黄槿 *Hibiscus tiliaceus*	1	8.0000	18.0000	1.0700	4.0151	1.8868	4.5455	3.4824
海杧果 *Cerbera manghas*	1	7.0000	18.0000	1.0700	3.0740	1.8868	4.5455	3.1688
水蒲桃 *Syzygium jambos*	1	6.0000	5.0000	1.0700	2.2585	1.8868	4.5455	2.8969
大头茶 *Gordonia axillaris*	1	5.0000	22.0000	0.7000	1.5684	1.8868	4.5455	2.6669

该乔木层有 16 种植物，其中部分还是表现出沿海植物的成分特点，如海杧果、黄槿等。也含了很多如布渣叶、尖叶杜英、水蒲桃等种类。龙眼的植株高大，胸径也较大，其他如小叶榕、阴香、樟树等也是大树和较老的树木。此处是较好的树林。

表 2.9 群落 15 灌木层的结构特征

物种名称 Species name	株数 Number	平均高度(m) Average height	盖度 Coverage	相对盖度 Relative coverage	相对密度 Relative density	相对频度 Relative frequency	重要值 Important value
对叶榕 *Ficus hispida*	1	3.0000	17.1900	31.9102	2.7778	4.5455	13.0778
鲫鱼胆 *Maesa perlarius*	3	1.1333	5.9400	11.0265	8.3333	4.5455	7.9684

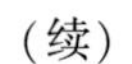
（续）

物种名称 Species name	株数 Number	平均高度(m) Average height	盖度 Coverage	相对盖度 Relative coverage	相对密度 Relative density	相对频度 Relative frequency	重要值 Important value
九节 *Psychotria rubra*	3	1. 2333	3. 0900	5. 7360	8. 3333	9. 0909	7. 7201
竹节树 *Carallia brachiata*	4	0. 8000	2. 3400	4. 3438	11. 1111	4. 5455	6. 6668
荔枝 *Litchi chinensis*	1	1. 9000	6. 7500	12. 5302	2. 7778	4. 5455	6. 6178
银柴 *Aporusa dioica*	3	0. 6000	3. 1900	5. 9217	8. 3333	4. 5455	6. 2668
紫玉盘 *Uvaria microcarpa*	2	0. 7000	2. 1900	4. 0653	5. 5556	9. 0909	6. 2373
绒毛润楠 *Machilus velutina*	1	2. 7000	4. 8800	9. 0588	2. 7778	4. 5455	5. 4607
假苹婆 *Sterculia lanceolata*	1	2. 0000	4. 0600	7. 5367	2. 7778	4. 5455	4. 9533
九里香 *Murraya exotica*	3	0. 3000	0. 3100	0. 5755	8. 3333	4. 5455	4. 4847
山乌桕 *Sapium discolor*	3	0. 3333	0. 2500	0. 4641	8. 3333	4. 5455	4. 4476
阴香 *Cinnamomum burmanni*	2	0. 9000	0. 8100	1. 5036	5. 5556	4. 5455	3. 8682
梅叶冬青 *Ilex asprella*	2	0. 2000	0. 0900	0. 1671	5. 5556	4. 5455	3. 4227
黄牛木 *Cratoxylum cochinchinense*	1	1. 9000	1. 5600	2. 8959	2. 7778	4. 5455	3. 4064
鸭脚木 *Schefflera octophylla*	1	1. 5000	0. 3800	0. 7054	2. 7778	4. 5455	2. 6762
鼎湖血桐 *Macaranga sampsonii*	1	0. 2000	0. 2800	0. 5198	2. 7778	4. 5455	2. 6143
鸦胆子 *Brucea javanica*	1	0. 3000	0. 2800	0. 5198	2. 7778	4. 5455	2. 6143
秋枫 *Bischofia javanica*	1	0. 3000	0. 1900	0. 3527	2. 7778	4. 5455	2. 5586
蒲桃 *Syzygium jambos*	1	0. 4000	0. 0600	0. 1114	2. 7778	4. 5455	2. 4782
簕欓花椒 *Zanthoxylum avicennae*	1	0. 2000	0. 0300	0. 0557	2. 7778	4. 5455	2. 4596

此群落灌木层植物种类较多，绒毛润楠、鸦胆子、黄牛木等植物为具有较好用途的种类。此处是很好的灌木层植物的分布区之一。一些为乔木的小树，也说明此群落是处在较好的发育状态。

表 2.10　群落 15 草本层的结构特征

物种名称 Species name	株数 Number	平均高度(m) Average height	盖度 Coverage	相对盖度 Relative coverage	相对密度 Relative density	相对频度 Relative frequency	重要值 Important value
海芋 *Alocasia macrorrhiza*	34	1. 1352	59. 9000	45. 8374	12. 4088	13. 0435	23. 7632
三叶鬼针草 *Bidens pilosa*	73	0. 4299	36. 4647	27. 9040	26. 6423	13. 0435	22. 5299

（续）

物种名称 Species name	株数 Number	平均高度(m) Average height	盖度 Coverage	相对盖度 Relative coverage	相对密度 Relative density	相对频度 Relative frequency	重要值 Important value
淡竹叶 *Lophatherum gracile*	31	0.1252	4.6671	3.5714	11.3139	8.6957	7.8603
金腰箭 *Synedrella nodiflora*	30	0.4200	5.5571	4.2525	10.9489	4.3478	6.5164
赛葵 *Malvastrum coromandelianum*	25	0.3080	1.8190	1.3920	9.1241	8.6957	6.4039
酢浆草 *Oxalis corniculata*	22	0.1068	1.0929	0.8363	8.0292	8.6957	5.8537
马唐 *Digitaria sanguinalis*	23	0.4067	3.9429	3.0172	8.3942	4.3478	5.2531
白花蛇舌草 *Hedyotis diffusa*	10	0.0630	0.7800	0.5969	3.6496	8.6957	4,3141
飞扬草 *Euphorbia hirta*	12	0.1900	3.4457	2.6368	4.3796	4.3478	3.7880
藿香蓟 *Ageratum conyzoides*	3	0.3967	4.7643	3.6458	1.0949	4.3478	3.0295
凤尾蕨 *Pteris cretica*	4	0.6000	2.8571	2.1863	1.4599	4.3478	2.6647
华南毛蕨 *Cyclosorus parasiticus*	3	0.1200	2.5714	1.9677	1.0949	4.3478	2.4701
海金沙 *Lygodium japonicum*	2	0.3850	1.4314	1.0954	0.7299	4.3478	2.0577
刺果藤 *Byttneria aspera*	1	0.8000	1.2857	0.9839	0.3650	4.3478	1.8989
飞蓬 *Erigeron acer*	1	0.1400	0.1000	0.0765	0.3650	4.3478	1.5964

群落15草本层植物有15种，也是较多的。从其盖度看，基本覆盖了地表的面积，较为茂密。

2.2.4 柳叶桉-桃金娘-芒萁群落(Comm. *Eucalyptus saligna*-*Rhodomyrtus tomentosa*-*Dicranopteris dichotoma*)

群落16为盐灶水库西侧山岭上的山地群落，各层次结构特征见表2.11~表2.13。

表2.11 群落16乔木层的结构特征

物种名称 Species name	株数 Number	平均高度(m) Average height	平均胸径(cm) Average diameter	盖度 Coverage	相对显著度 Relative dominan	相对密度 Relative density	相对盖度 Relative coverage	相对频度 Relative frequency	重要值 Important value
柳叶桉 *Eucalyptus saligna*	60	8.7667	9.2333	16.52	6.0933	88.2353	76.0520	50.0000	48.1095
马占相思 *Acacia mangium*	1	16.0000	35.0000	2.53	87.5530	1.4706	11.6307	25.0000	38.0079
铁榄 *Sinosideroxylon pedunculatum*	7	5.5714	9.4286	2.68	6.3537	10.2941	12.3173	25.0000	13.8826

从乔木层的植物种类组成看，群落16的乔木层植物种类极少，仅有3种。说明人工林尤其是桉树林对当地山地的占据，造成了林地植物多样性的明显减少和对生态系统构成的严重负面影响。这反映出了坝光地区今后要注重对其南面山地许多人工桉树林进行改造的必要性。

表 2.12 群落 16 灌木层的结构特征

物种名称 Species name	株数 Number	平均高度(m) Average height	盖度 Coverage	相对密度 Relative density	相对盖度 Relative coverage	相对频度 Relative frequency	重要值 Important value
桃金娘 *Rhodomyrtus tomentosa*	27	1.7407	21.5625	35.5263	27.6169	16.2016	26.4483
亮叶猴耳环 *Pithecellobium lucidum*	10	1.7900	6.0125	13.1579	7.7007	9.7210	10.1932
豺皮樟 *Litsea rotundifolia* var. *oblongifolia*	6	1.9500	12.1875	7.8947	15.6096	6.4806	9.9950
野漆 *Toxicodendron succedaneum*	5	2.0200	8.6375	6.5789	11.0628	9.7210	9.1209
岗松 *Baeckea frutescens*	4	2.5250	9.5750	5.2632	12.2635	6.4806	8.0024
梅叶冬青 *Ilex asprella*	4	1.9750	3.0125	5.2632	3.8584	6.4806	5.2007
银柴 *Aporusa dioica*	3	1.8667	4.5375	3.9474	5.8116	3.2403	4.3331
白花灯笼 *Clerodendrum fortunatum*	4	1.6500	0.6625	5.2632	0.8485	6.4806	4.1974
石斑木 *Rhaphiolepis indica*	2	1.7000	2.2000	2.6316	2.8177	3.2403	2.8965
毛冬青 *Ilex pubescens*	1	2.8000	2.6000	1.3158	3.3300	3.2403	2.6287
舶梨榕 *Ficus pyriformis*	2	1.8500	1.5625	2.6316	2.0012	3.2403	2.6244
对叶榕 *Ficus hispida*	1	1.8000	1.9500	1.3158	2.4975	3.2403	2.3512
栀子 *Gardenia jasminoides*	1	1.8000	1.3500	1.3158	1.7291	3.2403	2.0951
变叶榕 *Ficus variolosa*	1	2.0000	0.9625	1.3158	1.2328	3.2403	1.9296
水石榕 *Elaeocarpus hainanensis*	1	2.6000	0.7000	1.3158	0.8965	3.2403	1.8176
米碎花 *Eurya chinensis*	1	1.7000	0.4375	1.3158	0.5603	3.2403	1.7055
九节 *Psychotria rubra*	1	1.1000	0.0750	1.3158	0.0961	3.2403	1.5507
五指毛桃 *Ficus hirta*	1	0.4000	0.0500	1.3158	0.0640	3.2403	1.5401
野牡丹 *Paeonia delavayi*	1	0.8500	0.0021	1.3158	0.0027	2.7903	1.3696

群落 16 灌木层的植物种类还是较多的，组成成分大多数是灌木，而不是低于 4m 的乔木种类的小树。说明桉树林里乔木层种类的更新和演替是很慢的，桉树会长期占据着这个空间，而较多地抑制其他乔木树种的进入。这也是构成桉树林长时期都是极少种类在乔木层的原因。这样就构成大量空间的浪费，生物量减少，植物多样性也减少，需要进行调整。

表 2.13　群落 16 草本层的结构特征

物种名称 Species name	株数 Number	平均高度(m) Average height	盖度 Coverage	相对密度 Relative density	相对盖度 Relative coverage	相对频度 Relative frequency	重要值 Important value
芒萁 *Gleichenia linearis*	552	0.7914	427.02	96.3351	89.2185	63.8889	83.1475
五节芒 *Miscanthus floridulus*	12	1.2306	8.81	2.0942	1.8407	16.6667	6.8672
乌毛蕨 *Blechnum orientale*	6	1.1857	28.28	1.0471	5.9086	11.1111	6.0223
千里光 *Senecio scandens*	2	1.1000	14.30	0.3490	2.9877	5.5556	2.9641

藤本：海金沙、小叶海金沙、黄鹌菜、拔葜、蔓九节、尖叶菝葜、三叶青藤。

从群落 16 草本层植物种类看，仅有 4 种，明显比其他群落的种类少，另有 7 种层间植物，这也说明桉树林对草本植物进入和繁衍等也有较多抑制作用。

2.2.5　白车－野桐－海芋群落(Comm. *Syzygium levinei* – *Mallotus japonicus* – *Alocasia macrorrhiza*)

此群落坐落于产头村的东面约几千米处，原来此处有一个小村落，后因经济园区建设而拆迁，该群落位于其附近的一个狭长形山地上，为山地植被。群落 17 各层次结构特征见表 2.14~表 2.16。

表 2.14　群落 17 乔木层的结构特征

物种名称 Species name	株数 Number	平均高度(m) Average height	平均胸径(cm) Average diameter	盖度 Coverage	相对显著度 Relative dominan	相对密度 Relative density	相对盖度 Relative coverage	相对频度 Relative frequency	重要值 Important value
白车 *Syzygium levinei*	2	14.0000	52.5000	21.67	42.8419	0.0274	0.1377	7.4063	16.7585
翻白叶 *Pterospermum heterophyllum*	7	12.3571	35.4286	34.17	19.5100	0.0959	0.2172	14.8149	11.4736
假苹婆 *Sterculia lanceolata*	12	12.0833	30.1667	46.17	14.1451	0.1644	0.2935	14.8149	9.70D81
野桐 *Mallotus japonicus* var. *floccosus*	34	5.3235	4.2206	14.04	0.2769	0.4658	0.0893	22.2212	7.6546
红鳞蒲桃 *Syzyglum hancei*	7	9.7143	16.0000	14.33	3.9791	0.0959	0.0911	14.8149	6.2966
华润楠 *Machilus chinensis*	8	7.6875	14.8750	19.83	3.4393	0.1096	0.1261	14.8149	6.1212
海杧果 *Cerbera manghas*	1	12.0000	28.0000	40.8	12.1861	0.0137	0.0260	3.7043	5.3014
罗伞树 *Ardisia quinquegona*	1	8.0000	13.0000	2.50	2.6269	0.0137	0.0159	3.7043	2.1149
番木瓜 *Carica papaya*	1	3.5000	8.0000	0.50	0.9948	0.0137	0.0032	3.7043	1.5709

从群落 17 乔木层植物种类看，种类不算多，但有一些在其他群落没有的如白车、翻白叶树和红鳞蒲桃等分布，是很好的乔木资源分布地。林内树木高大，主干较大，树冠覆盖度高，树的冠幅值也高。白车的胸径达到 52.5cm，翻白叶树和假苹婆也达到相当高的值。可见林地是受到长时间

保护的，处在自然发育的状态。此处为一个较好的生态自然林观赏林区和具备好的生态效益的林区。

表 2.15 群落 17 灌木层的结构特征

物种名称 Species name	株数 Number	平均高度(m) Average height	盖度 Coverage	相对密度 Relative density	相对盖度 Relative coverage	相对频度 Relative frequency	重要值 Important value
野桐 *Mallotus japonicus* var. *floccosus*	7	3.2714	27.7768	6.9307	34.3469	2.8571	14.7116
九节 *Psychotria rubra*	19	1.0895	3.9375	18.8119	4.8689	17.1429	13.6079
紫玉盘 *Uvaria microcarpa*	12	1.2667	8.0357	11.8812	9.9364	11.4286	11.0821
银柴 *Aporusa dioica*	9	2.2111	13.3750	8.9109	16.5386	5.7143	10.3879
山乌桕 *Sapium discolor*	11	1.5455	0.4694	10.8911	0.5805	11.4286	7.6334
猴耳环 *Pithecellobium clypearia*	9	1.2222	3.5268	8.9109	4.3610	8.5714	7.2811
对叶榕 *Ficus hispida*	10	1.5300	4.5446	9.9010	5.6196	5.7143	7.0783
阴香 *Cinnamomum burmanni*	7	0.5429	0.9911	6.9307	1.2255	8.5714	5.5759
罗伞树 *Ardisia quinquegona*	5	2.0600	4.0893	4.9505	5.0565	2.8571	4.2881
乌饭树 *Vaccinium bracteatum*	4	1.2000	2.4554	3.9604	3.0361	5.7143	4.2369
水石榕 *Elaeocarpus hainanensis*	3	1.1667	1.0536	2.9703	1.3028	5.7143	3.3291
番木瓜 *Carica papaya*	1	4.3000	4.7143	0.9901	5.8294	2.8571	3.2255
珊瑚树 *Viburnum odoratissimum*	1	3.8000	4.4107	0.9901	5.4540	2.8571	3.1004
朱砂根 *Ardisia crenata*	1	1.6000	0.6429	0.9901	0.7949	2.8571	1.5474
银合欢 *Leucaena leucocephala*	1	1.4000	0.5804	0.9901	0.7176	2.8571	1.5216
九里香 *Murraya exotica*	1	0.8000	0.2679	0.9901	0.3312	2.8571	1.3928

群落 17 灌木层植物种类较多，且一些种类在其他地方较少有分布。此处是一个较好的灌木资源分布地。盖度之和达到了 80.87%，说明灌木的枝叶茂密，覆盖率高。植株的高度值也高，说明各种类的发育比较均衡，处在一个良好的状态中。

表 2.16　群落 17 草本层的结构特征

物种名称 Species name	株数 Number	平均高度(m) Average height	盖度 Coverage	相对密度 Relative density	相对盖度 Relative coverage	相对频度 Relative frequency	重要值 Important value
海芋 *Alocasia macrorrhiza*	12	0.7363	61.55	12.1212	63.2970	16.2162	30.5448
鬼针草 *Bidens pilosa*	18	0.5328	11.41	18.1818	11.7339	13.5135	14.4764
乌毛蕨 *Blechnum orientale*	6	0.564	6.63	6.0606	6.8182	5.4054	6.0947
半边旗 *Pteris semipinnata*	7	0.2581	2.54	7.0707	2.6121	8.1081	5.9303
马齿苋 *Portulaca oleracea*	6	0.1033	0.88	6.0606	0.9050	8.1081	5.0246
黄花酢浆草 *Oxalis pes-caprae*	11	0.095	0.65	11.1111	0.6684	2.7027	4.8274
三头水蜈蚣 *Kyllinga triceps*	7	0.1329	0.90	7.0707	0.9255	5.4054	4.4672
白花蛇舌草 *Hedyotis diffusa*	7	0.1171	0.46	7.0707	0.4731	5.4054	4.3164
金丝草 *Pogonatherum crinitum*	6	2.4	3.41	6.0606	3.5068	2.7027	4.0900
凤尾蕨 *Pteris cretica* var. *nervosa*	3	0.41	2.09	3.0303	2.1493	5.4054	3.5283
半边旗 *Pteris semipinnata*	2	0.42	0.63	2.0202	0.6479	5.4054	2.6912
叶下珠 *Phyllanthus urinaria*	4	0.26	0.31	4.0404	0.3188	2.7027	2.3540
沿阶草 *Ophiopogon bodinieri*	2	0.455	1.72	2.0202	1.7688	2.7027	2.1639
肖梵天花 *Urena lobata*	1	0.6	1.87	1.0101	1.9231	2.7027	1.8786
金腰箭 *Synedrella nodiflora*	2	0.235	0.58	2.0202	0.5965	2.7027	1.7731
飞扬草 *Euphorbia hirta*	2	0.13	0.12	2.0202	0.1234	2.7027	1.6154
华南毛蕨 *Cyclosorus parasiticus*	1	0.33	0.75	1.0101	0.7713	2.7027	1.4947
乌蕨 *Stenoloma chusanum*	1	0.21	0.40	1.0101	0.4114	2.7027	1.3747
铁线蕨 *Adiantum capillus-veneris*	1	0.18	0.34	1.0101	0.3497	2.7027	1.3542

藤本：薇甘菊、三叶青藤、念珠藤。

群落 17 草本层植物较多，而且一些是其他地方分布不多的种类，如叶下珠及层间植物三叶青藤等。说明林内草本植物发育好。从盖度看，植株数量是多的，盖度较高，达到了 100%以上，可以说草本层植物也是很茂密的。

2.2.6 荔枝–银柴–活血丹群落(Comm. *Litchi chinensis*–*Aporusa dioica*–*Glechoma longituba*)

群落 18 位于横山区域，在产头村东北方向约 1km，各层次结构特征见表 2. 17~表 2. 19。

表 2. 17 群落 18 乔木层的结构特征

物种名称 Species name	株数 Number	平均高度(m) Average height	平均胸径(cm) Average diameter	盖度 Coverage	相对显著度 Relative dominan	相对密度 Relative density	相对盖度 Relative coverage	相对频度 Relative frequency	重要值 Important value
荔枝 *Litchi chinensis*	29	5. 9310	21. 3448	1. 04	16. 0696	52. 7273	45. 7322	15. 3844	28. 0604
山乌桕 *Sapium discolor*	8	7. 0625	15. 0000	17. 25	7. 9360	14. 5455	16. 2099	19. 2288	13. 9034
长叶木姜子 *Neolitsea oblongifolia*	2	8. 5000	25. 5000	9. 67	22. 9351	3. 6364	9. 0838	7. 6911	11. 4208
朴树 *Celtis sinensis*	4	8. 5000	17. 1250	12. 17	10. 3438	7. 2727	11. 4330	11. 5378	9. 7181
银柴 *Aporusa dioica*	4	6. 3750	9. 7500	6. 08	3. 3530	7. 2727	5. 7165	15. 3844	8. 6700
青果榕 *Ficus variegata*	1	7. 5000	18. 0000	4. 08	11. 4278	1. 8182	3. 8371	3. 8467	5. 6976
竹节树 *Carallia brachiata*	1	10. 0000	14. 0000	1. 67	6. 9131	1. 8182	1. 5662	3. 8467	4. 1927
白桂木 *Artocarpus hypargyreus*	1	7. 0000	13. 0000	0. 75	5. 9608	1. 8182	0. 7048	3. 8467	3. 8752
假鹰爪 *Desmos chinensis*	1	6. 0000	12. 0000	1. 33	5. 0790	1. 8182	1. 2529	3. 8467	3. 5813
土沉香 *Aquilaria sinensis*	1	8. 0000	11. 0000	2. 50	4. 2678	1. 8182	2. 3493	3. 8467	3. 3109
黄牛木 *Cratoxylum cochinchinense*	1	5. 0000	8. 0000	1. 00	2. 2574	1. 8182	0. 9397	3. 8467	2. 6407
豺皮樟 *Litsea rotundifolia*	1	5. 0000	7. 0000	0. 75	1. 7283	1. 8182	0. 7048	3. 8467	2. 4644
劈荔 *Ficus pumila*	1	7. 0000	7. 0000	0. 50	1. 7283	1. 8182	0. 4699	3. 8467	2. 4644

群落 18 乔木层植物种类为 13 种，有较多在其他地方的群落没有或很少有的种类，如长叶木姜子、白桂木、土沉香、竹节树和青果榕等。这是很珍贵的。此处是一个需要认真保护的区域。多种植物的胸径较大，属于大树里中等等级，如长叶木姜子、青果榕等。在群落的外围还有多株高大的朴树、龙眼及樟树，这些也需要同时进行保护。

表 2. 18 群落 18 灌木层的结构特征

物种名称 Species name	株数 Number	平均高度(m) Average height	盖度 Coverage	相对密度 Relative density	相对盖度 Relative coverage	相对频度 Relative frequency	重要值 Important value
银柴 *Aporusa dioica*	9	2. 0222	28. 8500	13. 6364	31. 6060	12. 9505	19. 3976
豺皮樟 *Litsea rotundifolia*	9	1. 7889	19. 1250	13. 6364	20. 9520	7. 7703	14. 1195

（续）

物种名称 Species name	株数 Number	平均高度(m) Average height	盖度 Coverage	相对密度 Relative density	相对盖度 Relative coverage	相对频度 Relative frequency	重要值 Important value
荔枝 *Litchi chinensis*	3	1. 6000	6. 8375	4. 5455	7. 4907	5. 1802	5. 7388
朴树 *Celtis sinensis*	5	1. 1800	1. 4250	7. 5758	1. 5611	7. 7703	5. 6357
紫玉盘 *Uvaria microcarpa*	2	2. 5500	6. 6750	3. 0303	7. 3127	5. 1802	5. 1744
长叶卫矛 *Euonymus kwangtungensis*	5	1. 0000	2. 4750	7. 5758	2. 7114	5. 1802	5. 1558
鸭脚木 *Schefflera octophylla*	3	1. 7333	2. 7125	4. 5455	2. 9716	5. 1802	4. 2324
火棘 *Pyracantha fortuneana*	3	0. 9333	1. 3375	4. 5455	1. 4653	5. 1802	3. 7303
九节 *Psychotria rubra*	3	0. 9333	0. 9750	4. 5455	1. 0681	5. 1802	3. 5979
马缨丹 *Lantana camara*	4	0. 3600	0. 0175	6. 0606	0. 0192	4. 1667	3. 4155
野漆 *Toxicodendron succedaneum*	1	3. 6000	4. 9500	1. 5152	5. 4229	2. 5901	3. 1760
翻白叶树 *Pterospermum heterophyllum*	2	1. 7000	3. 4875	3. 0303	3. 8207	2. 5901	3. 1470
土蜜树 *Bridelia tomentosa*	3	0. 5333	0. 8250	4. 5455	0. 9038	2. 5901	2. 6798
赤楠 *Syzygium buxifolium*	1	2. 2000	3. 5625	1. 5152	3. 9028	2. 5901	2. 6694
排钱树 *Phyllodium pulchellum*	3	0. 5333	0. 5875	4. 5455	0. 6436	2. 5901	2. 5931
小叶榕 *Ficus concinna*	1	3. 5000	3. 0000	1. 5152	3. 2866	2. 5901	2. 4639
假鹰爪 *Desmos chinensis*	1	2. 2000	2. 3750	1. 5152	2. 6019	2. 5901	2. 2357
山乌桕 *Sapium discolor*	2	0. 9000	0. 2875	3. 0303	0. 3150	2. 5901	1. 9785
余甘子 *Phyllanthus emblica*	1	1. 6000	0. 9000	1. 5152	0. 9860	2. 5901	1. 6971
猴耳环 *Pithecellobium clypearia*	1	1. 8000	0. 3000	1. 5152	0. 3287	2. 5901	1. 4780
毛桐 *Mallotus barbatus*	1	0. 8000	0. 2500	1. 5152	0. 2739	2. 5901	1. 4597
光荚含羞草 *Mimosa sepiaria*	1	0. 2000	0. 1500	1. 5152	0. 1643	2. 5901	1. 4232
盐肤木 *Rhus chinensis*	1	0. 4000	0. 1500	1. 5152	0. 1643	2. 5901	1. 4232
九里香 *Murraya exotica*	1	0. 3000	0. 0250	1. 5152	0. 0274	2. 5901	1. 3775

群落18灌木层植物种类为24种，是相当多的，而且灌木的高度和盖度值都相当高。群落里的多个种类为其他地方没有或极少有分布的，如长叶卫矛、排钱树、翻白叶树、赤楠、毛桐等。此处

是很珍贵的灌木资源分布区之一。

表 2.19 群落 18 草本层的结构特征

物种名称 Species name	株数 Number	平均高度(m) Average height	盖度 Coverage	相对密度 Relative density	相对盖度 Relative coverage	相对频度 Relative frequency	重要值 Important value
活血丹 *Glechoma longituba*	35	1.7333	33.5400	18.9189	35.3015	4.5455	19.5886
蟛蜞菊 *Wedelia chinensis*	59	0.3498	11.5100	31.8919	12.1145	13.6364	19.2143
画眉草 *Eragrostis pilosa*	37	0.2230	11.5300	20.0000	12.1356	9.0909	13.7422
金腰箭 *Synedrella nodiflora*	8	0.3988	11.0100	4.3243	11.5883	13.6364	9.8496
鬼针草 *Bidens pilosa*	11	0.5482	8.4700	5.9459	8.9149	9.0909	7.9839
淡竹叶 *Lophatherum gracile*	15	0.1767	3.6300	8.1081	3.8207	9.0909	7.0066
陆生珍珠茅 *Scleria terrestris*	4	0.9067	6.3700	2.1622	6.7046	4.5455	4.4707
肖梵天花 *Urena lobata*	3	0.2900	0.5000	1.6216	0.5263	9.0909	3.7463
两耳草 *Paspalum conjugatum*	6	0.4100	1.6100	3.2432	1.6946	4.5455	3.1611
海芋 *Alocasia macrorrhiza*	1	0.3900	3.9000	0.5405	4.1048	4.5455	3.0636
华南毛蕨 *Cyclosorus parasiticus*	2	0.4150	2.1700	1.0811	2.2840	4.5455	2.6368
半边旗 *Pteris semipinnata*	2	0.1800	0.5700	1.0811	0.5999	4.5455	2.0755
牛筋草 *Eleusine indica*	1	0.3400	0.1400	0.5405	0.1474	4.5455	1.7444
藿香蓟 *Ageratum conyzoides*	1	0.1300	0.0600	0.5405	0.0632	4.5455	1.7164

藤本植物：三叶青藤、山鸡血藤、念珠藤。

群落 18 草本层植物有 14 种，种类较多，部分种类也是其他群落没有分布的，一些为较好的药用和经济用资源植物。草本层植物的高度和盖度等值也较高。还含 3 种层间植物。

2.2.7 木麻黄-朴树-芒萁群落(Comm. *Casuarina equisetifolia*-*Celtis sinensis*-*Dicranopteris dichotoma*)

该群落位于坝光海边区域，距其东面的坳仔下约 1.3km、距双坑村约 3km 的位置。旁边有一条较宽的小河汇入大海。所研究群落为山地植被。

群落 19 的结构特征见表 2.20~表 2.22。

表 2.20　群落 19 乔木层的结构特征

物种名称 Species name	株数 Number	平均高度(m) Average height	平均胸径(cm) Average diameter	盖度 Coverage	相对显著度 Relative dominan	相对密度 Relative density	相对盖度 Relative coverage	相对频度 Relative frequency	重要值 Important value
木麻黄 *Casuarina equisetifolia*	68	9. 3235	19. 2206	24. 80	4. 9224	34. 8718	15. 8163	16. 6667	18. 8203
荔枝 *Litchi chinensis*	56	5. 9286	19. 8571	47. 33	5. 2539	28. 7179	30. 1871	16. 6667	16. 8795
水翁 *Cleistocalyx operculatus*	1	21. 0000	55. 0000	0. 50	40. 3060	0. 5128	0. 3189	3. 3333	14. 7174
台湾相思 *Acacia confusa*	39	7. 8077	16. 4872	55. 63	3. 6219	20. 0000	35. 4804	16. 6667	13. 4295
野桐 *Mallotus japonicus*	17	5. 1176	12. 1765	14. 00	1. 9755	8. 7179	8. 9286	13. 3333	8. 0089
樟 *Cinnamomum camphora*	1	12. 0000	38. 0000	2. 40	19. 2403	0. 5128	1. 5306	3. 3333	7. 6955
苦楝木 *Melia azedarach*	2	7. 7500	26. 5000	12. 30	9. 3570	1. 0256	2. 6148	6. 6667	5. 6831
大头茶 *Gordonia axillaris*	5	7. 6000	22. 0000	5. 13	6. 4490	2. 5641	3. 2738	6. 6667	5. 2266
朴树 *Celtis sinensis*	2	6. 5000	16. 0000	1. 10	3. 4110	1. 0256	0. 7015	6. 6667	3. 7011
对叶榕 *Ficus hispida*	1	7. 0000	15. 0000	0. 20	2. 9980	0. 5128	0. 1276	3. 3333	2. 2814
黄槿 *Hibiscus tiliaceus*	1	5. 0000	13. 0000	1. 00	2. 2518	0. 5128	0. 6378	3. 3333	2. 0327
土蜜树 *Bridelia tomentosa*	2	3. 5000	4. 0000	0. 60	0. 2132	1. 0256	0. 3827	3. 3333	1. 5241

这个群落的乔木层有 12 种植物，植株均比较高大，极大部分种类为自然分布种。此处也分布有水翁，同时也有木麻黄、黄槿等沿海植物成分。还有大头茶、樟等。从植株的高度和胸径等指标看，水翁树高、胸径均较大，木麻黄、樟、台湾相思等也较高大。植株的盖度值很高，总盖度达到 164. 99%。此处是较好的处在半自然发育状态的茂盛乔木森林。

表 2.21　群落 19 灌木层的结构特征

物种名称 Species name	株数 Number	平均高度(m) Average height	盖度 Coverage	相对密度 Relative density	相对盖度 Relative coverage	相对频度 Relative frequency	重要值 Important value
朴树 *Celtis sinensis*	5	1. 0800	14. 3750	16. 6667	21. 4352	6. 2500	14. 7840
黄荆 *Vitex negundo*	7	1. 0143	4. 1563	23. 3333	6. 1976	12. 5000	14. 0103
土蜜树 *Bridelia tomentosa*	4	1. 0750	6. 5313	13. 3333	9. 7390	12. 5000	11. 8575
九节 *Psychotria rubra*	4	0. 8250	6. 2813	13. 3333	9. 3663	6. 2500	9. 6499

（续）

物种名称 Species name	株数 Number	平均高度(m) Average height	盖度 Coverage	相对密度 Relative density	相对盖度 Relative coverage	相对频度 Relative frequency	重要值 Important value
马缨丹 *Lantana camara*	2	1. 2000	4. 7813	6. 6667	7. 1295	12. 5000	8. 7654
野桐 *Mallotus japonicus* var. *floccosus*	2	1. 5000	2. 7500	6. 6667	4. 1007	12. 5000	7. 7558
荔枝 *Litchi chinensis*	1	1. 7000	8. 4375	3. 3333	12. 5815	6. 2500	7. 3883
台湾相思 *Acacia confusa*	1	1. 8000	7. 5000	3. 3333	11. 1836	6. 2500	6. 9223
阴香 *Cinnamomum burmanni*	1	1. 9000	4. 8750	3. 3333	7. 2693	6. 2500	5. 6176
野牡丹 *Paeonia delavayi*	4	0. 2967	0. 0149	2. 5806	1. 1066	3. 0303	2. 2392
小果叶下珠 *Phyllanthus reticulatus*	1	1. 2000	3. 2500	3. 3333	4. 8462	6. 2500	4. 8099
水茄 *Solanum torvum*	1	1. 7000	2. 8125	3. 3333	4. 1938	6. 2500	4. 5924
黑面神 *Breynia fruticosa*	1	1. 2000	1. 3125	3. 3333	1. 9571	6. 2500	3. 8468

群落 19 灌木层植物种类不算多，但有几个种类为其他地方很少分布的。从各种类的高度和盖度值看，高度是比较高的，盖度值偏低。整体上说明灌木层的发育是处于中等偏弱的状态。

表 2. 22　群落 19 草本层的结构特征

物种名称 Species name	株数 Number	平均高度(m) Average height	盖度 Coverage	相对密度 Relative density	相对盖度 Relative coverage	相对频度 Relative frequency	重要值 Important value
芒萁 *Dicranopteris dichotoma*	39	0. 7423	0. 6220	25. 1613	46. 1938	6. 0606	25. 8052
藿香蓟 *Ageratum conyzoides*	9	0. 6315	0. 0262	5. 8064	1. 9458	18. 1818	8. 6446
乌毛蕨 *Blechnum orientale*	2	1. 075	0. 2820	1. 2903	20. 9432	3. 0303	8. 4213
华南毛蕨 *Cyclosorus parasiticus*	8	0. 335	0. 0987	5. 1613	7. 3301	9. 0909	7. 1941
细叶沿阶草 *Ophiopogon japonicus*	9	0. 1644	0. 0609	5. 8065	4. 5228	9. 0909	6. 4734
陆生珍珠茅 *Scleria terrestris*	10	0. 67	0. 1098	6. 4516	8. 1545	3. 0303	5. 8788
画眉草 *Eragrostis pilosa*	15	0. 215	0. 0308	9. 6774	2. 2874	3. 0303	4. 9984
截叶铁扫帚 *Lespedeza cuneata*	14	0. 14	0. 0224	9. 0323	1. 6636	3. 0303	4. 5754

（续）

物种名称 Species name	株数 Number	平均高度(m) Average height	盖度 Coverage	相对密度 Relative density	相对盖度 Relative coverage	相对频度 Relative frequency	重要值 Important value
两耳草 *Paspalum conjugatum*	10	0. 23	0. 0042	6. 4516	0. 3119	3. 0303	3. 2646
一点红 *Emilia sonchifolia*	3	0. 305	0. 0321	1. 9355	2. 3840	3. 0303	2. 4499
皱叶狗尾草 *Setaria plicata*	6	0. 71	0. 0044	3. 8710	0. 3268	3. 0303	2. 4093
鬼针草 *Bidens pilosa*	5	0. 45	0. 0090	3. 2258	0. 6684	3. 0303	2. 3082
马唐 *Digitaria sanguinalis*	4	0. 3	0. 0022	2. 5806	0. 1634	3. 0303	1. 9248
酢浆草 *Oxalis corniculata*	4	0. 055	0. 0004	2. 5806	0. 0297	3. 0303	1. 8802
熊耳草 *Ageratum houstonianum*	3	0. 2	0. 0010	1. 9355	0. 0743	3. 0303	1. 6800
飞蓬 *Erigeron acer*	2	0. 235	0. 0060	1. 2903	0. 4456	3. 0303	1. 5887
斑地锦 *Euphorbia maculata*	1	0. 45	0. 0105	0. 6452	0. 7798	3. 0303	1. 4851
白花蛇舌草 *Hedyotis diffusa*	2	0. 07	0. 0012	1. 2903	0. 0891	3. 0303	1. 4699
飞扬草 *Euphorbia hirta*	2	0. 21	0. 0009	1. 2903	0. 0668	3. 0303	1. 4625
地胆草 *Elephantopus scaber*	1	0. 07	0. 0043	0. 6452	0. 3193	3. 0303	1. 3316
黄鹌菜 *Youngia japonica*	1	0. 08	0. 0014	0. 6452	0. 1040	3. 0303	1. 2598
肖梵天花 *Urena lobata*	1	0. 22	0. 0012	0. 6452	0. 0891	3. 0303	1. 2549

藤本植物：蔓九节、海金沙、薇甘菊、细圆藤、三叶青藤、首冠藤。

群落 19 草本层植物有 22 种，相当多。其中多种为其他地方很少或没有分布的种类，如陆生珍珠茅、细圆藤、斑地锦、画眉草、细叶沿阶草等。这是草本植物资源的很好分布区之一。此群落的藤本植物也较多，有 6 种。

2.3 讨论

从坝光中部及部分东部区域的上述植物群落的结构特征看，除了一个山地人工桉树林外，其他的群落与西部区域的那些群落的外貌特征相近，保持着乔木植株高大、古老，造型古朴、优美，灌木种类和草本植物种类数量多，而且基本都是野生的自然发育的状态；其藤本植物的种类也较多，贯穿于各层次植物之间。组成了很好的、复杂的自然镶嵌、层次丰富、种类繁多、景观优美乃至较为壮观的景象。尤其是群落 13、群落 14、群落 15 和群落 17 等。群落 17 是更明显的山地群落，其中植物种类更多，乔木高大，盖度也大，很茂密。

群落 16 为南侧的一个山地的桉树林，坡向朝北，其由于为人工林，因此，乔木层主要是柳叶桉，其他的乔木层植物种类只有 2 种，而且柳叶桉的植株数量等占了明显的优势，重要值比其他 2

种植物高出很多。此处需要说明的是，笔者认为在我国南方地区种植的目前被称之为种的一些桉树植物，如柳叶桉、尾叶桉等，也可能是属于被人为培育过的品系，而非自然的种类。即这些培育的品系或品种为速生桉(速生桉是指巨叶桉×尾叶桉、巨叶桉×赤桉、柳叶桉×隆缘桉和尾叶桉×细叶桉等的杂交种，品系较多，以系列代号命名，我国 20 世纪 70 年代及以后进行培育的)。而分布在澳大利亚的那些种类属于当地自然演化形成的种类，生长速度是与当地其他的乔木一样的，因此能很好地与群落里其他的植物一起构建丰富的好的群落结构，不影响其他乔木、灌木和草本植物的生长发育，更不会像速生桉那样根系的吸水和吸肥的能力那么强，而明显地抑制和阻遏其他植物种类的生长发育，以及较快地削弱地力，同时分泌出有害的化学成分进入土壤和水中。在澳大利亚，自然的野生桉树的分布是随机的，植株之间的间隔随机，而且距离相对较大，中间很多是其他种类的植物。因此，该国各地有桉树的植物群落都是处在各种类和谐共生、结构复杂、生物多样性高的状态。而我国培育的速生桉则带有上述明显的负面作用的问题，对当地的植被组成与结构、生物多样性及水土的破坏性作用明显。

但是由于部分速生桉品系的外部形态较像引自澳大利亚的那些它们的父、母本的种类，因此，较多的国内学者却错误地把这些人工培育的速生桉品系或品种给予其与上述的自然种类一样的中文名称和拉丁名；甚至拿澳大利亚的那些自然种类的特性去比较这些人工培育的速生桉，认为可能“不会造成多少对生态及环境的破坏性影响”，这是不对的。

目前，国内许多人把形态上很近于那些自然种类的速生桉品系或品种也称为某个桉树种类，植物图鉴和图谱关于我国境内引进而进行人工杂交培育后的那些许多品种也按自然的种类去给予中文名称和拉丁名，因此，本研究中按照这些图鉴等书籍进行的鉴定也可能会有些纰漏。笔者认为该种类可能也同样是柳叶桉×隆缘桉或者柳叶按与其他的桉树种类人工杂交的品系，不然当地民众不会那样将其作为经济林种植在山上。

虽然群落 16 的灌木层种类看似较多，但每个种类的株数却极少，大多数仅有 1~2 株，而仅有 3 个种类的株数多一些。这也反映出在这个层次上其生态优势度较高，而生物多样性较低。其草本植物种类为 4 种，而且基本都是那些耐贫瘠、耐酸性土的种类，如芒萁、乌毛蕨、五节芒等。这也反映出其土壤确实是比较的贫瘠。建议坝光区域外围山地的桉树林应该陆续被其他当地的乔木种类所替代，恢复构建起良好的植物群落结构及其生物多样性。

从中部区域的其他各群落的结构情况看，并从上述中西部和西北部的植物群落具有很多高大的乔木，而且很多是苍劲和造型很优美的老树、古树，灌木和草本植物的高度、密度和盖度等指标都很好的情况看，都比深圳其他地方如羊台山、莲花山、小南山、马峦山甚至是处在自然保护区内的七娘山等区域的植被指标要高较多(廖文波等，2012；黄玉源等，2016a；黄玉源等，2016b；Liang et al, 2016)，而且后者基本没有如此高大的老树和古树，或者仅有极个别的或极少的几株零星分布，而不是像坝光这样大片的和几乎所有的乔木林均如此。说明坝光区域在很大的范围内，从西部到中部的民众都很珍视对各植物群落的保护，以致让这些树林能上百年乃至几百年都保持其自然发育和繁衍的状态。即便是有的地方种植着一些果树，但依然不干扰和影响这些森林所在的地方。因此才能形成该区域如此好的森林系统和景观，以及如此优良的生态系统。

第3章 坝光区域东部主要植物群落结构特征

3.1 研究地与方法

各研究地的地理分布见图 1.1，各研究地的序号及植物群落名见表 3.1。

表 3.1 各植物群落名称及分布地等资料

植物群落号	具体地点	植物群落名称	纬度	经度	海拔(m)	群落面积(m^2)	坡向
群落 8	渔排码头	银合欢-朴树-五节芒群落(Comm. *Leucaena leucocephala–Celtis sinensis –Miscanthus floridulus*)	22°39′7″N	114°33′22″E	10	1800	
群落 20	渔排码头	龙眼-野桐-鬼针草群落(Comm. *Dimocarpus longan–Mallotus japonicus–Bidens pilosa*)	22°44′2″N	114°37′33″E	10	3000	
群落 21	坳仔下	荔枝-银柴-海芋群落(Comm. *Litchi chinensis–Aporusa dioica–Alocasia macrorrhiza*)	22°38′57″N	114°32′25″E	10	1900	
群落 22	双坑村	小叶榕-马缨丹-海芋群落(Comm. *Ficus concinna–Lantana camara–Alocasia macrorrhiza*)	22°38′59″N	114°32′48″E	10	2000	
群落 23	坝核公路对面山地	荔枝-雀梅-乌毛蕨群落(Comm. *Litchi chinensis–Sageretia theezans–Blechnum orientale*)	22°38′53″N	114°32′56″E	70	1500	东北坡
群落 24	田寮下	野桐-龙眼-海芋群落(Comm. *Mallotus japonicus–Dimocarpus longan–Alocasia macrorrhiza*)	22°39′9″N	114°33′36″E	10	7600	
群落 25	田寮下	海杧果-白骨壤-芒萁群落(Comm. *Cerbera manghas–Aricennia marina–Dicranopteris dichotoma*)	22°39′8″N	114°34′2″E	20	4800	东北坡

研究时间和研究方法见第 1 章。

3.2 结果与分析

3.2.1 银合欢-朴树-五节芒群落(Comm. *Leucaena leucocephala – Celtis sinensis – Miscanthus floridulus*)

群落 8 的各层次结构特征见表 3.2～表 3.4。

表 3.2　群落 8 乔木层的结构特征

物种名称 Species name	株数 Number	平均高度(m) Average height	平均胸径(cm) Average diameter	盖度 Coverage	相对显著度 Relative dominan	相对密度 Relative density	相对频度 Relative frequency	重要值 Important value
银合欢 *Leucaena leucocephala*	22	7. 3409	10. 5682	70. 38	18. 2741	44	16. 6667	26. 3136
荔枝 *Litchi chinensis*	8	8. 375	18. 5	57. 71	17. 6647	16	16. 6667	16. 7771
朴树 *Celtis sinensis*	7	8	21. 2857	50. 17	19. 4621	14	16. 6667	16. 7096
秋枫 *Bischofia javanica*	4	9. 125	22. 5	27. 71	11. 7231	8	16. 6667	12. 1299
木麻黄 *Casuarina equisetifolia*	1	17	55	8. 75	16. 134	2	8. 3333	8. 8224
龙眼 *Dimocarpus longan*	5	7. 8	14	35. 08	5. 8349	10	8. 3333	8. 0561
小叶榕 *Ficus concinna*	2	11	31. 5	15. 21	10. 715	4	8. 3333	7. 6828
野桐 *Mallotus japonicus*	1	5	6	5. 04	0. 192	2	8. 3333	3. 5084

此群落位于坝光区域东北面的鱼排码头附近，沿一条村道旁分布，宽度较大。在群落的乔木层里，银合欢为优势种，其高度、密度、盖度指标等处在优势的地位，胸径也较大。荔枝次之。朴树虽位居第三，但是其高度、胸径值较高，说明其在此处发育较好。还有部分秋枫树，植株较为高大。这些都是需要保护的植物。

表 3.3　群落 8 灌木层的结构特征

物种名称 Species name	株数 Number	平均高度(m) Average height	盖度 Coverage	相对盖度 Relative coverage	相对密度 Relative density	相对频度 Relative frequency	重要值 Important value
银合欢 *Leucaena leucocephala*	146	0. 4418	37. 6700	36. 1239	64. 3172	11. 1111	37. 1841
朴树 *Celtis sinensis*	50	1. 4167	20. 9000	20. 0422	22. 0264	18. 5186	20. 1957
野桐 *Mallotus japonicus*	3	1. 8667	16. 3500	15. 6789	1. 3216	7. 4075	8. 1360
山杜英 *Elaeocarpus sylvestris*	1	2. 2000	8. 9600	8. 5923	0. 4405	3. 7037	4. 2455
马缨丹 *Lantana camara*	4	0. 7250	2. 8700	2. 7522	1. 7621	7. 4075	3. 9739
龙眼 *Dimocarpus longan*	7	0. 4571	0. 8200	0. 7863	3. 0837	7. 4075	3. 7592
白花灯笼 *Clerodendrum fortunatum*	1	3. 0000	7. 2200	6. 9237	0. 4405	3. 7037	3. 6893
红枝蒲桃 *Syzygium rehderianum*	2	1. 0750	2. 2400	2. 1481	0. 8811	7. 4075	3. 4789
水茄 *Solanum torvum*	1	1. 9000	2. 6900	2. 5796	0. 4405	3. 7037	2. 2413
秋枫 *Bischofia javanica*	1	1. 3000	2. 2400	2. 1481	0. 4405	3. 7037	2. 0974
毛稔 *Melastoma sanguineum*	4	0. 4000	0. 2400	0. 2301	1. 7621	3. 7037	1. 8986
盐肤木 *Rhus chinensis*	1	1. 0000	0. 8100	0. 7768	0. 4405	3. 7037	1. 6403

（续）

物种名称 Species name	株数 Number	平均高度(m) Average height	平均胸径(cm) Average diameter	盖度 Coverage	相对显著度 Relative dominan	相对密度 Relative density	相对盖度 Relative coverage	相对频度 Relative frequency	重要值 Important value
小叶榕 *Ficus concinna*	1	16.0000	25.0000	0.27	5.5649	0.6250	3.3475	2.7778	2.9892
土蜜树 *Bridelia tomentosa*	1	8.0000	21.0000	0.30	4.6745	0.6250	3.7659	2.7778	2.6924
大头茶 *Gordonia axillaris*	2	7.0000	18.0000	3.05	4.0067	1.2500	0.3792	2.7778	2.6782
鸭脚木 *Schefflera octophylla*	2	7.5000	16.5000	0.36	3.6728	1.2500	0.4511	2.7778	2.5669
木麻黄 *Casuarina equisetifolia*	1	7.0000	19.0000	0.24	4.2293	0.6250	2.9291	2.7778	2.5440
海杧果 *Cerbera manghas*	2	6.2500	12.5000	3.05	2.7825	1.2500	0.3792	2.7778	2.2701
蒲桃 *Syzygium jambos*	1	9.0000	14.0000	0.19	3.1164	0.6250	0.2354	2.7778	2.1730
对叶榕 *Ficus hispida*	1	8.5000	12.0000	0.19	2.6712	0.6250	0.2354	2.7778	2.0246
香蒲桃 *Syzygium odoratum*	1	8.0000	10.0000	0.09	2.2260	0.6250	1.1769	2.7778	1.8762
黄皮 *Clausena lansium*	1	5.5000	9.0000	0.47	2.0034	0.6250	0.0588	2.7778	1.8020
小果叶下珠 *Phyllanthus reticulatus*	1	7.0000	8.0000	1.81	1.7808	0.6250	2.2426	2.7778	1.7278
山乌桕 *Sapium discolor*	1	6.0000	7.0000	1.14	1.5582	0.6250	1.4122	2.7778	1.6537
银柴 *Aporusa dioica*	1	5.5000	5.0000	0.14	1.1130	0.6250	0.1765	2.7778	1.5053

群落21乔木层有植物21种，是比较多的。虽然荔枝是优势种，但其主要是在数量和盖度上占了优势。而位居第二的樟明显比前者高较多，而且胸径很大，平均达到47.5cm；而秋枫、水翁、朴树和土蜜树也都为大树，尤其是前面的两种，树高度和胸径等都相当高。其他种类也较为高大。说明这个群落是一个处在半自然状态发育的群落，虽然有人为种植的一些果树，但是只有对自然分布的种类不进行人为的影响，才能保持这样结构复杂和丰富的乔木林。

表3.9 群落21灌木层的结构特征

物种名称 Species name	株数 Number	平均高度(m) Average height	盖度 Coverage	相对密度 Relative density	相对盖度 Relative coverage	相对频度 Relative frequency	重要值 Important value
银柴 *Aporusa dioica*	15	1.2667	9.9514	11.9048	17.3746	11.1111	13.4635
粉单竹 *Bambusa chungii*	27	1.1259	0.4224	21.4286	0.7376	3.7037	8.6233
九节 *Psychotria rubra*	14	1.5000	1.0417	11.1111	1.8187	11.1111	8.0136
紫玉盘 *Uvaria microcarpa*	8	1.0000	2.9514	6.3492	5.1530	7.4074	6.3032

（续）

物种名称 Species name	株数 Number	平均高度(m) Average height	盖度 Coverage	相对密度 Relative density	相对盖度 Relative coverage	相对频度 Relative frequency	重要值 Important value
鲫鱼胆 *Maesa perlarius*	7	0. 6429	1. 9583	5. 5556	3. 4191	9. 2593	6. 0780
猴耳环 *Pithecellobium clypearia*	11	0. 4727	0. 6667	8. 7302	1. 1640	7. 4074	5. 7672
荔枝 *Litchi chinensis*	7	1. 4143	3. 0486	5. 5556	5. 3227	5. 5556	5. 4779
秋枫 *Bischofia javanica*	2	3. 0500	6. 1181	1. 5873	10. 6818	1. 8519	4. 7070
雀梅 *Sageretia thea*	4	1. 2000	3. 0278	3. 1746	5. 2863	5. 5556	4. 6722
山乌桕 *Sapium discolor*	3	2. 0000	2. 2500	2. 3810	3. 9284	5. 5556	3. 9550
舶梨榕 *Ficus pyriformis*	6	1. 1833	2. 7708	4. 7619	4. 8377	1. 8519	3. 8172
小叶榕 *Ficus concinna*	4	1. 7000	2. 5347	3. 1746	4. 4255	3. 7037	3. 7679
鸭脚木 *Schefflera octophylla*	2	2. 5500	4. 4583	1. 5873	7. 7840	1. 8519	3. 7411
假苹婆 *Sterculia lanceolata*	1	4. 2000	3. 8194	0. 7937	6. 6686	1. 8519	3. 1047
马缨丹 *Lantana camara*	1	2. 8000	3. 8194	0. 7937	6. 6686	1. 8519	3. 1047
马甲子 *Paliurus ramosissimus*	2	1. 4500	1. 7292	1. 5873	3. 0190	3. 7037	2. 7700
土蜜树 *Bridelia tomentosa*	1	2. 6000	2. 9167	0. 7937	5. 0924	1. 8519	2. 5793
朴树 *Celtis sinensis*	2	0. 6000	0. 0972	1. 5873	0. 1697	3. 7037	1. 8202
三脉马钱 *Strychnos cathayensis*	2	1. 4000	0. 8472	1. 5873	1. 4792	1. 8519	1. 6395
樟 *Cinnamomum camphora*	1	1. 7000	1. 0833	0. 7937	1. 8914	1. 8519	1. 5123
山鸡椒 *Litsea cubeba*	2	0. 9000	0. 3681	1. 5873	0. 6426	1. 8519	1. 3606
野牡丹 *Paeonia delavayi*	1	1. 9000	0. 7500	0. 7937	1. 3095	1. 8519	1. 3183
米碎花 *Eurya chinensis*	2	1. 5000	0. 1447	1. 5873	0. 2526	1. 8519	1. 2306
扁担杆 *Grewia biloba*	1	1. 6000	0. 5000	0. 7937	0. 8730	1. 8519	1. 1728

群落 21 灌木层植物也较多，而且许多为其他群落没有分布的种类。此处是一个需要加强对灌木层植物多样性保护的区域之一。

表 3.10 群落 21 草本层的结构特征

物种名称 Species name	株数 Number	平均高度(m) Average height	盖度 Coverage	相对密度 Relative density	相对盖度 Relative coverage	相对频度 Relative frequency	重要值 Important value
海芋 *Alocasia macrorrhiza*	22	0.6340	61.21	10.0000	57.1126	18.5185	28.5437
沿阶草 *Ophiopogon bodinieri*	17	0.2388	12.64	7.7273	9.1147	11.1111	9.3177
华南毛蕨 *Cyclosorus parasiticus*	9	0.1877	7.62	4.0909	2.9076	11.1111	6.0365
半边旗 *Pteris semipinnata*	11	0.2572	12.04	5.0000	5.6180	7.4074	6.0085
酢浆草 *Oxalis corniculata*	28	0.1725	0.48	12.7273	0.5738	3.7037	5.6683
芒萁 *Gleichenia linearis*	11	0.2900	11.64	5.0000	5.4306	5.5556	5.3287
金腰箭 *Synedrella nodiflora*	19	0.2384	1.87	8.6364	1.5081	5.5556	5.2333
莠竹 *Microstegium nodosum*	21	0.2547	3.10	9.5455	2.7583	1.8519	4.7185
水蜈蚣 *Kyllinga brevifolia*	23	0.1408	0.72	10.4545	0.7057	1.8519	4.3374
一点红 *Emilia sonchifolia*	6	0.2266	4.31	2.7273	1.0971	5.5556	3.1267
鬼针草 *Bidens pilosa*	7	0.6028	14.26	3.1818	4.2325	1.8519	3.0887
画眉草 *Eragrostis pilosa*	10	0.2420	2.40	4.5455	1.0195	1.8519	2.4723
藿香蓟 *Ageratum conyzoides*	6	0.2833	3.55	2.7273	0.9025	3.7037	2.4445
团羽铁线蕨 *Adiantum capillus-junonis*	3	0.3800	30.75	1.3636	3.9119	1.8519	2.3758
淡竹叶 *Lophatherum gracile*	7	0.0700	0.50	3.1818	0.1497	3.7037	2.3451
蔓茎葫芦茶 *Tadehagi pseudotriquetrum*	5	0.3260	3.18	2.2727	0.6743	1.8519	1.5996
单叶双盖蕨 *Diplazium subsinuatum*	4	0.0725	6.26	1.8182	1.0624	1.8519	1.5775
牛筋草 *Eleusine indica*	3	0.2366	4.04	1.3636	0.5140	1.8519	1.2432
飞扬草 *Euphorbia hirta*	3	0.1733	0.60	1.3636	0.0763	1.8519	1.0973
阔叶乌蕨 *Stenoloma chusanum*	1	0.2500	12.30	0.4545	0.5216	1.8519	0.9427
两耳草 *Paspalum conjugatum*	2	0.2400	0.30	0.9091	0.0254	1.8519	0.9288
肖梵天花 *Urena lobata*	1	0.1300	1.32	0.4545	0.0560	1.8519	0.7875
马唐 *Digitaria sanguinalis*	1	0.4500	0.64	0.4545	0.0271	1.8519	0.7778

藤本植物：薇甘菊、念珠藤、野葛、海金沙、拔葜、葛麻姆、青牛胆、蔓九节、鸡矢藤、细圆藤。

群落 21 草本层植物达到 23 种，是比较丰富的。而且具有 10 种藤本植物，一些植物种类为其他地方少有分布的。草本层植物的盖度值也是很高的，说明其草本层植被为茂密的。

3.2.4 小叶榕-马缨丹-海芋群落(Comm. *Ficus concinna*-*Lantana camara*-*Alocasia macrorrhiza*)

群落 22 位于坝光双坑村的河旁，各层次结构特征见表 3.11~表 3.13。

表 3.11 群落 22 乔木层的结构特征

物种名称 Species name	株数 Number	平均高度(m) Average height	平均胸径(cm) Average diameter	盖度 Coverage	相对显著度 Relative dominan	相对密度 Relative density	相对盖度 Relative coverage	相对频度 Relative frequency	重要值 Important value
小叶榕 *Ficus concinna*	5	11.4000	67.0000	42.396	31.9393	5.0000	14.8550	9.6792	15.5395
水翁 *Cleistocalyx operculatus*	20	13.7500	35.6500	131.748	9.0426	20.0000	46.1592	16.1314	15.0580
撑篙竹 *Bambusa pervariabilis*	32	9.0000	6.0000	1.02	0.2561	32.0000	0.3591	3.2251	11.8271
龙眼 *Dimocarpus longan*	10	11.0000	30.4000	40.35	6.5754	10.0000	14.1368	16.1314	10.9023
樟 *Cinnamomum camphora*	2	12.0000	48.5000	12.00	16.7363	2.0000	4.2043	3.2251	7.3205
杧果 *Mangifera indica*	11	7.7727	19.0909	1.320	2.5932	11.0000	4.6247	6.4522	6.6818
朴树 *Celtis sinensis*	1	12.0000	32.0000	4.80	7.2858	1.0000	1.6817	3.2251	3.8370
假苹婆 *Sterculia lanceolata*	2	11.0000	19.0000	6.00	2.5685	2.0000	2.1021	6.4522	3.6736
黄皮 *Clausena lansium*	3	6.3333	12.0000	3.10	1.0246	3.0000	1.0861	6.4522	3.4922
海杧果 *Cerbera manghas*	4	10.0000	20.0000	11.85	2.8460	4.0000	4.1517	3.2251	3.3570
蒲桃 *Syzygium jambos*	1	9.0000	28.0000	2.80	5.5782	1.0000	0.9810	3.2251	3.2678
荔枝 *Litchi chinensis*	1	8.0000	28.0000	2.45	5.5782	1.0000	0.8584	3.2251	3.2678
水同木 *Ficus fistulosa*	1	6.5000	22.0000	2.10	3.4437	1.0000	0.7357	3.2251	2.5563
泡花树 *Meliosma cuneifolia*	1	10.0000	18.0000	3.60	2.3053	1.0000	1.2613	3.2251	2.1768
番木瓜 *Carica papaya*	2	6.5000	8.0000	0.6	0.4554	2.0000	0.2102	3.2251	1.8935
山杜英 *Elaeocarpus sylvestris*	1	8.0000	13.0000	2.45	1.2024	1.0000	0.8584	3.2251	1.8092
垂叶榕 *Ficus benjamina*	2	4.3000	4.0000	2.50	0.1138	2.0000	0.8759	3.2251	1.7797
珊瑚树 *Viburnum odoratissimum*	1	7.0000	8.0000	2.45	0.4554	1.0000	0.8584	3.2251	1.5602

这个群落的乔木层，小叶榕和水翁为优势种和次优势种，这两种乔木都是很高大的树木，从其高度和胸径可知，小叶榕高度在 11.4m，胸径达到 67cm，冠幅在 25~30m 的范围；水翁的高度更

高，达到13.75m，胸径值为35cm，其中一些树木树龄超过120年，已经被列为三级保护古树(已挂牌)。这些老树、古树枝叶繁茂，造型古朴典雅，又在河旁，因此此处是一个很好的休闲和观景的场所。而且该群落里还有如水同木、珊瑚树、山杜英、泡花树等多种其他群落分布不多的种类。因此，此区域应加强保护和在保护中进行旅游观光的利用。

表3.12　群落22灌木层的结构特征

物种名称 Species name	株数 Number	平均高度(m) Average height	盖度 Coverage	相对密度 Relative density	相对盖度 Relative coverage	相对频度 Relative frequency	重要值 Important value
马缨丹 *Lantana camara*	26	3.4667	68.3571	23.0088	41.5212	11.1111	25.2137
朴树 *Celtis sinensis*	14	1.6714	13.9196	12.3894	8.4550	8.8889	9.9111
八角枫 *Alangium chinense*	7	1.8000	15.0268	6.1947	9.1275	6.6667	7.3296
九节 *Psychotria rubra*	17	1.0000	7.4018	15.0442	4.4960	2.2222	7.2541
银柴 *Aporusa dioica*	1	1.4000	0.6429	0.8850	0.3905	11.1111	4.1289
猴耳环 *Pithecellobium clypearia*	5	1.2400	2.1319	4.4248	1.2950	6.6667	4.1288
鲫鱼胆 *Maesa perlarius*	5	1.7400	8.4643	4.4248	5.1413	2.2222	3.9294
番木瓜 *Carica papaya*	3	2.1000	4.4643	2.6549	2.7117	4.4444	3.2703
海杧果 *Cerbera manghas*	4	0.9750	2.6071	3.5398	1.5836	4.4444	3.1893
龙眼 *Dimocarpus longan*	5	1.8800	4.6429	4.4248	2.8201	2.2222	3.1557
野桐 *Mallotus japonicus*	1	4.4000	9.7500	0.8850	5.9223	2.2222	3.0098
荔枝 *Litchi chinensis*	4	0.9500	1.1786	3.5398	0.7159	4.4444	2.9000
白簕 *Acanthopanax trifoliatus*	6	1.4167	1.1161	5.3097	0.6779	2.2222	2.7366
小叶榕 *Ficus concinna*	1	4.2000	6.7321	0.8850	4.0892	2.2222	2.3988
假苹婆 *Sterculia lanceolata*	1	4.0000	5.5714	0.8850	3.3842	2.2222	2.1638
土蜜树 *Bridelia tomentosa*	2	0.6000	0.2768	1.7699	0.1681	4.4444	2.1275
鼎湖血桐 *Macaranga sampsonii*	1	2.5000	3.7321	0.8850	2.2670	2.2222	1.7914
了哥王 *Wikstroemia indica*	1	2.6000	3.3929	0.8850	2.0609	2.2222	1.7227
鸭脚木 *Schefflera octophylla*	2	1.4000	0.9018	1.7699	0.5478	2.2222	1.5133
阴香 *Cinnamomum burmanni*	1	1.9000	1.5000	0.8850	0.9111	2.2222	1.3394

（续）

物种名称 Species name	株数 Number	平均高度(m) Average height	盖度 Coverage	相对密度 Relative density	相对盖度 Relative coverage	相对频度 Relative frequency	重要值 Important value
粘木 *Ixonanthes chinensis*	1	1.2000	0.9286	0.8850	0.5640	2.2222	1.2237
杨叶肖槿 *Thespesia populnea*	1	1.7000	0.8036	0.8850	0.4881	2.2222	1.1984
山乌桕 *Sapium discolor*	1	1.7000	0.7143	0.8850	0.4339	2.2222	1.1803
竹子 *Bambusoideae*	1	1.1000	0.1786	0.8850	0.1085	2.2222	1.0719
白背叶 *Mallotus apelta*	1	0.8000	0.1786	0.8850	0.1085	2.2222	1.0719
九里香 *Murraya exotica*	1	0.3000	0.0179	0.8850	0.0108	2.2222	1.0393

群落22灌木层植物种类为26种，很丰富，其中如白背叶、粘木和杨叶肖槿等为其他地方的群落没有或极少有的。其高度值和盖度值也比较高。

表3.13　群落22草本层的结构特征

物种名称 Species name	株数 Number	平均高度(m) Average height	盖度 Coverage	相对密度 Relative density	相对盖度 Relative coverage	相对频度 Relative frequency	重要值 Important value
海芋 *Alocasia macrorrhiza*	15	0.5949	33.7000	11.1940	20.1441	17.5668	16.3017
芭蕉 *Musa basjoo*	2	3.6000	75.7143	1.4925	45.2581	2.1277	16.2928
鬼针草 *Bidens pilosa*	32	1.0900	8.1000	23.8806	4.8418	12.5477	13.7567
画眉草 *Eragrostis pilosa*	28	0.2865	3.4200	20.8955	2.0443	12.5477	11.8292
淡竹叶 *Lophatherum gracile*	17	0.3078	3.8000	12.6866	2.2714	10.0382	8.3321
芦苇 *Phragmites australis*	2	0.6750	14.2200	1.4925	8.5000	2.5095	4.1674
艳山姜 *Alpinia zerumbet*	3	1.2333	11.1300	2.2388	6.6529	2.5095	3.8004
芒 *Miscanthus floridulus*	8	1.7400	1.8600	5.9701	1.1118	2.5095	3.1972
华南毛蕨 *Cyclosorus parasiticus*	3	0.4270	3.8000	2.2388	2.2714	5.0191	3.1764
马唐 *Digitaria sanguinalis*	5	0.2700	1.0600	3.7313	0.6336	2.5095	2.2915
凤尾蕨 *Pteris cretica*	1	0.4900	1.8000	0.7463	1.0759	5.0191	2.2804
飞蓬 *Erigeron acer*	2	0.6750	0.5500	1.4925	0.3288	5.0191	2.2801

（续）

物种名称 Species name	株数 Number	平均高度(m) Average height	盖度 Coverage	相对密度 Relative density	相对盖度 Relative coverage	相对频度 Relative frequency	重要值 Important value
蜈蚣蕨 *Pteris vittata*	2	0.6500	3.6100	1.4925	2.1579	2.5095	2.0533
单穗水蜈蚣 *Kyllinga monocephala*	4	0.1750	0.4500	2.9851	0.2690	2.5095	1.9212
紫萁 *Osmunda japonica*	2	0.3000	1.1500	1.4925	0.6874	2.5095	1.5632
金腰箭 *Synedrella nodiflora*	2	0.2900	0.4200	1.4925	0.2511	2.5095	1.4177
沿阶草 *Ophiopogon bodinieri*	1	0.3100	1.5600	0.7463	0.9325	2.5095	1.3961
珍珠茅 *Scleria hebecarpa*	2	0.6250	0.2700	1.4925	0.1614	2.5095	1.3878
地胆草 *Elephantopus scaber*	2	0.0550	0.0800	1.4925	0.0478	2.5095	1.3500
线蕨 *Colysis elliptica*	1	0.0700	0.6000	0.7463	0.3586	2.5095	1.2048

藤本植物：娃儿藤、野葛、薇甘菊、念珠藤、细圆藤、鸡矢藤、拔葜、小叶海金沙、蔓九节。

群落22草本层植物的种类很多，达到20种，另有9种层间植物，一些种类为其他地方的群落没有的。盖度值之和达到108.32%，说明覆盖率也较高，长势较好。

3.2.5 荔枝-雀梅-乌毛蕨群落(Comm. *Litchi chinensis*-*Sageretia theezans*-*Blechnum orientale*)

这个群落为坝核公路南侧的山地植物群落，在山坡海拔低处主要是荔枝林，往上为处在半自然恢复状态的树林。群落23各层次结构特征见表3.14~表3.16。特意与其他地方的自然发育的植物群落的状况做对比。

表3.14 群落23乔木层的结构特征

物种名称 Species name	株数 Number	平均高度(m) Average height	平均胸径(cm) Average diameter	盖度 Coverage	相对显著度 Relative dominan	相对密度 Relative density	相对盖度 Relative coverage	相对频度 Relative frequency	重要值 Important value
荔枝 *Litchi chinensis*	42	7.2381	21.7143	105.60	27.9040	64.6154	76.1538	16.6672	36.3955
朴树 *Celtis sinensis*	1	12.0000	22.0000	3.73	28.6431	1.5385	2.6923	5.5552	11.9123
银柴 *Aporusa dioica*	2	6.0000	9.0000	5.20	4.7936	3.0769	3.7500	11.1120	6.3275
樟 *Cinnamomum camphora*	1	5.5000	14.0000	2.80	11.5993	1.5385	2.0192	5.5552	6.2310
山乌桕 *Sapium discolor*	2	8.5000	8.5000	1.33	4.2758	3.0769	0.9615	11.1120	6.1549
毛棯 *Melastoma sanguineum*	6	6.0000	6.0000	3.60	2.1305	9.2308	2.5962	5.5552	5.6388

（续）

物种名称 Species name	株数 Number	平均高度(m) Average height	平均胸径(cm) Average diameter	盖度 Coverage	相对显著度 Relative dominan	相对密度 Relative density	相对盖度 Relative coverage	相对频度 Relative frequency	重要值 Important value
细叶桉树 *Eucalyptus tereticornis*	1	8. 0000	12. 0000	0. 40	8. 5219	1. 5385	0. 2885	5. 5552	5. 2052
银合欢 *Leucaena leucocephala*	2	6. 0000	4. 0000	1. 20	0. 9469	3. 0769	0. 8654	11. 1120	5. 0453
泡花树 *Meliosma cuneifolia*	2	6. 2500	8. 0000	3. 53	3. 7875	3. 0769	2. 5481	5. 5552	4. 1399
鸭脚木 *Schefflera diversifoliolata*	3	6. 0000	6. 0000	6. 00	2. 1305	4. 6154	4. 3269	5. 5552	4. 1003
台湾相思 *Acacia confusa*	1	8. 0000	8. 0000	4. 27	3. 7875	1. 5385	3. 0769	5. 5552	3. 6271
假苹婆 *Sterculia lanceolata*	1	5. 5000	4. 0000	0. 60	0. 9469	1. 5385	0. 4327	5. 5552	2. 6802
小叶榕 *Ficus concinna*	1	4. 5000	3. 0000	0. 40	0. 5326	1. 5385	0. 2885	5. 5552	2. 5421

从表 3. 13 可见，群落 23 乔木层有 13 种植物，比群落 16 的桉树林中的 3 种多出 10 种，说明即便林子里含了人工种植的荔枝林，桉树林的乔木植物多样性是很低的。其中朴树、樟等的高度和胸径值均相当高。

表 3. 15　群落 23 灌木层的结构特征

物种名称 Species name	株数 Number	平均高度(m) Average height	盖度 Coverage	相对密度 Relative density	相对盖度 Relative coverage	相对频度 Relative frequency	重要值 Important value
雀梅 *Sageretia thea*	8	1. 8750	15. 1042	8. 0808	26. 8226	10. 5263	15. 1433
锈毛莓 *Rubus reflexus*	13	1. 6308	14. 8333	13. 1313	26. 3417	2. 6316	14. 0349
九节 *Psychotria rubra*	17	0. 8176	2. 1771	17. 1717	3. 8662	13. 1579	11. 3986
龙眼 *Dimocarpus longan*	15	1. 1067	3. 4792	15. 1515	6. 1785	10. 5263	10. 6188
豺皮樟 *Litsea rotundifolia* var. *oblongifolia*	8	0. 8500	3. 3229	8. 0808	5. 9010	7. 8947	7. 2922
野牡丹 *Paeonia delavayi*	5	1. 3400	4. 8542	5. 0505	8. 6202	5. 2632	6. 3113
盐肤木 *Rhus chinensis*	6	3. 2333	2. 2271	6. 0606	3. 9586	7. 8948	5. 9713
银合欢 *Leucaena leucocephala*	8	0. 5500	0. 3542	8. 0808	0. 6289	5. 2632	4. 6576
桃金娘 *Rhodomyrtus tomentosa*	3	2. 3333	1. 9467	3. 0303	3. 4570	5. 2632	3. 9168
紫玉盘 *Uvaria microcarpa*	1	2. 4000	3. 3333	1. 0101	5. 9195	2. 6316	3. 1871

（续）

物种名称 Species name	株数 Number	平均高度(m) Average height	盖度 Coverage	相对密度 Relative density	相对盖度 Relative coverage	相对频度 Relative frequency	重要值 Important value
米碎花 *Eurya chinensis*	2	1. 4500	0. 8958	2. 0202	1. 5909	5. 2632	2. 9581
银柴 *Aporusa dioica*	2	0. 7500	0. 4375	2. 0202	0. 7769	5. 2632	2. 6868
毛稔 *Melastoma sanguineum*	2	1. 9000	1. 2813	2. 0202	2. 2753	2. 6316	2. 3090
马缨丹 *Lantana camara*	3	1. 8000	0. 3750	3. 0303	0. 6659	2. 6316	2. 1093
八角枫 *Alangium chinense*	1	1. 8000	0. 7500	1. 0101	1. 3319	2. 6316	1. 6579
潺槁树 *Litsea glutinosa*	2	1. 1000	0. 1250	2. 0202	0. 2220	2. 6316	1. 6246
鸭脚木 *Schefflera octophylla*	1	0. 8000	0. 4375	1. 0101	0. 7769	2. 6316	1. 4729
杨桐 *Adinandra millettii*	1	1. 7000	0. 3125	1. 0101	0. 5550	2. 6316	1. 3989
山麻杆 *Alchornea davidii*	1	0. 4000	0. 0625	1. 0101	0. 1110	2. 6316	1. 2509

群落23灌木层有19种植物，也是较多的，植株的高度较高。盖度中等偏低，主要是山坡低处荔枝林里灌木很少的原因，而其他地方的灌木发育较好。

表3.16　群落23草本层的结构特征

物种名称 Species name	株数 Number	平均高度(m) Average height	盖度 Coverage	相对密度 Relative density	相对盖度 Relative coverage	相对频度 Relative frequency	重要值 Important value
乌毛蕨 *Blechnum orientale*	7	1. 08	66. 90	10. 2941	32. 9394	0. 31	14. 5154
露兜草 *Pandanus austrosinensis*	5	1. 13	70. 75	7. 3529	34. 8351	0. 1875	14. 1252
山麦冬 *Liriope spicata*	12	0. 2291	7. 70	17. 6471	3. 7912	0. 375	7. 2711
半边旗 *Pteris semipinnata*	7	0. 5643	11. 44	10. 2942	5. 6327	0. 1875	5. 3715
芒萁 *Dicranopteris dichotoma*	8	0. 5214	6. 40	11. 7647	3. 1512	0. 25	5. 0553
艳山姜 *Alpinia zerumbet*	3	0. 9	16. 73	4. 4118	8. 2373	0. 125	4. 2580
宽叶割鸡芒 *Hypolytrum latifolium*	5	0. 575	5. 00	7. 3529	2. 4618	0. 0625	3. 2924
类芦 *Neyraudia reynaudiana*	3	1. 27	8. 19	4. 4118	4. 0325	0. 125	2. 8564

（续）

物种名称 Species name	株数 Number	平均高度(m) Average height	盖度 Coverage	相对密度 Relative density	相对盖度 Relative coverage	相对频度 Relative frequency	重要值 Important value
铁线蕨 *Adiantum capillus-veneris*	4	0. 325	1. 85	5. 8824	0. 9109	0. 125	2. 3061
山菅兰 *Dianella ensifolia*	3	0. 3233	2. 56	4. 4118	1. 2605	0. 0625	1. 9116
异叶鳞始蕨 *Lindsaea heterophylla*	3	0. 177	0. 48	4. 4118	0. 2363	0. 125	1. 5910
淡竹叶 *Lophatherum gracile*	3	0. 2267	0. 24	4. 4118	0. 1182	0. 0625	1. 5308
凤尾蕨 *Pteris cretica* var. *nervosa*	2	0. 225	0. 76	2. 9412	0. 3742	0. 125	1. 1468
黑鳞珍珠茅 *Scleria hookeriana*	2	0. 85	0. 60	2. 9412	0. 2954	0. 0625	1. 0997
沿阶草 *Liriope spicata*	1	0. 17	3. 50	1. 4706	1. 7233	0. 0625	1. 0855

藤本植物：海金沙、蔓九节、尖叶菝葜、锡叶藤、薇甘菊、绣毛梅、野葛。

群落 23 草本层的植物为 15 种，其中有山管兰、黑鳞珍珠茅等多个种类为其他地方群落为没有或极少有分布的。草本层植物的盖度是很高的，基本全部覆盖所测的样方面积。另外，藤本植物有 7 种，说明草本层及层间植被发育状态很好。

3.2.6 野桐-龙眼-海芋群落(Comm. *Mallotus japonicus*-*Dimocarpus longan*-*Alocasia macrorrhiza*)

群落 24 位于田寮下村附近，距海边几百米，各层次结构特征见表 3. 17~表 3. 19。

表 3. 17 群落 24 乔木层的结构特征

物种名称 Species name	株数 Number	平均高度(m) Average height	平均胸径(cm) Average diameter	盖度 Coverage	相对显著度 Relative dominan	相对密度 Relative density	相对盖度 Relative coverage	相对频度 Relative frequency	重要值 Important value
野桐 *Mallotus japonicus*	91	5. 9890	7. 8901	0. 3963	19. 0274	49. 7268	42. 0670	16. 6664	28. 4735
水翁 *Cleistocalyx operculatus*	23	9. 6304	25. 6957	0. 2971	51. 0056	12. 5683	31. 5363	16. 6664	26. 7468
龙眼 *Dimocarpus longan*	14	7. 8214	18. 7143	0. 1195	16. 4682	7. 6503	12. 6816	16. 6664	13. 5949
撑篙竹 *Bambusa pervariabilis*	30	9. 0000	3. 0000	0. 0039	0. 9068	16. 3934	0. 4190	16. 6664	11. 3222
银合欢 *Leucaena leucocephala*	13	7. 1923	8. 5385	0. 0697	3. 1833	7. 1038	7. 4022	8. 3332	6. 2068
山油柑 *Acronychia pedunculata*	5	8. 4000	16. 4000	0. 0258	4. 5168	2. 7322	2. 7374	5. 5549	4. 2680
禾串树 *Bridelia insulana*	2	5. 6000	5. 5000	0. 0068	0. 2032	1. 0929	0. 7263	5. 5549	2. 2837
朴树 *Celtis sinensis*	1	15. 0000	32. 0000	0. 0174	3. 4393	0. 5464	1. 8436	2. 7783	2. 2547

（续）

物种名称 Species name	株数 Number	平均高度(m) Average height	平均胸径(cm) Average diameter	盖度 Coverage	相对显著度 Relative dominan	相对密度 Relative density	相对盖度 Relative coverage	相对频度 Relative frequency	重要值 Important value
大王椰子 *Roystonea regia*	1	7.0000	16.0000	0.0021	0.8598	0.5464	0.2235	2.7783	1.3949
泡花树 *Meliosma cuneifolia*	1	8.0000	8.0000	0.0021	0.2150	0.5464	0.2235	2.7783	1.1799
秋枫 *Bischofia javanica*	1	4.5000	6.0000	0.0005	0.1209	0.5464	0.0559	2.7783	1.1485
小叶榕 *Ficus concinna*	1	5.5000	4.0000	0.0008	0.0537	0.5464	0.0838	2.7783	1.1262

这个群落在一条河流旁，水边的水翁树较高大，附近的野桐较多，而且高大。水翁的胸径最大，达到25.6cm，高度也最高。野桐占优势，主要是其数量多的原因。此群落内也含了多个其他地方的群落没有的植物种类。因此，此处是一个很好的乔木资源分布的区域，应加强保护。

表3.18　群落24灌木层的结构特征

物种名称 Species name	株数 Number	平均高度(m) Average height	盖度 Coverage	相对密度 Relative density	相对盖度 Relative coverage	相对频度 Relative frequency	重要值 Important value
野桐 *Mallotus japonicus*	40	1.8100	51.1146	34.1880	48.3782	12.8205	31.7956
龙眼 *Dimocarpus longan*	26	1.0308	23.0625	22.2222	21.8279	12.8205	18.9569
马缨丹 *Lantana camara*	5	1.6000	5.4167	4.2735	5.1267	7.6923	5.6975
九节 *Psychotria rubra*	6	1.0000	1.7604	5.1282	1.6662	10.2564	5.6836
银合欢 *Leucaena leucocephala*	7	1.5857	4.5833	5.9829	4.3380	5.1282	5.1497
秋枫 *Bischofia javanica*	5	1.5000	3.2396	4.2735	3.0662	7.6923	5.0107
鸭脚木 *Schefflera octophylla*	4	1.8250	4.7813	3.4188	4.5253	5.1282	4.3574
铁包金 *Berchemia lineata*	3	0.9667	0.7500	2.5641	0.7098	7.6923	3.6554
山乌桕 *Sapium discolor*	3	1.1000	0.5313	2.5641	0.5028	7.6923	3.5864
鲫鱼胆 *Maesa perlarius*	2	1.5500	3.6250	1.7094	3.4309	5.1282	3.4228
水茄 *Solanum torvum*	6	2.3167	2.5625	5.1282	2.4253	2.5641	3.3725
白背叶 *Mallotus apelta*	5	0.3800	0.3542	4.2735	0.3352	2.5641	2.3909

（续）

物种名称 Species name	株数 Number	平均高度(m) Average height	盖度 Coverage	相对密度 Relative density	相对盖度 Relative coverage	相对频度 Relative frequency	重要值 Important value
柑橘 *Citrus reticulata*	1	2. 2000	1. 6250	0. 8547	1. 5380	2. 5641	1. 6523
紫玉盘 *Uvaria microcarpa*	1	2. 8000	1. 5938	0. 8547	1. 5084	2. 5641	1. 6424
八角枫 *Alangium chinense*	1	2. 6000	0. 4375	0. 8547	0. 4141	2. 5641	1. 2776
番木瓜 *Carica papaya*	1	1. 7000	0. 1563	0. 8547	0. 1479	2. 5641	1. 1889
朴树 *Celtis sinensis*	1	0. 6000	0. 0625	0. 8547	0. 0592	2. 5641	1. 1593

群落 24 的灌木层植物达到 17 种，比较多。其中有 2~3 种其他群落没有或极少有分布的。此处是很好的灌木分布区之一。从其高度和盖度指标看，均较高，说明发育良好，是较长时期没有受到人为破坏的群落。

表 3.19　群落 24 草本层的结构特征

物种名称 Species name	株数 Number	平均高度(m) Average height	盖度 Coverage	相对密度 Relative density	相对盖度 Relative coverage	相对频度 Relative frequency	重要值 Important value
芭蕉 *Musa basjoo*	17	3. 2000	78. 4688	11. 8881	36. 2633	6. 6333	18. 2616
海芋 *Alocasia macrorrhiza*	16	0. 5169	38. 8173	11. 1888	17. 9389	17. 3595	15. 4958
鬼针草 *Bidens pilosa*	33	0. 5400	14. 2227	23. 0769	6. 5728	5. 7865	11. 8121
艳山姜 *Alpinia zerumbet*	1	2. 2000	30. 0000	0. 6993	13. 8641	2. 8933	5. 8189
华南毛蕨 *Cyclosorus parasiticus*	4	0. 5000	5. 2280	2. 7972	2. 4161	11. 5730	5. 5954
芦苇 *Phragmites australis*	6	2. 5667	19. 4667	4. 1958	8. 9963	2. 8933	5. 3618
淡竹叶 *Lophatherum gracile*	9	0. 3889	3. 8833	6. 2937	1. 7946	5. 7865	4. 6249
金腰箭 *Synedrella nodiflora*	6	0. 2850	0. 9747	4. 1958	0. 4504	5. 7865	3. 4776
三叶草 *Trifolium repens*	10	0. 1210	0. 5440	6. 9930	0. 2514	2. 8933	3. 3792
蜈蚣蕨 *Pteris vittata*	4	0. 3500	1. 2840	2. 7972	0. 5934	5. 7865	3. 0590
露兜草 *Pandanus austrosinensis*	1	1. 2000	10. 6667	0. 6993	4. 9295	2. 8933	2. 8407
乌毛蕨 *Blechnum orientale*	4	1. 0750	6. 0100	2. 7972	2. 7774	2. 8933	2. 8226

（续）

物种名称 Species name	株数 Number	平均高度(m) Average height	盖度 Coverage	相对密度 Relative density	相对盖度 Relative coverage	相对频度 Relative frequency	重要值 Important value
画眉草 *Eragrostis pilosa*	7	0.1529	0.8927	4.8951	0.4125	2.8933	2.7336
水蜈蚣 *Kyllinga brevifolia*	7	0.1014	0.6480	4.8951	0.2995	2.8933	2.6959
香蕉 *Musa nana*	6	5.5000	0.0284	4.1958	0.0131	3.6759	2.6283
沿阶草 *Ophiopogon bodinieri*	2	0.1950	1.0400	1.3986	0.4806	5.7865	2.5552
半边旗 *Pteris semipinnata*	3	0.2200	2.2533	2.0979	1.0413	2.8933	2.0108
芒 *Miscanthus floridulus*	3	0.6333	1.5467	2.0979	0.7148	2.8933	1.9020
牛筋草 *Eleusine indica*	3	0.3000	0.3040	2.0979	0.1405	2.8933	1.7106
凤尾蕨 *Pteris cretica*	1	0.4000	0.1067	0.6993	0.0493	2.8933	1.2140

藤本植物：拔葜、鸡矢藤、野葛、五爪金龙、海金沙、薇甘菊、蔓九节。

群落24草本层植物有20种，很丰富。其盖度值很高，达到216.39%，说明其已经全面覆盖所分布的地表，而且重叠区多。藤本植物有7种，说明此处的层间植物发育良好。

3.2.7 海杧果-白骨壤-芒萁群落(Comm. *Cerbera manghas*-*Aricennia marina*-*Dicranopteris dichotoma*)

这个群落位于田寮下以东2km处的一个海边山坡至海边的区域，群落的各层次结构特征见表3.20~表3.22。

表3.20 群落25乔木层的结构特征

物种名称 Species name	株数 Number	平均高度(m) Average height	平均胸径(cm) Average diameter	盖度 Coverage	相对显著度 Relative dominan	相对密度 Relative density	相对盖度 Relative coverage	相对频度 Relative frequency	重要值 Important value
海杧果 *Cerbera manghas*	17	6.0059	15.5882	22.03	7.2140	15.4545	15.6246	6.4516	9.7067
荔枝 *Litchi chinensis*	18	7.3889	10.1111	20.17	4.6793	16.3636	14.3009	6.4516	9.1648
山乌桕 *Sapium discolor*	10	6.9500	11.5000	12.93	5.3220	9.0909	9.1715	9.6774	8.0301
黄槿 *Hibiscus tiliaceus*	10	6.0000	16.7000	20.13	7.7285	9.0909	14.2773	6.4516	7.7570
银合欢 *Leucaena leucocephala*	18	7.0000	6.0000	21.60	2.7767	16.3636	15.3173	3.2258	7.4554
露兜树 *Pandanus tectorius*	5	5.7000	18.0000	7.40	8.3301	4.5455	5.2476	6.4516	6.4424

（续）

物种名称 Species name	株数 Number	平均高度(m) Average height	平均胸径(cm) Average diameter	盖度 Coverage	相对显著度 Relative dominan	相对密度 Relative density	相对盖度 Relative coverage	相对频度 Relative frequency	重要值 Important value
台湾相思 *Acacia confusa*	8	7.5000	11.7500	9.77	5.4377	7.2727	6.9259	6.4516	6.3874
鸭脚木 *Schefflera octophylla*	5	6.9000	10.6000	5.80	4.9055	4.5455	4.1130	9.6774	6.3761
八角枫 *Alangium chinense*	4	7.5500	10.5000	3.08	4.8593	3.6364	2.1865	6.4516	4.9824
朴树 *Celtis sinensis*	3	7.6667	10.3333	3.67	4.7821	2.7273	2.6002	6.4516	4.6537
米碎花 *Eurya chinensis*	1	5.4000	20.0000	0.53	9.2557	0.9091	0.3782	3.2258	4.4635
马甲子 *Paliurus ramosissimus*	3	6.1667	8.0000	4.10	3.7023	2.7273	2.9075	6.4516	4.2937
牛耳枫 *Daphniphyllum calycinum*	1	7.0000	18.0000	1.63	8.3301	0.9091	1.1583	3.2258	4.1550
土蜜树 *Bridelia tomentosa*	3	6.3333	7.0000	3.40	3.2395	2.7273	2.4111	6.4516	4.1395
禾串树 *Bridelia insulana*	1	9.0000	13.0000	1.63	6.0162	0.9091	1.1583	3.2258	3.3837
苦楝木 *Melia azedarach*	1	8.0000	12.0000	1.20	5.5534	0.9091	0.8510	3.2258	3.2294
对叶榕 *Ficus hispida*	1	8.0000	11.0000	1.63	5.0906	0.9091	1.1583	3.2258	3.0752
罗伞树 *Ardisia quinquegona*	1	8.0000	6.0000	0.30	2.7767	0.9091	0.2127	3.2258	2.3039

群落25乔木层有植物17种，是比较丰富的。近海岸植物的特征明显，如海杧果、黄槿等为优势种及主要成分之一。八角枫、禾串树、米碎花、牛耳枫等为其他群落较少分布或者没有分布的。各种类的高度值虽然不是很高，但是发育比较均匀，海杧果、黄槿、米碎花、牛耳枫等的胸径值相当高。树林的茂密程度高，乔木层的盖度值达141%即为表现出此特征的指标之一。

表3.21　群落25灌木层的结构特征

物种名称 Species name	株数 Number	平均高度(m) Average height	盖度 Coverage	相对密度 Relative density	相对盖度 Relative coverage	相对频度 Relative frequency	重要值 Important value
白骨壤 *Aricennia marina*	21	0.5762	44.3571	10.9948	42.0678	3.7037	18.9221
单叶蔓荆 *Vitex trifolia* var. *simplicifolia*	38	0.3000	1.3839	19.8953	1.3125	3.7037	8.3038
海桑 *Sonneratia caseolaris*	15	1.5067	9.1071	7.8534	8.6371	3.7037	6.7314
鸭脚木 *Schefflera diversifoliolata*	13	1.0077	3.4018	6.8063	3.2262	7.4074	5.8133

（续）

物种名称 Species name	株数 Number	平均高度(m) Average height	盖度 Coverage	相对密度 Relative density	相对盖度 Relative coverage	相对频度 Relative frequency	重要值 Important value
龙眼 *Dimocarpus longan*	5	2.2600	10.6429	2.6178	10.0936	3.7037	5.4717
九节 *Psychotria rubra*	17	0.6529	1.5446	8.9005	1.4649	3.7037	4.6897
木榄 *Bruguiera gymnorrhiza*	12	0.4167	4.5982	6.2827	4.3609	1.8519	4.1652
雀梅 *Sageretia thea*	5	1.2800	3.5357	2.6178	3.3532	5.5556	3.8422
黄槿 *Hibiscus tiliaceus*	4	1.3750	3.0536	2.0942	2.8960	5.5556	3.5153
海杧果 *Cerbera manghas*	7	0.8143	3.1518	3.6649	2.9891	3.7037	3.4526
马缨丹 *Lantana camara*	4	1.3000	4.4554	2.0942	4.2254	3.7037	3.3411
海漆 *Excoecaria agallocha*	2	2.0500	5.3036	1.0471	5.0298	3.7037	3.2602
毛稔 *Melastoma sanguineum*	5	0.9600	0.9554	2.6178	0.9061	5.5556	3.0265
鲫鱼胆 *Maesa perlarius*	2	3.1000	1.7142	1.0472	1.6258	3.7038	2.1256
乌桕 *Sapium sebiferum*	7	0.3286	0.2857	3.6649	0.2710	1.8519	1.9292
豺皮樟 *Litsea rotundifolia* var. *oblongifolia*	3	0.9667	0.4643	1.5707	0.4403	3.7037	1.9049
五指毛桃 *Ficus hirta*	3	0.5667	0.2857	1.5707	0.2710	3.7037	1.8485
对叶榕 *Ficus hispida*	3	0.8333	0.1875	1.5707	0.1778	3.7037	1.8174
银合欢 *Leucaena leucocephala*	3	0.3333	0.1071	1.5707	0.1016	3.7037	1.7920
土蜜树 *Bridelia tomentosa*	2	0.8500	0.4821	1.0471	0.4573	3.7037	1.7360
山乌桕 *Sapium discolor*	6	0.4500	0.1071	3.1414	0.1016	1.8519	1.6983
银柴 *Aporusa dioica*	2	0.7000	0.1786	1.0471	0.1694	3.7037	1.6401
小叶榕 *Ficus benjamina*	1	2.0000	2.4107	0.5236	2.2863	1.8519	1.5539
簕欓花椒 *Zanthoxylum avicennae*	2	2.3000	1.3929	1.0471	1.3210	1.8519	1.4066
盐肤木 *Rhus chinensis*	4	0.4500	0.2500	2.0942	0.2371	1.8519	1.3944
台湾相思 *Acacia confusa*	1	1.8000	1.7411	0.5236	1.6512	1.8519	1.3422

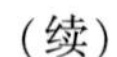

物种名称 Species name	株数 Number	平均高度(m) Average height	盖度 Coverage	相对密度 Relative density	相对盖度 Relative coverage	相对频度 Relative frequency	重要值 Important value
越南叶下珠 *Phyllanthus cochinchinensis*	1	0. 7000	0. 1786	0. 5236	0. 1694	1. 8519	0. 8483
水茄 *Solanum torvum*	1	1. 0000	0. 1071	0. 5236	0. 1016	1. 8519	0. 8257
红背桑麻杆 *Alchornea trewioides*	1	0. 4000	0. 0491	0. 5236	0. 0466	1. 8519	0. 8073
小叶红叶藤 *Rourea microphylla*	1	0. 2000	0. 0089	0. 5236	0. 0085	1. 8519	0. 7946

群落25灌木层植物达到30种，可以说是很丰富的，而且这个群落的灌木层植物多数为真正的灌木，少部分为乔木的小树，并且乔木的小树(低于4m)的种类多，说明该群落发育好。灌木层里有多个红树植物的种类，这是海边潮间带植物群落的特征，也是此群落具有更多珍稀植物种类的重要标志。该区域也是今后可以让游客观赏、接受生态学教育的场所之一。这个群落里还有较多种类为其他群落所没有的或很少有分布的。这也是一个需要加强保护的区域之一。

表 3.22　群落 25 草本层的结构特征

物种名称 Species name	株数 Number	平均高度(m) Average height	盖度 Coverage	相对密度 Relative density	相对盖度 Relative coverage	相对频度 Relative frequency	重要值 Important value
芒萁 *Oreocharis benthami*	14	0. 3357	69. 68	10. 2941	34. 4457	6. 3830	17. 0409
露兜草 *Pandanus austrosinensis*	9	1. 0556	63. 53	6. 6176	31. 4041	10. 6383	16. 2200
沿阶草 *Ophiopogon bodinieri*	24	0. 2713	18. 02	17. 6471	8. 9095	14. 8936	13. 8167
异叶鳞始蕨 *Schizoloma heterophyllum*	16	0. 2569	4. 53	11. 7647	2. 2375	12. 7660	8. 9227
乌毛蕨 *Blechnum orientale*	4	0. 8375	24. 41	2. 9412	12. 0673	8. 5106	7. 8397
半边旗 *Pteris semipinnata*	10	0. 2660	9. 01	7. 3529	4. 4524	8. 5106	6. 7720
水莎草 *Juncellus serotinus*	18	0. 2844	1. 68	13. 2353	0. 8293	4. 2553	6. 1066
淡竹叶 *Lophatherum gracile*	13	0. 2615	3. 49	9. 5588	1. 7272	4. 2553	5. 1805
珍珠茅 *Scleria levis*	3	0. 3400	0. 78	2. 2059	0. 3879	4. 2553	2. 2830
画眉草 *Eragrostis pilosa*	6	0. 6000	0. 34	4. 4118	0. 1675	2. 1277	2. 2356
割鸡芒 *Utricularia bifida*	3	0. 4833	3. 44	2. 2059	1. 7011	2. 1277	2. 0115
铁线蕨 *Adiantum capillus-veneris*	2	0. 1400	0. 13	1. 4706	0. 0663	4. 2553	1. 9307

（续）

物种名称 Species name	株数 Number	平均高度(m) Average height	盖度 Coverage	相对密度 Relative density	相对盖度 Relative coverage	相对频度 Relative frequency	重要值 Important value
华南毛蕨 *Cyclosorus parasiticus*	4	1.2875	0.44	2.9412	0.2198	2.1277	1.7629
凤尾蕨 *Pteris cretica* var. *nervosa*	3	0.2667	0.92	2.2059	0.4525	2.1277	1.5953
藿香蓟 *Ageratum conyzoides*	2	0.2000	0.06	1.4706	0.0279	2.1277	1.2087
越南叶下珠 *Wedelia chinensis*	1	0.3000	0.95	0.7353	0.4711	2.1277	1.1113
蟛蜞菊 *Wedelia chinensis*	1	0.4000	0.35	0.7353	0.1745	2.1277	1.0125
山菅兰 *Dianella ensifolia*	1	0.2500	0.32	0.7353	0.1570	2.1277	1.0067
华南毛蕨 *Cyclosorus parasiticus*	1	0.2000	0.19	0.7353	0.0945	2.1277	0.9858
单叶双盖蕨 *Diplazium subsinuatum*	1	0.1200	0.01	0.7353	0.0070	2.1277	0.9566

藤本植物：海金沙、多花勾儿茶、拔葜、野葛、细圆藤。

群落25草本层植物包含了20个种类，是较为丰富的。另有5种藤本植物。草本层植物盖度值之和达到了202.23%，说明其对地表的覆盖程度很高，已经达到2倍多(含茎叶的重叠区)。许多植物是较为珍贵的种类，而且是其他地方没有或者极少有分布的。

这个群落基本上是位于坝光社区的最东北面，虽然较为偏远些，但是其各层次的植物种类丰富，多样性高，群落结构复杂，空间内的郁闭度高，生物量也高，具有较多珍稀的植物种类，是一个很好的自然及半自然状态发育、结构很好的森林区域，需要加以很好保护。

3.3 讨论

从坝光的东部区域看，基本上所有的群落都是各种大树、古树林立，树木冠幅很大，自然的造型，因而形成了很丰富和优美的景观；而且乔木层的植物种类相当多，各种类的枝叶相互间很好地镶嵌，构成对空间的最为合理的利用；加上灌木层和草本层的种类很丰富，其都在自然发育状态下高度、盖度值相当高，因而使得整个群落的空间枝叶比率很高。从这些特征可以看出，东部区域与中部和西部区域是一样，人们在对植被的保护方面，都能遵循让树木、花草自然地发育与繁衍，而且上百年甚至几百年来基本保持着这样的理念和传统，虽然整个近31.9km^{2}如此大的区域里，包含了18个自然村，每个自然村有的相隔达1km至几千米，但是各区域的保护生态环境的理念和传统都是一样的。因而形成了整个坝光大的区域各处的植物群落都是如此好的结构和具备很丰富的种类，而且景观很优美，甚至给人予震撼的感受，而且生态效益好，冬暖夏凉，舒适宜人，让人陶醉其中而流连忘返。

在群落23里，部分为荔枝林，其靠近更高的山坡处为半自然状态的树林。在荔枝林里，荔枝占了很大的优势，数量很多，但在其边缘的上述半自然林里，则有相当多的其他野生树种，达到12种。而且其中的灌木层植物和草本层植物种类也很多。这些草本植物主要分布在半自然林里，而荔枝林下的种类是较少的。这也说明，过密的纯经济果林里，其他各层次的植物会受到很大的抑制。

而没有或极少果树或桉树等经济林的那些较长时期处于半自然恢复状态的树林，则会有较多或很多的植物种类(Liang et al，2016；黄玉源等，2016b)。

在上述一些群落的周围，本调查研究项目组也进行了实地的观测调查，发现在那些村落的周围有许多大树、老树，部分为种植的，另一部分为自然生长的，如在群落 17、群落 18 等稍远一些的地方、双坑村的群落 22 等更远些的地方等。

这里还需要提及的是，在西部的坝光村的里面，尤其是沿着河岸附近，有较多很高大的小叶榕、龙眼和樟树等树木。这些大树，有的冠幅达到 35m(树冠直径)，胸径也很大，如一些小叶榕的胸径可以达到 67cm，甚至更大。龙眼也是高大的，樟树的冠幅也很大。这些树都是经过几十年以上甚至 80 多年、100 多年的生长发育，造型极为古朴典雅，苍劲挺拔。因此，此处是人们与大自然很好接触，休闲、观光，赏心悦目、领略美好生态景致的好地方。在产头村所做群落结构测定以外的一些地方，也有很多古老的龙眼树、台湾相思树等，其他的许多村落都有高大的樟树、龙眼、秋枫、台湾相思、水翁及其他较多种类的树木。

从 25 个群落的种类组成看，丰富度水平很高，而且靠近海边的多个群落为红树林，其中的红树植物种类较多，与上述的其他高大、古老和形态丰富多彩的其他植物一起构成了很好的景观。对这些古老和高大的树木及红树植物都要进行专门的保护，同时，还要让其小树和幼苗得以很好生长发育，保持其好的群落结构的发展。

第4章 坝光区域各主要植物群落结构综合指标比较分析

4.1 研究方法

根据上述坝光各区域25个植物群落的测定数据，对这些群落的一些主要指标进行综合计算和统计，参照黄玉源等(2017)的计算方法，计算各研究地所有群落的以下指标：①所有群落所含盖的科、属和种的数目；②每个群落各层次的平均株高；③各层次植物的平均密度；④各层次的平均盖度；⑤各层次的综合指标。其中，高度和密度指标中，乔木层、灌木层和草本层的权重分别为0.6、0.3、0.1；盖度值为3个层次指标之和。进而对各群落进行各指标及综合分析与评价。

4.2 结果与分析

4.2.1 25个植物群落各层次的盖度指标

各群落各层次的盖度指标统计值见图4.1。

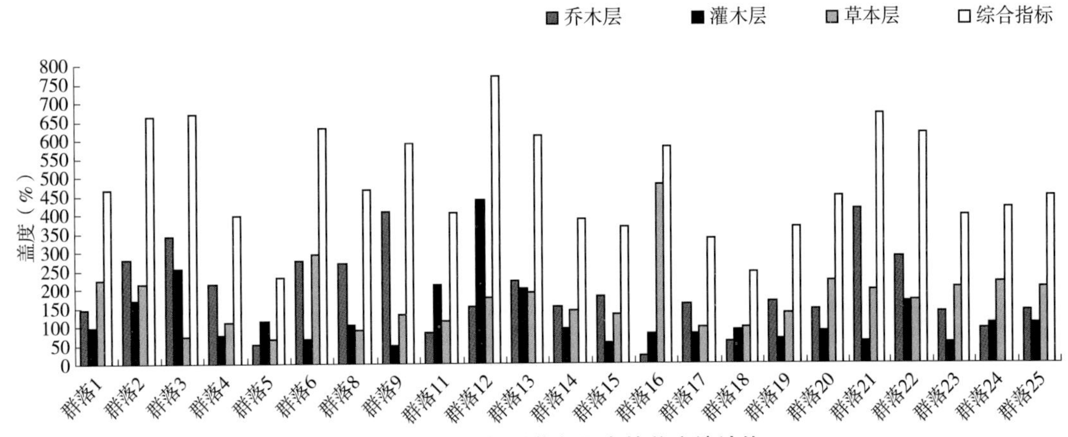

图4.1 25个植物群落各层次的盖度统计值

从图4.1可见，群落2、群落3、群落6、群落12、群落13、群落16、群落21、群落22的各层次及综合盖度值很高。大多数群落的盖度达到400%以上，其中较多群落的综合盖度指标达到600%以上。多数群落其乔木层的盖度贡献率高于灌木层，部分甚至高于草本层，说明整个群落的上层空间的层次多，盖度值大，结合灌木层和草本层也是多层次的覆盖率，因此，构成了大多数的群落具有很高的盖度值。其他群落的盖度相比其他城市和地区的群落来说也是相当高的。说明坝光区域各地点的植物群落的覆盖程度很高，植被发育状态很好。

4.2.2 各群落乔木层的平均高度

各群落乔木层的平均高度指标值见图 4.2。

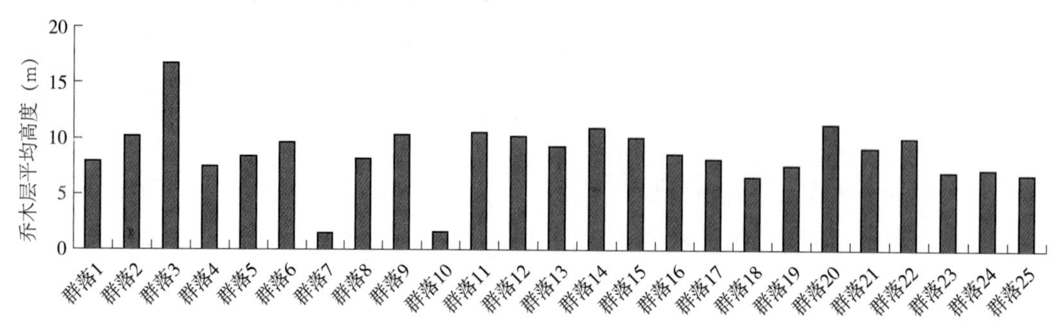

图 4.2 各群落乔木层的平均高度

图 4.2 中的指标为高度的平均值，因此，许多群落有比此值更高的树木。从图 4.2 可见，群落 2、群落 3、群落 6、群落 9、群落 11、群落 12、群落 14、群落 15、群落 20、群落 21、群落 22 的乔木层株高处在相当高的水平。除了两个上层植物主要为红树林的灌木种类(还有极少数为乔木，如海漆、海桑等)的群落，即群落 7 和群落 10 外，其他群落的乔木层植株高度都是相当高的，其平均值大多数都能达到 10m 以上。说明坝光区域的各群落乔木层植物是普遍高大的。

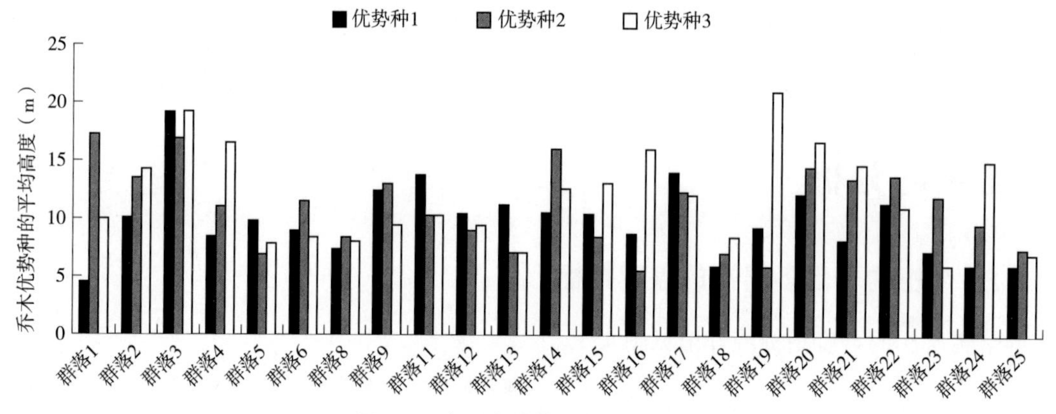

图 4.3 各乔木优势种的平均高度

图 4.3 为所有群落的乔木优势种类的高度平均值。从其优势种及次优势种(此处列为优势种 2 等)的情况看，其高度值普遍高于图 4.2 的所有种类的平均值，多数优势种的高度平均值达到 15m 以上，部分超过 20m，说明这些在群落中植株数量较多，且盖度、冠幅等指标均较高的优势种，其高度是较明显高于其他种类的。

4.2.3 各群落乔木层的平均冠幅

从各群落乔木层的平均冠幅看，群落 2、群落 3、群落 6、群落 8、群落 11 和群落 20 等的平均冠幅都很高，一般都在 6.5m 以上，部分超过 9m(图 4.4)。而这些是每个群落里所有乔木层植株冠幅的平均值，反映了其整体上冠幅是很大的。因为其中会有些种类的冠幅较小，但有的则会明显高于平均值，达到近 15m 的水平。

从各群落乔木层优势种及次优势种的平均冠幅看，明显比图 4.4 中所有的乔木层种类的冠幅平均值高较多，其中群落 4、群落 9、群落 20、群落 21、群落 22 等则更高些。多数的平均冠幅达到 15m 以上。部分种类的植株是超过这个平均值的，估计会达到 20m 的宽度(图 4.5)。

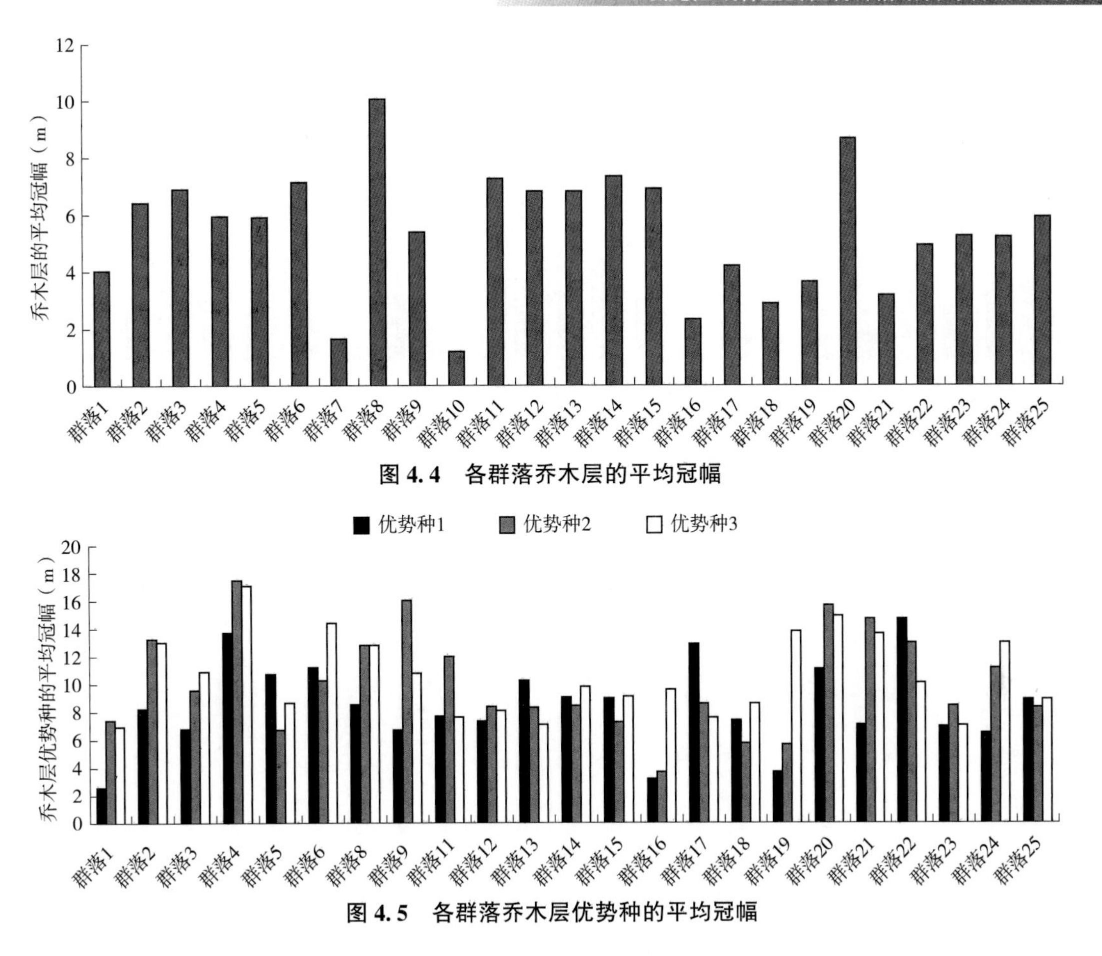

图 4.4　各群落乔木层的平均冠幅

图 4.5　各群落乔木层优势种的平均冠幅

4.2.4　各群落乔木植物的胸径及立木等级

本研究根据各种群植物优势种群的胸径大小(图 4.6)，采用五级立木级划分法(张永夏等，2007)，其指标如下：Ⅰ级，$h<0.33$m；Ⅱ级，$h\geq0.33$m，$D<2.5$cm；Ⅲ级，2.5cm$\leq D\leq$7.5cm；Ⅳ级，7.5cm$\leq D\leq$22.5cm；Ⅴ级，$D\geq22.5$cm。

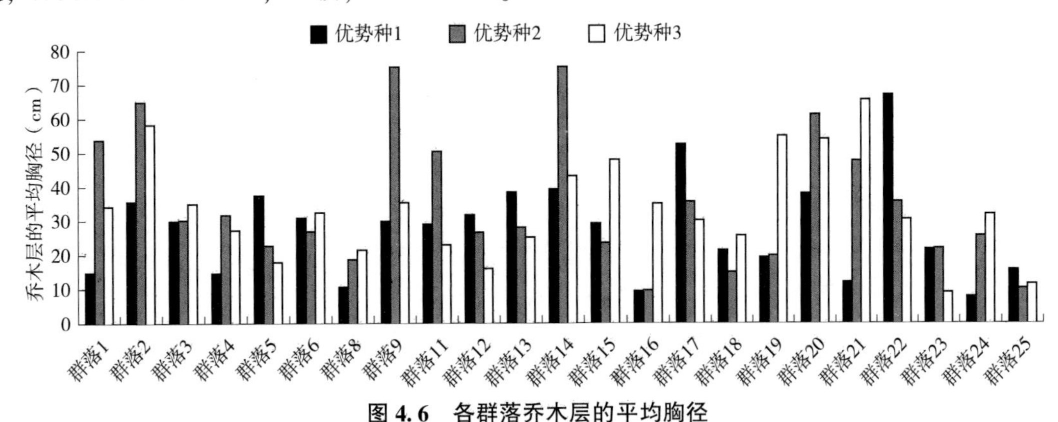

图 4.6　各群落乔木层的平均胸径

从各群落所调查的样方里的乔木层各级立木的株数看，所有的陆生植物为优势种或具有高大的半红树植物银叶树的群落里，都具有 40 株以上的植物达到了Ⅳ级和Ⅴ级立木的等级，有的群落甚至有 100 多株达到Ⅳ级立木的等级和 80 多株达到Ⅴ级立木的等级(图 4.7)。

从各陆生植物群落及含部分半红树植物群落的乔木立木等级所占百分比情况看，约 75%的群落其达到Ⅳ级，Ⅴ级立木等级的植株数量为 55%以上，很多群落达到了 65%~70%。可见，坝光区域各植物群落高大的老树、古树是很多的(图 4.8)。

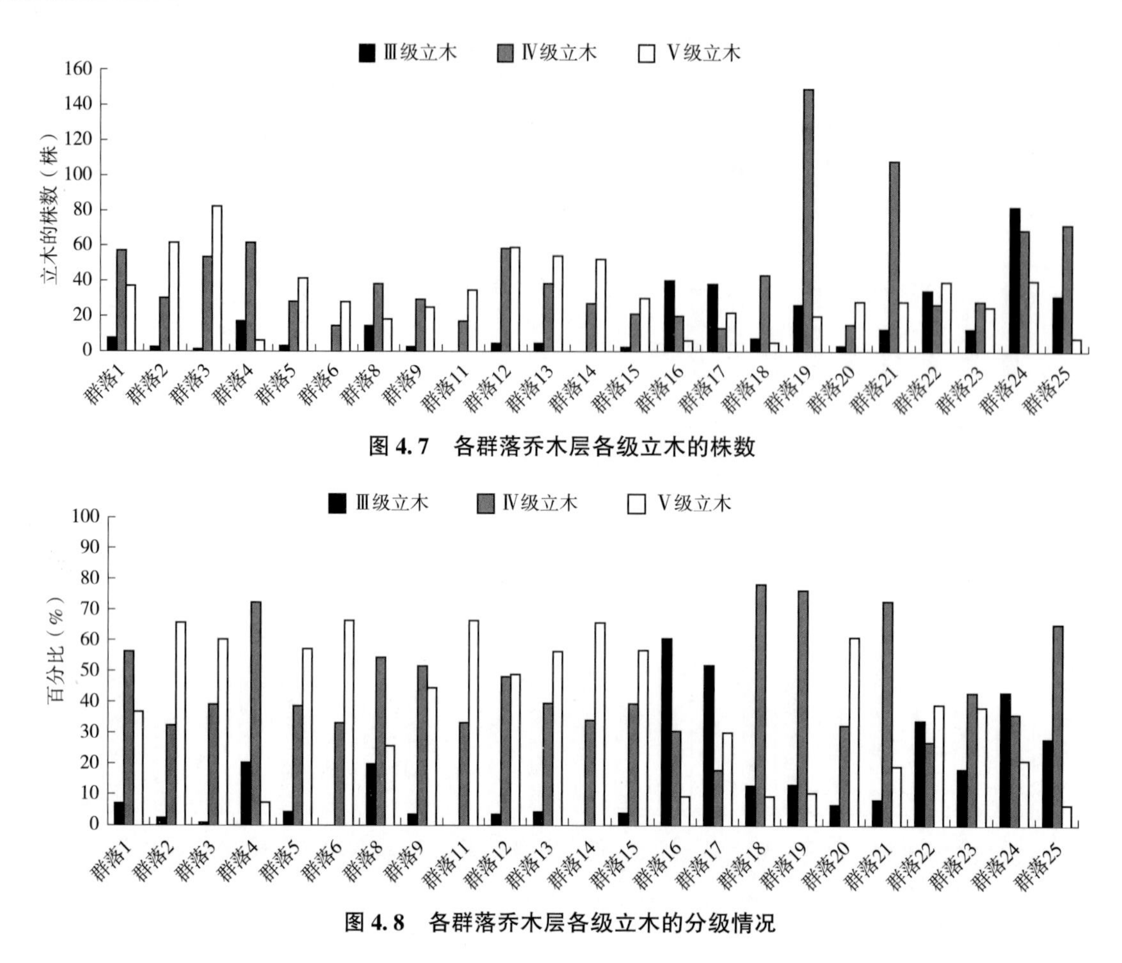

图 4.7　各群落乔木层各级立木的株数

图 4.8　各群落乔木层各级立木的分级情况

4.3　讨论

从坝光区域主要有代表性的 25 个植物群落的综合指标看，除了 2 个为海边红树林群落，优势种为真红树植物外，其他各群落的高度、盖度、冠幅、胸径等指标都是相当高或很高的。

其中在高度方面，大多数群落的乔木平均高度在 11～13m。因为这是乔木层所有植物种类的平均高度值，因此，其中就会有较多高于这个指标的。而各群落乔木层的优势种及次优势种的高度指标方面就反映出这个特点，其高度值普遍高于上述所有种类的平均值，多数优势种的高度平均值达到 15m 以上，部分超过 20m。这是因为其中有很多的大树、老树和古树，这是它们长期处在自然生长发育状态的特征。在冠幅方面，具备了很大的冠幅，许多优势种的冠幅达到 15m，部分种类达到近 20m。因而就构成了乔木层的盖度指标也很高，从整个群落的盖度指标看，由于乔木层、灌木层和草本层的植物多样性高，亚层多，而且密度相对大，加上冠幅大，因此群落的综合盖度指标很高，很多达到了 400% 以上，多数在 500% 以上，这确实是很多其他地方不能相比的。即便是受到 20 多年保护的深圳大南山和小南山的阔叶林群落，其在很好的条件下发育(含大南山的几个人工林，种植后很少受干扰)，各层次植物相当茂密，其在 15 个群落里，也有 9 个群落盖度低于 350%，其中大南山的 3 个群落均为人工林，有 2 个为总盖度低于 300%，它们的乔木层优势种为荔枝和桉的群落。可见，人工林的结构是较明显差于自然林或自然恢复较长时间的树林的；其他 3 个群落的总盖度达到 400%，还有 3 个群落的总盖度达到 500% 以上(魏若宇，2017)。可见，坝光区域的上述陆生植物群落及部分含半红树植物的群落里绝大多数的总盖度都高于前者。

与深圳大鹏新区七娘山的鹿咀山庄沿海一带部分经过 35 年以上保护的自然林相比(杨慧

纳，2018)，坝光区域的多数陆生植物群落及部分含较高大银叶树等半红树植物的群落的高度、盖度和胸径等指标均好于前者。当然，前者也有较多是比较高大的乔木，而且造型优美，需要进一步加强保护，发挥其海边旅游的景观效益及生态效益。深圳大鹏新区杨梅坑社区的较多渔村和山地具有保护较好的高大的森林(蒋呈曦，2017)，与那里的群落相比较，坝光区域的树林茂密程度会更高一些，因而，盖度和高度指标高一些的多，而且高大的乔木的数量相对会多一些。但杨梅坑的那些保护很好的群落其结构特点比较像坝光区域的那些好的群落，虽然两地相隔约 30km，但是当地民众对村屯周围植被的保护理念很多是一致的，很值得普及。

与近 20 年来受到保护的小南山和大南山的山地公园植物群落相比，那里的乔木冠幅普遍在 4.6~5.0m 之间(魏若宇，2017)，因此，坝光区域的各群落乔木类植物的冠幅明显高于前者。

Burton 等(2005)研究了美国佐治亚州沿河的多个森林的结构与多样性特点，那里虽然保护得很好，但是其大多数研究地的树木的胸径还是小于本研究中坝光区域很多群落的乔木胸径指标，可见坝光的上述主要植物群落的乔木是多么的高大和珍贵。

与广西凭祥的南亚热带地区相比(何友均等，2013)，本研究约 85%的陆生植物群落及部分含半红树植物群落的乔木胸径、高度都高于前者的那些马尾松(*Pinus massoniana*)、杉木(*Cunninghamia lanceolata*)成年株，其马尾松的胸径在 19~23.7cm 之间，杉木的胸径则在 14.9~15.7cm 之间。可见，本研究的陆生植物群落及部分含半红树植物群落极大部分的胸径指标远高于后者，而且很多是其几倍。与美国南部的佐治亚州的多个沿河森林群落的乔木胸径相比(Burton et al，2005)，坝光区域的大多数乔木层植株的指标高于前者，前者主要为 10.9~13cm 之间。

广西猫儿山国家级自然保护区这个被长期保护的处在自然发育状态的自然林，很多区域可以说长达近 100 年也没有受到过多少人为的干扰，其处在最好环境条件下，但其海拔 600~1200m 的多数林地的最大乔木高度也都普遍低于坝光区域上述群落的乔木优势种的高度值，那里的指标普遍在 12~15m 之间，部分在 17m(朱彪等，2004)。

从坝光区域各陆生植物群落及含银叶树等半红树植物群落的乔木层植物的立木等级情况看，约 75%的群落其达到Ⅳ级和Ⅴ级立木等级的植株数量占了乔木层植物株数的 55%以上，很多达到了 65%~70%。这里Ⅴ级立木级也只能是反映出 $D \geq 22.5$cm 的大树的一个下限值的情况。而实际上坝光的大部分群落的很多乔木的 D 在 35~70cm 水平。在猫儿山国家级自然保护区深山老林里的多数林地乔木胸径的最大值也低于坝光区域上述植物群落的指标值(朱彪等，2004)。而对于处于热带季雨林环境中的海南霸王岭区域的林地(李希娟等，2008)，在所调查的 1183 株木本植物中，仅有 4.06%为胸径在 21~40cm 的，而超过 41cm 的仅有 3 株；其胸径在 10~21cm 的乔木占了 21.13%，在 10cm 以下的乔木植株占了所有植株的 74.56%。小秦岭国家自然保护区的山地植物群落里占较强优势的华山松(*Pinus armandi*)的平均胸径为 14.59cm(其所测乔木的高度均为 5m 以上的植株)，最大的为秦岭冷杉(*Abies chensiensis*)，为 23.33cm，其他几个次优势种及主要种类的胸径依次为糙皮桦(*Betula utilis*)21.04cm、漆(*Toxicodendron vernicifluum*)11.84cm、葛萝槭(*Acer grosseri*)10.26cm；其他的种类胸径基本在 7.9~17cm 之间(韦博良等，2015)。可见，坝光区域的各陆生植物群落与部分含半红树植物群落乔木层植物的胸径指标大多数都明显高于前两者，而且坝光区域很多是老树和古树。而其中约 35%为中等等级的植株，则说明群落的乔木层植物的年龄结构组成好，具有很好的发展潜力。

第5章 坝光区域主要植物多样性研究

5.1 研究地与方法

5.1.1 研究地

各群落测定的地点、面积、时间和原则与第1章同。

5.1.2 研究方法

各群落各层次测定的数量指标见第1章。

5.1.2.1 α-多样性指数

生物多样性是指某区域生物组成中的多样化和变异性程度，也反映物种生境的生态复杂性。物种多样性(species diversity)是指一个群落中的物种数目以及物种个体数目的分配。物种多样性不仅反映了群落组成物种丰富度程度和种间分配均匀程度，同时反映不同自然地理条件与群落的相互关系，以及群落的稳定性与动态。α-多样性指数包含均匀度和丰富度等指标。

(1)Simpson物种多样性指数

$$D_1 = 1 - \sum_{i=1}^{s} \frac{N_i(N_i - 1)}{N(N - 1)} (i = 1,\ 2,\ \cdots,\ N)(\text{下同})$$

式中，S为植物的种类数；N为全部种类的个体数；N_i为样地内某种类个体数。

(2)Shannon-Wiener(香农-威纳)指数

$$H = -\sum_{i=1}^{s} P_i \ln P_i$$

式中，P_i为样地内种类i的个体数(N_i)与全部种类的个体数(N)的比值。

(3)Pielou均匀度指数

$$J = \frac{H}{\ln S}$$

式中，H为Shannon-Wiener(香农-威纳)指数；S为样地中物种的总数。

(4)丰富度指数

物种丰富度：

$$R_1 = S$$

式中，S为种类数。

Odum 指数：
$$R_2=\frac{S}{\ln N}$$

Menhinnick 指数：
$$R_3=\frac{\ln S}{\ln N}$$

式中，S 为物种数；N 为全部植物种类的个体数。

(5) Simpson 生态优势度指数

$$D_2=\sum_{i=1}^{s}\frac{N_i(N_i-1)}{N(N-1)}$$

这个指标越高，则表明多样性越低。

(6) 生态优势度指数

$$C=\sum_{i=n}^{s}(n_i/N)^2$$

式中，n_i 含义同 N_i，此指标越高，则表明多样性越低。

5.1.2.2 β-多样性指数

β-多样性可以定义为沿着环境梯度的变化，物种替代的程度(Whittaker，1972)，亦有人将其称为物种周转速率(species turnover rate)、物种替代速率(species replacement rate)和生物变化速率(rate of bioticchange)(Pielou，1975)(马克明，1995)。

Sorenson 物种相似性指数：

$$C_s=\frac{2N}{(a+b)}$$

式中，a 为 A 群落中的植物种类数；b 为 B 群落中的植物种类数；N 为 A、B 群落共有的植物种类数。此指标越高，表示两群落之间相同的植物种类越多，则较大区域内的多样性越低。

5.2 结果与分析

5.2.1 植物群落的 α-多样性指数

坝光西部及中部的群落 1 至群落 6 的植物多样性指数指标见表 5.1。

表 5.1 群落 1 至群落 6 的植物多样性指标

群落序号	层次	D_1	D_2	C	R_1	R_2	R_3	H	J
1	乔木层	0.8446	0.1554	0.1638	4.1169	0.6380	3.9002	2.2988	0.7807
	灌木层	0.8875	0.1125	0.1200	3.9756	0.6161	3.7664	2.3889	0.8113
	草本层	0.8931	0.1069	0.1125	3.3455	0.5576	3.1487	2.4532	0.8659
	综合值	0.9563	0.0437	0.0462	8.2453	0.6549	8.077	3.3798	0.8684
2	乔木层	0.8146	0.1854	0.1929	3.6308	0.6051	3.4172	2.0901	0.7377
	灌木层	0.6698	0.3302	0.3420	1.7314	0.4813	1.4840	1.3117	0.6741
	草本层	0.7542	0.2458	0.2499	2.4877	0.4908	2.2963	1.8372	0.7163
	综合值	0.6614	0.3386	0.347	6.889	0.6857	6.6976	4.1308	1.1527
3	乔木层	0.7569	0.2431	0.2487	2.0355	0.4687	9.7964	1.7165	0.7655
	灌木层	0.7651	0.2349	0.2388	3.0255	0.5243	15.8109	1.8213	0.6569
	草本层	0.9978	0.0022	0.0029	8.8204	0.7050	10.7060	0.6183	0.2579
	综合值	0.8351	0.1649	0.1672	5.2327	0.5797	30.8312	2.3524	0.6850

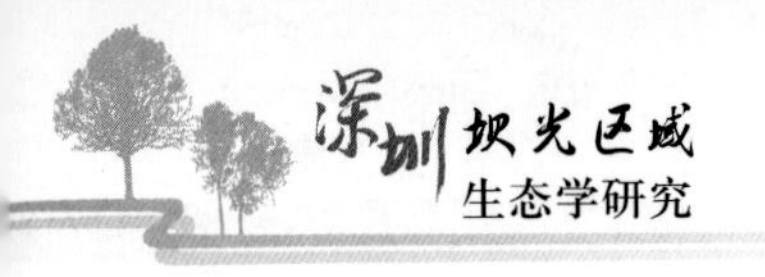

（续）

群落序号	层次	D_1	D_2	C	R_1	R_2	R_3	H	J
4	乔木层	0.9925	0.0075	0.0085	2.8341	0.4911	2.6570	1.0108	0.3646
	灌木层	0.9974	0.0026	0.0037	7.6168	0.6662	7.4396	1.4542	0.3866
	草本层	0.8653	0.1347	0.1356	1.2399	0.3447	1.0628	0.5942	0.3054
	综合值	0.8552	0.1448	0.1478	11.6908	0.7421	11.5137	3.0593	0.7302
5	乔木层	0.6804	0.3196	0.3291	3.5074	0.6332	3.0398	1.7692	0.6533
	灌木层	0.9192	0.0808	0.0970	4.9468	0.7410	4.6994	0.4202	0.1403
	草本层	0.6745	0.3255	0.3315	3.3974	0.5887	3.1850	1.0779	0.3888
	综合值	0.8848	0.1152	0.1189	8.5756	0.7025	8.3932	2.8772	0.7473
6	乔木层	0.6649	0.3351	0.3492	1.8728	0.5206	1.6053	1.3457	3.2916
	灌木层	0.8284	0.1716	0.1798	4.7772	0.6712	4.5601	2.2862	0.7396
	草本层	0.9790	0.0210	0.2154	3.0224	0.6259	2.7706	1.9166	0.7713
	综合值	0.9252	0.0748	0.0802	7.7755	0.7043	7.5858	3.015	0.0735

从以上6个群落看，产头村群落2的乔木层植物多样性高于灌木层和草本层。坝光村的群落3与白沙湾的群落4的乔木层多样性指标很接近于其他两层次的指标，或高于草本层的指标。白沙湾的群落5的乔木层多样性指标略低于灌木层，而高于草本层。群落5是一个山地群落，因此，其乔木层植物种类还是较多的，但灌木的种类更多，草本植物可能受到一定的抑制作用，略显多样性低一些。群落6的乔木层多样性指标低于灌木层及草本层。

群落7至群落11的植物多样性指数指标见表5.2。

表5.2　群落7至群落11的植物多样性指数指标

群落序号	层次	D_1	D_2	C	R_1	R_2	R_3	H	J
7	综合值	0.3815	0.6185	0.6204	1.1346	0.3388	0.9455	0.8294	0.4629
8	乔木层	0.7576	0.2424	0.2576	7.9243	0.5316	1.7894	1.6473	0.7922
	灌木层	0.6568	0.3432	0.3456	3.2026	0.5143	2.8631	1.4730	0.5096
	草本层	0.7380	0.2620	0.2759	2.5187	0.5800	2.2668	1.6830	0.7309
	综合值	0.7589	0.2411	0.2431	5.2210	0.5784	5.0526	2.0434	0.5950
9	乔木层	0.7380	0.2620	0.2754	2.4954	0.5746	2.2459	1.6729	0.7265
	灌木层	0.4120	0.5820	0.5846	2.9629	0.5349	2.7654	1.1092	0.4096
	草本层	0.6183	0.3817	0.3825	3.8552	0.4831	3.7070	1.6723	0.5133
	综合值	0.7408	0.2592	0.2599	6.7452	0.5526	6.6017	2.1654	0.5624
10	综合值	0.5418	0.4582	0.4583	0.8075	0.2099	0.7066	0.9536	0.4586
11	乔木层	0.9975	0.0025	0.1711	3.0520	0.6320	2.7977	2.0257	0.8152
	灌木层	0.9972	0.0028	0.1852	4.4154	0.7359	4.1557	2.1943	0.7745
	草本层	0.9992	0.0008	0.1118	2.3215	0.4191	2.1667	2.3215	0.8573
	综合值	0.9987	0.0013	0.0856	6.6627	0.5730	6.5113	2.7766	0.7337

群落7、群落9至群落11处于盐灶村的银叶树湿地公园范围。其中，群落7和群落10为以桐花树等真红树植物为优势种的群落，由于其主要以灌木层植物为主，乔木层植物极少，因此，这两个群落的多样性指数仅统计其综合指标。群落8为位于东部区域的群落，只是按群落的序号列在此处。

从各群落的多样性指数看，群落7和群落10因为是红树林群落，而且极大多数植物种类在灌木层，因此，其多样性指标是较低的，只能与其他地方的真红树构成的红树林相比。从其指标看，其多样性处在中等水平，因为其涵盖了较多的真红树植物种类。而群落9处于原来村落北面的一个较高的山地，这个群落里有极少数属于半红树植物种类，大多数为其他陆生植物。其乔木种类也较多，植株高大，而且其他层次的种类也是很丰富的，因此，其多样性综合指标处在较高的水平，但低于上述较多群落的指标。东部区域的群落 8 各层次的多样性指数也处在较高水平，接近于此区域的群落 9 的水平。

群落 12 至群落 15 的植物多样性指数指标见表 5. 3。

表 5. 3　群落 12 至群落 15 的植物多样性指数指标

群落序号	层次	D_1	D_2	C	R_1	R_2	R_3	H	J
12	乔木层	0. 9262	0. 0738	0. 0815	5. 8384	0. 6948	27. 7915	2. 8447	0. 8537
	灌木层	0. 7442	0. 2558	0. 2665	2. 5980	0. 5663	10. 7638	1. 7911	0. 7469
	草本层	0. 8525	0. 1475	0. 1491	3. 4957	0. 4911	21. 8411	2. 1890	0. 7082
	综合值	0. 9134	0. 0866	0. 0879	8. 6437	0. 6131	56. 8484	2. 9385	0. 7268
13	乔木层	0. 7732	0. 2268	0. 2348	3. 5054	0. 6074	3. 2863	2. 0798	0. 7501
	灌木层	0. 9489	0. 0511	0. 0577	6. 2290	0. 6900	6. 0281	3. 0774	0. 8962
	草本层	0. 8529	0. 1471	0. 1484	2. 7824	0. 4468	2. 6278	2. 1691	0. 7505
	综合值	0. 9165	0. 0835	0. 0845	9. 1355	0. 6081	8. 9881	3. 0290	0. 7339
14	乔木层	0. 8791	0. 1209	0. 1319	3. 6513	0. 6327	3. 4231	2. 3200	0. 1450
	灌木层	0. 8021	0. 1979	0. 1999	4. 0193	0. 5322	3. 8518	2. 2214	0. 6990
	草本层	0. 8957	0. 1043	0. 1067	10. 1398	0. 6589	9. 9814	3. 5152	0. 8452
	综合值	0. 9179	0. 0821	0. 0937	5. 4927	0. 7273	5. 2638	2. 778	0. 8741
15	乔木层	0. 9028	0. 0972	0. 1143	4. 0299	0. 6983	3. 7781	2. 4516	0. 8842
	灌木层	0. 9659	0. 0341	0. 0596	6. 0480	0. 8498	5. 7731	2. 9486	0. 9539
	草本层	0. 8882	0. 1118	0. 1147	3. 1449	0. 5050	2. 9702	2. 4225	0. 8381
	综合值	0. 9316	0. 0684	0. 0704	9. 3584	0. 6727	9. 1913	3. 2315	0. 8028

群落 12 为产头村附近靠北侧的一条河溪两岸的植物群落，其中有银叶树和其他较多的高等植物种类，因而高大的树木较多，加上灌木和草本植物也相对多，因而构成了很好的结构，其植物的多样性也高。群落 12 乔木层的多样性指数最高，如 Simpson 指数达到 0. 9262，高于其他两层次，而综合指标达到 0. 9134；Shannon-Wiener 指数的综合值也达到 2. 9385。

群落 13 至群落 15 均为位于龙仔尾水库旁及其附近的坪埔村的群落，由于保护得好，高大的乔木很多，林内的环境好，因而灌木和草本植物种类也多。这 3 个群落各层次的多样性指数及综合值都相当高或很高，尤其是群落 15，Simpson 指数综合值达到 0. 9316，Shannon-Wiener 指数的综合值达到 3. 2315 的水平。

群落 16 至群落 20 的植物多样性指数见表 5. 4。

表 5. 4　群落 16 至群落 20 的植物多样性指数

群落序号	层次	D_1	D_2	C	R_1	R_2	R_3	H	J
16	乔木层	0. 2138	0. 7862	0. 7894	0. 7110	1. 5452	1. 2943	0. 4065	0. 3700
	灌木层	0. 8404	0. 1596	0. 1708	4. 4007	0. 6820	18. 7684	2. 2891	0. 7774
	草本层	0. 0715	0. 9285	0. 9286	0. 7873	0. 2534	0. 6298	0. 1955	0. 1215
	综合值	0. 3968	0. 6032	0. 6037	5. 6285	0. 5493	5. 4764	1. 0731	0. 2972
17	乔木层	0. 7344	0. 2656	0. 2757	2. 0977	0. 5121	1. 8646	1. 6195	0. 7371
	灌木层	0. 0931	0. 9069	0. 1020	3. 4668	0. 6007	15. 7833	2. 4483	0. 8830
	草本层	0. 9186	0. 0814	0. 0907	4. 1348	0. 6408	3. 9172	2. 6181	0. 8892
	综合值	0. 9515	0. 0485	0. 0520	7. 4873	0. 6663	7. 3091	3. 3030	0. 8837
18	乔木层	0. 6990	0. 3010	0. 3137	3. 2441	0. 6401	2. 9945	1. 7025	0. 6638
	灌木层	0. 9402	0. 0598	0. 0749	5. 5729	0. 7597	22. 7577	2. 8436	0. 9069
	草本层	0. 8203	0. 1797	0. 1840	2. 8616	0. 5166	2. 6709	2. 0134	0. 7435
	综合值	0. 9160	0. 0840	0. 0870	8. 0369	0. 6689	7. 8622	2. 9493	0. 7703

（续）

群落序号	层次	D_1	D_2	C	R_1	R_2	R_3	H	J
19	乔木层	0.9608	0.0392	0.2528	2.2757	0.4713	2.0861	1.6033	0.6452
	灌木层	0.8966	0.1034	0.1333	3.5282	0.7306	11.7060	2.2168	0.8921
	草本层	0.9028	0.0972	0.1030	4.7587	0.6301	4.5604	2.6946	0.8479
	综合值	0.9162	0.0838	0.0862	7.2421	0.6335	7.0736	2.9447	0.7829
20	乔木层	0.7835	0.2165	0.2331	3.3765	0.6662	3.1168	1.9773	0.7709
	灌木层	0.9110	0.0890	0.0974	4.6987	0.6602	21.7864	2.6655	0.8623
	草本层	0.8126	0.1874	0.1920	2.7137	0.5115	2.5198	1.9997	0.7577
	综合值	0.9331	0.0669	0.0698	7.9364	0.6606	7.7639	3.1507	0.8229

群落16为位于中部区域的盐造水库附近的群落，由于其为人工的速生桉林，其乔木层植物的多样性指数很低，为各群落里最低的，如Simpson指数仅有0.2138；其灌木层植物的种类还算较多，但是其草本层植物的多样性指数值极低，为0.072，因而其多样性综合指标是很低的，仅有0.39。这也进一步证明，人工的速生桉林对其所分布的群落的植物多样性是有很严重的负面影响的。

群落17为一个山地植物群落，其乔木层植物的多样性指数指标较高，但其灌木层的多样性指标是偏低的，而其草本层植物的Simpson多样性指数也是很高的，达到0.9186，因此，其多样性综合指标也是很高的，Simpson指数综合指标达到0.9515。群落18至群落20的多样性指数都是很高的，尤其是田寮下村附近的群落20，其乔木层及其他层次的各多样性指数都是如此的高，说明东部区域上述范围里植物群落的各层次组成好，植物的多样性水平都高或相当高。这也反映了在植物多样性方面，东部区域与中部和西部区域一样，部分甚至还更好一些。

群落21至群落25的植物多样性指数见表5.5。

表5.5　群落21至群落25的植物多样性指数

群落序号	层次	D_1	D_2	C	R_1	R_2	R_3	H	J
21	乔木层	0.5891	0.4109	0.4146	4.1378	0.5999	3.9408	1.5223	0.5000
	灌木层	0.9100	0.0900	0.0973	4.9625	0.6571	23.7932	2.6803	0.8434
	草本层	0.9308	0.0692	0.0735	4.2643	0.5813	4.0789	2.7999	0.8930
	综合值	0.9346	0.0654	0.0672	9.7968	0.6602	9.6362	3.3506	0.8150
22	乔木层	0.8366	0.1634	0.1718	3.9087	0.6276	3.6915	2.1786	0.7538
	灌木层	0.9030	0.0970	0.1049	5.6903	0.6946	26.7892	2.6851	0.8147
	草本层	0.8644	0.1356	0.1421	3.8912	0.6030	3.6864	2.3107	0.7848
	综合值	0.9544	0.0456	0.0484	9.9157	0.6942	9.7447	3.4050	0.8386
23	乔木层	0.5755	0.4245	0.4334	3.1142	0.6144	2.8747	1.4579	0.5684
	灌木层	0.9117	0.0883	0.0976	4.3524	0.6519	19.7824	2.5869	0.8635
	草本层	0.9214	0.0786	0.0921	3.5549	0.6418	3.3179	2.5344	0.9359
	综合值	0.9436	0.0564	0.0605	8.4454	0.7029	8.2618	3.3013	0.8623
24	乔木层	0.7198	0.2802	0.2840	2.4801	0.4893	2.2893	1.6697	0.6510
	灌木层	0.8502	0.1498	0.1562	3.6751	0.5901	17.7958	2.2619	0.7826
	草本层	0.8839	0.1161	0.1235	3.7598	0.6037	3.5509	2.4608	0.8514
	综合值	0.8841	0.1159	0.1179	7.0566	0.6172	6.8925	2.8333	0.7533
25	乔木层	0.9008	0.0992	0.1074	3.8294	0.6149	3.6167	2.4602	0.8512
	灌木层	0.9218	0.0782	0.0830	5.9022	0.6538	30.8096	2.8878	0.8410
	草本层	0.9088	0.0912	0.0979	4.0711	0.6098	3.8676	2.5578	0.8538
	综合值	0.9663	0.0337	0.0359	10.0330	0.6761	9.8685	3.6091	0.8779

群落21至群落25为东部的植物群落，其中群落21为一个小村落附近的植物群落，其外围有较多荔枝树，但较多为比较高的老树，同时有较多的樟树和其他的乔木种类。但是由于人工种植的荔枝所占比例较多，因而，其他的乔木种类会受到较多的负面影响。从其乔木层种类的多样性看，Simpson指数只有0.5891，为所有上述25个植物群落里(除2个由真红树优势种组成的群落外)乔木层的指标值列为倒数第三的，仅高于群落16的桉树林和另一个以荔枝为优势种的群落。

而群落22为双坑村沿一条河溪附近的植物群落，其中有许多高大、古老的水翁树，造型古朴典雅。由于处在自然发育的状态，因此，其他的乔木种类也相对较多，灌木和草本植物种类也很多，还各自形成较多的亚层。其乔木层Simpson多样性指数达到0.8366，综合值达到0.9544；Shannon-Wiener指数达到3.4050，其他的丰富度等指标也很高，可见其多样性水平是很高的。

群落23为坝光区域南侧的一个山地植物群落，其较多为荔枝林，荔枝树周围靠近更高的山坡处为处于半自然发育状态的树林。由于受到一些人为因素的影响，这个群落的乔木层植物的多样性指数也偏低，Simpson指数为0.5755，在25个群落中(除两个以真红树种类为优势种构成的群落外)，其指标值为倒数第二，明显的低。而其中乔木层和其他两层次能够有这样还算相对较高的指标值，是因为荔枝树周围的那些处在半自然发育状态的群落里有较多的乔木和其他灌木与草本植物种类。

群落24相对靠近海边，在一条河溪的附近，其各层次的多样性相对均匀，处在中等偏高的水平。

群落25是海边的一个植物群落，很茂密，虽然树木不算很高大(可能为过去修建公路，对周围有所破坏造成的影响)，但是已经经过了20多年的自然恢复期，因此植物种类很多，其多样性指数很高，Simpson指数达到0.9008，灌木和草本层的指标值都在0.9000以上，多样性综合值达到0.9663；Shannon-Wiener指数综合值达到3.6091。这反映了，在海滨区域，具有海洋的水生植物如真红树和半红树种类，也有许多陆生植物，因而能构成与其他内陆地区不一样的而且其多样性可能会相对更高一些的特点。

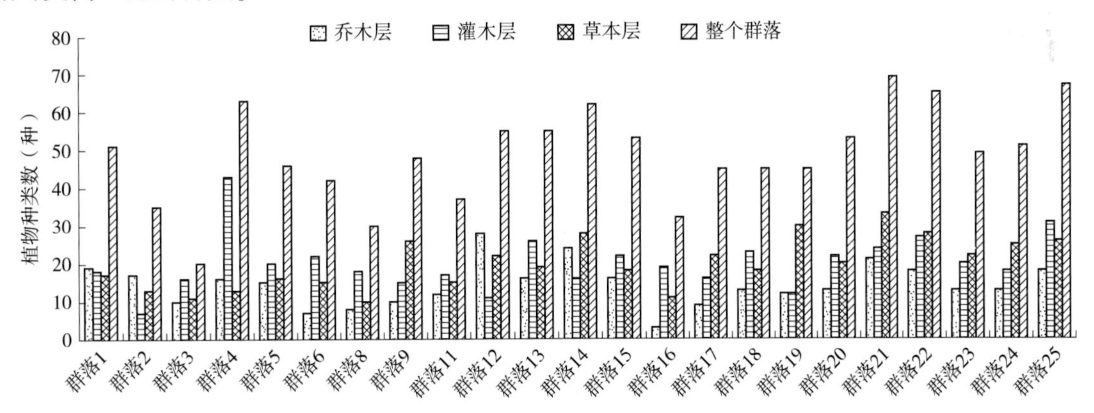

图5.1　3个植物群落的各层次及整个群落的种类数

从图5.1看，坝光的这些具有较好代表性的植物群落，极大多数群落的种类数超过35种，其中约50%的群落种类数达到60种以上。可见这些群落里的种类是很丰富的。其中乔木层的植物种类并不像其他地方那样(灌木层和草本层的植物明显会多于乔木层植物)，而是部分群落的乔木层植物多于灌木层植物或草本层植物，或者乔木层植物与灌木层和草本层植物的种类数相差不是很大。这就反映了当地民众长期保护各区域的植物群落，让各层次的植物都能自然地发育和演替，构建良好的植被系统，进而构成很好的生态系统的特点。

5.2.2　植物群落的β-多样性指数

坝光区域主要的代表性植物群落之间的相似性系数值见表5.6。

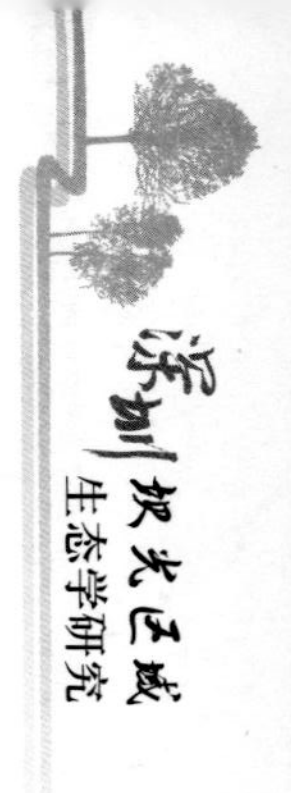

表 5.6　25 个植物群落的物种相似性系数

群落序号	群落1	群落2	群落3	群落4	群落5	群落6	群落7	群落8	群落9	群落10	群落11	群落12	群落13	群落14	群落15	群落16	群落17	群落18	群落19	群落20	群落21	群落22	群落23	群落24	群落25
群落1	1.0000																								
群落2	0.4651	1.0000																							
群落3	0.3099	0.4727	1.0000																						
群落4	0.1930	0.2245	0.3133	1.0000																					
群落5	0.1856	0.3210	0.2424	0.4954	1.0000																				
群落6	0.3011	0.2857	0.3226	0.4190	0.6136	1.0000																			
群落7	0.0000	0.0000	0.0000	0.0000	0.0000	0.0000	1.0000																		
群落8	0.2963	0.2769	0.4800	0.4516	0.2105	0.3056	0.0000	1.0000																	
群落9	0.3838	0.2892	0.4706	0.2342	0.3404	0.2667	0.0000	0.2821	1.0000																
群落10	0.0000	0.0000	0.0000	0.0000	0.0000	0.0000	0.4286	0.0000	0.0000	1.0000															
群落11	0.3636	0.2778	0.3509	0.1600	0.1687	0.1266	0.0000	0.3284	0.3765	0.0000	1.0000														
群落12	0.3774	0.5333	0.5600	0.2712	0.2376	0.1649	0.0000	0.3765	0.2913	0.0000	0.4130	1.0000													
群落13	0.3585	0.3778	0.3467	0.3220	0.2376	0.1649	0.0000	0.2588	0.1942	0.0000	0.2826	0.5273	1.0000												

（续）

群落序号	群落1	群落2	群落3	群落4	群落5	群落6	群落7	群落8	群落9	群落10	群落11	群落12	群落13	群落14	群落15	群落16	群落17	群落18	群落19	群落20	群落21	群落22	群落23	群落24	群落25
群落14	0.4248	0.3918	0.3415	0.2400	0.2222	0.1346	0.0000	0.1957	0.2000	0.0000	0.2626	0.4444	0.4957	1.0000											
群落15	0.4231	0.3864	0.4110	0.3103	0.2424	0.2316	0.0000	0.2892	0.2970	0.0000	0.4000	0.5556	0.5000	0.5217	1.0000										
群落16	0.0964	0.0896	0.0769	0.1895	0.1282	0.0811	0.0000	0.0645	0.0500	0.0000	0.0290	0.0690	0.1149	0.0638	0.0941	1.0000									
群落17	0.3750	0.3750	0.2769	0.2778	0.2418	0.2299	0.0000	0.2667	0.3011	0.0000	0.3415	0.2400	0.3800	0.4299	0.2857	0.2078	1.0000								
群落18	0.3838	0.3855	0.4412	0.3784	0.2979	0.3111	0.0000	0.3333	0.3333	0.0000	0.3529	0.2913	0.4660	0.4000	0.2772	0.2500	0.4301	1.0000							
群落19	0.3168	0.3529	0.3714	0.2478	0.2917	0.2391	0.0000	0.3000	0.3673	0.0000	0.3678	0.2857	0.3429	0.3750	0.2524	0.2439	0.3368	0.3469	1.0000						
群落20	0.4423	0.3864	0.4384	0.3448	0.4646	0.1895	0.0000	0.3855	0.2178	0.0000	0.3333	0.2778	0.4444	0.4000	0.2642	0.2588	0.4490	0.4356	0.3883	1.0000					
群落21	0.5167	0.5769	0.4944	0.3788	0.2957	0.2342	0.0000	0.3232	0.3419	0.0000	0.3585	0.3065	0.5161	0.3969	0.3279	0.2376	0.4561	0.5128	0.5210	0.5902	1.0000				
群落22	0.4828	0.3600	0.4235	0.3594	0.3063	0.2243	0.0000	0.2737	0.3540	0.0000	0.3333	0.2667	0.4000	0.3465	0.2542	0.2268	0.4727	0.3894	0.3652	0.6441	0.5373	1.0000			
群落23	0.3600	0.4762	0.5217	0.3750	0.2737	0.2857	0.0000	0.3291	0.2268	0.0000	0.2326	0.1923	0.4615	0.3964	0.2745	0.5432	0.3617	0.3918	0.3636	0.4706	0.3898	0.2982	1.0000		
群落24	0.5294	0.3721	0.4789	0.3860	0.3918	0.3441	0.0000	0.4444	0.3434	0.0000	0.3636	0.3019	0.4717	0.4071	0.2500	0.2410	0.4167	0.4040	0.3366	0.6154	0.4167	0.5345	0.3600	1.0000	
群落25	0.3898	0.3529	0.5747	0.3692	0.3363	0.2385	0.0000	0.3711	0.2957	0.0000	0.3077	0.2787	0.4590	0.3256	0.2167	0.3838	0.3750	0.4000	0.4274	0.4500	0.3088	0.3030	0.5000	0.2373	1.0000

从表6.5可知，25个坝光区域的代表性群落相互之间的相似性系数值是相当小的，很多群落之间的相似性系数值在0.08~0.1之间，可见它们之间相同的种类极少；大多数群落的相似性系数值在0.1~0.29之间，少部分高于0.3，而在0.4~0.5之间的很少。这说明坝光区域各群落之间相同的种类是较少的，部分群落之间相同的种类极少。这样，就构成了坝光整个大的区域的植物多样性指数是高的。

5.3 讨论

从坝光的中部、西部和东部各植物群落的α-多样性指数，即多样性指数及丰富度、均匀度等指标看，多数群落乔木层的多样性都很好或较好，其综合值不只是靠其他两层次构成，乔木层的贡献率也是一样的多，甚至较多群落里乔木层的多样性指标高于灌木层及草本层的指标。而不是像其他一些地方，其较高的多样性综合指标主要是靠灌木层或草本层植物的多样性构成的。这就反映了坝光的整个区域极大部分群落的乔木、灌木和草本植物以及层间植物都是发育很好的，形成了复杂、丰富、合理镶嵌、和谐共生的很好的群落结构特征。

从上面各群落的α-多样性指数综合指标看，群落1、群落3~6、群落8、群落11~15、群落17~25的综合指标都很高或较高(其中群落7和群落10为全部位于水中的水生植物群落，不列入其中做对比，下同)，其中又以群落1、群落4、群落6、群落11、群落12、群落14、群落15、群落17~23、群落25综合为最高。群落1、群落4、群落11、群落12、群落14、群落15、群落18、群落19、群落22、群落25乔木层的多样性指数指标也很高或相当高，同时其灌木层和草本层的多样性指数指标也很高或较高。而非像其他一些群落，虽然其多样性指数的综合值高，但是其主要贡献者是灌木层和草本层。因此，前者的群落其乔木的种类数更多，而且各种类之间的个体数等分布较为均衡，这样的群落组成能构建更好的植物群落结构，其枝叶生物量也会比后者要多较多(黄玉源等，2017)。

群落2、群落3、群落5、群落9等陆生植物群落及部分含半红树植物的群落的丰富度值与其他城市和地区的山地群落相比，除了群落16为桉树林因而多样性确实明显低以外，其他群落的多样性也属于中等偏高或较高的水平。群落23为以人工种植的荔枝树为优势种的群落，其多样性综合指标较高，主要原因是其部分为废弃的果林，经过七八年的自然恢复状态，因此其灌木层和草本层的植物多样性较高，但其乔木层的多样性指数还是相对较低的。因此，其乔木层的多样性指数类似于群落16的桉树林那样，比其他的群落要低较多。这与深圳其他地区及其他一些地方的自然林、半自然林和人工林的植物多样性的研究结果一致(黄玉源等，2016；Liang et al，2016；黄玉源等，2016)，进一步证明了处于几十年、100多年甚至几百年等长期自然发育或恢复和演替状态的自然林或半自然林比人工干扰的自然林或人工林的植物多样性会高很多，而且自然发育、繁衍和演替的时间越长，其群落各层次及综合的植物多样性指标值越高。对于目前依然存在争议的“中等强度的人为干扰或人工林且常人为干扰的群落植物多样性高”(江小蕾等，2003；毛志宏等，2006；黄志霖等，2011；黄丹等，2012)还是“自然状态发育或者恢复的植物群落植物多样性高”(陈美高，1998；于立忠等，2006；朱珠等，2006；鲁绍伟等，2008；王芸等2013)的问题，提供了很好的依据和理论参考。

黄玉源等(2017)研究指出，虽然一些研究的结果表明，在受到人工干扰后，一些植物群落的植物种类多样性会比不干扰的有所提高，但是环境及植被处在何种发育的程度和干扰的程度、间隔时间和频率等都必须进行严格的考量和分析，不能一概而论地认为只要是人为干扰的植物群落其生物多样性就会提高。这可能会导致许多错误的理念和行为，甚至为人为破坏良好的自然植被系统提供借口。同时指出，当一个地区的植被系统处在自然条件下发育的状态时，其植物多样性是明显比人工林、受到人工干扰的自然林要好的，尤其是在乔木层方面；而当几个群落均处在顶级演替的最高层次时，这些群落都已经达到与当地环境相适应的最高的生物多样性水平，如果此时对其中一个群落进行小范围的、适当的人工干扰的话，则可能会增加林内的空隙，让部分新的种类进入，而这些种类主要是草本植物和少部分的灌木。从过去许多这方面的研究结果看，基本都是受到干扰的群落所增加的种类主要为草本植物，部分为灌木。而这种方式的多样性的增加，必须建立在各个群落自然演替达到顶级状态后进行才可能是有意义的。否则，就可能是对处于发育状态良好、多样性在逐渐增加的植被的人为破坏。另外，这种形式增加的草本植物等的多样性，不见得是可以维持的，因为这些在被人为砍伐让出林地较多的林内空间中入侵的植物一般都是属于耐旱和需要接受全日照的植物种类，一旦这些新种类入侵稳定，随着原林地内的乔木和灌木等种类的枝叶生长、盖度的增加，以及这些乔木和灌木的种子萌发形成的强大树林的遮盖作用，这些新进入的林下不耐荫蔽的种类将逐渐地被清除出去而自然消失。这些研究结果是很有理论和应用价值的。本研究的两个人工林即群落 16 和群落 23 的特征与上述的理论分析一致，表现出典型的乔木层的多样性很低或较低，而下层的灌木的多样性也不是很高，草本层的多样性则相对较高。

而且前文(黄玉源等，2017)还指出，假如在人为干扰中，对乔木进行砍伐的话，即便暂时增加了一些某林地新的草本等植物种类，但是乔木的多样性较多或大幅被降低，同时构成该群落结构的破坏和生物量的明显减少。因为众所周知，乔木的生物量和所能产生的生态效益比草本植物和灌木高 10 多倍至几十倍(何柳静和黄玉源，2013)。因而也就对植被在当地发挥重要的保持和涵养水土、提高大气湿度、吸收 CO_2、维系当地食物网的物质和能量的循环及流动关系等生态效益起到严重的破坏作用，这是不可取的。因此必须把各植物多样性与植物群落结构有机地统合，进而实现空间枝叶比最好、生物量最高或很高的目标才能构建当地最好的生态系统。

从图 5.1 中各群落的植物种类数的情况看，与其各多样性指数的情况是不对应的。这是因为，有的群落虽然其种类数比其他的群落多一些，但是，由于其部分种类的个体数所占的比例过多，即其生态优势度较强，因而就构成了其整个群落的各多样性指数会较低或偏低。

本研究的上述大多数植物群落的多样性指标是高于深圳其他地方的群落的，如高于马峦山、莲花山、小南山、大南山、羊台山等地的植物群落，尤其是很明显地高于赤坳山地的荔枝林和速生桉林的指标，而且部分群落的指标还高于在自然条件下恢复和发育了近 30 年的杨梅坑山地的部分群落，也高于国外的一些处在较好或很好保护区域的山地植物群落的指标(廖文波等，2007；黄玉源等，2016a，2016b；Liang et al，2016)。

与深圳的另一些地区的研究相比，从 D、H 值看(汪殿蓓等，2003；刘军等，2010；尹新民等，2013；陈勇等，2013)，除了两个水生植物群落及两个人工林群落外，其他群落的极大部分指标均高于后者(山地、公园及街道周围的群落)。

与其他地方相比，坝光区域的上述极大部分植物群落的多样性指标是处在高或较高水平的，如与地处华北的百花山地区的植被状况相比(许彬等，2007)，其 9 个群落乔木层植物种类的 $S(D_s)$ 值为 0.3~0.7，60%为 0.60~0.63，H 为 0.4~1.10，65%在 0.6~0.7 范围，$J(E_1)$ 为 0.7~1.14，60%为 0.8~0.9 之间。又如李秀芹等(2007)对位于安徽南端的岭南自然保护区山地植被的 4 个群落的研究表明，其物种的 D 值乔木层在 0.72~0.88，60%在 0.75~0.79 范围，灌木层 D 值在 0.85~0.88，多数在 0.86~0.87 之间，草本层为 0.56~0.73，65%在 0.65~0.72；在 H 值方面，前者乔木层为 2.4573、2.1006、1.9225、1.9752；均匀度值，乔木层为 0.8247、0.7528、0.7882、0.7856。可见，本研究中坝光区域约 70%的群落的指标是高于前者的。

与黄金燕等(2007)的研究中四川卧龙自然保护区各类型林地群落的 Simpson 指数相比，本研究的各群落指标都普遍的高，而本研究的 Shannon-Wiener 指数部分群落低于前者，部分群落则高于前者，而且部分指标高出较多，但其均匀度指标相对较好些。

与处于世界上雨量最多的地区之一——森林密布、野生动物繁多的热带雨林气候区的印度梅加拉亚邦(Meghalaya)的一些林地相比(Mishra et al，2004)，本研究较多群落的 Shannon-Wiener 指数和均匀度指数高于前者的非干扰林及干扰林的指标，而其 Simpson 优势度指标低于前者。但由于前者的自然条件很好，当地对森林的保护也同样较好，因此，坝光区域的极少部分陆生植物群落如群落8、群落9的均匀度等指数虽然高于前者，但 Shannon-Wiener 指数则偏低；而群落16(人工桉树林)的 Shannon-Wiener 指数及均匀度指标(综合值)均低于前者。

Majumdar 等(2012)对印度东北部 Tripura 地区的4个植物群落的调查研究表明，其乔木层种类的 Shannon-Wiener 指数(H)为2.75、3.12、3.39、2.85；这个地区为印度水热条件也相当好的地区，森林覆盖率高达50%以上，气候条件比较类似于我国的西双版纳。与本研究相比，上述25个植物群落里较多群落的 H 综合值都高于前者的指标，也说明坝光区域的植物多样性是相当高的。

何东进等(2007)对武夷山地区的多个林地进行了多样性研究，其中马尾松近成熟林(群落1)、经济林(群落2)、阔叶林1(群落3)和阔叶林2(群落4)的乔木层种类 D 值分别为0.4943、0.5182、0.8989、0.9209，Shannon-Wiener 指数 H 值分别为1.1977、0.7944、2.7188、2.9262，其均匀度 J 值分别为0.4820、0.7231、0.7897、0.8443；深圳坝光区域大多数植物群落的上述指标都高于前者(由于前者不按层次做统计，为综合指标，因此与本研究的指标相比较时也均用综合值，下同)；在对美佐治亚地区的百喜草(*Paspalum natatu*)群落及长叶松(*Pinus palustris*)与百喜草混合群落的对比研究表明(Karki，2013)，长叶松-百喜草群落的不同年度8次测定的植物种类 H 值分别为1.18、0.80、1.57、2.02、0.24、1.90、1.88、0.08，而百喜草群落为0.55、1.10、1.41、2.03、1.09、2.16、1.70、0.77；但长叶松-百喜草群落的第八次测定值为明显下降，仅为0.08，与其他大部分在1.3~1.7范围内的测定值形成了很大差距。因此，可以说，此群落在开始种植长叶松的过程中，多样性较高，而后下降。与本研究相比，坝光区域的极大多数陆生植物及部分含半红树植物的群落的 H 指标均高于前者；也比鲁绍伟等(2008)对河北北部地区经过5年强封育、中等强度封育和弱封育条件下的3类林地的 Simpson 指数和 Shannon-Wiener 指数测定值要高，那里的较多的 D 值为0.82~0.85的水平，而 Shannon-Wiener 指数多数为1.9~2.1的水平，其研究表明强封育的林地其植物多样性最高，弱封育的林地则指标最低。而本研究陆生植物及部分含半红树植物的群落的 Simpson 指数和 Shannon-Wiener 指数，除了人工的桉树林等之外，极大多数都比其强封育的林地的指标高，更高于其他封育强度的林地的指标。

与数十年乃至更长时期以来都被重点保护的广西猫儿山国家级自然保护区里较多条件较好的低海拔(海拔600~1200m)区域的林地相比(朱彪，2004)，坝光区域多数植物群落的 Shannon-Wiener 指数、丰富度指数和均匀度指数也好于前者。而前者为长时期处在很好保护状态下的自然林，可以说在更早的省级自然保护区建立之前，由于为丛山峻岭而且林密，所以估计很多地方为上百年来极少受到人为干扰的森林区域。说明坝光区域虽然有10多个村庄的民众居住和进行生产经营活动，但植被确实是经历了长时期的保护，得到了很好的发育和构成了好的植被系统。

群落7和群落10为红树林群落，由于红树林的植物种类相对于陆地被子植物而言本来就要少得多，因此，其多样性指标不适合于与其他陆地植被进行直接的比较，但适合与在潮间带之中的真红树构成的红树林群落相比较。而它们的多样性指数也是处于较高水平的，部分指标高于其他地方的群落(王震等，2017；韦萍萍等，2015)，尤其在 Shannon-Wiener 指数和均匀度指数方面，甚至高于热带区域的省级自然保护区内一些群落的指标(廖宝文等，2000)。这些红树林都是重要的景观植物，而且对于沿海的海洋水生动物的栖息、繁衍和多样性具有重要的保障作用，它们连同整个坝光区域其他地方的沿海红树林，都需要继续给予很好的保护。

从坝光区域分布于如此广范围的25个植物群落的 β-多样性指数看，大多数的相似性系数值在0.1~0.25，少部分高于0.3，但在0.4~0.5的指标值是占少数的。这表明不仅各群落内的多样性指数(α-多样性指数)值高，而且各群落之间其共同的植物种类极少或少，而各群落这样的组成格局，就构成了坝光的整个大区域很高的植物多样性。因为，如果某区域内各群落的多样性指数不高或很低，则基本可以表明该大区域植物多样性是较低或很低的，即便其各群落间的相似性系数值很低，可以做一些弥补，但在这种情况下，其群落间的相似性系数再高的话，则表明该大的区域范围内植物多样性是很低的。而如果一个区域内各植物群落的多样性指标高或很高，但其每个群落之间的相似性系数值也高的话，则也表明其整个大区域内的多样性不是很高，但好于前者的情况。如果各群落内的多样性指数值高或很高，而其相互间的相似性系数值同时又很低或大多数低的话，则这样的区域其生物多样性是最高的(黄玉源等，2017)。

相比之下，虽然群落2、群落6、群落9、群落12等群落在村落周围，其植物多样性比坝光区域陆地其他植物群落低一些，但是由于人们保护大树、古树的意识很强，因此，这里的乔木植被很茂盛，植株高大、古老，发育态势很好，生态系统处在良好的状态。如盐灶村的群落9(木麻黄-银叶树-淡竹叶群落)和产头村的群落12(木麻黄-银叶树-金腰箭群落)等，这在深圳市是非常难得和珍贵的。如上所述，虽然其丰富度指标稍显低一些，但是与其他地区的植物群落相比，还是处于较高或中等水平的。因此，这些区域的植物群落都是必须要加以保护让其继续得到更好的发展和优化的。

同时，那些植物多样性更高一些的群落里同样也有很多高大的老树、古树，如坝光村的群落3(银叶树-黄槿-露兜草群落)、白沙湾观景平台及绿道周围的群落5(水翁-白簕+宜昌润楠-五节芒群落)、产头村东北的群落17(白车-野桐-海芋群落)、群落22(小叶榕-马缨丹-海芋群落)等，那里都具有很多的大树、老树和古树，许多已被挂上国家二级、三级重点保护古树的牌子，需要很好地珍视和保护。

第6章

坝光区域东部及东北部的滨海植被生态学研究

6.1 研究地与方法

前面的研究主要是对陆生植物群落的结构与植物多样性的研究，涉及红树林群落的研究较少。本研究是对坝光的东部和东北部滨海区域进行调查研究，其中主要对红树林群落的结构特征及植物多样性进行研究，以便为今后科学合理地对该区域进行保护和利用提供科学依据和指导。

6.1.1 研究地地理位置

从2017年6月至2018年11月，对坝光国际生物谷外围的东部及东北部区域进行了植物群落结构和多样性的调查研究。研究的13个植物群落的分布地情况见图6.1及表6.1。

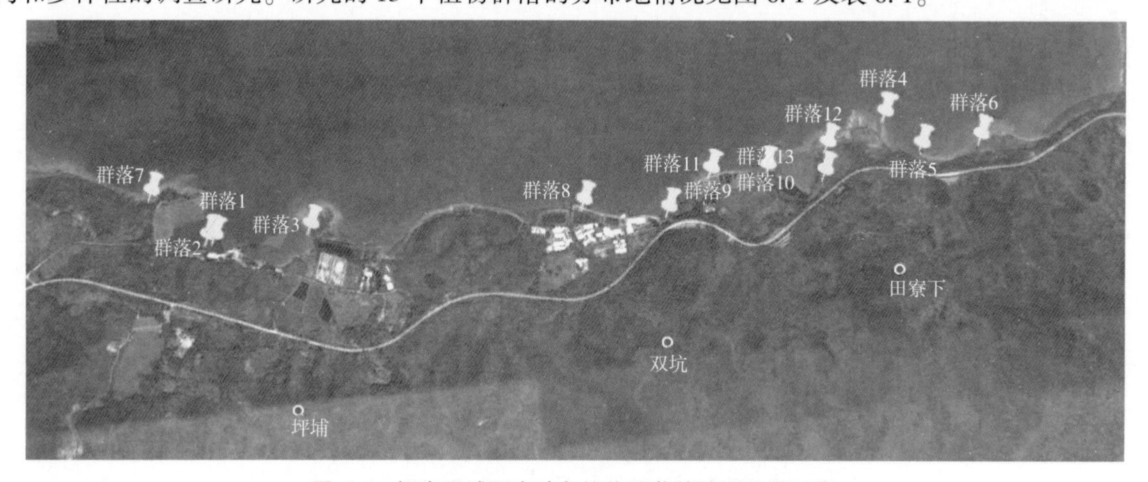

图6.1 坝光区域研究地各植物群落的地理位置示意

表6.1 坝光区域河溪具体位置信息

群落序号	群落名	纬度	经度	海拔(m)	样方总面积(m^2)
1	木麻黄-黄槿-莠竹群落	22°39′6″N	114°31′56″E	10	1200
2	木麻黄-黄槿-五节芒群落	22°39′6″N	114°31′55″E	10	1200

（续）

群落序号	群落名	纬度	经度	海拔(m)	样方总面积(m^2)
3	木麻黄-白骨壤-鬼针草群落	22°39′5.90″N	114°32′10.65″E	10	1200
4	木麻黄-马樱丹-五节芒群落	22°39′12.75″N	114°33′38.74″E	2	1200
5	黄槿-露兜树-五节芒群落	22°39′7.70″N	114°33′43.16″E	0.02	1200
6	黄槿-白骨壤-五节芒群落	22°39′8.00N	114°33′52.00″E	0.01	1200
7	黄槿-木麻黄-铺地黍群落	22°39′13.02″N	114°31′46.41″E	0.01	800
8	木麻黄-黄槿-铺地黍群落	22°39′5.08″N	114°32′51.98″E	0.01	800
9	木麻黄-朱槿-五节芒群落	22°39′2.79″N	114°33′4.40″E	4	800
10	小叶榕-灰莉-三叶鬼针草群落	22°39′6.99″N	114°33′20.14″E	5	800
11	黄槿-木麻黄-铺地黍群落	22°39′7.48″N	114°33′11.52″E	0.02	600
12	黄槿-露兜树-铺地黍群落	22°39′9.32″N	114°33′29.45″E	0.01	600
13	木麻黄-五节芒群落	22°39′5.42″N	114°33′28.31″E	3	600

6.1.2 研究方法

(1)样方测定方法

样方测定方法见第1章与第5章。

统计每个植物群落各层次的平均高度、平均盖度、平均密度、平均胸径(乔木层)等指标，在此基础上，将这些指标加和，得到每个层次该指标的综合值。

(2)数据分析方法

见第1章和第5章。其中本章的丰富度指标为：

Odum 指数：

$$R_1 = \frac{S}{\ln N}$$

Menhinnick 指数：

$$R_2 = \frac{\ln S}{\ln N}$$

Marglef 指数：

$$R_3 = \frac{S-1}{\ln N}$$

式中，S 为样地内植物的种类数；N 为样地内全部植物种类的个体数。其中，R 值越大，丰富度越高；反之，R 值越小，丰富度越低。

6.2 结果与分析

6.2.1 各植物群落的结构特征及综合指标

6.2.1.1 各群落的组成及结构特征

木麻黄-黄槿-莠竹群落的结构特征见表6.2。

表 6.2　群落 1(木麻黄-黄槿-簕竹群落)的结构特征

层次 Layer	物种名称 Species name	株数 Number	平均高度(m) Average height	平均胸径(cm) Average DBH	盖度(%) Coverage	相对盖度 Relative covrage	相对显著度 Relative dominant	相对密度 Relative density	相对频度 Relative frequency	重要值 Important value
乔木层	木麻黄	41	10.3902	30.3659	128.6667	87.3303	85.2416	73.2143	30.0000	62.8186
	血桐	5	5.2000	19.4000	5.5000	3.7330	4.4248	8.9286	20.0000	11.1178
	鲫鱼胆	3	11.0000	34.0000	6.2500	4.2421	7.3990	5.3571	10.0000	7.5854
	杨叶肖槿	3	5.3333	16.0000	4.0000	2.7149	1.6219	5.3571	10.0000	5.6597
	黄槿	2	4.5000	13.0000	2.0833	1.4140	0.7106	3.5714	10.0000	4.7607
	荔枝	1	4.0000	12.0000	0.3333	0.2262	0.3010	1.7857	10.0000	4.0289
	朴树	1	4.0000	12.0000	0.5000	0.3394	0.3010	1.7857	10.0000	4.0289
灌木层	黄槿	13	2.1154		33.9167	43.8128		28.8889	28.0000	33.5672
	荔枝	7	2.2000		13.5273	17.4743		15.5556	12.0000	15.0100
	桐花树	5	0.9000		8.9427	11.5520		11.1111	8.0000	10.2210
	白骨壤	4	2.0250		8.4740	10.9465		8.8889	8.0000	9.2785
	大叶相思	4	0.7250		1.1771	1.5205		8.8889	8.0000	6.1365
	苦楝木	3	2.5667		2.0990	2.7114		6.6667	8.0000	5.7927
	鸦胆子	2	4.5000		4.4271	5.7188		4.4444	4.0000	4.7211
	露兜树	2	1.6000		1.9531	2.5230		4.4444	4.0000	3.6558
	杨叶肖槿	1	2.6000		2.6354	3.4044		2.2222	4.0000	3.2089
	马樱丹	1	0.8000		0.1042	0.1346		2.2222	4.0000	2.1189
	降真香	1	0.3000		0.0625	0.0807		2.2222	4.0000	2.1010
	九节	1	0.7000		0.0521	0.0673		2.2222	4.0000	2.0965
	酒饼簕	1	2.0000		0.0417	0.0538		2.2222	4.0000	2.0920
草本层	箬竹	100	1.0200		62.7273	60.7822		41.3223	14.2857	38.7968
	簕竹	120	0.3208		23.7682	23.0312		49.5868	35.7143	36.1107
	山麦冬	4	0.3625		3.6136	3.5016		1.6529	14.2857	6.4801
	鬼针草	12	0.1500		3.2727	3.1712		4.9587	7.1429	5.0909
	类芦	1	0.1800		6.3636	6.1663		0.4132	7.1429	4.5741
	番薯	3	0.6000		1.3636	1.3214		1.2397	7.1429	3.2346
	山菅	1	0.4800		1.3818	1.3390		0.4132	7.1429	2.9650
	五节芒	1	1.1000		0.7091	0.6871		0.4132	7.1429	2.7477

这个群落的乔木层植物种类较多，而且乔木层的植株较高大，尤其是木麻黄、黄槿、鲫鱼胆和杨叶肖瑾(半红树)等，高度和盖度值都高；灌木层的植物种类也多，而且其高度和盖度等指标也好；草本层植物也比较丰富。这个群落有桐花树等 2 个真红树植物的种类，还有黄槿等半红树植物，因此，这是一个红树林与部分陆生植物和喜水边的植物共同构建的群落，属于珍稀的植物群落，必须进行整体的保护。

木麻黄-黄槿-五节芒群落的结构特征见表 6.3。

表 6. 3　群落 2(木麻黄-黄槿-五节芒群落)的结构特征

层次 Layer	物种名称 Species name	株数 Number	平均高度(m) Average height	平均胸径(cm) Average DBH	盖度(%) Coverage	相对盖度 Relative covrage	相对显著度 Relative dominant	相对密度 Relative density	相对频度 Relative frequency	重要值 Important value
乔木层	木麻黄	16	8. 2500	27. 1875	49. 5556	63. 7143	74. 2750	48. 4848	25. 0000	49. 2533
	黄槿	11	5. 0909	15. 9091	13. 2222	17. 0000	16. 4750	33. 3333	25. 0000	24. 9361
	海漆	2	6. 0000	17. 0000	9. 0000	11. 5714	3. 2535	6. 0606	12. 5000	7. 2714
	台湾相思	2	6. 5000	16. 5000	4. 0000	5. 1429	3. 0796	6. 0606	12. 5000	7. 2134
	簕欓花椒	1	5. 0000	18. 0000	1. 0000	1. 2857	1. 8175	3. 0303	12. 5000	5. 7826
	土蜜树	1	5. 0000	14. 0000	1. 0000	1. 2857	1. 0995	3. 0303	12. 5000	5. 5433
灌木层	黄槿	9	3. 2222		50. 5188	64. 4012		21. 4286	26. 9231	37. 5843
	苦郎树	20	0. 8450		9. 7250	12. 3974		47. 6190	34. 6154	31. 5440
	秋茄	4	1. 2500		3. 1250	3. 9837		9. 5238	11. 5385	8. 3487
	白骨壤	3	0. 5667		2. 3125	2. 9480		7. 1429	7. 6923	5. 9277
	桐花树	2	1. 8500		4. 3750	5. 5772		4. 7619	3. 8462	4. 7284
	紫玉盘	1	2. 0000		4. 3750	5. 5772		2. 3810	3. 8462	3. 9348
	海漆	1	2. 0000		3. 9063	4. 9797		2. 3810	3. 8462	3. 7356
	老鼠簕	1	0. 5000		0. 1000	0. 1275		2. 3810	3. 8462	2. 1182
	九节	1	0. 5000		0. 0063	0. 0080		2. 3810	3. 8462	2. 0784
草本层	五节芒	10	0. 1100		56. 1818	86. 9925		28. 5714	62. 5000	59. 3546
	水蜈蚣	16	0. 2425		4. 4891	6. 9510		45. 7143	12. 5000	21. 7217
	文殊兰	5	0. 2640		2. 3609	3. 6557		14. 2857	12. 5000	10. 1471
	藿香蓟	3	0. 3333		0. 0960	0. 1486		8. 5714	6. 2500	4. 9900
	求米草	1	0. 3800		1. 4545	2. 2522		2. 8571	6. 2500	3. 7865

藤本植物：海马齿和厚藤。

从表 6. 3 看出该群落乔木层优势种为木麻黄，重要值为 49. 2533；灌木层的优势种为黄槿，重要值为 37. 5843；草本层优势种为莠竹，重要值为 59. 3546。

这个群落乔木层植物有 6 种，其中有海漆这种红树植物，这是很珍贵的；黄槿也是红树植物，木麻黄、海马齿、厚藤为红树伴生植物；木麻黄、黄槿和簕欓花椒的高度、胸径和盖度值都是比较高的。灌木层的植物种类也较多，以多种红树植物种类为主，如桐花树、白骨壤(即海榄雌)、海漆、苦榔树、秋茄等，这是一个很好的红树林群落，加上草本植物层也有部分种类，组成了多样性相当高的植物群落。这个群落必须进行整个群落的保护。

木麻黄-白骨壤-鬼针草群落的结构特征见表 6. 4。

表 6. 4　群落 3(木麻黄-白骨壤-鬼针草群落)的结构特征

层次 Layer	物种名称 Species name	株数 Number	平均高度(m) Average height	平均胸径(cm) Average DBH	盖度(%) Coverage	相对盖度 Relative covrage	相对显著度 Relative dominant	相对密度 Relative density	相对频度 Relative frequency	重要值 Important value
乔木层	木麻黄	53	6. 0566	19. 3396	83. 2222	84. 6328	89. 3651	81. 5385	37. 5000	69. 4678
	黄槿	9	4. 8889	16. 0000	13. 0000	13. 2203	9. 6187	13. 8462	37. 5000	20. 3216
	海漆	2	3. 0000	9. 5000	1. 1111	1. 1299	0. 7020	3. 0769	12. 5000	5. 4263
	朴树	1	4. 0000	9. 0000	1. 0000	1. 0169	0. 3142	1. 5385	12. 5000	4. 7842

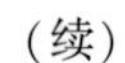
（续）

层次 Layer	物种名称 Species name	株数 Number	平均高度（m） Average height	平均胸径（cm） Average DBH	盖度（%） Coverage	相对盖度 Relative covrage	相对显著度 Relative dominant	相对密度 Relative density	相对频度 Relative frequency	重要值 Important value
灌木层	白骨壤	18	0. 9500		15. 9688	21. 7081		36. 0000	29. 1667	28. 9583
	马樱丹	13	1. 5923		25. 6198	34. 8279		26. 0000	20. 8333	27. 2204
	海漆	7	2. 2143		29. 4727	40. 0655		14. 0000	20. 8333	24. 9663
	黑面神	4	1. 1250		0. 8125	1. 1045		8. 0000	16. 6667	8. 5904
	土蜜树	7	1. 5000		1. 4792	2. 0108		14. 0000	8. 3333	8. 1147
	桐花树	1	1. 0000		0. 2083	0. 2832		2. 0000	4. 1667	2. 1500
草本层	鬼针草	152	0. 4811		24. 9400	35. 9891		42. 9379	27. 7778	35. 5682
	水蜈蚣	4	0. 1075		19. 0625	27. 5077		1. 1299	11. 1111	13. 2496
	莠竹	51	0. 0951		1. 6538	2. 3864		14. 4068	13. 8889	10. 2274
	求米草	56	0. 1018		1. 2094	1. 7452		15. 8192	11. 1111	9. 5585
	牛筋草	30	0. 3997		9. 2938	13. 4111		8. 4746	5. 5556	9. 1471
	五节芒	6	0. 9083		9. 8625	14. 2319		1. 6949	5. 5556	7. 1608
	假臭草	26	0. 2254		0. 5688	0. 8207		7. 3446	8. 3333	5. 4996
	龙爪茅	7	0. 3514		0. 1981	0. 2859		1. 9774	8. 3333	3. 5322
	两耳草	20	0. 3325		0. 9475	1. 3673		5. 6497	2. 7778	3. 2649
	海马齿	1	0. 0700		1. 5625	2. 2547		0. 2825	2. 7778	1. 7717
	藿香蓟	1	0. 38		0. 3437	49. 3592		0. 2825	2. 7778	1. 0201

藤本植物：鸡矢藤、南方碱蓬、菝葜、海金沙。

从表 6. 4 看出该群落乔木层优势种为木麻黄，重要值为 69. 4678；灌木层的优势种为白骨壤，重要值为 28. 9583；草本层优势种为鬼针草，重要值为 35. 5682。

这个群落的乔木层中黄瑾、海漆等都属于红树植物，后者还属于真红树种类，是很珍贵的。木麻黄目前也被列入了红树植物范畴，属于半红树植物。灌木层里红树植物为优势种，如桐花树、白骨壤、海漆等，说明这个群落有较多的红树植物。草本层植物种类很多，其中有海马齿，这也是红树植物的种类。该群落需要很好加以保护。

木麻黄-马樱丹-五节芒群落的结构特征见表 6. 5。

表 6. 5　群落 4（木麻黄-马樱丹-五节芒群落）的结构特征

层次 Layer	物种名称 Species name	株数 Number	平均高度（m） Average height	平均胸径（cm） Average DBH	盖度（%） Coverage	相对盖度 Relative covrage	相对显著度 Relative dominant	相对密度 Relative density	相对频度 Relative frequency	重要值 Important value
乔木层	木麻黄	14	10. 0000	32. 7143	40. 5833	59. 4628	67. 5206	45. 1613	30. 0000	47. 5606
	银叶树	8	6. 3750	19. 2500	9. 9167	14. 5299	18. 2916	25. 8065	20. 0000	21. 3660
	血桐	5	5. 4000	21. 8000	11. 4167	16. 7277	11. 2956	16. 1290	30. 0000	19. 1415
	黄槿	4	5. 2500	13. 2500	6. 3333	9. 2796	2. 8922	12. 9032	20. 0000	11. 9318

（续）

层次 Layer	物种名称 Species name	株数 Number	平均高度(m) Average height	平均胸径(cm) Average DBH	盖度(%) Coverage	相对盖度 Relative covrage	相对显著度 Relative dominant	相对密度 Relative density	相对频度 Relative frequency	重要值 Important value
灌木层	马樱丹	13	1.2692		24.5573	22.9117		39.3939	38.8889	33.7315
	白骨壤	9	1.6889		33.3333	31.0997		27.2727	16.6667	25.0130
	黄槿	2	4.0000		34.3750	32.0715		6.0606	11.1111	16.4144
	海漆	4	3.3750		8.4375	7.8721		12.1212	5.5556	8.5163
	臭椿	1	2.0000		3.6458	3.4015		3.0303	5.5556	3.9958
	木麻黄	1	2.0000		1.5625	1.4578		3.0303	5.5556	3.3479
	夹竹桃	1	1.5000		0.8333	0.7775		3.0303	5.5556	3.1211
	朴树	1	0.5000		0.3125	0.2916		3.0303	5.5556	2.9591
	山杜英	1	1.0000		0.1250	0.1166		3.0303	5.5556	2.9008
草本层	五节芒	42	0.8548		86.9375	81.9778		70.0000	44.4444	65.4741
	海芋	3	0.4500		11.5000	10.8439		5.0000	22.2222	12.6887
	凤尾蕨	13	0.6346		0.5813	0.5481		21.6667	11.1111	11.1086
	鬼针草	1	0.8000		6.2500	5.8934		1.6667	11.1111	6.2237
	半边旗	1	0.1800		0.7813	0.7367		1.6667	11.1111	4.5048

藤本植物：葛、鸡矢藤、海金沙。

从表6.5看出该群落乔木层优势种为木麻黄，重要值为47.5606；灌木层的优势种为马樱丹，重要值为33.7315；草本层的优势种为五节芒，重要值为65.4741。

乔木层中有银叶树，这是珍稀的红树植物，是红树植物里较少的高大乔木种类之一，而且数量比较多，必须加以认真保护；其他的如木麻黄、黄瑾等也很高大，群落结构相对较好；灌木层有几种真红树植物，而且处于次优势种和较为重要的地位，其他的植物种类也较多；草本层植物也有好几种。这个红树植物群落必须加以整体的严格保护。

黄槿-露兜树-五节芒群落的结构特征见表6.6。

表6.6　群落5(黄槿-露兜树-五节芒群落)的结构特征

层次 Layer	物种名称 Species name	株数 Number	平均高度(m) Average height	平均胸径(cm) Average DBH	盖度(%) Coverage	相对盖度 Relative covrage	相对显著度 Relative dominant	相对密度 Relative density	相对频度 Relative frequency	重要值 Important value
乔木层	黄槿	26	4.5385	12.1154	28.2222	75.5952	63.5369	81.2500	42.8571	62.5480
	土蜜树	2	6.5000	20.0000	3.5556	9.5238	14.2391	6.2500	28.5714	16.3535
	海杧果	3	6.3333	19.6667	4.2222	11.3095	19.0235	9.3750	14.2857	14.2281
	血桐	1	5.0000	14.0000	1.3333	3.5714	3.2005	3.1250	14.2857	6.8704
灌木层	黄槿	7	3.6286		50.4844	43.3856		21.2121	21.0526	28.5501
	露兜树	11	1.4636		18.9818	16.3127		33.3333	21.0526	23.5662
	白骨壤	6	1.4833		10.7031	9.1981		18.1818	15.7895	14.3898
	夹竹桃	3	3.6667		17.9688	15.4421		9.0909	10.5263	11.6864
	血桐	1	3.0000		11.7188	10.0709		3.0303	5.2632	6.1215
	紫玉盘	1	3.5000		3.2552	2.7975		3.0303	5.2632	3.6970
	大叶榕	1	3.0000		2.3438	2.0142		3.0303	5.2632	3.4359
	土蜜树	1	1.2000		0.5000	0.4297		3.0303	5.2632	2.9077
	海漆	1	1.7000		0.2500	0.2148		3.0303	5.2632	2.8361
	桐花树	1	0.4000		0.1563	0.1343		3.0303	5.2632	2.8092

（续）

层次 Layer	物种名称 Species name	株数 Number	平均高度（m）Average height	平均胸径（cm）Average DBH	盖度（%）Coverage	相对盖度 Relative covrage	相对显著度 Relative dominant	相对密度 Relative density	相对频度 Relative frequency	重要值 Important value
草本层	五节芒	18	1.4538		34.3864	59.4070		40.0133	20.0000	39.8068
	假臭草	2	0.3750		8.4545	14.6063		4.4435	13.3333	10.7944
	类芦	2	0.5000		7.2727	12.5646		4.4435	13.3333	10.1138
	葛	2	1.2500		6.3636	10.9940		4.4435	13.3333	9.5903
	乌毛蕨	6	0.2583		0.8491	1.4669		13.3304	13.3333	9.3769
	天门冬	8	0.2725		0.0736	0.1272		17.7738	6.6667	8.1892
	凤尾蕨	3	0.4500		0.0409	0.0707		6.6652	6.6667	4.4675
	海芋	3	8.6667		0.0327	0.0565		6.6652	6.6667	4.4628
	文殊兰	1	0.2500		0.4091	0.7068		2.2217	6.6667	3.1984

藤本植物：菝葜、海金沙、薇甘菊。

从表6.6看出该群落乔木层优势种为黄槿，重要值为62.5480，且该群落乔木层植物较为矮小；灌木层的优势种为黄槿，重要值为28.5501；草本层优势种为五节芒，重要值为39.8068。

这个群落的乔木层植物的高度、密度等指标也较好，尤其是红树植物黄槿的高度和密度等值都较高，黄槿和海杧果均为红树植物；灌木层里红树植物也是优势种，而且真红树植物有3种，如桐花树、海漆等，半红树植物多种，说明这个群落基本是红树植物群落；草本层的植物种类也较多。因此，对该群落同样需要做好保护工作，而且同样必须是做整体的保护。

黄槿-白骨壤-五节芒群落的结构特征见表6.7。

表6.7　群落6（黄槿-白骨壤-五节芒群落）的结构特征

层次 Layer	物种名称 Species name	株数 Number	平均高度（m）Average height	平均胸径（cm）Average DBH	盖度（%）Coverage	相对盖度 Relative covrage	相对显著度 Relative dominant	相对密度 Relative density	相对频度 Relative frequency	重要值 Important value
乔木层	黄槿	22	5.5909	14.6818	37.5833	39.1154	18.8438	47.8261	18.7500	28.4733
	海杧果	8	6.6250	25.1250	17.8333	18.5603	20.1791	17.3913	12.5000	16.6901
	土蜜树	6	6.0000	19.0000	10.3333	10.7546	8.9608	13.0435	25.0000	15.6681
	台湾相思	2	11.5000	53.0000	11.3333	11.7953	21.6880	4.3478	12.5000	12.8453
	朴树	2	10.0000	49.5000	7.0833	7.3721	19.6079	4.3478	6.2500	10.0686
	杨叶肖槿	3	5.0000	16.3333	3.0833	3.2090	3.1065	6.5217	6.2500	5.2928
	血桐	1	7.0000	32.0000	4.6667	4.8569	3.9517	2.1739	6.2500	4.1252
	海漆	1	6.0000	25.0000	2.5000	2.6019	2.4119	2.1739	6.2500	3.6119
	簕欓花椒	1	5.0000	18.0000	1.6667	1.7346	1.2503	2.1739	6.2500	3.2248
灌木层	白骨壤	21	1.2643		59.4688	52.1203		50.0000	38.8889	47.0031
	海漆	1	3.5000		29.1667	25.5626		2.3810	5.5556	11.1664
	露兜树	5	2.7000		8.7031	7.6277		11.9048	11.1111	10.2145
	黄槿	2	2.3500		3.0208	2.6476		4.7619	11.1111	6.1735
	九节	4	1.5250		1.7917	1.5703		9.5238	5.5556	5.5499
	土蜜树	2	1.2500		5.3385	4.6789		4.7619	5.5556	4.9988
	秋茄	2	2.0000		5.1042	4.4735		4.7619	5.5556	4.9303
	夹竹桃	3	1.3000		1.1302	0.9906		7.1429	5.5556	4.5630
	桐花树	1	1.0000		0.2083	0.1826		2.3810	5.5556	2.7064
	黑面神	1	0.8000		0.1667	0.1461		2.3810	5.5556	2.6942

（续）

层次 Layer	物种名称 Species name	株数 Number	平均高度（m）Average height	平均胸径（cm）Average DBH	盖度(%) Coverage	相对盖度 Relative covrage	相对显著度 Relative dominant	相对密度 Relative density	相对频度 Relative frequency	重要值 Important value
草本层	山菅	9	0. 9089		42. 9286	65. 2346		30. 0000	56. 2500	50. 4949
	画眉草	12	0. 3783		1. 2629	1. 9190		40. 0000	12. 5000	18. 1397
	五节芒	3	0. 2133		19. 7143	29. 9580		10. 0000	6. 2500	15. 4027
	山麦冬	4	1. 0150		1. 0821	1. 6444		13. 3333	12. 5000	9. 1593
	艳三姜	1	1. 2000		0. 7500	1. 1397		3. 3333	6. 2500	3. 5743
	天门冬	1	1. 8000		0. 0686	0. 1042		3. 3333	6. 2500	3. 2292

藤本植物：葛、海金沙、薇甘菊、爬山虎。

从表6. 7看出该群落乔木层优势种为黄槿，重要值为28. 4733；灌木层的优势种为白骨壤，重要值为47. 0031；草本层优势种为五节芒，重要值为50. 4949。

这个植物群落的乔木层植物种类很丰富，达到10种，而且其结构的各指标都较好，其中部分为红树植物，如黄槿、海杧果、海漆；灌木层里真红树植物种类很多，如桐花树、白骨壤、海漆、秋茄，达到4种之多，而且基本处在优势种的地位，这是很好、很珍贵的红树植物群落；草本层植物组成的情况也较好。

黄槿-木麻黄-铺地黍群落的结构特征见表6. 8。

表6. 8　群落7(黄槿-木麻黄-铺地黍群落)的结构特征

层次 Layer	物种名称 Species name	株数 Number	平均高度（m）Average height	平均胸径（cm）Average DBH	盖度(%) Coverage	相对盖度 Relative covrage	相对显著度 Relative dominant	相对密度 Relative density	相对频度 Relative frequency	重要值 Important value
乔木层	黄槿	18	4. 7778	11. 7222	25. 3750	36. 8421	23. 4757	52. 9412	33. 3333	36. 5834
	木麻黄	8	11. 6250	27. 6250	31. 8750	46. 2795	55. 2145	23. 5294	16. 6667	31. 8035
	海漆	4	4. 2500	19. 2500	5. 1250	7. 4410	14. 6414	11. 7647	16. 6667	14. 3576
	鸡爪槭	2	7. 0000	13. 5000	4. 5000	6. 5336	3. 4536	5. 8824	16. 6667	8. 6675
	荔枝	1	5. 0000	16. 0000	0. 5000	0. 7260	2. 1830	2. 9412	8. 3333	4. 4858
	海杧果	1	4. 0000	11. 0000	1. 5000	2. 1779	1. 0318	2. 9412	8. 3333	4. 1021
灌木层	木麻黄	4	3. 0000		27. 1875	27. 8252		18. 1818	26. 6667	24. 2245
	海漆	5	2. 0000		13. 6563	13. 9765		22. 7273	20. 0000	18. 9013
	桐花树	6	0. 6333		3. 2188	3. 2942		27. 2727	13. 3333	14. 6334
	海杧果	1	3. 5000		13. 8750	14. 2004		4. 5455	6. 6667	8. 4708
	黄槿	1	3. 5000		13. 6667	13. 9872		4. 5455	6. 6667	8. 3998
	白骨壤	2	1. 0000		7. 6563	7. 8358		9. 0909	6. 6667	7. 8645
	桃金娘	1	2. 7000		8. 7500	8. 9552		4. 5455	6. 6667	6. 7224
	石斑木	1	3. 0000		6. 4167	6. 5672		4. 5455	6. 6667	5. 9264
	野牡丹	1	2. 2000		3. 2813	3. 3582		4. 5455	6. 6667	4. 8568
草本层	铺地黍	224	0. 1481		13. 0759	22. 0649		82. 9630	60. 0000	55. 0093
	箬竹	10	0. 9260		42. 2025	71. 2148		3. 7037	10. 0000	28. 3062
	补血草	21	0. 0533		1. 6563	2. 7948		7. 7778	10. 0000	6. 8575
	灯心草	10	0. 2040		1. 3663	2. 3055		3. 7037	10. 0000	5. 3364
	山麦冬	5	0. 2160		0. 9600	1. 6200		1. 8519	10. 0000	4. 4906

从表6. 8看出该群落乔木层优势种为黄槿，重要值为36. 5834；灌木层的优势种为木麻黄，重要值为24. 2245；草本层优势种为铺地黍，重要值为55. 0093。

这个群落里乔木层植物种类有6种，比较多，其中4种为红树植物；灌木层里也有几种红树植物；草本层里可作为资源利用的种类也较多。这也是珍稀的植物群落，需要进行整体保护。

木麻黄-黄槿-铺地黍群落的结构特征见表6.9。

表6.9　群落8(木麻黄-黄槿-铺地黍群落)的结构特征

层次 Layer	物种名称 Species name	株数 Number	平均高度(m) Average height	平均胸径(cm) Average DBH	盖度(%) Coverage	相对盖度 Relative covrage	相对显著度 Relative dominant	相对密度 Relative density	相对频度 Relative frequency	重要值 Important value
乔木层	木麻黄	8	8.3750	25.2500	24.3750	50.5181	65.1652	29.6296	36.3636	43.7195
	黄槿	12	4.3333	10.5833	10.6250	22.0207	15.9461	44.4444	27.2727	29.2211
	海杧果	4	4.7500	16.2500	6.5000	13.4715	12.3925	14.8148	9.0909	12.0994
	鸡爪槭	1	7.0000	18.0000	3.7500	7.7720	3.6668	3.7037	9.0909	5.4871
	海漆	1	5.0000	15.0000	2.5000	5.1813	2.5464	3.7037	9.0909	5.1137
	青果榕	1	4.0000	5.0000	0.5000	1.0363	0.2829	3.7037	9.0909	4.3592
灌木层	黄槿	5	2.8000		38.1094	31.8678		13.5135	13.0435	19.4749
	白骨壤	7	1.2714		20.3906	17.0510		18.9189	13.0435	16.3378
	木麻黄	7	2.1714		14.9063	12.4649		18.9189	17.3913	16.2584
	海杧果	4	2.2750		17.2422	14.4182		10.8108	17.3913	14.2068
	桐花树	7	1.0714		8.9141	7.4541		18.9189	13.0435	13.1388
	血桐	3	1.9000		3.4375	2.8745		8.1081	8.6957	6.5594
	海漆	1	3.5000		11.8750	9.9301		2.7027	4.3478	5.6602
	青果榕	1	3.0000		4.1016	3.4298		2.7027	4.3478	3.4934
	朴树	1	2.9000		0.3750	0.3136		2.7027	4.3478	2.4547
	野牡丹	1	0.2000		0.2344	0.1960		2.7027	4.3478	2.4155
草本层	铺地黍	97	0.0753		2.5576	3.7803		55.1136	27.2727	28.7222
	五节芒	16	1.3450		27.4244	40.5362		9.0909	18.1818	22.6030
	箬竹	27	0.7511		13.1900	19.4962		15.3409	18.1818	17.6730
	乌毛蕨	11	0.5364		16.3233	24.1276		6.2500	9.0909	13.1562
	淡竹叶	17	0.1859		4.2889	6.3394		9.6591	18.1818	11.3934
	三叶鬼针草	8	0.4225		3.8700	5.7203		4.5455	9.0909	6.4522

从表6.9看出该群落乔木层优势种为木麻黄，重要值为43.7195；灌木层的优势种为黄槿，重要值为19.4749；草本层优势种为铺地黍，重要值为28.7222。

在这个群落里，乔木层里红树植物也有4种；灌木层里真红树就有3种，如桐花树、海漆等，半红树有3种；草本层里的植物种类较多。这是很好的红树林群落，需要认真加以保护。

木麻黄-朱槿-五节芒群落的结构特征见表6.10。

表6.10　群落9(木麻黄-朱槿-五节芒群落)的结构特征

层次 Layer	物种名称 Species name	株数 Number	平均高度(m) Average height	平均胸径(cm) Average DBH	盖度(%) Coverage	相对盖度 Relative covrage	相对显著度 Relative dominant	相对密度 Relative density	相对频度 Relative frequency	重要值 Important value
乔木层	木麻黄	30	9.0333	25.2000	63.2500	60.8661	56.8282	54.5455	40.0000	50.4579
	垂叶榕	23	5.6957	22.1304	38.9167	37.4499	32.2900	41.8182	40.0000	38.0361
	假槟榔	1	7.0000	30.0000	0.7500	0.7217	8.4720	1.8182	10.0000	6.7634
	木棉	1	6.0000	32.0000	1.0000	0.9623	2.4098	1.8182	10.0000	4.7427

（续）

层次 Layer	物种名称 Species name	株数 Number	平均高度（m） Average height	平均胸径（cm） Average DBH	盖度（%） Coverage	相对盖度 Relative covrage	相对显著度 Relative dominant	相对密度 Relative density	相对频度 Relative frequency	重要值 Important value
灌木层	朱槿	14	2.0143		1.0000	44.3305		23.3333	19.4444	29.0361
	马樱丹	13	1.3769		0.2500	19.7485		21.6667	16.6667	19.3606
	木麻黄	4	2.7500		39.4375	18.1186		6.6667	11.1111	11.9655
	朴树	7	1.4429		0.3000	2.5573		11.6667	11.1111	8.4450
	土蜜树	4	1.4500		0.2563	1.4894		6.6667	8.3333	5.4965
	簕杜鹃	1	2.2000		2.4875	6.9411		1.6667	2.7778	3.7952
	黄槿	3	1.4667		0.1000	2.7961		5.0000	2.7778	3.5246
	肖梵天花	4	0.1000		0.0375	0.1124		6.6667	2.7778	3.1856
	簕欓花椒	2	1.4500		2.2750	0.2880		3.3333	5.5556	3.0590
	木姜子	2	1.1500		6.1750	0.1124		3.3333	5.5556	3.0004
	柑橘	1	1.8000		0.1000	2.5292		1.6667	2.7778	2.3245
	黄皮	2	1.5000		16.1188	0.2810		3.3333	2.7778	2.1307
	枇杷	1	1.2000		17.5688	0.3372		1.6667	2.7778	1.5939
	九节	1	0.5000		0.0028	1.6667		0.3161	2.7778	1.5869
	黄檀	1	0.7000		1.3250	0.0422		1.6667	2.7778	1.4955
草本层	五节芒	7	1.9243		46.5394	61.8417		5.0000	9.0909	25.3109
	三叶鬼针草	39	0.1826		2.8494	3.7863		27.8571	18.1818	16.6084
	龙葵	38	0.0716		2.5813	3.4300		27.1429	18.1818	16.2516
	海芋	9	0.2756		12.0681	16.0362		6.4286	24.2424	15.5691
	求米草	14	0.0721		0.8106	1.0772		10.0000	6.0606	5.7126
	铺地黍	17	0.2106		0.5444	0.7234		12.1429	3.0303	5.2988
	乌毛蕨	7	0.5371		2.4394	3.2415		5.0000	6.0606	4.7674
	割鸡芒	1	1.7200		6.5363	8.6854		0.7143	3.0303	4.1433
	红丝线	2	0.1750		0.1769	0.2350		1.4286	6.0606	2.5747
	凤尾蕨	5	0.1340		0.1363	0.1810		3.5714	3.0303	2.2609
	苦苣菜	1	0.6600		0.5738	0.7624		0.7143	3.0303	1.5023

从表6.10看出该群落乔木层优势种为木麻黄，重要值为50.4579；灌木层的优势种为朱槿，重要值为29.0361；草本层优势种为五节芒，重要值为25.3109。该群落较多园林植物。

这个群落主要以海边的陆地植物种类为主，乔木层与灌木层的植物发育都较好，尤其是灌木层的植物种类多，草本层植物的种类也很多。这样构成了相当好的生物多样性。

小叶榕-灰莉-三叶鬼针草群落的结构特征见表6.11。

表6.11　群落10（小叶榕-灰莉-三叶鬼针草群落）的结构特征

层次 Layer	物种名称 Species name	株数 Number	平均高度（m） Average height	平均胸径（cm） Average DBH	盖度（%） Coverage	相对盖度 Relative covrage	相对显著度 Relative dominant	相对密度 Relative density	相对频度 Relative frequency	重要值 Important value
乔木层	小叶榕	17	5.4118	22.5294	8.8750	53.4039	47.3064	60.7143	42.8571	50.2926
	木麻黄	6	7.5000	23.8333	13.8750	19.0620	23.5303	21.4286	28.5714	24.5101
	大叶相思	3	10.3333	38.3333	44.1250	16.7927	22.2161	10.7143	14.2857	15.7387
	秋枫	2	5.5000	25.5000	0.1363	10.7413	6.9472	7.1429	14.2857	9.4586

（续）

层次 Layer	物种名称 Species name	株数 Number	平均高度(m) Average height	平均胸径(cm) Average DBH	盖度(%) Coverage	相对盖度 Relative covrage	相对显著度 Relative dominant	相对密度 Relative density	相对频度 Relative frequency	重要值 Important value
灌木层	灰莉	13	1. 5538		36. 1191	39. 4428		20. 0000	15. 6250	25. 0226
	马樱丹	15	1. 1833		21. 4766	23. 4528		23. 0769	18. 7500	21. 7599
	朱槿	10	1. 8100		16. 7578	18. 2999		15. 3846	15. 6250	16. 4365
	土蜜树	8	1. 0250		1. 8301	1. 9985		12. 3077	12. 5000	8. 9354
	假连翘	3	2. 2000		12. 8984	14. 0853		4. 6154	3. 1250	7. 2752
	假苹婆	5	1. 0200		1. 1563	1. 2626		7. 6923	9. 3750	6. 1100
	秋枫	5	0. 5700		0. 6465	0. 7060		7. 6923	9. 3750	5. 9244
	九里香	3	0. 7000		0. 0793	0. 0866		4. 6154	6. 2500	3. 6507
	榕树	2	0. 6500		0. 5859	0. 6399		3. 0769	6. 2500	3. 3223
	黄皮	1	0. 2000		0. 0234	0. 0256		1. 5385	3. 1250	1. 5630
草本层	三叶鬼针草	65	0. 3835		15. 7271	32. 6188		62. 5000	44. 0000	46. 3729
	五节芒	14	1. 9257		22. 7382	47. 1604		13. 4615	16. 0000	25. 5406
	狗尾草	10	0. 2950		4. 0047	8. 3060		9. 6154	16. 0000	11. 3071
	鸭跖草	6	0. 1000		1. 9618	4. 0688		5. 7692	12. 0000	7. 2793
	牛筋草	1	0. 8000		3. 6471	7. 5642		0. 9615	4. 0000	4. 1752
	酢浆草	4	0. 0450		0. 1235	0. 2562		3. 8462	4. 0000	2. 7008
	龙葵	4	0. 0450		0. 0124	0. 0256		3. 8462	4. 0000	2. 6239

从表 6. 11 看出该群落乔木层优势种为小叶榕，重要值为 50. 2926；灌木层的优势种为灰莉，重要值为 25. 0226；草本层优势种为三叶鬼针草，重要值为 46. 3729。该群落较多园林植物。

这也是一个沿海的陆生植物群落，而且其结构较好，每个层次的植物种类丰富度较高，尤其是乔木层的植物植株较为高大，盖度等指标也高。灌木层的植物种类多，盖度、高度等指标都好；草本层里植物的高度、密度和盖度指标也较好。这是一个相当好的陆地植物群落，需要加强保护。

黄槿–木麻黄–铺地黍群落的结构特征见表 6. 12。

表 6. 12　群落 11（黄槿–木麻黄–铺地黍群落）的结构特征

层次 Layer	物种名称 Species name	株数 Number	平均高度(m) Average height	平均胸径(cm) Average DBH	盖度(%) Coverage	相对盖度 Relative covrage	相对显著度 Relative dominant	相对密度 Relative density	相对频度 Relative frequency	重要值 Important value
乔木层	黄槿	9	4. 2222	11. 7778	11. 6667	51. 4706	19. 9418	45. 0000	18. 1818	27. 7079
	木麻黄	2	6. 0000	33. 5000	4. 6667	20. 5882	34. 3851	10. 0000	18. 1818	20. 8556
	海杧果	3	5. 0000	21. 6667	2. 3333	10. 2941	21. 9482	15. 0000	9. 0909	15. 3464
	马尾松	2	4. 5000	17. 0000	1. 3333	5. 8824	8. 9753	10. 0000	18. 1818	12. 3857
	鸭脚木	1	5. 0000	19. 0000	0. 6667	2. 9412	5. 5292	5. 0000	9. 0909	6. 5400
	荔枝	1	5. 0000	17. 0000	0. 6667	2. 9412	4. 4264	5. 0000	9. 0909	6. 1724
	台湾相思	1	4. 0000	13. 0000	0. 6667	2. 9412	2. 5885	5. 0000	9. 0909	5. 5598
	竹节树	1	4. 0000	12. 0000	0. 6667	2. 9412	2. 2055	5. 0000	9. 0909	5. 4322

(续)

层次 Layer	物种名称 Species name	株数 Number	平均高度(m) Average height	平均胸径(cm) Average DBH	盖度(%) Coverage	相对盖度 Relative covrage	相对显著度 Relative dominant	相对密度 Relative density	相对频度 Relative frequency	重要值 Important value
灌木层	黄槿	7	2.3286		61.0859	33.8675		14.5833	16.1290	21.5266
	木麻黄	9	2.2222		43.2604	23.9846		18.7500	16.1290	19.6212
	海桐	9	1.2556		23.7500	13.1676		18.7500	12.9032	14.9403
	露兜树	8	2.3000		27.4063	15.1947		16.6667	12.9032	14.9215
	野牡丹	2	1.3000		1.0625	0.5891		4.1667	6.4516	3.7358
	海漆	1	1.9000		7.8750	4.3661		2.0833	3.2258	3.2251
	桃金娘	2	0.8500		1.5625	0.8663		4.1667	3.2258	2.7529
	苦郎树	1	1.5000		4.8125	2.6682		2.0833	3.2258	2.6591
	石斑木	2	1.0000		0.4167	0.2310		4.1667	3.2258	2.5412
	马甲子	1	1.9000		4.1667	2.3101		2.0833	3.2258	2.5397
	岗松	1	1.7000		1.9688	1.0915		2.0833	3.2258	2.1336
	小叶红叶藤	1	1.2000		1.7708	0.9818		2.0833	3.2258	2.0970
	香花崖豆藤	1	0.7000		0.8750	0.4851		2.0833	3.2258	1.9314
	酒饼簕	1	0.7000		0.2500	0.1386		2.0833	3.2258	1.8159
	紫玉盘	1	0.5000		0.0833	0.0462		2.0833	3.2258	1.7851
	山麻杆	1	0.7000		0.0208	0.0116		2.0833	3.2258	1.7736
草本层	铺地黍	157	0.1405		6.7078	20.1160		87.2222	64.2857	57.2080
	狗尾草	6	0.6100		11.2767	33.8176		3.3333	7.1429	14.7646
	五节芒	7	2.3043		3.5911	10.7694		3.8889	14.2857	9.6480
	铁芒萁	5	1.2280		6.1644	18.4866		2.7778	7.1429	9.4691
	割鸡芒	5	1.7340		5.6056	16.8105		2.7778	7.1429	8.9104

从表6.12看出该群落乔木层优势种为黄槿，重要值为27.7079；灌木层的优势种为木麻黄，重要值为19.6212；草本层的优势种为铺地黍，重要值为57.2080。这个群落的乔木层植物种类较多，达到8种，而且其高度、胸径指标也好，盖度值也比较高。灌木层植物种类也多，其中的几种是乔木层的小树，说明乔木具有幼苗和好的发展潜力；这个层次里海漆和苦榔树(许树)为红树植物，说明这个群落为红树林与陆地相连接过渡的群落。草本层植物里铺地黍最多。

黄槿-露兜树-铺地黍群落的结构特征见表6.13。

表6.13　群落12(黄槿-露兜树-铺地黍群落)的结构特征

层次 Layer	物种名称 Species name	株数 Number	平均高度(m) Average height	平均胸径(cm) Average DBH	盖度(%) Coverage	相对盖度 Relative covrage	相对显著度 Relative dominant	相对密度 Relative density	相对频度 Relative frequency	重要值 Important value
乔木层	黄槿	15	4.4667	14.8000	16.5000	37.7863	36.0072	62.5000	37.5000	45.3357
	木麻黄	6	6.6667	24.0000	15.6667	35.8779	37.6179	25.0000	37.5000	33.3726
	台湾相思	3	6.3333	28.3333	11.5000	26.3359	26.3749	12.5000	25.0000	21.2916
灌木层	露兜树	21	2.4048		101.4271	41.8328		50.0000	28.5714	40.1347
	黄槿	4	3.1750		71.3333	29.4209		9.5238	19.0476	19.3308
	木麻黄	7	2.5071		35.6354	14.6975		16.6667	19.0476	16.8039
	海桐	5	1.4600		15.8125	6.5217		11.9048	19.0476	12.4914
	苦郎树	4	0.7500		9.4896	3.9139		9.5238	9.5238	7.6538
	马甲子	1	4.0000		8.7604	3.6132		2.3810	4.7619	3.5853
草本层	铺地黍	256	0.1403		12.0567	100.0000		100.0000	100.0000	100.0000

从表 6. 13 看出该群落乔木层优势种为黄槿，重要值为 45. 3357；灌木层的优势种为露兜树，重要值为 40. 1347；草本层样方植物过少。该群落植物种类单一。

木麻黄-五节芒群落的结构特征见表 6. 14。

表 6. 14　群落 13(木麻黄-海漆-五节芒群落)的结构特征

层次 Layer	物种名称 Species name	株数 Number	平均高度(m) Average height	平均胸径(cm) Average DBH	盖度(%) Coverage	相对盖度 Relative covrage	相对显著度 Relative dominant	相对密度 Relative density	相对频度 Relative frequency	重要值 Important value
乔木层	木麻黄	67	6. 9552	13. 7015	90. 0000	100. 0000	100. 0000	100. 0000	100. 0000	100. 0000
草本层	五节芒	51	1. 4151		18. 0945	22. 0389		71. 8310	53. 8462	49. 2387
	芒	5	2. 3940		52. 0618	63. 4106		7. 0423	23. 0769	31. 1766
	三叶鬼针草	15	0. 5867		11. 9464	14. 5505		21. 1268	23. 0769	19. 5847

从表 6. 14 看出该群落乔木层优势种为木麻黄；草本层的优势种为五节芒，重要值为 49. 2387。该群落植物种类较为单一。

这个群落的靠近海边的区域还有较多海漆、黄槿、海杧果等红树植物。

6. 2. 1. 2　各植物群落结构的综合指标

对各群落的综合指标进行比较分析，其综合指标情况见表 6. 15。

表 6. 15　13 个植物群落的主要综合指标

群落编号	层次 Layer	平均高度(m) Average height	密度(株/m^2) Density	盖度(%) Coverage
1	乔木层	9. 2500	0. 0467	147. 33
	灌木层	1. 8822	0. 2344	77. 41
	草本层	0. 6089	43. 4545	216. 26
	综合指标	6. 1756	4. 4438	441. 00
2	乔木层	6. 7576	0. 0275	77. 78
	灌木层	1. 4595	0. 2625	78. 47
	草本层	0. 2194	3. 1818	64. 58
	综合指标	4. 5144	0. 4134	220. 83
3	乔木层	5. 7692	0. 0542	98. 33
	灌木层	1. 3860	0. 2604	73. 56
	草本层	0. 3293	22. 1250	69. 29
	综合指标	3. 9103	2. 3231	241. 18
4	乔木层	7. 7097	0. 0258	68. 25
	灌木层	1. 8242	0. 1719	107. 19
	草本层	0. 7747	5. 4545	106. 05
	综合指标	5. 2506	0. 6125	281. 49
5	乔木层	4. 8438	0. 0267	37. 33
	灌木层	2. 2485	0. 1719	116. 36
	草本层	1. 3722	4. 0909	57. 87
	综合指标	3. 7181	0. 4767	211. 56
6	乔木层	6. 2609	0. 0383	96. 07
	灌木层	1. 5845	0. 2188	114. 10
	草本层	0. 6807	1. 7647	65. 80
	综合指标	4. 3000	0. 2651	275. 97
7	乔木层	6. 4412	0. 0425	68. 89
	灌木层	1. 9409	0. 2292	97. 73
	草本层	0. 1729	33. 7500	59. 27
	综合指标	4. 4643	3. 4693	225. 89

征看，乔木层指数值较高的那些群落其整体多样性指标值高，草本层植物多样性指数值较高的，整体指数值也高。在这些群落中，灌木层的多样性指数值一般都较高，说明这些群落还是处在一个演替的中间阶段。而乔木层的多样性指数比起其他的山地自然林如杨梅坑、小南山处自然恢复已经几十年的群落，还是比较低的。这是由于这些地方处在村民居住的影响下，村民只是保护高大的乔木，但是乔木层植物种类的自然进入和繁衍、发育较多地受到人为的影响，因此，它们的多样性指数处在一个中等的水平，比许多城市公园的部分区域的群落多样性会高，也比一些人为影响严重的山地植被或者人工林的乔木层的多样性指数高，但是还是低于自然林的乔木层的多样性水平。草本层植物，则有的群落较好，有的群落多样性水平较低，种类很少。

(2)各植物群落的β-多样性研究

各植物群落的β-多样性指标见表6.17。

表6.17 各群落的相似性系数

群落编号	1	2	3	4	5	6	7	8	9	10	11	12	13
1	1.0000												
2	0.2857	1.0000											
3	0.4000	0.3784	1.0000										
4	0.3415	0.2424	0.3889	1.0000									
5	0.2667	0.2703	0.3000	0.4444	1.0000								
6	0.4255	0.4615	0.3810	0.3684	0.5714	1.0000							
7	0.2927	0.3030	0.2778	0.2500	0.2222	0.2632	1.0000						
8	0.3333	0.2941	0.4324	0.4242	0.3784	0.3590	0.6061	1.0000					
9	0.2222	0.1739	0.3265	0.2667	0.2041	0.1961	0.1333	0.3043	1.0000				
10	0.1778	0.1081	0.3000	0.1667	0.1000	0.0952	0.0556	0.1622	0.3265	1.0000			
11	0.1538	0.1818	0.0851	0.0930	0.1702	0.1633	0.3721	0.2273	0.0714	0.0000	1.0000		
12	0.0606	0.0800	0.1429	0.1667	0.0000	0.0667	0.1667	0.1600	0.1081	0.0714	0.1714	1.0000	
13	0.1818	0.1538	0.1702	0.1556	0.1915	0.2292	0.2222	0.3297	0.4854	0.1064	0.2574	0.1951	1.0000

从表6.17可见，坝光区域的上述13个植物群落之间的相似性系数值均比较低，许多为0.1及以下水平；仅约7.7%的指标在0.40~0.49之间；仅2个数值为0.5以上，占2.5%；0.3~0.39之间的数值也仅占20.51%；其余的数值均等于或低于0.29的水平。这说明，该大区域的植被分布是随着地理位置的不同，植物的组成差异是比较大的，说明当地的生物多样性是相当高的。这是一个具备很好生态环境的区域，很有利于生物的生长发育和繁衍，必须加强保护。

6.3 讨论

从上述13个植物群落的结构特征指标看，组成各群落的植物种类还是相当多的，部分群落的丰富度很高。这些群落里，11个为沿海区域具有真红树和半红树种类的红树林，而群落10和群落13为陆生植物群落，含有红树伴生植物如木麻黄等。这些红树林由于不同于第1章里的群落7和群落10的全部种类为浸于海水当中或处于潮间带的真红树种类，而是带有部分沿岸分布的半红树植物，如银叶树、海杧果等，因此，它们的乔木层高度明显较高，基本接近于第1章至第3章那25个群落里的很多陆生植物群落的指标。由于具有银叶树、小叶榕、秋枫、土密树、黄槿、鸡爪槭、木麻黄等乔木种类，因此这些群落的乔木层植物的胸径也是较大或相当大的，但是多数还是比不上上述25个群落里陆生植物群落的胸径指标。由于这些群落的乔木层有很好或较好的发育，加上灌木层及草本层的植物种类较多，亚层较多，因此这些群落的盖度指标均比较高，综合盖度值许多接近或达到第1章至第3章里23个陆生植物群落及部分具高大银叶树这种红树植物群落的指标。

其综合平均高度、密度和盖度指标与深圳其他一些地方相比，则多数高于那些人工林或人为干扰多的群落，而与那些经过20~30年较好保护的群落相比，部分群落略差一些，而部分则较好，即在密度和盖度的指标上，本研究的13个群落的指标还是较好的，主要在平均高度指标上显得低一些，尤其是与莲花山的各植物群落相比(黄玉源等，2016，2016；Liang et al，2016；黄玉源等，2017)。

但与其他地方也具有半红树种类的红树林群落相比，则在平均高度、胸径、密度和盖度的指标上多数是好于后者的，尤其是盖度指标方面(张晓君等，2014；韦萍萍等，2015；王震等，2017)。

虽然这13个群落处在坝光区域的东部和东北部，但是这些群落之间相同的植物种类很少或极少，其相似性系数值大多数是很低或低的。这说明，坝光区域各地方的植物种类组成差异较大，这就反映了当地大的区域里植物多样性是高的。

在植物多样性方面，由于本章的13个群落里包含了很多高大的半红树植物和近海岸植物如木麻黄、海桐花等，因此，其中的11个含红树植物的群落的Simpson多样性指数、Shannon-Wiener指数及丰富度和均匀度指数与上述25个群落里的陆生植物群落的指标相比，部分高于后者，尤其是高于人工林的群落16等。

与其他地方的那些也含有半红树和部分陆生植物的红树林相比，除群落13由于乔木层仅有1个种类、草本层仅3个种类，其整体值很低外，其他的红树林群落及1个陆生植物群落的Simpson多样性指数、Shannon-Wiener指数、丰富度等指标均较多高于后者(张晓君等，2014；韦萍萍等，2015；王震等，2017)。

可见，坝光区域东部及东北部沿海的这13个群落，其中11个为红树林，在结构特征上都是较好或很好的，而且其植物多样性的水平也相当高，构成了坝光区域沿海很好的植被系统和景观，是需要很好加以保护的。

第7章 坝光区域河溪植被生态学研究

从2016年6月至2017年10月，课题组对坝光国际生物谷的淡水河溪以及部分红树林区进行了研究。红树林是指生长在热带、亚热带地区的海湾和河口泥质滩涂上，涨潮、落潮时受周期性海水浸淹，且以红树植物为主体的常绿灌木或乔木组成的一种植物群落类型。红树林区的植物又分为3种，其中只能在潮间带生境生长繁殖的木本植物，称作真红树植物；可以同时在潮间带和陆地环境自然生长并在潮间带形成优势种群的两栖性木本植物，称作半红树植物；而那些仅偶尔出现于红树林中或林缘，不能形成优势种群的木本植物及红树林附生植物、藤本植物、草本植物，则称为红树林伴生植物。根据估算，全球沿海地区沿海滩涂生态系统所提供的服务总价值达1.55×10^{13}美元，占全球生态系统提供的服务总价值的46%（Costanza et al，1998），而沿海红树林湿地是沿海滩涂湿地的重要组成部分。红树林除了具有抵御风浪、保护堤岸、净化区域海洋环境等功能，在食物、药材、木料供应，野生物种种质资源保存及种群存续维持，物种多样性保护，生态平衡维持，以及碳汇及气候调节维系等方面也发挥着重要作用。更有研究表明，它还可以随着海平面的上升而向陆地生长或促淤造陆抵消水面的上升，从而减少因全球气候变暖而引起的海平面升高造成的威胁（林益明等，2001）。然而，随着近几十年来人口剧烈增加、经济迅猛发展以及城市化进程的推进，人类已经对红树林湿地造成了严重的破坏，红树林面积急剧萎缩，水体富营养化严重，生物多样性和生态系统的完整性明显降低。

深圳市大鹏新区坝光区域的开发建设，从最开始的精细化工园项目到现在的国际生物谷项目，一直以来争议不断，而其中最重要的原由，都离不开当地的红树林与红树植物。2013年深圳市政府等相关部门审议并原则通过了《深圳国际生物谷总体发展规划（2013—2020年）》（深圳市发展和改革委员会，2013），根据规划，国际生物谷将恪守生态为重、保护优先的基本原则，坚持在保护中发展、在发展中保护，在维持原生态环境的基础上，加强生态廊道与网络的建设，建设银叶树林、古荔枝林等自然保护带和生态湿地公园，保护典型生态系统和生物多样性，拯救珍稀濒危物种，开展湾区岸线综合修复治理和古村落保护（深圳市发展和改革委员会，2014）。

本章研究深圳市大鹏新区坝光区域滨海河溪红树林植被群落结构特征及植物多样性特点，旨在为坝光国际生物谷的开发建设在生态系统保护方面提供理论依据，能最有效地保护当地河溪及沿海附近的红树林及其构建的植物群落结构和系统。其次希望能够进一步丰富坝光区域红树林植被与河溪红树林植被的相关调查研究内容，同时积极响应国家生态文明建设号召，为更好地保护和建设广东红树林湿地方面提供理论参考。

7.1 研究地与方法

7.1.1 研究地自然地理概况

本次研究所涉及的坝光区域滨海河溪带位于广东省深圳市大鹏新区大鹏半岛北端。区域北部临近惠州，三面环山，一面向海。整个区域在排牙山和笔架山包围下形成一个港湾，西边面向白沙湾，东边临近坳仔湾。在三面高、一面低洼的条件下，导致区域内河流众多，但大多流量较小，且交叉错落(彩图 7.1、彩图 7.2)。

7.1.2 研究地地理位置

调查时以入海河溪口为依据选取河溪，最终选取河溪 16 条，具体河溪分布与编号见表 7.1(河溪 1~15 的经、纬度为入海口处经、纬度，河溪 16 的经、纬度为红树植物分布终点处经、纬度)和彩图 7.3；由于研究仅针对该区域内的红树植物群落，故调查时仅在红树植物分布的范围内选取样方，河溪内其他区域不做调查研究，各河溪红树植物分布范围详见彩图 7.4。其中河溪 4 由于已经完成初步施工，河溪内无水流量，红树植物也仅出现在小范围的沿海滩涂及海岸，河溪内无红树植物分布，故不作为群落进行数据分析与研究(彩图 7.5)；彩图 7.3、彩图 7.4 中，左下角的河溪 16 较为特殊，为内陆河溪，分别与河溪 7、河溪 8 交汇入海，尽管其不具有独立入海口，但由于其特殊的形成原因及红树植物分布状况，仍将其作为独立河溪进行数据分析与研究。

表 7.1　坝光区域河溪具体位置信息

河溪序号	具体地点	河溪名称	纬度	经度
H_1	白沙湾	河溪 1	22°65′8″N	114°5′0E
H_2	白沙湾	河溪 2	22°65′8″N	114°49′9E
H_3	白沙湾	河溪 3	22°65′7″N	114°49′8E
H_4	白沙湾	河溪 4	22°39′1″N	114°30′1E
H_5	坝光村	河溪 5	22°39′1″N	114°30′1E
H_6	坝光村	河溪 6	22°65′3″N	114°49′6E
H_7	坝光村	河溪 7	22°65′2″N	114°49′9E
H_8	坝光村	河溪 8	22°38′5″N	114°30′2″E
H_9	243 乡道	河溪 9	22°64′6″N	114°50′6″E
H_{10}	盐灶村	河溪 10	22°65′0″N	114°51′4″E
H_{11}	盐灶村	河溪 11	22°65′1″N	114°51′5″E
H_{12}	产头村	河溪 12	22°65′2″N	114°51′7″E
H_{13}	产头村	河溪 13	22°65′3″N	114°51′9″E
H_{14}	双坑村	河溪 14	22°65′1″N	114°54′5″E
H_{15}	双坑村	河溪 15	22°65′2″N	114°54′7″E
H_{16}	坝光村	河溪 16	22°63′1″N	114°50′2″E

注：本章内容综合河溪的地理边界及每条河溪植被中优势种的范围因素，各群落编号及范围均与河溪的编号相同，下同。

7.1.3 研究方法

7.1.3.1 样方测定方法

红树林群落调查通常在样地内选取 10m×10m 的样方(王震等，2017；李安彦，2009；李皓宇等，2016；李丽凤等，2013；李楠等，2010)，此次研究以河溪为样地，首先根据每条河溪内红树植物分布的具体情况，在河溪两侧各 10m 的范围内选取 3~13 个 10m×10m 的样方[植物分布某一方向不足 10m 的，则以面积 100m^2 为标准选取(彩图 7.6)]，测定及记录样方内所有乔木和灌木的物种名称、数量，以及各植株的高度、胸径(乔木层)、盖度等指标。其中胸径为树木距地面 1.3~1.5m 处的树干直径(方精云等，2009)，但胸径小于 5cm 的则不测；以灌木类型计算，当断面畸形时，测取最大值和最小值的平均值。另外，参照欧阳志云等(2002)、黄玉源等(2016a)和 Liang 等(2016)的方法及植物在深圳的生态习性，把成年植株高度大于 4m 的植物划分为乔木层，高度在 4m 以下的划分为灌木层。因此无论乔木、灌木，即便为乔木的同一个种类，其植株高于 4m，则划入乔木层；低于 4m，则划入灌木层(黄玉源等，2016a)。其次，在每个 10m×10m 的样方内根据具体情况选取 2~3 个 1m×1m 的草本样方，测定和记录样方内主要草本植物各植株的物种名称、数量、高度、盖度以及主要藤本植物的物种名称作为辅助调查分析内容。

7.1.3.2 数据分析方法

(1)重要值

频度=某一种类在所有样方中出现的次数/样方数

盖度=某一种类所有植株垂直投影面积之和/样方总面积

重要值(乔木)=(相对密度+相对频度+相对显著度)/3

重要值(灌木和草本)=(相对密度+相对盖度+相对频度)/3

相对盖度=(某一种类的所有植株的盖度之和/所有种类的盖度之和)×100

相对密度=(某一种类的个体数/全部种类的个体数)×100

相对频度=(某一种类的频度之和/全部种类的频度之和)×100

相对显著度=(某一种类胸高断面积之和/所有种类总胸高断面积)×100

(2)物种多样性指数

Simpson 指数和 Shannon-Wiener 指数的计算方法见第 5 章。

(3)生态优势度指数

采用 Simpson 优势度指数，计算方法见第 5 章。

由于生态优势度表示在群落中某种类的重要值所占比值的大小，如某种类的个体数、高度、盖度、显著度和频度等指标均明显高，而其他的大多数种类这些指标所占的比值较低或很低，则说明该群落的生态优势度大，极少数种类占了很大的优势，而其他的种类仅仅是处于很次要的地位。因此，群落的生态优势度的值越大，则其多样性越低。

计算公式见第 5 章。

(4)物种丰富度指数

本章所用的物种丰富度指数为 Margalef 指数：

$$R=(S-1)/\ln N$$

式中：S 为样地内植物种类数；N 为样地内全部植物种类的个体数。其中，R 值越大，物种丰富度越高；R 值越小，物种丰富度越低。

(5)群落间相似性系数(β-多样性指数)

Sorensen 相似性系数计算方法见第 5 章。

7.2 结果与分析

7.2.1 各河溪的植物群落结构特征

河溪 1 红树植物群落结构特指标见表 7.2。

表 7.2 河溪 1 的植物群落结构特征

层次	物种名称	株数	平均高度(m)	平均胸径(cm)	盖度(%)	相对显著度(%)	相对密度(%)	相对盖度(%)	相对频度(%)	重要值
乔木层	木麻黄	12	7.78	20.00	27.85	54.34	42.86	30.33	25.00	40.73
	黄槿	8	4.58	9.00	34.17	6.33	28.57	37.21	25.00	19.97
	台湾相思	3	10.00	35.33	16.14	35.92	10.71	17.58	12.50	19.71
	海杧果	2	4.75	9.50	4.57	1.72	7.14	4.98	12.50	7.12
	潺槁木姜子	2	5.00	8.00	1.44	1.22	7.14	1.57	12.50	6.95
	海漆	1	4.40	7.00	7.66	0.47	3.57	8.34	12.50	5.51
灌木层	黄槿	50	2.59	—	0.58	—	24.51	49.68	9.52	27.9
	海漆	51	2.08	—	0.37	—	25.00	31.29	9.52	21.94
	苦郎树	18	1.32	—	0.06	—	8.82	4.71	9.52	7.69
	蜡烛果	15	1.15		0.01		7.35	1.24	14.28	7.63
	海榄雌	15	1.13	—	0.06	—	7.35	5.48	9.52	7.45
	银叶树	18	0.53	—	0.01	—	8.82	0.56	4.76	4.72
	木麻黄	7	2.87	—	0.06	—	3.43	5.04	4.76	4.41
	老鼠簕	13	0.45	—	0.00	—	6.37	0.12	4.76	3.75
	潺槁木姜子	9	0.93	—	0.01	—	4.41	0.45	4.76	3.21
	酒饼簕	2	1.75	—	0.00	—	0.98	0.33	4.76	2.02
	异叶鹅掌柴	2	0.75	—	0.00	—	0.98	0.12	4.76	1.96
	台湾相思	1	1.20	—	0.01	—	0.49	0.56	4.76	1.94
	草海桐	1	1.30	—	0.00	—	0.49	0.37	4.76	1.87
	海杧果	1	2.10	—	0.00	—	0.49	0.03	4.76	1.76
	破布叶	1	0.20	—	0.00	—	0.49	0.01	4.76	1.75
草本层	海马齿	46	0.14	—	0.32	—	52.27	47.01	33.33	44.21
	铺地黍	38	0.24	—	0.28	—	43.18	41.04	33.33	39.19
	假还阳参	4	0.10	—	0.08	—	4.55	11.94	33.33	16.61

藤本植物：厚藤、鸡矢藤、海金沙。

注：表中植物种类的拉丁学名见附录，以下所有表格与正文中所出现的植物种类均同此。在盖度指标方面，灌木层的极少数种类的指标值写为 0.00，并非其没有盖度值，只是其植株很少，因此占所测样方面积的百分比值低于 0.01，一般在 0.004 及以下，因此，未写出其百分比值(下同)。

从表 7.2 可知，河溪 1 植物群落中乔木、灌木层共有 15 种，主要草本植物共有 3 种，其中包括真红树植物 5 种，半红树植物 4 种。在乔木层中，其优势种类有木麻黄。大多数研究报道仍认为木麻黄为红树植物的伴生植物，极少数认为此种类可以算为半红树植物(陈远生等，2001)，本研究则仍将其列为红树植物的伴生植物(下同)，露兜树(露兜簕)(*Pandanus tectorius*)则被认为是半红树植物，黄槿(半红树)、台湾相思的重要值也很高，为次优势种；灌木层中，其优势种类为黄槿(半红树植物)和海漆(真红树植物)；而在草本层中，其优势种类主要为海马齿和铺地黍。观察可知，该群落中乔木层主要以木麻黄为主，数量多且植株大，黄槿与台湾相思为第二、第三优势种，整体优势度相差不多，黄槿数量较多于台湾相思，盖度大于台湾相思甚至大于木麻黄，但平均高度和平均胸径则远低于台湾相思和木麻黄，而台湾相思的相对频度低于木麻黄和黄槿；灌木层黄槿和海漆整体优势度相差不大，数量也相当，但海漆的盖度和平均高度要明显低于黄槿；草本层海马齿和铺地黍的数量都很多。总的来说，该群落中木麻黄不仅数量多且多为大树；台湾相思数量不多，但均为大树；黄槿和海漆数量很多，但植株相对偏矮一些，乔木少，灌木多，但黄槿的覆盖度是所有植物中最大的；铺地黍和海马齿、草海桐主要生长于群落边缘的海岸，林下几乎没有分布。

表 7.3　河溪 2 的植物群落结构特征

层次	物种名称	株数	平均高度（m）	平均胸径（cm）	盖度（%）	相对显著度（%）	相对密度（%）	相对盖度（%）	相对频度（%）	重要值
乔木层	潺槁木姜子	24	4.50	5.83	2.91	24.70	60.00	5.55	16.67	33.79
	黄槿	7	5.19	11.43	31.01	29.46	17.50	59.14	33.33	26.77
	椿叶花椒	5	5.40	12.60	10.10	28.55	12.50	19.26	16.67	19.24
	海漆	2	4.85	12.00	3.36	8.70	5.00	6.42	16.67	10.12
	台湾相思	2	5.50	11.00	5.05	8.59	5.00	9.63	16.67	10.08
灌木层	海榄雌	152	1.18	—	41.15	—	72.38	71.44	5.56	49.79
	海漆	9	2.32	—	8.15	—	4.29	14.14	11.11	9.85
	蜡烛果	8	1.60	—	0.99	—	3.81	1.71	16.67	7.40
	潺槁木姜子	7	3.43	—	2.73	—	3.33	4.75	5.56	4.54
	南方碱蓬	14	0.20	—	0.15	—	6.67	0.27	5.56	4.16
	草海桐	8	0.45	—	0.78	—	3.81	1.35	5.56	3.57
	海杧果	2	2.20	—	1.69	—	0.95	2.93	5.56	3.15
	黄槿	2	2.95	—	0.92	—	0.95	1.60	5.56	2.70
	马甲子	1	3.40	—	0.66	—	0.48	1.15	5.56	2.39
	木榄	2	0.70	—	0.05	—	0.95	0.08	5.56	2.20
	银柴	1	1.20	—	0.18	—	0.48	0.32	5.56	2.12
	无瓣海桑	1	0.90	—	0.08	—	0.48	0.13	5.56	2.05
	苦郎树	1	0.60	—	0.07	—	0.48	0.13	5.56	2.05
	粗叶榕	1	0.50	—	0.00	—	0.48	0.00	5.56	2.01
	阴香	1	1.00	—	0.00	—	0.48	0.00	5.56	2.01
草本层	铺地黍	43	0.14	—	37.67	—	55.13	69.07	33.33	52.51
	莠竹	28	0.09	—	5.53	—	35.90	10.15	16.67	20.90
	海马齿	6	0.08	—	9.33	—	7.69	17.11	33.33	19.38
	华南毛蕨	1	0.30	—	2.00	—	1.28	3.67	16.67	7.21

藤本植物：薇甘菊、弓果藤、鸡矢藤、娃儿藤、厚藤、刺果苏木。

从表 7.3 可知，河溪 2 植物群落中乔木、灌木层共有 17 种，主要草本植物共有 4 种，其中包括真红树植物 5 种，半红树植物 3 种。在乔木层中，其优势种有潺槁木姜子、黄槿(半红树)和椿叶花椒；灌木层中，其优势种为海榄雌(真红树)；而在草本层中，其优势种主要为铺地黍、莠竹和海马齿。观察可知，该群落乔木层中潺槁木姜子植株数量远多于黄槿和椿叶花椒，但平均高度略低于二者，平均胸径较低于二者，盖度则远低于黄槿，乔木层整体覆盖还是以黄槿为主。灌木层海榄雌的数量、盖度和优势度都远高于其他物种，但平均高度低于第二优势种海漆(真红树)，相对频度也低于海漆和第三优势种蜡烛果(真红树)；无瓣海桑、苦郎树(许树)的重要值相对较低。草本层铺地黍在数量、盖度和优势度方面都远高于其他物种，第二优势种莠竹和第三优势种海马齿的整体优势度相差不大，但莠竹的数量远多于海马齿，盖度略低于海马齿。总体来说，该群落中各乔木层植物高度相差不大，都在 5m 左右；潺槁木姜子数量最多但植株整体相对较小且分布集中，黄槿和椿叶花椒的植株大一些，但椿叶花椒分布少，黄槿分布广且覆盖度高；海榄雌数量多、覆盖度高，主要植株矮小且集中生长在入海口滩涂；铺地黍主要分布于群落边缘海岸；莠竹主要分布于潺槁木姜子林下。

表 7.4　河溪 3 的植物群落结构特征

层次	物种名称	株数	平均高度（m）	平均胸径（cm）	盖度（%）	相对显著度（%）	相对密度（%）	相对盖度（%）	相对频度（%）	重要值
乔木层	台湾相思	18	5.19	8.61	16.54	49.86	90.00	65.96	66.67	68.84
	木麻黄	2	8.10	26.50	8.54	50.14	10.00	34.04	33.33	31.16
灌木层	海榄雌	74	1.13	—	20.67	—	40.44	46.21	4.35	30.33
	蜡烛果	16	2.19		7.01	—	8.74	15.68	17.39	13.94
	海漆	22	1.10	—	2.90	—	12.02	6.49	13.04	10.52
	苦郎树	13	0.92	—	3.45	—	7.10	7.71	8.70	7.84
	台湾相思	9	2.92	—	4.35	—	4.92	9.73	8.70	7.78
	黄槿	9	2.06	—	4.02	—	4.92	8.99	8.70	7.53
	老鼠簕	18	0.53	—	0.04	—	9.84	0.09	4.35	4.76
	木榄	3	0.67	—	0.08	—	1.64	0.18	8.70	3.50
	土蜜树	6	1.68	—	1.03	—	3.28	2.31	4.35	3.31
	南方碱蓬	8	0.20	—	0.12	—	4.37	0.26	4.35	2.99
	木麻黄	2	3.05	—	0.77	—	1.09	1.72	4.35	2.39
	无瓣海桑	1	1.30	—	0.16	—	0.55	0.35	4.35	1.75
	石斑木	1	2.10	—	0.12	—	0.55	0.26	4.35	1.72
	银叶树	1	0.30	—	0.01	—	0.55	0.01	4.35	1.64
草本层	铺地黍	76	0.14	—	48.13	—	91.57	80.71	60.00	77.43
	五节芒	4	2.20	—	6.00	—	4.82	10.06	20.00	11.63
	下田菊	3	0.70	—	5.50	—	3.61	9.22	20.00	10.95

藤本植物：厚藤、五爪金龙。

从表 7.4 可知，河溪 3 植物群落中乔木、灌木层共有 14 种，主要草本植物共有 3 种，其中包括真红树植物 6 种，半红树植物 3 种。在乔木层中，仅有台湾相思与木麻黄(伴生植物)两种植物，其中台湾相思为优势种；灌木层中，优势种为海榄雌(真红树)、蜡烛果(真红树)和海漆(真红树)；草本层中主要是铺地黍占绝对优势。观察可知，在乔木层，台湾相思数量和整体优势度远高于木麻黄，盖度也较大于木麻黄，但平均高度略低于木麻黄，平均胸径也低于木麻黄较多。灌木层海榄雌的数量远高于其他物种，盖度和优势度也较高于其他物种，但平均高度略低于第二优势种蜡烛果，相对频度则同时低于第二优势种蜡烛果和第三优势种海漆。草本层铺地黍在数量、盖度和优势度方面都远高于其他物种，但平均高度低于第二优势种五节芒较多。总体来说，该群落中乔木层植物稀疏，且生长集中，大部分地方只有灌木和草本植物；海榄雌、蜡烛果和海漆的植株都比较小，且主要分布于入海口滩涂，少量蜡烛果和海漆分布于河溪；台湾相思和黄槿是该群落中较大的灌木；铺地黍覆盖海岸边缘。

表 7.5　河溪 5 的植物群落结构特征

层次	物种名称	株数	平均高度（m）	平均胸径（cm）	盖度（%）	相对显著度（%）	相对密度（%）	相对盖度（%）	相对频度（%）	重要值
乔木层	台湾相思	3	5.67	14.00	57.58	79.95	60.00	53.11	50.00	63.32
	银合欢	2	4.45	8.50	50.84	20.05	40.00	46.89	50.00	36.68
灌木层	黄槿	17	2.16	—	60.36	—	21.25	43.64	13.33	26.07
	台湾相思	19	2.40	—	35.08	—	23.75	25.36	13.33	20.81
	南方碱蓬	15	0.20	—	1.38	—	18.75	1.00	13.33	11.03
	苦郎树	8	0.81	—	12.49	—	10.00	9.03	13.33	10.79
	海漆	6	1.23	—	5.46	—	7.50	3.95	13.33	8.26
	木麻黄	4	2.25	—	7.19	—	5.00	5.20	13.33	7.84
	海榄雌	3	0.97	—	12.33	—	3.75	8.92	6.67	6.44
	蜡烛果	5	0.42	—	1.86	—	6.25	1.34	6.67	4.75
	银合欢	3	1.63	—	2.17	—	3.75	1.57	6.67	4.00

（续）

层次	物种名称	株数	平均高度（m）	平均胸径（cm）	盖度（%）	相对显著度（%）	相对密度（%）	相对盖度（%）	相对频度（%）	重要值
草本层	五节芒	32	1.91	—	43.75	—	35.16	53.44	40.00	42.87
	铺地黍	45	0.15	—	14.63	—	49.45	17.86	20.00	29.10
	芦竹	11	1.03	—	21.25	—	12.09	25.95	30.00	22.68
	白花鬼针草	3	0.70	—	2.25	—	3.30	2.75	10.00	5.35

藤本植物：厚藤、五爪金龙。

从表7.5可知，河溪5植物群落中乔木、灌木层共有9种，主要草本植物共有4种，其中包括真红树植物3种，半红树植物2种。在乔木层中，仅有台湾相思和银合欢2种植物，其中台湾相思为优势种；灌木层中，优势种为黄槿(半红树)、台湾相思；而草本层中的优势种主要是五节芒、铺地黍和芦竹。观察可知，在乔木层，台湾相思在数量上与银合欢相差不多，平均高度略高于银合欢，平均胸径和盖度也都较大于银合欢，以致于优势度要高于银合欢；灌木层黄槿的数量和平均高度要略低于第二优势种台湾相思，但盖度高于台湾相思较多，整体优势度也较高一些；草本层五节芒的数量少于第二优势种铺地黍，但平均高度、盖度、相对频度远高于铺地黍，第三优势种芦竹数量少于铺地黍较多，优势度也低于铺地黍，但平均高度、盖度和相对频度都高于铺地黍。总体来说，该群落中乔木层植物寥寥无几；灌木层植物依旧以黄槿为主，数量不多但覆盖度相对大一些，其他植物大都数量不多且植株过小；五节芒作为大型草本植物，沿河岸大量生长，铺地黍依旧主要分布于海岸。

表7.6　河溪6的植物群落结构特征

层次	物种名称	株数	平均高度（m）	平均胸径（cm）	盖度（%）	相对显著度（%）	相对密度（%）	相对盖度（%）	相对频度（%）	重要值
乔木层	台湾相思	23	4.60	10.17	45.89	54.33	46.94	32.60	38.46	46.58
	黄槿	21	4.26	8.14	88.22	30.57	42.86	62.67	23.08	32.17
	木麻黄	3	5.23	12.67	3.74	10.72	6.12	2.65	23.08	13.31
	朴树	1	4.60	11.00	1.30	2.63	2.04	0.92	7.69	4.12
	光荚含羞草	1	4.00	9.00	1.63	1.76	2.04	1.16	7.69	3.83
灌木层	苦郎树	39	0.84	—	7.94	—	15.60	13.44	15.38	14.81
	黄槿	29	1.73	—	10.22	—	11.60	17.31	15.38	14.76
	南方碱蓬	82	0.25	—	0.67	—	32.80	1.13	7.69	13.87
	台湾相思	15	2.93	—	12.51	—	6.00	21.19	9.62	12.27
	海漆	11	1.70	—	5.31	—	4.40	8.99	13.46	8.95
	光荚含羞草	9	2.12	—	5.78	—	3.60	9.79	7.69	7.03
	银合欢	10	2.71	—	5.48	—	4.00	9.28	5.77	6.35
	蜡烛果	15	1.01	—	1.48	—	6.00	2.50	9.62	6.04
	水茄	27	0.31	—	0.21	—	10.80	0.36	1.92	4.36
	木麻黄	4	2.48	—	5.46	—	1.60	9.25	1.92	4.26
	马缨丹	3	1.43	—	1.08	—	1.20	1.83	3.85	2.29
	朴树	1	3.70	—	2.18	—	0.40	3.69	1.92	2.00
	乌桕	1	3.30	—	0.71	—	0.40	1.20	1.92	1.17
	木榄	3	0.57	—	0.03	—	1.20	0.05	1.92	1.06
	银叶树	1	0.40	—	0.01	—	0.40	0.01	1.92	0.78

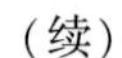
（续）

层次	物种名称	株数	平均高度（m）	平均胸径（cm）	盖度（%）	相对显著度（%）	相对密度（%）	相对盖度（%）	相对频度（%）	重要值
草本层	五节芒	75	2.31	—	18.60	—	35.38	39.42	23.68	32.83
	海马齿	38	0.20	—	5.80	—	17.92	12.29	10.53	13.58
	白花鬼针草	28	0.56	—	3.52	—	13.21	7.46	5.26	8.64
	芦竹	11	1.30	—	4.08	—	5.19	8.65	7.89	7.24
	巴西含羞草	8	0.66	—	2.88	—	3.77	6.10	5.26	5.05
	红毛草	6	0.53	—	2.40	—	2.83	5.09	5.26	4.39
	狗牙根	4	1.50	—	4.00	—	1.89	8.48	2.63	4.33
	龙爪茅	5	0.54	—	1.20	—	2.36	2.54	5.26	3.39
	下田菊	5	0.67	—	0.96	—	2.36	2.04	5.26	3.22
	假臭草	4	0.40	—	0.52	—	1.89	1.10	5.26	2.75
	莠竹	8	0.28	—	0.68	—	3.77	1.44	2.63	2.62
	一点红	3	0.37	—	0.48	—	1.42	1.02	5.26	2.57
	钻叶紫菀	5	1.00	—	0.56	—	2.36	1.19	2.63	2.06
	榛叶黄花稔	3	0.40	—	0.72	—	1.42	1.53	2.63	1.86
	高秆珍珠茅	4	1.10	—	0.32	—	1.89	0.68	2.63	1.73
	鳢肠	2	0.13	—	0.23	—	0.94	0.48	2.63	1.35
	含羞草	2	0.20	—	0.08	—	0.94	0.17	2.63	1.25
	地桃花	1	0.40	—	0.16	—	0.47	0.34	2.63	1.15

藤本植物：厚藤、葛、五爪金龙、海刀豆、薇甘菊、鸡矢藤。

从表 7.6 可知，河溪 6 植物群落中乔木、灌木层共有 15 种，主要草本植物共有 18 种，其中包括真红树植物 4 种，半红树植物 3 种。在乔木层中，主要优势种为台湾相思和黄槿(半红树)；灌木层中，苦郎树(半红树)、黄槿(半红树)、南方碱蓬和台湾相思 4 种植物的整体优势度相差不大；草本层中的主要优势种为五节芒。观察可知，该群落乔木层中台湾相思在数量、平均高度和平均胸径上略高于黄槿，但盖度远低于黄槿；灌木层苦郎树整体优势度最高，数量也多于第二优势种黄槿和重要值为第四位的台湾相思，但远少于第三优势种南方碱蓬，平均高度和胸径大于南方碱蓬而小于黄槿和台湾相思，相对频度大于南方碱蓬和台湾相思，黄槿在数量、相对频度和整体优势度上都大于台湾相思，但平均高度和盖度略低于台湾相思，南方碱蓬数量远多于其他物种，但平均高度、盖度和相对频度都较低于其他三者；草本层物种数较多，主要优势种五节芒在数量、平均高度、盖度和相对频度上都远高于其他物种，第二优势种海马齿在数量、盖度和相对频度上略高于第三优势种白花鬼针草和重要值为第四位的芦竹，但平均高度较低于白花鬼针草和芦竹。总体来说，该群落中台湾相思和黄槿数量多且分布广，二者乔木量差不多，黄槿灌木要多一些但小植株比较多；苦郎树数量多且分布广，植株比较矮但植物枝干散生，故覆盖度比较高；该群落草本植物丰富，五节芒分布广，海马齿主要分布于河边浅滩。

表 7.7　河溪 7 的植物群落结构特征

层次	物种名称	株数	平均高度（m）	平均胸径（cm）	盖度（%）	相对显著度（%）	相对密度（%）	相对盖度（%）	相对频度（%）	重要值
乔木层	光荚含羞草	17	4.86	10.82	12.81	52.96	50.00	44.17	14.29	39.08
	木麻黄	6	4.77	11.50	4.16	21.61	17.65	14.34	35.71	24.99
	台湾相思	4	4.23	10.50	2.43	11.69	11.76	8.39	28.57	17.34
	潺槁木姜子	4	4.20	7.50	6.24	6.08	11.76	21.51	7.14	8.33
	黄槿	2	4.00	8.50	0.76	3.84	5.88	2.63	7.14	5.62
	樟树	1	5.40	12.00	2.60	3.81	2.94	8.95	7.14	4.63

（续）

层次	物种名称	株数	平均高度(m)	平均胸径(cm)	盖度(%)	相对显著度(%)	相对密度(%)	相对盖度(%)	相对频度(%)	重要值
灌木层	黄槿	104	1.50	—	22.84	—	12.79	33.31	14.74	20.28
	老鼠簕	230	0.66	—	0.66	—	28.29	0.96	10.53	13.26
	海漆	70	1.42	—	8.28	—	8.61	12.08	13.68	11.46
	蜡烛果	140	1.92	—	2.00	—	17.22	2.92	12.63	10.92
	苦郎树	54	0.79	—	11.08	—	6.64	16.15	9.47	10.76
	台湾相思	27	2.73	—	13.17	—	3.32	19.20	8.42	10.31
	银叶树	59	0.51	—	0.76	—	7.26	1.11	11.58	6.65
	光荚含羞草	58	1.54	—	3.32	—	7.13	4.84	4.21	5.40
	木麻黄	19	2.23	—	2.12	—	2.34	3.09	7.37	4.27
	南方碱蓬	39	0.15	—	0.25	—	4.80	0.36	2.11	2.42
	潺槁木姜子	7	3.04	—	2.54	—	0.86	3.70	1.05	1.87
	朴树	3	2.97	—	1.13	—	0.37	1.65	1.05	1.02
	胡颓子	1	1.70	—	0.31	—	0.12	0.45	1.05	0.54
	马缨丹	1	1.60	—	0.11	—	0.12	0.17	1.05	0.45
	马甲子	1	0.40	—	0.00	—	0.12	0.01	1.05	0.39
草本层	五节芒	177	1.95	—	21.43	—	34.24	35.33	20.29	29.95
	芦竹	48	1.44	—	14.75	—	9.28	24.32	13.04	15.55
	铺地黍	87	0.19	—	8.91	—	16.83	14.70	10.14	13.89
	海马齿	38	0.19	—	4.61	—	7.35	7.61	8.70	7.88
	南美蟛蜞菊	73	0.17	—	0.76	—	14.12	1.25	2.90	6.09
	橘草	14	0.83	—	1.84	—	2.71	3.04	5.80	3.85
	猪屎豆	13	0.46	—	1.19	—	2.51	1.97	4.35	2.94
	白花鬼针草	7	0.59	—	0.89	—	1.35	1.46	5.80	2.87
	小蓬草	7	0.69	—	0.41	—	1.35	0.67	5.80	2.61
	下田菊	12	0.34	—	0.86	—	2.32	1.42	2.90	2.21
	巴西含羞草	7	0.29	—	0.36	—	1.35	0.60	4.35	2.10
	粽叶芦	3	0.93	—	1.98	—	0.58	3.26	1.45	1.76
	狗牙根	6	1.00	—	1.23	—	1.16	2.02	1.45	1.54
	红龙草	12	0.60	—	0.44	—	2.32	0.72	1.45	1.50
	链荚豆	3	0.20	—	0.27	—	0.58	0.45	1.45	0.83
	钻叶紫菀	1	1.40	—	0.36	—	0.19	0.60	1.45	0.75
	叶下珠	3	0.15	—	0.10	—	0.58	0.17	1.45	0.73
	飞蓬	2	0.25	—	0.05	—	0.39	0.07	1.45	0.64
	葫芦茶	1	0.40	—	0.09	—	0.19	0.15	1.45	0.60
	蜈蚣草	1	0.40	—	0.07	—	0.19	0.11	1.45	0.59
	飞扬草	1	0.20	—	0.02	—	0.19	0.04	1.45	0.56
	假臭草	1	0.20	—	0.02	—	0.19	0.04	1.45	0.56

藤本植物：厚藤、海刀豆、五爪金龙、粉背菝葜、薇甘菊。

从表7.7可知，河溪7植物群落中乔木、灌木层共有16种，主要草本植物共有22种，其中包括真红树植物3种，半红树植物3种，红树林伴生植物若干以及国家二级重点保护野生植物1种——樟树[参见《中国国家重点保护野生植物名录(第一批)》]。在乔木层中，主要优势种为光荚含羞草和木麻黄(伴生植物)；灌木层中，主要优势种有黄槿(半红树)、老鼠簕(真红树)和海漆(真红树)；草本层中的主要优势种为五节芒、芦竹和铺地黍。观察可知，该群落乔木层中光荚含羞草数量和整体优势度最高，平均高度略大于第二优势种木麻黄和第三优势种台湾相思，平均胸径略大于台湾相思但略低于木麻黄，盖度较大于木麻黄和台湾相思，相对频度较低于木麻黄和台湾相思；灌木层中黄槿整体优势度最高，数量远多于第三优势种海漆，远少于第二优势种老鼠簕，平均高度略高于海漆、较高于老鼠簕，盖度和相对频度也较高于海漆和老鼠簕，老鼠簕的数量远高于海漆，但平均高度、盖度和相对频度都较低于海漆；草本层物种数较多，主要优势种五节芒在数量、平均高度、盖度和相对频度上都远高于其他物种，第二优势种芦竹和第三优势种铺地黍整体优势度相差不多，芦竹数量较少于铺地黍，但平均高度、盖度和相对频度都较高于铺地黍。总体来说，该群落中黄槿、老鼠簕和蜡烛果数量比较多但植株普遍都比较小，光荚含羞草数量多且有一定量的乔木，但分布比较集中；该群落中草本植物种类丰富，五节芒和芦竹的植株大，主要分布于河溪两岸，海马齿和铺地黍作为耐盐碱植物主要分布于海岸与河边。

表7.8　河溪8的植物群落结构特征

层次	物种名称	株数	平均高度（m）	平均胸径（cm）	盖度（%）	相对显著度（%）	相对密度（%）	相对盖度（%）	相对频度（%）	重要值
乔木层	木麻黄	35	5.26	13.00	17.21	20.99	53.03	15.44	42.86	38.96
	银叶树	11	9.77	41.45	66.15	65.28	16.67	59.35	9.52	30.49
	黄槿	7	4.37	10.00	4.59	2.30	10.61	4.11	19.05	10.65
	台湾相思	5	6.50	17.80	12.42	7.78	7.58	11.14	14.29	9.88
	海杧果	5	4.68	11.40	6.77	2.10	7.58	6.07	4.76	4.81
	光荚含羞草	2	4.35	9.50	2.77	0.56	3.03	2.49	4.76	2.78
	银合欢	1	7.00	18.00	1.55	0.99	1.52	1.39	4.76	2.42
灌木层	黄槿	93	1.89	—	21.24	—	12.90	38.43	18.52	23.28
	木麻黄	78	2.45	—	11.28	—	10.82	20.40	11.11	14.11
	老鼠簕	271	1.26	—	0.22	—	37.59	0.40	3.70	13.90
	海漆	49	1.59	—	7.25	—	6.80	13.12	16.05	11.99
	蜡烛果	48	1.73	—	3.13	—	6.66	5.66	11.11	7.81
	苦郎树	38	0.81	—	4.34	—	5.27	7.85	9.88	7.66
	银叶树	80	0.57	—	0.98	—	11.10	1.78	2.47	5.11
	光荚含羞草	5	2.84	—	2.23	—	0.69	4.03	3.70	2.81
	海杧果	4	2.83	—	1.32	—	0.55	2.40	2.47	1.81
	朴树	8	1.51	—	0.70	—	1.11	1.27	2.47	1.61
	马缨丹	9	1.42	—	0.53	—	1.25	0.95	2.47	1.56
	南方碱蓬	14	0.20	—	0.03	—	1.94	0.05	2.47	1.49
	露兜树	9	0.77	—	0.14	—	1.25	0.25	2.47	1.32
	台湾相思	2	3.45	—	0.54	—	0.28	0.98	2.47	1.24
	银合欢	1	3.80	—	0.89	—	0.14	1.62	1.23	1.00
	翅荚决明	4	0.98	—	0.17	—	0.55	0.30	1.23	0.70
	了哥王	4	1.10	—	0.14	—	0.55	0.25	1.23	0.68
	土沉香	1	1.00	—	0.08	—	0.14	0.15	1.23	0.51
	酒饼簕	1	1.10	—	0.05	—	0.14	0.09	1.23	0.49
	白簕	1	0.80	—	0.01	—	0.14	0.03	1.23	0.47
	九里香	1	0.30	—	0.00	—	0.14	0.01	1.23	0.46

（续）

层次	物种名称	株数	平均高度（m）	平均胸径（cm）	盖度（%）	相对显著度（%）	相对密度（%）	相对盖度（%）	相对频度（%）	重要值
草本层	五节芒	176	2.08	—	30.51	—	48.48	38.09	32.35	39.64
	海马齿	61	0.19	—	8.90	—	16.80	11.11	14.71	14.21
	芦竹	33	1.51	—	14.45	—	9.09	18.04	14.71	13.95
	铺地黍	46	0.27	—	8.24	—	12.67	10.29	11.76	11.58
	青葙	17	0.69	—	5.10	—	4.68	6.37	5.88	5.65
	类芦	15	1.73	—	6.34	—	4.13	7.92	2.94	5.00
	海芋	2	1.30	—	4.14	—	0.55	5.17	5.88	3.87
	田菁	6	0.60	—	1.03	—	1.65	1.29	2.94	1.96
	白花鬼针草	2	0.80	—	0.83	—	0.55	1.03	2.94	1.51
	狗牙根	3	0.30	—	0.41	—	0.83	0.52	2.94	1.43
	弓果黍	2	0.20	—	0.14	—	0.55	0.17	2.94	1.22

藤本植物：厚藤、海刀豆、五爪金龙、鸡矢藤、薇甘菊。

从表7.8可知，河溪8植物群落中乔木、灌木层共有21种，主要草本植物共有11种，其中包括真红树植物3种，半红树植物5种，红树林伴生植物若干以及国家二级重点保护野生植物1种——土沉香(参见第一批国家重点保护野生植物名录)。在乔木层中，主要优势种为木麻黄(伴生植物)和银叶树(半红树)；灌木层中，主要优势种及次优势种有黄槿(半红树)、木麻黄、老鼠簕(真红树)和海漆(真红树)；草本层中的主要优势种为五节芒、海马齿、芦竹和铺地黍。观察可知，该群落乔木层中，木麻黄整体优势度略高于银叶树，数量多于银叶树较多，相对频度远高于银叶树，但平均高度较低于银叶树，平均胸径和盖度都远低于银叶树。灌木层中黄槿整体优势度最高，数量较多于第二优势种木麻黄、远多于重要值为第四位的海漆但远少于第三优势种老鼠簕，平均高度略高于海漆、较高于老鼠簕但低于木麻黄，盖度和相对频度较高于木麻黄和海漆、远高于老鼠簕，第二优势种木麻黄、第三优势种老鼠簕和重要值处于第四位的海漆整体优势度相差不大，木麻黄数量多于海漆但远少于老鼠簕，平均高度和盖度较高于二者，相对频度高于老鼠簕但低于海漆，老鼠簕的数量远高于海漆，但平均高度、盖度和相对频度都较低于海漆。草本层主要优势种五节芒在数量、平均高度、盖度和相对频度上都远高于其他物种，第二优势种海马齿、第三优势种芦竹和重要值处于第四位的铺地黍整体优势度相差不多，芦竹数量较少于二者，但平均高度和盖度都较高于二者，相对频度则较高于铺地黍。总体来说，该群落中木麻黄和黄槿数量多，但银叶树植株大，多古树、老树，老鼠簕数量最多但植株小且分布少，五节芒和芦竹作为大型草本植物主要分布于河溪两岸，海马齿和铺地黍作为耐盐碱植物主要分布于海岸与河边。

表7.9　河溪9的植物群落结构特征

层次	物种名称	株数	平均高度（m）	平均胸径（cm）	盖度（%）	相对显著度（%）	相对密度（%）	相对盖度（%）	相对频度（%）	重要值
乔木层	木麻黄	14	6.11	14.50	26.54	53.58	42.42	42.15	30.77	42.26
	台湾相思	12	6.38	13.50	23.43	39.47	36.36	37.20	30.77	35.53
	黄槿	3	4.20	10.00	8.37	5.02	9.09	13.29	23.08	12.40
	银合欢	3	4.00	5.33	3.91	1.36	9.09	6.21	7.69	6.05
	光荚含羞草	1	5.00	6.00	0.72	0.57	3.03	1.15	7.69	3.76

（续）

层次	物种名称	株数	平均高度（m）	平均胸径（cm）	盖度（%）	相对显著度（%）	相对密度（%）	相对盖度（%）	相对频度（%）	重要值
灌木层	海榄雌	70	1.15	—	31.55	—	29.41	31.79	6.67	22.62
	黄槿	41	2.20	—	25.05	—	17.23	25.23	16.67	19.71
	苦郎树	48	1.65	—	16.15	—	20.17	16.27	13.33	16.59
	蜡烛果	36	2.14	—	8.74	—	15.13	8.80	20.00	14.64
	海漆	22	2.15	—	11.95	—	9.24	12.04	13.33	11.54
	银合欢	3	1.90	—	1.46	—	1.26	1.47	10.00	4.24
	木榄	6	1.33	—	1.65	—	2.52	1.66	3.33	2.50
	老鼠簕	7	1.00	—	0.20	—	2.94	0.20	3.33	2.16
	木麻黄	2	3.20	—	0.98	—	0.84	0.98	3.33	1.72
	台湾相思	1	3.50	—	1.01	—	0.42	1.02	3.33	1.59
	海杧果	1	2.30	—	0.47	—	0.42	0.48	3.33	1.41
	血桐	1	1.90	—	0.07	—	0.42	0.07	3.33	1.27
草本层	五节芒	33	2.18	—	18.00	—	30.28	28.61	30.77	29.88
	铺地黍	19	0.24	—	17.10	—	17.43	27.18	23.08	22.56
	海马齿	28	0.18	—	11.70	—	25.69	18.59	15.38	19.89
	白花鬼针草	21	0.60	—	6.53	—	19.27	10.37	15.38	15.01
	下田菊	4	0.90	—	6.00	—	3.67	9.54	7.69	6.97
	狗牙根	4	0.40	—	3.60	—	3.67	5.72	7.69	5.69

藤本植物：厚藤、五爪金龙。

从表7.9可知，河溪9植物群落中乔木层有4种，灌木层有13种，主要草本植物共有6种，其中包括真红树植物5种，半红树植物3种，红树林伴生植物若干。在乔木层中，主要优势种为木麻黄和台湾相思；灌木层中，主要优势种有海榄雌(真红树)、黄槿(半红树)和苦郎树(半红树)；草本层中的主要优势种为五节芒、铺地黍、海马齿和白花鬼针草。观察可知，该群落乔木层中木麻黄数量、平均胸径、盖度和整体优势度略高于台湾相思，但平均高度略低于台湾相思；灌木层中海榄雌整体优势度最高，数量和盖度较高于第二优势种黄槿和第三优势种苦郎树，但平均高度和相对频度都略低于二者，黄槿的数量略少于苦郎树，但平均高度、盖度和相对频度都要高于苦郎树；草本层主要优势种五节芒在数量、平均高度、盖度和相对频度上都高于其他物种，第二优势种铺地黍数量较低于第三优势种海马齿和重要值为第四位的白花鬼针草，平均高度高于海马齿、低于白花鬼针草，盖度和相对频度高于二者。总体来说，该群落中木麻黄和台湾相思作为主要的乔木层植物，植株相对较大，且分布多，海榄雌数量多但分布集中，黄槿数量多、分布广且覆盖度高，苦郎树、桐花树和海漆都是该群落中主要的灌木树种，草本层五节芒主要分布于河岸，铺地黍和海马齿主要分布于海边和河边。

表7.10　河溪10的植物群落结构特征

层次	物种名称	株数	平均高度（m）	平均胸径（cm）	盖度（%）	相对显著度（%）	相对密度（%）	相对盖度（%）	相对频度（%）	重要值
乔木层	银叶树	17	10.47	32.18	73.16	89.94	65.38	93.26	40.00	65.11
	木麻黄	7	9.36	16.86	3.67	9.64	26.92	4.68	20.00	18.85
	潺槁木姜子	1	6.60	9.00	1.28	0.32	3.85	1.63	20.00	8.06
	银合欢	1	4.70	5.00	0.34	0.10	3.85	0.43	20.00	7.98

（续）

层次	物种名称	株数	平均高度（m）	平均胸径（cm）	盖度（%）	相对显著度（%）	相对密度（%）	相对盖度（%）	相对频度（%）	重要值
灌木层	秋茄树	96	2.04	—	19.02	—	19.79	47.89	8.33	25.34
	蜡烛果	123	1.10	—	6.66	—	25.36	16.77	8.33	16.82
	银叶树	131	0.49	—	1.47	—	27.01	3.70	2.78	11.16
	木榄	40	1.73	—	3.44	—	8.25	8.67	8.33	8.42
	木麻黄	8	10.31	—	1.60	—	1.65	4.02	5.56	3.74
	九节	32	0.82	—	0.64	—	6.60	1.62	2.78	3.66
	雀梅藤	7	1.77	—	1.68	—	1.44	4.23	2.78	2.82
	海漆	2	2.60	—	0.84	—	0.41	2.10	5.56	2.69
	老鼠簕	9	0.90	—	0.09	—	1.86	0.22	5.56	2.55
	海榄雌	5	0.68	—	0.26	—	1.03	0.65	5.56	2.41
	酒饼簕	5	2.02	—	1.13	—	1.03	2.84	2.78	2.22
	狗骨柴	2	3.85	—	0.73	—	0.41	1.84	2.78	1.68
	土蜜树	3	1.57	—	0.39	—	0.62	0.99	2.78	1.46
	黑面神	6	0.53	—	0.03	—	1.24	0.08	2.78	1.36
	银合欢	1	3.50	—	0.37	—	0.21	0.92	2.78	1.30
	朴树	3	1.50	—	0.10	—	0.62	0.25	2.78	1.21
	无瓣海桑	2	1.50	—	0.14	—	0.41	0.35	2.78	1.18
	海杧果	1	1.70	—	0.22	—	0.21	0.55	2.78	1.18
	阴香	1	1.60	—	0.21	—	0.21	0.53	2.78	1.17
	黄槿	2	1.25	—	0.12	—	0.41	0.30	2.78	1.16
	马缨丹	1	1.70	—	0.17	—	0.21	0.43	2.78	1.14
	相思子	1	1.50	—	0.15	—	0.21	0.39	2.78	1.12
	苦郎树	1	1.50	—	0.15	—	0.21	0.37	2.78	1.12
	黄荆	1	1.80	—	0.11	—	0.21	0.27	2.78	1.09
	潺槁木姜子	1	0.60	—	0.01	—	0.21	0.02	2.78	1.00
	簕欓花椒	1	0.20	—	0.00	—	0.21	0.01	2.78	1.00
草本层	卤蕨	43	1.68	—	88.48	—	53.75	94.67	22.22	56.88
	狗牙根	19	0.15	—	1.32	—	23.75	1.41	22.22	15.79
	白花鬼针草	7	0.46	—	1.50	—	8.75	1.61	22.22	10.86
	铺地黍	8	0.20	—	1.44	—	10.00	1.54	11.11	7.55
	千里光	2	0.80	—	0.48	—	2.50	0.51	11.11	4.71
	假臭草	1	0.50	—	0.24	—	1.25	0.26	11.11	4.21

藤本植物：鸡矢藤、薇甘菊。

从表7.10可知，河溪10植物群落中乔木、灌木层共有26种，主要草本植物共有6种，其中包括真红树植物7种，半红树植物4种，红树植物共11种，是各河溪群落里最多红树植物的群落。红树林伴生植物若干。在乔木层中，主要优势种为银叶树(半红树)和木麻黄；灌木层中，主要优势种有秋茄树(真红树)、蜡烛果(真红树)和银叶树(半红树)；草本层中的主要优势种为卤蕨(半红树)(陈远生等，2001)。观察可知，该群落乔木层中银叶树在数量、平均胸径、盖度、相对频度和整体优势度方面都远高于第二优势种木麻黄，平均高度也略高于木麻黄；灌木层中秋茄树整体优势度最高，平均高度和盖度都较高于第二优势种蜡烛果和第三优势种银叶树，但数量远少于二者，蜡烛果在数量上略低于银叶树，但平均高度、盖度和相对频度都较高于银叶树；草本层主体优势种为卤蕨，在数量、平均高度、盖度和整体优势度上都远高于其他物种。总体来说，该群落中银叶树数量多且大，多古树、老树，同时又有大量幼苗分布于林下，蜡烛果、秋茄树和木榄主要分布于海边滩涂，河溪中也有一定量的分布，九节主要以幼苗为主，分布于林下群落边缘，卤蕨数量多且植株大。

表 7.11　河溪 11 的植物群落结构特征

层次	物种名称	株数	平均高度（m）	平均胸径（cm）	盖度（%）	相对显著度（%）	相对密度（%）	相对盖度（%）	相对频度（%）	重要值
乔木层	黄槿	23	4.97	10.78	35.06	15.60	39.66	25.68	20.00	25.09
	木麻黄	7	9.64	28.43	15.82	30.36	12.07	11.58	10.00	17.48
	台湾相思	8	6.89	17.50	26.33	14.29	13.79	19.28	15.00	14.36
	朴树	1	11.50	67.00	18.47	23.66	1.72	13.52	5.00	10.13
	银叶树	4	7.00	19.25	17.26	8.26	6.90	12.64	15.00	10.05
	光荚含羞草	7	7.00	9.43	8.19	3.29	12.07	6.00	10.00	8.45
	山乌桕	3	5.90	10.33	3.52	1.82	5.17	2.58	5.00	4.00
	潺槁木姜子	2	5.80	13.00	5.22	1.78	3.45	3.82	5.00	3.41
	大叶相思	1	6.00	8.00	3.52	0.34	1.72	2.58	5.00	2.35
	海杧果	1	4.00	8.00	0.93	0.34	1.72	0.68	5.00	2.35
	土蜜树	1	5.00	7.00	2.23	0.26	1.72	1.64	5.00	2.33
灌木层	黄槿	27	1.75	—	6.77	—	14.84	23.59	14.29	17.57
	苦郎树	30	1.06	—	4.38	—	16.48	15.25	11.90	14.55
	海榄雌	33	0.98	—	6.62	—	18.13	23.05	2.38	14.52
	土蜜树	12	2.31	—	4.68	—	6.59	16.29	9.52	10.80
	银叶树	33	0.36	—	0.31	—	18.13	1.07	7.14	8.78
	五指毛桃	9	1.32	—	1.22	—	4.95	4.25	2.38	3.86
	马缨丹	4	1.28	—	0.70	—	2.20	2.82	4.76	3.26
	阴香	3	2.40	—	0.05	—	1.65	2.44	4.76	2.95
	潺槁木姜子	5	0.88	—	0.75	—	2.75	0.19	4.76	2.57
	银合欢	2	2.10	—	0.68	—	1.10	2.36	2.38	1.95
	秋枫	5	0.50	—	0.08	—	2.75	0.28	2.38	1.80
	台湾相思	1	3.50	—	0.61	—	0.55	2.13	2.38	1.69
	针葵	2	1.60	—	0.42	—	1.10	1.45	2.38	1.64
	黑面神	3	0.83	—	0.05	—	1.65	0.17	2.38	1.40
	九里香	2	1.40	—	0.11	—	1.10	0.37	2.38	1.28
	蜡烛果	2	1.05	—	0.07	—	1.10	0.23	2.38	1.24
	紫玉盘	1	2.10	—	0.21	—	0.55	0.73	2.38	1.22
	朴树	1	2.30	—	0.21	—	0.55	0.72	2.38	1.22
	雀梅藤	1	1.70	—	0.19	—	0.55	0.67	2.38	1.20
	海漆	1	1.20	—	0.18	—	0.55	0.63	2.38	1.19
	豺皮樟	1	1.70	—	0.14	—	0.55	0.49	2.38	1.14
	异叶鹅掌柴	1	2.20	—	0.13	—	0.55	0.46	2.38	1.13
	簕欓花椒	1	2.40	—	0.07	—	0.55	0.25	2.38	1.06
	九节	1	1.10	—	0.06	—	0.55	0.10	2.38	1.01
	酒饼簕	1	0.60	—	0.03	—	0.55	0.02	2.38	0.98
草本层	卤蕨	3	1.30	—	33.75	—	5.88	50.00	8.33	21.41
	白花鬼针草	8	0.38	—	3.00	—	15.69	4.44	25.00	15.04
	弓果黍	12	0.20	—	6.00	—	23.53	8.89	8.33	13.58
	铺地黍	10	0.30	—	7.50	—	19.61	11.11	8.33	13.02
	五节芒	8	1.80	—	6.00	—	15.69	8.89	8.33	10.97
	红毛草	4	0.50	—	2.00	—	7.84	2.96	8.33	6.38
	海芋	1	0.80	—	5.25	—	1.96	7.78	8.33	6.02
	千里光	2	0.70	—	2.00	—	3.92	2.96	8.33	5.07
	狗牙根	2	0.60	—	1.50	—	3.92	2.22	8.33	4.83
	火炭母	1	0.30	—	0.50	—	1.96	0.74	8.33	3.68

藤本植物：厚藤、薇甘菊、鸡矢藤、木防己。

从表7.11可知，河溪11植物群落中乔木、灌木层共有30种，主要草本植物共有10种，其中包括真红树植物3种，半红树植物5种，红树林伴生植物若干。在乔木层中，主要优势种为黄槿（半红树）、木麻黄和台湾相思；灌木层中，主要优势种有黄槿（半红树）、苦郎树（半红树）和海榄雌（真红树）；草本层中的主要优势种为卤蕨（半红树）。观察可知，该群落乔木层中黄槿的数量要多于木麻黄和台湾相思很多，但平均高度和平均胸径要低于二者，盖度和相对频度略大于台湾相思、较大于木麻黄；灌木层中黄槿、苦郎树、海榄雌数量都较多，但黄槿平均高度、盖度和相对频度要较大一些；草本层中卤蕨数量不多但高度和盖度较大。总体来说，该群落中黄槿数量多且植株偏大，有一些大的木麻黄和台湾相思，有一株朴树古树，几株较大的银叶树，且树下分布很多银叶树幼苗，海榄雌和蜡烛果主要分布于海边滩涂，河溪内有几株卤蕨。

表7.12　河溪12的植物群落结构特征

层次	物种名称	株数	平均高度（m）	平均胸径（cm）	盖度（%）	相对显著度（%）	相对密度（%）	相对盖度（%）	相对频度（%）	重要值
乔木层	木麻黄	22	7.40	17.77	31.04	38.66	36.07	31.20	28.57	34.43
	银叶树	9	9.97	30.33	25.40	40.41	14.75	25.52	10.71	21.96
	台湾相思	12	5.46	13.08	17.93	10.70	19.67	18.02	25.00	18.46
	黄槿	10	4.39	9.10	12.86	3.97	16.39	12.92	10.71	10.36
	小叶榕	3	5.20	12.33	4.42	2.23	4.92	4.44	10.71	5.95
	朴树	2	7.10	17.00	4.85	2.76	3.28	4.87	7.14	4.39
	海漆	2	6.00	10.00	2.62	0.96	3.28	2.63	3.57	2.60
	山乌桕	1	4.50	8.00	0.40	0.30	1.64	0.40	3.57	1.84
灌木层	黄槿	68	2.14	—	23.57	—	36.36	50.31	14.58	33.75
	银合欢	22	1.93	—	5.14	—	11.76	10.98	10.42	11.05
	马缨丹	11	1.39	—	3.64	—	5.88	7.76	12.50	8.71
	苦郎树	23	0.95	—	3.16	—	12.30	6.74	6.25	8.43
	海漆	8	2.54	—	4.56	—	4.28	9.74	8.33	7.45
	朴树	7	1.49	—	1.20	—	3.74	2.56	10.42	5.57
	露兜树	17	0.85	—	0.61	—	9.09	1.30	2.08	4.16
	土蜜树	8	0.98	—	0.53	—	4.28	1.12	4.17	3.19
	木麻黄	3	3.30	—	1.27	—	1.60	2.72	4.17	2.83
	银叶树	3	1.30	—	0.79	—	1.60	1.69	4.17	2.49
	九里香	5	0.90	—	0.08	—	2.67	0.17	2.08	1.64
	蜡烛果	1	2.20	—	1.02	—	0.53	2.17	2.08	1.60
	盐肤木	2	1.25	—	0.14	—	1.07	0.30	2.08	1.15
	海杧果	1	2.30	—	0.37	—	0.53	0.79	2.08	1.14
	龙眼	2	0.70	—	0.03	—	1.07	0.06	2.08	1.07
	柑橘	1	1.90	—	0.22	—	0.53	0.47	2.08	1.03
	小叶榕	1	2.40	—	0.19	—	0.53	0.41	2.08	1.01
	假苹婆	1	1.10	—	0.17	—	0.53	0.36	2.08	0.99
	台湾相思	1	2.00	—	0.12	—	0.53	0.26	2.08	0.96
	黑面神	1	0.70	—	0.03	—	0.53	0.07	2.08	0.90
	土沉香	1	0.30	—	0.01	—	0.53	0.01	2.08	0.88

层次	物种名称	株数	平均高度（m）	平均胸径（cm）	盖度（%）	相对显著度（%）	相对密度（%）	相对盖度（%）	相对频度（%）	重要值
草本层	弓果黍	50	0.17	—	11.76	—	31.25	20.54	17.24	23.01
	五节芒	28	1.77	—	10.49	—	17.50	18.32	10.34	15.39
	白花鬼针草	17	0.59	—	8.06	—	10.63	14.07	17.24	13.98
	金腰箭	13	0.44	—	5.94	—	8.13	10.37	13.79	10.76
	海马齿	18	0.20	—	4.24	—	11.25	7.39	3.45	7.36
	紫茉莉	8	0.30	—	3.65	—	5.00	6.37	6.90	6.09
	海芋	1	0.80	—	5.88	—	0.63	10.27	3.45	4.78
	假臭草	6	0.33	—	1.56	—	3.75	2.72	6.90	4.46
	千里光	10	1.30	—	0.88	—	6.25	1.54	3.45	3.75
	地桃花	2	0.30	—	0.76	—	1.25	1.33	6.90	3.16
	铺地黍	3	0.20	—	1.59	—	1.88	2.77	3.45	2.70
	小蓬草	1	0.90	—	1.76	—	0.63	3.08	3.45	2.38
	榛叶黄花稔	3	0.30	—	0.71	—	1.88	1.23	3.45	2.19

藤本植物：薇甘菊、木防己。

从表7.12可知，河溪12植物群落中乔木、灌木层共有22种，主要草本植物共有13种，其中包括真红树植物2种，半红树植物6种，以及国家二级重点保护野生植物1种——土沉香[参见《中国国家重点保护野生植物名录(第一批)》]。在乔木层中，主要优势种及次优势种为木麻黄、银叶树(半红树)和台湾相思；灌木层中，主要优势种为黄槿(半红树)；而草本层中的主要优势种有弓果黍、五节芒和白花鬼针草。观察可知，乔木层中木麻黄的数量、平均高度和相对频度都较高，但第二优势种银叶树平均高度和盖度都是乔木层中最大的，台湾相思的数量和相对频度较银叶树高一些，但平均高度和盖度较小；灌木层中黄槿的数量、盖度和相对频度都是最高的，平均高度也较高；草本层中弓果黍数量、盖度和相对频度都较高，但平均高度低于五节芒较多。总体来说，该群落中木麻黄和黄槿数量都很多，分别是乔木、灌木层中的主体树种，有数株高大的银叶树，且分布有少量较大的海漆和蜡烛果，草本层中首次出现了金腰箭、紫茉莉和榛叶黄花稔等植物。

表7.13　河溪13的植物群落结构特征

层次	物种名称	株数	平均高度（m）	平均胸径（cm）	盖度（%）	相对显著度（%）	相对密度（%）	相对盖度（%）	相对频度（%）	重要值
乔木层	木麻黄	22	6.48	15.18	51.02	99.17	95.65	95.61	80.00	91.61
	小叶榕	1	4.40	7.00	2.34	0.83	4.35	4.39	20.00	8.39
灌木层	黄槿	7	1.74	—	6.61	—	11.67	32.23	17.39	20.43
	木麻黄	9	3.18	—	2.32	—	15.00	11.30	8.70	11.66
	苦郎树	6	1.08	—	2.50	—	10.00	12.18	8.70	10.29
	针葵	4	1.98	—	3.87	—	6.67	18.86	4.35	9.96
	血桐	8	0.69	—	0.67	—	13.33	3.25	8.70	8.43
	马缨丹	6	0.93	—	1.07	—	10.00	5.21	8.70	7.97
	海漆	8	0.64	—	0.49	—	13.33	2.39	4.35	6.69
	海杧果	2	2.65	—	1.57	—	3.33	7.68	4.35	5.12
	朴树	2	0.75	—	0.20	—	3.33	0.96	8.70	4.33
	海榄雌	2	0.70	—	0.93	—	3.33	4.51	4.35	4.06
	番木瓜	2	1.30	—	0.18	—	3.33	0.88	4.35	2.85
	蜡烛果	1	0.50	—	0.05	—	1.67	0.25	4.35	2.09
	阿里垂榕	1	1.00	—	0.04	—	1.67	0.21	4.35	2.07
	土蜜树	1	0.30	—	0.02	—	1.67	0.09	4.35	2.04
	银叶树	1	0.50	—	0.00	—	1.67	0.02	4.35	2.01

（续）

层次	物种名称	株数	平均高度（m）	平均胸径（cm）	盖度（%）	相对显著度（%）	相对密度（%）	相对盖度（%）	相对频度（%）	重要值
草本层	五节芒	18	1.46	—	17.50	—	21.95	21.16	14.29	19.13
	铺地黍	19	0.20	—	13.20	—	23.17	15.96	14.29	17.81
	红毛草	14	1.06	—	12.60	—	17.07	15.24	14.29	15.53
	白花鬼针草	12	0.92	—	11.40	—	14.63	13.78	14.29	14.23
	地桃花	3	1.10	—	15.90	—	3.66	19.23	14.29	12.39
	南美蟛蜞菊	8	0.30	—	7.20	—	9.76	8.71	7.14	8.54
	海马齿	5	0.10	—	2.50	—	6.10	3.02	7.14	5.42
	龙爪茅	2	0.40	—	1.80	—	2.44	2.18	7.14	3.92
	一点红	1	0.30	—	0.60	—	1.22	0.73	7.14	3.03

藤本植物：厚藤、薇甘菊、地锦。

从表7.13可知，河溪13植物群落中乔木、灌木层共有16种，主要草本植物共有9种，其中包括真红树植物3种，半红树植物4种。在乔木层中，主要优势种为木麻黄；灌木层中，主要优势种为黄槿(半红树)、木麻黄和苦郎树(半红树)；草本层中的主要优势种有五节芒、铺地黍、红毛草、白花鬼针草和地桃花。观察可知，乔木层中仅有木麻黄和小叶榕两种植物，且小叶榕只有一株，木麻黄数量较多，但平均高度和胸径都不是很大；灌木层中黄槿的盖度和相对频度都较高，尽管数量和平均高度低于木麻黄，但整体优势度还是最高的；草本层中前五位植物整体优势度相差都不大，除了第二优势种铺地黍平均高度较低，重要值为第五位的地桃花数量较少，其他数据都相差不大。总体来说，该群落中乔木稀疏且物种单一，几乎仅有木麻黄能长成乔木，灌木层植物数量不多且植株都较小，草本层物种丰富但分布稀疏。

表7.14　河溪14的植物群落结构特征

层次	物种名称	株数	平均高度（m）	平均胸径（cm）	盖度（%）	相对显著度（%）	相对密度（%）	相对盖度（%）	相对频度（%）	重要值
乔木层	木麻黄	10	6.48	13.20	45.26	71.17	58.82	57.96	33.33	54.44
	黄槿	2	4.30	5.00	7.69	2.67	11.76	9.86	22.22	12.22
	银叶树	1	8.00	24.00	7.42	15.36	5.88	9.51	11.11	10.79
	台湾相思	2	6.50	8.50	8.11	3.87	11.76	10.39	11.11	8.91
	潺槁木姜子	1	8.00	14.00	7.42	5.23	5.88	9.51	11.11	7.41
	土蜜树	1	5.00	8.00	2.16	1.71	5.88	2.77	11.11	6.23
灌木层	黄槿	38	2.13	—	20.78	—	46.34	55.69	31.25	44.43
	木麻黄	16	2.71	—	7.25	—	19.51	19.42	12.50	17.14
	南方碱蓬	16	0.30	—	0.33	—	19.51	0.87	12.50	10.96
	海漆	5	2.18	—	3.68	—	6.10	9.87	6.25	7.40
	马缨丹	3	1.33	—	0.97	—	3.66	2.60	12.50	6.25
	海杧果	1	3.90	—	1.65	—	1.22	4.41	6.25	3.96
	小果叶下珠	1	3.70	—	1.54	—	1.22	4.13	6.25	3.87
	假苹婆	1	2.90	—	0.72	—	1.22	1.93	6.25	3.13
	苦郎树	1	0.90	—	0.40	—	1.22	1.07	6.25	2.85
草本层	五节芒	44	1.82	—	35.56	—	48.35	53.96	44.44	48.92
	铺地黍	26	0.20	—	17.11	—	28.57	25.97	22.22	25.59
	类芦	8	1.65	—	8.33	—	8.79	12.65	11.11	10.85
	弓果黍	10	0.70	—	2.22	—	10.99	3.37	11.11	8.49
	千里光	3	0.80	—	2.67	—	3.30	4.05	11.11	6.15

藤本植物：厚藤、五爪金龙。

从表 7.14 可知，河溪 14 植物群落中乔木、灌木层共有 13 种，主要草本植物共有 5 种，其中包括真红树植物 1 种，半红树植物 4 种。在乔木层中，主要优势种为木麻黄；灌木层中，主要优势种为黄槿(半红树)和木麻黄；草本层中的主要优势种有五节芒和铺地黍。观察可知，乔木层中木麻黄数量、盖度和相对频度都比较高；灌木层中黄槿的数量、盖度和相对频度要远高于其他植物，第二优势种木麻黄数量和平均高度相对较大；草本层中五节芒的数量、平均高度、盖度和相对频度都要远高于其他植物。总体来说，该群落乔木、灌木层数量偏少，物种也不太丰富，分布有少量成年银叶树和大一点的黄槿，但黄槿的高度普遍还是在 4m 以下，草本层还是五节芒沿河岸分布较多。

表 7.15　河溪 15 的植物群落结构特征

层次	物种名称	株数	平均高度(m)	平均胸径(cm)	盖度(%)	相对显著度(%)	相对密度(%)	相对盖度(%)	相对频度(%)	重要值
乔木层	黄槿	17	5.73	11.12	158.50	57.46	89.47	82.17	50.00	65.65
	木麻黄	2	10.75	29.00	34.40	42.54	10.53	17.83	50.00	34.35
灌木层	黄槿	5	2.82	—	15.48	—	55.56	60.87	50.00	55.48
	苦郎树	4	2.00	—	9.95	—	44.44	39.13	50.00	44.52
草本层	五节芒	6	2.70	—	18.00	—	50.00	50.94	33.33	44.76
	鬼针草	2	0.80	—	13.33	—	16.67	37.74	33.33	29.25
	菵竹	4	0.40	—	4.00	—	33.33	11.32	33.33	26.00

藤本植物：厚藤、薇甘菊。

从表 7.15 可知，河溪 15 植物群落中乔木、灌木层共有 3 种，主要草本植物共有 3 种，其中无真红树植物分布，有半红树植物 2 种，红树林伴生植物 3 种。在乔木层中，主要优势种为黄槿(半红树)；灌木层中，黄槿(半红树)和苦郎树(半红树)整体优势度相差不多；草本层中的主要优势种为五节芒。观察可知，乔木层中仅有黄槿和木麻黄 2 种植物，黄槿平均高度较低但数量较多，盖度也要大得多，木麻黄植株较大；灌木层中仅有黄槿和苦郎树 2 种植物，且二者数量都不多，黄槿盖度要较大于苦郎树；草本层中五节芒数量、平均高度和盖度都是最高的。总体来说，该群落中黄槿数量多且植株较大，主要为乔木，少量分布木麻黄但植株都比较大，同时有少量苦郎树分布，五节芒依旧是草本层的主要植物。

表 7.16　河溪 16 的植物群落结构特征

层次	物种名称	株数	平均高度(m)	平均胸径(cm)	盖度(%)	相对显著度(%)	相对密度(%)	相对盖度(%)	相对频度(%)	重要值
乔木层	银叶树	11	6.95	23.91	19.46	49.49	22.45	33.23	11.76	27.90
	木麻黄	13	10.09	17.92	14.24	34.98	26.53	24.32	17.65	26.39
	黄槿	7	4.34	8.86	7.17	3.70	14.29	12.25	23.53	13.84
	海漆	7	4.79	11.14	3.49	5.86	14.29	5.96	17.65	12.60
	秋茄树	6	4.38	7.67	5.03	2.39	12.24	8.59	5.88	6.84
	朴树	2	5.50	8.00	4.60	0.85	4.08	7.85	5.88	3.61
	大叶相思	1	6.50	14.00	2.81	1.29	2.04	4.80	5.88	3.07
	台湾相思	1	4.20	11.00	0.39	0.79	2.04	0.67	5.88	2.91
	樟树	1	4.10	10.00	1.36	0.66	2.04	2.33	5.88	2.86

（续）

层次	物种名称	株数	平均高度（m）	平均胸径（cm）	盖度（%）	相对显著度（%）	相对密度（%）	相对盖度（%）	相对频度（%）	重要值
灌木层	老鼠簕	175	0.70	—	1.13	—	45.22	2.93	13.16	20.44
	苦郎树	34	1.11	—	8.87	—	8.79	23.01	13.16	14.98
	海漆	23	2.23	—	6.51	—	5.94	16.89	15.79	12.88
	黄槿	9	3.01	—	7.07	—	2.33	18.33	10.53	10.39
	银叶树	56	0.50	—	1.99	—	14.47	5.16	7.89	9.18
	蜡烛果	30	1.59	—	3.37	—	7.75	8.73	10.53	9.00
	朴树	26	1.78	—	3.50	—	6.72	9.09	2.63	6.15
	马缨丹	9	1.40	—	1.27	—	2.33	3.30	2.63	2.75
	海杧果	5	2.14	—	1.42	—	1.29	3.69	2.63	2.54
	秋茄树	2	3.60	—	1.20	—	0.52	3.10	2.63	2.08
	木榄	3	1.80	—	0.70	—	0.78	1.80	2.63	1.74
	土蜜树	6	1.32	—	0.39	—	1.55	1.02	2.63	1.73
	潺槁木姜子	3	2.30	—	0.42	—	0.78	1.09	2.63	1.50
	银合欢	1	3.00	—	0.55	—	0.26	1.44	2.63	1.44
	九里香	3	0.47	—	0.04	—	0.78	0.11	2.63	1.17
	台湾相思	1	1.90	—	0.08	—	0.26	0.21	2.63	1.03
	木麻黄	1	2.40	—	0.04	—	0.26	0.11	2.63	1.00
草本层	五节芒	44	1.83	—	26.24	—	41.51	47.15	30.77	39.81
	白花鬼针草	32	0.55	—	9.21	—	30.19	16.55	15.38	20.71
	鬼针草	8	0.80	—	7.20	—	7.55	12.94	7.69	9.39
	铺地黍	7	0.16	—	2.80	—	6.60	5.03	15.38	9.01
	芦竹	4	1.70	—	4.80	—	3.77	8.63	7.69	6.70
	弓果黍	5	0.30	—	3.00	—	4.72	5.39	7.69	5.93
	海马齿	5	0.10	—	2.00	—	4.72	3.59	7.69	5.33
	红龙草	1	0.30	—	0.40	—	0.94	0.72	7.69	3.12

藤本植物：五爪金龙、鸡矢藤、海金沙、菝葜。

从表7.16可知，河溪16植物群落中乔木、灌木层共有19种，主要草本植物共有8种，其中包括真红树植物5种，半红树植物4种，红树林伴生植物若干以及国家二级重点保护野生植物1种——樟树。在乔木层中，主要优势种为银叶树(半红树)和木麻黄；灌木层中，主要优势种有老鼠簕(真红树)、苦郎树(半红树)和海漆(真红树)；草本层中的主要优势种为五节芒和白花鬼针草。观察可知，乔木层中银叶树的数量和平均高度都较低于第二优势种木麻黄，但平均胸径和盖度都较大于木麻黄，第三优势种黄槿(半红树)、重要值处于第四位的海漆(真红树)和重要值处于第五位的秋茄树在数量和平均高度上相差不大，但黄槿的盖度和相对频度较大于另外两个，海漆的平均胸径较大于另外两个；灌木层中老鼠簕的数量远多于其他植物，但平均高度和盖度都较小于第二优势种苦郎树、第三优势种海漆和重要值为第四位的黄槿，苦郎树、海漆和黄槿的盖度相差不大，但苦郎树和海漆数量及相对频度要较高于黄槿，而黄槿的平均高度要较高于其他两个；草本层中五节芒的各项数据都要远高于其他植物，第二优势种白花鬼针草的数量也比较多，但平均高度、盖度和相对频度都较低一些。总体来说，该群落中多大株银叶树和木麻黄，黄槿和海漆的生长情况也比较好，同时，某一区域生长有较多大株的秋茄树，老鼠簕数量多且分布广，苦郎树、蜡烛果和银叶树幼苗也很多，河岸草本植物主要以五节芒和白花鬼针草为主。

综上所述，本研究所调查的坝光区域滨海16条河溪红树植物群落中共有48科107属121种植物(详见附录)，其中红树植物共有12科13属13种，包括真红树植物6科7属7种、半红树植物7科6属6种。这些植物多为灌木或乔木种类，在该地区中主要为灌木，在乔木层中出现过的仅有黄槿、银叶树、秋茄、海漆、海杧果这5种植物。

7.2.2 各河溪红树植物群落物种多样性研究

7.2.2.1 各河溪群落的α-多样性研究

各河溪红树植物群落的物种多样性指标见表7.17。

表7.17 各河溪红树植物群落物种多样性指标

群落名	层次	H	D_1	D_2	R
河溪1	乔木层	1.46	0.74	0.26	1.5
	灌木层	2.13	0.85	0.15	2.63
	草本层	0.46	0.54	0.45	0.84
	整体	2.57	0.90	0.10	3.99
河溪2	乔木层	1.17	0.60	0.40	1.08
	灌木层	1.20	0.47	0.53	2.62
	草本层	0.95	0.57	0.43	0.69
	整体	2.02	0.75	0.25	3.97
河溪3	乔木层	0.33	0.19	0.81	0.33
	灌木层	2.00	0.80	0.20	2.50
	草本层	0.35	0.16	0.84	0.45
	整体	2.23	0.84	0.16	3.18
河溪5	乔木层	0.67	0.60	0.40	0.62
	灌木层	1.98	0.85	0.15	1.83
	草本层	1.08	0.62	0.38	0.67
	整体	2.28	0.87	0.13	2.51
河溪6	乔木层	1.05	0.60	0.40	1.03
	灌木层	2.11	0.83	0.17	2.54
	草本层	2.17	0.82	0.18	3.17
	整体	2.97	0.93	0.07	5.77
河溪7	乔木层	1.43	0.71	0.29	1.42
	灌木层	2.13	0.85	0.15	2.09
	草本层	2.12	0.82	0.18	3.36
	整体	2.87	0.92	0.08	5.82
河溪8	乔木层	1.43	0.68	0.32	1.43
	灌木层	2.05	0.81	0.19	3.04
	草本层	1.60	0.71	0.29	1.70
	整体	2.70	0.89	0.11	5.39
河溪9	乔木层	1.27	0.69	0.31	1.14
	灌木层	1.85	0.81	0.19	2.01
	草本层	1.58	0.78	0.22	1.07
	整体	2.59	0.91	0.09	3.70
河溪10	乔木层	0.88	0.52	0.48	0.92
	灌木层	2.03	0.81	0.19	4.04
	草本层	1.27	0.64	0.36	1.14
	整体	2.44	0.87	0.13	5.33

（续）

群落名	层次	H	D_1	D_2	R
河溪 11	乔木层	1.88	0.80	0.20	2.46
	灌木层	2.43	0.88	0.12	4.61
	草本层	2.02	0.86	0.14	2.29
	整体	3.17	0.94	0.06	7.76
河溪 12	乔木层	1.71	0.79	0.21	1.70
	灌木层	2.21	0.82	0.18	3.82
	草本层	2.07	0.84	0.16	2.36
	整体	3.09	0.93	0.07	6.65
河溪 13	乔木层	0.18	0.09	0.91	0.32
	灌木层	2.44	0.91	0.09	3.42
	草本层	1.92	0.84	0.16	1.82
	整体	2.86	0.93	0.07	4.70
河溪 14	乔木层	1.32	0.65	0.35	1.76
	灌木层	1.50	0.71	0.29	1.82
	草本层	1.28	0.67	0.33	0.89
	整体	2.31	0.87	0.13	3.43
河溪 15	乔木层	0.34	0.20	0.80	0.34
	灌木层	0.69	0.56	0.44	0.46
	草本层	1.01	0.67	0.33	0.80
	整体	1.67	0.78	0.22	1.36
河溪 16	乔木层	1.87	0.84	0.16	2.06
	灌木层	1.88	0.75	0.25	2.69
	草本层	1.56	0.73	0.27	1.50
	整体	2.59	0.86	0.14	5.08

从表 7.17 可知，在 15 条河溪中，乔木层 Shannon-Wiener 指数(H)最高的是河溪 11，最低的是河溪 13，灌木层最高的是河溪 13，最低的是河溪 15，整体多样性指数最高的是河溪 11，最低的是河溪 15；乔木层中 Simpson 指数(D_1)最高的是河溪 16，最低的是河溪 13，灌木层最高的是河溪 13，最低的是河溪 2，整体多样性指数最高的是河溪 11，最低的是河溪 2；生态优势度指数(D_2)与 Simpson 指数(D_1)相对应，乔木层中生态优势度最低的是河溪 16，最高的是河溪 13，灌木层中生态优势度最低的是河溪 13，最高的是河溪 2，整体生态优势度最低的是河溪 11，最高的是河溪 2；丰富度指数(R)显示，乔木层和灌木层中最高的都是河溪 11，乔木层最低的是河溪 13，灌木层最低的是河溪 15，整体丰富度指数最高的是河溪 11，最低的是河溪 15。

综上所述，可以发现，虽然各项数据所显示的乔木层和灌木层物种多样性最高的河溪有所差异，但河溪 11 乔木层、灌木层多样性指标均在各项指数前两名，整体多样性均为最高。同时，乔木层多样性最低的均为河溪 13，而河溪 15 的灌木层多样性多项指标也均在最低或倒数第二位。

7.2.2.2 各河溪红树植物群落相似性系数分析

各群落的物种相似性系数见表 7.18。

表 7.18 各河溪红树植物群落相似性系数

群落编号	1	2	3	5	6	7	8	9	10	11	12	13	14	15	16
1	1.00														
2	0.56	1.00													
3	0.57	0.53	1.00												

（续）

群落编号	1	2	3	5	6	7	8	9	10	11	12	13	14	15	16
5	0.52	0.47	0.67	1.00											
6	0.31	0.33	0.44	0.48	1.00										
7	0.39	0.33	0.43	0.42	0.56	1.00									
8	0.48	0.34	0.45	0.53	0.52	0.51	1.00								
9	0.59	0.50	0.67	0.69	0.54	0.48	0.59	1.00							
10	0.48	0.42	0.49	0.40	0.40	0.39	0.47	0.51	1.00						
11	0.45	0.33	0.39	0.42	0.41	0.38	0.56	0.47	0.67	1.00					
12	0.37	0.28	0.38	0.41	0.29	0.40	0.59	0.44	0.47	0.55	1.00				
13	0.42	0.35	0.48	0.47	0.52	0.41	0.46	0.55	0.46	0.49	0.52	1.00			
14	0.50	0.41	0.57	0.52	0.35	0.39	0.52	0.43	0.44	0.48	0.52	0.47	1.00		
15	0.25	0.22	0.35	0.42	0.21	0.18	0.21	0.32	0.16	0.17	0.19	0.26	0.31	1.00	
16	0.53	0.42	0.55	0.55	0.43	0.55	0.64	0.61	0.58	0.57	0.57	0.54	0.55	0.30	1.00

注：上表群落号分别对应，序号 1 为群落 1，即 1 号河溪的群落，序号 2 为群落 2，即 2 河溪的群落，依此类推。

由 7.18 可知，15 条河溪红树植物群落之间的 Sorensen 相似性系数在 0.16～0.69 之间，而 50%～70%的群落之间的相似性系数都在 0.4～0.69 之间。总的来说，15 条河溪红树植物群落之间的物种差异性对于红树林群落来说还是处在中等水平的。多个小于 0.2 的相似性系数均出现在河溪 15，其中河溪 10 与河溪 15 之间的系数值为 0.16，河溪 11 与河溪 15 之间的系数值为 0.17。其主要原因是群落 15 各层次的植物种类数比较少，因而与其他群落相同的植物种类所占的比例会相对少。从数据分析可知，由于红树林的植物种类是较明显少于陆地陆生植物群落的，而本研究的不同河溪的红树植物群落却还能有较为普遍低的相似性，说明坝光区域各河溪分布区域小环境的差异还是较多的，因而组成各个群落的植物种类也形成了较多的差异。这样也说明该大的湿地区域内植物多样性还是较高的。

相似性系数最高值在 0.67～0.69 范围内的共有 4 个，其中 2 个均出现在河溪 9，分别为河溪 9 与河溪 3(0.67)和河溪 9 与河溪 5(0.69)。其他 2 个分别为群落 3 与群落 5、群落 10 与群落 11 的相似性系数值。结合 4 条河溪红树植物群落物种组成结构特征与物种多样性来看，3 条河溪的乔木、灌木优势种均包含台湾相思、黄槿和苦郎树，同时 4 个群落的物种多样性都不是很高，但河溪 9 有 5 种真红树植物、3 种半红树植物，共 8 种红树植物，同时河溪 3 有 6 种真红树植物、3 种半红树植物，共 9 种红树植物，然而河溪 5 仅 3 种真红树植物、2 种半红树植物，共 5 种红树植物。河溪 9 与河溪 3 的群落各层次的物种均有相当高的相似度，尤其灌木层植物均以几种红树植物为主体且生长状况也相近，主要是因为二者均有河口滩涂供红树植物生长；河溪 5 中红树植物种类和数量都要少得多，生长情况也不算好，但整体物种数少且普通植物种类与河溪 9 重合率高，因此二者相似度系数才会高。

通过结合各河溪红树植物群落物种组成结构特征与物种多样性数据对各河溪之间相似性系数进行分析，可以了解各河溪红树植物群落中真红树植物、半红树植物和普通植物的分布情况，在开发利用时，应对植被生长情况良好的群落加以保护以使群落能够尽可能在自然状态下恢复得更好，对植被生长情况不佳的群落则应及时辅以适当的人工技术加以修复和保护，以使群落能够在后续的过程里得到良好的恢复。

7.3 讨论

7.3.1 各群落的植物组成

从坝光区域滨海各河溪红树植物群落总体植被情况来看，共有植物 48 科 107 属 120 种，其中红树植物共有 12 科 13 属 13 种，包括真红树植物 6 科 7 属 7 种、半红树植物 6 科 6 属 6 种。根据资料显示，全世界的红树植物共24科38属84种，国内的红树植物为42种，其中真红树植物12科15属28种(含变种)(包括了银叶树和卤蕨)，半红树植物11科13属14种(不包括木麻黄和露兜树)(张磊等，2014)，广东地区的红树植物共40种(包括木麻黄和露兜树)。根据辛欣等(2016)对海南红树植物资源现状所做的调查研究，海南现有红树植物共38种，其中包括真红树植物11科26种、半红树植物10科12种。与上述数据相比，坝光区域滨海河溪红树植物科属数水平中等，但种类共13种，显得要相对少得多，但对于广东或海南的海岸线长度及滩涂面积来说，坝光的面积比其小太多，因此，在这样小的区域内与海域相连的河溪中能有如此多的红树林群落及如此多的红树植物种类确实是很难得的，其红树植物的多样性也算是较高的了。

根据陈国贵等(2016)对福建各地区红树植物所做的调查研究，了解到当地真红树植物主要有6种，坝光区域滨海河溪真红树植物种类较之多出1种。根据李丽凤等(2013)对广西钦州湾红树林所做的调查，当地真红树植物共8科11种(包括卤蕨)、半红树植物共4科4种；与上述情况相比，坝光区域滨海河溪真红树植物种类较少，而半红树植物种类略多于广西钦州湾红树林群落。根据王震等(2017)对珠海淇澳岛红树植物群落所做的调查研究，当地真红树植物共10科15种、半红树植物共7科9种；与之相比，坝光区域滨海河溪红树植物种类要略少一些。另外，李海生(2006)对深圳龙岗红树植物所做的调查显示，当地红树植物主要有10种；与之相比，坝光区域滨海河溪红树植物种类要略多一些。按照红树植物的生长特性和在国内的分布情况，坝光区域滨海河溪红树植物种类虽然较福建地区与深圳龙岗要略多一点，但较同环境的红树植物分布区总体来说还是要少很多。同时，该地区正在进行相关项目开发，当地红树植物群落的保护更加不能忽视。红树植物作为特殊物种对沿海地区的生态环境保护和发展有着重要意义，同时这些植物又受到国家立法保护，应当引起各开发部门的重视，配合开展保护与开发工作。

7.3.2 各群落的植物分布特点

根据各河溪红树植物群落结构的情况可以看出，该区域红树植物群落大多以半红树植物为优势种，主要有木麻黄、黄槿、银叶树和苦郎树；同时群落中伴有大量红树林伴生植物和普通植物。群落中常见的非红树植物有台湾相思、银合欢、光荚含羞草、潺槁木姜子、土蜜树、南方碱蓬、草海桐、朴树、针葵、五节芒、芦竹、白花鬼针草、南美蟛蜞菊、铺地黍、海马齿、海刀豆、厚藤、海金沙等。根据陈远生等(2001)对广东省沿海红树林现状所做的调查以及张永夏等(2017)对东江虎门入海口红树植物群落的调查可以发现，坝光区域滨海河溪红树植物群落中出现的非红树植物种类要较其他研究中提到的红树林伴生植物种类多得多，但常见的非红树植物与他人研究结果基本一致，但也有一定的差异，如台湾相思、银合欢、潺槁木姜子、五节芒、白花鬼针草等植物。

7.3.3 各河溪红树植物的数量比较

由各河溪红树植物群落的结构特征可知，坝光区域滨海河溪红树植物种类数由高到低依次为：$H_{10}>H_3=H_{16}=H_1>H_2=H_8=H_9=H_{11}=H_{12}>H_6>H_{13}>H_7>H_{14}=H_5>H_{15}$。其中，红树植物种类最多的是河溪10的群落，有红树植物11种；河溪1、河溪3及河溪16的群落有红树植物9种，河溪2、河溪8、河溪9、河溪11、河溪12的群落有红树植物8种，其他的各群落含有7种等不同数量的红树植物。结合前面的群落结构特征数据中各植物的平均高度、平均胸径发现，河溪10群落也是红树植物平均高度和平均胸径最高的，其位于坝光银叶林保护区内，河溪中的红树植物得到了较好的保护，河溪口和河溪内的滩涂都生长有较大面积的蜡烛果和秋茄树群落，同时该河溪群落中有许多银叶树的古树、老树，林下也分布有大量银叶树幼苗，林缘和林下空间有一些红树林伴生植物和普通植物分布，整个群落结构稳定、生命力旺盛，自然恢复状况良好。而且根据陈晓霞等(2015)对深圳坝光银叶树保护区银叶树群落所做的调查研究，该区域内银叶树数量多且植株大，同时林下分布大量幼苗，灌木层主要以银叶树、海杧果和秋茄树为主，与本研究所做调查结果基本一致，造成差异的主要原因为前者在保护区内的研究面积较大，而本文在保护区内的研究仅针对河溪红树植物。

红树植物种类数最少的是河溪 15 的群落，与其相邻的河溪 14 的群落比其略多一些，但排在倒数第二。结合地理信息、实地调查与搜集到的当地社会经济发展信息(董超文，2011a，2011b；屈宏伟，2013)可以发现，河溪 15 受围海造渔的影响，滨海段均被改造为硬质河岸，河溪 14 一侧河岸受到同样的影响，红树植物在这两条河溪中的分布区域都比较有限，因而种类不多。

红树植物平均高度和平均胸径最低的是河溪 7 的群落，结合坝光地区新旧地图、实地调查与搜集到的当地社会经济发展信息可以发现，河溪 7 与其相邻的河溪 6、河溪 8 以及河溪 16 均为早期当地居民围海造渔所形成的河溪，其中河溪 6 的西北岸和河溪 16 的西岸均为最早的海岸，而河溪 7 和河溪 8 完全为填海所形成的河溪(彩图 7.7)。通过各河溪红树植物群落结构特征和物种多样性数据可以发现，尽管河溪 6 和河溪 7 的整体物种多样性指数较高，但主要为草本植物种类，而乔木层和灌木层植物的平均高度和平均胸径都要较其他大多数群落低一些；河溪 8、河溪 16 和河溪 9 的物种多样性指数虽然较河溪 6 和河溪 7 较低一些，但结合群落结构特征、物种多样性数据和表 7.18 可以发现，这 3 条河溪的乔木层植物多样性要较高一些，红树植物种类要多一些，植物的平均高度和平均胸径也较大一些。根据张宏达等(1957)对雷州半岛红树植物群落生长环境和郑德璋等(1989)对海南清澜港和东寨港红树林生境的调查研究，风浪减小和水流速度的减缓都可以使红树植物得到稳定的生长环境，填海使当初的海岸和原河溪入海口滩涂远离海边风浪，也使水流减缓，而这可能是河溪 16 中红树植物在平均高度和平均胸径方面较其他 4 条河溪要高的主要原因；根据地理信息、当地发展信息以及现场调查(彩图 7.8)可以发现，河溪 6 与河溪 7 之间、河溪 7 与河溪 8 之间、河溪 8 与河溪 9 之间的鱼塘在原精细化工园初建时期经历过一次场平工程，国际生物谷项目启动之后又再次经历场平以及拦河建路，河溪 8 东南侧鱼塘和河溪 9 两侧鱼塘在两次开发中暂时幸免，也许正是导致这两个群落红树植物种类与生长状况好于河溪 6 和河溪 7 的主要原因；而河溪 6 与河溪 7 之间、河溪 7 与河溪 8 之间的区域在经历多次人为破坏之后，草本植物作为群落演替初期的主要植物快速生长，而乔木、灌木大多数还处于幼苗与苗木阶段。由此可见，反复的人为干扰和破坏是影响该区块红树植物生长的主要因素，相关部门应在施工的同时加强保护力度。

河溪 11、河溪 12 中的红树植物种类数都是 8 种，河溪 13 为 7 种，这 2 条河溪与河溪 10 临近，共同位于坝光区域海湾的东侧边缘。结合各河溪红树植物群落结构特征和物种多样性数据可以发现，尽管河溪 11、河溪 12、河溪 13 在物种多样性上要高于河溪 10，红树植物沿河溪的分布范围也要较河溪 10 大一些，但群落中红树植物的种类数以及各层次红树植物的平均高度与平均胸径都要较河溪 10 小许多，同时河溪 11、河溪 12、河溪 13 也是除了河溪 6 和河溪 7 外，草本层物种多样性最高的河溪。根据江晓蚕等(2011)的报道资料与现场调查(彩图 7.9)可以发现，早年的鱼塘对河溪 10 的群落影响较小，同时深圳市政府在河溪 10 附近建立了银叶树保护区，对该河溪的红树植物群落起到了较好的保护作用；而河溪 11、河溪 12 和河溪 13 受早期人工干扰较为严重，如今还在遭受场平施工的破坏，其中河溪 13 则已经完全被改造为人工水渠。以上的这些因素或许是导致河溪 11、河溪 12 以及河溪 13 在红树植物的种类数和植株大小上较低于同地理环境的河溪 10 的主要原因。由此可见，划定保护范围对红树植物的保护和恢复还是比较重要的。

河溪 1、河溪 2、河溪 3 中红树植物的种类分别为 9 种、8 种和 9 种，在所有河溪中处于偏高的水平。然而根据地理信息以及现场调查可以发现，由于受到施工的影响，这 3 条河溪中红树植物分布的面积所剩不多，但值得庆幸的是都分布于海岸边及入海口滩涂处，是适宜红树植物生长的环境，这也许是导致河溪 1、河溪 2、河溪 3 红树植物种类较同样红树植物分布范围较小的河溪 14、河溪 15 要多的原因。

7.3.4 各河溪部分红树植物群落的结构指标特点

根据各河溪不同位置红树植物群落物种组成、群落结构与物种多样性指数等数据，河溪 2、河溪3、河溪9、河溪10以及河溪11是该区域内仅有的5个以真红树植物为主体的红树植物群落。其中群落2、群落3、群落9以及群落11均是以海榄雌为主要优势种的红树植物群落，群落10为秋茄树+蜡烛果群落。根据李楠等(2010)对湛江特呈岛红树植物群落的调查研究，该区域内海榄雌的平均高度为2.58m，而本研究中5个真红树植物群落的海榄雌平均高度在0.68~1.18m之间，相比其研究结果要小许多。根据李丽凤等(2013)对广西钦州湾红树林群落的调查研究，该区域内海榄雌的平均高度在1.06~3.3m之间，本研究中的海榄雌平均高度均低于其最高值，但群落2、群落3和群落9的平均高度略高于其最低值。同时，与姚少慧等(2013)在惠州红树林保护区中所调查的海榄雌平均高度2.86~3.09m相比，本研究中海榄雌的平均高度也都低出许多。将群落10中的蜡烛果和秋茄树的平均高度与广西钦州湾及惠州红树林保护区蜡烛果和秋茄树的研究结果进行对比可以发现，群落10中的蜡烛果的平均高度要低于这两个区域的研究，秋茄树的平均高度略高于这两个区域中的最低值而远低于最高值；整体来说，群落10的蜡烛果和秋茄树都要较小于这两个区域中的蜡烛果和秋茄树。根据张晓君等(2013)对珠海一些人工红树林与天然红树林的研究，群落10中秋茄树的平均高度要较珠海人工秋茄树群落中的秋茄树大许多，而蜡烛果的平均高度要较其天然群落中的蜡烛果小一些。张永夏等(2017)对东江虎门入海口红树植物群落中蜡烛果的调查研究表明，蜡烛果的平均高度在1.2~1.5m之间，与群落10中的0.82m相比，要大上一些。

综上所述，坝光区域滨海河溪真红树植物群落中的主要红树植物与大多自然群落中的红树植物相比都要小一些，尤其相比保护区内的红树植物要差上许多，因此，应在后续过程中加强保护力度，从而保证该地区红树植物能够更好地自然恢复。

7.3.5 各群落的植物多样性特点

将以上5个以真红树为主的植物群落的物种多样性与湛江特呈岛红树植物群落的物种多样性相比，无论是Shannon-Wiener指数还是Simpson指数，本研究中的5个真红树植物群落整体多样性都要略高，但差别不大；与广西钦州湾红树林群落的物种多样性相比(李丽凤等，2013)，无论是春季还是夏季，都比后者的要高出一些；与惠州红树林保护区的红树植物群落相比，Shannon-Wiener指数整体要较低一些，但差距很小(姚少慧等，2013)。与珠海人工红树林的物种多样性相比，无论是Shannon-Wiener指数还是Simpson指数，本研究中的5个真红树植物群落整体多样性都要略高于其人工秋茄树林，与其自然红树林物种多样性相比略有高低，但差别不大；根据王震等(2017)对珠海市淇澳岛秋茄树群落的调查研究可以发现，本文中秋茄树植物群落Simpson多样性指数的指标值(0.51)与其调查结果(0.509)基本一致(王震等，2017)。综上所述，除广西钦州湾红树林植物群落与珠海人工秋茄树群落物种多样性要低于本研究中的5个真红树植物群落外，本研究的5个群落的物种多样性与其他区域的大多数自然红树植物群落大致一样。

对比本研究中以真红树植物为主的植物群落物种多样性指数与以半红树植物为主的植物群落物种多样性指数可以发现，以半红树植物为主的植物群落物种多样性较多地高于以真红树植物为主的植物群落。将本研究中的以半红树植物为主的植物群落物种多样性与广东湛江红树林国家级自然保护区中红树植物群落物种多样性进行比较可以发现(刘静等，2016)，无论是Shannon-Wiener指数还是Simpson指数，无论是立木级群落还是幼苗和苗木群落，本研究中的群落物种多样性指数都要远高于湛江国家级自然保护区中的红树植物群落。将所有以半红树植物为主的植物群落物种多样性与深圳东涌红树林海漆群落Shannon-Wiener多样性指数相比(韦萍萍等，2015)，可以发现，该研究中除黄槿-海漆-蜡烛果群落外，其他4个群落的物种多样性均低于本研究中的以半红树植物为主的群落，而该研究中唯一Shannon-Wiener指数高于2.0的群落，优势种之一为半红树植物黄槿。另外，杨众养等(2017)对文昌市八门湾红树植物群落所做的调查研究表明，其4个固定样地中，半红树林的Shannon-Wiener指数和物种丰富度指数都是最高的，而优势度是最低的，将其Shannon-Wiener指数最低值与本研究中植物群落相比，要略低于本研究中5个群落的最低值，而将其最高值与本研究中以半红树植物为主的植物群落相比，基本无差异；同时将其丰富度指数最高值与本研究中以半红树植物为主的植物群落相比，要略低于本研究。综上所述，在本研究中，以半红树植物为主的植物群落的多样性指数与丰富度指数基本都高于以真红树植物为主的植物群落，而生态优势度则低于以真红树为主的植物群落。

与第 6 章的各滨海红树林群落相比，则在结构的特征上基本相当；部分河溪的红树林的半红树及陆生植物的高度及胸径等指标会高于本章的较多沿海岸的植物群落。因为凡是有真红树分布，而且同时有半红树分布的区域都是红树林，而在这些区域里就会有部分为陆生植物，这些植物即可以在陆地繁衍，也可以在河边、海边的区域与上述红树植物一起共生，组成一个植物群落，如前文所研究的部分群落等(韦萍萍等，2015)。

与第 6 章的 13 个滨海红树植物群落相比，在各层次的高度、胸径、盖度等指标上，那些河溪的多数群落的指标略高于这 13 个群落，但后者也有约 40%的群落的一些指标较高。在多样性水平方面，16 条河溪大多数的群落其 Simpson 指数、Shannon-Wiener 指数和丰富度指数是高于第 6 章的 13 个群落的。

根据李皓宇等(2016)对粤东地区沿海红树林物种组成与群落特征所做的调查，坝光样地的 Shannon-Wiener 指数为 0. 675，而本文所做调查结果显示，无论是以真红树植物为主的植物群落还是以半红树植物为主的植物群落，Hannon-Wiener 指数都要高于 0. 675。在该研究中，Shannon-Wiener 指数大于 1 的有福田样地(1. 239)、东涌样地(1. 051)、蟹洲无瓣海桑林(1. 046)等，但所有样地的 Shannon-Wiener 指数均低于 1. 3；在这个范围内，本研究的红树植物群落中，除了群落 2 和群落 9，其他群落的 Shannon-Wiener 指数均高于该研究中的红树植物群落。综上所述，坝光区域滨海河溪红树植物群落的物种多样性普遍偏高。

将本文所做红树植物群落多样性研究与黄玉源等(2016)对深圳小南山及应人石的山地植物群落所做调查研究以及对深圳莲花山植物群落所做的调查研究相比，可以发现，二者在 Shannon-Wiener 指数和丰富度指数方面差异较大，本研究中的红树植物群落的数据要低较多，但 Simpson 指数却相差不多。根据黄柳菁等(2010)对澳门青洲山白楸+假苹婆+破布叶群落的研究数据可以发现，其 Shannon-Wiener 指数和 Simpson 指数都与本研究中的红树植物群落相似，但深入对比可发现，其乔木层和灌木层多样性指数基本大于本研究中的所有红树植物群落。根据梁士楚(2000)对广西红树植物群落特征的初步研究，以及李明顺等(1994)所提到的深圳福田红树植物群落物种多样性与均匀度较雨林、常绿阔叶林、山地矮林等群落要低，生态优势度则要偏高来看，本文所研究的红树植物群落在整体 Simpson 多样性指数上不太符合其研究结果。

7. 3. 6 河溪保护保护与优化对策

对坝光区域的 16 条河溪研究结果表明，除 1 条由于施工造成了破坏外，15 条河溪都具有结构较好、植物多样性较高的红树林群落，而且景观也很好。因此在坝光的经济园区建设过程中应全力保护这些河溪的红树林，不能在河床底部铺水泥等物件，让各河溪的红树林得以更好地发育与繁衍，保持良好的水生生态系统。

第 1 章　坝光区域中西部及西北部主要植物群落结构特征

彩图 1.1　产头村植物群落 1 的外貌

彩图 1.2　对产头村植物群落 1 进行测定研究 1

彩图 1.3　对产头村植物群落 1 进行测定研究 2

彩图 1.4　产头村群落 2 景色及对其进行测定研究

彩图 1.5　对坝光村进行植物的调查研究

彩图 1.6　对坝光村群落 3 进行测定研究

彩图 1.7　坝光村群落 3 的外貌 1

彩图 1.8　坝光村群落 3 的外貌 2

彩图 1.9　河溪中及周围的红树植物构成的景色

彩图 1.10　河边上的桐花树

彩图 1.11　河溪中的红树植物

彩图 1.12　白沙湾群落 5 的外貌 1

彩图 1.13　白沙湾群落 5 的外貌 2

彩图 1.14　白沙湾群落 5 的外貌 3

彩图 1.15　对白沙湾群落 5 进行测定研究 1

彩图 1.16　对白沙湾群落 5 进行测定研究 2

彩图 1.17　白沙湾群落 6 的外貌 1

彩图 1.18　白沙湾群落 6 的外貌 2

彩图 1.19　白沙湾群落 6 的外貌 3

彩图 1.20　银叶树湿地公园里的老银叶树

彩图 1.21　银叶树湿地公园景象

彩图 1.22　对银叶树湿地公园群落 7 进行测定研究

彩图 1.23　银叶树湿地公园群落 7 的外貌

彩图 1.24　对盐灶村群落 9 进行测定研究 1

彩图 1.25　对盐灶村群落 9 进行测定研究 2

彩图 1.26　盐灶村银叶树公园的群落 10 外貌

彩图 1.27　群落 11 的外貌

彩图 1.28　产头村群落 12 的景色 1

彩图 1.29　产头村群落 12 的景色 2

彩图 1.30　产头村附近的景象

第 2 章　坝光区域中部主要植物群落结构特征

彩图 2.1　对群落 13 进行测定研究

彩图 2.2　群落 13 的景色

彩图 2.3　对盐造水库旁的群落 16 进行测定研究

彩图 2.4　群落 16 的外貌

彩图 2.5　群落 17 的景色 1

彩图 2.6　群落 17 的景色 2

彩图 2.7　对群落 17 进行测定研究

彩图 2.8　群落 18 附近的景色 1

彩图 2.9　群落 18 附近的景色 2

彩图 2.11　群落 19 的外貌

彩图 2.10　群落 18 附近的景色 3

第 3 章　坝光区域东部主要植物群落结构特征

彩图 3.1　对群落 20 进行测定研究

彩图 3.2　群落 20 附近的景象

彩图 3.3　群落 21 的外貌 1

彩图 3.4　群落 21 的外貌 2

彩图 3.5　双坑村群落 22 的外貌 1

彩图 3.6　双坑村群落 22 的外貌 2

彩图 3.7　群落 23 的外貌

彩图 3.8　群落 24 的景色

彩图 3.9　群落 25 的景色 1

彩图 3.10　群落 25 的景色 2

彩图 3.11　东部滨海区域的景色

第 6 章　坝光区域东部及东北部的滨海植被生态学研究

彩图 6.1　对群落 1 进行测定研究

彩图 6.3　对群落 3 进行测定研究 1

彩图 6.5　群落 3 的景象

彩图 6.2　对群落 2 进行测定研究

彩图 6.4　对群落 3 进行测定研究 2

彩图 6.6　对群落 4 进行测定研究 1

彩图 6.7　对群落 4 进行测定研究 2

彩图 6.8　对群落 5 进行测定研究 1

彩图 6.9　对群落 5 进行测定研究 2

彩图 6.10　对群落 6 进行测定研究

彩图 6.11　群落 7 的外貌

彩图 6.12　对群落 7 进行测定研究

彩图 6.13　对群落 8 进行测定研究

彩图 6.14　群落 8 的景色

彩图 6.15　群落 9 的景色 1

彩图 6.16　群落 9 的景色 2

彩图 6.17　群落 10 的外貌景观 1

彩图 6.18　群落 10 的外貌景观 2

彩图 6.19　群落 11 的外貌景观

彩图 6.20　对群落 11 进行测定研究

图 6.21　群落 12 的景色 1

图 6.22　群落 12 的景色 2

图 6.23　群落 13 的外貌

图 6.24　群落 13 的海边的景色（群落的调查范围在海边滨海植物的后面区域）

第 7 章　坝光区域河溪植被生态学研究

彩图 7.1　研究地示意

彩图 7.2　坝光的自然植被景观（其中有红树林群落）

彩图 7.3　坝光区域河溪分布

彩图 7.4　各河溪红树植物分布范围

彩图 7.5　河溪 4（H_4）现场

彩图 7.6　样方分布示意

彩图 7.7　坝光区域填海造渔范围示意

彩图 7.8　河溪 6 和河溪 7 施工现场

注：左图为河溪 6 被施工拦截部分，右图为河溪 7 被施工拦截部分。

彩图 7.9　河溪 11、河溪 12 和河溪 13 施工现场

注：上图为河溪 11 群落附近施工现场，左下图为河溪 12 滨海段施工现场，右下图为河溪 13 施工现场。

第 12 章　坝光国际生物谷生态保护对策

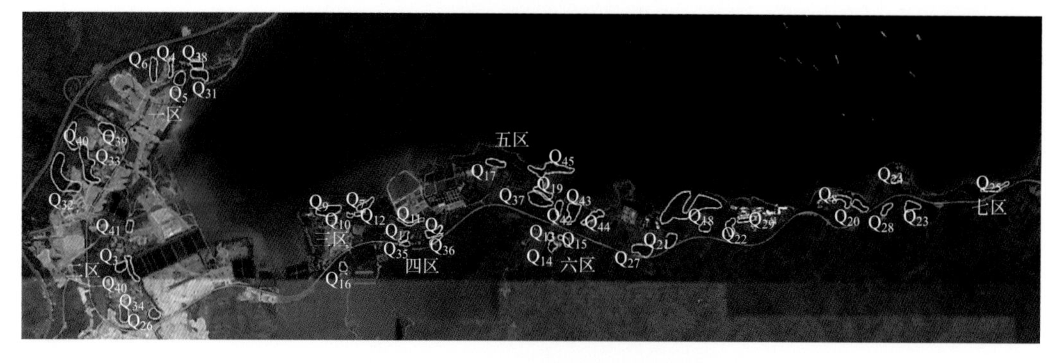

彩图 12.1　46 个群落区域地理分布

注：黄色实线范围（除 Q_{16} 和 Q_{23}）内表示高大、古老或者珍稀的植物群落，作为群落整体保护（Q_{16} 和 Q_{23} 为桉树林和荔枝林，可开发）；红色虚线范围内表示区域内零星分布着高大的古树、老树植株，要重点保护；Q_1 表示古树、老树群落 1。

第8章 坝光区域植物名录及部分形态特征差异分析

对深圳坝光区域主要的植物种类进行分类学、资源的主要用途及形态学的测定分析，同时增加形态学指标方面的订正内容。所调查的植物为坝光区域内的植物，不仅是植物群落内的，也含植物群落周围，以及其他不做植物群落样方测定研究的区域的植物，以便对生长在深圳等亚热带区域的这些植物的形态学特征有更细致的了解，同时对坝光区域植物的多样性等方面有更为广泛和深入的了解，从而也对植物在不同地区由于气候、土壤等原因而形成的形态学特征与其对环境的适应关系的研究提供理论参考。

从调查的情况看，坝光区域共调查到高等维管植物 118 科 423 属和 482 种，当然，由于地理情况较为复杂，面积也较广，可能还有少部分种类没有调查到。但是从坝光区域的面积与其所含植物种类的情况看，该区域植物种类是较多的。目前世界上的高等维管植物约 487 科，这里不含亚科等级(在 20 世纪 50~70 年代的分类系统里，被子植物的科多数学者认为在 380~410 科的范围，但在这几十年里，经过各国学者的不断调查研究，以及更多的实验方法的研究后，学者们不断地了解和发表了一些新的科，因此，被子植物的科的数量有所增加，部分学者认为科的数量可能更多)；其他维管植物共约 77 科。而深圳坝光这个面积仅约 32km^{2}的相对来说如此小的区域里，已经调查到的科就有 118 科，约占世界高等维管植物科的 24.23%，可见其在更大遗传差异的分类等级里的植物多样性是很高的。该区域的科与属的比例为 1∶3.58，即平均每一个科仅拥有 3 个属多一些的水平，表明相当数量的科为仅含 1 个属，部分的科含了 2 个或 3 个以上的属。这证明该区域的各属之间的遗传差异性是大的，而不是那种较多的属都为一个科的近缘属的情况，也表明在这个高等级的遗传差异分类等级方面的植物多样性是丰富的。而且，该区域的属与种的比例为 1∶1.42，表现出基本上为每一个属仅含有 1 个种多一些，也表明其几大部分属为每一个属只有 1 个种，极少数的属才含有 2 个或 3 个种的情况；而非像有的地区，大多数的属为一个属含了 3~10 个种的这种情况。而在两个相同或相近面积的地区，在两者的种类数一样的前提下，后者虽然是不同的种类，但是由于许多为同一个科里同一个属的植物，因此，相互间的遗传差异性是相对比前者要小很多的。而坝光区域的这种遗传差异性大的多样性特征是很珍贵的，也表明该区域的生态系统长期处在自然或近自然发育和演进的状态，形成了很好的生物多样性及好的生态系统组成结构特点。

从一个有 10 多个村落和居民居住的区域来看，能拥有这么多的科、属和种，说明当地的民众对生态环境和植物资源的保护意识是很强的。从该区域分布的科、属及种的情况看，许多科为一般村落分布区少有的，而且多数的种类为野生的种类，甚至许多为珍贵的资源，较多为列入国家重点保护野生植物名录的珍稀植物。能拥有这么多的植物种类，加上该区域的很多国家重点保护的古树及高大的老树等，表明当地至少在几百年以来一直都很注重对生态环境和各类植物、动物的保护。

这是一个很值得各地在建设生态和美、环境优良的美丽家园，以及构筑良好生态系统和优美景观方面认真学习的地方，也是生态学、植物学和动物学，以及生态与经济协调发展方面开展研究的重要区域。

在本章中，种类的形态学特征、分布及利用价值方面主要引用《中国植物志》的描述。所列的分布地为该文献原来所列的分布地点，而本章所列植物分布地则为深圳坝光区域，增加了新的分布地。虽然后来出版的《深圳植物志》几卷描述了深圳有分布，但是许多标本是采自深圳其他区域的，而坝光没有进行过采集或描述是否有分布。本章只介绍390多种植物的上述研究内容，其他种类的名录统一见附录。对各植物种类原则上按哈钦松系统排序，较多植物的形态特征部分进行了订正，即根据所采集的深圳坝光区域的标本进行的形态学研究的指标，进行与其他地区同种植物的特征差异的研究。这些是本研究很重要的创新性的研究成果，是植物进化生物学、植物地理学和进化生态学的重要研究内容，也为植物生物学提供新的数据，还为植物种类居群在不同地理环境的特征变化动态及演化趋势提供证据(黄玉源等，2017)。

此处需要说明的是，并不是说由于地理分布的差异以及生态适应关系构成了种类在各区域的一些形态学指标上有差异，就都能被认为是另一个分类等级的单位，如种、亚种、变种和变型。因为，在一般情况下，如果不是在茎的外部形态、色泽，叶的色泽及深浅、叶脉的数量和走向等，以及毛状物的有无、色泽等(色泽、深浅及毛状物情况是一个种类与近缘种的重要区别特征和遗传差异性状，在本章各种类中基本都能体现这方面的内容)，或者叶形状上的一些差异，而且花的形态上有差异，尤其是某组成部分或各组成部分在数量的多少方面的差异，或者形状上的一些差异的话，而仅仅是某部分的长度、宽度的差异变化(这样的差异不是指幼嫩部分与其他地区植物的成熟部分相对比，而是均为成熟的组成部分相比，如不是用幼叶，而是均为成熟叶之间相比存在着上述的长度、宽度等方面变化的话)，则依然还属于同一个分类等级的植物形态特征差异。这是由于不同的种群其地理分布不同，为了适应不同的气候、土壤等环境造成的。部分最多可能达到不同生态型的程度。对这些特征进行研究，能更好地了解这些种类随着所分布的地理环境的差异，其生态适应的作用已经在遗传物质和表型上都有所改变，是进化的特征(黄玉源等，2017)，这对于植物系统学、进化生物学领域以及植物资源的性状差异性的研究和利用、保护等方面都具有重要的意义。

垂穗石松

石松科 Lycopodiaceae　垂穗石松属
别名：垂穗石松、过山龙、灯笼草

Palhinhaea cernua(L.) Vasc. et Franco in Bol. Soc. Brot. ser. 2, 41: 25. 1967U.

主要形态学特征：中型至大型土生植物，主茎直立，高达60cm，圆柱形，中部直径1.5~2.5mm，光滑无毛，多回不等位二叉分枝；主茎上的叶螺旋状排列，稀疏，钻形至线形，长约4mm，宽约0.3mm，通直或略内弯，基部圆形，下延，无柄，先端渐尖，边缘全缘，中脉不明显，纸质。侧枝及小枝上的叶螺旋状排列，密集，略上弯，钻形至线形，长3~5mm，宽约0.4mm，基部下延，无柄，先端渐尖，边缘全缘。孢子囊穗单生于小枝顶端，短圆柱形，成熟时通常下垂，长3~10mm，直径2.0~2.5mm，淡黄色，无柄；孢子叶卵状菱形，覆瓦状排列，长约0.6mm，宽约0.8mm；孢子囊生于孢子叶腋，圆肾形，黄色。

凭证标本：深圳坝光，赵顺(062)。

分布地：产浙江、江西、福建、台湾、湖南、广东、香港、广西、海南、四川、重庆、贵州、云南等，生于海拔100~1800m的林下、林缘及灌丛下阴处或岩石上。亚洲其他热带地区及亚热带地区、大洋洲、中南美洲有分布。

主要经济用途：全植物试管内能抑制某些细菌。在非洲，煎剂用以治疗腹泻、痢疾。

陵齿蕨 陵齿蕨科 Lindsaeaceae 陵齿蕨属

别名：刀叶林蕨(中国主要植物图说，蕨类植物门)

Lindsaea cultrata(Willd.)Sw. Syn. Fil.(1806)119；Hook. et Grev. Ic. Fil.(1829)t. 144；Hook. Sp. Fil. Ⅰ(1846)203.

主要形态学特征： 植株高20cm，少有达30cm。根状茎横走，直径2mm，栗色，密被鳞片，鳞片线状钻形，栗红色。叶近生，直立；叶柄长4~7cm，有时达13cm，禾秆色或基部栗黑色，有光泽，仅基部有鳞片；叶片线状披针形，长10~14cm，有时达18cm，宽1.7~2cm，少有达2.2cm，先端渐尖，一回羽状；羽片17~20(~30)对，互生，开展，有短柄，斜三角形，长8~9(~13)cm，宽5~6cm，基部楔形，先端钝，或近急尖，下缘直，近先端处上弯，长8~10mm。叶脉二叉分枝，下面不显，上面略显。叶草质，干后绿色；叶轴禾秆色，光滑，下面圆形，上面有沟。孢子囊群沿羽片上级着生，每缺刻有一个囊群；囊群盖横线形，边缘啮蚀状。

分布地： 产台湾、福建、江西、湖南、广东、广西、贵州、四川及云南。分布于日本、越南、印度、缅甸和热带亚洲其他各地，南达马达加斯加及澳洲。

团叶陵齿蕨 陵齿蕨科 Lindsaeaceae 陵齿蕨属

别名：圆叶林蕨(中国主要植物图说，蕨类植物门)

Lindsaea orbiculata(Lam.)Mett. ex Kuhn in Ann. Mus. Bot. Lugd. Bat. Ⅳ(1869)297.

主要形态学特征： 植株高达30cm。根状茎短而横走，先端密被红棕色的狭小鳞片。叶近生；叶柄长5~11cm，栗色，基部近栗褐色，上部色泽渐淡，上面有沟，下面稍圆，光滑；叶片线状披针形，长15~20cm，宽1.8~2cm，一回羽状，下部往往二回羽状；羽片20~28对，下部各对羽片对生，远离，中上部的互生而接近，开展，有短柄；对开式，近圆形或肾圆形，长9mm，宽约6mm，基部广楔形，先端圆，下缘及内缘凹入或多少平直，在不育的羽片有尖齿牙；在二回羽状植株上，其基部一对或数对羽片伸出成线形，长可达5cm，一回羽状。叶草质，干后灰缘色，叶轴禾秆色至棕栗色，有四棱。孢子囊群连续不断呈长线形，或偶为缺刻所中断；囊群盖线形，狭，棕色，膜质，有细齿牙，几达叶缘。

特征差异研究： 小叶叶长9~10mm，宽11~14mm。

凭证标本： 深圳坝光，李志伟(050)。

分布地： 产台湾、福建(武夷山以南)、广东、海南、广西、贵州、四川东南部到达云南南部。热带亚洲各地及澳洲都有分布。

乌蕨 陵齿蕨科 Lindsaeaceae 乌蕨属

别名：乌韭(中国主要植物图说，蕨类植物门)

Stenoloma chusanum Ching in Sinensia Ⅲ(1933)338；C. Chr. Ind. Fil. Suppl. Ⅲ(1934.)173.

主要形态学特征： 植株高达65cm。根状茎短而横走，粗壮，密被赤褐色的钻状鳞片。叶近生，叶柄长达25cm，禾秆色至褐禾秆色，有光泽，直径2mm，圆，上面有沟，除基部外，通体光滑；叶片披针形，长20~40cm，宽5~12cm，先端渐尖，基部不变狭，四回羽状；羽片15~20对，互生，密接，下部的相距4~5cm，有短柄，斜展，卵状披针形，长5~10cm，宽2~5cm，先端渐尖，基部楔形，下部三回羽状；一回小羽片在一回羽状的顶部下有10~15对，连接，有短柄，近菱形，长1.5~3cm，先端钝，基部不对称，楔形，上先出，其下部小羽片常再分裂成具有1~2条细脉的短而同形的裂片。叶脉上面不显，下面明显，在小裂片上为二叉分枝。叶坚草质，干后棕褐色，通体光滑。孢子囊群边缘着生，每裂片上1枚或2枚，顶生1~2条细脉上；囊群盖灰棕色，革质，半杯形，宽，与叶缘等长，近全缘或多少啮蚀，宿存。

分布地： 产浙江南部、福建、台湾、安徽南部、江西、广东、海南岛、香港、广西、湖南、湖北、四川、贵州及云南。热带亚洲各地如日本、菲律宾、玻里尼西亚，向南至马达加斯加等地也有。生林下或灌丛中阴湿地，海拔200~1900m。

主要经济用途： 在云南南部红河流域，土名“蜢蚱参”，药用，价昂。

紫萁 紫萁科 Osmundaceae 紫萁属

Osmunda japonica Thunb. in Nova Acta Reg. Soc. Sci. Upsal. Ⅱ(1780)209.

主要形态学特征：植株高50~80cm或更高。根状茎短粗，或呈短树干状而稍弯。叶簇生，直立；叶柄长20~30cm，禾秆色，幼时被密绒毛，不久脱落；叶片为三角广卵形，长30~50cm，宽25~40cm，顶部一回羽状，其下为二回羽状；羽片3~5对，对生，长圆形，长15~25cm，基部宽8~11cm，基部一对稍大，有柄(柄长1~1.5cm)，斜向上，奇数羽状；小羽片5~9对，对生或近对生，无柄，分离，长4~7cm，宽1.5~1.8cm，长圆形或长圆披针形，先端稍钝或急尖，向基部稍宽，圆形，或近截形，相距1.5~2cm，向上部稍小，顶生的同形，有柄。叶脉两面明显，自中肋斜向上，二回分歧，小脉平行，达于锯齿。叶为纸质，成长后光滑无毛，干后为棕绿色。孢子叶(能育叶)春夏间抽出，深棕色，成熟后枯死。同营养叶等高，或经常稍高，羽片和小羽片均短缩，小羽片变成线形，长1.5~2cm，沿中肋两侧背面密生孢子囊。

分布地：为我国暖温带、亚热带最常见的一种蕨类。北起山东(崂山)，南达广西和广东，东自海边，西迄云南、贵州、四川西部，向北至秦岭南坡。生于林下或溪边酸性土上。也广泛分布于日本、朝鲜、印度北部(喜马拉雅山地)。

主要经济用途：嫩叶可食。铁丝状的须根为附生植物的培养剂。

芒萁 里白科 Gleicheniaceae 芒萁属

Dicranopteris dichotoma(Thunb.)Bernh. in Schrad. Journ. Ⅰ(1806)38.

主要形态学特征：植株通常高45~90(~120)cm。根状茎横走，粗约2mm，密被暗锈色长毛。叶远生，柄长24~56cm，粗1.5~2mm，棕禾秆色，光滑，基部以上无毛；叶轴一至二(三)回二叉分枝，一回羽轴长约9cm，被暗锈色毛，渐变光滑，有时顶芽萌发，生出的一回羽轴长6.5~17.5cm，二回羽轴长3~5cm；腋芽小，卵形，密被锈黄色毛；芽苞长5~7mm，卵形；各回分叉处两侧均各有一对托叶状的羽片，平展，宽披针形，等大或不等，生于一回分叉处的长9.5~16.5cm，宽3.5~5.2cm，生于二回分叉处的较小，长4.4~11.5cm，宽1.6~3.6cm；末回羽片长16~23.5cm，宽4~5.5cm，披针形或宽披针形，向顶端变狭，尾状；裂片平展，35~50对，线状披针形，长1.5~2.9cm，宽3~4mm，顶钝，常微凹，羽片基部上侧的数对极短，三角形或三角状长圆形，长4~10mm，各裂片基部汇合，具软骨质的狭边。叶为纸质，上面黄绿色或绿色，沿羽轴被锈色毛，后变无毛，下面灰白色。孢子囊群圆形，一列，着生于基部上侧或上下两侧小脉的弯弓处，由5~8个孢子囊组成。

分布地：产江苏南部、浙江、江西、安徽、湖北、湖南、贵州、四川、福建、台湾、广东、香港、广西、云南等地。生强酸性土的荒坡或林缘，在森林砍伐后或放荒后的坡地上常成优势的中草群落。日本、印度、越南都有分布。

主要经济用途：编织手工艺品的材料：它的叶柄可以拿来编织成各式各样的篮子或其他精巧的手工艺品。药用：中药的运用上，芒萁的根茎及叶可治冻伤，且一年四季都能采集利用。性味：枝叶、根茎：甘、淡。效用：枝叶清热解毒，祛瘀消肿，散瘀止血。治痔疮，血崩，鼻衄，小儿高热，跌打损伤，痈肿，风湿搔痒，毒蛇咬伤，烫、火伤，外伤出血；毒虫咬伤。可以提取色素作天然染料用。

卤蕨 卤蕨科 Acrostichaceae 卤蕨属

Acrostichum aureum L. Sp. Pl. 2：1069. 1753；Hook. et Bak. Syn. Fil. 423. 1874.

主要形态学特征：植株高可达2m。根状茎直立，顶端密被褐棕色的阔披针形鳞片。叶簇生，叶柄长30~60cm，粗可达2cm，基部褐色，被钻状披针形鳞片，向上为枯禾秆色，光滑；上面纵沟，在中部以上沟的隆脊上有2~4对互生的、由羽片退化来的刺状突起；叶片长60~140cm，宽30~60cm，基数一回羽状，羽片多达30对，基部一对对生，略较其上的为短，中部的互生，长舌状披针形，长15~36cm，宽2~2.5cm，顶端圆而有小突尖，或凹缺而呈双耳，柄长1~1.5cm(顶部的无柄)，全缘，通常上部的羽片较小，能育。叶脉网状，两面可见。叶厚革质，干后黄绿色，光滑。孢子囊满布能育羽片下面，无盖。

特征差异研究：叶长63~145cm，宽34~66cm，叶柄长37~69cm，奇数一回羽状；小叶叶长12.4~27.8cm，宽1.9~3.4cm，叶柄长1.1~1.4cm。

凭证标本：深圳坝光，廖栋耀(069)、赵顺(104)。

分布地：产广东(徐闻、防城、钦县、阳春、香港)、海南(文昌、陵水)、云南。生海岸边泥滩或河岸边。日本琉球群岛、亚洲其他热带地区、非洲及美洲热带均有分布。模式标本采自西印度群岛。

主要经济用途：为红树植物，为受保护的植物种类。

团羽铁线蕨 铁线蕨科 Adiantaceae 铁线蕨属

Adiantum capillus-junonis Rupr. Distr. Crypt. Vasc. Ross. 49. 1845.

主要形态学特征：植株高8~15cm。根状茎短而直立，被褐色披针形鳞片。叶簇生；柄长2~6cm，粗约0.5cm，纤细如铁丝，深栗色，有光泽，基部被同样的鳞片，向上光滑；叶片披针形，长8~15cm，宽2.5~3.5cm，奇数一回羽状；羽片4~8对，下部的对生，上部的近对生，斜向上，具明显的柄(长约3cm)，柄端具关节，两对羽片相距1.5~2cm，彼此疏离，下部数对羽片大小几相等，长11~1.6cm，宽1.5~2cm，团扇形或近圆形，基部对称，圆楔形或圆形，两侧全缘，上缘圆形，能育羽片具2~5个浅缺刻；上部羽片、顶生羽片均与下部羽片同形而略小。叶脉多回二歧分叉，直达叶边，两面均明显。叶干后膜质，草绿色，两面均无毛；叶轴先端常延伸成鞭状，能着地生根，行无性繁殖。孢子囊群每羽片1~5枚；囊群盖长圆形或肾形。孢子周壁具粗颗粒状纹饰，处理后常保存。

分布地：产我国台湾、山东(济南)、河南(太行山)、北京(房山、妙峰山、昌平、西山)、河北(易县)、甘肃(文县)、四川(屏山、冕宁、雷波、平武、泸定、雅安、峨边、昭化、汉源)、云南(宾川、漾濞、昆明、中甸、永胜、永仁、丽江、禄劝)、贵州(安龙、兴仁)、广西(靖西)、广东(广州、乳源、翁源)。群生于湿润石灰岩脚、阴湿墙壁基部石缝中或荫蔽湿润的白垩土上，海拔300~2500m。也产日本。模式标本采自北京附近。

铁线蕨 铁线蕨科 Adiantaceae 铁线蕨属

Adiantum capillus-veneris L. Sp. Pl. 2: 1096. 1753.

主要形态学特征：植株高15~40cm。根状茎细长横走，密被棕色披针形鳞片。叶远生或近生；柄长5~20cm，粗约1mm，纤细，栗黑色，有光泽，基部被与根状茎上同样的鳞片，向上光滑，叶片卵状三角形，长10~25cm，宽8~16cm，尖头，基部楔形，中部以下多为二回羽状，中部以上为一回奇数羽状；羽片3~5对，互生，斜向上，有柄(长可达1.5cm)，基部一对较大，长4.5~9cm，宽2.5~4cm，长圆状卵形，圆钝头，一回(少二回)奇数羽状，侧生末回小羽片2~4对，互生，斜向上，相距6~15mm，大小几相等或基部一对略大，对称或不对称的斜扇形或近斜方形，长1.2~2cm，宽1~1.5cm，上缘圆形，具2~4浅裂或深裂成条状的裂片，顶生小羽片扇形，基部为狭楔形，往往大于其下的侧生小羽片，柄可达1cm；第二对羽片距基部一对2.5~5cm，向上各对均与基部一对羽片同形而渐变小；叶轴、各回羽轴和小羽柄均与叶柄同色，往往略向左右曲折。孢子囊群每羽片3~10枚，横生于能育的末回小羽片的上缘；囊群盖长形、长肾形成圆肾形，上缘平直，膜质，全缘，宿存。孢子周壁具粗颗粒状纹饰，处理后常保存。

分布地：世界种。在我国广布于台湾、福建、广东、广西、湖南、湖北、江西、贵州、云南、四川、甘肃、陕西、山西、河南、河北、北京。常生于流水溪旁石灰岩上或石灰岩洞底和滴水岩壁上，为钙质土的指示植物，海拔100~2800m；也广布于非洲、美洲、欧洲、大洋洲及亚洲其他温暖地区。模式标本采自欧洲(英国)。

海金沙 海金沙科 Lygodiaceae　海金沙属

Lygodium japonicum(Thunb.)Sw. in Schrad. Journ. (1801)106.

主要形态学特征：植株高攀达1~4m。叶轴上面有2条狭边，羽片多数，相距9~11cm，对生于叶轴上的短距两侧，平展。距长达3mm。端有一丛黄色柔毛复盖腋芽。不育羽片尖三角形，长宽几相等，10~12cm或较狭，柄长1.5~1.8cm，同羽轴一样多少被短灰毛，两侧并有狭边，二回羽状；一回羽片2~4对，互生，柄长4~8mm，和小羽轴都有狭翅及短毛，基部一对卵圆形，长4~8cm，宽3~6cm，一回羽状；二回小羽片2~3对，卵状三角形，互生，掌状三裂；末回裂片短阔，中央一条长2~3cm，宽6~8mm，基部楔形或心脏形，先端钝，顶端的二回羽片长2.5~3.5cm，宽8~10mm，波状浅裂；向上的一回小羽片近掌状分裂或不分裂，较短，叶缘有不规则的浅圆锯齿。主脉明显，侧脉纤细，从主脉斜上，1~2回二叉分歧，直达锯齿。能育羽片卵状三角形，长宽几相等，12~20cm，或长稍过于宽，二回羽状；一回小羽片4~5对，互生，长圆披针形，长5~10cm，基部宽4~6cm、一回羽状，二回小羽片3~4对，卵状三角形，羽状深裂。孢子囊穗长2~4mm，往往长远超过小羽片的中央不育部分，排列稀疏，暗褐色，无毛。

凭证标本：深圳坝光，邱小波(057)。

分布地：产于江苏、浙江、安徽南部、福建、台湾、广东、香港、广西、湖南、贵州、四川、云南、陕西南部。日本、锡兰、爪哇、菲律宾、印度、热带澳洲都有分布。

主要经济用途：据李时珍本草细目，本种“甘寒无毒。主治：通利小肠，疗伤寒热狂，治湿热肿毒，小便热淋膏淋血淋石淋经痛，解热毒气”。又四川用之治筋骨疼痛。

小叶海金沙 海金沙科 Lygodiaceae　海金沙属

Lygodium scandens(Linn.)Sw. in Schrad. Journ. (1801)106.

主要形态学特征：植株蔓攀，高达5~7m。叶轴纤细如铜丝，二回羽状；羽片多数，相距7~9cm，羽片对生于叶轴的距上，距长2~4mm，顶端密生红棕色毛。不育羽片生于叶轴下部，长圆形，长7~8cm，宽4~7cm，柄长1~1.2cm，奇数羽状，或顶生小羽片有时两叉，小羽片4对，互生，有2~4mm长的小柄，柄端有关节，各片相距约8mm，卵状三角形、阔披针形或长长圆形，先端钝，基部较阔，心脏形，近平截或圆形。叶脉清晰，三出。叶薄草质，干后暗黄绿色，两面光滑。能育羽片长圆形，长8~10cm，宽4~6cm，通常奇数羽状，小羽片的柄长2~4mm，柄端有关节，9~11片，互生，各片相距7~10mm，三角形或卵状三角形，钝头，长1.5~3cm，宽1.5~2cm。孢子囊穗排列于叶缘，到达先端，5~8对，线形，一般长3~5mm，最长的达8~10mm，黄褐色，光滑。

分布地：产于福建西部(永定)、台湾(台北)、广东(惠阳、英德)、香港、海南岛西北部及南部(儋州、乐平)、广西(临桂、瑶山)、云南东南部(蒙自、河口)。产溪边灌木丛中，海拔110~152m。也分布于印度南部、缅甸、南洋群岛、菲律宾。

主要经济用途：全草及孢子：甘，寒。利水渗湿，舒筋活络，通淋，止血。用于水肿，肝炎，淋证，痢疾，便血，风湿麻木，外伤出血。

凤尾蕨

凤尾蕨科 Pteridaceae　凤尾蕨属
别名：大叶井口边草

Pteris cretia L. var. *nervosa*(Thunb.)Ching et S. H. Wu, stat. nov. ——*Pteris nervosa* Thunb, Fl. Jap. 332. 1784.

主要形态学特征：植株高50~70cm。根状茎短而直立或斜升，粗约1cm，先端被黑褐色鳞片。叶簇生，二型或近二型；柄长30~45cm(不育叶的柄较短)，基部粗约2mm，禾秆色，有时带棕色，偶为栗色，表面平滑；叶片卵圆形，长25~30cm，宽15~20cm，一回羽状；不育叶的羽片(2~)3~5对(有时为掌状)，通常对生，斜向上，基部一对有短柄并为二叉(罕有三叉)，向上的无柄，狭披针形或披针形(第二对也往往二叉)，长10~18(~24)cm，宽1~1.5(~2)cm，先端渐尖，基部阔楔形，锯齿往往粗而尖；能育叶的羽片3~5(~8)对，对生或向上渐为互生，斜向上，基部一对有短柄并为二叉，偶有三叉或单一，向上的无柄，线形(或第二对也往往二叉)，顶生三叉羽片的基部不下延或下延。主脉下面强度隆起，禾秆色，光滑；侧脉两面均明显，稀疏，斜展，单一或从基部分叉。叶干后纸质，绿色或灰绿色，无毛；叶轴禾秆色，表面平滑。

特征差异研究：深圳坝光，不育叶，叶长7.8~17.8cm，叶宽3.4~3.8cm。

凭证标本：深圳坝光，李佳婷(034)、邱小波(081)。

分布地：产河南西南部(内乡、镇平、鸡公山)、陕西南部(平利、洋县、略阳)、湖北(兴山、巴东、宣恩、来凤、鹤峰)、江西(庐山、井冈山)、福建(南平)、浙江西部(寿昌)、湖南(龙山、永顺、花垣、黔阳、宁远、洞口)、广东(连县)、广西(隆林、大苗山、瑶山)、贵州(印江、独山、桐梓、遵义、雷山、贵阳、清镇、平坝、安顺、毕节、大方、安龙、德江)、四川(巫溪、奉节、城口、南川、灌县、松潘、马尔康、大金、宝兴、天全、丹巴、康定、荥经、峨眉山、峨边、石棉、甘洛、越西、屏山、雷波、西昌、普格、布拖、德昌、木里、洪溪、长宁、崇化、金城山、宝兴、庐定)、重庆、云南(镇雄、嵩明、蒙自、屏边、德钦、贡山、丽江、维西、大姚、楚雄、宾川、勐海、澂江)、西藏(波密、扎木、林芝、麦通、察隅、错那、聂拉木)。生石灰岩地区的岩隙间或林下灌丛中，海拔400~3200m。也广布于日本、菲律宾、越南、老挝、柬埔寨、印度、尼泊尔、斯里兰卡、斐济群岛、夏威夷群岛等地。

主要经济用途：药用。

狭眼凤尾蕨

凤尾蕨科 Pteridaceae　凤尾蕨属

Pteris biaurita L. Sp. Pl. 2：1076. 1753.

主要形态学特征：植株高70~110cm。根状茎直立，木质，粗壮，粗2~2.5cm，先端密被褐色鳞片。叶簇生；柄长40~60cm，基部粗3~5mm，浅褐色并被鳞片，向上为禾秆色至浅绿色，稍有光泽，无毛，偶有少数鳞片，上面有狭纵沟；叶片长圆状卵形，长40~55cm，宽20~30cm，二回深羽裂(或基部三回深羽裂)；侧生羽片8~10对，斜展，对生，下部的有短柄，相距3~5cm，上部的无柄，阔披针形，长15~20cm，宽3~5.5cm，先端具长2~3cm的狭披针形长尾，基部阔楔形，顶生羽片的形状、大小及分裂度与中部的侧生羽片相同，但有长约1.5cm的柄，最下一对羽片的基部下侧有1片(有时2片)篦齿状深羽裂的小羽片；裂片20~25对，互生，近平展，缺刻钝圆，间隔宽2~5mm，镰刀状阔披针形至镰刀状长圆形，长1.8~3.5cm，宽5~7mm，顶部稍狭，先端钝圆，基部稍扩大，全缘。羽轴下面隆起，禾秆色，光滑，上面有浅纵沟，沟两旁有短刺。叶脉稍隆起，两面均明显，裂片基部上侧一小脉与其上一片裂片的基部下侧一小脉连结成一个弧形脉。叶干后厚纸质，灰绿色，无毛；叶轴禾秆色，光滑，上面有狭纵沟。囊群线形，沿裂片边缘延伸，裂片最先端不育；囊群盖同形，浅褐色，膜质，全缘，宿存。

特征差异研究：深圳坝光，一回叶长48~53cm，叶宽24~29cm。二回叶长14.6~15.4cm，0.4~0.7cm。

凭证标本：深圳坝光，邱小波(055)。

分布地：产台湾(高雄、阿里山)、海南、广东(珠江口沿海岛屿、汕头)、广西(百色)、云南(莲江、临沧、勐海、思茅、允景洪、易武、金平、河口、芒市)。生于稍干燥的疏阴之地，海拔250~1500m。也产于中南半岛、印度、斯里兰卡、马来西亚、印度尼西亚、菲律宾、大洋洲、马达加斯加、牙买加、巴西等热带地区。

主要经济用途：全草苦，寒。止血，收敛，止痢。用于痢疾，泄泻，外伤出血。

剑叶凤尾蕨 凤尾蕨科 Pteridaceae 凤尾蕨属

别名：井边茜

Pteris ensiformis Burm. Fl. Ind. 230. 1786.

主要形态学特征：植株高30~50cm。根状茎细长，斜升或横卧，粗4~5mm，被黑褐色鳞片。叶密生，二型；柄长10~30cm(不育叶的柄较短)，粗1.5~2mm，与叶轴同为禾秆色，稍光泽，光滑；叶片长圆状卵形，长10~25cm(不育叶远比能育叶短)，宽5~15cm，羽状，羽片3~6对，对生，稍斜向上，上部的无柄，下部的有短柄；不育叶的下部羽片相距1.5~2(~3)cm，三角形，尖头，长2.5~3.5(~8)cm，宽1.5~2.5(~4)cm，常为羽状，小羽片2~3对，对生，密接，无柄，斜展，长圆状倒卵形至阔披针形，先端钝圆，基部下侧下延下部全缘，上部及先端有尖齿；顶生羽片基部不下延，下部两对羽片有时为羽状，小羽片2~3对，向上，狭线形，先端渐尖，基部下侧下延，先端不育的叶缘有密尖齿，余均全缘。主脉禾秆色，下面隆起；侧脉密接，通常分叉。叶干后草质，灰绿色至褐绿色，无毛。

分布地：产浙江南部(平阳)、江西南部、福建、台湾、广东、广西、贵州西南部(安龙)、四川(峨眉山、雅安)、重庆、云南南部(富宁、麻栗坡、河口、勐腊、景洪)。生林下或溪边潮湿的酸性土壤上，海拔150~1000m。也分布于日本(琉球群岛)、越南、老挝、柬埔寨、缅甸、印度北部、斯里兰卡、马来西亚、波利尼西亚、斐济群岛及澳大利亚。

主要经济用途：全草入药，有止痢的功效。

傅氏凤尾蕨 凤尾蕨科 Pteridaceae 凤尾蕨属

Pteris fauriei Hieron. in Hedwigia 55：345. 1914.

主要形态学特征：植株高50~90cm。根状茎短，斜升，粗约1cm，先端密被鳞片；鳞片线状披针形，长约3mm，深褐色，边缘棕色。叶簇生；柄长30~50cm，下部粗2~4mm，暗褐色并被鳞片，向上与叶轴均为禾秆色，光滑，上面有狭纵沟；叶片卵形至卵状三角形，长25~45cm，宽17~24(~30)cm，二回深羽裂(或基部三回深羽裂)；侧生羽片3~6(~9)对，下部的对生，相距4~8cm，斜展，偶或略斜向上，基部一对无柄或有短柄，向上的无柄，镰刀状披针形，长13~23cm，宽3~4cm，先端尾状渐尖，具2~3(~4.5)cm长的线状尖尾，基部渐狭，阔楔形，篦齿状深羽裂达到羽轴两侧的狭翅，顶生羽片的形状、大小及分裂度与中部的侧生羽片相似，但较宽，且有2~4cm长的柄；裂片20~30对，互生或对生，毗连或间隔宽约1mm，斜展，镰刀状阔披针形，中部的长1.5~2.2cm，宽4~6mm，顶部略狭，先端钝，基部略扩大，全缘。羽轴下面隆起，禾秆色，光滑，上面有狭纵沟，两旁有针状扁刺，裂片的主脉上面有少数小刺。叶干后纸质，浅绿色至暗绿色，无毛(幼时偶为近无毛)。孢子囊群线形，沿裂片边缘延伸，仅裂片先端不育；囊群盖线形，灰棕色，膜质，全缘，宿存。

分布地：产台湾、浙江(天台山、南汇)、福建(崇安、邵武)、江西(会昌、大余、寻乌、安远、崇义、宁都)、湖南南部(宜章)、广东(广州、高要、英德、蕉岭、大埔)、广西(都安)、云南东南部(河口)。生林下沟旁的酸性土壤上，海拔50~800m。越南北部及日本(伊豆诸岛、纪伊半岛、四国、九州、琉球群岛)均有分布。

半边旗 凤尾蕨科 Pteridaceae 凤尾蕨属

Pteris semipinnata L. Sp. Pl. 2：1076. 1753.

主要形态学特征： 植株高35~80(~120)cm。根状茎长而横走，粗1~1.5cm，先端及叶柄基部被褐色鳞片。叶簇生，近一型；叶柄长15~55cm，粗1.5~3mm，连同叶轴均为栗红有光泽，光滑；叶片长圆披针形，长15~40(60)cm，宽6~15(18)cm，二回半边深裂；顶生羽片阔披针形至长三角形，长10~18cm，基部宽3~10cm，先端尾状，篦齿状，深羽裂几达叶轴，裂片6~12对，对生，开展，间隔宽3~5mm，镰刀状阔披针形，长2.5~5cm，向上渐短，宽6~10mm，先端短渐尖，基部下侧呈倒三角形的阔翅沿叶轴下延达下一对裂片；侧生羽片4~7对，对生或近对生，开展，下部的有短柄，向上无柄，半三角形而略呈镰刀状，长5~10(~18)cm，基部宽4~7cm，先端长尾头，基部偏斜，两侧极不对称，上侧仅有一条阔翅，宽3~6mm，不分裂或很少在基部有一片或少数短裂片，下侧篦齿状深羽裂几达羽轴，裂片3~6片或较多，镰刀状披针形，基部一片最长，1.5~4(8.5)cm，宽3~6(11)mm，向上的逐渐变短，先端短尖或钝。羽轴下面隆起，下部栗色，向上禾秆色，上面有纵沟，纵沟两旁有啮蚀状的浅灰色狭翅状的边。叶干后草质，灰绿色，无毛。

特征差异研究： 深圳坝光，一回叶长40.6~49.8cm，叶宽23.6~25.9cm。

凭证标本： 深圳坝光，温海洋(061)。

分布地： 产台湾、福建(福州、厦门、南靖、华安、延平)、江西南部(安远、寻乌)、广东、广西、湖南(衡山、黔阳、会同、城步、宜章)、贵州南部(册亨、三都)、四川(乐山)、云南南部(富宁、边、河口、西双版纳)。生疏林下阴处、溪边或岩石旁的酸性土壤上，海拔850m以下。见于日本(琉球群岛)、菲律宾、越南、老挝、泰国、缅甸、马来西亚、斯里兰卡及印度北部。

主要经济用途： 药用。

蜈蚣草 凤尾蕨科 Pteridaceae 凤尾蕨属

Pteris vittata L. Sp. Pl. 2：1074. 1753.

主要形态学特征： 植株高(20~)30~100(~150)cm。根状茎直立，短而粗健，粗2~2.5cm，木质，密蓬松的黄褐色鳞片。叶簇生；柄坚硬，长10~30cm或更长，基部粗3~4mm，深禾秆色至浅褐色，幼时密被与根状茎上同样的鳞片，以后渐变稀疏；叶片倒披针状长圆形，长20~90cm或更长，宽5~25cm或更宽，一回羽状；顶生羽片与侧生羽片同形，侧生羽多数(可达40对)，互生或有时近对生，下部羽片较疏离，相距3~4cm，斜展，无柄，不与叶轴合生，向下羽片逐渐缩短，基部羽片仅为耳形，中部羽片最长，狭线形，长6~15cm，宽5~10mm，先端渐尖，基部扩大并为浅心脏形，其两侧稍呈耳形，上侧耳片较大并常覆盖叶轴，各羽片间的间隔宽1~1.5cm。主脉下面隆起并为浅禾秆色，侧脉纤细，密接，斜展，单一或分叉。叶干后薄革质，暗绿色，无光泽，无毛。在成熟的植株上除下部缩短的羽片不育外，几乎全部羽片均能育。

分布地： 广布于我国热带和亚热带，以秦岭南坡为其在我国分布的北方界线。北起陕西(秦岭以南)、甘肃东南部(康县)及河南西南部(卢氏、西峡、内乡、镇平)，东自浙江，经福建、江西、安徽、湖北、湖南，西达四川、贵州、云南及西藏，南到广西、广东及台湾。生钙质土或石灰岩上，达海拔2000m以下，也常生于石隙或墙壁上，在不同的生境下，形体大小变异很大。在旧大陆其他热带及亚热带地区也分布很广。

中华短肠蕨 蹄盖蕨科 Athyriaceae 短肠蕨属 别名：华双盖蕨

Allantodia chinensis(Bak.)Ching in Acta Phytotax. Sin. 9(1)：57. 1964.

主要形态学特征： 夏绿中型植物。根状茎横走，直径5~8mm，黑褐色，先端密被鳞片；鳞片

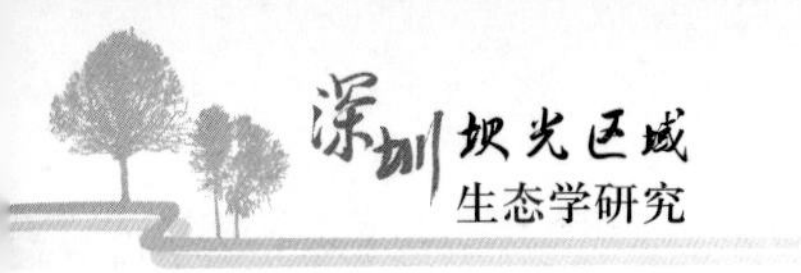

褐色至黑褐色，披针形，先端长渐尖，长5~8mm，全缘，膜质；叶近生。能育叶长达1m左右；叶柄长20~50cm，直径2~3mm，基部黑褐色，疏被鳞片，向上变为深禾秆色，光滑，上面有浅沟；叶片三角形，长30~60cm，基部宽25~40cm，羽裂渐尖的顶部以下二回羽状—小羽片羽状深裂至全裂；侧生羽片达13对，斜展，多数互生，不对称(下侧小羽片较大)，先端羽裂渐尖，基部1对最大，近对生或对生，矩圆阔披针形，长20~30cm，宽10~12cm，柄长1~3.5cm，近叶片顶部的几对缩小，呈披针形，羽状深裂，略有短柄或无柄；侧生小羽片约达13对，平展，多数互生，对称或近对称，略有短柄或无柄，披针形至矩圆形，长5~8cm，宽1.5~2cm，羽状深裂达中肋，裂片以狭翅相连，先端渐尖，基部阔楔形至浅心形；小羽片的裂片达15对，略斜向上，矩圆形至线状披针形，先端钝圆或急尖，边缘有粗齿；叶脉羽状，上面不明显，下面可见。叶草质，干后呈草绿色或褐绿色，两面光滑；叶轴及羽轴禾秆色，光滑，上面有浅沟。孢子囊群细短线形，偶有长椭圆形至椭圆形，在小羽片的裂片上达5~6对，生于小脉中部或接近主脉，多数单生于小脉上侧，部分双生，其长多数超过小脉长度的1/2~2/3；囊群盖成熟时浅褐色，膜质，从一侧张开，宿存或部分残留。孢子近肾形，周壁不明显，表面具不规则的刺状纹饰。

分布地：分布于江苏南部(太湖洞庭山)、上海(孔庙)、安徽(祁县、休宁)、浙江(杭州、宁波、鄞县、诸暨、金华、丽水、乐清)、江西(庐山、高安、德兴大茅山、井冈山、定南)、福建(武夷山、泰宁、福州、南靖)、广西(百色)、四川(成都、峨眉山、雅安)、重庆(酉阳)、贵州(安顺)。生于山谷林下溪沟边、石隙及公园阴处沟边、砌石隙，海拔10~800m。也分布于韩国(济州岛)、日本(本州、四国、九州、琉球群落)及越南北部(谅山)。

主要经济用途：药用。

单叶双盖蕨 蹄盖蕨科 Athyriaceae 双盖蕨属

Diplazium subsinuatum(Wall. ex Hook. et Grev.)Tagawa, Col. Ill. Jap. Pterid. 135, t. 55, f. 298. 1959.

主要形态学特征：根状茎细长，横走，被黑色或褐色披针形鳞片；叶远生。能育叶长达40cm；叶柄长8~15cm，淡灰色，基部被褐色鳞片；叶片披针形或线状披针形，长10~25cm，宽2~3cm，两端渐狭，边缘全缘或稍呈波状；中脉两面均明显，小脉斜展，每组3~4条，通直，平行。叶干后纸质或近革质。孢子囊群线形，沿小脉斜展，在每组小脉上通常有1条，生于基部上出小脉，距主脉较远，单生或偶有双生；囊群盖成熟时膜质，浅褐色。孢子赤道面观圆肾形，周壁薄而透明，表面具不规的粗刺状或棒状突起，突起顶部具稀少而小的尖刺。

分布地：广布于河南(大别山区)、江苏南部、安徽、浙江、江西、福建、台湾、湖南、广东及沿海岛屿、海南、广西、四川、贵州、云南。通常生于溪旁林下酸性土或岩石上，海拔200~1600m。也广泛分布于日本、菲律宾、越南、缅甸、尼泊尔、印度、斯里兰卡。

乌毛蕨 乌毛蕨科 Blechnaceae 毛蕨属

别名：龙船蕨(广州)

Blechnum orientale L. Sp. Pl. 2: 1077. 1753, occidentale ex err.; ed. Ⅱ. 2: 1535. 1764.

主要形态学特征：植株高0.5~2m。根状茎直立，粗短，木质，黑褐色，先端及叶柄下部密被鳞片；鳞片狭披针形，长约1cm，先端纤维状，全缘，中部深棕色或褐棕色，边缘棕色，有光泽。叶簇生于根状茎顶端；柄长3~80cm，粗3~10mm，坚硬，基部往往为黑褐色，向上为棕禾秆色或棕绿色，无毛；叶片卵状披针形，长达1m左右，宽20~60cm，一回羽状；羽片多数，二形，互生，无柄，向上羽片突然伸长，疏离，能育，至中上部羽片最长，斜展，线形或线状披针形，长10~30cm，宽5~18mm，先端长渐尖或尾状渐尖，基部圆楔形，下侧往往与叶轴合生，全缘或呈微波状，上部羽片向上逐渐缩短，基部与叶轴合生并沿叶轴下延，顶生羽片与其下的侧生羽片同形，但长于其下的侧生羽片。叶脉上面明显，主脉两面均隆起，上面有纵沟，小脉分离，平行。叶近革

质，干后棕色，无毛。孢子囊群线形，连续，紧靠主脉两侧，与主脉平行，仅线形或线状披针形的羽片能育(通常羽片上部不育)；囊群盖线形，开向主脉，宿存。

凭证标本： 深圳坝光，李佳婷(009，051)、黄丽娟(001)、杨志明(001)、魏若宇(073)。

分布地： 产广东、广西、海南、台湾、福建、西藏(墨脱)、四川(峨眉山、屏山、乐山、江安)、重庆、云南(思茅、河口、孟连、镇康、西双版纳)、贵州(三都、册亨)、湖南(江华、宜章、靖县)、江西(永丰、遂川、兴国、全南、宜丰、萍乡)、浙江(遂昌、南雁荡)。生长于较阴湿的水沟旁及坑穴边缘，也生长于山坡灌丛中或疏林下，海拔 300~800m。也分布于印度、斯里兰卡、东南亚、日本至波利尼西亚。

主要经济用途： 可食用和药用。

苏铁蕨 乌毛蕨科 Blechnaceae　苏铁蕨属

Brainea insignis(Hook.)J. Sm. Cat. Kew Ferns 5. 1856.

主要形态学特征： 植株高达 1.5m。主轴直立或斜上，粗 10~15cm，单一或有时分叉，黑褐色，木质，坚实，顶部与叶柄基部均密被鳞片；鳞片线形，长达 3cm，先端钻状渐尖，边缘略具缘毛，红棕色或褐棕色，有光泽，膜质。叶簇生于主轴的顶部，略呈二形；叶柄长 10~30cm，粗 3~6mm，棕禾秆色，坚硬，光滑或下部略显粗糙；叶片椭圆披针形，长 50~100cm，一回羽状；羽片 30~50 对，对生或互生，线状披针形至狭披针形，先端长渐尖，基部为不对称的心脏形，近无柄，边缘有细密的锯齿，羽片基部略覆盖叶轴，向上的羽片密接或略疏离，斜展，中部羽片最长，达 15cm，宽 7~11mm，羽片基部紧靠叶轴；能育叶与不育叶同形，仅羽片较短较狭，彼此较疏离，边缘有时呈不规则的浅裂。叶脉两面均明显，沿主脉两侧各有 1 行三角形或多角形网眼，网眼外的小脉分离，单一或一至二回分叉。叶革质，干后上面灰绿色或棕绿色，光滑，下面棕色，光滑或于下部(特别在主脉下部)有少数棕色披针形小鳞片；叶轴棕禾秆色，上面有纵沟，光滑。孢子囊群沿主脉两侧的小脉着生，成熟时逐渐满布于主脉两侧，最终满布于能育羽片的下面。

分布地： 广布于广东及广西，也产于海南(东方、琼中)、福建南部(安溪、平和、云霄)、台湾(南投)及云南(河口、屏边、澜沧、江城、富宁、孟连)。生山坡向阳地方，海拔 450~1700m。也广布于从印度经东南亚至菲律宾的亚洲热带地区。

主要经济用途： 药理、观赏、食用。

华南毛蕨 金星蕨科 Thelypteridaceae　毛蕨属

别名：密毛毛蕨

Cyclosorus parasiticus(L.)Farwell. in Amer. Midl. Naturalist 12：259. 1931.

主要形态学特征： 植株高达 70cm。根状茎横走，粗约 4mm，连同叶柄基部有深棕色披针形鳞片。叶近生；叶柄长达 40cm，粗约 2mm，深禾秆色，基部以上偶有一二柔毛；叶片长 35cm，长圆披针形，先端羽裂，尾状渐尖头，基部不变狭，二回羽裂；羽片 12~16 对，无柄，顶部略向上弯弓或斜展，中部以下的对生，相距 2~3cm，向上的互生，彼此接近，相距约 1.5cm，中部羽片长 10~11cm，中部宽 1.2~1.4cm，披针形，先端长渐尖，基部平截，略不对称，羽裂达 1/2 或稍深；裂片 20~25 对，斜展，彼此接近，基部上侧一片特长，6~7mm，其余的长 4~5mm，长圆形，钝头或急尖头，全缘。叶脉两面可见，侧脉斜上，单一，每裂片 6~8 对(基部上侧裂片有 9 对，偶有二叉)。叶草质，干后褐绿色，上面除沿叶脉有一二伏生的针状毛外，脉间疏生短糙毛，下面沿叶轴、羽轴及叶脉密生具一二分隔的针状毛，脉上并饰有橙红色腺体。孢子囊群圆形，生侧脉中部以上，每裂片(1~2)4~6 对；囊群盖小，膜质，棕色，上面密生柔毛，宿存。

特征差异研究： 深圳坝光，羽片长 1.5~9cm，宽 0.5~1.5cm，与上述特征相比，叶子相对偏小。

凭证标本：深圳坝光，莫素祺(027)、邱小波(054)。

分布地：产浙江南部及东南部、福建(崇安、福州)、台湾(台北、新竹、台中、南投、台南、高雄、台东、屏东)、广东(罗浮山、惠阳、怀集、信宜、鼎湖、大埔、徐闻、云浮)、海南(昌江、崖县)、湖南(宜章)、江西(井冈山、寻乌、定南)、重庆(缙云山)、广西(武鸣、大明山；龙州、百色、梧州)、云南东南部(河口)。生山谷密林下或溪边湿地，海拔90~1900m。日本、韩国、尼泊尔、缅甸、印度南部、斯里兰卡、越南、泰国、印度尼西亚(爪哇)、菲律宾均有分布。

主要经济用途：药用。

三叉蕨 叉蕨科 Aspidiaceae 叉蕨属

Tectaria subtriphylla(Hook. et Arn.)Cop. in Philip. Journ, Sci. Bot. 2：410. 1907.

主要形态学特征：植株高50~70cm。根状茎长而横走，粗约5mm，顶部及叶柄基部均密被鳞片；鳞片线状披针形，长3~4mm，先端长渐尖，全缘，膜质，褐棕色。叶近生；叶柄长20~40cm，基部粗约3mm，深禾秆色，上面有浅沟，全部疏被有关节的淡棕色短毛；叶二型，不育叶三角状五角形，长25~35cm，基部宽20~25cm，先端长渐尖，基部近心形，一回羽状，能育叶与不育叶形状相似但各部均缩狭；顶生羽片三角形，长15~20cm，基部宽约15cm，基部楔形而下延，两侧羽裂，基部一对裂片最长；侧生羽片1~2对，对生，稍斜向上，间隔1.5~2.5cm，基部一对柄长约1cm，向上部的近无柄；基部一对羽片最大，三角披针形至三角形，长约15cm，基部宽约10cm，先端长渐尖，基部截形至浅心形，其两侧有1对近平展的披针形小裂片，边缘有波状圆裂片；第二对羽片椭圆披针形，长10~12cm，基部宽3~4cm，先端长渐尖，基部斜截形而稍与叶轴合生，全缘或有浅波状的圆裂片。叶脉连结成近六角形网眼，有分叉的内藏小脉，两面均明显而稍隆起，下面隆起并疏被有关节的淡棕色短毛。叶纸质，干后褐绿色，上面光滑，下面疏被有关节的淡棕色短毛；叶轴及羽轴禾秆色，上面均被有关节的短毛，羽轴下面密被开展的有关节的淡棕色长毛。孢子囊群圆形，生于小脉连结处，在侧脉间有不整齐的2至多行；囊群盖圆肾形，坚膜质，棕色，脱落。

特征差异研究：深圳坝光，羽片长19.4~21.5cm，宽4.7~7.8cm，叶柄0.3~2.2cm。

凭证标本：深圳坝光，李志伟(051)、温海洋(067)、赵顺(054)。

分布地：产台湾(台北、南投、嘉义、高雄、平东、台东)、福建(南靖)、广东(高要，鼎湖山、博罗，罗浮山、南海，西樵山、英德，滑水山、广州，白云山、乐昌、翁源、怀集、顺德、新兴、茂名、汕头、宝安、恩平)、海南(海口、万宁、陵水，尖山、昌江，佳切山、定安，毛祥山、儋县，沙煲山，红毛山、临高，莲花山、乐东，尖峰岭、崖县，南岭)、广西(武鸣，大明山、横县、藤县)、贵州(荔波)、云南(屏边，大围山)。生山地或河边密林下阴湿处或岩石上，海拔100~450m。印度、斯里兰卡、缅甸、越南、印度尼西亚、波利尼西亚亦产之。

主要经济用途：药用。

肾蕨 肾蕨科 Nephrolepidaceae 肾蕨属

Tectaria subtriphylla(Hook. et Arn.)Cop. in Philip. Journ, Sci. Bot. 2：410. 1907.

主要形态学特征：附生或土生植物。根状茎直立，被蓬松的淡棕色长钻形鳞片，下部有粗铁丝状的匍匐茎向四方横展，匍匐茎棕褐色，粗约1mm，长达30cm，不分枝，疏被鳞片，有纤细的褐棕色须根；匍匐茎上生有近圆形的块茎，直径1~1.5cm，密被与根状茎上同样的鳞片。叶簇生，柄长6~11cm，粗2~3mm，暗褐色，略有光泽，上面有纵沟，下面圆形，密被淡棕色线形鳞片；叶片线状披针形或狭披针形，长30~70cm，宽3~5cm，先端短尖，叶轴两侧被纤维状鳞片，一回羽状，羽状多数，45~120对，互生，常密集而呈覆瓦状排列，披针形，中部的一般长约2cm，宽6~7mm，先端钝圆或有时为急尖头，基部心脏形，通常不对称，下侧为圆楔形或圆形，上侧为三角状耳形，几无柄，以关节着生于叶轴，叶缘有疏浅的钝锯齿，向基部的羽片渐短，常变为卵状三角形，长不及1cm。叶脉明显，侧脉纤细，自主脉向上斜出，在下部分叉，小脉直达叶边附近，顶端具纺锤形水囊。叶坚草质或草质，干后棕绿色或褐棕色，光滑。孢子囊群成1行位于主脉两侧，肾形，少有为圆肾形或近圆形，长1.5mm，宽不及1mm，生于每组侧脉的上侧小脉顶端，位于从叶边至主脉的1/3处；囊群盖肾形，褐棕色，边缘色较淡，无毛。

分布地：生溪边林下，海拔30~1500m。产中国浙江、福建、台湾、湖南南部、广东、海南、广西、贵州、云南和西藏(察隅、墨脱)。广布于全世界热带及亚热带地区。

主要经济用途：普遍栽培用于观赏；块茎富含淀粉，可食，亦可供药用。以全草和块茎入药，主治感冒发热，咳嗽，肺结核咯血，痢疾，急性肠炎等。

线蕨 水龙骨科 Polypodiaceae 线蕨属

Colysis elliptica(Thunb.)Ching, Bull. Fan Mem. Inst. Biol. 4: 333. 1933.

主要形态学特征：植株高20~60cm。根状茎长而横走，密生鳞片，只具星散的厚壁组织，有时有极纤细的环形维管束鞘，根密生；鳞片褐棕色，卵状披针形，长3.83(1.1~7.6)mm，宽1.31(0.6~2.3)mm，长宽比为3.06(1.43~5.5)，顶端渐尖，基部圆形，边缘有疏锯齿。叶远生，近二型；不育叶的叶柄长23.7(6.5~48.5)cm，禾秆色，基部密生鳞片，向上光滑；叶片长圆状卵形或卵状披针形，长42(20~70)cm，宽15(8~22)cm，顶端圆钝，一回羽裂深达叶轴；羽片或裂片6(3~11)对，对生或近对生，下部的分离，狭长披针形或线形，长9.6(4.5~15)cm，宽1.2(0.3~2.2)mm，顶端长渐尖，基部狭楔形而下延，在叶轴两侧形成狭翅，翅宽3(0~6)mm，全缘或稍呈不明显浅波状；能育叶和不育叶近同形，但叶柄较长，羽片远较狭或有时近等大；中脉明显，侧脉及小脉均不明显；叶纸质，较厚，干后稍呈褐棕色，两面无毛。孢子囊群线形，斜展，在每对侧脉间各排列成一行，伸达叶边；无囊群盖。孢子极面观为椭圆形，赤道面观为肾形。大小为(21.3~33.8)27.1μm×48(42.5~53.8)μm。单裂缝，裂缝长度为孢子全长的1/3~1/2。周壁表面具球形颗粒和缺刻状刺。有时脱落，则表面光滑。

分布地：产江苏(宜兴)、安徽(黄山、祁门、黟县)、浙江(杭州、缙云、开化、龙泉、宁波、宁海、四明山、遂昌、天台、仙霞岭、雁荡山、鄞县、乐清)、江西(安远、大余、广昌、会昌、吉安、井冈山、龙南、庐山、南丰、南康、全南、石城、遂川、宜丰、宜黄、永丰、永修、玉山、资溪)、福建(崇安、长汀、德化、建宁、建阳、南靖、南平、平和、上杭、沙县、泰宁、武平)、湖南(江永、宜章、阳明山、岳麓山)、广东(博罗、从化、大埔、东莞、封开、丰顺、高要、怀集、惠阳、江门、乐昌、连南、连平、连山、龙门、罗浮山、平远、青云山、饶平、乳源、深圳、始兴、翁源、新丰、新会、信宜、英德、云浮)、海南(白沙、保亭、万宁、五指山)、香港(大埔、新界)、广西(百色、苍梧、崇左、防城、凤山、扶绥、桂林、桂平、贺县、临桂、凌云、隆安、龙州、那坡、宁明、平南、三江、天峨、武鸣、象州、新丰、瑶山、阳朔、永福、昭平)、贵州(荔波、望谟)和云南(河口、马关、文山)等省区。生于海拔100~2500m的山坡林下或溪边岩石上。日本、越南也有分布。

杉木 杉科 Taxodiaceae 杉木属

别名：沙木、沙树、正杉、正木、木头树、刺杉、杉

Cunninghamia lanceolata(Lamb.)Hook. in Cultis's Bot. Mag. 54: t. 2743. 1827.

主要形态学特征：乔木，高达30m，胸径可达2.5~3m；幼树树冠尖塔形，大树树冠圆锥形，树皮灰褐色，裂成长条片脱落，内皮淡红色；大枝平展，小枝近对生或轮生，常成二列状，幼枝绿色，光滑无毛；冬芽近圆形，有小型叶状的芽鳞，花芽圆球形、较大。叶在主枝上辐射伸展，侧枝

之叶基部扭转成二列状，披针形或条状披针形，通常微弯、呈镰状，革质、竖硬，长2~6cm，宽3~5mm，边缘有细缺齿，先端渐尖，稀微钝，上面深绿色，有光泽，除先端及基部外两侧有窄气孔带，微具白粉或白粉不明显，下面淡绿色；老树之叶通常较窄短、较厚，上面无气孔线。雄球花圆锥状，长0.5~1.5cm，有短梗，通常40余个簇生枝顶；雌球花单生或2~3(~4)个集生，绿色，苞鳞横椭圆形，先端急尖，上部边缘膜质，有不规则的细齿，长宽几相等，3.5~4mm。球果卵圆形，长2.5~5cm，径3~4cm；熟时苞鳞革质，棕黄色，三角状卵形，长约1.7cm，宽1.5cm，先端有坚硬的刺状尖头，边缘有不规则的锯齿；种鳞很小，先端三裂，侧裂较大，裂片分离，先端有不规则细锯齿，腹面着生3粒种子；种子扁平，遮盖着种鳞，长卵形或矩圆形，暗褐色，有光泽，两侧边缘有窄翅。

特征差异研究：深圳坝光，叶长1.6~6.3cm，宽0.2~0.4cm。

凭证标本：深圳坝光，吴凯涛(033)。

分布地：为我国长江流域、秦岭以南地区栽培最广、生长快、经济价值高的用材树种。栽培区北起秦岭南坡，河南桐柏山，安徽大别山，江苏句容、宜兴，南至广东信宜，广西玉林、龙津，云南广南、麻栗坡、屏边、昆明、会泽、大理，东自江苏南部、浙江、福建西部山区，西至四川大渡河流域(泸定磨西面以东地区)及西南部安宁河流域。垂直分布的上限常随地形和气候条件的不同而有差异。在东部大别山区海拔700m以下，福建戴云山区1000m以下，四川峨眉山海拔1800m以下，云南大理海拔2500m以下。越南也有分布。

主要经济用途：木材黄白色，有时心材带淡红褐色，质较软，细致，有香气，纹理直，易加工，比重0.38，耐腐力强，不受白蚁蛀食。供建筑、桥梁、造船、矿柱、木桩、电杆、家具及木纤维工业原料等用材。树皮含单宁。

小叶罗汉松

罗汉松科 Podocarpaceae　罗汉松
别名：小叶竹柏松、短叶罗汉松

Podocarpus brevifolius(Stapf) Foxw. in Philipp. Journ. Sci. Bot. 6: 160. t. 29. f. 2. 1911.

主要形态学特征：乔木，高达15m，胸径30cm；树皮不规则纵裂，赭黄带白色或褐色；枝条密生，小枝向上伸展，淡褐色，无毛，有棱状隆起的叶枕。叶常密生枝的上部，叶间距离极短，革质或薄革质，斜展，窄椭圆形、窄矩圆形或披针状椭圆形，长1.5~4cm，宽3~8mm(幼树或萌芽枝的叶长达5.5cm，宽达11mm，先端钝、有凸起的小尖头)，上面绿色，有光泽，中脉隆起，下面色淡，干后淡褐色，中脉微隆起，伸至叶尖，边缘微向下卷曲，先端微尖或钝，基部渐窄，叶柄极短、长1.5~4mm。雄球花穗状、单生或2~3个簇生叶腋，长1~1.5cm，径1.5~2mm，近于无梗，基部苞片约6枚，花药卵圆形，几乎无花丝；雌球花单生叶腋，具短梗。种子椭圆状球形或卵圆形，长7~8mm或稍长，先端钝圆、有凸起的小尖头，种托肉质，圆柱形，长达3mm，径3~4mm，梗长5~15mm。

特征差异研究：深圳坝光，叶长4~8cm，宽0.4~0.5cm，叶柄1~5cm，种子卵圆形，长1cm，直径0.5cm，种托肉质，圆柱形，长达8mm，径4mm，梗长4mm。与上述特征描述相比，叶长偏大，叶宽偏窄。

凭证标本：深圳坝光，廖栋耀(054)。

分布地：产于广西金秀、广东南部及海南岛琼中(五指山)、白沙(黎母岭)、保亭(吊罗山)和陵水等地海拔700~1200m山地，云南东南部(麻栗坡、西畴等)海拔1000~2000m地带。喜阴湿环境，常散生于常绿阔叶树林中或生于高山矮林内，或生于岩缝间。菲律宾、印度尼西亚也有分布。

主要经济用途：木材结构细致、均匀，纹理直，强度大，比重0.63~0.73，易加工，干后不裂。可供家具、器具、车辆、农具等用材。

罗汉松 罗汉松科 Podocarpaceae 罗汉松属

别名：罗汉杉、土杉

Podocarpus macrophyllus(Thunb.)D. Don in Lamb. Descr. Gen. Pinus 2：22. 1824, ed. 2. 2：123. 1828.

主要形态学特征：乔木，高达20m，胸径达60cm；树皮灰色或灰褐色，浅纵裂，成薄片状脱落；枝开展或斜展，较密。叶螺旋状着生，条状披针形，微弯，长7~12cm，宽7~10mm，先端尖，基部楔形，上面深绿色，有光泽，中脉显著隆起，下面带白色、灰绿色或淡绿色，中脉微隆起。雄球花穗状、腋生，常3~5个簇生于极短的总梗上，长3~5cm，基部有数枚三角状苞片；雌球花单生叶腋，有梗，基部有少数苞片。种子卵圆形，径约1cm，先端圆，熟时肉质假种皮紫黑色，有白粉，种托肉质圆柱形，红色或紫红色，柄长1~1.5cm。

分布地：产于江苏、浙江、福建、安徽、江西、湖南、四川、云南、贵州、广西、广东等省区，栽培于庭园作观赏树。野生的树木极少。日本也有分布。

主要经济用途：材质细致均匀，易加工。可作家具、器具、文具及农具等用材。

罗浮买麻藤 买麻藤科 Gnetaceae 买麻藤属

Gnetum lofuense C. Y. Cheng，植物分类学报，13(4)：89. 图66. 1975.

主要形态学特征：藤本；茎枝圆形，皮紫棕色，皮孔浅不显著。叶片薄或稍带革质，矩圆形或矩圆状卵形，长10~18cm，宽5~8cm，先端短渐尖，基部近圆形或宽楔形，侧脉9~11对，明显，由中脉近平展伸出，小脉网状，在叶背较明显，叶柄长8~10mm。雌雄花均未见。成熟种子矩圆状椭圆形，长约2.5cm，径约1.5cm，顶端微呈急尖状，基部宽圆，无柄，种脐宽扁，宽3~5mm。

特征差异研究：深圳坝光，叶长7.0~11.5cm，叶宽2.8~4.0cm，叶柄0.7~0.8cm。

凭证标本：深圳坝光，温海洋(063)、李志伟(052)。

分布地：产于广东(罗浮山、高要)、福建(南平、龙岩)和江西南部(寻乌)。生于林中，缠绕于树上。

买麻藤 买麻藤科 Gnetaceae 买麻藤属

别名：倪藤

Gnetum montanum Markgr. in Bull. Jard. Bot. Buitenz. ser. 3. 10(4)：406. t. 8, f. 5-8. 1930; Leandri in Lec. Fl. Gen. Indo-Chine 5：1057. f. 120(5-8). 1931.

主要形态学特征：大藤本，高达10m以上，小枝圆或扁圆，光滑，稀具细纵皱纹。叶形大小多变，通常呈矩圆形，稀矩圆状披针形或椭圆形，革质或半革质，长10~25cm，宽4~11cm，先端具短钝尖头，基部圆或宽楔形，侧脉8~13对，叶柄长8~15mm。雄球花序1~2回三出分枝，排列疏松，长2.5~6cm，总梗长6~12mm，雄球花穗圆柱形，长2~3cm，径2.5~3mm，具13~17轮环状总苞，每轮环状总苞内有雄花25~45，排成两行，雄花基部有密生短毛，假花被稍肥厚盾形筒，顶端平，成不规则的多角形或扁圆形，花丝连合，约1/3自假花被顶端伸出，花药椭圆形，花穗上端具少数不育雌花排成一轮；雌球花序侧生老枝上，单生或数序丛生，总梗长2~3cm，主轴细长，有3~4对分枝，雌球花穗长2~3cm，径约4mm，每轮环状总苞内有雌花5~8，胚珠椭圆状卵圆形，先端有短珠被管，管口深裂成条状裂片，基部有少量短毛；雌球花穗成熟时长约10cm。种子矩圆状卵圆形或矩圆形，长1.5~2cm，径1~1.2cm，熟时黄褐色或红褐色，光滑，种子柄长2~5mm。

分布地：产于云南南部25°N以南(庐西、景东、思茅、西双版纳、屏边)及广西(上思、容县、罗城)、广东(云雾山、罗浮山及海南岛)海拔1600~2000m地带的森林中，缠绕于树上。印度、缅甸、泰国、老挝及越南也有分布。

主要经济用途：茎皮含韧性纤维，可织麻袋、渔网、绳索等，又供制人造棉原料。种子可炒食或榨油，亦可酿酒，树液为清凉饮料。

白兰

木兰科 Magnoliaceae　含笑属
别名：白兰花、白玉兰

Michelia alba DC. Syst. 1: 449. 1818; Dandy in Not. Bot. Gard. Edinb. 16: 129. 1928.

主要形态学特征： 常绿乔木，高达17m，枝广展，呈阔伞形树冠；胸径30cm；树皮灰色；揉枝叶有芳香；嫩枝及芽密被淡黄白色微柔毛，老时毛渐脱落。叶薄革质，长椭圆形或披针状椭圆形，长10~27cm，宽4~9.5cm，先端长渐尖或尾状渐尖，基部楔形，上面无毛，下面疏生微柔毛，干时两面网脉均很明显；叶柄长1.5~2cm，疏被微柔毛；托叶痕几达叶柄中部。花白色，极香；花被片10片，披针形，长3~4cm，宽3~5mm；雄蕊的药隔伸出长尖头；雌蕊群被微柔毛，雌蕊群柄长约4mm；心皮多数，通常部分不发育，成熟时随着花托的延伸，形成蓇葖疏生的聚合果；蓇葖熟时鲜红色。

特征差异研究： 深圳坝光，叶长5.0~16.0cm，叶宽3.0~5.3cm，叶柄0.5~1.0cm。

凭证标本： 深圳坝光，叶蓁(016)。

分布地： 原产印度尼西亚爪哇，现广植于东南亚。我国福建、广东、广西、云南等省区栽培极盛，长江流域各省区多盆栽，在温室越冬。

主要经济用途： 花洁白清香、夏秋间开放，花期长，叶色浓绿，为著名的庭园观赏树种，多栽为行道树。花可提取香精或薰茶，也可提制浸膏供药用，有行气化浊、治咳嗽等效。鲜叶可提取香油，称“白兰叶油”，可供调配香精；根皮入药，治便秘。

假鹰爪

番荔枝科 Annonaceae　假鹰爪属
别名：山指甲、狗牙花、酒饼叶、酒饼藤、鸡脚趾、爪芋根、鸡爪叶、鸡爪笼、鸡爪木、鸡爪风、鸡爪枝、鸡爪根、鸡爪香、鸡爪珠、鸡肘风、鸡香草、灯笼草、五爪龙、双柱木、黑节竹、碎骨藤、复轮藤、波蔗、朴蛇、半夜兰

Desmos chinensis Lour. Fl. Cochinch. 352. 1790.

主要形态学特征： 直立或攀缘灌木，有时上枝蔓延。叶薄纸质或膜质，长圆形或椭圆形，少数为阔卵形，长4~13cm，宽2~5cm，顶端钝或急尖，基部圆形或稍偏斜，上面有光泽，下面粉绿色。花黄白色，单朵与叶对生或互生；花梗长2~5.5cm，无毛；萼片卵圆形，长3~5mm，外面被微柔毛；外轮花瓣比内轮花瓣大，长圆形或长圆状披针形，长达9cm，宽达2cm，内轮花瓣长圆状披针形，长达7cm，宽达1.5cm；心皮长圆形，长1~1.5mm，被长柔毛，柱头近头状，向外弯，顶端2裂。

特征差异研究： 深圳坝光，叶长4.4~14.5cm，叶宽1.8~4.4，叶柄长0.3~0.6cm。与上述特征描述相比，基本符合。

凭证标本： 深圳坝光，陈鸿辉(046)、陈志洁(077)。

分布地： 产于广东、广西、云南和贵州。生于丘陵山坡、林缘灌木丛中或低海拔旷地、荒野及山谷等地。印度、老挝、柬埔寨、越南、马来西亚、新加坡、菲律宾和印度尼西亚也有。

主要经济用途： 根、叶可药用，主治风湿骨痛、产后腹痛、跌打、皮癣等；兽医用作治牛臌胀、肠胃积气、牛伤食宿草不转等。茎皮纤维可作人造棉和造纸原料，亦可代麻制绳索。海南民间用其叶制酒饼，故有“酒饼叶”之称。

瓜馥木

番荔枝科 Annonaceae　瓜馥木属
别名：山龙眼藤、狗夏茶、飞杨藤、钻山风、铁钻、小香藤、香藤风、古风子、降香藤、火索藤、笼藤、狐狸桃、藤龙眼、毛瓜馥木

Fissistigma oldhamii (Hemsl.) Merr. in Philip. Journ. Sci. Bot. 15: 134. 1919, et in Lingnan Sci. Journ. 5: 78. 1927.

主要形态学特征： 攀缘灌木，长约8m；小枝被黄褐色柔毛。叶革质，倒卵状椭圆形或长圆形，长6~12.5cm，宽2~5cm，顶端圆形或微凹，有时急尖，基部阔楔形或圆形，叶面无毛，叶背被短柔毛，老渐几无毛；侧脉每边16~20条，上面扁平，下面凸起；叶柄长约1cm，被短柔毛。花长约

1.5cm，直径1~1.7cm，1~3朵集成密伞花序；总花梗长约2.5cm；萼片阔三角形，长约3mm，顶端急尖；外轮花瓣卵状长圆形，长2.1cm，宽1.2cm，内轮花瓣长2cm，宽6mm；雄蕊长圆形，长约2mm；花柱稍弯，无毛，柱头顶端2裂，每心皮有胚珠约10颗，2排。

特征差异研究：深圳坝光，叶柄长1.1~1.8cm。

凭证标本：深圳坝光，魏若宇(046)。

分布地：产于浙江、江西、福建，台湾、湖南、广东、广西、云南。生于低海拔山谷水旁灌木丛中。越南也有。

主要经济用途：茎皮纤维可编麻绳、麻袋和造纸；花可提制瓜馥木花油或浸膏，用于调制化妆品、皂用香精的原料；种子油供工业用油和调制化妆品。根可药用，治跌打损伤和关节炎。果成熟时味甜，去皮可吃。

紫玉盘

番荔枝科 Annonaceae　紫玉盘属

别名：油椎、蕉藤、牛老头、山芭豆、广肚叶、行蕉果、草乌、缸瓮树、牛荃子、牛刀树、山梗子、酒饼木、石龙叶、小十八风藤

Uvaria microcarpa Champ. ex Benth. in Hook. Kew Journ. Bot. 3: 256. 1851.

主要形态学特征：直立灌木，高约2m，枝条蔓延性；幼枝、幼叶、叶柄、花梗、苞片、萼片、花瓣、心皮和果均被黄色星状柔毛，老渐无毛或几无毛。叶革质，长倒卵形或长椭圆形，长10~23cm，宽5~11cm，顶端急尖或钝，基部近心形或圆形；侧脉每边约13条，在叶面凹陷，叶背凸起。花1~2朵，与叶对生，暗紫红色或淡红褐色，直径2.5~3.5cm；花梗长2cm以下；萼片阔卵形，长约5mm，宽约10mm；花瓣内外轮相似，卵圆形，长约2cm，宽约1.3cm，顶端圆或钝；雄蕊线形，长约9mm，药隔卵圆形，无毛，最外面的雄蕊常退化为倒披针形的假雄蕊；心皮长圆形或线形，长约5mm，柱头马蹄形。

特征差异研究：深圳坝光，叶长9.4~14cm，叶宽3.8~7.3cm，叶柄长0.2~0.9cm。

凭证标本：深圳坝光，赖标汶(024)、黄启聪(021)、邱小波(106)、赵顺(055，057)、陈鸿辉(057)、叶蓁(019)。

分布地：产于广西、广东和台湾。生于低海拔灌木丛中或丘陵山地疏林中。越南和老挝也有。

主要经济用途：茎皮纤维坚韧，可编织绳索或麻袋。根可药用，治风湿、跌打损伤、腰腿痛等；叶可止痛消肿。兽医用作治牛膨胀，可健胃，促进反刍和跌打肿痛。

樟

樟科 Lauraceae　樟属

别名：香樟、樟树

Cinnamomum camphora(Linn.)Presl, Priorz, Rostlin 2: 36 et 47-56, t. 8. 1825.

主要形态学特征：常绿大乔木，高可达30m，直径可达3m，树冠广卵形；枝、叶及木材均有樟脑气味；树皮黄褐色，有不规则的纵裂。顶芽广卵形或圆球形，鳞片宽卵形或近圆形，外面略被绢状毛。枝条圆柱形，淡褐色，无毛。叶互生，卵状椭圆形，长6~12cm，宽2.5~5.5cm，先端急尖，基部宽楔形至近圆形，边缘全缘，软骨质，有时呈微波状，上面绿色或黄绿色，有光泽，下面黄绿色或灰绿色，晦暗，两面无毛或下面幼时略被微柔毛，具离基三出脉，有时过渡到基部具不显的5脉，中脉两面明显，上部每边有侧脉1~5(~7)条，基生侧脉向叶缘一侧有少数支脉，侧脉及支脉脉腋上面明显隆起，下面有明显腺窝，窝内常被柔毛；叶柄纤细，长2~3cm，腹凹背凸，无毛。圆锥花序腋生，长3.5~7cm，具梗，总梗长2.5~4.5cm，与各级序轴均无毛或被灰白至黄褐色微柔毛，被毛时往往在节上尤为明显。花绿白或带黄色，长约3mm；花梗长1~2mm，无毛。花被外面无毛或被微柔毛，内面密被短柔毛，花被筒倒锥形，长约1mm，花被裂片椭圆形，长约2mm。能育雄蕊9，长约2mm，花丝被短柔毛。退化雄蕊3，位于最内轮，箭头形，长约1mm，被短柔毛。子房球形，长约1mm，无毛，花柱长约1mm。果卵球形或近球形，直径6~8mm，紫黑色；果托杯

状，长约5mm，顶端截平，宽达4mm，基部宽约1mm，具纵向沟纹。

分布地：产南方及西南各省区。常生于山坡或沟谷中，但常有栽培的。越南、朝鲜、日本也有分布，其他各国常有引种栽培。

主要经济用途：木材及根、枝、叶可提取樟脑和樟油，樟脑和樟油供医药及香料工业用。果核含脂肪，含油量约40%，油供工业用。根、果、枝和叶入药，有祛风散寒、强心镇痉和杀虫等功效。木材又为造船、橱箱和建筑等用材。

阴香

樟科 Lauraceae　樟属

别名：桂树、山肉桂、香胶叶、山玉桂、野玉桂树、假桂树、野桂树、野樟树、山桂、香桂、香柴、八角、大叶樟、炳继树、桂秧、阿尼茶、小桂皮

Cinnamomum burmannii(C. G. et Th. Nees)Bl. Bijdr. 569. 1826.

主要形态学特征：叶互生或近对生，稀对生，卵圆形、长圆形至披针形，长5.5~10.5cm，宽2~5cm，先端短渐尖，基部宽楔形，革质，上面绿色，光亮，下面粉绿色，晦暗，两面无毛，具离基三出脉；叶柄长0.5~1.2cm；圆锥花序腋生或近顶生，比叶短，长(2~)3~6cm，少花，疏散，密被灰白微柔毛，最末分枝为3花的聚伞花序。花绿白色，长约5mm；花梗纤细，长4~6mm，被灰白微柔毛。花被内外两面密被灰白微柔毛，花被筒短小，倒锥形，长约2mm，花被裂片长圆状卵圆形，先端锐尖。能育雄蕊9，花丝全长及花药背面被微柔毛。

特征差异研究：叶片长6.9~13.3cm，宽2.3~5.2cm；叶柄0.4~1.0cm，对生叶序，全缘。与上述特征描述相比，叶片较大。

凭证标本：深圳坝光，廖栋耀(063)、吴凯涛(038)、温海洋(078)、陈鸿辉(028，035，036，069)、叶蓁(012)、王帆(034)、赖标汶(029)、魏若宇(008，046)。

分布地：产广东、广西、云南及福建。生于疏林、密林或灌丛中，或溪边路旁等处，海拔100~1400m(在云南境内海拔可高达2100m)。印度，经缅甸和越南，至印度尼西亚和菲律宾也有。

主要经济用途：树皮作肉桂皮代用品。其皮、叶、根均可提制芳香油，从树皮提取的芳香油称广桂油，含量0.4%~0.6%，从枝叶提取的芳香油称广桂叶油，含量0.2%~0.3%，广桂油可用作食用香精，亦用于皂用香精和化妆品，广桂叶油则通常用于化妆品香精。叶可代替月桂树的叶作为腌菜及肉类罐头的香料。果核亦含脂肪，可榨油供工业用。本种修干浓荫，为优良的行道树和庭园观赏树，亦有用之作为嫁接肉桂的砧木。从木材来说，适于建筑、枕木、桩木、矿柱、车辆等用材，供上等家具及其他细工用材尤佳。本种的广州商品材名为九春，别称桂木，为良好家具材之一。

八角樟

樟科 Lauraceae　樟属

Cinnamomum ilicioides A. Chev. in Bull. Econ. Indoch. N. S. 20(131-132): 141, 855. 1919.

主要形态学特征：乔木，高5~18m，胸径达90cm，树冠球形；树皮褐色，具深纵裂纹。老枝圆柱形，黑灰色，幼枝浅绿色。叶互生，卵形或卵状长椭圆形，长6~11cm，宽(2.5~)3~6cm，先端锐尖或短渐尖，基部宽楔形至近圆形，近革质，上面淡绿色，光亮，下面浅褐色，晦暗，羽状脉，侧脉每边3~5条，斜升但近叶缘处弯曲，与中脉两面凸起，侧脉脉腋下面常有明显腺窝；叶柄长1.3~2cm。花未见。果序圆锥状，腋生或近顶生，长6.5~7cm，具梗，总梗粗壮，长约2.5cm，与序轴被黄褐色柔毛。果倒卵形，长约2cm，紫黑色；果托钟形，绿色，长1.2~1.8cm，口部宽度和管的长度几相等。

特征差异研究：深圳坝光，叶序为多对生少互生，长椭圆形，叶边缘为全缘；叶长8.1~14.1cm，叶宽3.0~5.0cm，叶柄0.6cm；枝条与叶表面都没有绒毛。与上述特征描述相比，坝光的八角棒叶子较长。

凭证标本：深圳坝光，廖栋耀(064)。

分布地：产广东(海南)、广西(十万大山)。生于林谷或密林中，海拔约800m。越南北部也有。

主要经济用途：八角樟材质优良，抗虫耐腐，是产区群众最喜爱的木材之一，初期生长较快，在湿润地区可以上山造林。

小叶乌药

樟科 Lauraceae　山胡椒属

别名：乌药、鳑魮树、铜钱树、天台乌药、斑皮柴、白背树、鲫鱼姜、细叶樟、土木香、白叶子树、香叶子

Lindera aggregata(Sims)Kosterm, in Reinwardtia 9(1)：98. 1974.

主要形态学特征：常绿灌木或小乔木，高可达5m，胸径4cm；树皮灰褐色；根有纺锤状或结节状膨胀，一般长3.5~8cm，直径0.7~2.5cm，外面棕黄色至棕黑色，表面有细皱纹，有香味，有刺激性清凉感。幼枝青绿色，具纵向细条纹，密被金黄色绢毛，后渐脱落，老时无毛，干时褐色。叶互生，卵形，椭圆形至近圆形，通常长2.7~5cm，宽1.5~4cm，有时可长达7cm，先端长渐尖或尾尖，基部圆形，革质或有时近革质，上面绿色，有光泽，下面苍白色，幼时密被棕褐色柔毛，后渐脱落，三出脉，中脉及第一对侧脉上面通常凹下，少有凸出，下面明显凸出；叶柄长0.5~1cm，有褐色柔毛，后毛被渐脱落。伞形花序腋生，无总梗，常6~8花序集生于一1~2mm长的短枝上，每花序有一苞片，一般有花7朵；花被片6，近等长，外面被白色柔毛，内面无毛，黄色或黄绿色，偶有外乳白内紫红色；花梗长约0.4mm，被柔毛。

特征差异研究：深圳坝光，叶长4.2~7.6cm，叶宽1.8~2.7cm，叶柄长0.4~1.2cm。与上述特征描述相比，坝光的小叶乌药叶子较大。

凭证标本：深圳坝光，吴凯涛(065)。

分布地：产浙江、江西、福建、安徽、湖南、广东、广西、台湾等省区。生于海拔200~1000m向阳坡地、山谷或疏林灌丛中。越南、菲律宾也有分布。

主要经济用途：根药用，一般在11月至次年3月采挖，为散寒理气健胃药。果实、根、叶均可提芳香油制香皂；根、种子磨粉可杀虫。

香叶树

樟科 Lauraceae　山胡椒属

别名：香果树、细叶假樟、千斤香、千金树、野木姜子、香叶子、大香叶

Lindera communis Hemsl. in Journ. Linn. Soc, Bot. 26：387. 1891.

主要形态学特征：常绿灌木或小乔木，高(1~5)3~4m，胸径25cm；树皮淡褐色。当年生枝条纤细，平滑，具纵条纹，绿色，干时棕褐色，或疏或密被黄白色短柔毛，基部有密集芽鳞痕，一年生枝条粗壮，无毛，皮层不规则纵裂。顶芽卵形，长约5mm。叶互生，通常披针形、卵形或椭圆形，长(3~)4~9(~12.5)，宽(1~)1.5~3(~4.5)cm，先端渐尖、急尖、骤尖或有时近尾尖，基部宽楔形或近圆形；薄革质至厚革质；上面绿色，无毛，下面灰绿或浅黄色，被黄褐色柔毛，后渐脱落成疏柔毛或无毛，边缘内卷；羽状脉，侧脉每边5~7条，弧曲，与中脉上面凹陷，下面突起，被黄褐色微柔毛或近无毛；叶柄长5~8mm，被黄褐色微柔毛或近无毛。伞形花序具5~8朵花，单生或2个同生于叶腋，总梗极短；总苞片4，早落。雄花黄色，直径达4mm，花梗长2~2.5mm，略被金黄色微柔毛；花被片6，卵形，近等大，长约3mm，宽1.5mm，先端圆形，外面略被金黄色微柔毛或近无毛；雌花黄色或黄白色，花梗长2~2.5mm；花被片6，卵形，长2mm，外面被微柔毛。果卵形，长约1cm，宽7~8mm，也有时略小而近球形，无毛，成熟时红色；果梗长4~7mm，被黄褐色微柔毛。

特征差异研究：深圳坝光，叶柄长0.5~2.0cm。

凭证标本：深圳坝光，魏若宇(032)。

分布地：产陕西、甘肃、湖南、湖北、江西、浙江、福建、台湾、广东、广西、云南、贵州、

四川等省区。常见于干燥砂质土壤，散生或混生于常绿阔叶林中。中南半岛也有分布。

主要经济用途：种仁含油，供制皂、润滑油、油墨及医用栓剂原料；也可供食用，作可可豆脂代用品；油粕可作肥料。果皮可提芳香油供香料。枝叶入药，民间用于治疗跌打损伤及牛马癣疥等。

陈氏钓樟

樟科 Lauraceae　山胡椒属
别名：鼎湖钓樟、白胶木

Lindera chunii Merr. in Lingnan Sci. Journ. 7：307. 1931；et in ibid. 11：44. 1932.

主要形态学特征：灌木或小乔木，高 6m。幼枝条纤细，直径 1mm 左右，初被毛后渐脱落。叶互生，椭圆形至长椭圆形；长 5~10cm，宽 1.5~4cm；先端尾状渐尖，基部楔形或急尖；纸质；三出脉，侧脉直达先端；叶柄长 5~10mm。伞形花序数个生于叶腋短枝上，开花时由于短枝伸展，因而花后期的伞形花序位于当年枝基部；每伞形花序有花 4~6 朵。雄花序总梗长 5~7mm，被微柔毛，花梗长 2~3mm，密被棕褐色柔毛，花被片长圆形，先端短渐尖或圆形，长 1.4mm，宽约 0.5mm，外面被柔毛，内面无毛；雌花序总梗长 3~4mm，被微柔毛，花梗约与总梗等长；花被管漏斗形，长约 1mm，花被片条形，先端渐尖，尖头钝，长 1.5mm，宽约 0.3mm。果椭圆形，长 8 ~10mm，直径 6~7mm，无毛。

特征差异研究：深圳坝光，叶柄长 0.7~1.2cm。

凭证标本：深圳坝光，廖栋耀(123)。

分布地：产广东、广西。

主要经济用途：根膨大部分入药，在广东鼎湖称“台乌球”，可代乌药浸制“台乌酒”，也可作香料淀粉原料。

山鸡椒

樟科 Lauraceae　木姜子属
别名：山苍树、木姜子、毕澄茄、澄茄子、豆豉姜、山姜子、臭樟子、赛梓树、臭油果树、山胡椒

Litsea cubeba(Lour.)Pers. Syn. 2：4. 1807；Chun in Contr. Biol. Lab. Sci. Soc. China. 1(5)：57. 1925.

主要形态学特征：落叶灌木或小乔木，高达 8~10m；幼树树皮黄绿色，光滑，老树树皮灰褐色。小枝细长，绿色，无毛，枝、叶具芳香味。顶芽圆锥形，外面具柔毛。叶互生，披针形或长圆形，长 4~11cm，宽 1.1~2.4cm，先端渐尖，基部楔形，纸质，上面深绿色，下面粉绿色，两面均无毛，羽状脉，侧脉每边 6~10 条，纤细，中脉、侧脉在两面均突起；叶柄长 6~20mm，纤细，无毛。伞形花序单生或簇生，总梗细长，长 6~10mm；苞片边缘有睫毛；每一花序有花 4~6 朵，先叶开放或与叶同时开放，花被裂片 6，宽卵形；能育雄蕊 9，花丝中下部有毛；雌花中退化雄蕊中下部具柔毛；子房卵形，花柱短，柱头头状。果近球形，直径约 5mm，无毛，幼时绿色，成熟时黑色，果梗长 2~4mm。

特征差异研究：深圳坝光，叶长 4.2~10.5cm，叶宽 1.2~2.7cm，叶柄 0.6~1.4cm，果绿色，球状，直径 0.5cm，果柄长 0.4~0.6cm。

凭证标本：深圳坝光，温海洋(052)、赵顺(038)。

分布地：产广东、广西、福建、台湾、浙江、江苏、安徽、湖南、湖北、江西、贵州、四川、云南、西藏。生于向阳的山地、灌丛、疏林或林中路旁、水边，海拔 500~3200m。东南亚各国也有分布。

主要经济用途：本种木材材质中等，耐湿不蛀，但易劈裂，可供普通家具和建筑等用。花、叶和果皮主要提制柠檬醛的原料，供医药制品和配制香精等用。核仁含油率 61.8%，油供工业上用。根、茎、叶和果实均可入药，有祛风散寒、消肿止痛之效。果实入药，上海、四川、昆明等地中药业称之为“毕澄茄”(一般生药学上所记载的“毕澄茄”是属胡椒科的植物，学名为 *Piper cubeba* Linn.)。近年来应用“毕澄茄”治疗血吸虫病，效果良好。台湾太耶鲁族群众利用果实有刺激性以代食盐。江西兴国群众反映，山鸡椒与油茶树混植，可防治油茶树的煤黑病(烟煤病)。

潺槁树

樟科 Lauraceae　木姜子属
别名：油槁树、胶樟、青野槁

Litsea glutinosa(Lour.)C. B. Rob. in Philip. Journ. Sci. Bot. 6：321. 1911.

主要形态学特征：常绿小乔木或乔木，高3～15m；树皮灰色或灰褐色，内皮有黏质。小枝灰褐色，幼时有灰黄色绒毛。顶芽卵圆形，鳞片外面被灰黄色绒毛。叶互生，倒卵形、倒卵状长圆形或椭圆状披针形，长6.5～10(26)cm，宽5～11cm，先端钝或圆，基部楔形，钝或近圆，革质，幼时两面均有毛，老时上面仅中脉略有毛，下面有灰黄色绒毛或近于无毛，羽状脉，在叶上面微突，在下面突起；叶柄长1～2.6cm，有灰黄色绒毛。伞形花序生于小枝上部叶腋，单生或几个生于短枝上，短枝长达2～4cm或更长；每一年形花序梗长1～1.5cm；苞片4；每一花序有花数朵；花梗被灰黄色绒毛；花被不完全或缺；能育雄蕊通常15，或更多，花丝长，有灰色柔毛；退化雌蕊椭圆，无毛；雌花中子房近于圆形，无毛，花柱粗大，柱头漏斗形；退化雄蕊有毛。果球形，直径约7mm，果梗长5～6mm。

特征差异研究：深圳坝光，页互生，叶长6.4～14cm，叶宽2.5～4.6cm，叶柄长1.6～2.6cm。

凭证标本：深圳坝光，温海洋(093，104)、陈志洁(094)、叶蓁(007)、廖栋耀(138)、魏若宇(039，045，064)。

分布地：产广东、广西、福建及云南南部。生于山地林缘、溪旁、疏林或灌丛中，海拔500～1900m。越南、菲律宾、印度也有分布。

主要经济用途：木材黄褐色，稍坚硬，耐腐，可供家具用材；树皮和木材含胶质，可作黏合剂；种仁含油率50.3%，供制皂及作硬化油；根皮和叶，民间入药，清湿热、消肿毒，治腹泻，外敷治疮痈。

假柿木姜子

樟科 Lauraceae　木姜子属
别名：毛腊树、毛黄木、水冬瓜、木浆子、假柿树、假沙梨、山菠萝树、山口羊、纳槁、猪母槁

Litsea monopetala(Roxb.)Pers. Syn. 2：4. 1807.

主要形态学特征：常绿乔木，高达18m，直径约15cm；树皮灰色或灰褐色。小枝淡绿色，密被锈色短柔毛。顶芽圆锥形，外面密被锈色短柔毛。叶互生，宽卵形、倒卵形至卵状长圆形，长8～20cm，宽4～12cm，先端钝或圆，偶有急尖，基部圆或急尖，薄革质；侧脉每边8～12条，有近平行的横脉相连；叶柄长1～3cm，密被锈色短柔毛。伞形花序簇生叶腋，总梗极短；每一花序有花4～6朵或更多；花序总梗长4～6mm；苞片膜质；花梗长6～7mm，有锈色柔毛；雄花花被片5～6，披针形，长2.5mm，黄白色；能育雄蕊9，花丝纤细，有柔毛，腺体有柄；雌花较小；花被裂片长圆形，长1.5mm，退化雄蕊有柔毛；子房卵形，无毛。果长卵形，长约7mm，直径5mm；果托浅碟状，果梗长1cm。

特征差异研究：深圳坝光，叶片长6.8～23.2cm，叶宽3.3～16.0cm，叶柄1.0～4.0cm。与上述特征描述相比，坝光标本的叶片较大。

凭证标本：深圳坝光，余欣繁(396)、洪继猛(044，045)、廖栋耀(055，057)、邱小波(052)、吴凯涛(056)。

分布地：产广东、广西、贵州西南部、云南南部。生于阳坡灌丛或疏林中，海拔可至1500m，但多见于低海拔的丘陵地区。东南亚各国及印度、巴基斯坦也有分布。

主要经济用途：木材可作家具等用。种仁含脂肪油30.33%，供工业用。叶民间用来外敷治关节脱臼。本种为紫胶虫的寄主植物之一。

豺皮樟 樟科 Lauraceae 木姜子属

别名：圆叶豺皮樟

Litsea rotundifolia Hemsl. in Journ. Linn. Soc. Bot. 26：385. 1891.

主要形态学特征：常绿灌木或小乔木，高可达3m，树皮灰色或灰褐色，常有褐色斑块。小枝灰褐色，纤细，无毛或近无毛。叶散生，宽卵圆形至近圆形，小，长2.2~4.5cm，宽1.5~4cm，先端钝圆或短渐尖，基部近圆，薄革质，上面绿色，光亮，无毛，下面粉绿色，无毛，羽状脉，侧脉每边通常3~4条，中脉、侧脉在叶上面下陷，下面突起；叶柄粗短，长3~5mm。伞形花序常3个簇生叶腋；每一花序有花3~4朵，花小，近于无梗；花被筒杯状，被柔毛；花被裂片6，倒卵状圆形，大小不等，能育雄蕊9，花丝有稀疏柔毛；退化雌蕊细小，无毛。果球形，直径约6mm，几无果梗，成熟时灰蓝黑色。

特征差异研究：深圳坝光，叶长2.5~10.4cm，叶宽1.2~2.5cm，叶柄0.3~1.0cm。与以上特征相比，深圳的豺皮樟叶较长。

凭证标本：深圳坝光，李志伟(046)、杨志明(002)、魏若宇(032)。

分布地：产广东、广西。生于低海拔山地下部的灌木林中或疏林中。

主要经济用途：种子含脂肪油63%~80%，可供工业用。叶、果可提芳香油，根含生物碱、酚类、氨基酸，叶含黄酮苷、酚类、氨基酸、糖类等，可入药。

浙江润楠 樟科 Lauraceae 润楠属

Machilus chekiangensis S. Lee in Act. Phytotax. Sin. 17(2)：53, Pl. 5, f. 4. 1979.

主要形态学特征：乔木。枝褐色，散布纵裂的唇形皮孔，在当年生和一、二年生枝的基部遗留有数轮顶芽鳞片的疤痕。叶常聚生小枝枝梢，倒披针形，长6.5~13cm，宽2~3.6cm，先端尾状渐尖，尖头常呈镰状，基部渐狭，革质或薄革质，叶下面初时有贴伏小柔毛，中脉在上面稍凹下，下面突起，侧脉每边10~12条，小脉纤细，在两面上构成细密的蜂巢状浅穴；叶柄纤细，长8~15mm。花未见。果序生当年生枝基部，纤细，长7~9cm，有灰白色小柔毛，总梗长3~5.5cm，最下的分枝长6~10mm。嫩果球形，绿色，直径约6mm，干时带黑色；宿存花被裂片近等长，长约4mm，两面都有灰白色绢状小柔毛。

凭证标本：深圳坝光，叶蓁(034)。

分布地：产浙江(杭州)。

主要经济用途：浙江润楠的木材，木质结构细致，容易加工，加工后纹理光滑美丽；木材经久耐用，带有清雅而浓郁的香味，有很强的杀菌功效，是优良的建筑材料。

华润楠 樟科 Lauraceae 润楠属

别名：桢南、黄槁、八角楠、荔枝槁

Machilus chinensis(Champ. ex Benth.)Hemsl. in Journ. Linn. Soc. Bot. 26：374. 1891.

主要形态学特征：乔木，高8~11m，无毛。芽细小，无毛或有毛。叶倒卵状长椭圆形至长椭圆状倒披针形，长5~8(~10)cm，宽2~3(~4)cm，先端钝或短渐尖，基部狭，革质，中脉在上面凹下，下面凸起，侧脉不明显，每边约8条；叶柄长6~14mm。圆锥花序顶生，2~4个聚集，长约3.5cm，在上部分枝，有花6~10朵；花白色，花梗长约3mm；花被裂片长椭圆状披针形，外面有小柔毛，内面或内面基部有毛，内轮的长约4mm，宽1.8~2.5mm，外轮的较短；雄蕊长3~3.5mm，第三轮雄蕊腺体几无柄，退化雄蕊有毛；子房球形。果球形，直径8~10mm；花被裂片通常脱落，间有宿存。

分布地：产广东、广西。生于山坡阔叶混交疏林或矮林中。越南也有分布。

主要经济用途：木材坚硬，可作家具。

宜昌润楠 樟科 Lauraceae　润楠属

别名：竹叶楠

Machilus ichangensis Rehd. et Wils. in Sarg. Pl. Wils. 2：621. 1916.

主要形态学特征：乔木，高7~15m，很少较高，树冠卵形。小枝纤细而短，无毛，褐红色，极少褐灰色。顶芽近球形，外面有灰白色很快脱落小柔毛，边缘常有浓密的缘毛。叶常集生当年生枝上，长圆状披针形至长圆状倒披针形，长10~24cm，宽2~6cm，通常长约16cm，宽约4cm，先端短渐尖，有时尖头稍呈镰形，基部楔形，坚纸质，上面无毛，稍光亮，下面带粉白色，有贴伏小绢毛或变无毛，每边12~17条；叶柄纤细，长0.8~2cm，很少有长达2.5cm。圆锥花序生自当年生枝基部脱落苞片的腋内，长5~9cm，总梗纤细，长2.2~5cm，下部分枝有花2~3朵，较上部的有花1朵；花梗长5~7(~9)mm；花白色，花被裂片长5~6mm；雄蕊较花被稍短，近等长，花丝长约2.5mm，无毛；子房近球形，无毛。果序长6~9cm；果近球形，直径约1cm，黑色，有小尖头。

特征差异研究：深圳坝光，叶长13.9~20.3cm，叶宽2.1~2.7cm，叶柄长0.4~0.9cm，与上述特征描述相比，整张叶长度更大。

凭证标本：深圳坝光，魏若宇(042)。

分布地：产湖北、四川、陕西南部、甘肃西部。生于海拔560~1400m的山坡或山谷的疏林内。

主要经济用途：种子油可制肥皂、润滑油。

绒毛润楠 樟科 Lauraceae　润楠属

别名：绒楠、猴高铁、香胶木

Machilus velutina Champ. ex Benth. in Journ. Bot. Kew Misc. 5：198. 1853.

主要形态学特征：乔木，高可达18m，胸径40cm。枝、芽、叶下面和花序均密被锈色绒毛。叶狭倒卵形、椭圆形或狭卵形，长5~11(~18)cm，宽2~5(~5.5)cm，先端渐狭或短渐尖，基部楔形，革质，上面有光泽，中脉上面稍凹下，下面很突起，侧脉每边8~11条，下面明显突起，小脉很纤细，不明显；叶柄长1~2.5(~3)cm。花序单独顶生或数个密集在小枝顶端，近无总梗；花黄绿色，有香味，被锈色绒毛；内轮花被裂片卵形，长约6mm，宽约3mm，外轮的较小且较狭；雄蕊长约5mm，第三轮雄蕊花丝基部有绒毛，腺体心形，有柄，退化雄蕊长约2mm，有绒毛；子房淡红色。果球形，直径约4mm，紫红色。

凭证标本：深圳坝光，陈鸿辉(038，062)。

分布地：产广东、广西、福建、江西、浙江。中南半岛也有。

主要经济用途：本种材质坚硬，耐水湿，可作家具和薪炭等用材。

三叶青藤 莲叶桐科 Hernandiaceae　青藤属

Illigera trifoliata(Griff.)Dunn in Journ. Linn. Soc. Bot. 38：294. 1908.

主要形态学特征：藤本。茎褐色，具槽棱，光滑无毛。叶具3小叶；叶柄圆柱形，长6~8cm，有条纹，无毛。叶长5.5~15cm，宽3~9cm，多少被柔毛，侧脉与中脉成60°~80°的角；小叶柄长0.8~2cm，无毛。苞片长椭圆形，长约2.5mm，被黄褐色短柔毛。聚伞圆锥花序腋生，被黄褐色短柔毛。花紫绿色或绿色，萼片5，长6~7mm，外面被褐黄色极短之柔毛；花瓣与萼片同形稍短，长5~6mm；雄蕊与花瓣等长；花柱长5~6mm；子房下位，四棱形，密被黄褐色极短之柔毛。果翅舌形，径2.5~4cm。

分布地：原产印度、缅甸。

主要经济用途：药用。

野牡丹 毛茛科 Ranunculaceae 芍药属

别名：紫牡丹

Paeonia delavayi Franch. in Bull. Soc. Bot. Fr. 33: 382. 1886.

主要形态学特征：亚灌木，全体无毛。茎高 1.5m；当年生小枝草质，小枝基部具数枚鳞片。叶为二回三出复叶；叶片轮廓为宽卵形或卵形，长 15~20cm，羽状分裂，裂片披针形至长圆状披针形，宽 0.7~2cm；叶柄长 4~8.5cm。花 2~5 朵，生枝顶和叶腋，直径 6~8cm；苞片 3~4(~6)，披针形，大小不等；萼片 3~4，宽卵形，大小不等；花瓣 9(~12)，红色、红紫色，倒卵形，长 3~4cm，宽 1.5~2.5cm；雄蕊长 0.8~1.2cm，花丝长 5~7mm，干时紫色；花盘肉质，包住心皮基部，顶端裂片三角形或钝圆；心皮 2~5，无毛。蓇葖长 3~3.5cm，直径 1.2~2cm。

特征差异研究：深圳坝光，叶长 3.7~13.6cm，宽 1~5cm，叶柄长 0.4~3.9cm。与上述特征描述相比，坝光的标本长度较小，但宽度较大。

凭证标本：深圳坝光，赵顺(050)、吴凯涛(078)、廖栋耀(141)。

分布地：分布于云南西北部、四川西南部及西藏东南部。生海拔 2300~3700m 的山地阳坡及草丛中。模式标本采自云南丽江。

主要经济用途：根药用，根皮("赤丹皮")可治吐血、尿血、血痢、痛经等症；去掉根皮的部分("云白芍")可治胸腹胁肋疼痛、泻痢腹痛、自汗盗汗等症。

细圆藤 防己科 Menispermaceae 细圆藤属

别名：广藤

Pericampylus glaucus(Lam.)Merr. Interpr. Rumph. Herb. Amboin. 219. 1917.

主要形态学特征：木质藤本，长达逾 10m 或更长，小枝通常被灰黄色绒毛，有条纹，常长而下垂，老枝无毛。叶纸质至薄革质，三角状卵形至三角状近圆形，很少卵状椭圆形，长 3.5 ~8cm，很少超过 10cm，顶端钝或圆，很少短尖，有小凸尖，基部近截平至心形，很少阔楔尖，边缘有圆齿或近全缘，两面被绒毛或上面被疏柔毛至近无毛，很少两面近无毛；掌状脉 5 条，很少 3 条，网状小脉稍明显；叶柄长 3~7cm，被绒毛，通常生叶片基部，极少稍盾状着生。聚伞花序伞房状，长 2 ~10cm，被绒毛；雄花萼片背面多少被毛，最外轮的狭，长 0.5mm，中轮倒披针形，长 1~1.5mm，内轮稍阔；花瓣 6，楔形或有时匙形，长 0.5~0.7mm，边缘内卷；雄蕊 6，花丝分离，聚合上升，或不同程度地黏合，长 0.75mm；雌花萼片和花瓣与雄花相似；退化雄蕊 6；子房长 0.5~0.7mm，柱头 2 裂。核果红色或紫色，果核径 5~6mm。

特征差异研究：深圳坝光，叶长 4.0~6.5cm，宽 2.3~4.2cm，叶柄长 0.1~1.8cm。与上述特征相比，增加了宽度指标值；叶柄长度较小。

凭证标本：深圳坝光，李佳婷(025，033)、赵顺(094)。

分布地：广布于长江流域以南各地，东至台湾省，尤以广东、广西和云南三省区之南部常见。生于林中、林缘和灌丛中。广布亚洲东南部。

主要经济用途：细长的枝条在四川等地是编织藤器的重要原料。

海南青牛胆 防己科 Menispermaceae 青牛胆属

Tinospora hainanensis Lo et Z. X. Li in Guihaia 6: 51, fig. 1. 1986.

主要形态学特征：落叶大藤本，长 3~10m 或更长，全株无毛，老茎肥壮，直径 6~10mm，有膜质的表皮，无毛，皮孔初时透镜状，2 裂，后呈圆形，十字形裂，明显凸起。叶片膜状薄纸质，心形或心状圆形，长 11~15cm，宽 9~12cm，顶端常骤尖，基部心形，弯缺深 1~2.5cm，后裂片圆，干时淡绿色，两面无毛；基出脉常 5 条，脉腋内有一小片密集的褐色腺点，网状小脉两面凸起；叶柄长 3~12cm，基部膨大，扭曲。花序与叶同时出现，雌花序假总状或基部有短分枝，由小聚伞花序组成，小聚伞花序梗长1~3mm，有花2~4朵，很少1朵；苞片钻状披针形，长2~3mm，脱落；萼片6，外轮小，近三角形，长1.2~1.5mm，宽1mm，内轮阔卵状椭圆形，长3.5~4mm，宽约2.5mm，盛开时微外展；花瓣6，狭披针形，长约2mm，宽约0.4mm；心皮3，长约2mm，柱头大。雌花未见。核果红色，阔椭圆状，长1.1~1.2cm，宽7~9mm；果核阔椭圆形，长9~10mm，背部圆。

凭证标本：深圳坝光，赵顺(091)。

分布地：我国特有，产海南各地。生于村边、路旁的疏林中。

青牛胆 防己科 Menispermaceae 青牛胆属

Tinospora sagittata(Oliv.)Gagnep. in Bull. Soc. Bot. France 55：45. 1908.

主要形态特征：草质藤本，具连珠状块根，膨大部分常为不规则球形，黄色；枝纤细，有条纹，常被柔毛。叶纸质至薄革质，披针状箭形或有时披针状戟形，很少卵状或椭圆状箭形，长7~15cm，有时达20cm，宽2.4~5cm，先端渐尖，有时尾状，基部弯缺常很深，后裂片圆、钝或短尖，常向后伸，有时向内弯以至二裂片重叠，很少向外伸展，通常仅在脉上被短硬毛，有时上面或两面近无毛；掌状脉5条，连同网脉均在下面凸起；叶柄长2.5~5cm或稍长，有条纹，被柔毛或近无毛。花序腋生，常数个或多个簇生，聚伞花序或分枝成疏花的圆锥状花序，长2~10cm，有时可至15cm或更长，总梗、分枝和花梗均丝状；小苞片2，紧贴花萼；萼片6，或有时较多，常大小不等，最外面的小，常卵形或披针形，长仅1~2mm，较内面的明显较大，阔卵形至倒卵形，或阔椭圆形至椭圆形，长达3.5mm；花瓣6，肉质，常有爪，瓣片近圆形或阔倒卵形，很少近菱形，基部边缘常反折，长1.4~2mm；雄蕊6，与花瓣近等长或稍长；雌花萼片与雄花相似；花瓣楔形，长0.4mm左右；退化雄蕊6，常棒状或其中3个稍阔而扁，长约0.4mm；心皮3，近无毛。核果红色，近球形；果核近半球形，宽6~8mm。

分布地：产于湖北西部和西南部，陕西南部(安康)，四川东部至西南部、西至天全一带，西藏东南部，贵州东部和南部，湖南西部、中部和南部，江西东北部，福建西北部，广东北部和西部，广西东北部以及海南北部。常散生于林下、林缘、竹林及草地上。越南北部也有。

主要经济用途：块根入药，名“金果榄”，味苦性寒，清热解毒。

草珊瑚

金粟兰科 Chloranthaceae 草珊瑚属

别名：接骨金粟兰(通称)、肿节风、九节风、九节茶、满山香、九节兰、节骨茶、竹节草、九节花、接骨莲、竹节茶

Sarcandra glabra(Thunb.)Nakai, Fl. Sylv. Koreana 18：17. t. 2. 1930.

主要形态学特征：常绿半灌木，高50~120cm；茎与枝均有膨大的节。叶革质，椭圆形、卵形至卵状披针形，长6~17cm，宽2~6cm，顶端渐尖，基部尖或楔形，边缘具粗锐锯齿，齿尖有一腺体，两面均无毛；叶柄长0.5~1.5cm，基部合生成鞘状；托叶钻形。穗状花序顶生，通常分枝，多少成圆锥花序状，连总花梗长1.5~4cm；苞片三角形；花黄绿色；雄蕊1枚，肉质，棒状至圆柱状，花药2室，生于药隔上部之两侧，侧向或有时内向；子房球形或卵形，无花柱，柱头近头状。核果球形，直径3~4mm，熟时亮红色。

特征差异研究：深圳坝光，叶对生，叶卵形，先端渐尖，叶长2.2~4.4cm，叶宽0.9~1.9cm，叶柄长0.3~1.1cm。

凭证标本：深圳坝光，邱小波(045)。

分布地：产于安徽、浙江、江西、福建、台湾、广东、广西、湖南、四川、贵州和云南。生于山坡、沟谷林下阴湿处，海拔420~1500m。朝鲜、日本、马来西亚、菲律宾、越南、柬埔寨、印度、斯里兰卡也有。

主要经济用途：全株供药用，能清热解毒、祛风活血、消肿止痛、抗菌消炎。

海马齿 番杏科 Aizoaceae 海马齿属

Sesuvium portulacastrum(L.)L., Syst. Nat. ed. 10. 1058. 1759.

主要形态学特征：多年生肉质草本。茎平卧或匍匐，绿色或红色，有白色瘤状小点，多分枝，常节上生根，长20~50cm。叶片厚，肉质，线状倒披针形或线形，长1.5~5cm，顶端钝，中部以下渐狭成短柄状，基部变宽，边缘膜质，抱茎。花小，单生叶腋；花梗长5~15mm；花被长6~8mm，筒长约2mm，裂片5，卵状披针形，外面绿色，里面红色，边缘膜质，顶端急尖；雄蕊15~40，着生花被筒顶部，花丝分离或近中部以下合生；子房卵圆形，无毛，花柱3，稀4或5。蒴果卵形，长不超过花被，中部以下环裂；种子小，亮黑色。

凭证标本：深圳坝光，何思谊(151，152)。

分布地：产福建、台湾、广东(台山)、海南(南部)及东沙岛。生于近海岸的沙地上。广布全球热带和亚热带海岸。

伯乐树 伯乐树科 Bretschneideraceae 伯乐树属 别名：钟萼木、冬桃

Bretschneidera sinensis Hemsl. in Hk. Icon. Pl. 28：pl. 2708. 1901.

主要形态学特征：乔木，高10~20m；树皮灰褐色；小枝有较明显的皮孔。羽状复叶通常长25~45cm，总轴有疏短柔毛或无毛；叶柄长10~18cm，小叶7~15片，纸质或革质，狭椭圆形、菱状长圆形、长圆状披针形或卵状披针形，多少偏斜，长6~26cm，宽3~9cm，全缘，顶端渐尖或急短渐尖，基部钝圆或短尖、楔形，叶面绿色，无毛，叶背粉绿色或灰白色，有短柔毛；叶脉在叶背明显，侧脉8~15对；小叶柄长2~10mm，无毛。花序长20~36cm；总花梗、花梗、花萼外面有棕色短绒毛；花淡红色，直径约4cm，花梗长2~3cm；花萼直径约2cm，长1.2~1.7cm，顶端具短的5齿，内面有疏柔毛或无毛，花瓣阔匙形或倒卵楔形，长1.8~2cm，宽1~1.5cm，无毛；花丝长2.5~3cm，基部有小柔毛；子房有光亮、白色的柔毛，花柱有柔毛。果椭圆球形，近球形或阔卵形，长3~5.5cm，直径2~3.5cm，被极短的小柔毛，有或无明显的黄褐色小瘤体，果瓣厚1.2~5mm；果柄长2.5~3.5cm，有或无毛；种子椭圆球形，平滑，成熟时长约1.8cm，直径约1.3cm。

特征差异研究：深圳坝光，叶片长3.5~15cm，叶宽2.2~4.8cm。与上述特征描述相比，小叶较小。

凭证标本：深圳坝光，洪继猛(071)。

分布地：产四川、云南、贵州、广西、广东、湖南、湖北、江西、浙江、福建等省区。生于低海拔至中海拔的山地林中。

主要经济用途：药用，观赏。

落地生根 景天科 Crassulaceae 落地生根属

Bryophyllum pinnatum(L. f.)Oken, Allg. Naturgesch. 3：1966. 1841.

主要形态学特征：多年生草本，高40~150cm；茎有分枝。羽状复叶，长10~30cm，小叶长圆形至椭圆形，长6~8cm，宽3~5cm，先端钝，边缘有圆齿，圆齿底部容易生芽，芽长大后落地即成一新植株；小叶柄长2~4cm。圆锥花序顶生，长10~40cm；花下垂，花萼圆柱形，长2~4cm；花冠高脚碟形，长达5cm，基部稍膨大，向上成管状，裂片4，卵状披针形，淡红色或紫红色；雄蕊8，着生花冠基部，花丝长；鳞片近长方形；心皮4。蓇葖包在花萼及花冠内；种子小，有条纹。

特征差异研究：深圳坝光，叶总长6.7~19.6m，宽3.8~7cm，叶柄1.6~1.7cm；互生，全缘，纸质叶。与上述特征相比，叶较大。

凭证标本：深圳坝光，莫素祺(031)。

分布地：产云南、广西、广东、福建、台湾。原产非洲。我国各地栽培，有逸为野生的。

主要经济用途：全草入药，可解毒消肿，活血止痛，拔毒生肌。栽培作观赏用。

马齿苋

马齿苋科 Portulacaceae　马齿苋属

别名：马苋、五行草、长命菜、五方草、瓜子菜、麻绳菜、马齿草、马苋菜、蚂蚱菜、马齿菜、瓜米菜、马蛇子菜、蚂蚁菜、猪母菜、瓠子菜、狮岳菜、酸菜、五行菜、猪肥菜

Portulaca oleracea L. , Sp. Pl. 445. 1753; DC. in DC. Prodr. 3: 353. 1828.

主要形态学特征：一年生草本，全株无毛。茎平卧或斜倚，伏地铺散，多分枝，圆柱形，长10~15cm，淡绿色或带暗红色。叶互生，有时近对生，叶片扁平，肥厚，倒卵形，似马齿状，长1~3cm，宽0.6~1.5cm，顶端圆钝或平截，有时微凹，基部楔形，全缘，上面暗绿色，下面淡绿色或带暗红色，中脉微隆起；叶柄粗短。花无梗，直径4~5mm，常3~5朵簇生枝端，午时盛开；苞片2~6，叶状，膜质，近轮生；萼片2，对生，绿色，盔形，左右压扁，长约4mm，顶端急尖，背部具龙骨状凸起，基部合生；花瓣5，稀4，黄色，倒卵形，长3~5mm，顶端微凹，基部合生；雄蕊通常8，或更多，长约12mm，花药黄色；子房无毛，花柱比雄蕊稍长，柱头4~6裂，线形。蒴果卵球形，长约5mm，盖裂；种子细小，多数，偏斜球形，黑褐色，有光泽。

分布地：我国南北各地均产。性喜肥沃土壤，耐旱亦耐涝，生活力强，生于菜园、农田、路旁，为田间常见杂草。广布全世界温带和热带地区。

主要经济用途：全草供药用，有清热利湿、解毒消肿、消炎、止渴、利尿作用；种子明目；还可作兽药和农药；嫩茎叶可作蔬菜，味酸，也是很好的饲料。

竹节蓼

蓼科 Polygonaceae　竹节蓼属

Homalocladium platycladum(F. Muell.)L. H. Bailey.

主要形态学特征：多年生直立草本，高0.6~2m。茎基部圆柱形，上部枝扁平，呈带状，宽7~12mm，深绿色，具光泽，有显著的细线条，节处略收缩，托叶鞘退化成线状，分枝基部较窄，先端锐尖。叶多生于新枝上，互生，菱状卵形，长4~20mm，宽2~10mm，先端渐尖，基部楔形，全缘或在近基部有一对锯齿，羽状网脉，无柄。花小，两性，具纤细柄；苞片膜质，淡黄棕色；花被4~5深裂，裂片矩圆形，长约1mm，淡绿色，后变红色；雄蕊6~7，花丝扁，花药白色；雌蕊1，子房上位，花柱短，3枚，柱头分叉。瘦果三角形，包于红色内质的花被内。老枝圆柱形，有节，暗褐色，上有纵线条；幼枝扁平，多节，绿色，形似叶片。叶退化，全缺或有数枚披针形小叶片，基部三角楔形，托叶退化为线条。总状花序簇生在新枝条的节上，型小，淡红色或绿白色。果为红色或淡紫色的浆果。

分布地：产于福建、广东、广西等地。

火炭母

蓼科 Polygonaceae　蓼属

Polygonum chinense L. Sp. Pl. 363. 1753; Benth. Fl. Hongk. 289. 1891.

主要形态学特征：多年生草本，基部近木质。根状茎粗壮。茎直立，高70~100cm，通常无毛，具纵棱，多分枝，斜上。叶卵形或长卵形，长4~10cm，宽2~4cm，顶端短渐尖，基部截形或宽心形，边缘全缘，两面无毛，有时下面沿叶脉疏生短柔毛，下部叶具叶柄，叶柄长1~2cm，通常基部具叶耳，上部叶近无柄或抱茎；托叶鞘膜质，无毛，长1.5~2.5cm，具脉纹，顶端偏斜，无缘毛。头状花序，通常数个排成圆锥状，顶生或腋生，花序梗被腺毛；苞片宽卵形，每苞内具1~3花；花被5深裂，白色或淡红色，裂片卵形，果时增大，呈肉质，蓝黑色；雄蕊8，比花被短；花柱3，中下部合生。瘦果宽卵形，具3棱，长3~4mm，黑色，无光泽，包于宿存的花被。

凭证标本：深圳坝光，魏若宇(013)。

分布地：产陕西南部、甘肃南部、华东、华中、华南和西南。生山谷湿地、山坡草地，海拔30~2400m。日本、菲律宾、马来西亚、印度、喜马拉雅山也有。

主要经济用途：根状茎供药用，清热解毒、散瘀消肿。

藜 藜科 Chenopodiaceae　藜属

别名：灰藋、灰菜

Chenopodium album L. Sp. Pl. 219. 1753; Moq. in DC. Prodr. 13(2): 70. 1849.

主要形态学特征：草本，高30~150cm。茎直立，粗壮，具条棱及绿色或紫红色条，多分枝；枝条斜升或开展。叶片菱状卵形至宽披针形，长3~6cm，宽2.5~5cm，先端急尖或微钝，基部楔形至宽楔形，上面通常无粉，有时嫩叶的上面有紫红色粉，下面多少有粉，边缘具不整齐锯齿；叶柄与叶片近等长，或为叶片长度的1/2。花两性，花簇于枝上部排列成或大或小的穗状圆锥状或圆锥状花序；花被裂片5，宽卵形至椭圆形，背面具纵隆脊，有粉，先端或微凹，边缘膜质；雄蕊5，花药伸出花被，柱头2。果皮与种子贴生。种子横生，双凸镜状，直径1.2~1.5mm，边缘钝，黑色，有光泽，表面具浅沟纹；胚环形。

凭证标本：深圳坝光，李佳婷(032)。

分布地：分布遍及全球温带及热带，我国各地均产。生于路旁、荒地及田间，为很难除掉的杂草。

主要经济用途：幼苗可作蔬菜用，茎叶可喂家畜。全草又可入药，能止泻痢，止痒，可治痢疾腹泻；配合野菊花煎汤外洗，治皮肤湿毒及周身发痒。果实(称灰藋子)有些地区代“地肤子”药用。

土荆芥 藜科 Chenopodiaceae　藜属

别名：鹅脚草、臭草、杀虫芥

Chenopodium ambrosioides L. Sp. Pl. 219. 1753; Moq. in DC. Prodr. 13(2): 72. 1849.

主要形态学特征：草本，高50~80cm，揉之有强烈臭气；茎直立，多分枝，具条纹，近无毛。叶互生，披针形或狭披针形，下部叶较大，长达15cm，宽达5cm，顶端渐尖，基部渐狭成短柄，边缘有不整齐的钝齿，上部叶渐小而近全缘，上面光滑无毛，下面有黄色腺点，沿主脉稍被柔毛。花夏季开放，绿色，两性或部分雌性，组成腋生、分枝或不分枝的穗状花序；花被裂片5，少有3，结果时常闭合；雄蕊5枚，突出，花药长约0.5mm；子房球形，两端稍压扁，花柱不明显，柱头3或4裂，线形，伸出于花被外。胞果扁球形，完全包藏于花被内；种子肾形，直径约0.7mm，黑色或暗红色，光亮。

分布地：原产热带美洲，现广布于世界热带及温带地区。我国广西、广东、福建、台湾、江苏、浙江、江西、湖南、四川等省区野生，喜生于村旁、路边、河岸等处。北方各省份常有栽培。

主要经济用途：全草入药，治蛔虫病、钩虫病、蛲虫病，外用治皮肤湿疹，并能杀蛆虫。果实含挥发油(土荆芥油)，油中含驱蛔素(O10H16C2)，是驱虫有效成分。

锡叶藤 五桠果科 Dilleniaceae　锡叶藤属

Tetracera asiatica(Lour.) Hoogland in van Steenis Fl. Malesiana 1(4): 143. 1951.

主要形态学特征：常绿木质藤本，长达20m或更长，多分枝，枝条粗糙，幼嫩时被毛，老枝秃净。叶革质，极粗糙，矩圆形，长4~12cm，宽2~5cm，先端钝或圆，有时略尖，基部阔楔形或近圆形，常不等侧，上下两面初时有刚毛，不久脱落，留下刚毛基部矽化小突起，侧脉10~15对，全缘或上半部有小钝齿；叶柄长1~1.5cm，粗糙，有毛。圆锥花序顶生或生于侧枝顶，长6~25cm，被贴生柔毛，花序轴常为“之”字形屈曲；苞片1个，线状披针形，长4~6mm，被柔毛；小苞片线形，长1~2mm；花多数，直径6~8mm；萼片5个，离生，宿存，广卵形，长4~5mm，先端钝，无毛或偶有疏毛，边缘有睫毛；花瓣通常3，白色，卵圆形，约与萼片等长；雄蕊多数，比萼片稍短，花丝线形，花药"八"字形排在膨大药隔上；心皮1个，无毛，花柱突出雄蕊之外。果实长约1cm，成熟时黄红色，有残存花柱；种子1个，黑色，基部有黄色流苏状的假种皮。花期4~5月。

分布地：分布于广东及广西。同时见于中南半岛、泰国、印度、斯里兰卡、马来西亚及印度尼西亚等地。

七叶树 七叶树科 Hippocastanaceae 七叶树属

Aesculus chinensis Bunge. in Mem. Div. Sav. Acad. Sc. St. Petersb. 2: 84(Enum. Pl. Chin. Bor. 10: 1833)1835; Rehd. in Sargent, Pl. Wils. 1: 499, 1913& in Journ. Arn. Arb. 1: 225, t, 2. 1926.

主要形态学特征：落叶乔木，高达25m，树皮深褐色或灰褐色，小枝圆柱形，黄褐色或灰褐色，无毛或嫩时有微柔毛，有圆形或椭圆形淡黄色的皮孔。冬芽大形，有树脂。掌状复叶，由5~7小叶组成，叶柄长10~12cm，有灰色微柔毛；小叶纸质，长圆披针形至长圆倒披针形，基部楔形或阔楔形，边缘有钝尖形的细锯齿，长8~16cm，宽3~5cm，上面深绿色，无毛，下面除中肋及侧脉的基部嫩时有疏柔毛外，其余部分无毛；中肋在上面显著，在下面凸起，侧脉13~17对，在上面微显著，在下面显著；中央小叶的小叶柄长1~1.8cm，两侧的小叶柄长5~10mm，有灰色微柔毛。花序圆筒形，连同长5~10cm的总花梗在内共长21~25cm，花序总轴有微柔毛，小花序常由5~10朵花组成，花梗长2~4mm。花杂性，雄花与两性花同株，花萼管状钟形，长3~5mm，外面有微柔毛，不等地5裂，裂片钝形，边缘有短纤毛；花瓣4，白色，长圆倒卵形至长圆倒披针形，长8~12mm，宽5~1.5mm，边缘有纤毛，基部爪状；雄蕊6，长1.8~3cm，花丝线状，无毛，花药长圆形，淡黄色，长1~1.5mm；子房在雄花中不发育，在两性花中发育良好，卵圆形，花柱无毛。果实球形或倒卵圆形，顶部短尖或钝圆而中部略凹下，直径3~4cm，黄褐色，无刺，具很密的斑点，果壳干后厚5~6mm，种子常1~2粒发育，近于球形，直径2~3.5cm，栗褐色；种脐白色，约占种子体积的1/2。花期4~5月，果期10月。

特征差异研究：小叶叶长15~18.7cm，宽5.9~6.1cm，叶柄长4.5~5.9cm。

凭证标本：深圳坝光，李志伟(108)。

分布地：河北南部、山西南部、河南北部、陕西南部均有栽培，仅秦岭有野生的。模式标本采自北京西山。

主要经济用途：在黄河流域本种系优良的行道树和庭园树。木材细密，可制造各种器具，种子可作药用，榨油可制造肥皂。

土牛膝 苋科 Amaranthaceae 牛膝属

别名：倒钩草、倒梗草

Achyranthes aspera L. Sp. Pl. 204. 1753; Moq. in DC. Prodr. 13(2): 314. 1849.

主要形态学特征：叶片纸质，宽卵状倒卵形或椭圆状矩圆形，长1.5~7cm，宽0.4~4cm，顶端圆钝，具突尖，基部楔形或圆形，全缘或波状缘，两面密生柔毛，或近无毛；叶柄长5~15mm，密生柔毛或近无毛。

特征差异研究：深圳坝光，叶对生，椭圆形，全缘先端渐尖；叶长4.5~13cm，叶宽1.9~6.4cm，叶柄1.2~2.2cm。

凭证标本：深圳坝光，温海洋(060)、李佳婷(030)、赵顺(099)。

分布地：产湖南、江西、福建、台湾、广东、广西、四川、云南、贵州。生于山坡疏林或村庄附近空旷地，海拔800~2300m。印度、越南、菲律宾、马来西亚等地有分布。

主要经济用途：根药用，有清热解毒、利尿功效，主治感冒发热、扁桃体炎、白喉、流行性腮腺炎、泌尿系统结石、肾炎水肿等症。

牛膝 苋科 Amaranthaceae　牛膝属

Achyranthes bidentata Blume, Bijdr. 545. 1825; Moq. in DC. Prodr. 13(2): 312. 1849.

主要形态学特征： 多年生草本，高70~120cm；根圆柱形，直径5~10mm，土黄色；茎有棱角或四方形，绿色或带紫色，有白色贴生或开展柔毛，或近无毛，分枝对生。叶片椭圆形或椭圆披针形，少数倒披针形，长4.5~12cm，宽2~7.5cm，顶端尾尖，尖长5~10mm，基部楔形或宽楔形，两面有贴生或开展柔毛；叶柄长5~30mm，有柔毛。穗状花序顶生及腋生，长3~5cm，花期后反折；总花梗长1~2cm，有白色柔毛；花多数，密生，长5mm；苞片宽卵形，长2~3mm，顶端长渐尖；小苞片刺状，长2.5~3mm，顶端弯曲，基部两侧各有1卵形膜质小裂片，长约1mm；花被片披针形，长3~5mm，光亮，顶端急尖，有1中脉；雄蕊长2~2.5mm；退化雄蕊顶端平圆，稍有缺刻状细锯齿。胞果矩圆形，长2~2.5mm，黄褐色，光滑。

凭证标本： 深圳坝光，陈鸿辉(039)。

分布地： 除东北外全国广布。生于山坡林下，海拔200~1750m。朝鲜、俄罗斯、印度、越南、菲律宾、马来西亚、非洲均有分布。

主要经济用途： 根入药，生用，活血通经；治产后腹痛，月经不调，闭经，鼻衄，虚火牙痛，脚气水肿；熟用，补肝肾，强腰膝；治腰膝酸痛，肝肾亏虚，跌打瘀痛。兽医用作治牛软脚症，跌伤断骨等。

青葙 苋科 Amaranthaceae　青葙属

别名：野鸡冠花、鸡冠花、百日红、狗尾草

Celosia argentea L. Sp. Pl. 205. 1753.

主要形态学特征： 草本，高0.3~1m，全体无毛；茎直立，有分枝，绿色或红色，具显明条纹。叶片矩圆披针形、披针形或披针状条形，少数卵状矩圆形，长5~8cm，宽1~3cm，绿色常带红色，顶端急尖或渐尖，具小芒尖，基部渐狭；叶柄长2~15mm，或无叶柄。花多数，密生，在茎端或枝端成单一、无分枝的塔状或圆柱状穗状花序，长3~10cm；苞片及小苞片披针形，长3~4mm，白色，光亮，顶端渐尖，延长成细芒，具1中脉，在背部隆起；花被片矩圆状披针形，长6~10mm，初为白色顶端带红色，或全部粉红色，后成白色，顶端渐尖，具1中脉，在背面凸起；花丝长5~6mm，分离部分长2.5~3mm，花药紫色；子房有短柄，花柱紫色，长3~5mm。胞果卵形，长3~3.5mm，包裹在宿存花被片内。

凭证标本： 深圳坝光，黄启聪(044)、赵顺(044)、陈志洁(044)。

分布地： 分布几遍全国。野生或栽培，生于平原、田边、丘陵、山坡，高达海拔1100m。朝鲜、日本、俄罗斯、印度、越南、缅甸、泰国、菲律宾、马来西亚及非洲热带均有分布。

主要经济用途： 种子供药用，有清热明目作用；花序宿存经久不凋，可供观赏；种子炒熟后，用于各种糖食；嫩茎叶浸去苦味后，可作野菜食用；全植物可作饲料。

落葵薯 落葵科 Basellaceae　落葵薯属

别名：马德拉藤、藤三七、藤七

Anredera cordifolia (Tenore) Steenis, Fl. Males. ser. 1, 5(3): 303. 1957.

主要形态学特征： 缠绕藤本，长可达数米。根状茎粗壮。叶具短柄，叶片卵形至近圆形，长2~6cm，宽1.5~5.5cm，顶端急尖，基部圆形或心形，稍肉质，腋生小块茎(珠芽)。总状花序具多花，花序轴纤细，下垂，长7~25cm；苞片狭，不超过花梗长度，宿存；花梗长2~3mm，花托顶端杯状，花常由此脱落；下面1对小苞片宿存，宽三角形，急尖，透明，上面1对小苞片淡绿色，比花被短，宽椭圆形至近圆形；花直径约5mm；花被片白色，渐变黑，开花时张开，卵形、长圆形至椭圆形，顶端钝圆，长约3mm，宽约2mm；雄蕊白色，花丝顶端在芽中反折，开花时伸出花外；花柱白色，分裂成3个柱头臂，每臂具1棍棒状或宽椭圆形柱头。

特征差异研究：深圳坝光，叶长0.6~4.8cm，叶宽0.5~4.5cm，叶柄0.1~0.8cm。与上述特征描述相比，增加了叶柄指标；叶较小。

凭证标本：深圳坝光，莫素祺(016)、李佳婷(007)。

分布地：原产南美热带地区。我国江苏、浙江、福建、广东、四川、云南及北京有栽培。用叶腋中的小块茎(珠芽)进行繁殖。

主要经济用途：珠芽、叶及根供药用，有滋补、壮腰膝、消肿散瘀的功效；叶拔疮毒。

落葵

落葵科 Basellaceae　落葵属

别名：蔠葵、蘩露、藤菜、臙脂豆、木耳菜、潺菜、豆腐菜、紫葵、胭脂菜、藤芭菜、染绛子

Basella alba L. , Sp. Pl. 272. 1753; Graham, Cat. Bomb. 170. 1839.

主要形态学特征：一年生缠绕草本。茎长可达数米，无毛，肉质，绿色或略带紫红色。叶片卵形或近圆形，长3~9cm，宽2~8cm，顶端渐尖，基部微心形或圆形，下延成柄，全缘，背面叶脉微凸起；叶柄长1~3cm，上有凹槽。穗状花序腋生，长3~15(~20)cm；苞片极小，早落；小苞片2，萼状，长圆形，宿存；花被片淡红色或淡紫色，卵状长圆形，全缘，顶端钝圆，内褶，下部白色，连合成筒；雄蕊着生花被筒口，花丝短，基部扁宽，白色，花药淡黄色；柱头椭圆形。果实球形，直径5~6mm，红色至深红色或黑色，多汁液，外包宿存小苞片及花被。

分布地：原产亚洲热带地区。我国南北各地多有种植，南方有逸为野生的。

主要经济用途：叶含有多种维生素和钙、铁，栽培作蔬菜，也可供观赏。全草供药用，为缓泻剂，有滑肠、散热、利大小便的功效；花汁有清血解毒作用，能解痘毒，外敷治痈毒及乳头破裂。果汁可作无害的食品着色剂。

酢浆草

酢浆草科 Oxalidaceae　酢浆草属

别名：酸味草、鸠酸、酸醋酱

Oxalis corniculata L. Sp. Pl. 435. 1753; DC. Prodr. 1: 692. 1824.

主要形态学特征：草本，高10~35cm，全株被柔毛。根茎稍肥厚。茎细弱，多分枝，直立或匍匐，匍匐茎节上生根。叶基生或茎上互生；托叶小，长圆形或卵形，边缘被密长柔毛，基部与叶柄合生，或同一植株下部托叶明显而上部托叶不明显；叶柄长1~13cm，基部具关节；小叶3，无柄，倒心形，长4~16mm，宽4~22mm，先端凹入，基部宽楔形，两面被柔毛或表面无毛，沿脉被毛较密，边缘具贴伏缘毛。花单生或数朵集为伞形花序状，腋生，总花梗淡红色，与叶近等长；花梗长4~15mm，果后延伸；小苞片2，披针形，长2.5~4mm，膜质；萼片5，披针形或长圆状披针形，长3~5mm，背面和边缘被柔毛，宿存；花瓣5，黄色，长圆状倒卵形，长6~8mm，宽4~5mm；雄蕊10，花丝白色半透明，有时被疏短柔毛，基部合生，长、短互间，长者花药较大且早熟；子房长圆形，5室，被短伏毛，花柱5，柱头头状。蒴果长圆柱形。

特征差异研究：深圳坝光，小叶长2.5~4.0cm，小叶宽3.0~7.0cm。

凭证标本：深圳坝光，邱小波(074)、赵顺(075)。

分布地：全国广布。生于山坡草池、河谷沿岸、路边、田边、荒地或林下阴湿处等。亚洲温带和亚热带、欧洲、地中海和北美皆有分布。

主要经济用途：全草入药，能解热利尿，消肿散淤；茎叶含草酸，可用以磨镜或擦铜器，使其具光泽。牛羊食其过多可中毒致死。

黄花酢浆草

酢浆草科 Oxalidaceae　酢浆草属

Oxalis pes-caprae L. Sp. Pl. 434. 1753.

主要形态学特征：多年生草本，高5~10cm。根茎匍匐，具块茎，地上茎短缩不明显或无地上

茎，基部具褐色膜质鳞片。叶多数，基生；无托叶；叶柄长3~6cm，基部具关节；小叶3，倒心形，长约2cm，宽2~2.5cm，先端深凹陷，基部楔形，两面被柔毛，具紫斑。伞形花序基生，明显长于叶，总花梗被柔毛；苞片狭披针形，长2.5~4mm，宽约1mm，先端急尖；花梗与苞片近等长或稍长，被柔毛，下垂；萼片披针形，长4.5~6mm，宽1.5~2mm，先端急尖，边缘白色膜质，具缘毛；花瓣黄色，宽倒卵形，长为萼片的4~5倍，先端圆形、微凹，基部具爪；雄蕊10，2轮，内轮长为外轮的2倍，花丝基部合生；子房被柔毛。蒴果圆柱形，被柔毛。种子卵形。

分布地：北京、陕西、新疆等地有栽培。原产南非，我国作为观赏花卉引种。

主要经济用途：药用，具观赏价值。

大花紫薇 千屈菜科 Lythraceae 紫薇属

别名：大叶紫薇

Lagerstroemia speciosa(Linn.)Pers., Synops 2：72. 1807.

主要形态学特征：大乔木，高可达25m；树皮灰色，平滑；小枝圆柱形，无毛或微被糠秕状毛。叶革质，矩圆状椭圆形或卵状椭圆形，稀披针形，甚大，长10~25cm，宽6~12cm，顶端钝形或短尖，基部阔楔形至圆形，两面均无毛，侧脉9~17对，在叶缘弯拱连接；叶柄长6~15mm，粗壮。花淡红色或紫色，直径5cm，顶生圆锥花序长15~25cm，有时可达46cm；花梗长1~1.5cm，花轴、花梗及花萼外面均被黄褐色糠秕状的密毡毛；花萼有棱12条，被糠秕状毛，长约13mm，6裂，裂片三角形，反曲，内面无毛，附属体鳞片状；花瓣6，近圆形至矩圆状倒卵形，长2.5~3.5cm，几不皱缩，有短爪，长约5mm；雄蕊多数，达100~200；子房球形，4~6室，无毛，花柱长2~3cm。蒴果球形至倒卵状矩圆形，长2~3.8cm，直径约2cm，褐灰色，6裂；种子多数，长10~15mm。

特征差异研究：深圳坝光，叶长10.2~12.5cm，叶宽3.1~4.7cm。与上述特征相比，叶片偏小。

凭证标本：深圳坝光，李佳婷(014)。

分布地：广东、广西及福建有栽培。分布于斯里兰卡、印度、马来西亚、越南及菲律宾。

主要经济用途：花大，美丽，常栽培庭园供观赏；木材坚硬，耐腐力强，色红而亮，常用于家具、舟车、桥梁、电杆、枕木及建筑等，也作水中用材，其木材经济价值据云可与柚木相比；树皮及叶可作泻药；种子具有麻醉性；根含单宁，可作收敛剂。

海桑 海桑科 Sonneratiaceae 海桑属

Sonneratia caseolaris(Linn.)Engl. in Engl. et Prantl, Nachtr. 261. 1897.

主要形态学特征：乔木，高5~6m；小枝通常下垂，有隆起的节，幼时具钝4棱，稀锐4棱或具狭翅。叶形状变异大，阔椭圆形、矩圆形至倒卵形，长4~7cm，宽2~4cm，顶端钝尖或圆形，基部渐狭而下延成一短宽的柄，中脉在两面稍凸起，侧脉纤细，不明显；叶柄极短，有时不显著。花具短而粗壮的梗；萼筒平滑无棱，浅杯状，果时碟形，裂片平展，通常6，内面绿色或黄白色，比萼筒长，花瓣条状披针形，暗红色，长1.8~2cm，宽0.25~0.3cm；花丝粉红色或上部白色，下部红色，长2.5~3cm；花柱长3~3.5cm，柱头头状。成熟的果实直径4~5cm。

特征差异研究：深圳坝光，叶长5.5~13.9cm，宽1.8~2.8cm，叶柄0.8~1.1cm。与上述特征描述相比，增加了叶柄的指标。叶更长。

凭证标本：深圳坝光，陈志洁(105)、李志伟(131)、魏若宇(020)。

分布地：产广东琼海、万宁、陵水；生于海边泥滩，为红树林组成植物之一。分布东南亚热带至澳大利亚北部。模式标本采自马来西亚。

主要经济用途：嫩果有酸味可食。呼吸根置水中煮沸后可作软木塞的次等代用品。

土沉香

瑞香科 Thymelaeaceae　沉香属

别名：香材、白木香、牙香树、女儿香、栈香、青桂香、崖香、芫香、沉香

Aquilaria sinensis(Lour.)Spreng. Syst. 2：356. 1825.

主要形态学特征：乔木，高5~15m，树皮暗灰色，几平滑，纤维坚韧；小枝圆柱形，具皱纹，幼时被疏柔毛，后逐渐脱落，无毛或近无毛。叶革质，圆形、椭圆形至长圆形，有时近倒卵形，长5~9cm，宽2.8~6cm，先端锐尖或急尖而具短尖头，基部宽楔形，上面暗绿色或紫绿色，光亮，下面淡绿色，两面均无毛，侧脉每边15~20，在下面更明显，小脉纤细，近平行，不明显，边缘有时被稀疏的柔毛；叶柄长5~7mm，被毛。花黄绿色，组成伞形花序；花梗长5~6mm，密被黄灰色短柔毛；萼筒浅钟状，长5~6mm，两面均密被短柔毛，5裂，裂片卵形，长4~5mm，先端圆钝或急尖，两面被短柔毛；花瓣10，鳞片状，着生于花萼筒喉部，密被毛；雄蕊10；子房卵形，密被灰白色毛，2室，每室1胚珠，花柱极短或无，柱头头状。蒴果果梗短，卵球形，2瓣裂，2室，每室具有1种子。

特征差异研究：深圳坝光，叶片长2.8~8cm，叶宽2~4cm，叶柄0.3~0.5cm；有茎刺，叶互生。与上述特征描述相比，叶多个指标偏小。

凭证标本：深圳坝光，赖标汶(023)、洪继猛(083)、廖栋耀(121)、叶蓁(047)。

分布地：产广东、海南、广西、福建。喜生于低海拔的山地、丘陵以及路边阳处疏林中。

主要经济用途：老茎受伤后所分泌的树脂，俗称沉香，可作香料原料，并为治胃病特效药；树皮纤维柔韧，色白而细致，可作高级纸原料及人造棉；木质部可提取芳香油，花可制浸膏。

了哥王

瑞香科 Thymelaeaceae　荛花属

别名：南岭荛花(中山大学学报)，地棉皮(广西植物名录)，山棉皮(江西石城)，黄皮子(江西)，地棉根、山豆了(常用中草药手册)，小金腰带(江西草药)，桐皮子(中国药用植物志)，哥春光(上思)，雀儿麻

Wikstroemia indica(Linn.)C. A. Mey in Bull. Acad. Sci. St. Petersb. 2(1)：357. 1843.

主要形态学特征：灌木，高0.5~2m或过之；小枝红褐色，无毛。叶对生，纸质至近革质，倒卵形、椭圆状长圆形或披针形，长2~5cm，宽0.5~1.5cm，先端钝或急尖，基部阔楔形或窄楔形，干时棕红色，无毛，侧脉细密，极倾斜；叶柄长约1mm。花黄绿色，数朵组成顶生头状总状花序，花梗长1~2mm，花萼长7~12mm，近无毛，裂片4；宽卵形至长圆形，长约3mm，顶端尖或钝；雄蕊8，2列，着生于花萼管中部以上，子房倒卵形或椭圆形，花柱极短或近于无，柱头头状。果椭圆形，长7~8mm，成熟时红色至暗紫色。

凭证标本：深圳坝光，陈志洁(091)。

分布地：产广东、海南、广西、福建、台湾、湖南、四川(?)、贵州、云南、浙江等省区。喜生于海拔1500m以下地区的开旷林下或石山上。越南、印度、菲律宾也有分布。模式标本采自广东附近。

主要经济用途：全株有毒，可药用；茎皮纤维可作造纸原料。

红木

红木科 Bixaceae　红木属

别名：胭脂木

Bixa orellana Linn. Sp. Pl. 512. 1753；Gagnep. in Lecte. Fl. Gen. Indo-Chine 1：220. 1909.

主要形态学特征：常绿灌木或小乔木，高2~10m；枝棕褐色，密被红棕色短腺毛。叶心状卵形或三角状卵形，长10~20cm，宽5~13(~16)cm，先端渐尖，基部圆形或几截形，有时略呈心形，边缘全缘，基出脉5条，掌状，侧脉在顶端向上弯曲，上面深绿色，无毛，下面淡绿色，被树脂状腺点；叶柄长2.5~5cm，无毛。圆锥花序顶生，长5~10cm，花较大，直径4~5cm，萼片5，倒卵形，长8~10mm，宽约7mm，外面密被红褐色鳞片，基部有腺体，花瓣5，倒卵形，长1~2cm，粉红色；雄蕊多数，花药长圆形，黄色；子房上位，1室，柱头2浅裂。蒴果近球形或卵形，长2.5~

4cm，密生栗褐色长刺，刺长 1~2cm，2 瓣裂。

凭证标本：深圳坝光，温海洋(194)、魏若宇(005)。

分布地：云南、广东、台湾等省有栽培。

主要经济用途：种子外皮可作红色染料，供染果点和纺织物用；树皮可作绳索；种子供药用，为收敛退热剂。

龙珠果

西番莲科 Passifloraceae　西番莲属

别名：香花果、天仙果、野仙桃、肉果、龙珠草、龙须果、假苦果、龙眼果

Passiflora foetida Linn. Sp. Pl. 2：959. 1753；Harms in Engl. u. Prantl，Nat. Pflanzenfam. 3(6a)：69. 1893.

主要形态学特征：草质藤本，长数米，有臭味；茎具条纹并被平展柔毛。叶膜质，宽卵形至长圆状卵形，长 4.5~13cm，宽 4~12cm，先端 3 浅裂，基部心形，边缘呈不规则波状，通常具头状缘毛，上面被丝状伏毛，并混生少许腺毛，下面被毛且其上部有较多小腺体，叶脉羽状，侧脉 4~5 对；叶柄长 2~6cm，密被平展柔毛和腺毛；托叶半抱茎，深裂，裂片顶端具腺毛。聚伞花序退化仅存 1 花，与卷须对生。花白色或淡紫色，具白斑，直径 2~3cm；苞片 3 枚，一至三回羽状分裂，裂片丝状，顶端具腺毛；萼片 5 枚，长 1.5cm；花瓣 5 枚，与萼片等长；外副花冠裂片 3~5 轮，丝状，外 2 轮裂片长 4~5mm，内 3 轮裂片长约 2.5mm；内副花冠非褶状，膜质，高 1~1.5mm；雌雄蕊柄长 5~7mm；雄蕊 5 枚，花丝基部合生，扁平；子房椭圆球形，长约 6mm，具短柄，被稀疏腺毛或无毛；花柱 3(~4)枚，长 5~6mm，柱头头状。浆果卵圆球形，直径 2~3cm，无毛。

特征差异研究：深圳坝光，叶长 11.5~15.0cm，叶宽 7.5~9.5cm，叶柄 4.0~5.0cm。与上述特征相比，叶更长。

凭证标本：深圳坝光，邱小波(060)、赵顺(060)、李佳婷(052)。

分布地：栽培于广西、广东、云南、台湾。常见逸生于海拔 120~500m 的草坡路边。原产西印度群岛，现为泛热带杂草。

主要经济用途：果味甜可食。广东兽医用果治猪、牛肺部疾病；叶外敷治痈疮。

番木瓜

番木瓜科 Caricaceae　番木瓜属

别名：木瓜、万寿果、番瓜、满山抛、树冬瓜

Carica papaya Linn. Sp. Pl. 1036. 1753.

主要形态学特征：常绿软木质小乔木，高达 8~10m，具乳汁；茎不分枝或有时于损伤处分枝，具螺旋状排列的托叶痕。叶大，聚生于茎顶端，近盾形，直径可达 60cm，通常 5~9 深裂，每裂片再为羽状分裂；叶柄中空，长达 60~100cm。花单性或两性，有些品种在雄株上偶尔产生两性花或雌花，并结成果实，亦有时在雌株上出现少数雄花。植株有雄株、雌株和两性株。雄花：排列成圆锥花序，长达 1m，下垂；花无梗；萼片基部连合；花冠乳黄色，冠管细管状，长 1.6~2.5cm，花冠裂片 5，披针形，长约 1.8cm，宽 4.5mm；雄蕊 10，5 长 5 短，短的几无花丝，长的花丝白色，被白色绒毛；子房退化。雌花：单生或由数朵排列成伞房花序，着生叶腋内，具短梗或近无梗，萼片 5，长约 1cm，中部以下合生；花冠裂片 5，分离，乳黄色或黄白色，长圆形或披针形，长 5~6.2cm，宽 1.2~2cm；子房上位，卵球形，无柄，花柱 5，柱头数裂，近流苏状。两性花：雄蕊 5 枚，着生于近子房基部极短的花冠管上，或为 10 枚着生于较长的花冠管上，排列成 2 轮，冠管长 1.9~2.5cm，花冠裂片长圆形，长约 2.8cm，宽 9mm，子房比雌株子房较小。浆果肉质，成熟时橙黄色或黄色，长圆球形、倒卵状长圆球形、梨形或近圆球形，长 10~30cm 或更长，果肉柔软多汁，味香甜。

分布地：原产热带美洲。我国福建南部、台湾、广东、广西、云南南部等地已广泛栽培。广植于世界热带和较温暖的亚热带地区。

主要经济用途：果实成熟可作水果，未成熟的果实可作蔬菜煮熟食或腌食，可加工成蜜饯、果

汁、果酱、果脯及罐头等。种子可榨油。果和叶均可药用。

杨桐 山茶科 Theaceae 杨桐属

别名：黄瑞木、毛药红淡

Adinandra millettii(Hook. et Arn.)Benth. et Hook. f. ex Hance in Journ. Bot. 16：9. 1878.

主要形态学特征：灌木或小乔木，高2~10(~16)m，树皮灰褐色，枝圆筒形，小枝褐色，无毛，一年生新枝淡灰褐色，初时被灰褐色平伏短柔毛，后变无毛，顶芽被灰褐色平伏短柔毛。叶互生，革质，长圆状椭圆形，长4.5~9cm，宽2~3cm，顶端短渐尖或近钝形，稀可渐尖，基部楔形，边全缘，极少沿上半部疏生细锯齿，上面亮绿色，无毛，下面淡绿色或黄绿色，初时疏被平伏短柔毛，迅即脱落变无毛或几无毛；叶柄长3~5mm，疏被短柔毛或几无毛。花单朵腋生，花梗纤细，长约2cm，疏被短柔毛或几无毛；小苞片2，早落，线状披针形；萼片5，卵状披针形或卵状三角形，长7~8mm，宽4~5mm，顶端尖，边缘具纤毛和腺点；花瓣5，白色，卵状长圆形至长圆形，长约9mm，宽4~5mm，顶端尖；雄蕊约25枚，分离或几分离，着生于花冠基部，无毛或仅上半部被毛；花药被丝毛，顶端有小尖头；子房圆球形，被短柔毛，3室，胚珠每室多数，花柱单一，长7~8mm，无毛。果圆球形，疏被短柔毛，直径约1cm，熟时黑色，宿存花柱长约8mm。

特征差异研究：深圳坝光，叶长4.3~9.8cm，宽1.8~3.2cm，叶柄0.2~0.5cm。

凭证标本：深圳坝光，余欣繁(400)、李志伟(065，093，096)、陈志洁(058)。

分布地：产于安徽南部(歙县、休宁、祁门)、浙江南部和西部(龙泉、遂昌、丽水、泰顺、平阳、西天目山)、江西、福建、湖南(宁远、长沙、宜章、雪峰山、新宁、汝桂、鄙县、东安、莽山、城步)、广东、广西(西部山区除外)、贵州(黎平)等地区；多生于海拔100~1300m，最高可达1800m，常见于山坡路旁灌丛中或山地阳坡的疏林中或密林中，也往往见于林缘沟谷地或溪河路边。

主要经济用途：叶经过采摘、修剪、捆绑、整形，编织成手工艺品，远销日本。

尾尖叶柃 山茶科 Theaceae 柃木属

Eurya acuminata DC. in Mem. Soc. Phys. Gen. 1：418. 1822(Mem. Fam. Ternstroem. 26).

主要形态学特征：灌木或小乔木；嫩枝纤细，灰褐色或红褐色，密被短柔毛。叶纸质或薄革质，披针形、长圆状披针形或狭椭圆形，长5.5~9.5cm，宽1.5~2.5cm，顶端尾状渐尖，尖头钝，基部楔形，边缘有细锯齿，上面绿色，稍有光泽，无毛，下面淡绿色，被短柔毛；叶柄长3~6mm，被短柔毛。花1~3朵簇生于叶腋，花梗长2~3mm。雄花：小苞片2，圆形；萼片5，几圆形，近革质，长2~2.5mm，顶端钝，外面被短柔毛；花瓣5，白色，长圆形或卵圆形，长3.5~4mm；雄蕊15~20枚；退化子房无毛。雌花的小苞片、萼片和花瓣与雄花同，但较小，子房圆球形，无毛，通常3室，花柱顶端3~5浅裂或深裂。果实圆球形。

特征差异研究：深圳坝光，叶长3.7~7.5cm，叶宽1.7~3.0cm。叶柄0.1~0.3cm。与上述特征相比，叶的长度更小，叶柄长度也更小。

凭证标本：深圳坝光，温海洋(218)。

分布地：产于我国台湾(台北、台中、南投、嘉义、台东、阿里山)、云南东南部(屏边)、西藏南部(墨脱)等地；多生于海拔700~2700m的山坡疏林或灌丛中。越南、缅甸、尼泊尔、印度、斯里兰卡、马来半岛及印度尼西亚等地也有分布。

米碎花 山茶科 Theaceae 柃木属

Eurya chinensis R. Br. in Abel, Narr. Journ. China 379, t. 1818; DC., Prodr. 1：525. 1824.

主要形态学特征：灌木，高1~3m，多分枝；茎皮灰褐色或褐色，平滑；小枝稍具2棱，灰褐色或浅褐色，几无毛；顶芽披针形，密被黄褐色短柔毛。叶薄革质，倒卵形或倒卵状椭圆形，长2~5.5cm，宽1~2cm，顶端钝而有微凹或略尖，偶有近圆形，基部楔形，边缘密生细锯齿，有时稍反卷，上面鲜绿色，有光泽，下面淡绿色，无毛或初时疏被短柔毛，后变无毛，中脉在上面凹下，下面凸起，侧脉6~8对，两面均不甚明显；叶柄长2~3mm。花1~4朵簇生于叶腋，花梗长约2mm，无毛。雄花：小苞片2，细小，无毛；萼片5，卵圆形或卵形，长1.5~2mm，顶端近圆形，无毛；花瓣5，白色，倒卵形，长3~3.5mm，无毛；雄蕊约15枚，退化子房无毛；雌花的小苞片和萼片与雄花同，但较小；花瓣5，卵形，长2~2.5mm，子房卵圆形，无毛，花柱长1.5~2mm，顶端3裂。果实圆球形，有时为卵圆形，成熟时紫黑色，直径3~4mm；种子肾形，稍扁。

特征差异研究：深圳坝光，叶长2.8~10.5cm，宽1.3~4cm，叶柄0.3~2cm，果实绿色，近球形，长0.8cm，宽0.7cm，果柄长1.8~2.1cm。与上述特征描述相比，坝光标本较大，叶更大。

凭证标本：深圳坝光，陈志洁(064，093)、洪继猛(107)、廖栋耀(148)、吴凯涛(084)。

分布地：广泛分布于江西南部(安远、寻乌、全南、龙南、信丰)、福建以南沿海及西南部(福州、福清、永泰、连江、长乐、惠安、莆田、龙岩、连城、南靖、上杭、长汀)、台湾(台北、台中、台东、南投、高雄)、湖南南部(宜章)、广东、广西南部(南宁、邕宁、横县、上思、平南、桂林、柳州、武鸣、梧州、钦州)等地；多生于海拔800m以下的低山丘陵山坡灌丛路边或溪河沟谷灌丛中。

主要经济用途：药用；清热解毒，除湿敛疮。用于预防流行性感冒；外用治烧烫伤，脓疱疮，蛇虫咬伤，外伤出血。

大头茶 山茶科 Theaceae 大头茶属

Gordonia axillaris(Roxb.) Dietr. Syn. Pl. 4：863. 1847.

主要形态学特征：乔木，高9m，嫩枝粗大，无毛或有微毛。叶厚革质，倒披针形，长6~14cm，宽2.5~4cm，先端圆形或钝，基部狭窄而下延，侧脉在上下两面均不明显，无毛，全缘，或近先端有少数齿刻，叶柄长1~1.5cm，粗大，无毛。花生于枝顶叶腋，直径7~10cm，白色，花柄极短；苞片4~5片，早落；萼片卵圆形，长1~1.5cm，背面有柔毛；花瓣5片，最外1片较短，外面有毛，其余4片阔倒卵形或心形，先端凹入，长3.5~5cm，雄蕊长1.5~2cm，基部连生，无毛；子房5室，被毛，花柱长2cm，有绢毛。蒴果长2.5~3.5cm；5爿裂开，种子长1.5~2cm。

特征差异研究：深圳坝光，叶柄2.0~2.7cm。

凭证标本：深圳坝光，温海洋(095)。

分布地：产广东、海南、广西、台湾。

主要经济用途：作庭园树、行道树、公园树、造林等用途。药用；主治风湿腰痛，跌打损伤。

水东哥 猕猴桃科 Actinidiaceae 水东哥属

Saurauia tristyla DC., Mem. Ternstroem. 31. t. 4. 1822, Prodr. 1：526. 1824.

主要形态学特征：灌木或小乔木，高3~6m，稀达12m；枝无毛或被绒毛，被爪甲状鳞片或钻状刺毛。叶纸质或薄革质，倒卵状椭圆形、倒卵形、长卵形、稀阔椭圆形，长10~28cm，宽4~11cm，顶端短渐尖至尾状渐尖，基部楔形，稀钝，叶缘具刺状锯齿，稀为细锯齿，侧脉8~20对，两面中、侧脉具钻状刺毛或爪甲状鳞片，腹面侧脉内具1~3行偃伏刺毛或无；叶柄具钻状刺毛，有绒毛或否。花序聚伞式，1~4枚簇生于叶腋或老枝落叶叶腋，被毛和鳞片，长1~5cm，分枝处具苞片2~3枚，苞片卵形，花柄基部具2枚近对生小苞片；小苞片披针形或卵形；花粉红色或白色；萼片阔卵形或椭圆形，长3~4mm；花瓣卵形，长8mm，顶部反卷；雄蕊25~34枚；子房卵形或球形，无毛，花柱3~4，稀5，中部以下合生。果球形，白色，绿色或淡黄色。

特征差异研究：深圳坝光，叶长12.0~23.0cm，叶宽3.0~6.5cm，叶柄2.0~5.0cm。与上述特征描述相比，增加了叶柄的指标；深圳的水东哥叶更小些。

凭证标本：深圳坝光，赖标汶(020)、廖栋耀(059)、温海洋(098)、魏若宇(031)。

分布地：产广西、云南、贵州、广东。印度、马来西亚也有分布。

主要经济用途：药用，食用。

肖蒲桃 桃金娘科 Myrtaceae 肖蒲桃属

Acmena acuminatissima(Blume) Merr. et Perry in Journ. Arn. Arb. 19: 205. 1938.

主要形态学特征：乔木，高 20m；嫩枝圆形或有钝棱。叶片革质，卵状披针形或狭披针形，长 5~12cm，宽 1~3.5cm，先端尾状渐尖，尾长 2cm，基部阔楔形，多油腺点，侧脉多而密，彼此相隔 3mm，以 65°~70°开角缓斜向上，边脉离边缘 1.5mm；叶柄长 5~8mm。聚伞花序排成圆锥花序，长 3~6cm，顶生，花序轴有棱；花 3 朵聚生，有短柄；萼管倒圆锥形，萼齿不明显，萼管上缘向内弯；花瓣小，长 1mm，白色；雄蕊极短。浆果球形，直径 1.5cm，成熟时黑紫色。

特征差异研究：深圳坝光，叶长 6.9~11.8cm，叶宽 1.8~3.0，叶柄 0.3~0.5cm。

凭证标本：深圳坝光，温海洋(096)。

分布地：产广东、广西等省区。生于低海拔至中海拔林中。分布至中南半岛、马来西亚、印度、印度尼西亚、菲律宾等地。

主要经济用途：枝繁叶茂，嫩叶变红，具较高观赏价值。可作庭院树及风景树。

岗松 桃金娘科 Myrtaceae 岗松属

Baeckea frutescens Linn. Sp. Pl. 358. 1753.

主要形态学特征：灌木，有时为小乔木；嫩枝纤细，多分枝。叶小，无柄，或有短柄，叶片狭线形或线形，长 5~10mm，宽 1mm，先端尖，上面有沟，下面突起，有透明油腺点，中脉 1 条，无侧脉。花小，白色，单生于叶腋内；苞片早落；花梗长 1~1.5mm；萼管钟状，长约 1.5mm，萼齿 5，细小三角形，先端急尖；花瓣圆形，分离，长约 1.5mm，基部狭窄成短柄；雄蕊 10 枚或稍少，成对与萼齿对生；子房下位，3 室，花柱短，宿存。蒴果小，长约 2mm；种子扁平，有角。

凭证标本：深圳坝光，姜林林(004)、万小丽(009)、周婉敏(009)。

分布地：产福建、广东、广西及江西等省区。分布于东南亚各地。喜生于低丘及荒山草坡与灌丛中，是酸性土的指示植物，原为小乔木，因经常被砍伐或火烧，多呈小灌木状。在我国海南岛东南部直至加里曼丹岛的沼泽地中常形成优势群落。

主要经济用途：叶含小茴香醇等，供药用，治黄疸、膀胱炎，外洗治皮炎及湿疹；根与地稔(*Melastoma dodecandrum*)及五月艾(*Artemisia vulgaris*)合用治功能性子宫出血。

水翁 桃金娘科 Myrtaceae 水翁属

别名：水榕

Cleistocalyx operculatus(Roxb.) Merr. et Perry in Journ. Arn. Arb. 18: 337. 1937.

主要形态学特征：乔木，高 15m；树皮灰褐色，颇厚，树干多分枝；嫩枝压扁，有沟。叶片薄革质，长圆形至椭圆形，长 11~17cm，宽 4.5~7cm，先端急尖或渐尖，基部阔楔形或略圆，两面多透明腺点，侧脉 9~13 对，脉间相隔 8~9mm，以 45°~65°开角斜向上，网脉明显，边脉离边缘 2mm；叶柄长 1~2cm。圆锥花序生于无叶的老枝上，长 6~12cm；花无梗，2~3 朵簇生；花蕾卵形，长 5mm，宽 3.5mm；萼管半球形，长 3mm，帽状体长 2~3mm，先端有短喙；雄蕊长 5~8mm；花柱长 3~5mm。浆果阔卵圆形，长 10~12mm，直径 10~14mm，成熟时紫黑色。

特征差异研究：深圳坝光，叶长 8.3~18.3cm，叶宽 3.4~6.4cm，叶柄 1.2~1.8cm。果紫黑

色，直径0.6cm，果柄0.7cm。

凭证标本：深圳坝光，温海洋(202，208)。

分布地：产广东、广西及云南等省区。喜生水边。分布于中南半岛、印度、马来西亚、印度尼西亚及大洋洲等地。

主要经济用途：花及叶供药用，含酚类及黄酮苷，治感冒；根可治黄疸性肝炎。也可外用于治烧伤，麻风，皮肤瘙痒，脚癣等。

窿缘桉 桃金娘科 Myrtaceae 桉属

Eucalyptus exserta F. v. Muell. in Journ. Linn. Soc. 3：85. 1859.

主要形态学特征：中等乔木，高15~18m；树皮宿存，稍坚硬，粗糙，有纵沟，灰褐色；嫩枝有钝棱，纤细，常下垂。幼态叶对生，叶片狭窄披针形，宽不及1cm，有短柄；成熟叶片狭披针形，长8~15cm，宽1~1.5cm，稍弯曲，两面多微小黑腺点，侧脉以35°~40°开角急斜向上，边脉很靠近叶缘；叶柄长1.5cm，纤细。伞形花序腋生，有花3~8朵，总梗圆形，长6~12cm；花梗长3~4mm；花蕾长卵形，长8~10mm；萼管半球形，长2.5~3mm，宽4mm；帽状体长5~7mm，长锥形，先端渐尖；雄蕊长6~7mm，药室纵裂。蒴果近球形，直径6~7mm，果瓣4，长1~1.5mm。

分布地：原产地在澳大利亚东部沿海的玄武岩及沙岩地区到内地较干旱地区。华南各地广泛栽种，在广东雷州半岛有较大面积的造林试验，并获得初步成效。

大叶桉 桃金娘科 Myrtaceae 桉属

别名：桉、大叶尤加利

Eucalyptus robusta Smith in Bot. Nov. Holl. 39. t. 13. 1793.

主要形态学特征：密荫大乔木，高20m；树皮宿存，深褐色，厚2cm，稍软松，有不规则斜裂沟；嫩枝有棱。幼态叶对生，叶片厚革质，卵形，长11cm，宽达7cm，有柄；成熟叶卵状披针形，厚革质，不等侧，长8~17cm，宽3~7cm，侧脉多而明显，以80°开角缓斜走向边缘，两面均有腺点，边脉离边缘1~1.5mm；叶柄长1.5~2.5cm。伞形花序粗大，有花4~8朵，总梗压扁，长2.5cm以内；花梗短、长不过4mm，有时较长，粗而扁平；蒴管半球形或倒圆锥形，长7~9mm，宽6~8mm；帽状体约与萼管同长，先端收缩成喙；雄蕊长1~1.2cm，花药椭圆形，纵裂。蒴果卵状壶形，长1~1.5cm，上半部略收缩，蒴口稍扩大，果瓣3~4，深藏于萼管内。

特征差异研究：深圳坝光，叶长5.7~11.14cm，叶宽2.2~6.5cm，叶柄0.9~1.4cm；与上述特征描述相比，叶的长度与宽度值偏小，叶柄长度值也较小。

凭证标本：深圳坝光，洪继猛(043)。

分布地：在原产地澳大利亚主要分布于沼泽地，靠海的河口重黏壤地区，也可见于海岸附近的砂壤。在华南各省份栽种生长不良，作为行道树多枯顶或断顶，不耐旱也不抗风，并且易引起白蚁为害，更不适合丘陵或山地造林，在低丘陵造林，树干弯向低坡，生长极为不良，在华南无法推广，但在四川、云南个别生境则生长较好。

主要经济用途：木材红色，纹理扭曲，不易加工，耐腐性较高。叶供药用，有驱风镇痛功效。

柳叶桉 桃金娘科 Myrtaceae 桉属

Eucalyptus saligna Smith in Trans. Linn. Soc. 3：285. 1797.

主要形态学特征：大乔木；树皮平滑，薄片状脱落，灰蓝色，基部稍粗糙；嫩枝多少有棱。幼态叶对生，叶片披针形至卵形，薄革质，有短柄；成熟叶片披针形，长10~20cm，宽1.5~3cm，侧脉与中肋成50°~65°夹角，边脉很靠近边缘；叶柄长2~2.5cm。伞形花序腋生，有花3~9朵，总梗有棱，压扁，长8~12mm；花梗短或近无柄；帽状体短三角状锥形，比萼管稍短或同长，先端略尖；雄蕊比花蕾略长，花药长椭圆形，纵裂，背部有腺体。蒴果钟形，长5~6mm，宽5~6mm，果缘内藏，果3~4瓣。

凭证标本：深圳坝光，杨志明(003)。

分布地：原产地在澳大利亚东南部沿海地区，该地最高海拔为1250m，无霜或轻霜，年降水量850~1300mm，喜肥沃壤土。

主要经济用途：木材灰红色，坚硬，纹理密致，用途较广泛，为车辆、建筑等用材。枝叶含油量为0.22%；树胶内含鞣酸28.4%，阿拉伯胶42%。

细叶桉 桃金娘科 Myrtaceae　桉属

Eucalyptus tereticornis Smith in Bot. Nov. Holl. 41. 1793.

主要形态学特征：大乔木，高25m；树皮平滑，灰白色，长片状脱落，干基有宿存的树皮；嫩枝圆形，纤细，下垂。幼态叶片卵形至阔披针形，宽达10cm；过渡型叶阔披针形；成熟叶片狭披针形，长10~25cm，宽1.5~2cm，稍弯曲，两面有细腺点，侧脉以45°角斜向上，边脉离叶缘0.7mm；叶柄长1.5~2.5cm。伞形花序腋生，有花5~8朵，总梗圆形，粗壮，长1~1.5cm；花梗长3~6mm；花蕾长卵形，长1~1.3mm或更长；萼管长2.5~3mm，宽4~5mm；帽状体长7~10mm，渐尖；雄蕊长6~9mm，花药长倒卵形，纵裂。蒴果近球形，宽6~8mm，果缘突出萼管2~2.5mm，果瓣4。

特征差异研究：深圳坝光，叶互生，叶长6.3~15cm，叶宽1.4~4cm，叶柄长0.8~1.4cm。与上述特征描述相比，叶偏小。

凭证标本：深圳坝光，廖栋耀(095)。

分布地：广东、广西、福建、贵州、云南等地均有栽种。

主要经济用途：药用。

山蒲桃 桃金娘科 Myrtaceae　蒲桃属
别名：白车

Syzygium levinei(Merr.)Merr. et Perry in Journ. Arn. Arb. 19: 110. 1938.

主要形态学特征：常绿乔木，高达24m；嫩枝圆形，有糠秕，干后灰白色。叶片革质，椭圆形或卵状椭圆形，长4~8cm，宽1.5~3.5cm，先端急锐尖，基部阔楔形，上面干后灰褐色，下面同色或稍淡，两面有细小腺点，侧脉以45°开角斜向上，脉间相隔2~3mm，靠近边缘0.5mm处结合成边脉；叶柄长5~7mm。圆锥花序顶生和上部腋生，长4~7cm，多花，花序轴多糠秕或乳状突；花蕾倒卵形，长4~5mm；花白色；萼管倒圆锥形，长3mm，萼齿极短，有1小尖头；花瓣4，分离，圆形，长2.5~3mm；雄蕊长5mm；花柱长4mm。果实近球形，长7~8mm；种子1颗。

特征差异研究：深圳坝光，叶长9~20.1cm，宽3.2~5.7cm，叶柄长0.4~0.5cm。与上述特征描述相比，叶较大。

凭证标本：深圳坝光，吴凯涛(027)、赵顺(058，079)、陈鸿辉(077，078)、魏若宇(061)。

分布地：产广东、广西等省区。常见于低海拔疏林中。分布于越南。

主要经济用途：花、叶、果均可观赏，可作庭荫树和防风树用。果实除鲜食外，还可与其他原料制成果膏、蜜饯或果酱。果汁经过发酵后，还可酿制高级饮料。

桃金娘 桃金娘科 Myrtaceae　桃金娘属
别名：岗棯

Rhodomyrtus tomentosa(Ait.)Hassk. Fl. Beibl. 2. 1842.

主要形态学特征：灌木，高1~2m；嫩枝有灰白色柔毛。叶对生，革质，叶片椭圆形或倒卵形，长3~8cm，宽1~4cm，先端圆或钝，常微凹入，有时稍尖，基部阔楔形，上面初时有毛，以后变无毛，发亮，下面有灰色茸毛，离基三出脉，直达先端且相结合，边脉离边缘3~4mm，中脉有侧脉4~6对，网脉明显；叶柄长4~7mm。花有长梗，常单生，紫红色，直径2~4cm；萼管倒卵形，长6mm，有灰茸毛，萼裂片5，近圆形，长4~5mm，宿存；花瓣5，倒卵形，长1.3~2cm；雄蕊红色，长7~8mm；子房下位，3室，花柱长1cm。浆果卵状壶形，长1.5~2cm，宽1~1.5cm，熟时紫黑色；种子每室2列。

特征差异研究：深圳坝光，叶交互对生，叶长2~8.8cm，叶宽2.2~4.8cm，叶柄长0.3~1cm，果实长2cm，直径1cm，果柄0.9cm。与上述特征描述相比，增加果柄的指标，叶长度值偏小。

凭证标本：深圳坝光，黄丽娟(002)、邓素妮(001)、廖栋耀(099)、洪继猛(072)。

分布地：产台湾、福建、广东、广西、云南、贵州及湖南最南部。生于丘陵坡地，为酸性土指示植物。分布于中南半岛、菲律宾、日本、印度、斯里兰卡、马来西亚及印度尼西亚等地。

主要经济用途：根含酚类、鞣质等，有治慢性痢疾、风湿、肝炎及降血脂等功效。

赤楠 桃金娘科 Myrtaceae　蒲桃属

别名：牛金子

Syzygium buxifolium Book. et Arn. Bot. Beechey Voy. 187. 1833.

主要形态学特征：灌木或小乔木；嫩枝有棱，干后黑褐色。叶片革质，阔椭圆形至椭圆形，有时阔倒卵形，长1.5~3cm，宽1~2cm，先端圆或钝，有时有钝尖头，基部阔楔形或钝，上面干后暗褐色，无光泽，下面稍浅色，有腺点，侧脉斜行向上，离边缘1~1.5mm处结合成边脉，在上面不明显，在下面稍突起；叶柄长2mm。聚伞花序顶生，长约1cm，有花数朵；花梗长1~2mm；花蕾长3mm；萼管倒圆锥形，长约2mm，萼齿浅波状；花瓣4，分离，长2mm；雄蕊长2.5mm；花柱与雄蕊同等。果实球形，直径5~7mm。

特征差异研究：深圳坝光，叶长0.9~3.4cm，叶宽0.9~1.8cm，叶柄0.3~0.4cm。与上述特征描述相比，叶偏小，叶柄则较长。

凭证标本：深圳坝光，赵顺(088)、陈志洁(068，059)。

分布地：产安徽、浙江、台湾、福建、江西、湖南、广东、广西、贵州等省区。生于低山疏林或灌丛。分布于越南及日本琉球群岛。

主要经济用途：药用。

海南蒲桃 桃金娘科 Myrtaceae　蒲桃属

Syzygium hainanense Chang et Miau in Act. Bot. Yunnan. 4(1): 20. 1982.

主要形态学特征：小乔木，高5m；嫩枝圆形，干后褐色，老枝灰白色。叶片革质，椭圆形，长8~11cm，宽3.5~5cm，先端急长尖，尖尾长1.5~2cm，基部阔楔形，上面干后褐色，稍有光泽，多腺点，下面红褐色，侧脉多而密，彼此相隔1~1.5mm，在上面能见，在下面突起，以75°~80°开角斜向上，离边缘1mm处结合成边脉；叶柄长1~1.5cm。花未见。果序腋生；果实椭圆形或倒卵形，长1.2~1.5cm，宽8~9mm，萼檐长0.5mm，宽4mm；种子2个，上下叠置，长与宽各6~7mm。

特征差异研究：深圳坝光，叶长11.0~17.0cm，叶宽3.8~5.0cm，叶柄1.5~1.6cm。果黄色，长0.9cm，宽0.7cm，果柄长0.5cm。与上述描述特征相比，叶较长，增加了果柄的指标。

凭证标本：深圳坝光，赖标汶(006)。

分布地：产广东海南岛昌江。见于低地森林中。

主要经济用途：用于食疗，可强筋、补肾、益气；用于园林绿化，供观赏。

红鳞蒲桃 桃金娘科 Myrtaceae 蒲桃属

Syzygium hancei Merr. et Perry in Journ. Arn. Arb. 19：242. 1938.

主要形态学特征：灌木或中等乔木，高达20m；嫩枝圆形，干后变黑褐色。叶片革质，狭椭圆形至长圆形或为倒卵形，长3~7cm，宽1.5~4cm，先端钝或略尖，基部阔楔形或较狭窄，上面干后暗褐色，不发亮，有多数细小而下陷的腺点，下面同色，侧脉相隔约2mm，以60°开角缓斜向上；叶柄长3~6mm。圆锥花序腋生，长1~1.5cm，多花；无花梗；花蕾倒卵形，长2mm，萼管倒圆锥形，长1.5mm，萼齿不明显；花瓣4，分离，圆形，长1mm，雄蕊比花瓣略短；花柱与花瓣同长。果实球形，直径5~6mm。

特征差异研究：深圳坝光，叶长6.5~12.8cm，宽1.9~3.1cm，叶柄0.4~0.6cm。与上述特征描述相比，长度值较大。

凭证标本：深圳坝光，赵顺(082)、陈志洁(109)、吴凯涛(061)、叶蓁(020)、魏若宇(041，056，072)。

分布地：产福建、广东、广西等省区。常见于低海拔疏林中。

主要经济用途：药用，凉血，收敛。主治腹泻，痢疾。外用治刀伤出血。

蒲桃 桃金娘科 Myrtaceae 蒲桃属
别名：水蒲桃

Syzygium jambos(L.) Alston in Trimen Fl. Ceyl. 6(Suppl.)：115. 1931.

主要形态学特征：乔木，高10m，主干极短，广分枝；小枝圆形。叶片革质，披针形或长圆形，长12~25cm，宽3~4.5cm，先端长渐尖，基部阔楔形，叶面多透明细小腺点，侧脉12~16对，以45°开角斜向上，靠近边缘2mm处相结合成边脉，侧脉间相隔7~10mm，在下面明显突起，网脉明显；叶柄长6~8mm。聚伞花序顶生，有花数朵，总梗长1~1.5cm；花梗长1~2cm，花白色，直径3~4cm；萼管倒圆锥形，长8~10mm，萼齿4，半圆形，长6mm，宽8~9mm；花瓣分离，阔卵形，长约14mm；雄蕊长2~2.8cm，花药长1.5mm；花柱与雄蕊等长。果实球形，果皮肉质，直径3~5cm，成熟时黄色，有油腺点；种子1~2颗，多胚。

凭证标本：深圳坝光，叶蓁、黄玉源(056)。

分布地：产广东、广西、贵州、台湾、福建、云南等省区。喜生河边及河谷湿地。华南常见野生，也有栽培供食用。分布于中南半岛、马来西亚、印度尼西亚等地。

主要经济用途：花、叶、果均可观赏，可作庭荫树、防风树用；果实的可食用率高达80%以上，并具有一定的营养价值。果实除鲜食外，还可利用这种独特的香气，与其他原料制成果膏、蜜饯或果酱。果汁经过发酵后，还可酿制高级饮料；根皮、果入药，具凉血、收敛功效。主治腹泻，痢疾。外用治刀伤出血。

山蒲桃 桃金娘科 Myrtaceae 蒲桃属
别名：白车

Syzygium levinei(Merr.) Merr. et Perry in Journ. Arn. Arb. 19：110. 1938.

主要形态学特征：常绿乔木，高达24m；嫩枝圆形，有糠秕，干后灰白色。叶片革质，椭圆形或卵状椭圆形，长4~8cm，宽1.5~3.5cm，先端急锐尖，基部阔楔形，上面干后灰褐色，下面同色或稍淡，两面有细小腺点，侧脉以45°开角斜向上，脉间相隔2~3mm，靠近边缘0.5mm处结合成边脉；叶柄长5~7mm。圆锥花序顶生和上部腋生，长4~7cm，多花，花序轴多糠秕或乳状突；花蕾倒卵形，长4~5mm；花白色，有短梗；萼管倒圆锥形，长3mm，萼齿极短，有1小尖头；花瓣4，分离，圆形，长2.5~3mm；雄蕊长5mm；花柱长4mm。果实近球形，长7~8mm；种子1颗。

特征差异研究：深圳坝光，叶长9~20.1cm，宽3.2~5.7cm，叶柄长0.4~0.5cm。与上述特征描述相比，叶较大。

凭证标本：深圳坝光，吴凯涛(027)、赵顺(058，079)、陈鸿辉(077，078)、魏若宇(061)。

分布地：产广东、广西等省区。常见于低海拔疏林中。分布于越南。

主要经济用途：花叶果均可观赏，可作庭荫树和防风树用。果实除鲜食外，还可与其他原料制成果膏、蜜饯或果酱。果汁经过发酵后，还可酿制高级饮料。

香蒲桃 桃金娘科 Myrtaceae　蒲桃属

Syzygium odoratum(Lour.)DC. Prodr. 3：260. 1828.

主要形态学特征：常绿乔木，高达20m；嫩枝纤细，圆形或略压扁，干后灰褐色。叶片革质，卵状披针形或卵状长圆形，长3~7cm，宽1~2cm，先端尾状渐尖，基部钝或阔楔形，上面干后橄榄绿色，有光泽，多下陷的腺点，下面同色，侧脉多而密，彼此相隔约2mm，在上面不明显，在下面稍突起，以45°开角斜向上，在靠近边缘1mm处结合成边脉；叶柄长3~5mm。圆锥花序顶生或近顶生，长2~4cm；花梗长2~3mm，有时无花梗；花蕾倒卵圆形，长约4mm；萼管倒圆锥形，长3mm，有白粉，干后皱缩，萼齿4~5，短而圆；花瓣分离或帽状；雄蕊长3~5mm；花柱与雄蕊同长。

特征差异研究：深圳坝光，叶长5.2~8cm，叶宽2~3.5cm，叶柄长0.5~0.7cm。与上述特征描述相比，叶更大，叶柄更长。

凭证标本：深圳坝光，廖栋耀(129)、魏若宇(054，073)。

分布地：产广东、广西等省区。常见于平地疏林或中山常绿林中。分布于越南。

主要经济用途：用于园林。

红枝蒲桃 桃金娘科 Myrtaceae　蒲桃属

Syzygium rehderianum Merr. et Perry in Journ. Arn. Arb. 19：243. 1938.

主要形态学特征：灌木至小乔木；嫩枝红色，干后褐色，圆形，稍压扁，老枝灰褐色。叶片革质，椭圆形至狭椭圆形，长4~7cm，宽2.5~3.5cm，先端急渐尖，尖尾长1cm，尖头钝，基部阔楔形，上面干后灰黑色或黑褐色，不发亮，多细小腺点，下面稍浅色，多腺点，侧脉相隔2~3.5mm，在上面不明显，在下面略突起，以50°开角斜向边缘，边脉离边缘1~1.5mm；叶柄长7~9mm。聚伞花序腋生，或生于枝顶叶腋内，长1~2cm，通常有5~6条分枝，每分枝顶端有无梗的花3朵；花蕾长3.5mm；萼管倒圆锥形，长3mm，上部平截，萼齿不明显；花瓣连成帽状；雄蕊长3~4mm；花柱纤细，与雄蕊等长。

特征差异研究：深圳坝光，叶长4~11.8cm，叶宽1.3~3.6cm，叶柄长0.3~0.7cm。与上述特征描述相比，叶片更大。

凭证标本：深圳坝光，吴凯涛(081)、魏若宇(051)。

分布地：产福建、广东、广西。

主要经济用途：可用于园林。

洋蒲桃 桃金娘科 Myrtaceae　蒲桃属

Syzygium samarangense(Blume)Merr. et Perry in Journ. Arn. Arb. 19：115, 216. 1938.

主要形态学特征：乔木，高12m；嫩枝压扁。叶片薄革质，椭圆形至长圆形，长10~22cm，宽5~8cm，先端钝或稍尖，基部变狭，圆形或微心形，上面干后变黄褐色，下面多细小腺点，侧脉14~19对，以45°开角斜行向上，离边缘5mm处互相结合成明显边脉，另在靠近边缘1.5mm处有1

条附加边脉，侧脉间相隔6~10mm，有明显网脉；叶柄极短，有时近于无柄。聚伞花序顶生或腋生，长5~6cm，有花数朵；花白色，花梗长约5mm；萼管倒圆锥形，长7~8mm，宽6~7mm，萼齿4，半圆形，长4mm，宽加倍；雄蕊极多，长约1.5cm；花柱长2.5~3cm。果实梨形或圆锥形，肉质，洋红色，发亮，长4~5cm，顶部凹陷，有宿存的肉质萼片；种子1颗。

特征差异研究：深圳坝光，叶长13.8~23.0cm，叶宽3.0~5.0cm，叶柄0.7~0.8cm。与以上特描述相比，叶明显较长，叶柄长。

凭证标本：深圳坝光，叶蓁(011，013，031)。

分布地：原产马来西亚及印度。我国广东、台湾及广西有栽培。

主要经济用途：供食用。

枫香树 金缕梅科 Hamamelidaceae 枫香树属

Liquidambar formosana Hance in Ann. Sci. Nat. ser. 5, 5: 215. 1866.

主要形态学特征：落叶乔木，高达30m，胸径最大可达1m，树皮灰褐色，方块状剥落；小枝干后灰色，被柔毛，略有皮孔；芽体卵形，长约1cm，略被微毛，鳞状苞片敷有树脂，干后棕黑色，有光泽。叶薄革质，阔卵形，掌状3裂，中央裂片较长，先端尾状渐尖；两侧裂片平展；基部心形；上面绿色，干后灰绿色，不发亮；下面有短柔毛，或变秃净仅在脉腋间有毛；掌状脉3~5条；边缘有锯齿，齿尖有腺状突；叶柄长达11cm，常有短柔毛；托叶线形，游离，或略与叶柄连生，长1~1.4cm，红褐色，被毛，早落。雄性短穗状花序常多个排成总状，雄蕊多数，花丝不等长，花药比花丝略短。雌性头状花序有花24~43朵，花序柄长3~6cm，偶有皮孔，无腺体；萼齿4~7个，针形，长4~8mm，子房下半部藏在头状花序轴内，上半部游离，有柔毛，花柱长6~10mm，先端常卷曲。头状果序圆球形，木质，直径3~4cm；蒴果下半部藏于花序轴内，有宿存花柱及针刺状萼齿。种子多数，褐色，多角形或有窄翅。

凭证标本：深圳坝光，李佳婷(038)。

分布地：产我国秦岭及淮河以南各省，北起河南、山东，东至台湾，西至四川、云南及西藏，南至广东；亦见于越南北部，老挝及朝鲜南部。性喜阳光，多生于平地，村落附近及低山的次生林。在海南岛常组成次生林的优势种，耐火烧，萌生力极强。

主要经济用途：树脂供药用，能解毒止痛，止血生肌；根、叶及果实亦入药，有祛风除湿、通络活血功效。木材稍坚硬，可制家具及贵重商品的包装箱。

檵木 金缕梅科 Hamamelidaceae 檵木属

Loropetalum chinense(R. Br.) Oliver in Trans. Linn. Soc. 23: 459, f. 4. 1862.

主要形态学特征：灌木，有时为小乔木，多分枝，小枝有星毛。叶革质，卵形，长2~5cm，宽1.5~2.5cm，先端尖锐，基部钝，不等侧，上面略有粗毛或秃净，干后暗绿色，无光泽，下面被星毛，稍带灰白色，侧脉约5对，在上面明显，在下面突起，全缘；叶柄长2~5mm，有星毛；托叶膜质，三角状披针形，长3~4mm，宽1.5~2mm，早落。花3~8朵簇生，有短花梗，白色，比新叶先开放，或与嫩叶同时开放，花序柄长约1cm，被毛；苞片线形，长3mm；萼筒杯状，被星毛，萼齿卵形，长约2mm，花后脱落；花瓣4片，带状，长1~2cm，先端圆或钝；雄蕊4个，花丝极短，药隔突出成角状；退化雄蕊4个，鳞片状，与雄蕊互生；子房完全下位，被星毛；花柱极短，长约1mm；胚珠1个，垂生于心皮内上角。蒴果卵圆形，长7~8mm，宽6~7mm，先端圆，被褐色星状绒毛，萼筒长为蒴果的2/3。种子圆卵形，长4~5mm，黑色，发亮。花期3~4月。

分布地：分布于我国中部、南部及西南各省；亦见于日本及印度。喜生于向阳的丘陵及山地，亦常出现在马尾松林及杉林下，是一种常见的灌木，唯在北回归线以南未见它的踪迹。

主要经济用途：本种植物可供药用。叶用于止血，根及叶用于跌打损伤，有去瘀生新功效。

红花檵木 金缕梅科 Hamamelidaceae 檵木属

Loropetalum chinense Oliver var. *rubrum* Yieh，中国园艺专刊，1942，2：33.

主要形态学特征：与原变种檵木相同，但其花紫红色，长 2cm。

凭证标本：深圳坝光，温海洋(094)。

分布地：分布于我国中部、南部及西南各省；亦见于日本及印度。喜生于向阳的丘陵及山地。

主要经济用途：本种植物可供药用。叶用于止血，根及叶用于跌打损伤，有去瘀生新功效。

栲 壳斗科 Fagaceae 锥属

别名：红栲、红叶栲、红背槠、火烧柯(台湾)

Castanopsis fargesii Franch. in Journ. de Bot. 13：195. 1899.

主要形态学特征：乔木，高 10~30m，胸径 20~80cm，树皮浅纵裂，枝、叶均无毛。叶长椭圆形或披针形，稀卵形，长 7~15cm，宽 2~5cm，稀更短或较宽，顶部短尖或渐尖，基部近于圆或宽楔形，有时一侧稍短且偏斜，全缘或有时在近顶部边缘有少数浅裂齿，侧脉每边 11~15 条，叶背的蜡鳞层颇厚且呈粉末状，嫩叶的为红褐色，成长叶的为黄棕色或淡棕黄色；叶柄长 1~2cm，嫩叶叶柄长约 5mm。雄花穗状或圆锥花序，花单朵密生于花序轴上，雄蕊 10 枚；雌花序轴通常无毛，雌花单朵散生于长有时达 30cm 的花序轴上，花柱长约 1/2mm。壳斗通常圆球形或宽卵形，连刺径 25~30mm，稀更大，不规则瓣裂，壳壁厚约 1mm，刺长 8~10mm，基部合生或很少合生至中部成刺束，若彼此分离，则刺粗而短且外壁明显可见，壳壁及刺被白灰色或淡棕色微柔毛，或被淡褐红色蜡鳞及甚稀疏微柔毛，每壳斗有 1 坚果；坚果圆锥形，高略过于宽，高 1~1.5cm，横径 8~12mm，或近于圆球形，径 8~14mm，无毛，果脐在坚果底部。

特征差异研究：叶长 8.7~13.1cm，宽 2.4~2.6cm，叶柄长 0.2~0.3cm。

凭证标本：深圳坝光，魏若宇(060)。

分布地：产长江以南各地，西南至云南东南部，西至四川西部。生于海拔 200~2100m 坡地或山脊杂木林中，有时成小片纯林。模式标本采自四川城口。

黧蒴锥 壳斗科 Fagaceae 锥属

别名：裂壳锥、大叶槠栗(江西)、大叶栎、大叶锥、大叶枹(广西、云南)

Castanopsis fissa(Champ. ex Benth.)Rehd. et Wils. in Sarg. Pl. Wils. 3：203. 1916.

主要形态学特征：乔木，高约 10m，稀达 20m，胸径达 60cm。芽鳞、新生枝顶段及嫩叶背面均被红锈色细片状蜡鳞及棕黄色微柔毛，嫩枝红紫色，纵沟棱明显。叶形、质地及其大小均与丝锥类同。雄花多为圆锥花序，花序轴无毛。果序长 8~18cm。壳斗被暗红褐色粉末状蜡鳞，小苞片鳞片状，三角形或四边形，幼嫩时覆瓦状排列，成熟时多退化并横向连接成脊肋状圆环，成熟壳斗圆球形或宽椭圆形，顶部稍狭尖，通常全包坚果，壳壁厚 0.5~1mm，不规则的 2~3(~4)瓣裂，裂瓣常卷曲；坚果圆球形或椭圆形，高 13~18mm，横径 11~16mm，顶部四周有棕红色细伏毛。

凭证标本：深圳坝光，温海洋(195)。

分布地：产福建、江西、湖南、贵州四省南部，以及广东、海南、香港、广西、云南东南部。生于海拔 1600m 以下山地疏林中，阳坡较常见，为森林砍伐后萌生林的先锋树种之一。越南北部也有分布。

主要经济用途：木材弹性大，质较轻软，结构细致，易加工，干燥时较易爆裂且稍有变形，不耐水湿，易为虫、蚁蛀蚀，适作一般的门、窗、家具与箱板材，山区群众用以放养香菇及其他食用菌类。

木麻黄 木麻黄科 Casuarinaceae 木麻黄属

别名：短枝木麻黄、驳骨树(广州)、马尾树(中国种子植物分类学)

Casuarina equisetifolia Forst. Gen. Pl. Austr. 103. f. 52. 1776.

主要形态学特征：乔木，高可达30m，大树根部无萌蘖；树干通直，直径达70cm；树冠狭长圆锥形；树皮在幼树上的赭红色，较薄，皮孔密集排列为条状或块状，老树的树皮粗糙，深褐色，不规则纵裂，内皮深红色；枝红褐色，有密集的节；最末次分出的小枝灰绿色，纤细，直径0.8~0.9mm，长10~27cm，常柔软下垂，具7~8条沟槽及棱，初时被短柔毛，渐变无毛或仅在沟槽内略有毛，节间长(2.5~)4~9mm，节脆易抽离。鳞片状叶每轮通常7枚，少为6或8枚，披针形或三角形，长1~3mm，紧贴。花雌雄同株或异株；雄花序几无总花梗，棒状圆柱形，长1~4cm，有覆瓦状排列、被白色柔毛的苞片；小苞片具缘毛；花被片2；花丝长2~2.5mm，花药两端深凹入；雌花序通常顶生于近枝顶的侧生短枝上。球果状果序椭圆形，长1.5~2.5cm，直径1.2~1.5cm，两端近截平或钝，幼嫩时外被灰绿色或黄褐色茸毛，成熟时毛常脱落；小苞片变木质，阔卵形，顶端略钝或急尖，背无隆起的棱脊；小坚果连翅长4~7mm，宽2~3mm。

特征差异研究：叶长11.5~32.5cm，宽0.1cm，叶柄长0.1cm；球果状果序椭圆形，长1.2~2.4cm，直径1.1~1.4cm。

凭证标本：深圳坝光，黄启聪、黄玉源(046，049)。

分布地：广西、广东、福建、台湾沿海地区普遍栽植，已渐驯化。原产澳大利亚和太平洋岛屿，现美洲热带地区和亚洲东南部沿海地区广泛栽植。

主要经济用途：本种生长迅速，萌芽力强，对立地条件要求不高，由于它的根系深广，具有耐干旱、抗风沙和耐盐碱的特性，因此成为热带海岸防风固沙的优良先锋树种，其木材坚重，但在南方易受虫蛀，且有变形、开裂等缺点，经防腐防虫处理后，可作枕木、船底板及建筑用材。本种又为优良薪炭材；树皮含单宁11%~18%，为栲胶原料和医药上的收敛剂；枝叶药用，治疝气、阿米巴痢疾及慢性支气管炎；幼嫩枝叶可为牲畜饲料。

朴树 榆科 Ulmaceae 朴属

别名：黄果朴(中国高等植物图鉴)、紫荆朴(湖北植物志)、小叶朴(台湾植物志)

Celtis sinensis Pers. Syn. 1: 292. 1805; Schneid. in Sarg. Pl. Wilson. 3: 277. 1916.

主要形态学特征：与四蕊朴的主要区别点在于：朴树的叶多为卵形或卵状椭圆形，但不带菱形，基部几乎不偏斜或仅稍偏斜，先端尖至渐尖，但不为尾状渐尖，质地也不及前一亚种那样厚；果也较小，一般直径5~7mm，很少有达8mm的。

特征差异研究：叶长2.1~9.5cm，宽1.2~5.9cm，叶柄长0.1~1cm；果实椭圆形，颜色红色，宽0.7cm，高1.2cm。

凭证标本：深圳坝光，洪继猛(034，035)，吴凯涛(039)，温海洋(058)，邱小波(041)，赵顺(051，089)，陈鸿辉、余欣繁(045)，陈志洁、余欣繁(047)，叶蓁(008)，魏若宇(065)。

分布地：产山东(青岛、崂山)、河南、江苏、安徽、浙江、福建、江西、湖南、湖北、四川、贵州、广西、广东、台湾。多生于路旁、山坡、林缘，海拔100~1500m。

主要经济用途：园林绿化。

光叶山黄麻 榆科 Ulmaceae 山黄麻属

别名：野山麻、果连丹(广东)，尖尾叶谷木树(广西上思)，仁丹树、野谷麻(江西)

Trema cannabina Lour. Fl. Cochinch. 562. 1790.

主要形态学特征：灌木或小乔木；小枝纤细，黄绿色，被贴生的短柔毛，后渐脱落。叶近膜质，卵形或卵状矩圆形，稀披针形，长4~9cm，宽1.5~4cm，先端尾状渐尖或渐尖，基部圆或浅心形，稀宽楔形，边缘具圆齿状锯齿，叶面绿色，近光滑，稀稍粗糙，疏生的糙毛常早脱落，有时留有不明显的乳凸状毛痕，叶背浅绿，只在脉上疏生柔毛，其他处无毛，基部有明显的三出脉；其侧生的2条长达叶的中上部，侧脉2(~3)对；叶柄纤细，长4~8mm，被贴生短柔毛。花单性，雌雄同株，雌花序常生于花枝的上部叶腋，雄花序常生于花枝的下部叶腋，或雌雄同序，聚伞花序一般长不过叶柄；雄花具梗，直径约1mm，花被片5，倒卵形，外面无毛或疏生微柔毛。核果近球形或阔卵圆形，微压扁，直径2~3mm，熟时橘红色，有宿存花被。

特征差异研究：叶长5~5.2cm，宽2.3~2.6cm，叶柄长1.3~1.4cm；黄色花瓣，花冠0.2cm。

凭证标本：深圳坝光，黄启聪(054)。

分布地：产浙江南部、江西南部、福建、台湾、湖南东南部、贵州、广东、海南、广西和四川。生于低海拔(100~600m)的河边、旷野或山坡疏林、灌丛较向阳湿润土地。也分布于印度、缅甸、中南半岛、马来半岛、印度尼西亚、日本和大洋洲。

主要经济用途：韧皮纤维供制麻绳、纺织和造纸用，种子油供制皂和作润滑油用。

山黄麻

榆科 Ulmaceae　山黄麻属
别名：木贼麻黄(通用名)、木麻黄(通称)

Ephedra equisetina Bunge in Mem. Acad. Sci. St. Petersb. ser. 6(Sci. Nat.)7: 501. 1851.

主要形态学特征：直立小灌木，高达1m，木质茎粗长，直立，稀部分匍匐状，基部径达1~1.5cm，中部茎枝一般径3~4mm；小枝细，径约1mm，节间短，长1~3.5cm，多为1.5~2.5cm，纵槽纹细浅不明显，常被白粉呈蓝绿色或灰绿色。叶2裂，长1.5~2mm，褐色，大部合生，上部约1/4分离，裂片短三角形，先端钝。雄球花单生或3~4个集生于节上，无梗或开花时有短梗，卵圆形或窄卵圆形，长3~4mm，宽2~3mm，苞片3~4对，基部约1/3合生，假花被近圆形，雄蕊6~8，花丝全部合生，微外露，花药2室，稀3室；雌球花常2个对生于节上，窄卵圆形或窄菱形，苞片3对，菱形或卵状菱形，最上一对苞片约2/3合生，雌花1~2，珠被管长达2mm，稍弯曲。雌球花成熟时肉质，红色，长卵圆形或卵圆形，长8~10mm，径4~5mm，具短梗；种子通常1粒，窄长卵圆形，长约7mm，径2.5~3mm，顶端窄，缩成颈柱状，基部渐窄圆，具明显的点状种脐与种阜。

特征差异研究：叶长10.5~13.3cm，宽3.3~4.8cm，叶柄长1.3~1.8cm。与上述特征相比，增加了叶宽及叶柄指标。

凭证标本：深圳坝光，陈志洁(084)。

分布地：产于河北、山西、内蒙古、陕西西部、甘肃及新疆等省区。生于干旱地区的山脊、山顶及岩壁等处。蒙古、俄罗斯也有分布。

主要经济用途：为重要的药用植物，生物碱的含量较其他种类为高，为提制麻黄碱的重要原料。

波罗蜜

桑科 Moraceae　波罗蜜属
别名：木波罗(通称)、树波罗(广州)、牛肚子果(云南)

Artocarpus heterophyllus Lam. Encycl. Meth. 3: 210. 1789 "heterophylla".

主要形态学特征：常绿乔木，高10~20m，胸径达30~50cm；老树常有板状根；树皮厚，黑褐色；小枝粗2~6mm，具纵皱纹至平滑，无毛；托叶抱茎环状，遗痕明显。叶革质，螺旋状排列，椭圆形或倒卵形，长7~15cm或更长，宽3~7cm，先端钝或渐尖，基部楔形，成熟之叶全缘，或在幼树和萌发枝上的叶常分裂，表面墨绿色，背面浅绿色，略粗糙，侧脉羽状，每边6~8条，中脉在背面显著凸起；叶柄长1~3cm；托叶抱茎，卵形，长1.5~8cm。花雌雄同株，花序生老茎或短枝上，雄花序有时着生于枝端叶腋或短枝叶腋，圆柱形或棒状椭圆形，长2~7cm，花多数，其中有些花不发育，总花梗长10~50mm；雄花花被管状，长1~1.5mm，上部2裂，被微柔毛，雄蕊1枚，花丝在蕾中直立；雌花花被管状，顶部齿裂，基部陷于肉质球形花序轴内，子房1室。聚花果椭圆形至球形，或不规则形状，长30~100cm，直径25~50cm，幼时浅黄色，成熟时黄褐色，表面有坚硬六角形瘤状凸体和粗毛；核果长椭圆形，长约3cm，直径1.5~2cm。

分布地：我国广东、海南、广西、云南(南部)常有栽培。尼泊尔、不丹、马来西亚也有栽培。

主要经济用途：本种果型大，味甜，芳香，可食；核果可煮食，富含淀粉；木材黄，可提取桑色素。

白桂木

桑科 Moraceae　波罗蜜属

别名：胭脂木(海南)、将军树(广东)

Artocarpus hypargyreus Hance in Benth. Fl. Hongk. 325. 1861 "hypargyrea".

主要形态学特征：大乔木，高10~25m，胸径40cm；树皮深紫色，片状剥落；幼枝被白色紧贴柔毛。叶互生，革质，椭圆形至倒卵形，长8~15cm，宽4~7cm，先端渐尖至短渐尖，基部楔形，全缘，幼树之叶常为羽状浅裂，表面深绿色，仅中脉被微柔毛，背面绿色或绿白色，被粉末状柔毛，侧脉每边6~7条，弯拱向上，在表面平，在背面明显突起，网脉很明显；叶柄长1.5~2cm，被毛；托叶线形，早落。花序单生叶腋。雄花序椭圆形至倒卵圆形，长1.5~2cm，直径1~1.5cm；总柄长2~4.5cm，被短柔毛；雄花花被4裂，裂片匙形，与盾形苞片紧贴，密被微柔毛，雄蕊1枚，花药椭圆形。聚花果近球形，直径3~4cm，浅黄色至橙黄色，表面被褐色柔毛。

分布地：产广东及沿海岛屿、海南、福建、江西(崇义、会昌、大余)、湖南、云南东南部(屏边、麻栗坡、广南)。生于低海拔(160~1630m)常绿阔叶林中。

主要经济用途：乳汁可以提取硬性胶，木材可作家具。

水同木

桑科 Moraceae　榕属

Ficus fistulosa Reinw. ex Bl. Bijdr. 442. 1825; Hook. f. Fl. Brit. Ind. 5: 525. 1888.

主要形态学特征：常绿小乔木，树皮黑褐色，枝粗糙，叶互生，纸质，倒卵形至长圆形，长10~20cm，宽4~7cm，先端具短尖，基部斜楔形或圆形，全缘或微波状，表面无毛，背面微被柔毛或黄色小突体；基生侧脉短，侧脉6~9对；叶柄长1.5~4cm；托叶卵状披针形，长约1.7cm。榕果簇生于老干发出的瘤状枝上，近球形，直径1.5~2cm，光滑，成熟时橘红色，不开裂，总梗长8~24mm，雄花和瘿花生于同一榕果内壁；雄花生于其近口部，少数，具短柄，花被片3~4，雄蕊1枚，花丝短；瘿花具柄，花被片极短或不存，子房光滑，倒卵形，花柱近侧生，纤细，柱头膨大；雌花生于另一植株榕果内，花被管状，围绕果柄下部。瘦果近斜方形。

分布地：广东(茂名)、香港、广西、云南(西双版纳、红河、弥勒、河口、金屏、麻栗坡)等地。生于溪边岩石上或森林中。印度东北部、孟加拉国、缅甸、泰国、越南、马来西亚西部、印度尼西亚(广布)、菲律宾、加里曼丹也有。

粗叶榕

桑科 Moraceae　榕属

别名：丫枫小树(植物名实图考)、大青叶(植物名实图考)、佛掌榕(海南植物志)、掌叶榕(中国高等植物图鉴)

Ficus hirta Vahl. Enum. 2: 201. 1806; Benth. Fl. Hongk. 320. 1861.

主要形态学特征：灌木或小乔木，嫩枝中空，小枝，叶和榕果均被金黄色开展的长硬毛。叶互生，纸质，多型，长椭圆状披针形或广卵形，长10~25cm，边缘具细锯齿，有时全缘或3~5深裂，先端急尖或渐尖，基部圆形，浅心形或宽楔形，表面疏生贴伏粗硬毛，背面密或疏生开展的白色或黄褐色绵毛和糙毛，基生脉3~5条，侧脉每边4~7条；叶柄长2~8cm；托叶卵状披针形，被柔毛。榕果成对腋生或生于已落叶枝上，球形或椭圆球形，无梗或近无梗，直径10~15mm；雌花果球形，雄花及瘿花果卵球形，无柄或近无柄，直径10~15mm，幼嫩时顶部苞片形成脐状凸起，基生苞片早落，卵状披针形，先端急尖，外面被贴伏柔毛；雄花生于榕果内壁近口部，有柄，花被片4，披针形，红色，雄蕊2~3枚，花药椭圆形，长于花丝；瘿花花被片与雌花同数，子房球形，光滑，花柱侧生，短，柱头漏斗形；雌花生雌株榕果内，有梗或无梗，花被片4。瘦果椭圆球形，表面光滑，花柱贴生于一侧微凹处，细长，柱头棒状。

分布地：产云南、贵州、广西、广东、海南、湖南、福建、江西。常见于村寨附近旷地或山坡林边，或附生于其他树干。尼泊尔、不丹、印度东北部、越南、缅甸、泰国、马来西亚、印度尼西亚也有。

主要经济用途：药用治风气，去红肿。根、果祛风湿，益气固表。茎皮纤维制麻绳、麻袋。

对叶榕

桑科 Moraceae　榕属

别名：牛奶子(广东)

Ficus hispida Linn. f. Suppl. 442. 1781; Benth. Fl. Hongk. 329. 1861.

主要形态学特征：灌木或小乔木，被糙毛，叶通常对生，厚纸质，卵状长椭圆形或倒卵状矩圆形，长10~25cm，宽5~10cm，全缘或有钝齿，顶端急尖或短尖，基部圆形或近楔形，表面粗糙，被短粗毛，背面被灰色粗糙毛，侧脉6~9对；叶柄长1~4cm，被短粗毛；托叶2，卵状披针形，生无叶的果枝上，常4枚交互对生，榕果腋生或生于落叶枝上，或老茎发出的下垂枝上，陀螺形，成熟黄色，直径1.5~2.5cm，散生侧生苞片和粗毛，雄花生于其内壁口部，多数，花被片3，薄膜状，雄蕊1；瘿花无花被，花柱近顶生，粗短；雌花无花被，柱头侧生，被毛。

特征差异研究：叶长14.6~25.4cm，宽6.2~9.4cm，叶柄3.0~4.8cm。与上述特征相比，叶的长度与宽度值均较大，叶柄更长。

凭证标本：深圳坝光，赖标汶(004)、洪继猛(039，040，042)、温海洋(089)、叶蓁(018，032)。

分布地：产广东、海南、广西、云南(西部和南部，海拔120~1600m)、贵州。尼泊尔、不丹、印度、泰国、越南、马来西亚至澳大利亚也有分布。喜生于沟谷潮湿地带。

薜荔

桑科 Moraceae　榕属

别名：凉粉子(通称)、木莲(植物名实图考)、凉粉果(广东、湖南)、冰粉子(四川、贵州)、鬼馒头、木馒头(江南)

Ficus pumila Linn. Sp. Pl. 1060. 1753; Thunberg, Ficus 9. 1786.

主要形态学特征：攀缘或匍匐灌木，叶两型，不结果枝节上生不定根，叶卵状心形，长约2.5cm，薄革质，基部稍不对称，尖端渐尖，叶柄很短；结果枝上无不定根，革质，卵状椭圆形，长5~10cm，宽2~3.5cm，先端急尖至钝形，基部圆形至浅心形，全缘，上面无毛，背面被黄褐色柔毛，基生叶脉延长，网脉3~4对，呈蜂窝状；叶柄长5~10mm；托叶2，披针形，被黄褐色丝状毛。榕果单生叶腋，瘿花果梨形，雌花果近球形，长4~8cm，直径3~5cm，顶部截平，略具短钝头或为脐状凸起，基部收窄成一短柄，基生苞片宿存，三角状卵形，密被长柔毛，榕果幼时被黄色短柔毛，成熟黄绿色或微红；雄花生榕果内壁口部，多数，排为几行，有柄，花被片2~3，线形，雄蕊2枚，花丝短；瘿花具柄，花被片3~4，线形，花柱侧生，短；雌花生另一植株榕果内壁，花柄长，花被片4~5。瘦果近球形，有黏液。

凭证标本：深圳坝光，温海洋(068)。

分布地：产福建、江西、浙江、安徽、江苏、台湾、湖南、广东、广西、贵州、云南东南部、四川及陕西。北方偶有栽培。日本(琉球群岛)、越南北部也有分布。

主要经济用途：瘦果水洗可作凉粉，藤叶药用。

舶梨榕 桑科 Moraceae 榕属

别名：梨状牛奶子(广东)

Ficus pyriformis Hook. et Arn. Bot. Beech. Voy. 216. 1836.

主要形态学特征：灌木，高1~2m；小枝被糙毛。叶纸质，倒披针形至倒卵状披针形，长4~11(~14)cm，宽2~4cm，先端渐尖或锐尖而为尾状，基部楔形至近圆形，全缘稍背卷，表面光绿色，背面微被柔毛和细小疣点，侧脉5~9对，很不明显，基生侧脉短；叶柄被毛，长1~1.5cm；托叶披针形，红色，无毛，长约1cm。榕果单生叶腋，梨形，直径2~3cm，无毛，有白斑；雄花生内壁口部，花被片3~4，披针形，雄蕊2，花药卵圆形；瘿花花被片4，线形，子房球形，花柱侧生；雌花生于另一植株榕果内壁，花被片3~4，子房肾形，花柱侧生，细长。

分布地：产广东(沿海岛屿)、福建。常生于溪边林下潮湿地带。越南北部也有(其他分布点均系误定)。

斜叶榕 桑科 Moraceae 榕属

Ficus tinctoria Forst. f. Prodr. Fl. Ins. Austral. Prodr. 76. 1786.

主要形态学特征：小乔木，幼时多附生，树皮微粗糙，小枝褐色。叶薄革质，排为两列，椭圆形至卵状椭圆形，长8~13cm，宽4~6cm，顶端钝或急尖，基部宽楔形，全缘，一侧稍宽，两面无毛，背面略粗糙，网脉明显，干后网眼深褐色，基生侧脉短，不延长，侧脉5~8对，两面凸起，叶柄粗壮，长8~10mm；托叶钻状披针形，厚，长5~10mm。榕果球形或球状梨形，单生或成对腋生，直径约10mm，略粗糙，疏生小瘤体，顶端脐状，基部收缩成柄，柄长5~10mm，基生苞片3，卵圆形，干后反卷；总梗极短；雄花生榕果内壁近口部，花被片4~6，白色，线形，雄蕊1枚，基部有退化的子房；瘿花与雄花花被相似，子房斜卵形，花柱侧生；雌花生另一植株榕果内，花被片4，线形，质薄，透明。瘦果椭圆形，具龙骨。

特征差异研究：叶长8.4~10.3cm，宽3.7~4cm，叶柄长1.2~1.4cm。与上述特征相比，叶宽度值更小，叶柄更长。

凭证标本：深圳坝光，温海洋(105)、王帆(002，003，004)。

分布地：产海南、台湾。菲律宾、印度尼西亚(苏拉威西、松巴哇、马鲁古群岛)、巴布亚新几内亚、澳大利亚(北部)、密克罗尼西亚、波利尼西亚至塔希提等地也有分布。

青果榕 桑科 Moraceae 榕属

Ficus variegata Bl. var. *chlorocarpa*(Benth.)King in Ann. Bot. Gard. Calcutta 1：170. 1888.

主要形态学特征：与杂色榕(*Ficus variegata*)的主要区别在于：大树，高达15m，树皮灰色。叶全缘；叶柄长5~6.8cm，榕果基部收缩成短柄，成熟时绿色至黄色。花被合生。

凭证标本：深圳坝光，万小丽(103)、陈志洁(252)

分布地：产广东及沿海岛屿、海南、广西、云南南部。低海拔，沟谷地区常见。越南中部、泰国也有分布。

变叶榕 桑科 Moraceae 榕属

Ficus variolosa Lindl. ex Benth. in Hook. Lond. Journ. Bot. 1：492. 1842.

主要形态学特征：灌木或小乔木，光滑，高3~10m，树皮灰褐色；小枝节间短。叶薄革质，狭椭圆形至椭圆状披针形，长5~12cm，宽1.5~4cm，先端钝或钝尖，基部楔形，全缘，侧脉7~11(~15)对，与中脉略成直角展出；叶柄长6~10mm；托叶长三角形，长约8mm。榕果成对或单生叶腋，球形，直径10~12mm，表面有瘤体，顶部苞片脐状突起，基生苞片3，卵状三角形，基部微合生，总梗长 8~12mm；瘿花子房球形，花柱短，侧生；雌花生另一植株榕果内壁，花被片 3~4，子房肾形，花柱侧生，细长。

特征差异研究：叶柄长 0.4~0.8cm。

凭证标本：深圳坝光，黄启聪(104)，陈志洁、黄玉源(065)，陈志洁(051，053，066)。

分布地：产浙江、江西、福建、广东(及沿海岛屿)、广西、湖南、贵州、云南东南部等地。常生于溪边林下潮湿处。越南、老挝也有分布。

主要经济用途：茎清热利尿，叶敷治跌打损伤，根亦入药，补肝肾，强筋骨，祛风湿。茎皮纤维可作人造棉、麻袋。

垂叶榕

桑科 Moraceae　榕属

别名：细叶榕(广东)、小叶榕(海南)、垂榕、白榕(台湾)

Ficus benjamina Linn. Mant. 1：129. 1767；King in Ann. Bot. Gard. Calcutta 1：43. t. 52. 83h. 1888.

主要形态学特征：大乔木，高达 20m，胸径 30~50cm，树冠广阔；树皮灰色，平滑；小枝下垂。叶薄革质，卵形至卵状椭圆形，长 4~8cm，宽 2~4cm，先端短渐尖，基部圆形或楔形，全缘，一级侧脉与二级侧脉难于区分，平行展出，直达近叶边缘，网结成边脉，两面光滑无毛；叶柄长 1~2cm，上面有沟槽；托叶披针形，长约 6mm。榕果成对或单生叶腋，基部缢缩成柄，球形或扁球形，光滑，成熟时红色至黄色，直径 8~15cm，基生苞片不明显；雄花、瘿花、雌花同生于一榕果内；雄花极少数，具柄，花被片 4，宽卵形，雄蕊 1 枚，花丝短；瘿花具柄，多数，花被片 5~4，狭匙形，子房卵圆形，光滑，花柱侧生；雌花无柄，花被片短匙形。花柱近侧生，柱头膨大。瘦果卵状肾形，短于花柱。

分布地：产广东、海南、广西、云南、贵州。在云南生于海拔 500~800m 湿润的杂木林中。尼泊尔、不丹、印度、缅甸、泰国、越南、马来西亚、菲律宾、巴布亚新几内亚、所罗门群岛、澳大利亚北部有分布。

雅榕

桑科 Moraceae　榕属

别名：小叶榕(中国高等植物图鉴补编)、万年青(屏边)

Ficus concinna(Miq.)Miq. in Ann. Mus. Bot. Lugd. -Bat. 3：286. 1867.

主要形态学特征：乔木，高 15~20m，胸径 25~40cm；树皮深灰色，有皮孔；小枝粗壮，无毛。叶狭椭圆形，长 5~10cm，宽 1.5~4cm，全缘，先端短尖至渐尖，基部楔形，两面光滑无毛，干后灰绿色，基生侧脉短，侧脉 4~8 对，小脉在表面明显；叶柄短，长 1~2cm；托叶披针形，无毛，长约 1cm。榕果成对腋生或 3~4 个簇生于无叶小枝叶腋，球形，直径 4~5mm；雄花、瘿花、雌花同生于一榕果内壁；雄花极少数，生于榕果内壁近口部，花被片 2，披针形，子房斜卵形，花柱侧生，柱头圆形；瘿花相似于雌花，花柱线形而短；榕果无总梗或不超过 0.5mm。

分布地：产广东、广西、贵州、云南(北至双柏、玉溪、弥渡，海拔 800~2000m)。通常生于海拔 900~1600m 密林中或村寨附近。不丹、印度、中南半岛各国、马来西亚、菲律宾、北加里曼丹也有。

主要经济用途：庭园绿化。

秤星树

冬青科 Aquifoliaceae　冬青属

别名：假青梅(中国高等植物图鉴)、灯花树(台湾植物志)、梅叶冬青、岗梅、苦梅根(广东大埔)、假秤星(广东东莞)、秤星木、天星木、汀秤仔(香港)、相星根(广西梧州)

Ilex asprella(Hook. et Arn.)Champ. ex Benth. in Hook. Journ. Bot. KewGard. Misc. 4：329. 1852.

主要形态学特征：落叶灌木，高达 3m；具长枝和宿短枝，长枝纤细，栗褐色，无毛，具淡色皮孔，短枝多皱，具宿存的鳞片和叶痕。叶膜质，在长枝上互生，在缩短枝上 1~4 枚簇生枝顶，卵形或卵状椭圆形，长(3~)4~6(~7)cm，宽(1.5~)2~3.5cm，先端尾状渐尖，尖头长6~10mm，基部钝至近圆形，边缘具锯齿，叶面绿色，被微柔毛，背面淡绿色，无毛，侧脉5~6对，在叶面平坦，在背面凸起，拱形上升并于近叶缘处网结，网状脉两面可见；叶柄长3~8mm，上面具槽，下面半圆形，无毛；托叶小，胼胝质，三角形，宿存。雄花序：2或3花呈束状或单生于叶腋或鳞片腋内；花梗长4~6(~9)mm；花4或5基数；花萼盘状，直径2.5~3mm，裂片4~5，阔三角形或圆形，啮蚀状，具缘毛；花冠白色，辐状，直径约6mm，花瓣4~5，近圆形，直径约2mm，稀具缘毛，基部合生；雄蕊4或5，花丝长约1.5mm。雌花序：单生于叶腋或鳞片腋内，花梗长1~2cm；花4~6基数；花萼直径约3mm，4~6深裂，裂片边缘具缘毛；花冠辐状，花瓣近圆形，直径2mm，基部合生；退化雄蕊长约1mm，败育花药箭头状；子房卵球状，直径约1.5mm，花柱明显，柱头厚盘状。果球形，直径5~7mm，熟时变黑色，具纵条纹及沟。

凭证标本：深圳坝光，魏若宇(052)，洪继猛、黄玉源(074)，廖栋耀(101)，吴凯涛(052)，郭秀冰(002)。

分布地：产于浙江、江西、福建、台湾、湖南、广东、广西、香港等地；生于海拔400~1000m的山地疏林中或路旁灌丛中。分布于菲律宾群岛。

主要经济用途：本种的根、叶入药，有清热解毒、生津止渴、消肿散瘀之功效。叶含熊果酸，对冠心病、心绞痛有一定疗效；根加水在锈铁上磨汁内服，能解砒霜和毒菌中毒。

小果冬青 冬青科 Aquifoliaceae　冬青属

Ilex micrococca Maxim. in Mem. Acad. Sci. St. Petersb. Ⅶ, 29: 39, pl. 1, fig. 6. 1881.

主要形态学特征：落叶乔木，高达20m；小枝粗壮，无毛，具白色、圆形或长圆形常并生的气孔。叶片膜质或纸质，卵形、卵状椭圆形或卵状长圆形，长7~13cm，宽3~5cm，先端长渐尖，基部圆形或阔楔形，常不对称，边缘近全缘或具芒状锯齿，叶面深绿色，背面淡绿色，两面无毛，主脉在叶面微下凹，在背面隆起，侧脉5~8对，三级脉在两面突起，网状脉明显；叶柄纤细，长1.5~3.2cm，无毛，上面平坦，下面具皱纹；托叶小，阔三角形，长约0.2mm。伞房状2~3回聚伞花序单生于当年生枝的叶腋内，无毛；总花梗长9~12mm，具沟，在果时多皱，二级分枝长2~7mm，花梗长2~3mm，基部具1三角形小苞片。雄花：5或6基数，花萼盘状，5或6浅裂，裂片钝，无毛或疏具缘毛；花冠辐状，花瓣长圆形，长1.2~1.5mm，基部合生；雄蕊与花瓣互生，且近等长，花药卵球状长圆形，长约0.5mm；败育子房近球形，具长约0.5mm的喙。雌花：6~8基数，花萼6深裂，裂片钝，具缘毛；花冠辐状，花瓣长圆形，长约1mm，基部合生；退化雄蕊长为花瓣的1/2，败育花药箭头状；子房圆锥状卵球形，直径约1mm，柱头盘状，柱头以下之花柱稍缢缩。果实球形，直径约3mm，成熟时红色。

分布地：产于浙江(杭州、鄞县、天台、开化、淳安、龙泉、泰顺)、安徽(黄山、歙县、祁门、铜陵)、福建(龙岩、上杭、仙游、柘荣)、台湾、江西(武宁、萍乡、武功山、井冈山、宁冈、宁都、瑞金、寻乌)、湖北(恩施、宣恩、来凤、鹤峰、咸丰、利川、巴东、长阳、五峰、十堰、崇阳)、湖南(慈利、桑植、永顺、古丈、黔阳、会同、新宁、道县、永兴、资兴、宜章)、广东(饶平、乳源、英德、仁化、乐昌、连县、连山、阳山、广宁、高要、封开)、广西(全州、龙胜、兴安、永福、平乐、贺县、昭平、金秀、象州、融水、环江、都安、钦州、防城、上思、宁明、德保、靖西、凌云)、海南(五指山)、四川(雅安、名山、洪雅、峨眉、甘洛、德昌、米易、屏山、叙永、松潘、南川、奉节)、贵州(兴仁、榕江、松桃、安龙、三都)、云南(元江、景谷、景东、沧源、澜沧、普洱、禄春、西双版纳)等地；生于海拔500~1300m的山地常绿阔叶林内。分布于日本和越南。模式标本采自日本。

毛冬青

冬青科 Aquifoliaceae　冬青属

别名：茶叶冬青（中国高等植物图鉴）、密毛假黄杨（台湾植物志）、密毛冬青（台湾木本植物图志）

Ilex pubescens Hook. et Arn. Bot. Beechey Voy. 167, pl. 35. 1833.

主要形态学特征：常绿灌木或小乔木，高3~4m；小枝纤细，近四棱形，灰褐色，密被长硬毛，具纵棱脊，无皮孔，具稍隆起、近新月形叶痕；顶芽通常发育不良或缺。叶生于1~2年生枝上，叶片纸质或膜质，椭圆形或长卵形，长2~6cm，宽1~2.5(~3)cm，先端急尖或短渐尖，基部钝，边缘具疏而尖的细锯齿或近全缘，叶面绿色，背面淡绿色，干时橄榄绿色或深橄榄色，两面被长硬毛，无光泽，背面沿主脉更密，主脉在叶面平坦或稍凹陷，背面隆起，侧脉4~5对，在叶背面明显；叶柄长2.5~5mm，密被长硬毛。花序簇生于1~2年生枝的叶腋内，密被长硬毛。雄花序：簇的单个分枝具1或3花的聚伞花序，花梗长1.5~2mm，基部具2枚小苞片，若3花，总花梗长1~1.5mm；花4或5基数，粉红色；花萼盘状，直径约2mm，被长柔毛，5或6深裂，裂片卵状三角形，具缘毛；花冠辐状，直径4~5mm，花瓣4~6枚，卵状长圆形或倒卵形，长约2mm，先端圆形，基部稍合生；雄蕊长为花瓣的3/4，花药长圆形，长约0.8mm；退化雌蕊垫状，顶端具短喙。雌花序：簇生，被长硬毛，单个分枝具单花，稀具3花，花梗长2~3mm，基部具小苞片；花6~8基数；花萼盘状，直径约2.5mm，6或7深裂，被长硬毛，急尖；花冠辐状，花瓣5~8枚，长圆形，长约2mm，先端圆形；退化雄蕊长约为花瓣的一半，败育花药箭头形；子房卵球形，长约1.5mm，直径约1.3mm，无毛，花柱明显，柱头头状或厚盘状。果球形，直径约4mm，成熟后红色。宿存花萼平展，直径约3mm，裂片卵形，外面被毛；宿存柱头厚盘状或头状。

分布地：产于安徽（休宁、祁门）、浙江（天台、建德、遂昌、丽水、青田、龙泉、庆元、泰顺、平阳、天台山、雁荡山）、江西（玉山、婺源、上饶、广丰、德兴、修水、铜鼓、萍乡、资溪、黎川、南丰、宜黄、吉安、安福、莲花、永新、遂川、广宁、石城、瑞金、会昌、兴国、于都、赣县、上犹、大余、安远、寻乌、龙南、定南、全南）、福建（福州、闽侯、崇安、建阳、南平、顺昌、永安、永泰、沙县、连城、长汀、上杭、龙岩、南靖）、台湾（台北、南投、屏东）、湖南（洞口、通道、宁远、江华、蓝山、宜章）、广东（广州、花县、从化、新丰、龙门、三水、饶平、陆丰、大埔、丰顺、五华、蕉岭、和平、建平、惠阳、翁源、始兴、南雄、仁化、乐昌、乳源、曲江、英德、连山、连南、连县、阳山、怀集、广宁、封开、德庆、高要、肇庆、云浮、台山、恩平、阳江、高州、信宜）、海南（白沙）、香港、广西（金秀、龙胜、兴安、桂林、平乐、苍梧、贺县、田林）和贵州（罗甸、安龙、册亨、望谟、兴义）；生于海拔（60~）100~1000m的山坡常绿阔叶林中或林缘、灌木丛中及溪旁、路边。

主要经济用途：清热解毒，活血通络。主风热感冒，肺热喘咳，咽痛，乳蛾，牙龈肿痛，胸痹心痛，中风偏瘫，血栓闭塞性脉管炎；丹毒，烧烫伤，痈疽，中心性视网膜炎。

青江藤

卫矛科 Celastraceae　南蛇藤属

别名：夜茶藤、黄果藤

Celastrus hindsii Benth. in Hook. Kew Journ. 3: 334. 1851; Maxim. in Bull. Acad. Sci. St. Petersb. 27: 455. 1881.

主要形态学特征：常绿藤本；小枝紫色，皮孔较稀少。叶纸质或革质，干后常灰绿色，长方窄椭圆形，或卵窄椭圆形至椭圆倒披针形，长7~14cm，宽3~6cm，先端渐尖或急尖，基部楔形或圆形，边缘具疏锯齿，侧脉5~7对，侧脉间小脉密而平行成横格状，两面均突起；叶柄长6~10mm。顶生聚伞圆锥花序，长5~14cm，腋生花序近具1~3花，稀成短小聚伞圆锥状。花淡绿色，小花梗长4~5mm，关节在中部偏上；花萼裂片近半圆形，覆瓦状排列，长约1mm；花瓣长方形，长约2.5mm，边缘具细短缘毛；花盘杯状，厚膜质，浅裂，裂片三角形；雄蕊着生花盘边缘，花丝锥状，花药卵圆状，在雌花中退化，花药箭形卵状；雌蕊瓶状，子房近球状，花柱长约1mm；柱头不明显3裂，在雄花中退化。果实近球状或稍窄，长7~9mm，直径6.5~8.5mm，幼果顶端具明显宿存花柱，长达1.5mm，裂瓣略皱缩；种子1粒，阔椭圆状到近球状，长5~8mm，假种皮橙红色。

凭证标本： 深圳坝光，魏若宇(029)、王帆(073)。

分布地： 产于江西、湖北、湖南、贵州、四川、台湾、福建、广东、海南、广西、云南、西藏东部。生长于海拔2500m以下的灌丛或山地林中。分布于越南、缅甸、印度东北部、马来西亚。模式标本采自印度。

长叶卫矛 卫矛科 Celastraceae 卫矛属

Euonymus kwangtungensis C. Y. Cheng, nom. nov. ——*Euonymus longifolius* Champ. ex Benth in Journ. Bot. Kew Misc. 3: 332. 1851.

主要形态学特征： 小灌木。叶近革质，有光泽，长方披针形，长8~14cm，宽1.5~3cm，先端渐窄渐尖，边缘有极浅疏锯齿或近全缘，侧脉5~7，细弱不显，在边缘处常结成疏网，小脉不显；叶柄长5~8mm。聚伞花序1~2腋生，短小，3至数花；花序梗长2~12mm；花淡绿色，直径约7mm；5数；萼片重瓦排列，在内2片较大，边缘常有细浅深色齿缘；花瓣近圆形，长约3mm；花盘5浅裂；雄蕊无花丝；子房无花柱，柱头平贴，微5裂。蒴果熟时带红色，倒三角心状，5浅裂，裂片顶端宽，稍外展，基部稍窄，最宽处约1cm(据未熟果)。

分布地： 特产于广东、香港及沿海岛屿。生长于低海拔山坡、山谷丛林中阴湿处。

疏花卫矛 卫矛科 Celastraceae 卫矛属

Euonymus laxiflorus Champ. ex Benth. in Hook. Kew Journ. 3: 333. 1851.

主要形态学特征： 灌木，高达4m。叶纸质或近革质，卵状椭圆形、长方椭圆形或窄椭圆形，长5~12cm，宽2~6cm，先端钝渐尖，基部阔楔形或稍圆，全缘或具不明显的锯齿，侧脉多不明显；叶柄长3~5mm。聚伞花序分枝疏松，5~9花；花序梗长约1cm；花紫色，5数，直径约8mm；花瓣长圆形，基部窄；花盘5浅裂，裂片钝；雄蕊无花丝，花药顶裂；子房无花柱，柱头圆。蒴果紫红色，倒圆锥状，长7~9mm，直径约9mm，先端稍平截；种子长圆状，长5~9mm，直径3~5mm，种皮枣红色，假种皮橙红色，高仅3mm左右，成浅杯状包围种子基部。

凭证标本： 深圳坝光，陈鸿辉(061)、魏若宇(038)。

分布地： 产于台湾、福建、江西、湖南、香港、广东及沿海岛屿、广西、贵州、云南。生长于山上、山腰及路旁密林中。分布达越南。

主要经济用途： 皮部药用，作土杜仲。

中华卫矛 卫矛科 Celastraceae 卫矛属

Euonymus nitidus Benth. in Hook. Journ. Bot. 1: 483. 1842. et Fl. Hongk. 62. 1861.

主要形态学特征： 常绿灌木或小乔木，高1~5m。叶革质，质地坚实，常略有光泽，倒卵形、长方椭圆形或长方阔披针形，长4~13cm，宽2~5.5cm，先端有长8mm渐尖头，近全缘；叶柄较粗壮，长6~10mm，偶有更长者。聚伞花序1~3次分枝，3~15花，花序梗及分枝均较细长，小花梗长8~10mm；花白色或黄绿色，4数，直径5~8mm；花瓣基部窄缩成短爪；花盘较小，4浅裂；雄蕊无花丝。蒴果三角卵圆状，4裂较浅成圆阔4棱，长8~14mm，直径8~17mm；果序梗长1~3cm；小果梗长约1cm；种子阔椭圆状，长6~8mm，棕红色，假种皮橙黄色，全包种子，上部两侧开裂。

凭证标本： 深圳坝光，赵顺(078)。

分布地： 产于广东、福建和江西南部。生长于林内、山坡、路旁等较湿润处为多，但也有在山顶高燥之处生长。本种的叶形和质地都与矩叶卫矛相似，在华南一带交错相接，常易混淆。但本种花稍大，花梗及分枝都较细圆，小花梗较长，果实也较大。而后者花小，直径4~5mm，花梗及分枝都呈4棱形而较粗壮，小花梗极短，长仅1~2mm，果实较小，长约8mm，4棱明显。

主要经济用途：园林观赏，有较强的净化空气作用。

桑寄生 桑寄生科 Loranthaceae 钝果寄生属

别名：桑上寄生(本草纲目)、寄生(四川)、四川桑寄生(湖北植物志)

Taxillus sutchuenensis(Lecomte) Danser in Bull. Jard. Bot. Buitenzorg ser. 3, 10: 355. 1929, et in Blumea 2: 53. 1936.

主要形态学特征：灌木，高0.5~1m；嫩枝、叶密被褐色或红褐色星状毛，有时具散生叠生星状毛，小枝黑色，无毛，具散生皮孔。叶近对生或互生，革质，卵形、长卵形或椭圆形，长5~8cm，宽3~4.5cm，顶端圆钝，基部近圆形，上面无毛，下面被绒毛；侧脉4~5对，在叶上面明显；叶柄长6~12mm，无毛。总状花序，1~3个生于小枝已落叶腋部或叶腋，具花(2~)3~4(~5)朵，密集呈伞形，花序和花均密被褐色星状毛，总花梗和花序轴共长1~2(~3)mm；花梗长2~3mm；苞片卵状三角形，长约1mm；花红色，花托椭圆状，长2~3mm；副萼环状，具4齿；花冠花蕾时管状，长2.2~2.8cm，稍弯，下半部膨胀，顶部椭圆状，裂片4枚，披针形，长6~9mm，反折，开花后毛变稀疏；花丝长约2mm，花长3~4mm；花柱线状，柱头圆锥状。果椭圆状，长6~7mm，直径3~4mm，两端均圆钝，黄绿色，果皮具颗粒状体，被疏毛。

特征差异研究：叶长3~4.6cm，宽1.2~2.7cm，叶柄长0.3~0.8cm，果实卵圆形，长5mm，直径4mm。与上述特征相比，叶更小，果也偏小。

凭证标本：深圳坝光，温海洋(099)，吴凯涛(045)，叶蓁(004)，魏若宇(026，073)，温海洋、黄玉源(219)。

分布地：产于云南、四川、甘肃、陕西、山西、河南、贵州、湖北、湖南、广西、广东、江西、浙江、福建、台湾。生于海拔500~1900m山地阔叶林中，寄生于桑树、梨树、李树、梅树、油茶、厚皮香、漆树、核桃或栎属、柯属、水青冈属、桦属、榛属等植物上。模式标本采自四川城口。

主要经济用途：《本草纲目》记载的桑上寄生原植物，即中药材桑寄生的正品；全株入药，有治风湿痹痛、腰痛、胎动、胎漏等功效。

寄生藤(寄生藤属) 檀香科 Santalaceae

别名：青藤公、左扭香、鸡骨香藤(广东)，观音藤(广西)

Dendrotrophe frutescens(Champ. ex Benth.) Danser in Nov. Guin. 4: 148. 1940——*Henslowia frutescens* Champ. ex Benth. in Hook. Journ. Bot. Kew Misc. 5: 194. 1853.

主要形态学特征：木质藤本，常呈灌木状；枝长2~8m，深灰黑色，嫩时黄绿色，三棱形，扭曲。叶厚，多少软革质，倒卵形至阔椭圆形，长3~7cm，宽2~4.5cm，顶端圆钝，有短尖，基部收狭而下延成叶柄，基出脉3条，侧脉大致沿边缘内侧分出，干后明显；叶柄长0.5~1cm，扁平。花通常单性，雌雄异株；雄花球形，长约2mm，5~6朵集成聚伞状花序；小苞片近离生，偶呈总苞状；花梗长约1.5mm；花被5裂，裂片三角形，在雄蕊背后有疏毛一撮，花药室圆形；花盘5裂；雌花或两性花通常单生；雌花短圆柱状，花柱短小，柱头不分裂，锥尖形；两性花，卵形。核果卵状或卵圆形，带红色，长1~1.2cm，顶端有内拱形宿存花被，成熟时棕黄色至红褐色。

特征差异研究：叶交互对生，叶长1.7~4.5cm，宽0.6~2cm，叶柄长0.3~0.8cm，果实卵圆形，长0.5~0.6cm，直径0.3~0.4cm。与上述特征相比，叶和果实均偏小。

凭证标本：深圳坝光，廖栋耀(092，094)。

分布地：产于福建、广东、广西、云南。生长于海拔100~300m山地灌丛中，常攀缘于树上。越南也有分布。模式标本采自广东香港。

主要经济用途：全株供药用，外敷治跌打刀伤。

多花勾儿茶

鼠李科 Rhamnaceae 勾儿茶属

别名：勾儿茶（广东），牛鼻圈（陕西），牛儿藤（四川、贵州），金刚藤（四川），扁担藤（河南），扁担果（湖北），牛鼻拳、牛鼻角秧（广州）

Berchemia floribunda（Wall.）Brongn. in. Ann. Sci. Nat. ser. 1, 10：357. 1826.

主要形态学特征：藤状或直立灌木；幼枝黄绿色，光滑无毛。叶纸质，上部叶较小，卵形或卵状椭圆形至与卵状披针形，长4~9cm，宽2~5cm，顶端锐尖，下部叶较大，椭圆形至矩圆形，长达11cm，宽达6.5cm，顶端钝或圆形，稀短渐尖，基部圆形，稀心形，上面绿色，无毛，下面干时栗色，无毛，或仅沿脉基部被疏短柔毛，侧脉每边9~12条，两面稍凸起；叶柄长1~2cm，稀5.2cm，无毛；托叶狭披针形，宿存。花多数，通常数个簇生排成顶生宽聚伞圆锥花序，或下部兼腋生聚伞总状花序，花序长可达15cm，侧枝长在5cm以下；花梗长1~2mm；萼三角形，顶端尖；花瓣倒卵形，雄蕊与花瓣等长。核果圆柱状椭圆形，长7~10mm，直径4~5mm，基部有盘状的宿存花盘；果梗长2~3mm，无毛。

特征差异研究：叶缘具波浪状锯齿，叶长2~5.6cm，宽1.6~3.1cm，叶柄长0.5~1cm。

凭证标本：深圳坝光，李佳婷（053）、廖栋耀（088）。

分布地：产山西、陕西、甘肃、河南、安徽、江苏、浙江、江西、福建、广东、广西、湖南、湖北、四川、贵州、云南、西藏。据文献，在河北（平山县）也有。生于海拔2600m以下的山坡、沟谷、林缘、林下或灌丛中。印度、尼泊尔、不丹、越南、日本也有分布。

主要经济用途：根入药，有祛风除湿、散瘀消肿、止痛之功效；农民常用枝作牛鼻圈；嫩叶可代茶。

铁包金

鼠李科 Rhamnaceae 勾儿茶属

别名：老鼠耳（亨利氏植物汉名汇）、米拉藤、小叶黄鳝藤（台湾植物志）

Berchemia lineata（L.）DC. Prodr. 2：23. 1825；Benth. Fl. Hongk. 67. 1861.

主要形态学特征：藤状或矮灌木，高达21m；小枝圆柱状，黄绿色，被密短柔毛。叶纸质，矩圆形或椭圆形，长5~20mm，宽4~12mm，顶端圆形或钝，具小尖头，基部圆形，上面绿色，下面浅绿色，两面无毛，侧脉每边4~5，稀6条；叶柄短，长不超过2mm，被短柔毛；托叶披针形，稍长于叶柄，宿存。花白色，长4~5mm，无毛，花梗长2.5~4mm，无毛，通常数个至10余个密集成顶生聚伞总状花序，或有时1~5个簇生于花序下部叶腋，近无总花梗；花芽卵圆形，长大于宽，顶端钝；萼片条形或狭披针状条形，顶端尖，萼筒短，盘状；花瓣匙形，顶端钝。核果圆柱形，顶端钝，长5~6mm，直径约3mm，成熟时黑色或紫黑色，基部有宿存的花盘和萼筒；果梗长4.5~5mm，被短柔毛。

分布地：产广东、广西、福建、台湾。生于低海拔的山野、路旁或开旷地上。印度、越南和日本也有分布。

主要经济用途：根、叶药用，有止咳、祛痰、散疼之功效，治跌打损伤和蛇咬伤。

马甲子

鼠李科 Rhamnaceae 马甲子属

别名：白棘（本草经），铁篱笆、铜钱树、马鞍树（四川），雄虎刺（福建），簕子、棘盘子（广东）

Paliurus ramosissimus（Lour.）Poir. in Lam. Encycl. Meth. Suppl. 4：262. 1816.

主要形态学特征：灌木，高达6m；小枝褐色或深褐色，被短柔毛，稀近无毛。叶互生，纸质，宽卵少阔卵状椭圆形或近圆形，长3~5.5（~7）cm，宽2.2~5cm，顶端钝或圆形，基部宽楔形、楔形或近圆形，稍偏斜，边缘具钝细锯齿或细锯齿，稀上部近全缘，上面沿脉被棕褐色短柔毛，幼叶下面密生棕褐色细柔毛，后渐脱落仅沿脉被短柔毛或无毛，基生三出脉；叶柄长5~9mm，被毛，基部有2个紫红色斜向直立的针刺，长0.4~1.7cm。腋生聚伞花序，被黄色绒毛；萼片宽卵形，长2mm，宽1.6~1.8mm；花瓣匙形，短于萼片，长1.5~1.6mm，宽1mm；雄蕊与花瓣等长或略长于花瓣；花盘圆形，边缘5或10齿裂；子房3室，每室具1胚珠，花柱3深裂。核果杯状，被黄褐色或棕褐色绒毛。

特征差异研究：叶长1.3~3.9cm，宽0.8~2cm，叶柄长0.1~0.4cm。

凭证标本：深圳坝光，赵顺(103)、洪继猛(106)、吴凯涛(083)、廖栋耀(147)。

分布地：产江苏、浙江、安徽、江西、湖南、湖北、福建、台湾、广东、广西、云南、贵州、四川。生于海拔2000以下的山地和平原，野生或栽培。朝鲜、日本和越南也有分布。

主要经济用途：木材坚硬，可作农具柄；分枝密且具针刺，常栽培作绿篱；根、枝、叶、花、果均供药用，有解毒消肿、止痛活血之效，治痈肿溃脓等症，根可治喉痛；种子榨油可制烛。

冻绿

鼠李科 Rhamnaceae　鼠李属

别名：红冻(湖北)、油葫芦子、狗李、黑狗丹、绿皮刺、冻木树、冻绿树、冻绿柴(浙江)、大脑头(河南)、鼠李(江苏)

Rhamnus utilis Decne. in Compt. Rend. Acad. Sci. Paris 44: 1141. 1857, et in Rondot, Vert de Chine 141, t. 1. 1875.

主要形态学特征：灌木或小乔木，高达4m；幼枝无毛，小枝褐色或紫红色，稍平滑，对生或近对生，枝端常具针刺。叶纸质，对生或近对生，或在短枝上簇生，椭圆形、矩圆形或倒卵状椭圆形，长4~15cm，宽2~6.5cm，顶端突尖或锐尖，基部楔形或稀圆形，边缘具细锯齿或圆齿状锯齿，上面无毛或仅中脉具疏柔毛，沿脉或脉腋有金黄色柔毛，侧脉每边通常5~6条，两面均凸起，具明显的网脉，叶柄长0.5~1.5cm，上面具小沟，有疏微毛或无毛；托叶披针形，常具疏毛，宿存。花单性，雌雄异株，4基数，具花瓣；花梗长5~7mm，无毛；雄花数个簇生于叶腋，或10~30余个聚生于小枝下部，有退化的雌蕊；雌花2~6个簇生于叶腋或小枝下部；退化雄蕊小，花柱较长，2浅裂或半裂。核果圆球形或近球形，成熟时黑色，具2分核，基部有宿存的萼筒；梗长5~12mm，无毛。

凭证标本：深圳坝光，温海洋(105)。

分布地：产甘肃、陕西、河南、河北、山西、安徽、江苏、浙江、江西、福建、广东、广西、湖北、湖南，四川、贵州。常生于海拔1500m以下的山地、丘陵、山坡草丛、灌丛或疏林下。朝鲜、日本也有分布。

主要经济用途：种子油作润滑油；果实、树皮及叶合黄色染料。

雀梅藤

鼠李科 Rhamnaceae　雀梅藤属

别名：刺冻绿、对节刺、碎米子(浙江)、对角刺(江苏)、酸味(广州)、酸铜子、酸色子

Sagéretia thea(Osbeck) Johnst. in Journ. Arn. Arb. 49: 377. 1968.

主要形态学特征：藤状或直立灌木；小枝具刺，互生或近对生，褐色，被短柔毛。叶纸质，近对生或互生，通常椭圆形、矩圆形或卵状椭圆形，稀卵形或近圆形，长1~4.5cm，宽0.7~2.5cm，顶端锐尖，钝或圆形，基部圆形或近心形，边缘具细锯齿，上面绿色，无毛，下面浅绿色，无毛或沿脉被柔毛，侧脉每边3~4(~5)条，上面不明显，下面明显凸起；叶柄长2~7mm，被短柔毛。花无梗，黄色，有芳香，通常2至数个簇生排成顶生或腋生疏散穗状或圆锥状穗状花序；花序轴长2~5cm，被绒毛或密短柔毛；花萼外面被疏柔毛；萼片三角形或三角状卵形，长约1mm；花瓣匙形，顶端2浅裂，常内卷，短于萼片；花柱极短，柱头3浅裂，子房3室，每室具1胚珠。核果近圆球形，直径约5mm，成熟时黑色或紫黑色，具1~3分核，味酸；种子扁平，两端微凹。

分布地：产安徽、江苏、浙江、江西、福建、台湾、广东、广西、湖南、湖北、四川、云南。常生于海拔2100m以下的丘陵、山地林下或灌丛中。印度、越南、朝鲜、日本也有分布。

主要经济用途：本种的叶可代茶，也可供药用，治疮疡肿毒；根可治咳嗽，降气化痰；果酸味可食；由于此植物枝密集具刺，在南方常栽培作绿篱。

胡颓子

胡颓子科 Elaeagnaceae　胡颓子属

别名：蒲颓子、半含春、卢都子(本草纲目)，雀儿酥(炮炙论)，甜棒子(湖北)，牛奶子根、石滚子、四枣、半春子(湖南)，柿模、三月枣、羊奶子(湖北)

Elaeagnus pungens Thunb. Fl. Jap. 68. 1784; Schlecht end. in DC., Prodr. 14: 614. 1857.

主要形态学特征：常绿直立灌木，高3~4m，具刺；幼枝微扁棱形，密被锈色鳞片，老枝鳞片脱落，黑色，具光泽。叶革质，椭圆形或阔椭圆形，稀矩圆形，长5~10cm，宽1.8~5cm，两端钝形或基部圆形，边缘微反卷或皱波状，上面幼时具银白色和少数褐色鳞片，成熟后脱落，具光泽，干燥后褐绿色或褐色，下面密被银白色和少数褐色鳞片，侧脉7~9对，与中脉开展成50°~60°的角，近边缘分叉而互相连接，上面显著凸起，下面不甚明显，网状脉在上面明显，下面不清晰；叶柄深褐色，长5~8mm。花白色或淡白色，下垂，密被鳞片，1~3花生于叶腋锈色短小枝上；花梗长3~5mm；萼筒圆筒形或漏斗状圆筒形，长5~7mm，在子房上骤收缩，裂片三角形或矩圆状三角形，长3mm，顶端渐尖，内面疏生白色星状短柔毛；雄蕊的花丝极短，花药矩圆形，长1.5mm；花柱直立，无毛，上端微弯曲，超过雄蕊。果实椭圆形，长12~14mm，幼时被褐色鳞片，成熟时红色，果核内面具白色丝状棉毛；果梗长4~6mm。

凭证标本：深圳坝光，魏若宇(059)。

分布地：产江苏、浙江、福建、安徽、江西、湖北、湖南、贵州、广东、广西；生于海拔1000m以下的向阳山坡或路旁。日本也有分布。

主要经济用途：种子、叶和根可入药。种子可止泻，叶治肺虚短气，根治吐血及煎汤洗疮疥有一定疗效。果实味甜，可生食，也可酿酒。茎皮纤维可造纸和人造纤维板。

乌蔹莓

葡萄科 Vitaceae　乌蔹莓属

别名：五爪龙(广东)、虎葛(台湾植物志)

Cayratia japonica (Thunb.) Gagnep. in Lecomte, Not. Syst. 1: 349. 1911 et in Lecomte, Fl. Gen. Indo-Chine. 1: 983. 1912.

主要形态学特征：草质藤本。小枝圆柱形，有纵棱纹，无毛或微被疏柔毛。卷须2~3叉分枝，相隔2节间断与叶对生。叶为鸟足状5小叶，中央小叶长椭圆形或椭圆披针形，长2.5~4.5cm，宽1.5~4.5cm，顶端急尖或渐尖，基部楔形，侧生小叶椭圆形或长椭圆形，长1~7cm，宽0.5~3.5cm，顶端急尖或圆形，基部楔形或近圆形，边缘每侧有6~15个锯齿，上面绿色，无毛，下面浅绿色，无毛或微被毛；侧脉5~9对，网脉不明显；叶柄长1.5~10cm，中央小叶柄长0.5~2.5cm，侧生小叶无柄或有短柄，侧生小叶总柄长0.5~1.5cm，无毛或微被毛；托叶早落。花序腋生，复二歧聚伞花序；花序梗长1~13cm，无毛或微被毛；花梗长1~2mm；花瓣4，三角状卵圆形，高1~1.5mm，外面被乳突状毛；雄蕊4，花药卵圆形，长宽近相等；子房下部与花盘合生，花柱短，柱头微扩大。果实近球形，直径约1cm，有种子2~4颗。

特征差异研究：5小叶，中央小叶长5.8~7cm，宽1.8~1.9cm，叶柄长1~1.4cm，侧生小叶长2.6~3.1cm，宽1.0~1.2cm，叶柄长0.2~0.3cm。

凭证标本：深圳坝光，李佳婷(002)。

分布地：产陕西、河南、山东、安徽、江苏、浙江、湖北、湖南、福建、台湾、广东、广西、海南、四川、贵州、云南。生山谷林中或山坡灌丛，海拔300~2500m。日本、菲律宾、越南、缅甸、印度、印度尼西亚和澳大利亚也有分布。

主要经济用途：全草入药，有凉血解毒、利尿消肿之功效。

三叶崖爬藤

葡萄科 Vitaceae　崖爬藤属

别名：蛇附子(植物名实图考)、三叶青、石老鼠、石猴子(中国高等植物图鉴)

Tetrastigma hemsleyanum Diels et Gilg in Engler's Bot. Jahrb. 29: 463. 1900.

主要形态学特征：草质藤本。小枝纤细，有纵棱纹，无毛或被疏柔毛。卷须不分枝，相隔2节间断与叶对生。叶为3小叶，小叶披针形、长椭圆披针形或卵披针形，长3～10cm，宽1.5～3cm，顶端渐尖，稀急尖，基部楔形或圆形，侧生小叶基部不对称，近圆形，边缘每侧有4～6个锯齿，锯齿细或有时较粗，上面绿色，下面浅绿色，两面均无毛；侧脉5～6对；叶柄长2～7.5cm，中央小叶柄长0.5～1.8cm，侧生小叶柄较短，长0.3～0.5cm，无毛或被疏柔毛。花序腋生，长1～5cm，比叶柄短、近等长或较叶柄长，下部有节，节上有苞片，或假顶生而基部无节和苞片，二级分枝通常4，集生成伞形，花二歧状着生在分枝末端；花序梗长1.2～2.5cm，被短柔毛；花梗长1～2.5mm，通常被灰色短柔毛；花瓣4，卵圆形，高1.3～1.8mm，顶端有小角，外展，无毛；雄蕊4，花药黄色；花盘明显，4浅裂；子房陷在花盘中呈短圆锥状，花柱短，柱头4裂。果实近球形或倒卵球形，直径约0.6cm，有种子1颗。

特征差异研究：3小叶，中央小叶长13.2～16.2cm，宽5.3～7.8cm，叶柄长2～3.7cm，侧生小叶长7.7～12.3cm，宽4.6～6.5cm，叶柄长0.2～0.6cm。

凭证标本：深圳坝光，温海洋(062)、赵顺(049)。

分布地：产江苏、浙江、江西、福建、台湾、广东、广西、湖北、湖南、四川、贵州、云南、西藏。生山坡灌丛、山谷、溪边林下岩石缝中，海拔300～1300m。模式标本采自湖北宜昌。

主要经济用途：全株供药用，有活血散瘀、解毒、化痰的作用，临床上用于治疗病毒性脑膜炎、乙型脑炎、病毒性肺炎、黄胆性肝炎等，特别是块茎对小儿高烧有特效。

葡萄

葡萄科 Vitaceae　葡萄属

别名：蒲陶(汉书)、草龙珠(本草纲目)、赐紫樱桃(群芳谱)、菩提子(亨利氏植物名录)、山葫芦(山东)

Vitis vinifera L. Fl. Sp. 293. 1753; Hemsl. in Journ. Linn. Soc. Lond. Bot. 23: 136. 1886 p. p..

主要形态学特征：木质藤本。小枝圆柱形，有纵棱纹，无毛或被稀疏柔毛。卷须2叉分枝，每隔2节间断与叶对生。叶卵圆形，显著3～5浅裂或中裂，长7～18cm，宽6～16cm，中裂片顶端急尖，裂片常靠合，基部常缢缩，裂缺狭窄，间或宽阔，基部深心形，基缺凹成圆形，两侧常靠合，边缘有22～27个锯齿，齿深而粗大，不整齐，齿端急尖，上面绿色，下面浅绿色，无毛或被疏柔毛；基生脉5出，中脉有侧脉4～5对，网脉不明显突出；叶柄长4～9cm，几无毛；托叶早落。圆锥花序密集或疏散，多花，与叶对生，基部分枝发达，长10～20cm，花序梗长2～4cm，几无毛或疏生蛛丝状绒毛；花梗长1.5～2.5mm，无毛；花蕾倒卵圆形，高2～3mm，顶端近圆形；萼浅碟形，边缘呈波状，外面无毛；花瓣5，呈帽状粘合脱落；雄蕊5，花丝丝状，长0.6～1mm，花药黄色，卵圆形，长0.4～0.8mm，在雌花内显著短而败育或完全退化；花盘发达，5浅裂；雌蕊1，在雄花中完全退化，子房卵圆形，花柱短，柱头扩大。果实球形或椭圆形，直径1.5～2cm；种子倒卵椭圆形，顶短近圆形，基部有短喙，种脐在种子背面中部呈椭圆形，种脊微突出，腹面中棱脊突起，两侧洼穴宽沟状，向上达种子1/4处。

凭证标本：深圳坝光，李志伟(047)。

分布地：我国各地栽培。原产亚洲西部，现世界各地栽培，为著名水果。

主要经济用途：生食或制葡萄干，并酿酒，酿酒后的酒脚可提酒食酸，根和藤药用能止呕、安胎。

山油柑

芸香科 Rutaceae　山油柑属

别名：降真香(误称)、石苓舅(台湾)、山柑(白湾、广东)、砂糖木(广西)

Acronychia pedunculata(L.)Miq. Fl. Ind. Bat. Suppl. 532. 1861.

主要形态学特征：树高5～15m。树皮灰白色至灰黄色，平滑，不开裂，内皮淡黄色，剥开时有柑橘叶香气，当年生枝通常中空。叶有时呈略不整齐对生，单小叶。叶片椭圆形至长圆形，或倒卵形至倒卵状椭圆形，长7～18cm，宽3.5～7cm，或有较小的，全缘；叶柄长1～2cm，基部略增大呈叶枕状。花两性，黄白色，径1.2～1.6cm；花瓣狭长椭圆形，花开放初期，花瓣的两侧边缘及顶端略向内卷，盛花时则向背面反卷且略下垂，内面被毛，子房被疏或密毛，极少无毛。果序下垂，果淡黄色，半透明，近圆球形而略有棱角，径1~1.5cm，顶部平坦，中央微凹陷，有4条浅沟纹，富含水分，味清甜，有小核4个，每核有1种子。

特征差异研究：叶柄长1.4~2.6cm；果实近球形，直径约0.5cm。

凭证标本：深圳坝光，温海洋(055)，魏若宇(035)，温海洋、黄玉源(198)。

分布地：产台湾、福建、广东、海南、广西、云南六省区南部。生于较低丘陵坡地杂木林中，为次生林常见树种之一，有时成小片纯林。在海南，可分布至海拔900m山地密茂常绿阔叶林中。菲律宾、越南、老挝、泰国、柬埔寨、缅甸、印度、斯里兰卡、马来西亚、印度尼西亚、巴布亚新几内亚也有。

主要经济用途：木材为散孔材，无心材、边材之区别。材色浅黄，纹理直行，不变形，易加工，在海南列为五类材。根、叶、果用作中草药，有柑橘叶香气。化气、活血、去瘀、消肿、止痛，治支气管炎、感冒、咳嗽、心气痛、疝气痛、跌打肿痛、消化不良。据实验，对于流感病毒(仙台株)有抑制作用。

酒饼簕

芸香科 Rutaceae　酒饼簕属

别名：山柑仔、乌柑(台湾)，东风橘(增订岭南采药录)，狗橘、蠔壳刺(广州)，儿针簕、山橘簕、牛屎橘、狗骨簕、梅橘、雷公簕、铜将军(广西)

Atalantia buxifolia(Poir.) Oliv. in Journ. Linn. Soc. Bot. 5, Suppl. 2: 26. 1861.

主要形态学特征：高达2.5m的灌木。分枝多，下部枝条披垂，小枝绿色，老枝灰褐色，节间稍扁平，刺多，劲直，长达4cm，顶端红褐色，很少近于无刺。叶硬革质，有柑橘叶香气，叶面暗绿，叶背线绿色，卵形，倒卵形，椭圆形或近圆形，长2~6cm、很少达10cm，宽1~5cm，顶端圆或钝，微或明显凹入，油点多；叶柄长1~7mm，粗壮。花多朵簇生，稀单朵腋生，几无花梗；萼片及花瓣均5片；花瓣白色，长3~4mm，有油点；雄蕊10枚，花丝白色，分离，有时有少数在基部合生；花柱约与子房等长，绿色。果圆球形，略扁圆形或近椭圆形，径8~12mm，果皮平滑，有稍凸起油点，透熟时蓝黑色，果萼宿存于果梗上，有少数无柄的汁胞，汁胞扁圆、多棱、半透明、紧贴室壁，含黏胶质液，有种子2或1粒；种皮薄膜质，子叶厚，肉质，绿色。

特征差异研究：叶长1.8~4.3cm，宽0.9~2.2cm。

凭证标本：深圳坝光，吴凯涛(036)、李佳婷(024)、温海洋(183，214)、洪继猛(086)、李志伟(076)。

分布地：产海南及台湾、福建、广东、广西四省区南部，通常见于离海岸不远的平地、缓坡及低丘陵的灌木丛中。

主要经济用途：成熟的果味甜。根、叶用作草药。气香，味微辛、苦，性温。祛风散寒，行气止痛。与其他草药配用治支气管炎、风寒咳嗽、感冒发热、风湿关节炎、慢性胃炎、胃溃疡及跌打肿痛等。木材淡黄白色，坚密结实，为细工雕刻材料。

柚

芸香科 Rutaceae　柑橘属

别名：抛(五杂俎)、文旦

Citrus maxima(Burm.) * Merr. in Bur. Sci. Publ. Manil. (Interp. Rumph. Herb Amboin. 46) 296. 1917.

主要形态学特征：乔木。嫩枝、叶背、花梗、花萼及子房均被柔毛，嫩叶通常暗紫红色，嫩枝扁且有棱。叶质颇厚，色浓绿，阔卵形或椭圆形，连翼叶长9~16cm，宽4~8cm，或更大，顶端钝或圆，有时短尖，基部圆，翼叶长2~4cm，宽0.5~3cm，个别品种的翼叶甚狭窄。总状花序，有时兼有腋生单花；花蕾淡紫红色，稀乳白色；花萼不规则3~5浅裂；花瓣长1.5~2cm；雄蕊25~35枚，有时部分雄蕊不育；花柱粗长，柱头略较子房大。果圆球形、扁圆形、梨形或阔圆锥状，横径通常10cm以上，淡黄或黄绿色，杂交种有朱红色的，果皮甚厚或薄，海绵质，油胞大，凸起，果心实但松软，瓢囊10~15或多至19瓣，汁胞白色、粉红或鲜红色，少有带乳黄色；种子多达200余粒，亦有无子的，形状不规则，通常近似长方形。

凭证标本：深圳坝光，陈鸿辉(034)。

分布地：分布于长江以南各地，最北限见于河南省信阳及南阳一带，全为栽培。东南亚各国有栽种。

主要经济用途：果树，果皮可提取芳香油。

柑橘 芸香科 Rutaceae 柑橘属

Citrus reticulata Blanco, Fl. Filip. 610. 1837; Swingle in Webb. et Batc. Citrus Indust. 1: 413. 1943.

主要形态学特征：小乔木。分枝多，枝扩展或略下垂，刺较少。单身复叶，翼叶通常狭窄，或仅有痕迹，叶片披针形，椭圆形或阔卵形，大小变异较大，顶端常有凹口，中脉由基部至凹口附近成叉状分枝，叶缘至少上半段通常有钝或圆裂齿，很少全缘。花单生或2~3朵簇生；花萼不规则3~5浅裂；花瓣通常长1.5cm以内；雄蕊20~25枚，花柱细长，柱头头状。果形多种，通常扁圆形至近圆球形，果皮甚薄而光滑，或厚而粗糙，淡黄色，朱红色或深红色，甚易或稍易剥离，橘络甚多或较少，呈网状，易分离，通常柔嫩，中心柱大而常空，稀充实，瓢囊7~14瓣，稀较多，囊壁薄或略厚，柔嫩或颇韧，汁胞通常纺锤形，短而膨大，稀细长，果肉酸或甜，或有苦味，或另有特异气味；种子或多或少数，稀无籽，通常卵形，顶部狭尖，基部浑圆。

特征差异研究：叶长1.5~1.8cm，宽0.7~0.9cm，叶柄长0.1cm。增加了叶的长、宽度指标，以及叶柄的指标。

凭证标本：深圳坝光，陈志洁(112)。

分布地：产秦岭南坡以南、伏牛山南坡诸水系及大别山区南部，向东南至台湾，南至海南岛，西南至西藏东南部海拔较低地区。广泛栽培，很少半野生。偏北部地区栽种的都属橘类，以红橘和朱橘为主。

主要经济用途：果树，药用。

黄皮 芸香科 Rutaceae 黄皮属

别名：黄弹(岭南杂记)

Clausena lansium(Lour.)Skeels in U. S. Depart. Agr. Bur. Pl. Ind. Bull. 176: 29. 1909.

主要形态学特征：小乔木，高达12m。小枝、叶轴、花序轴、尤以未张开的小叶背脉上散生甚多明显凸起的细油点且密被短直毛。叶有小叶5~11片，小叶卵形或卵状椭圆形，常一侧偏斜，长6~14cm，宽3~6cm，基部近圆形或宽楔形，两侧不对称，边缘波浪状或具浅的圆裂齿，叶面中脉常被短细毛；小叶柄长4~8mm。圆锥花序顶生；花蕾圆球形，有5条稍凸起的纵脊棱；花萼裂片阔卵形，长约1mm，外面被短柔毛，花瓣长圆形，长约5mm，两面被短毛或内面无毛；雄蕊10枚，长短相间，长的与花瓣等长，花丝线状，下部稍增宽，不呈曲膝状；子房密被直长毛，花盘细小，子房柄短。果圆形、椭圆形或阔卵形，长1.5~3cm，宽1~2cm，淡黄至暗黄色，被细毛，果肉乳白色，半透明。

特征差异研究：叶长4.8~16.2cm，宽3.9~8.7cm。与上述特征相比，叶的大小变化幅度较大。

凭证标本：深圳坝光，廖栋耀(060)、吴凯涛(041)。

分布地：原产我国南部。台湾、福建、广东、海南、广西、贵州南部、云南及四川金沙江河谷均有栽培。世界热带及亚热带地区间有引种。

主要经济用途：我国南方果品之一，除鲜食外尚可盐渍或糖渍成凉果。有消食、顺气、除暑热功效。根、叶及果核(即种子)有行气、消滞、解表、散热、止痛、化痰功效。治腹痛、胃痛、感冒发热等症。

楝叶吴萸

芸香科 Rutaceae　吴茱萸属
别名：山漆(台湾)，山苦楝、檫树、贼仔树、鹤木(广东)，假茶辣(广西)

Evodia glabrifolia(Champ. ex Benth.)Huang in Guihaia 11：9. 1991.

主要形态学特征：树高达20m，胸径80cm。树皮灰白色，不开裂，密生圆或扁圆形、略凸起的皮孔。叶有小叶7~11片，很少5片或更多，小叶斜卵状披针形，通常长6~10cm，宽2.5~4cm，少有更大的，两则明显不对称，油点不显或甚稀少且细小，在放大镜下隐约可见，叶背灰绿色，叶缘有细钝齿或全缘，无毛；小叶柄长1~1.5cm，很少短至6mm或长达2cm。花序顶生，花甚多；萼片及花瓣均5片，很少同时有4片的；花瓣白色，长约3mm；雄花的退化雌蕊短棒状，顶部5~4浅裂，花丝中部以下被长柔毛；雌花的退化雄蕊鳞片状或仅具痕迹。分果瓣淡紫红色，干后暗灰带紫色，油点疏少但较明显，外果皮的两侧面被短伏毛，内果皮肉质，白色，干后暗蜡黄色，壳质，每分果瓣径约5mm，有成熟种子1粒；种子长约4mm，宽约3.5mm，褐黑色。

凭证标本：深圳坝光，赖标汶(021，022)。

分布地：产台湾、福建、广东、海南、广西及云南南部，约24°N以南地区。生于海拔500~800m或平地常绿阔叶林中，在山谷较湿润地方常成为主要树种。

主要经济用途：树干通直，速生，成材快，抗旱，抗风，在土质较肥沃的地方，10余年内可以成材。在广东西南部一些地区为营造速生杂木林及“四旁”的主要树种之一。鲜叶、树皮及果皮均有臭辣气味，以果皮的气味最浓。根及果用作草药。据载有健胃、驱风、镇痛、消肿之功效。

三椏苦

芸香科 Rutaceae　吴茱萸属
别名：三脚鳖(台湾)，三支枪、白芸香(广东)，石蛤骨(广西)，三岔叶、消黄散(云南)，郎晚(云南傣族语)

Evodia lepta(Spreng.)Merr. in Trans. Amer. Philos. Soc. 23：219. 1935.

主要形态学特征：乔木，树皮灰白或灰绿色，光滑，纵向浅裂，嫩枝的节部常呈压扁状，小枝的髓部大，枝叶无毛。3小叶，有时偶有2小叶或单小叶同时存在，叶柄基部稍增粗，小叶长椭圆形，两端尖，有时倒卵状椭圆形，长6~20cm，宽2~8cm，全缘，油点多；小叶柄甚短。花序腋生，很少同时有顶生，长4~12cm，花甚多；萼片及花瓣均4片；萼片细小，长约0.5mm；花瓣淡黄或白色，长1.5~2mm，常有透明油点，干后油点变暗褐至褐黑色；雄花的退化雌蕊细垫状凸起，密被白色短毛；雌花的不育雄蕊有花药而无花粉，花柱与子房等长或略短，柱头头状。分果瓣淡黄或茶褐色，散生肉眼可见的透明油点，每分果瓣有1种子；种子长3~4mm，厚2~3mm，蓝黑色，有光泽。

凭证标本：深圳坝光，温海洋(203)。

分布地：产台湾、福建、江西、广东、海南、广西、贵州及云南南部，最北限约在25°N，西南至云南腾冲县。生于平地至海拔2000m山地，常见于较荫蔽的山谷湿润地方，阳坡灌木丛中偶有生长。越南、老挝、泰国等也有。

主要经济用途：散孔材，木材淡黄色，纹理通直，结构细致，材质稍硬而轻，干后稍开裂，但不变形，加工易，不耐腐，适作小型家具、文具或箱板材。根、叶、果都用作草药。味苦。性寒，一说其根有小毒。在我国及越南、老挝、柬埔寨均用作清热解毒剂。广东“凉茶”中，多有此料，用其根、茎枝，作消暑清热剂。

小花山小橘

芸香科 Rutaceae　山小橘属
别名：山小橘、山橘仔(广州)

Glycosmis parviflora(Sims)Kurz in Journ. Bot. n. s. 5：40. 1876, pro syn. sub G. citrifolia Lindl.

主要形态学特征：灌木或小乔木，高1~3m。叶有小叶2~4片，稀5片或兼有单小叶，小叶柄长1~5mm；小叶片椭圆形、长圆形或披针形，有时倒卵状椭圆形，长5~19cm，宽2.5~8cm，顶部

短尖至渐尖，有时钝，基部楔尖，无毛，全缘，干后不规则浅波浪状起伏，且暗淡无光泽，中脉在叶面平坦或微凸起，或下半段微凹陷，侧脉颇明显。圆锥花序腋生及顶生，通常 3~5cm，很少较短，但顶生的长可达 14cm；花序轴、花梗及萼片常被早脱落的褐锈色微柔毛；萼裂片卵形，端钝，宽约 1mm；花瓣白色，长约 4mm，长椭圆形，较迟脱落，干后变淡褐色，边缘淡黄色；雄蕊 10 枚，极少 8 枚，花丝略不等长，上部宽阔，下部稍狭窄，与花药接连处突尖，药隔顶端有 1 油点；子房阔卵形至圆球形，油点不凸起，花柱极短，柱头稍增粗，子房柄略升起。果圆球形或椭圆形，径 10~15mm，淡黄白色转淡红色或暗朱红色，半透明油点明显。

特征差异研究：叶长 4.5~6.0cm，宽 0.9~3.0cm。

凭证标本：深圳坝光，魏若宇(027)。

分布地：产台湾、福建、广东、广西、贵州、云南六省区的南部及海南。生于低海拔缓坡或山地杂木林，路旁树下的灌木丛中亦常见，很少见于海拔达 1000m 的山地。越南东北部也有。百余年来先后被引种至欧洲及美洲各地。

主要经济用途：果略甜，轻度麻舌。根及叶作草药，味苦，微辛，气香，性平。根行气消积，化痰止咳；叶有散瘀消肿功效。

山小橘 芸香科 Rutaceae　山小橘属

Glycosmis citrifolia (Willd.) Lindl.

主要形态学特征：灌木，高 2~3m，嫩枝被褐锈色短柔毛且常呈两侧压扁状。叶具有 3 小叶，稀同时兼具单小叶；小叶长圆形，长 6~18cm，宽 2.5~5cm，顶端渐尖或急尖而钝头，有时圆，基部狭楔形，全缘或有时为不规则浅波浪状，干后两面苍暗。花序腋生及顶生，通常比叶柄长，长 2~6cm 或更长；花序轴初时被褐锈色短柔毛；萼片阔卵形，长 3~4mm；雄蕊 10 枚，等长，药隔无腺体，但在顶端为延长的凸尖；子房扁圆形，柱头约与花柱等宽，果近球形，直径约 1cm，淡红色或朱红色，半透明。

特征差异研究：深圳坝光，叶长 4.2~5.9cm，叶宽 2~3cm，叶柄 0.2~0.4cm。

凭证标本：深圳坝光，陈志洁(008)。

分布地：分布于福建、广东、广西、云南四省区南部以及越南。

主要经济用途：根、叶药用。味微辛、苦，性平。有行气祛痰、散瘀消肿、消积的功效，治感冒咳嗽、食积腹痛、跌打肿痛、小肠疝气痛。

九里香 芸香科 Rutaceae　九里香属

别名：石桂树

Murraya exotica L. Mant. Pl. 563. 1771; DC. Prodr. 1: 537. 1824.

主要形态学特征：小乔木，高可达 8m。枝白灰或淡黄灰色，但当年生枝绿色。叶有小叶 3~5(~7)片，小叶倒卵形或倒卵状椭圆形，两侧常不对称，长 1~6cm，宽 0.5~3cm，顶端圆或钝，有时微凹，基部短尖，一侧略偏斜，边全缘，平展；小叶柄甚短。花序通常顶生，或顶生兼腋生，花多朵聚成伞状，为短缩的圆锥状聚伞花序；花白色，芳香；萼片卵形，长约 1.5mm；花瓣 5 片，长椭圆形，长 10~15mm，盛花时反折；雄蕊 10 枚，长短不等，比花瓣略短，花丝白色，花药背部有细油点 2 颗；花柱稍较子房纤细，与子房之间无明显界限，均为淡绿色，柱头黄色，粗大。果橙黄至朱红色，阔卵形或椭圆形，顶部短尖，略歪斜，有时圆球形，长 8~12mm，横径 6~10mm，果肉有黏胶质液，种子有短的棉质毛。

特征差异研究：叶长 4.8~6.2cm，宽 1.8~2.2cm，叶柄长 0.3~1cm；花冠直径约 1.5mm，花瓣黄绿色，花瓣长约 2.5mm，花瓣 4 片。

凭证标本：深圳坝光，陈鸿辉(044)、何思宜(004)。

分布地：产台湾、福建、广东、海南、广西5省区南部。常见于离海岸不远的平地、缓坡、小丘的灌木丛中。喜生于砂质土、向阳地方。

主要经济用途：南部地区多用作围篱材料，或作花圃及宾馆的点缀品，亦作盆景材料。

飞龙掌血

芸香科 Rutaceae　飞龙掌血属

别名：黄肉树(台湾)，三百棒(湖南、贵州)，大救驾、三文藤、牛麻簕、鸡爪簕、黄大金根、簕钩(广东)，入山虎、小金藤、爬山虎、抽皮簕、油婆簕、画眉跳、散血飞，散血丹、烧酒钩、猫爪簕(广西)，温答(广西壮族语音)，亦雷(广西瑶族语音)，八大王(贵州)，见血飞、黄椒根、溪椒(四川)，刺米通(云南)

Toddalia asiatica(L.) Lam. Tab. Encycl. Meth. 2: 116. 1793.

主要形态学特征：老茎干有较厚的木栓层及黄灰色、纵向细裂且凸起的皮孔，三、四年生枝上的皮孔圆形而细小，茎枝及叶轴有甚多向下弯钩的锐刺，当年生嫩枝的顶部有褐或红锈色甚短的细毛，或密被灰白色短毛。小叶无柄，对光透视可见密生的透明油点，揉之有类似柑橘叶的香气，卵形、倒卵形、椭圆形或倒卵状椭圆形。长5~9cm，宽2~4cm，顶部尾状长尖或急尖而钝头，有时微凹缺，叶缘有细裂齿，侧脉甚多而纤细。花梗甚短，基部有极小的鳞片状苞片，花淡黄白色；萼片长不及1mm，边缘被短毛；花瓣长2~3.5mm；雄花序为伞房状圆锥花序；雌花序呈聚伞圆锥花序。果橙红或朱红色，径8~10mm或稍较大，有4~8条纵向浅沟纹，干后甚明显；种子长5~6mm，厚约4mm，种皮褐黑色，有极细小的窝点。

特征差异研究：奇数羽状复叶，叶长16.2~19cm，宽8.3~10cm，叶柄长3.1~4.4cm；小叶叶长5.3~6.6cm，宽2~4.4cm，无叶柄；叶长椭圆形，叶缘有锯齿，主叶脉和茎上有刺。

凭证标本：深圳坝光，李志伟(102)，莫素祺、黄玉源(006)。

分布地：产秦岭南坡以南各地，最北限见于陕西西乡县，南至海南，东南至台湾，西南至西藏东南部。从平地至海拔2000m山地，较常见于灌木、小乔木的次生林中，攀缘于他树上，石灰岩山地也常见。

主要经济用途：成熟的果味甜，但果皮含麻辣成分。根皮淡硫黄色，剥皮后暴露于空气中不久变淡褐色。茎枝及根的横断面黄至棕色。木质坚实，髓心小，管孔中等大，木射线细而密。桂林一带用其茎枝制烟斗出售。全株用作草药，多用其根。味苦，麻。性温，有小毒，活血散瘀，祛风除湿，消肿止痛。治感冒风寒、胃痛、肋间神经痛、风湿骨痛、跌打损伤、咯血等。

椿叶花椒

芸香科 Rutaceae　花椒属

别名：樗叶花椒、满天星(江西)，刺椒(四川)，食茱萸(台湾植物志)

Zanthoxylum ailanthoides Sieb. et. Zucc. in Abh. Akad. Mochen 4(2): 138. 1846.

主要形态学特征：落叶乔木，高稀达15m，胸径30cm；茎干有鼓钉状、基部宽达3cm、长2~5mm的锐刺，当年生枝的髓部甚大，常空心，花序轴及小枝顶部常散生短直刺，各部无毛。叶有小叶11~27片或稍多；小叶整齐对生，狭长披针形或位于叶轴基部的近卵形，长7~18cm，宽2~6cm，顶部渐狭长尖，基部圆，对称或一侧稍偏斜，叶缘有明显裂齿，油点多，肉眼可见，叶背灰绿色或有灰白色粉霜，中脉在叶面凹陷，侧脉每边11~16条。花序顶生，多花，几无花梗；萼片及花瓣均5片；花瓣淡黄白色，长约2.5mm；雄花的雄蕊5枚；退化雌蕊极短，2~3浅裂；雌花有心皮3个，稀4个，果梗长1~3mm；分果瓣淡红褐色，干后淡灰或棕灰色，径约4.5mm，油点多，干后凹陷。

凭证标本：深圳坝光，王帆(071)、魏若宇(029)。

分布地：除江苏、安徽未见记录，云南仅产富宁外，长江以南各地均有。见于海拔500~1500m山地杂木林中。在四川西部，本种常生于以山茶属及栎属植物为主的常绿阔叶林中。

主要经济用途：根皮及树皮均作草药。味辛，苦，性平。一说有小毒。有祛风湿、通经络、活血、散瘀功效，治风湿骨痛、跌打肿痛。台湾居民用以治中暑、感冒。在浙江，它的干燥树皮或根皮称“海桐皮”。但也有称朵花椒的树皮为“海桐皮”的。

岭南花椒 芸香科 Rutaceae 花椒属

别名：皮子药、山胡椒、总管皮、满山香(湖南)、搜山虎(广西)

Zanthoxylum austrosinense Huang in Acta Phytotax. Sin. 6：53, Pl. 5. 1957 et in Cuihaia 7：1. 1987. ——*Zanthoxylum austrosinense* var. *stenophyllum* Huang, l. c. 6：54, Pl. 6. 1957.

主要形态学特征：小乔木或灌木，高稀达3m；枝褐黑色，少或多刺，各部无毛。叶轴浑圆，叶有小叶5~11片；小叶除位于顶部中央的一片有长1~3cm的小叶柄外其余无或几无柄，整齐对生，很少位于基部的2片为互生状，披针形，位于叶轴基部的通常卵形，长6~11cm，宽3~5cm，顶部渐尖，基部圆或近心脏形，或一侧圆而另一侧斜向上展，油点清晰，干后暗红褐至褐黑色，叶缘有裂齿，中脉在叶面稍凹陷或平坦，侧脉每边11~15条。花序顶生，通常生于侧枝之顶，有花稀超过30朵；花单性，有时两性(则杂性同株)；花被片7~9片，各片的大小稍有差异，披针形，有时倒披针形，长约1.5mm，上半部暗紫红色，下半部淡黄绿色；两性花的雄蕊3~4枚；心皮4个；雄花有雄蕊6~8枚；雌花的心皮3~4个，花柱比子房长，稍向背弯，柱头头状。果梗暗紫红色，长1~2cm；分果瓣与果梗同色，径约5mm。

特征差异研究：叶长7.8~9.9cm，宽2.4~3.7cm，叶柄长0.1~0.4cm。

凭证标本：深圳坝光，魏若宇(033)。

分布地：产江西(安远、大余、崇义)、湖南(湘南一带)、福建(武夷山、永泰)、广东(乳源)、广西(桂林附近)。见于海拔300~900m坡地疏林或灌木丛中。生于石灰岩山地的植株常呈小灌木状。

主要经济用途：根及茎皮均用作草药。根的内皮黄色，味辛，甚麻辣，有香气。性温，有祛风、解毒、解表、散瘀消肿功效。用量适当不致中毒。

簕欓花椒 芸香科 Rutaceae 花椒属

别名：花椒簕、鸡咀簕、画眉簕、雀笼踏、搜山虎、鹰不泊(广东、广西)

Zanthoxylum avicennae(Lam.)DC. Prdor. 1：726. 1824.

主要形态学特征：落叶乔木，高稀达15m；树干有鸡爪状刺，刺基部扁圆而增厚，形似鼓钉，并有环纹，幼苗的小叶甚小，但多达31片，幼龄树的枝及叶密生刺，各部无毛。叶有小叶11~21片，稀较少；小叶通常对生或偶有不整齐对生，斜卵形、斜长方形或呈镰刀状，有时倒卵形，幼苗小叶多为阔卵形，长2.5~7cm，宽1~3cm，顶部短尖或钝，两侧甚不对称，全缘，或中部以上有疏裂齿，鲜叶的油点肉眼可见，也有油点不显的，叶轴腹面有狭窄、绿色的叶质边缘，常呈狭翼状。花序顶生，花多；花序轴及花硬有时紫红色；雄花梗长1~3mm；萼片及花瓣均5片；萼片宽卵形，绿色；花瓣黄白色，雌花的花瓣比雄花的稍长，长约2.5mm；雄花的雄蕊5枚；退化雌蕊2浅裂；雌花有心皮2，很少3个；退化雄蕊极小。果梗长3~6mm。

分布地：产台湾、福建、广东、海南、广西、云南。见于约25°N以南地区。生于低海拔平地、坡地或谷地，多见于次生林中。非律宾、越南北部也有。

主要经济用途：鲜叶、根皮及果皮均有花椒气味，嚼之有黏质，味苦而麻舌，果皮和根皮味较浓。民间用作草药。有祛风去湿、行气化痰、止痛等功效，治多类痛症，又作驱蛔虫剂。根的水浸液和酒精提取液对溶血性链球菌及金黄色葡萄球菌均有抑制作用。

鸦胆子 苦木科 Simaroubaceae 鸦胆子属

别名：鸦蛋子(植物名实图考)、苦参子(本草纲目)、老鸦胆(海南)

Brucea javanica(Linn.)Merr. in Journ. Arn. Arb. 9：3. 1928.

主要形态学特征：灌木或小乔木；嫩枝、叶柄和花序均被黄色柔毛。叶长20~40cm，有小叶3~15；小叶卵形或卵状披针形，长5~10(~13)cm，宽2.5~5(~6.5)cm，先端渐尖，基部宽楔形至近圆形，通常略偏斜，边缘有粗齿，两面均被柔毛，背面较密；小叶柄短，长4~8mm。花组成

圆锥花序，雄花序长 15~25(~40)cm，雌花序长约为雄花序的一半；花细小，暗紫色，直径 1.5~2mm；雄花的花梗细弱，长约 3mm，萼片被微柔毛，长 0.5~1mm，宽 0.3~0.5mm；花瓣有稀疏的微柔毛或近于无毛，长 1~2mm，宽 0.5~1mm；花丝钻状，长 0.6mm，花药长 0.4mm；雌花的花梗长约 2.5mm，萼片与花瓣与雄花同，雄蕊退化或仅有痕迹。核果 1~4，分离，长卵形，长 6~8mm，直径 4~6mm，成熟时灰黑色，干后有不规则多角形网纹，外壳硬骨质而脆，种仁黄白色，卵形，有薄膜，含油丰富，味极苦。

凭证标本：深圳坝光，周婉敏(457)。

分布地：产福建、台湾、广东、广西、海南和云南等省区；云南生于海拔 950~1000m 的旷野或山麓灌丛中或疏林中。亚洲东南部至大洋洲北部也有。

主要经济用途：本种的种子称鸦胆子，作中药，味苦，性寒，有清热解毒、止痢疾等功效。

小叶女贞 木犀科 Oleaceae 女贞属

Ligustrum quihoui Carr. in Rev. Hort. Paris 1869: 377. 1869; Decne. in Nouv. Arch. Mus. Hist. Nat. Paris ser. 2, 2: 35. 1879.

主要形态学特征：落叶灌木，高 1~3m。小枝淡棕色，圆柱形，密被微柔毛，后脱落。叶片薄革质，形状和大小变异较大，披针形、长圆状椭圆形、椭圆形、倒卵状长圆形至倒披针形或倒卵形，长 1~4(~5.5)cm，宽 0.5~2(~3)cm，先端锐尖、钝或微凹，基部狭楔形至楔形，叶缘反卷，上面深绿色，下面淡绿色，常具腺点，两面无毛，稀沿中脉被微柔毛，中脉在上面凹入，下面凸起，侧脉 2~6 对，不明显，在上面微凹入，下面略凸起，近叶缘处网结不明显；叶柄长 0~5mm，无毛或被微柔毛。圆锥花序顶生，近圆柱形，长 4~15(~22)cm，宽 2~4cm，分枝处常有 1 对叶状苞片；小苞片卵形，具睫毛；花萼无毛，长 1.5~2mm，萼齿宽卵形或钝三角形；花冠长 4~5mm，花冠管长 2.5~3mm，裂片卵形或椭圆形，长 1.5~3mm，先端钝；雄蕊伸出裂片外，花丝与花冠裂片近等长或稍长。果倒卵形、宽椭圆形或近球形，长 5~9mm，径 4~7mm，呈紫黑色。

凭证标本：深圳坝光，王帆(069)、赖标汶(010, 032, 033)。

分布地：产于陕西南部、山东、江苏、安徽、浙江、江西、河南、湖北、四川、贵州西北部、云南、西藏察隅。生沟边、路旁或河边灌丛中，或山坡，海拔 100~2500m。

主要经济用途：叶入药，具清热解毒等功效，治烫伤、外伤；树皮入药治烫伤。

米仔兰 楝科 Meliaceae 米仔兰属

别名：山胡椒、暹罗花(广东)，树兰(台湾)，鱼子兰(广西)，兰花米(四川)，碎米兰(中国经济植物志)

Aglaia odorata Lour. Fl. Cochinch. 173. 1790; C. DC. Monogr. Phan. 1: 602. 1878.

主要形态学特征：灌木或小乔木；茎多小枝，幼枝顶部被星状锈色的鳞片。叶长 5~12(~16)cm，叶轴和叶柄具狭翅，有小叶 3~5 片；小叶对生，厚纸质，长 2~7(~11)cm，宽 1~3.5(~5)cm，顶端 1 片最大，下部的远较顶端的为小，先端钝，基部楔形，两面均无毛，侧脉每边约 8 条，极纤细，和网脉均于两面微凸起。圆锥花序腋生，长 5~10cm，稍疏散无毛；花芳香，直径约 2mm；雄花的花梗纤细，长 1.5~3mm，两性花的花梗稍短而粗；花萼 5 裂，裂片圆形；花瓣 5，黄色，长圆形或近圆形，长 1.5~2mm，顶端圆而截平；雄蕊管略短于花瓣，倒卵形或近钟形，外面无毛，顶端全缘或有圆齿，花药 5，卵形，内藏；子房卵形，密被黄色粗毛。果为浆果，卵形或近球形，长 10~12mm；种子有肉质假种皮。

特征差异研究：叶长 3.5~4.9cm，宽 1.5~2cm，叶柄长 0.1cm。

凭证标本：深圳坝光，赖标汶(011)。

分布地：产广东、广西；常生于低海拔山地的疏林或灌木林中。福建、四川、贵州和云南等省常有栽培。分布于东南亚各国。

麻楝 楝科 Meliaceae 麻楝属

别名：白椿(云南西双版纳)

Chukrasia tabularis A. Juss. in Mem. Mus. Hist. Nat. Paris 19：251. 1830.

主要形态学特征：乔木，高达25m；老茎树皮纵裂，幼枝赤褐色，无毛，具苍白色的皮孔。叶通常为偶数羽状复叶，长30~50cm，无毛，小叶10~16枚；叶柄圆柱形，长4.5~7cm；小叶互生，纸质，卵形至长圆状披针形，长7~12cm，宽3~5cm，先端渐尖，基部圆形，偏形，偏斜，下侧常短于上侧，两面均无毛或近无毛，侧脉每边10~15条，至边缘处分叉，背面侧脉稍明显突起；小叶柄长4~8mm。圆锥花序顶生，长约为叶的一半，疏散，具短的总花梗，分枝无毛或近无毛；苞片线形，早落；花长1.2~1.5cm，有香味；花瓣黄色或略带紫色，长圆形，长1.2~1.5cm，外面中部以上被稀疏的短柔毛；雄蕊管圆筒形，无毛，顶端近截平，花药10，椭圆形，着生于管的近顶部；子房具柄，略被紧贴的短硬毛，花柱圆柱形，被毛，柱头头状，约与花药等高。蒴果灰黄色或褐色，近球形或椭圆形，长4.5cm，宽3.5~4cm，顶端有小凸尖，无毛。

分布地：产广东、广西、云南和西藏；生于海拔380~1530m的山地杂木林或疏林中。分布于尼泊尔、印度、斯里兰卡、中南半岛和马来半岛等。

主要经济用途：木材黄褐色或赤褐色，芳香，坚硬，有光泽，易加工，耐腐，为建筑、造船、家具等良好用材。

楝 楝科 Meliaceae 楝属

别名：苦楝(通称)，楝树、紫花树(江苏)，森树(广东)

Melia azedarach Linn. Sp. Pl. 384. 1753. DC. Prod，1：621. 1824.

主要形态学特征：落叶乔木，高达10余m；树皮灰褐色，纵裂。分枝广展，小枝有叶痕。叶为2~3回奇数羽状复叶，长20~40cm；小叶对生，卵形、椭圆形至披针形，顶生一片通常略大，长3~7cm，宽2~3cm，先端短渐尖，基部楔形或宽楔形，多少偏斜，边缘有钝锯齿，幼时被星状毛，后两面均无毛，侧脉每边12~16条，广展，向上斜举。圆锥花序约与叶等长，无毛或幼时被鳞片状短柔毛；花芳香；花萼5深裂，裂片卵形或长圆状卵形，先端急尖，外面被微柔毛；花瓣淡紫色，倒卵状匙形，长约1cm，两面均被微柔毛，通常外面较密；雄蕊管紫色，无毛或近无毛，长7~8mm，有纵细脉，管口有钻形、2~3齿裂的狭裂片10枚，花药10枚，着生于裂片内侧，且与裂片互生，长椭圆形，顶端微凸尖；子房近球形，5~6室，无毛，每室有胚珠2颗，花柱细长，柱头头状，顶端具5齿，不伸出雄蕊管。核果球形至椭圆形。

凭证标本：深圳坝光，陈志洁(008)。

分布地：产我国黄河以南各省区，较常见；生于低海拔旷野、路旁或疏林中，目前已广泛引为栽培。广布于亚洲热带和亚热带地区，温带地区也有栽培。模式标本采自喜马拉雅山区。

主要经济用途：本植物在湿润的沃土上生长迅速，对土壤要求不严，在酸性土、中性土与石灰岩地区均能生长，是平原及低海拔丘陵区的良好造林树种，在村边路旁种植更为适宜。边材黄白色，心材黄色至红褐色，纹理粗而美，质轻软，有光泽，加工易，是家具、建筑、农具、舟车、乐器等良好用材；用鲜叶可灭钉螺和作农药，用根皮可驱蛔虫和钩虫，但有毒，用时要严遵医嘱，根皮粉调醋可治疥癣，用苦楝子做成油膏可治头癣；果核仁油可供制油漆、润滑油和肥皂。

龙眼 无患子科 Sapindaceae 龙眼属

别名：圆眼、桂圆、羊眼果树

Dimocarpus longan Lour. Fl. Cochinch. 233. 1790.

主要形态学特征：常绿乔木，高通常10余m，间有高达40m、胸径达1m、具板根的大乔木；小枝粗壮，被微柔毛，散生苍白色皮孔。叶连柄长15~30cm或更长；小叶4~5对，很少3或6对，薄革质，长圆状椭圆形至长圆状披针形，两侧常不对称，长6~15cm，宽2.5~5cm，顶端短尖，有时稍钝头，基部极不对称，上侧阔楔形至截平，几与叶轴平行，下侧窄楔尖，腹面深绿色，有光泽，背面粉绿色，两面无毛；侧脉 12~15 对，仅在背面凸起；小叶柄长通常不超过 5mm。花序大型，多分枝，顶生和近枝顶腋生，密被星状毛；花梗短；萼片近革质，三角状卵形，长约 2.5mm，两面均被褐黄色绒毛和成束的星状毛；花瓣乳白色，披针形，与萼片近等长，仅外面被微柔毛；花丝被短硬毛。果近球形，直径 1.2~2.5cm，通常黄褐色或有时灰黄色，外面稍粗糙，或少有微凸的小瘤体；种子茶褐色，光亮，全部被肉质的假种皮包裹。

特征差异研究：叶长 4.2~21.6cm，宽 2.0~4.9cm，叶柄长 2.0~4.0cm。

凭证标本：深圳坝光，洪继猛(036，038)、陈鸿辉(043，047，048，049，070)。

分布地：我国西南部至东南部栽培很广，以福建最盛，广东次之；云南及广东、广西南部亦见野生或半野生于疏林中。亚洲南部和东南部也常有栽培。

主要经济用途：以果实作果品为主，因其假种皮富含维生素和磷质，有益脾、健脑的作用，故亦入药；种子含淀粉，经适当处理后，可酿酒；木材坚实，甚重，暗红褐色，耐水湿，是造船、家具、细工等的优良材。

荔枝 无患子科 Sapindaceae 荔枝属

Litchi chinensis Sonn. Voy. Ind. 2: 230. Pl. 129. 1782; Radlk. in Engler, Pflanzenr. 98(Ⅳ. 165): 917. 1932.

主要形态学特征：常绿乔木，高通常不超过 10m，有时可达 15m 或更高，树皮灰黑色；小枝圆柱状，褐红色，密生白色皮孔。叶连柄长 10~25cm 或过之；小叶 2 或 3 对，较少 4 对，薄革质或革质，披针形或卵状披针形，有时长椭圆状披针形，长 6~15cm，宽 2~4cm，顶端骤尖或尾状短渐尖，全缘，腹面深绿色，有光泽，背面粉绿色，两面无毛；侧脉常纤细，在腹面不很明显，在背面明显或稍凸起；小叶柄长 7~8mm。花序顶生，阔大，多分枝；花梗纤细，长 2~4mm，有时粗而短；萼被金黄色短绒毛；雄蕊 6~7，有时 8，花丝长约 4mm；子房密覆小瘤体和硬毛。果卵圆形至近球形，长 2~3.5cm，成熟时通常暗红色至鲜红色；种子全部被肉质假种皮包裹。花期春季，果期夏季。

特征差异研究：叶长 11.8~13.3cm，宽 4.8cm，叶柄长 0.7~5.4cm。

凭证标本：深圳坝光，陈鸿辉(040)、魏若宇(058)。

分布地：产我国西南部、南部和东南部，尤以广东和福建南部栽培最盛。亚洲东南部也有栽培，非洲、美洲和大洋洲都有引种的记录。

主要经济用途：果实除食用外，核入药为收敛止痛剂，治心气痛和小肠气痛。木材坚实，深红褐色，纹理雅致、耐腐，历来为上等名材。广东将野生或半野生(均种子繁殖)的荔枝木材列为特级材，栽培荔枝木材列为一级材，主要作造船、梁、柱、上等家具用。花多，富含蜜腺，是重要的蜜源植物，荔枝蜂蜜是品质优良的蜂蜜之一，深受广大群众欢迎。

泡花树 清风藤科 Sabiaceae 泡花树属

别名：黑黑木(四川)、山漆槁(四川峨眉)

Meliosma cuneifolia Franch. in Nouv. Arch. Mus. Hist. Nat. Paris ser. 2, 8: 211. 1886, et Pl. David. 2: 29. 1888.

主要形态学特征：落叶灌木或乔木，高可达 9m，树皮黑褐色；小枝暗黑色，无毛。叶为单叶，纸质，倒卵状楔形或狭倒卵状楔形，长 8~12cm，宽 2.5~4cm，先端短渐尖，中部以下渐狭，3/4 以上具侧脉伸出的锐尖齿，叶面初被短粗毛，叶背被白色平伏毛；侧脉每边 16~20 条，直达齿尖，脉腋具明显髯毛；叶柄长 1~2cm。圆锥花序顶生，直立，长和宽 15~20cm，被短柔毛，具 3(4)次分枝；花梗长 1~2mm；萼片 5，宽卵形，长约 1mm，外面 2 片较狭小，具缘毛；外面 3 片花瓣近圆形，宽 2.2~2.5mm，有缘毛，内面 2 片花瓣长 1~1.2mm，2 裂达中部，裂片狭卵形，锐尖，外边缘具缘毛；雄蕊长 1.5~1.8mm；花盘具 5 细尖齿；雌蕊长约 1.2mm，子房高约 0.8mm。核果扁球形，直径6~7mm，核三角状卵形，顶基扁，腹部近三角形，具不规则的纵条凸起或近平滑，中肋在腹孔一边显著隆起延至另一边，腹孔稍下陷。

分布地：产甘肃东部、陕西南部、河南西部、湖北西部、四川、贵州、云南中部及北部、西藏南部。生于海拔650~3300m的落叶阔叶树种或针叶树种的疏林或密林中。模式标本采自四川宝兴。

主要经济用途：木材红褐色，纹理略斜，结构细，质轻，为良材之一。叶可提单宁，树皮可剥取纤维。根皮药用，治无名肿毒、毒蛇咬伤、腹胀水肿。

黄栌 漆树科 Anacardiaceae 黄栌属

Cotinus coggygria Scop. Fl. Carn. ed. 2, 1: 220. 1772.

主要形态学特征：落叶小乔木或灌木，树冠圆形，高可达3~5m，木质部黄色，树汁有异味；单叶互生，叶片全缘或具齿，叶柄细，无托叶，叶倒卵形或卵圆形。圆锥花序疏松、顶生，花小、杂性，仅少数发育；不育花的花梗花后伸长，被羽状长柔毛，宿存；苞片披针形，早落；花萼5裂，宿存，裂片披针形；花瓣5枚，长卵圆形或卵状披针形，长度为花萼大小的2倍；雄蕊5枚，着生于环状花盘的下部，花药卵形，与花丝等长，花盘5裂，紫褐色；子房近球形，偏斜，1室1胚珠；花柱3枚，分离，侧生而短，柱头小而退化。核果小，干燥，肾形扁平，绿色，侧面中部具残存花柱；外果皮薄，具脉纹，不开裂；内果皮角质；种子肾形，无胚乳。

凭证标本：深圳坝光，邱小波(043)。

分布地：分布于我国西南、华北和浙江。南欧、叙利亚等地也有分布。

主要经济用途：园林绿化，药用。

杧果 漆树科 Anacardiaceae 杧果属

别名：马蒙(云南傣语)，抹猛果(云南志)，莽果(“图考”)，望果、蜜望(粤志交广录、本草纲目拾遗)，蜜望子、莽果(肇庆志)

Mangifera indica L. Sp. Pl. 200. 1753; DC. Prodr. 2: 63. 1825.

主要形态学特征：常绿大乔木，高10~20m；树皮灰褐色，小枝褐色，无毛。叶薄革质，常集生枝顶，叶形和大小变化较大，通常为长圆形或长圆状披针形，长12~30cm，宽3.5~6.5cm，先端渐尖、长渐尖或急尖，基部楔形或近圆形，边缘皱波状，无毛，叶面略具光泽，侧脉20~25对，斜升，两面突起，网脉不显，叶柄长2~6cm，上面具槽，基部膨大。圆锥花序长20~35cm，多花密集，被灰黄色微柔毛，分枝开展，最基部分枝长6~15cm；苞片披针形，长约1.5mm，被微柔毛；花小，杂性，黄色或淡黄色；花梗长1.5~3mm，具节；萼片卵状披针形，长2.5~3mm，宽约1.5mm，渐尖，外面被微柔毛，边缘具细睫毛；花瓣长圆形或长圆状披针形，长3.5~4mm，宽约1.5mm，无毛，里面具3~5条棕褐色突起的脉纹，开花时外卷；花盘膨大，肉质，5浅裂；雄蕊仅1个发育，长约2.5mm，花药卵圆形，不育雄蕊3~4，具极短的花丝和疣状花药原基或缺；子房斜卵形，径约1.5mm，无毛，花柱近顶生，长约2.5mm。核果大，肾形(栽培品种其形状和大小变化极大)，压扁，长5~10cm，宽3~4.5cm，成熟时黄色，中果皮肉质，肥厚，鲜黄色，味甜。

凭证标本：深圳坝光，蒋呈曦(022)。

分布地：产云南、广西、广东、福建、台湾，生于海拔200~1350m的山坡、河谷或旷野的林中。分布于印度、孟加拉、中南半岛和马来西亚。本种国内外已广为栽培，并培育出百余个品种，仅我国目前栽培的已达40余个品种之多。

主要经济用途：果实为热带著名水果，汁多味美，还可制罐头和果酱或盐渍供调味，亦可酿酒。果皮入药，为利尿峻下剂；果核疏风止咳。叶和树皮可作黄色染料。木材坚硬，耐海水，宜作舟车或家具等用材。树冠球形，常绿，郁闭度大，为热带良好的庭园和行道树种。

盐肤木

漆树科 Anacardiaceae 盐肤木属

别名：五倍子树(通称)，五倍柴(湖南)，五倍子(四川、湖南)，山梧桐(辽宁)，木五倍子(四川)，乌桃叶、乌盐泡、乌烟桃(武汉)，乌酸桃、红叶桃、盐树根(浙江)，土椿树、酸酱头(山东)，红盐果、倍子柴(江西)，角倍(四川)，肤杨树(湖南)，盐肤子(开室本草、图考)，盐酸白(广东、福建)

Rhus chinensis Mill. Gard. Dict. ed. 8, 7. 1768; Merr. in Contr. Arn. Arb. 8: 91. 1934.

主要形态学特征：落叶小乔木或灌木，高2~10m；小枝棕褐色，被锈色柔毛，具圆形小皮孔。奇数羽状复叶有小叶(2~)3~6对，叶轴具宽的叶状翅，小叶自下而上逐渐增大，叶轴和叶柄密被锈色柔毛；小叶多形，卵形或椭圆状卵形或长圆形，长6~12cm，宽3~7cm，先端急尖，基部圆形，顶生小叶基部楔形，边缘具粗锯齿或圆齿，叶面暗绿色，叶背粉绿色，被白粉，叶面沿中脉疏被柔毛或近无毛，叶背被锈色柔毛，脉上较密，侧脉和细脉在叶面凹陷，在叶背突起；小叶无柄。圆锥花序宽大，多分枝，雄花序长30~40cm，雌花序较短，密被锈色柔毛；苞片披针形，长约1mm，被微柔毛，小苞片极小，花白色，花梗长约1mm，被微柔毛；雄花花萼外面被微柔毛，裂片长卵形，长约1mm，边缘具细睫毛；花瓣倒卵状长圆形，长约2mm，开花时外卷；雄蕊伸出，花丝线形，长约2mm，无毛；子房不育；雌花花瓣椭圆状卵形，长约1.6mm，边缘具细睫毛，里面下部被柔毛；雄蕊极短；花盘无毛；子房卵形，长约1mm，密被白色微柔毛，花柱3，柱头头状。核果球形，略压扁，径4~5mm，被具节柔毛和腺毛，成熟时红色。

特征差异研究：一回奇数羽状复叶，长10.8~36.3cm，宽9.8~18.6cm，叶柄长5.7~10.7cm，11片小叶，小叶长5.2~9.4cm，宽2.8~4.2cm，叶状翅宽4~5mm。

凭证标本：深圳坝光，吴凯涛(029)、陈志洁(063)、李志伟(066，067)。

分布地：我国除东北、内蒙古和新疆外，其余省区均有。生于海拔170~2700m的向阳山坡、沟谷、溪边的疏林或灌丛中。分布于印度、中南半岛、马来西亚、印度尼西亚、日本和朝鲜。

主要经济用途：本种为五倍子蚜虫寄主植物，在幼枝和叶上形成虫瘿，即五倍子，可供制鞣革、墨水、塑料和医药等用材。幼枝和叶可作土农药。果泡水代醋用，生食酸咸止渴。种子可榨油。根、叶、花及果均可供药用。

野漆

漆树科 Anacardiaceae 漆属

别名：野漆树(图考)，大木漆(湖北)，山漆树(安徽)，痒漆树(广西、四川、河南)，漆木(广西)，檫仔漆、山贼子(台湾)

Toxicodendron succedaneum(L.)O. Kuntze, Rev. Gen. Pl. 154. 1891.

主要形态学特征：落叶乔木或小乔木，高达10m；小枝粗壮，无毛，顶芽大，紫褐色，外面近无毛。奇数羽状复叶互生，常集生小枝顶端，无毛，长25~35cm，有小叶4~7对，叶轴和叶柄圆柱形；叶柄长6~9cm；小叶对生或近对生，坚纸质至薄革质，长圆状椭圆形、阔披针形或卵状披针形，长5~16cm，宽2~5.5cm，先端渐尖或长渐尖，基部多少偏斜，圆形或阔楔形，全缘，两面无毛，叶背常具白粉，侧脉15~22对，弧形上升，两面略突；小叶柄长2~5mm。圆锥花序长7~15cm，为叶长之半，多分枝，无毛；花黄绿色，径约2mm；花梗长约2mm；花萼无毛，裂片阔卵形，先端钝，长约1mm；花瓣长圆形，先端钝，长约2mm，中部具不明显的羽状脉或近无脉，开花时外卷；雄蕊伸出，花丝线形，长约2mm，花药卵形，长约1mm；花盘5裂；子房球形，径约0.8mm，无毛，花柱1，短，柱头3裂，褐色。核果大，偏斜，径7~10mm，压扁，外果皮薄，淡黄色，无毛。

特征差异研究：一回奇数羽状复叶，叶长3.9~9.6cm，宽1.5~3.2cm，叶柄长0.2~1.7cm，果实浅绿色，长0.8~1cm，宽0.6~0.9cm，高0.3~0.5cm。

凭证标本：深圳坝光，陈志洁(023)、吴凯涛(046)、廖栋耀(093)。

分布地：华北至长江以南各省区均产；生于海拔(150~)300~1500(~2500)m的林中。分布于印度、中南半岛、朝鲜和日本。

主要经济用途：根、叶及果入药，有清热解毒、散瘀生肌、止血、杀虫之效，治跌打骨折、湿疹疮毒、毒蛇咬伤，又可治尿血、血崩、白带、外伤出血、子宫下垂等症。种子油可制皂或掺合干性油作油漆。中果皮之漆蜡可制蜡烛、膏药和发蜡等。树皮可提栲胶。树干乳液可代生漆用。木材坚硬致密，可作细工用材。

牛栓藤 牛栓藤科 Connaraceae　牛栓藤属

Connarus paniculatus Roxb. Hort. Beng.：49. 1814.

主要形态学特征：藤本或攀缘灌木，幼枝被锈色绒毛，老枝无毛。奇数羽状复叶，小叶3~7片，稀具1小叶，叶轴长4~20cm；小叶革质，长圆形或长圆状椭圆形或披针形，长6~20cm，宽3~7.5cm，先端急尖，少有微缺，基部渐狭近楔形或略圆形，全缘，无毛；侧脉5~9对，细脉明显，在达边缘前会合，成不明显弓形；小叶柄粗壮，长达4~7mm。圆锥花序顶生或腋生，长10~40cm，总轴被锈色短绒毛，苞片鳞片状；萼片5，披针形至卵形，长约3mm，先端渐尖，外面被锈色短绒毛，稀疏，内面近无毛；花瓣5，乳黄色，长圆形，长5~7mm，先端圆钝，外面被短柔毛，内面被疏柔毛；雄蕊10，全发育，长短不等；心皮1，和雄蕊等长，密生短柔毛。果长椭圆形，稍胀大，长约3.5cm，宽约2cm，顶端有短喙，稍偏；斜。

凭证标本：深圳坝光，魏若宇(071)。

分布地：产广东海南岛。生于山坡疏林或密林中。越南、柬埔寨、马来西亚、印度均有分布。模式标本采自印度。

小叶红叶藤 牛栓藤科 Connaraceae　牛栓藤属

别名：红叶藤(广州植物志)，荔枝藤、牛见愁(广东)，铁藤(广西)

Rourea microphylla(Hook. et Arn.)Planch. Linnaea 23：421. 1850.

主要形态学特征：攀缘灌木，多分枝，无毛或幼枝被疏短柔毛，高1~4m，枝褐色。奇数羽状复叶，小叶通常7~17片，有时多至27片，叶轴长5~12cm，无毛，小叶片坚纸质至近革质，卵形、披针形或长圆披针形，长1.5~4cm，宽0.5~2cm，先端渐尖而钝，基部楔形至圆形，常偏斜，全缘，两面均无毛，上面光亮，下面稍带粉绿色；中脉在腹面凸起，侧脉细，4~7对，开展，在未达边缘前会合；小叶柄极短，长2mm，无毛。圆锥花序，丛生于叶腋内，通常长2.5~5cm，总梗和花梗均纤细；花芳香，直径4~5mm，萼片卵圆形，长2.5mm，宽2mm，先端急尖；花瓣白色、淡黄色或淡红色，椭圆形，长5mm，宽1.5mm，先端急尖，无毛，有纵脉纹；雄蕊10，花药纵裂，花丝长者6mm，短者4mm；雌蕊离生，长3~5mm，子房长圆形。蓇葖果椭圆形或斜卵形，长1.2~1.5cm，宽0.5cm。

分布地：产福建、广东、广西、云南等省区。生于海拔100~600m的山坡或疏林中。越南、斯里兰卡、印度、印度尼西亚也有分布。模式标本采自香港。

主要经济用途：茎皮含单宁，可提取栲胶；又可作外敷药用。

八角枫 八角枫科 Alangiaceae　八角枫属

别名：华瓜木(中国植物图谱)、[木匿]木(经济植物手册)

Alangium chinense(Lour.)Harms in Ber. Deutsch. Bot. Ges. 15：24. 1897, in textu.

主要形态学特征：落叶乔木或灌木，高3~5m，稀达15m，胸径20cm；小枝略呈“之”字形，幼枝紫绿色，无毛或有稀疏的疏柔毛，冬芽锥形，生于叶柄的基部内，鳞片细小。叶纸质，近圆形或椭圆形、卵形，顶端短锐尖或钝尖，基部两侧常不对称，一侧微向下扩张，另一侧向上倾斜，阔楔形、截形、稀近于心脏形，长13~19(~26)cm，宽9~15(~22)cm，不分裂或3~7(~9)裂，裂片短锐尖或钝尖，叶上面深绿色，无毛，下面淡绿色，除脉腋有丛状毛外，其余部分近无毛；基出脉3~5(~7)，成掌状，侧脉3~5对；叶柄长2.5~3.5cm，紫绿色或淡黄色，幼时有微柔毛，后无毛。

聚伞花序腋生，总花梗长1~1.5cm，常分节；花冠圆筒形，长1~1.5cm，花萼长2~3mm，顶端分裂为5~8枚齿状萼片，长0.5~1mm，宽2.5~3.5mm；花瓣6~8，线形，长1~1.5cm，宽1mm，基部粘合，上部开花后反卷，外面有微柔毛，初为白色，后变黄色；雄蕊和花瓣同数而近等长，花丝略扁，长2~3mm，有短柔毛，花药长6~8mm，药隔无毛，外面有时有褶皱；花盘近球形；子房2室，花柱无毛，疏生短柔毛，柱头头状，常2~4裂。核果卵圆形，长5~7mm，直径5~8mm，幼时绿色，成熟后黑色。

特征差异研究：叶长6.2~14.3cm，宽3.3~6.7cm，叶柄长1.2~2.2cm。

凭证标本：深圳坝光，赖标汶(003)、温海洋(188，213)、陈鸿辉(033，042)、吴凯涛(082)、洪继猛(105)、叶蓁(001，019)、魏若宇(035)。

分布地：产河南、陕西、甘肃、江苏、浙江、安徽、福建、台湾、江西、湖北、湖南、四川、贵州、云南、广东、广西和西藏南部；生于海拔1800m以下的山地或疏林中。东南亚及非洲东部各国也有分布。模式标本采自广州郊区。

主要经济用途：本种药用，根名白龙须，茎名白龙条，治风湿、跌打损伤、外伤止血等。树皮纤维可编绳索。木材可作家具及天花板。

白簕

五加科 Araliaceae　五加属

别名：鹅掌簕、禾掌簕(广东土名)，三加皮(湖南、浙江土名)，三叶五加(广西植物名录)

Acanthopanax trifoliatus(Linn.)Merr. in Philip. Journ. Sci. 1：suppl. 217. 1906.

主要形态学特征：灌木，高1~7m；枝软弱铺散，常依持他物上升，老枝灰白色，新枝黄棕色，疏生下向刺；刺基部扁平，先端钩曲。叶有小叶3，稀4~5；叶柄长2~6cm，有刺或无刺，无毛；小叶片纸质，稀膜质，椭圆状卵形至椭圆状长圆形，稀倒卵形，长4~10cm，宽3~6.5cm，先端尖至渐尖，基部楔形，两侧小叶片基部歪斜，两面无毛，或上面脉上疏生刚毛，边缘有细锯齿或钝齿，侧脉5~6对；小叶柄长2~8mm，有时几无小叶柄。伞形花序3~10个、稀多至20个组成顶生复伞形花序或圆锥花序，直径1.5~3.5cm，有花多数，稀少数；花梗细长，长1~2cm，无毛；花黄绿色；萼长约1.5mm，无毛，边缘有5个三角形小齿；花瓣5，三角状卵形，长约2mm，开花时反曲；雄蕊5，花丝长约3mm；子房2室；花柱2，基部或中部以下合生。果实扁球形，直径约5mm，黑色。

特征差异研究：三出复叶，叶长6.5~7.2cm，宽3.8~5.4cm，小叶叶长2.6~4.2cm，宽1.4~2.2cm，叶柄长0.2~0.3cm。

凭证标本：深圳坝光，陈志洁(092)。

分布地：广布于我国中部和南部，西自云南西部国境线，东至台湾，北起秦岭南坡，但在长江中下游北界大致为31°N，南至海南的广大地区内均有分布。生于村落，山坡路旁、林缘和灌丛中，垂直分布自海平面以上至3200m。模式标本采自广州附近。印度、越南和菲律宾也有分布。

主要经济用途：本种为民间常用草药，根有祛风除湿、舒筋活血、消肿解毒之效，治感冒、咳嗽、风湿、坐骨神经痛等症。

三七

五加科 Araliaceae　人参属

别名：田七(广西)、山漆(本草纲目)

Panax pseudo-ginseng Wall. var. *notoginseng*(Burkill)Hoo et Tseng，植物分类学报，11：435. 1973——*Aralia quinquefolia* Decne. et Planch. var. *notoginseng* Burkill in Kew Bull. Misc. Inform. 1902：7. 1902，pro parte.

主要形态学特征：多年生草本；根状茎短，竹鞭状，横生，有2至几条肉质根；肉质根圆柱形，长2~4cm，直径约1cm，干时有纵皱纹。地上茎单生，高约40cm，有纵纹，无毛，基部有宿存鳞片。叶为掌状复叶，4枚轮生于茎顶；叶柄长4~5cm，有纵纹，无毛；托叶小，披针形，长5~6mm；小叶片3~4，薄膜质，透明，长圆形至倒卵状长圆形，中央的长9~10cm，宽3.5~4cm，侧生的较小，先端长渐尖，基部渐狭，下延，边缘有重锯齿，齿有刺尖，两面脉上均有刚毛，刚毛长 1.5~2mm，侧脉 8~10 对；小叶柄长 2~10mm，与叶柄顶端连接处簇生刚毛。伞形花序单个顶生，直径约 3.5cm，有 80~100 朵或更多的花；总花梗长约 12cm，有纵纹，无毛；花黄绿色；萼杯状(雄花的萼为陀螺形)，边缘有 5 个三角形的齿；花瓣 5；雄蕊 5；子房 2 室；花柱 2(雄花中的退化雌蕊上为 1 条)，离生，反曲。

分布地：栽培于云南和广西，近年来广东(乐昌、南雄、信宜)、福建(长泰、南靖、连城)、江西(庐山)以及浙江等地也有试种，种植于海拔 400~1800m 的森林下或山坡上人工荫棚下。

主要经济用途：三七的纺锤根是著名跌打损伤特效药，止血散瘀、定痛消肿的功效良好，叶、果以及根状茎也可药用。

异叶鹅掌柴

五加科 Araliaceae　鹅掌柴属
别名：鸭脚木

Schefflera diversifoliolata Li in Sargentia 2：26. f. 3. 1942.

主要形态学特征：灌木或小乔木，高 2~8m。叶有小叶 12~14，稀 7~8；叶柄长达 50cm，无毛；小叶片纸质至薄革质，椭圆状长圆形，稀倒卵状长圆形，长 9~18cm，宽 3.5~5.5cm，先端渐尖，基部阔楔形至近圆形，稍下延，上面无毛，下面疏生星状细柔毛或无毛，边缘全缘，侧脉 8~15 对，上面不明显，下面略明显；小叶柄不等长，中央的长约 7cm，两侧的长 0.5~2cm。圆锥花序顶生，长 40cm 以上，主轴和分枝均疏生星状细柔毛至几无毛；花长约 3mm；萼钟形，长 1.5mm，疏生星状短柔毛，边缘有 5 个三角形小齿；花瓣 5，三角状卵形，长约 2mm，无毛；雄蕊 5，比花瓣短；子房 5 室；花柱合生成柱状，长约 1mm。果实球形，有 5 棱，黑色，直径约 4mm；宿存花柱长约 1.5mm，柱头盘状，5 小裂；花盘扁平。

特征差异研究：叶长 22~38.5cm，宽 11~22.7cm，叶柄长 7.7~21cm；小叶长 8.3~19.0cm，宽 2.1~7.0cm，叶柄长 1.1~5.2cm。

凭证标本：深圳坝光，廖栋耀(058)，莫素祺、黄玉源(005)，温海洋(107)，魏若宇(014)，李佳婷、黄玉源(026)。

分布地：产云南东南部。生于疏林中湿地，海拔 1650m。模式标本采自云南屏边。

鹅掌柴

五加科 Araliaceae　鹅掌柴属
别名：鸭母树(种子植物名称)、鸭脚木(广东、广西土名)

Schefflera octophylla(Lour.)Harms in Engl. et Prantl，Nat. Pflanzenfam. 3(8)：38. 1894.

主要形态学特征：乔木或灌木，高 2~15m，胸径可达 30cm 以上；小枝粗壮，干时有皱纹。叶有小叶 6~9，最多至 11；叶柄长 15~30cm，疏生星状短柔毛或无毛；小叶片纸质至革质，椭圆形、长圆状椭圆形或倒卵状椭圆形，稀椭圆状披针形，长 9~17cm，宽 3~5cm，先端急尖或短渐尖，稀圆形，基部渐狭，楔形或钝形，边缘全缘，但在幼树时常有锯齿或羽状分裂，侧脉 7~10 对，下面微隆起，网脉不明显；小叶柄长 1.5~5cm，中央的较长，两侧的较短，疏生星状短柔毛至无毛。圆锥花序顶生，长 20~30cm，主轴和分枝幼时密生星状短柔毛，后毛渐脱稀；分枝斜生，有总状排列的伞形花序几个至十几个，间或有单生花 1~2；伞形花序有花 10~15 朵；花梗长 4~5mm，有星状短柔毛；小苞片小，宿存；花白色；萼长约 2.5mm，幼时有星状短柔毛，边缘近全缘或有 5~6 小齿；花瓣 5~6，开花时反曲，无毛；雄蕊 5~6，比花瓣略长；子房 5~7 室，稀 9~10 室；花柱合生成粗短的柱状；花盘平坦。果实球形，黑色，直径约 5mm，有不明显的棱；宿存花柱很粗短，长 1mm 或稍短；柱头头状。

特征差异研究：小叶叶片长 2.8~17cm，宽 1~6cm，叶柄长 0.3~6.2cm；果实长椭圆形，簇生，直径 2mm，长 3mm，果柄长 4mm。

凭证标本：深圳坝光，赵顺(083)、洪继猛(108)、姜林林(001)、万小丽(003，004)、吴凯涛(085)、温海洋(160)、廖栋耀(149)。

分布地：广布于西藏(察隅)、云南、广西、广东、浙江、福建和台湾，为热带、亚热带地区常绿阔叶林常见的植物，有时也生于阳坡上，海拔100~2100m。日本、越南和印度也有分布。

主要经济用途：园林绿化。叶片可以从烟雾弥漫的空气中吸收尼古丁和其他有害物质，具有较好的净化空气作用。

岭南柿 柿科 Ebenaceae 柿属

Diospyros tutcheri Dunn in Kew Bull. 9：354. 1912-13.

主要形态学特征：小乔木，高约6m，树皮粗糙。枝灰褐色或黑褐色，有不规则的裂纹，疏生纵裂的长椭圆形皮孔，无毛，嫩枝黄褐色，无毛或初时下部稍被毛。叶薄革质，椭圆形，长8~12cm，宽2.4~4.5cm，先端渐尖，基部钝或近圆形，边缘微背卷，上面深绿色，有光泽，下面淡绿色，叶脉在两面均明显，中脉上面凹陷，下面明显凸起，侧脉每边5~6条，纤细，上面微凸起，下面明显凸起，小脉连结成细网状；叶柄略纤细，长5~10mm，上面先端有浅沟，嫩时有小柔毛。雄聚伞花序由3花组成，生当年生枝下部，长1~2cm，有长柔毛，总花梗长约5mm；雄花花萼长1~2mm，4深裂，裂片三角形，疏生小柔毛，花冠壶状，长7~8mm，外面密被绢毛，里面有小柔毛，裂片4，长约2mm，雄蕊16枚，每2枚连生成对，腹面1枚较短，退化子房小，密被柔毛；雌花生在当年生枝下部新叶叶腋，单生，花萼4深裂，裂片卵形，长4~8mm，花冠宽壶状，长5mm，口部收窄，4裂，裂片短于花冠管，两面均有毛，退化雄蕊4，线形，长3mm，子房扁球形，长3mm，8室。果球形，直径约2.5cm，初时密被粗伏毛，后变无毛。

特征差异研究：叶长7.8~8.3cm，宽2.6~3.4cm，叶柄长0.4~0.6cm。

凭证标本：深圳坝光，魏若宇(050)。

分布地：产广东、广西南部及湖南西南部；生于山谷水边或山坡密林中或在疏荫湿润处；模式标本产于香港。

铁榄 山榄科 Sapotaceae 铁榄属

别名：山胶木(广西)、假水石梓(云南、广西)

Sinosideroxylon pedunculatum(Hemsl.)H. Chuang in Guihaia 3(4)：312. 1983.

主要形态学特征：乔木，高(5)9~12m；小枝圆柱形，径2~4mm，被锈色柔毛，幼枝疏被、老枝密被皮孔。叶互生，密聚小枝先端，革质，卵形或卵状披针形，长(5~)7~9(~15)cm，宽3~4cm，先端渐尖，基部楔形，两面无毛，上面具光泽，下面色较淡，中脉在上面明显，稍凸起，下面凸起，侧脉8~12对，成50°~70°上升；叶柄长7~15mm，上面具窄沟，被锈色绒毛或近无毛。花浅黄色，1~3朵簇生于腋生的花序梗上，组成总状花序；花梗长2~4mm，被锈色微柔毛，基部具小苞片，卵状三角形，长约1mm，密被锈色微柔毛；花萼基部连合成钟形，裂片5，三角形或近卵形，长2~3mm，宽1.5~2mm，外面被锈色微柔毛；花冠长4~5mm，(4)5裂，裂片卵状长圆形，长1.5~2.5mm，宽约1mm，花开放时下部连合成管；能育雄蕊(4)5，与花冠裂片对生，长2~2.5mm，花丝线形，长1~1.5mm，花药卵状心形或箭形，长约1mm，外向开裂；退化雄蕊(4)5，花瓣状，披针形，长1~2mm，边缘条裂，与花冠裂片互生；子房近圆形，长约1mm，4或5室，先端渐窄而成花柱，花柱钻形，长2~3mm。浆果卵球形，长约2.5cm，宽约1.5cm，具花后延长的花柱；种子1枚，椭圆形，两侧压扁，长约1.6cm，宽约9mm，褐色，具光泽，疤痕近圆形，近基生。

特征差异研究：叶长5~9.7cm，宽1.5~3.7cm，叶柄长0.8~1.3cm。

凭证标本：深圳坝光，廖栋耀(098)。

分布地：产湖南、广东、广西、云南；生于海拔 1000~1100m 的石灰岩小山和密林中。越南也产。

主要经济用途：木材供制农具、农械、器具用。

蜡烛果

紫金牛科 Myrsinaceae　蜡烛果属

别名：黑枝、黑榄(广西)，桐花树，浪柴、红蒴(广东)，黑脚梗(海南岛)，水蒌

Aegiceras corniculatum(Linn.) Blanco, Fl. Filip. 79. 1837.

主要形态学特征：灌木或小乔木，高 1.5~4m；小枝无毛，褐黑色。叶互生，于枝条顶端近对生，叶片革质，倒卵形、椭圆形或广倒卵形，顶端圆形或微凹，基部楔形，长 3~10cm，宽 2~4.5cm，全缘，边缘反卷，两面密布小窝点，叶面无毛，中脉平整，侧脉微隆起，背面密被微柔毛，中脉隆起，侧脉微隆起，侧脉 7~11 对；叶柄长 5~10mm。伞形花序，生于枝条顶端，无柄，有花 10 余朵；花梗长约 1cm，多少具腺点；花长约 9mm，花萼仅基部连合，长约 5mm，无毛，萼片斜菱形，不对称，顶端广圆形，薄，基部厚，全缘，紧包花冠；花冠白色，钟形，长约 9mm，管长 3~4mm，里面被长柔毛，裂片卵形，顶端渐尖，基部略不对称，长约 5mm，花时反折，花后全部脱落，子房为花萼紧包，露圆锥形花柱；雄蕊较花冠略短；花丝基部连合成管，与花冠管等长或略短，连合部位向花冠的一面被长柔毛，里面无毛，分离部分无毛；花药卵形或长卵形，与花丝几成丁字形；雌蕊与花冠等长，子房卵形，与花柱无明显的界线，连成一圆锥体。蒴果圆柱形，弯曲如新月形，顶端渐尖。

特征差异研究：叶长 6.0~8.7cm，宽 2.3~4.0cm，叶柄长 0.5~1.5cm。

凭证标本：深圳坝光，洪继猛(049)、李志伟(048)、温海洋(064)。

分布地：产广西、广东、福建及南海诸岛，生于海边潮水涨落的污泥滩上，为红树林组成树种之一，有时亦成纯林；印度、中南半岛至菲律宾及澳大利亚南部等均有。

主要经济用途：树皮含鞣质，可作提取栲胶原料；木材是较好的薪炭柴；组成的森林有防风、防浪作用。

硃砂根

紫金牛科 Myrsinaceae　紫金牛属

别名：凉伞遮金珠、平地木、石青子(植物名实图考)，珍珠伞(江苏、浙江)，凤凰翔、大罗伞、郎伞树、龙山子(广东)，山豆根、八爪金龙、豹子眼睛果(云南)，万龙、万雨金(台湾)

Ardisia crenata Sims in Curtis's, Bot. Mag. 45: pl. 1950. 1818.

主要形态学特征：灌木，高 1~2m，稀达 3m；茎粗壮，无毛，除侧生特殊花枝外，无分枝。叶片革质或坚纸质，椭圆形、椭圆状披针形至倒披针形，顶端急尖或渐尖，基部楔形，长 7~15cm，宽 2~4cm，边缘具皱波状或波状齿，具明显的边缘腺点，两面无毛，有时背面具极小的鳞片，侧脉 12~18 对，构成不规则的边缘脉；叶柄长约 1cm。伞形花序或聚伞花序，着生于侧生特殊花枝顶端；花枝近顶端常具 2~3 片叶或更多，或无叶，长 4~16cm；花梗长 7~10mm，几无毛；花长 4~6mm，萼片长圆状卵形，顶端圆形或钝，长 1.5mm 或略短，稀达 2.5mm，全缘，两面无毛，具腺点；花瓣白色，稀略带粉红色，盛开时反卷，卵形，里面有时近基部具乳头状突起；雄蕊较花瓣短，花药三角状披针形，背面常具腺点；雌蕊与花瓣近等长或略长，子房卵珠形，无毛，具腺点；胚珠 5 枚，1 轮。果球形，直径 6~8mm，鲜红色，具腺点。

分布地：产我国西藏东南部至台湾、湖北至海南岛等地区，海拔 90~2400m 的疏、密林下阴湿的灌木丛中。印度，缅甸经马来半岛、印度尼西亚至日本均有。

主要经济用途：为民间常用的中草药之一，根、叶可祛风除湿，散瘀止痛，通经活络，用于跌打风湿、消化不良、咽喉炎及月经不调等症。果可食，亦可榨油，土榨出油率 20%~25%，油可供制肥皂。亦为观赏植物，在园艺方面的品种亦很多。

大罗伞树 紫金牛科 Myrsinaceae 紫金牛属

Ardisia hanceana Mez in Engl., Pflanzenreich 9(Ⅳ. 236.): 149. 1902.

主要形态学特征：灌木，高0.8~1.5m，极少达6m；茎通常粗壮，无毛，除侧生特殊花枝外，无分枝。叶片坚纸质或略厚，椭圆状或长圆状披针形，稀倒披针形，顶端长急尖或渐尖，基部楔形，长10~17cm，宽1.5~3.5cm，近全缘或具边缘反卷的疏突尖锯齿，齿尖具边缘腺点，两面无毛，背面近边缘通常具隆起的疏腺点，其余腺点极疏或无，被细鳞片，侧脉12~18对，隆起，近边缘连成边缘脉，边缘通常明显反卷；叶柄长1cm或更长。复伞房状伞形花序，无毛，着生于顶端下弯的侧生特殊花枝尾端，花枝长8~24cm，于1/4以上部位具少数叶；花序轴长1~2.5cm；花梗长1.1~1.7(~2)cm，花长6~7mm，花萼仅基部连合，萼片卵形，顶端钝或近圆形，长2mm或略短，具腺点或腺点不明显；花瓣白色或带紫色，长6~7mm；卵形，顶端急尖，具腺点，里面近基部具乳头状突起；雄蕊与花瓣等长，花药箭状披针形，背部具疏大腺点；雌蕊与花瓣等长，子房卵珠形，无毛；胚珠5枚，1轮。果球形，直径约9mm，深红色，腺点不明显。

特征差异研究：叶长14.1~14.5cm，宽2.8~3cm，叶柄长1.2~1.4cm；果实球形，直径0.4~0.6cm。

凭证标本：深圳坝光，温海洋(090)。

分布地：产浙江、安徽、江西、福建、湖南、广东、广西，生于海拔430~1500m的山谷、山坡林下，阴湿的地方。模式标本采于香港。

主要经济用途：化瘀活血，祛风除湿，解毒泻火。用治跌打损伤、瘀血伤痛、风湿痹痛、肢体麻木、痉挛、咽喉肿痛、目赤肿痛等症。

罗伞树 紫金牛科 Myrsinaceae 紫金牛属

别名：火屎炭树，火泡树，鸡眼树，火炭树(广东)，提枯杨、晒梗(海南岛黎族语译音)

Ardisia quinquegona Bl., Bijdr. Fl. Nederl. Ind. 689. 1825.

主要形态学特征：灌木或灌木状小乔木，高约2m，可达6m以上；小枝细，无毛，有纵纹，嫩时被锈色鳞片。叶片坚纸质，长圆状披针形、椭圆状披针形至倒披针形，顶端渐尖，基部楔形，长8~16cm，宽2~4cm，全缘，两面无毛，背面多少被鳞片，中脉明显，侧脉极多，不明显，连成近边缘的边缘脉，无腺点；叶柄长5~10mm，幼时被鳞片。聚伞花序或亚伞形花序，腋生，稀着生于侧生特殊花枝顶端，长3~5cm，花枝长达8cm，多少被鳞片；花梗长5~8mm，多少被鳞片；花长约3mm或略短，花萼仅基部连合，萼片三角状卵形，顶端急尖，长1mm，具疏微缘毛及腺点，无毛；花瓣白色，广椭圆状卵形，顶端急尖或钝，长约3mm，具腺点，外面无毛，里面近基部被细柔毛；雄蕊与花瓣几等长，花药卵形至肾形，背部多少具腺点；雌蕊常超出花瓣，子房卵珠形，无毛；胚珠多数，数轮。果扁球形，具钝5棱，稀棱不明显，直径5~7mm，无腺点。

特征差异研究：叶长9.6~12.7cm，宽2.1~3.1cm，叶柄长0.8~1.1cm。

凭证标本：深圳坝光，陈志洁(073，074)。

分布地：产云南、广西、广东、福建、台湾，生于海拔200~1000m的山坡疏、密林中，或林中溪边阴湿处。从马来半岛至日本琉球群岛均有。模式标本采于我国，具体地点不详。

主要经济用途：全株入药，有消肿、清热解毒的作用，用于治跌打损伤；亦作兽用药。也是常用的好薪炭柴。

杜茎山 紫金牛科 Myrsinaceae 杜茎山属

别名：金砂根(江西)、白茅茶(广东)、白花茶(海南岛、云南)、野胡椒(广西)、山桂花(台湾)、水光钟(浙江)

Maesa japonica(Thunb.)Moritzi. ex Zoll. in Syst. verz. Ind. Archip. 3: 61. 1855.

主要形态学特征：灌木，直立，有时外倾或攀缘，高1~3(~5)m；小枝无毛，具细条纹，疏生皮孔。叶片革质，有时较薄，椭圆形至披针状椭圆形，或倒卵形至长圆状倒卵形，或披针形，顶端渐尖、急尖或钝，有时尾状渐尖，基部楔形、钝或圆形，一般长约 10cm，宽约 3cm，也有长 5~15cm，宽 2~5cm，几全缘或中部以上具疏锯齿，或除基部外均具疏细齿，两面无毛，叶面中、侧脉及细脉微隆起，背面中脉明显，隆起，侧脉 5~8 对，尾端直达齿尖；叶柄长 5~13mm，无毛。总状花序或圆锥花序，单个或 2~3 个腋生，长 1~3(~4)cm，仅近基部具少数分枝，无毛；苞片卵形，长不到 1mm；花梗长 2~3mm，无毛或被极疏的微柔毛；小苞片广卵形或肾形，具疏细缘毛或腺点；花萼长约 2mm，萼片长约 1mm，卵形至近半圆形，顶端钝或圆形，具明显的脉状腺条纹，无毛，具细缘毛；花冠白色，长钟形，管长 3.5~4mm，裂片长为管的 1/3 或更短，卵形或肾形，边缘略具细齿；雄蕊着生于花冠管中部略上，内藏；花丝与花药等长，花药卵形，柱头分裂。果球形，直径 4~5mm，有时达 6mm，肉质，具脉状腺条纹，宿存萼包果顶端，常冠宿存花柱。

凭证标本：深圳坝光，温海洋(190)。

分布地：产我国西南至台湾以南各省区，生于海拔 300~2000m 的山坡或石灰山杂木林下阳处，或路旁灌木丛中。日本及越南北部亦有。

主要经济用途：果可食，微甜；全株供药用，有祛风寒、消肿之功效，用于治腰痛、头痛、心燥烦渴、眼目晕眩等症；根与白糖煎服治皮肤风毒，亦治妇女崩带；茎、叶外敷治跌打损伤，止血。

鲫鱼胆

紫金牛科 Myrsinaceae　杜茎山属
别名：空心花(广西)、冷饭果(云南)

Maesa perlarius(Lour.)Merr. Trans. Amer. Philos. Soc., n. s. 24: 298. 1935.

主要形态学特征：小灌木，高 1~3m；分枝多，小枝被长硬毛或短柔毛，有时无毛。叶片纸质或近坚纸质，广椭圆状卵形至椭圆形，顶端急尖或突然渐尖，基部楔形，长 7~11cm，宽 3~5cm，边缘从中下部以上具粗锯齿，下部常全缘，幼时两面被密长硬毛，以后叶面除脉外近无毛，背面被长硬毛，中脉隆起，侧脉 7~9 对，尾端直达齿尖，叶柄长 7~10mm，被长硬毛或短柔毛。总状花序或圆锥花序，腋生，长 2~4cm，具 2~3 分枝(为圆锥花序时)，被长硬毛和短柔毛；苞片小，披针形或钻形，较花梗短，花梗长约 2mm，小苞片披针形或近卵形，均被长硬毛和短柔毛；花长约 2mm，萼片广卵形，较萼管长或几等长，具脉状腺条纹，被长硬毛，以后无毛；花冠白色，钟形，长约为花萼的 1 倍，无毛，具脉状腺条纹；裂片与花冠管等长，广卵形，边缘具不整齐的微波状细齿；雄蕊在雌花中退化，在雄花中着生于花冠管上部，内藏；花丝较花药略长；花药广卵形或近肾形，无腺点；雌蕊较雄蕊略短，花柱短且厚，柱头 4 裂。果球形，直径约 3mm，无毛，具脉状腺条纹；宿存萼片达果中部略上，即果的 2/3 处，常冠以宿存花柱。

凭证标本：深圳坝光，陈志洁(101)、魏若宇(006)。

分布地：产四川(南部)、贵州至台湾以南沿海各省区，生于海拔 150~1350m 山坡、路边的疏林或灌丛中湿润的地方。越南、泰国亦有。

主要经济用途：全株供药用，有消肿去腐、生肌接骨的功效，用于跌打刀伤，亦用于治疗疮、肺病。

广东木瓜红

安息香科 Styracaceae　木瓜红属
别名：岭南木瓜红(中国树木分类学)、红木冬瓜木(湖南)、粤芮德木(中国植物图谱)

Rehderodendron kwangtungense Chun in Sunyatsenia 1(4): 290. Pl. 38. (1-3): 1934 et 3(1): 31. f. 5. 1935.

主要形态学特征：乔木，高达 15m，胸径约 20cm；小枝褐色或红褐色，有光泽，老枝灰褐色；冬芽红褐色，有数鳞片包裹，下部的鳞片宽卵形，顶端短尖，上部的鳞片卵状长圆形，顶端渐尖，最外面的鳞片常有缘毛。叶纸质至革质，长圆状椭圆形或椭圆形，长 7~16cm，宽 3~8cm，顶端短尖至短渐尖，基部宽楔形或楔形，边缘有疏离锯齿，两面均无毛，上面绿色，下面淡绿色，侧脉每边7~11条，和网脉在两面均明显隆起，紫红色；叶柄长1~1.5cm，上面有沟槽。总状花序长约7cm，有花6~8朵；花序梗、花梗、小苞片和花萼均密被灰黄色星状短柔毛；花白色，开于长叶之前；花梗长约1cm；花萼钟状，有5棱，高约6mm，宽约3.5mm，萼齿披针形；花冠裂片卵形，稍不等长，长20~25mm，宽10~14mm，两面均密被星状短柔毛；雄蕊长者与花冠相等，短者短于花冠，花药长约6mm；花柱比雄蕊长。果单生，长圆形、倒卵形或椭圆形，长4.5~8cm，直径2.5~4cm，熟时褐色或灰褐色，无毛或稍被短柔毛，有5~10棱，棱间平滑，顶端具脐状凸起，外果皮木质，厚约1mm，中果皮纤维状木栓质，厚8~12mm，内果皮木质，坚硬，向中果皮放射成许多间隙；种子长圆状线形，栗棕色。

凭证标本：深圳坝光，王帆(004)、魏若宇(004)。

分布地：产湖南(宜章)、广东(乐昌、乳源、英德)、广西(苍梧、贺州、资源、兴安)和云南(屏边)。生于海拔100~1300m密林中。模式标本采自广东乳源。

老鼠矢 山矾科 Symplocaceae 山矾属

Symplocos stellaris Brand in Bot. Jahrb. 29: 528. 1900, et in Engler, Pflanzenr. 6(Ⅳ. 242): 68. 1901.

主要形态学特征：常绿乔木，小枝粗，髓心中空，具横隔；芽、嫩枝、嫩叶柄、苞片和小苞片均被红褐色绒毛。叶厚革质，叶面有光泽，叶背粉褐色，披针状椭圆形或狭长圆状椭圆形，长6~20cm，宽2~5cm，先端急尖或短渐尖，基部阔楔形或圆，通常全缘，很少有细齿；中脉在叶面凹下，在叶背明显凸起，侧脉每边9~15条，侧脉和网脉在叶面均凹下，在叶背不明显；叶柄有纵沟，长1.5~2.5cm。团伞花序着生于二年生枝的叶痕之上；苞片圆形，直径3~4mm，有缘毛；花萼长约3mm，裂片半圆形，长不到1mm，有长缘毛；花冠白色，长7~8mm，5深裂几达基部，裂片椭圆形，顶端有缘毛，雄蕊18~25枚，花丝基部合生成5束；花盘圆柱形，无毛；子房3室；核果狭卵状圆柱形，长约1cm，顶端宿萼裂片直立；核具6~8条纵棱。

特征差异研究：叶长11.4~15.7cm，宽4.2~4.3cm，叶柄长0.3~0.5cm。

凭证标本：深圳坝光，李志伟(130)。

分布地：产长江以南及台湾各省区。生于海拔1100m的山地、路旁、疏林中。模式标本采自四川南川。

主要经济用途：木材供作器具；种子油可制肥皂。

钩吻

马钱科 Loganiaceae 钩吻属

别名：野葛(唐本草注)、胡蔓藤(南方草本状)、断肠草(梦溪笔谈)、烂肠草(本草纲目)、朝阳草(生草药性备要)、大茶药(岭南采药集)、大茶藤(中国药用植物图鉴)、荷班药(岭南草药志)、猪人参(广西中药志)、狗向藤(广东大埔)、柑毒草(福建)、猪参(台湾)、大茶叶(广西)、文大海(云南傣语)

Gelsemium elegans(Gardn. et Champ.)Benth. in Journ. Linn. Soc. Bot. 1: 90. 1856 et Fl.

主要形态学特征：常绿木质藤本，长3~12m。小枝圆柱形，幼时具纵棱；除苞片边缘和花梗幼时被毛外，全株均无毛。叶片膜质，卵形、卵状长圆形或卵状披针形，长5~12cm，宽2~6cm，顶端渐尖，基部阔楔形至近圆形；侧脉每边5~7条，上面扁平，下面凸起；叶柄长6~12mm。花密集，组成顶生和腋生的三歧聚伞花序，每分枝基部有苞片2枚；苞片三角形，长2~4mm；小苞片三角形，生于花梗的基部和中部；花梗纤细，长3~8mm；花萼裂片卵状披针形，长3~4mm；花冠黄色，漏斗状，长12~19mm，内面有淡红色斑点，花冠管长7~10mm，花冠裂片卵形，长5~9mm；雄蕊着生于花冠管中部，花丝细长，长3.5~4mm，花药卵状长圆形，长1.5~2mm，伸出花冠管喉部之外；子房卵状长圆形，长2~2.5mm，花柱长8~12mm，柱头上部2裂，裂片顶端再2裂。蒴果卵形或椭圆形，长10~15mm，直径6~10mm，未开裂时明显地具有2条纵槽，成熟时通常黑色，干后室间开裂为2个2裂果瓣，果皮薄革质，内有种子20~40颗；种子扁压状椭圆形或肾形，边缘具有不规则齿裂状膜质翅。

分布地：产于江西、福建、台湾、湖南、广东、海南、广西、贵州、云南等省区。生海拔500~2000m山地路旁灌木丛中或潮湿肥沃的丘陵山坡疏林下。分布于印度、缅甸、泰国、老挝、越南、马来西亚和印度尼西亚等。模式标本采自我国香港。

主要经济用途：全株有大毒，根、茎、枝、叶含有钩吻碱甲、乙、丙、丁、寅、卯、戊、辰等8种生物碱。供药用，有消肿止痛、拔毒杀虫之效；华南地区常用作中兽医草药，对猪、牛、羊有驱虫功效；亦可作农药，防治水稻螟虫。

华马钱

马钱科 Loganiaceae　马钱属

别名：三脉马钱(海南植物志)、登欧梅罗(海南)、牛目椒(云南植物志)、百节藤(广西平南)

Strychnos cathayensis Merr. in Lingnan Sci. Journ. 13: 44. 1934.

主要形态学特征：木质藤本。幼枝被短柔毛，老枝被毛脱落；小枝常变态成为成对的螺旋状曲钩。叶片近革质，长椭圆形至窄长圆形，长6~10cm，宽2~4cm，顶端急尖至短渐尖，基部钝至圆，上面有光泽，无毛，下面通常无光泽而被疏柔毛；叶柄长2~4mm，被疏柔毛至无毛。聚伞花序顶生或腋生，长3~4cm，着花稠密；花序梗短，与花梗同被微毛；花5数，长8~12mm；花梗长2mm；小苞片卵状三角形，长约1mm；花萼裂片卵形，长约1mm，宽0.5mm，外面被微毛；花冠白色，长约1.2cm，无毛或有时外面有乳头状凸起，花冠管远比花冠裂片长，长约9mm，花冠裂片长圆形，长达3.5mm，稍厚；雄蕊着生于花冠管喉部，长约2mm，花丝比花药短，长0.5mm，花药长圆形，长1.5~2mm，无毛；雌蕊长达11mm，无毛，子房卵形，长约1mm，花柱伸长，长达1cm，柱头头状。浆果圆球状，直径1.5~3cm，果皮薄而脆壳质，内有种子2~7颗；种子圆盘状。

特征差异研究：叶长8.5~10cm，宽2.8~4.3cm，叶柄长0.5~0.6cm。

凭证标本：深圳坝光，陈志洁(087)。

分布地：产于台湾、广东、海南、广西、云南。生山地疏林下或山坡灌丛中。越南北部也有。模式标本采自广东惠阳县白云嶂。

主要经济用途：叶、种子含有马钱子碱。根、种子供药用，有解热止血的功效。果实含毒性，可作农药，毒杀鼠类等。

链珠藤

夹竹桃科 Apocynaceae　链珠藤属

别名：阿利藤(中国树木分类学)，满山香、鸡骨香、过山香、春根藤(广东)，过滑边、山红来、瓜子英(福建)，瓜子藤(广东、广西)

Alyxia sinensis Champ. ex Benth. in Hook. Kew Journ. 4: 334. 1852.

主要形态学特征：藤状灌木，具乳汁，高达3m；除花梗、苞片及萼片外，其余无毛。叶革质，对生或3枚轮生，通常圆形或卵圆形、倒卵形，顶端圆或微凹，长1.5~3.5cm，宽8~20mm，边缘反卷；侧脉不明显；叶柄长2mm。聚伞花序腋生或近顶生；总花梗长不及1.5cm，被微毛；花小，长5~6mm；小苞片与萼片均有微毛；花萼裂片卵圆形，近钝头，长1.5mm，内面无腺体；花冠先淡红色后褪变白色，花冠筒长2.3mm，内面无毛，近花冠喉部紧缩，喉部无鳞片，花冠裂片卵圆形，长1.5cm；雌蕊长1.5mm，子房具长柔毛。核果卵形，长约1cm，直径0.5cm，2~3颗组成链珠状。

分布地：分布于浙江、江西、福建、湖南、广东、广西、贵州等省区。常野生于矮林或灌木丛中。模式标本采自广东南部岛屿。

主要经济用途：根有小毒，具有解热镇痛、消痈解毒作用。民间常用于治风火、齿痛、风湿性关节痛、胃痛和跌打损伤等。全株可作发酵药。

海杧果

夹竹桃科 Apocynaceae 海杧果属

别名：黄金茄、牛金茄、牛心荔、黄金调、山杭果(广东海南)，香军树(广东)，山样子、猴欢喜(台湾)

Cerbera manghas Linn. Sp. Pl. 208. 1753.

主要形态学特征：乔木，高4~8m，胸径6~20cm；树皮灰褐色；枝条粗厚，绿色，具不明显皮孔，无毛；全株具丰富乳汁。叶厚纸质，倒卵状长圆形或倒卵状披针形，稀长圆形，顶端钝或短渐尖，基部楔形，长6~37cm，宽2.3~7.8cm，无毛，叶面深绿色，叶背浅绿色；中脉和侧脉在叶面扁平，在叶背凸起，侧脉在叶缘前网结；叶柄长2.5~5cm，浅绿色，无毛；花白色，直径约5cm，芳香；总花梗和花梗绿色，无毛，具不明显的斑点；总花梗长5~21cm；花梗长1~2cm；花萼裂片长圆形或倒卵状长圆形，顶端短渐尖或钝，长1.3~1.6cm，宽4~7mm，不等大，向下反卷，黄绿色，两面无毛；花冠筒圆筒形，上部膨大，下部缩小，长2.5~4cm，直径上部7~10mm，下部约3mm，外面黄绿色，无毛，内面被长柔毛，喉部染红色，具5枚被柔毛的鳞片，花冠裂片白色，背面左边染淡红色，倒卵状镰刀形，顶端具短尖头，长1.5~2.5cm，宽上面1.5~2.5cm，下面约8mm，两面无毛，水平张开；雄蕊着生在花冠筒喉部，花丝短，黄色，基部肋状凸起，花药卵圆形，顶端具短尖，基部圆形，向内弯；无花盘；心皮2，离生，无毛，花柱丝状，长2.3~2.8cm，柔弱，无毛，柱头球形，基部环状，顶端浑圆而2裂。核果双生或单个，阔卵形或球形，长5~7.5cm，直径4~5.6cm，顶端钝或急尖，外果皮纤维质或木质，未成熟绿色，成熟时橙黄色；种子通常1颗。

特征差异研究：叶长12.4~18.2cm，宽3.2~3.8cm，叶柄长1.6~2.6cm。

凭证标本：深圳坝光，温海洋(206)，陈志洁、余欣繁(051)。

分布地：产于广东南部、广西南部和台湾，以海南分布为多。生于海边或近海边湿润的地方。亚洲和澳大利亚热带地区也有分布。模式标本采自印度。

主要经济用途：果皮含海杧果碱、毒性苦味素、生物碱、氰酸，毒性强烈，人、畜误食能致死。树皮、叶、乳汁能制药剂，有催吐、下泻、堕胎效用，但用量需慎重，多服能致死。喜生于海边，是一种较好的防潮树种。花多、美丽而芳香，叶深绿色，树冠美观，可作庭园、公园、道路绿化，湖旁周围栽植观赏。

鸡蛋花

夹竹桃科 Apocynaceae 鸡蛋花属

别名：缅栀子(植物名实图考)，大季花、鸭脚木(广西)

Plumeria rubra Linn. ‘Acutifolia’；中国高等植物图鉴，3：429，图4811. 1974.

主要形态学特征：落叶小乔木，高约5m，最高可达8m，胸径15~20cm；枝条粗壮，带肉质，具丰富乳汁，绿色，无毛。叶厚纸质，长圆状倒披针形或长椭圆形，长20~40cm，宽7~11cm，顶端短渐尖，基部狭楔形，叶面深绿色，叶背浅绿色，两面无毛；中脉在叶面凹入，在叶背略凸起，侧脉两面扁平，每边30~40条，未达叶缘网结成边脉；叶柄长4~7.5cm，上面基部具腺体，无毛。聚伞花序顶生，长16~25cm，宽约15cm，无毛；总花梗三歧，长11~18cm，肉质，绿色；花梗长2~2.7cm，淡红色；花萼裂片小，卵圆形，顶端圆，长和宽约1.5mm，不张开而压紧花冠筒；花冠外面白色，花冠筒外面及裂片外面左边略带淡红色斑纹，花冠内面黄色，直径4~5cm，花冠筒圆筒形，长1~1.2cm，直径约4mm，外面无毛，内面密被柔毛，喉部无鳞片；花冠裂片阔倒卵形，顶端圆，基部向左覆盖，长3~4cm，宽2~2.5cm；雄蕊着生在花冠筒基部，花丝极短，花药长圆形，长约3mm；心皮2，离生，无毛，花柱短，柱头长圆形，中间缢缩，顶端2裂；每心皮有胚株多颗。蓇葖双生，广歧，圆筒形，向端部渐尖，长约11cm，直径约1.5cm，绿色，无毛；种子斜长圆形，扁平。

分布地：我国广东、广西、云南、福建等省区有栽培，在云南南部山中有逸为野生的。原产墨西哥；现广植于亚洲热带及亚热带地区。

主要经济用途：花白色黄心，芳香，叶大、深绿色，树冠美观，常栽作观赏。广东、广西民间常采其花晒干泡茶饮，有治湿热下痢和解毒、润肺的功效。

羊角拗

夹竹桃科 Apocynaceae　羊角拗属

别名：羊角扭(广东、广西、贵州)，羊角藕、羊角树、羊角果、菱角扭、沥口花、布渣叶、羊角墓、羊角、山羊角(广东)，阳角右藤、牛角橹、断肠草、羊角藤、大羊角扭藴(广西)，鲤鱼橄榄(厦门)，羊角黎，黄葛扭，猪屎壳

Strophanthus divaricatus(Lour.)Hook. et Arn. Bot. Capt. Beech. voy. 199. 1836；Merr. in Trans. Amer. Philos. Soc. n. s. 24(2)：314. 1935.

主要形态学特征：灌木，高达2m，全株无毛，上部枝条蔓延，小枝圆柱形，棕褐色或暗紫色，密被灰白色圆形的皮孔。叶薄纸质，椭圆状长圆形或椭圆形，长3~10cm，宽1.5~5cm，顶端短渐尖或急尖，基部楔形，边缘全缘或有时略带微波状，叶面深绿色，叶背浅绿色，两面无毛；中脉在叶面扁平或凹陷，在叶背略凸起，侧脉通常每边6条，斜曲上升，叶缘前网结；叶柄短，长5mm。聚伞花序顶生，通常着花3朵，无毛；总花梗长0.5~1.5cm；花梗长0.5~1cm；苞片和小苞片线状披针形，长5~10mm；花黄色；花萼筒长5mm，萼片披针形，长8~9mm，基部宽2mm，顶端长渐尖，绿色或黄绿色，内面基部有腺体；花冠漏斗状，花冠筒淡黄色，长1.2~1.5cm，下部圆筒状，上部渐扩大呈钟状，内面被疏短柔毛，花冠裂片黄色外弯，基部卵状披针形，顶端延长成一长尾带状，长达10cm，基部宽0.4~0.5cm，裂片内面具由10枚舌状鳞片组成的副花冠，高出花冠喉部，白黄色，鳞片每2枚基部合生，生于花冠裂片之间，顶部截形或微凹，长3mm，宽1mm；雄蕊内藏，着生在冠簷基部，花丝延长至花冠筒上呈肋状凸起，被短柔毛，花药箭头形，基部具耳，药隔顶部渐尖成一尾状体，不伸出花冠喉部，各花药相连，腹部粘于柱头上；子房半下位，由2枚离生心皮组成，无毛，花柱圆柱状，柱头棍棒状，顶端浅裂，每心皮有胚珠多颗；无花盘。蓇葖广叉开，木质，椭圆状长圆形，顶端渐尖，基部膨大，长10~15cm，直径2~3.5cm，外果皮绿色，干时黑色，具纵条纹；种子纺锤形、扁平，轮生着白色绢质种毛；种毛具光泽。

特征差异研究：叶长12.6~14.4cm，宽4~4.2cm，叶柄长0.7~0.8cm；叶轮生微波浪状；茎的颜色由棕色渐变成棕绿色，老茎上有白色斑点。

凭证标本：深圳坝光，莫素祺(028)。

分布地：产于贵州、云南、广西、广东和福建等省区。野生于丘陵山地、路旁疏林中或山坡灌木丛中。越南、老挝也有分布。模式标本采自我国广东。

主要经济用途：全株植物含毒，尤以种子含有毒毛旋花子配基，其毒性能刺激心脏，误食致死。药用作强心剂，治血管硬化、跌打、扭伤、风湿性关节炎、蛇咬伤等症；农业上用作杀虫剂及用于毒雀、鼠，羊角拗制剂可作浸苗和拌种用。

络石

夹竹桃科 Apocynaceae　络石属

别名：石龙藤、耐冬(广群芳谱)，白花藤(植物名实图考)，络石藤(河南、江苏)，万字茉莉(北京)，软筋藤(广西)，扒墙虎、石盘藤、过桥风、墙络藤(华南、湖南、河南、江苏)，藤络(湖南)，骑墙虎、石邦藤(华南、湖南、江西、福建)，[口膏]链，石鲮，悬石，云花，云英，云丹，云珠

Trachelospermum jasminoides(Lindl.)Lem. in Jard. Fleur. 1：t. 61. 1851.

主要形态学特征：常绿木质藤本，长达10m，具乳汁；茎赤褐色，圆柱形，有皮孔；小枝被黄色柔毛，老时渐无毛。叶革质或近革质，椭圆形至卵状椭圆形或宽倒卵形，长2~10cm，宽1~4.5cm，顶端锐尖至渐尖或钝，有时微凹或有小凸尖，基部渐狭至钝，叶面无毛，叶背被疏短柔毛，老渐无毛；叶面中脉微凹，侧脉扁平，叶背中脉凸起，侧脉每边6~12条，扁平或稍凸起；叶柄短，被短柔毛，老渐无毛；歧聚伞花序腋生或顶生，花多朵组成圆锥状，与叶等长或较长；花白色，芳香；总花梗长2~5cm，被柔毛，老时渐无毛；苞片及小苞片狭披针形，长1~2mm；花萼5深裂，裂片线状披针形，顶部反卷，长2~5mm，外面被有长柔毛及缘毛，内面无毛，基部具10枚鳞片状腺体；花蕾顶端钝，花冠筒圆筒形，中部膨大，外面无毛，内面在喉部及雄蕊着生处被短柔毛，长5~10mm，花冠裂片长5~10mm，无毛；雄蕊着生在花冠筒中部，腹部粘生在柱头上，花药箭头状，基部具耳，隐藏在花喉内；花盘环状5裂与子房等长；子房由2个离生心皮组成，无毛，花柱圆柱

状，柱头卵圆形，顶端全缘；每心皮有胚珠多颗，着生于2个并生的侧膜胎座上。蓇葖双生，叉开，无毛，线状披针形，向先端渐尖，长10~20cm，宽3~10mm；种子多颗，褐色，线形，长1.5~2cm，直径约2mm，顶端具白色绢质种毛。

特征差异研究： 叶长10.6~16.1cm，宽4~4.8cm，叶柄长0.3~0.5cm。

凭证标本： 深圳坝光，李佳婷(036)、赵顺(056)。

分布地： 本种分布很广，山东、安徽、江苏、浙江、福建、台湾、江西、河北、河南、湖北、湖南、广东、广西、云南、贵州、四川、陕西等省区都有分布。生于山野、溪边、路旁、林缘或杂木林中，常缠绕于树上或攀缘于墙壁上、岩石上，亦有移栽于园圃，供观赏。日本、朝鲜和越南也有。模式标本采自我国江苏。

主要经济用途： 根、茎、叶、果实供药用，有祛风活络、利关节、止血、止痛消肿、清热解毒之功效，我国民间有用来治关节炎、肌肉痹痛、跌打损伤、产后腹痛等；安徽地区有用作治血吸虫腹水病。乳汁有毒，对心脏有毒害作用。茎皮纤维拉力强，可制绳索、造纸及人造棉。花芳香，可提取“络石浸膏”。

毛菍

野牡丹科 Melastomataceae 野牡丹属
别名：甜娘、开口枣、雉头叶

Melastoma sanguineum Sims in Curtis's Bot. Mag. 48: t. 2241. 1821.

主要形态学特征： 大灌木，高1.5~3m；茎、小枝、叶柄、花梗及花萼均被平展的长粗毛，毛基部膨大。叶片坚纸质，卵状披针形至披针形，顶端长渐尖或渐尖，基部钝或圆形，长8~15(~22)cm，宽2.5~5(~8)cm，全缘，基出脉5，两面被隐藏于表皮下的糙伏毛，通常仅毛尖端露出，叶面基出脉下凹，侧脉不明显，背面基出脉隆起，侧脉微隆起，均被基部膨大的疏糙伏毛；叶柄长1.5~2.5(~4)cm。伞房花序，顶生，常仅有花1朵，有时3(~5)朵；苞片戟形，膜质，顶端渐尖，背面被短糙伏毛，以脊上为密，具缘毛；花梗长约5mm，花萼管长1~2cm，直径1~2cm，有时毛外反，裂片5(~7)，三角形至三角状披针形，长约1.2cm，宽4mm，较萼管略短，脊上被糙伏毛，裂片间具线形或线状披针形小裂片，通常较裂片略短，花瓣粉红色或紫红色，5(~7)枚，广倒卵形，上部略偏斜，顶端微凹，长3~5cm，宽2~2.2cm；雄蕊长者药隔基部伸延，末端2裂，花药长1.3cm，花丝较伸长的药隔略短，短者药隔不伸延，花药长9mm；子房半下位，密被刚毛。果杯状球形，胎座肉质，为宿存萼所包；宿存萼密被红色长硬毛，长1.5~2.2cm，直径1.5~2cm。

特征差异研究： 深圳坝光，叶长3.5~14.7cm，宽1.9~5cm，叶柄长0.4~3.9cm，与上述特征描述相比，叶子偏小。

凭证标本： 深圳坝光，廖栋耀(141)、吴凯涛(077，078)。

分布地： 产广西、广东。生于海拔400m以下的低海拔地区，常见于坡脚、沟边，湿润的草丛或矮灌丛中。印度、马来西亚至印度尼西亚也有。

主要经济用途： 果可食；根、叶可供药用，根有收敛止血、消食止痢的作用，治水泻便血、妇女血崩、止血止痛；叶捣烂外敷有拔毒生肌止血的作用，接骨，治刀伤跌打、疮疖、毛虫毒等。茎皮含鞣质。

谷木

野牡丹科 Melastomataceae 谷木属
别名：角木、鱼木、子楝树

Memecylon ligustrifolium Champ. in Journ. Bot. Kew Misc. 4: 117. 1852.

主要形态学特征： 大灌木或小乔木，高1.5~5(~7)m；小枝圆柱形或不明显的四棱形，分枝多。叶片革质，椭圆形至卵形，或卵状披针形，顶端渐尖，钝头，基部楔形，长5.5~8cm，宽2.5~3.5cm，全缘，两面无毛，粗糙，叶面中脉下凹，侧脉不明显，背面中脉隆起，侧脉与细脉均不明显；叶柄长3~5mm。聚伞花序，腋生或生于落叶的叶腋，长约1cm，总梗长约3mm；苞片卵形，长约1mm；花梗长1~2mm，基部及节上具髯毛；花萼半球形，长1.5~3mm，边缘浅波状4齿；花瓣白色或淡黄绿色或紫色，半圆形，顶端圆形，长约3mm，宽约4mm，边缘薄；雄蕊蓝色，长约4.5mm，药室及膨大的圆锥形药隔长1~2mm；子房下位，顶端平截。浆果状核果球形，直径约1cm，密布小瘤状突起，顶端具环状宿存萼檐。

特征差异研究：叶长6.4~9.0cm，宽2.3~3.1cm，叶柄长1.1~1.8cm；果实近球形，果径0.3cm。

凭证标本：深圳坝光，赖标汶(017，018，019)。

本研究种类分布地：深圳坝光。

分布地：产云南、广西、广东、福建。生于海拔160~1540m的密林下。模式标本采自香港。

木榄 红树科 Rhizophoraceae 木榄属

别名：包罗剪定、鸡爪榄

Bruguiera gymnorrhiza(Linn.)Poir. in Lam., Tabl. Enc.(Text.)2: 517. 1794, nom. inval.

主要形态学特征：乔木或灌木；树皮灰黑色，有粗糙裂纹。叶椭圆状矩圆形，长7~15cm，宽3~5.5cm，顶端短尖，基部楔形；叶柄暗绿色，长2.5~4.5cm；托叶长3~4cm，淡红色。花单生，盛开时长3~3.5cm，有长1.2~2.5cm的花梗；萼平滑无棱，暗黄红色，裂片11~13；花瓣长1.1~1.3cm，中部以下密被长毛，上部无毛或几无毛，2裂，裂片顶端有2~3(~4)条刺毛，裂缝间具刺毛1条；雄蕊略短于花瓣；花柱3~4棱柱形，长约2cm，黄色，柱头3~4裂。胚轴长15~25cm。

特征差异研究：总叶长6.0~14.7cm，宽2.5~6.1cm，叶柄1.0~2.7cm；花具短梗，基部有合生的小苞片；花萼裂片淡黄色，长9~12mm，宽3~5mm；花瓣比萼短，边缘被白色长毛；雄蕊8，4枚瓣上着生，4枚萼上着生。

凭证标本：深圳坝光，廖栋耀(067，068)。

分布地：产广东、广西、福建、台湾及其沿海岛屿；生于浅海盐滩。分布于非洲东南部、印度、斯里兰卡、马来西亚、泰国、越南、澳大利亚北部及波利尼西亚。为红树林主要组成植物之一，模式标本采自印度。

主要经济用途：材质坚硬，色红，很少作土工木料。树皮含单宁19%~20%。

竹节树 红树科 Rhizophoraceae 竹节树属

别名：鹅肾木、鹅唇木

Carallia brachiata(Lour.)Merr. in Philip. Journ. Sci. 15: 249. 1919 et in Amerin Trans.. Philos. Soc. new ser. 24: 281. 1935.

主要形态学特征：乔木，高7~10m，胸径20~25cm，基部有时具板状支柱根；树皮光滑，很少具裂纹，灰褐色。叶形变化很大，矩圆形、椭圆形至倒披针形或近圆形，顶端短渐尖或钝尖，基部楔形，全缘，稀具锯齿；叶柄长6~8mm，粗而扁。花序腋生，有长8~12mm的总花梗，分枝短，每一分枝有花2~5朵，有时退化为1朵；花小，基部有浅碟状的小苞片；花萼6~7裂，稀5或8裂，钟形，长3~4mm，裂片三角形，短尖；花瓣白色，近圆形，连柄长1.8~2mm，宽1.5~1.8mm，边缘撕裂状；雄蕊长短不一；柱头盘状，4~8浅裂。果实近球形，直径4~5mm，顶端冠以短三角形萼齿。

特征差异研究：深圳坝光，叶交互对生，叶长13.4~17.5cm，叶宽2~3.8cm，叶柄0.2~0.4cm；果实球形，直径约0.1cm，果实簇生在一起。

凭证标本：深圳坝光，陈鸿辉(063，064)、廖栋耀(119)、吴凯涛(062)。

分布地：产广东、广西及沿海岛屿；生于低海拔至中海拔的丘陵灌丛或山谷杂木林中，有时村落附近也有生长。分布马达加斯加、斯里兰卡、印度、缅甸、泰国、越南、马来西亚至澳大利亚北部。模式标本采自越南。

主要经济用途：木材质硬而重，纹理交错，结构颇粗，心材大，暗红棕色而带黄，边材色淡而带红，有光泽，色调不鲜明，干燥后容易开裂，不甚耐腐，可作乐器、饰木、门窗、器具等。

秋茄 红树科 Rhizophoraceae 秋茄树属

别名：水笔仔、茄行树

Kandelia candel(Linn.)Druce, Rep. Bot. Exch. Club. Br. 151. 1913(3): 420. 1914.

主要形态学特征：灌木或小乔木，高2~3m；树皮平滑，红褐色；枝粗壮，有膨大的节。叶椭圆形、矩圆状椭圆形或近倒卵形，长5~9cm，宽2.5~4cm，顶端钝形或浑圆，基部阔楔形，全缘，叶脉不明显；叶柄粗壮，长1~1.5cm；托叶早落，长1.5~2cm。二歧聚伞花序，有花4(~9)朵；总花梗长短不一，1~3个着生上部叶腋，长2~4cm；花具短梗，盛开时长1~2cm，直径2~2.5cm；花萼裂片革质，长1~1.5cm，宽1.5~2mm，短尖，花后外反；花瓣白色，膜质，短于花萼裂片；雄蕊无定数，长短不一，长6~12mm；花柱丝状，与雄蕊等长。果实圆锥形，长1.5~2cm，基部直径8~10mm；胚轴细长，长12~20cm。

特征差异研究：深圳坝光，叶长2.6~5.6cm，叶宽1.7~2cm，叶柄0.6cm。

凭证标本：深圳坝光，莫素祺(003)、赵顺(102)。

分布地：产广东、广西、福建、台湾；生于浅海和河流出口冲积带的盐滩。分布于印度、缅甸、泰国、越南、马来西亚、日本琉球群岛南部。模式标本采自马来西亚。

主要经济用途：材质坚重，耐腐，可作车轴、把柄等小件用材。

黄牛木 藤黄科 Guttiferae 黄牛木属

别名：黄牛茶、雀笼木

Cratoaylum cochinchinense(Lour.)Bl. Mus. Bot. Lugd. Bat. 2: 17. 1852.

主要形态学特征：落叶灌木或乔木，高1.5~18(~25)m，全体无毛，树干下部有簇生的长枝刺；树皮灰黄色或灰褐色，平滑或有细条纹。枝条对生，幼枝略扁，无毛，淡红色，节上叶柄间线痕连续或间有中断。叶片椭圆形至长椭圆形或披针形，长3~10.5cm，宽1~4cm，先端骤然锐尖或渐尖，基部钝形至楔形，坚纸质，两面无毛，上面绿色，下面粉绿色，有透明腺点及黑点，中脉在上面凹陷，下面凸起，侧脉每边8~12条，两面凸起，斜展，末端不呈弧形闭合，小脉网状，两面凸起；叶柄长2~3mm，无毛。聚伞花序腋生或腋外生及顶生，有花(1~)2~3朵，具梗；总梗长3~10mm或以上。花直径1~1.5cm；花梗长2~3mm。萼片椭圆形，长5~7mm，宽2~5mm，先端圆形，全面有黑色纵腺条，果时增大。花瓣粉红、深红至红黄色，倒卵形，长5~10mm，宽2.5~5mm，先端圆形，基部楔形，脉间有黑腺纹，无鳞片。雄蕊束3，长4~8mm，柄宽扁至细长。下位肉质腺体长圆形至倒卵形，盔状，长达3mm，宽1~1.5mm，顶端增厚反曲。子房圆锥形，长3mm，无毛，3室；花柱3，线形，自基部叉开，长2mm。蒴果椭圆形，长8~12mm，宽4~5mm，棕色，无毛，被宿存的花萼包被达2/3以上。种子每室(5~)6~8颗，倒卵形，长6~8mm，宽2~3mm，基部具爪，不对称，一侧具翅。

特征差异研究：深圳坝光，叶长4~12.7cm，叶宽3~5cm，叶柄0.4~0.7cm；果实长1~1.2cm，宽0.5~0.6cm，果柄长0.3~0.5cm。

凭证标本：深圳坝光，洪继猛(082)，廖栋耀(116)，魏若宇(045)，廖栋耀、黄玉源(120)。

分布地：产广东、广西及云南南部。生于丘陵或山地的干燥阳坡上的次生林或灌丛中，海拔1240m以下，能耐干旱，萌发力强。缅甸、泰国、越南、马来西亚、印度尼西亚至菲律宾也有。模式标本采自越南。

主要经济用途：本种材质坚硬，纹理精致，供雕刻用；幼果供作烹调香料；根、树皮及嫩叶入药，治感冒、腹泻；嫩叶尚可作茶叶代用品。

岭南山竹子 藤黄科 Guttiferae 藤黄属

Garcinia oblongifolia Champ. ex Benth. in Hook. Journ. Bot. Kew Gard. Misc. 3: 331. 1851.

主要形态学特征：乔木或灌木，高 5~15m，胸径可达 30cm；树皮深灰色。老枝通常具断环纹。叶片近革质，长圆形、倒卵状长圆形至倒披针形，长 5~10cm，宽 2~3.5cm，顶端急尖或钝，基部楔形，干时边缘反卷，中脉在上面微隆起，侧脉 10~18 对；叶柄长约 1cm。花小，直径约 3mm，单性，异株，单生或成伞状聚伞花序，花梗长 3~7mm。雄花萼片等大，近圆形，长 3~5mm；花瓣橙黄色或淡黄色，倒卵状长圆形，长 7~9mm；雄蕊多数，合生成 1 束，花药聚生成头状，无退化雌蕊。雌花的萼片、花瓣与雄花相似；退化雄蕊合生成 4 束，短于雌蕊；子房卵球形，8~10 室，无花柱，柱头盾形，隆起，辐射状分裂，上面具乳头状瘤突。浆果卵球形或圆球形，长 2~4cm，直径 2~3.5cm，基部萼片宿存，顶端承以隆起的柱头。

凭证标本：深圳坝光，叶蓁(025)。

分布地：产广东、广西。生于平地、丘陵、沟谷密林或疏林中，海拔 200~400(~1200)m。越南北部也有分布。模式标本采自香港。

主要经济用途：果可食，种子含油量 60.7%，种仁含油量 70%，可作工业用油；木材可制家具和工艺品；树皮含单宁 3%~8%，供提制栲胶。

菲岛福木 藤黄科 Guttiferae 藤黄属

别名：福木、福树

Garcinia subelliptica Merr. in Philipp. Journ. Sci. 3: 261. 1908 et Enum. Philipp. Fl. Pl. 3: 86. 1923.

主要形态学特征：乔木，高可达 20 余 m，小枝坚韧粗壮，具 4~6 棱。叶片厚革质，卵形、卵状长圆形或椭圆形，稀圆形或披针形，长 7~14(~20)cm，宽 3~6(~7)cm，顶端钝、圆形或微凹，基部宽楔形至近圆形，上面深绿色，具光泽，下面黄绿色，中脉在下面隆起，侧脉纤细，微拱形，12~18 对，两面隆起，至边缘处连结，网脉明显；叶柄粗壮，长 6~15mm。花杂性，同株，5 数；雄花和雌花通常混合在一起，簇生或单生于落叶腋部，有时雌花成簇生状，雄花成假穗状，长约 10cm；雄花萼片近圆形，革质，边缘有密的短睫毛，内方 2 枚较大，外方 3 枚较小；花瓣倒卵形，黄色，长约为萼片的 2 倍多，雄蕊合生成 5 束，每束有 6~10 枚，束柄长约 2mm，花药双生；雌花通常具长梗，退化雄蕊合生成 5 束，花药萎缩状，副花冠上半部具不规则的啮齿；子房球形，外面有棱，3~5 室，花柱极短，柱头盾形，5 深裂，无瘤突。浆果宽长圆形，成熟时黄色，外面光滑，种子 1~3(~4)枚。

特征差异研究：叶长 6.7~8.2cm，宽 3.4~4.0cm，叶柄长 0.9~1.3cm。

凭证标本：深圳坝光，叶蓁(006)。

分布地：产我国台湾南部(高雄和火烧岛)，台北市亦见栽培。生于海滨的杂木林中。日本的琉球群岛、菲律宾、斯里兰卡、印度尼西亚(爪哇)也有。模式标本采自菲律宾。

主要经济用途：能耐暴风和怒潮的侵袭，根部巩固，枝叶茂盛，是我国沿海地区营造防风林的理想树种。

扁担杆 椴树科 Tiliaceae 扁担杆属

Grewia biloba G. Don Gen. Syst. 1: 549. 1831.

主要形态学特征：灌木或小乔木，高 1~4m，多分枝；嫩枝被粗毛。叶薄革质，椭圆形或倒卵状椭圆形，长 4~9cm，宽 2.5~4cm，先端锐尖，基部楔形或钝，两面有稀疏星状粗毛，基出脉 3 条，两侧脉上行过半，中脉有侧脉 3~5 对，边缘有细锯齿；叶柄长 4~8mm，被粗毛；托叶钻形，长 3~4mm。聚伞花序腋生，多花，花序柄长不到 1cm；花柄长 3~6mm；苞片钻形，长 3~5mm；萼片狭长圆形，长 4~7mm，外面被毛，内面无毛；花瓣长 1~1.5mm；雌雄蕊柄长 0.5mm，有毛；雄

蕊长2mm；子房有毛，花柱与萼片平齐，柱头扩大，盘状，有浅裂。核果红色，有2~4颗分核。

分布地：产于江西、湖南、浙江、广东、台湾、安徽、四川等省。模式标本采自广东。

破布叶 椴树科 Tiliaceae　破布叶属

Microcos paniculata Linn. Sp. Pl. 1：514. 1753；Burret in Notizbl. Bot. Cart. Mus. Beirl. 9：773. 1926，pro parte.

主要形态学特征：灌木或小乔木，高3~12m，树皮粗糙；嫩枝有毛。叶薄革质，卵状长圆形，长8~18cm，宽4~8cm，先端渐尖，基部圆形，两面初时有极稀疏星状柔毛，以后变秃净，三出脉的两侧脉从基部发出，向上行超过叶片中部，边缘有细钝齿；叶柄长1~1.5cm，被毛；托叶线状披针形，长5~7mm。顶生圆锥花序长4~10cm，被星状柔毛；苞片披针形；花柄短小；萼片长圆形，长5~8mm，外面有毛；花瓣长圆形，长3~4mm，下半部有毛；腺体长约2mm；雄蕊多数，比萼片短；子房球形，无毛，柱头锥形。核果近球形或倒卵形，长约1cm。

特征差异研究：深圳坝光，叶长12~14.5cm，叶宽4.1~6.3cm，叶柄0.7~1.2cm。

凭证标本：深圳坝光，叶蓁(003，014)、温海洋(107，209，215)、赖标汶(009，010，016)、吴凯涛(035)、陈志洁(005)、陈鸿辉(073，074)。

分布地：产于广东、广西、云南。中南半岛、印度及印度尼西亚有分布。

主要经济用途：本种叶供药用，味酸，性平无毒，可清热毒，去食积。

长芒杜英 杜英科 Elaeocarpaceae　杜英属

Elaeocarpus apiculatus Masters in Hook. f. Fl. Brit. Ind. 1：407. 1874.

主要形态学特征：乔木，高达30m，胸径达2m(据野外采集记录)，树皮灰色；小枝粗壮，直径8~12mm，被灰褐色柔毛，有多数圆形的叶柄遗留斑痕，干后皱缩多直条纹。叶聚生于枝顶，革质，倒卵状披针形，长11~20cm，宽5~7.5cm，先端钝，偶有短小尖头，中部以下渐变狭窄，基部窄而钝，或为窄圆形，上面深绿色而发亮，干后淡绿色，全缘，或上半部有小钝齿，侧脉12~14对，与网脉在上面明显，在下面突起；叶柄长1.5~3cm，有微毛。总状花序生于枝顶叶腋内，长4~7cm，有花5~14朵，花序轴被褐色柔毛；花柄长8~10mm，花长1.5cm，直径1~2cm；花芽披针形，长1.2cm；萼片6片，狭窄披针形，长1.4cm，宽1.5~2mm，外面被褐色柔毛；花瓣倒披针形，长1.3cm，内外两面被银灰色长毛，先端7~8裂，裂片长3~4mm；雄蕊45~50枚，长1cm，花丝长2mm，花药长4mm，顶端有长达3~4mm的芒刺；花盘5裂，有浅裂；子房被毛，3室，花柱长9mm，有毛。核果椭圆形，长3~3.5cm，有褐色茸毛。

分布地：产于云南南部、广东和海南。见于低海拔的山谷。中南半岛及马来西亚也有分布。模式标本采自马来西亚马六甲。

主要经济用途：树皮可作染料；种子油可作肥皂和润滑油。根辛温，能散瘀消肿，治疗跌打、损伤。

水石榕 杜英科 Elaeocarpaceae　杜英属

别名：海南胆八树、水柳树

Elaeocarpus hainanensis Oliver in Hook. Ic. Pl. tab. 2462. 1896；Gagnep. in Lecomte，Fl. Gen. Indo-Chine 1：567. 1911.

主要形态学特征：乔木，具假单轴分枝，树冠宽广；嫩枝无毛。叶革质，狭窄倒披针形，长7~15cm，宽1.5~3cm，先端尖，基部楔形，幼时上下两面均秃净，老叶上面深绿色，干后发亮，下面浅绿色，侧脉14~16对，在上面明显，在下面突起，网脉在下面稍突起，边缘密生小钝齿；叶柄长1~2cm。总状花序生当年枝的叶腋内，长5~7cm，有花2~6朵；花较大，直径3~4cm；苞片叶状，无柄，卵形，长1cm，宽7~8mm，两面有微毛，边缘有齿突，基部圆形或耳形，有网状脉及侧脉，宿存；花柄长约4cm，有微毛；萼片5片，披针形，长约2cm，被柔毛；花瓣白色，与萼片等长，倒卵形，外侧有柔毛，先端撕裂，裂片30条，长4~6mm；雄蕊多数，约与花瓣等长，有微毛；子房2室，无毛，花柱长1cm，有毛；胚珠每室2颗。核果纺锤形，两端尖，长约4cm，中央宽1~1.2cm；内果皮坚骨质，表面有浅沟，腹缝线2条，厚1.5mm，1室；种子长2cm。

分布地：产于海南、广西南部及云南东南部。喜生于低湿处及山谷水边。在越南、泰国也有分布。模式标本采自海南北部。

主要经济用途：造型好，用于庭院绿化。

山杜英 杜英科 Elaeocarpaceae　杜英属

别名：羊屎树、羊仔树

Elaeocarpus sylvestris(Lour.)Poir. in Lamk. Encycl. Suppl. 11：704. 1811.

主要形态学特征：小乔木，高约10m；小枝纤细，通常秃净无毛；老枝干后暗褐色。叶纸质，倒卵形或倒披针形，长4~8cm，宽2~4cm，幼态叶长达15cm，宽达6cm，上下两面均无毛，干后黑褐色，不发亮，先端钝，或略尖，基部窄楔形，下延，侧脉5~6对。在上面隐约可见，在下面稍突起，网脉不大明显，边缘有钝锯齿或波状钝齿；叶柄长1~1.5cm，无毛。总状花序生于枝顶叶腋内，长4~6cm，花序轴纤细，无毛，有时被灰白色短柔毛；花柄长3~4mm，纤细，通常秃净；萼片5片，披针形，长4mm，无毛；花瓣倒卵形，上半部撕裂，裂片10~12条，外侧基部有毛；雄蕊13~15枚，长约3mm，花药有微毛，顶端无毛丛，亦缺附属物；花盘5裂，圆球形，完全分开，被白色毛；子房被毛，2~3室，花柱长2mm。核果细小，椭圆形，长1~1.2cm，内果皮薄骨质，有腹缝沟3条。

特征差异研究：叶长6.4~7.5cm，宽1.9~2.4cm，叶柄长0.4~0.6cm。

凭证标本：深圳坝光，赖标汶(012)。

分布地：产于广东、海南、广西、福建、浙江、江西、湖南、贵州、四川及云南。生于海拔350~2000m的常绿林里。越南、老挝、泰国有分布。本种模式标本采自越南。

主要经济用途：作为混交造林的主要树种，造林早期表现良好，保存率92%~94%，表现出其较强的乡土适应性。有较好的生物防火作用。

刺果藤 梧桐科 Sterculiaceae　刺果藤属

Byttneria aspera Colebr. in Roxb. Fl. Ind. ed. Carey, 2：283. 1824.

主要形态学特征：木质大藤本，小枝的幼嫩部分略被短柔毛。叶广卵形、心形或近圆形，长7~23cm，宽5.5~16cm，顶端钝或急尖，基部心形，上面几无毛，下面被白色星状短柔毛，基生脉5条；叶柄长2~8cm，被毛。花小，淡黄白色，内面略带紫红色；萼片卵形，长2mm，被短柔毛，顶端急尖；花瓣与萼片互生，顶端2裂并有长条形的附属体，约与萼片等长；具药的雄蕊5枚，与退化雄蕊互生；子房5室，每室有胚珠两个。萼果圆球形或卵状圆球形，直径3~4cm，具短而粗的刺，被短柔毛；种子长圆形，长约12mm。

分布地：产广东、广西、云南三省区的中部和南部。生于疏林中或山谷溪旁。印度、越南、柬埔寨、老挝、泰国等地也有分布。

主要经济用途：茎皮纤维可以制绳索。

山芝麻 梧桐科 Sterculiaceae　山芝麻属

别名：山油麻、坡油麻

Helicteres angustifolia Linn. Sp. Pl. 963. 1753, ed. 2. 1366. 1763.

主要形态学特征：小灌木，高达1m，小枝被灰绿色短柔毛。叶狭矩圆形或条状披针形，长

3.5~5cm，宽1.51~2.5cm，顶端钝或急尖，基部圆形，上面无毛或几无毛，下面被灰白色或淡黄色星状茸毛，间或混生纲毛；叶柄长5~7mm。聚伞花序有2至数朵花；花梗通常有锥尖状的小苞片4枚；萼管状，长6mm，被星状短柔毛，5裂，裂片三角形；花瓣5片，不等大，淡红色或紫红色，比萼略长，基部有2个耳状附属体；雄蕊10枚，退化雄蕊5枚，线形，甚短；子房5室，被毛，较花柱略短，每室有胚珠约10个。蒴果卵状矩圆形，长12~20mm，宽7~8mm，顶端急尖，密被星状毛及混生长绒毛；种子小，褐色，有椭圆形小斑点。

特征差异研究：叶长5.4~7.4cm，宽0.9~1.1cm，叶柄长0.4~0.7cm；蒴果长1cm，宽0.4cm。

凭证标本：深圳坝光，姜林林(017)、何思谊(020)、周婉敏(017)。

分布地：产湖南、江西南部、广东、广西中部和南部、云南南部、福建南部和台湾。为我国南部山地和丘陵地常见的小灌木，常生于草坡上。印度、缅甸、马来西亚、泰国、越南、老挝、柬埔寨、印度尼西亚、菲律宾等地有分布。

主要经济用途：茎皮纤维可作混纺原料，根可药用，叶捣烂敷患处可治疮疖。

银叶树 梧桐科 Sterculiaceae 银叶树属

Heritiera littoralis Dryand. in Ait. Hort. Kew. 3: 546. 1789.

主要形态学特征：常绿乔木，高约10m；树皮灰黑色，小枝幼时被白色鳞秕。叶革质，矩圆状披针形、椭圆形或卵形，长10~20cm，宽5~10cm，顶端锐尖或钝，基部钝，上面无毛或几无毛，下面密被银白色鳞秕；叶柄长1~2cm；托叶披针形，早落。圆锥花序腋生，长约8cm，密被星状毛和鳞秕；花红褐色；萼钟状，长4~6mm，两面均被星状毛，5浅裂，裂片三角形，长约2mm；雄花的花盘较薄，有乳头状突起，雌雄蕊柄短而无毛，花药4~5个在雌雄蕊柄顶端排成一环；雌花的心皮4~5枚，柱头与心皮同数且短而向下弯。果木质，坚果状，近椭圆形，光滑，干时黄褐色，长约6cm，宽约3.5cm，背部有龙骨状突起；种子卵形，长2cm。

特征差异研究：叶长5.5~24.5cm，宽1.5~7.9cm，叶柄长0.6~1.5cm；果实长3.8~4.7cm，宽3.5~4cm。

凭证标本：深圳坝光，黄启聪、余欣繁(051)，廖栋耀(066)，温海洋(079, 101)，邱小波(100)。

分布地：产广东(台山、崖县和沿海岛屿)、广西防城港和台湾。印度、越南、柬埔寨、斯里兰卡、菲律宾和东南亚各地以及非洲东部、大洋洲均有分布。

主要经济用途：本种为热带海岸红树林的树种之一。木材坚硬，为建筑、造船和制家具的良材。果木质，内有厚的木栓状纤维层，故能漂浮在海面而散布到各地。

翻白叶树 梧桐科 Sterculiaceae 翅子树属

别名：半枫荷、异叶翅子木

Pterospermum heterophyllum Hance in Journ. Bot. 6: 112. 1868.

主要形态学特征：乔木，高达20m；树皮灰色或灰褐色；小枝被黄褐色短柔毛。叶二形，生于幼树或萌蘖枝上的叶盾形，直径约15cm，掌状3~5裂，基部截形而略近半圆形，上面几无毛，下面密被黄褐色星状短柔毛；叶柄长12cm，被毛；生于成长的树上的叶矩圆形至卵状矩圆形，长7~15cm，宽3~10cm，顶端钝、急尖或渐尖，基部钝、截形或斜心形，下面密被黄褐色短柔毛；叶柄长1~2cm，被毛。花单生或2~4朵组成腋生的聚伞花序；花梗长5~15mm，无关节；小苞片鳞片状，与萼紧靠；花青白色；萼片5枚，条形，长达28mm，宽4mm，两面均被柔毛；花瓣5片，倒披针形，与萼片等长；雌雄蕊柄长2.5mm；雄蕊15枚，退化雄蕊5枚，线状，比雄蕊略长；子房卵圆形，5室，被长柔毛，花柱无毛。蒴果木质，矩圆状卵形，长约6cm，宽2~2.5cm，被黄褐色绒毛，顶端钝，基部渐狭，果柄粗壮，长1~1.5cm；种子具膜质翅。

特征差异研究：深圳坝光，叶长 15.8~33.2cm，叶宽 9.3~16.4cm，叶柄 6.9~16.3cm。

凭证标本：深圳坝光，廖栋耀(106，112)、陈志洁(069，071)。

分布地：产广东(韶关以南各县)、海南、福建(永泰、仙游、福州)、广西(桂林、恭城、南宁、梧州等)。

主要经济用途：根可供药用，为治疗风湿性关节炎的药材，可浸酒或煎汤服用。枝皮可剥取用以编绳。也可以放养紫胶虫。

假苹婆

梧桐科 Sterculiaceae　苹婆属

别名：鸡冠木、赛苹婆

Sterculia lanceolata Cav. Diss. 5：287. Pl. 143. fig. 1. 1788.

主要形态学特征：乔木，小枝幼时被毛。叶椭圆形、披针形或椭圆状披针形，长 9~20cm，宽 3.5~8cm，顶端急尖，基部钝形或近圆形，上面无毛，下面几无毛，侧脉每边 7~9 条，弯拱，在近叶缘不明显连结；叶柄长 2.5~3.5cm。圆锥花序腋生，长 4~10cm，密集且多分枝；花淡红色，萼片 5 枚，仅于基部连合，向外开展如星状，矩圆状披针形或矩圆状椭圆形，顶端钝或略有小短尖突，长 4~6mm，外面被短柔毛，边缘有缘毛；雄花的雌雄蕊柄长 2~3mm，弯曲，花药约 10 个；雌花的子房圆球形，被毛，花柱弯曲，柱头不明显 5 裂。蓇葖果鲜红色，长卵形或长椭圆形，长 5~7cm，宽 2~2.5cm，顶端有喙，基部渐狭，密被短柔毛；种子黑褐色，椭圆状卵形，直径约 1cm。每果有种子 2~4 个。

分布地：产广东、广西、云南、贵州和四川南部，为我国产苹婆属中分布最广的一种，在华南山野间很常见，喜生于山谷溪旁。缅甸、泰国、越南、老挝也有分布。

主要经济用途：茎皮纤维可作麻袋的原料，也可造纸；种子可食用，也可榨油。

苹婆

梧桐科 Sterculiaceae　苹婆属

别名：凤眼果、七姐果

Sterculia nobilis Smith in Rees's Cyclop. no 4. 1816, Mast. in Hook. f. Fl. Brit. Ind. 1：358. 1874.

主要形态学特征：乔木，树皮褐黑色，小枝幼时略有星状毛。叶薄革质，矩圆形或椭圆形，长 8~25cm，宽 5~15cm，顶端急尖或钝，基部浑圆或钝，两面均无毛；叶柄长 2~3.5cm，托叶早落。圆锥花序顶生或腋生，柔弱且披散，长达 20cm，有短柔毛；花梗远比花长；萼初时乳白色，后转为淡红色，钟状，外面有短柔毛，长约 10mm，5 裂，裂片条状披针形，先端渐尖且向内曲，在顶端互相粘合，与钟状萼筒等长；雄花较多，雌雄蕊柄弯曲，无毛，花药黄色；雌花较少，略大，子房圆球形，有 5 条沟纹，密被毛，花柱弯曲，柱头 5 浅裂。蓇葖果鲜红色，厚革质，矩圆状卵形，长约 5cm，宽 2~3cm，顶端有喙，每果内有种子 1~4 个；种子椭圆形或矩圆形，黑褐色，直径约 1.5cm。

分布地：产广东、广西南部、福建东南部、云南南部和台湾。广州附近和珠江三角洲多有栽培。喜生于排水良好的肥沃土壤，且耐荫蔽。印度、越南、印度尼西亚也有分布，多为人工栽培。

主要经济用途：种子可食，煮熟后味如栗子。

黄槿

锦葵科 Malvaceae　木槿属

别名：海麻、万年春

Hibiscus tiliaceus Linn. Sp. Pl. 694, 1753; Lour. Fl. Cocninch. ed. Willd. 509. 1793.

主要形态学特征：常绿灌木或乔木，高 4~10m，胸径粗达 60cm；树皮灰白色；小枝无毛或近于无毛，很少被星状绒毛或星状柔毛。叶革质，近圆形或广卵形，直径 8~15cm，先端突尖，有时短渐尖，基部心形，全缘或具不明显细圆齿，上面绿色，嫩时被极细星状毛，逐渐变平滑无毛，下面密被灰白色星状柔毛，叶脉 7 或 9 条；叶柄长 3~8cm；托叶叶状，长圆形，长约 2cm，宽约

12mm，先端圆，早落，被星状疏柔毛。花序顶生或腋生，常数花排列成聚散花序，总花梗长4~5cm，花梗长1~3cm，基部有一对托叶状苞片；小苞片7~10，线状披针形，被绒毛；萼长1.5~2.5cm，基部1/3~1/4处合生，萼裂5，披针形，被绒毛；花冠钟形，直径6~7cm，花瓣黄色，内面基部暗紫色，倒卵形，长约4.5cm，外面密被黄色星状柔毛；雄蕊柱长约3cm；花柱5，被细腺毛。蒴果卵圆形，长约2cm，被绒毛，果爿5，木质；种子光滑，肾形。

特征差异研究：深圳坝光，叶长(4.6)13.6~21.7cm，叶宽(4.4)7.3~13.8cm，叶柄长4.7~9.5cm，花冠4.5×4.2cm，花梗长2.2cm。

凭证标本：深圳坝光，李志伟(054，055，100)，黄启聪(043)，黄启聪、黄玉源(052)，陈鸿辉(032)，叶蓁(002)，魏若宇(003)。

分布地：产台湾、广东、福建等省。分布于越南、柬埔寨、老挝、缅甸、印度、印度尼西亚、马来西亚及菲律宾等热带国家。

主要经济用途：树皮纤维供制绳索，嫩枝叶供蔬食；木材坚硬致密，耐朽力强，适于建筑、造船及家具等用。在广州及广东沿海地区小城镇也有栽培，多作行道树。

赛葵

锦葵科 Malvaceae　赛葵属
别名：黄花草、黄花棉

Malvastrum coromandelianum(Linn.)Gurcke in Bonplandia 5：297. 1857.

主要形态学特征：亚灌木状草本，直立，高达1m，疏被单毛和星状粗毛。叶卵状披针形或卵形，长3~6cm，宽1~3cm，先端钝尖，基部宽楔形至圆形，边缘具粗锯齿，上面疏被长毛，下面疏被长毛和星状长毛；叶柄长1~3cm，密被长毛；托叶披针形，长约5mm。花单生于叶腋，花梗长约5mm，被长毛；小苞片线形，长5mm，宽1mm，疏被长毛；萼浅杯状，5裂，裂片卵形，渐尖头，长约8mm，基部合生，疏被单长毛和星状长毛；花黄色，直径约1.5cm，花瓣5，倒卵形，长约8mm，宽约4mm；雄蕊柱长约6mm，无毛。果直径约6mm，分果爿8~12，肾形，疏被星状柔毛，直径约2.5mm，背部宽约1mm，具2芒刺。

凭证标本：深圳坝光，邱小波(048)。

分布地：产台湾、福建、广东、广西和云南等省区，散生于干热草坡。原产美洲，系我国归化植物。

主要经济用途：全草入药，配十大功劳可治疗肝炎；叶治疮疖。

黄花稔

锦葵科 Malvaceae　黄花稔属
别名：扫把麻

Sida acuta Burm. f. Fl. Ind. 147. 1768; Forbes et Hemsl. in Jour. Linn. Soc. Bot. 23：84. 1886(Ind. Fl. Sin. 1).

主要形态学特征：直立亚灌木状草本，高1~2m；分枝多，小枝被柔毛至近无毛。叶披针形，长2~5cm，宽4~10mm，先端短尖或渐尖，基部圆或钝，具锯齿，两面均无毛或疏被星状柔毛，上面偶被单毛；叶柄长4~6mm，疏被柔毛；托叶线形，与叶柄近等长，常宿存。花单朵或成对生于叶腋，花梗长4~12mm，被柔毛，中部具节；萼浅杯状，无毛，长约6mm，下半部合生，裂片5，尾状渐尖；花黄色，直径8~10mm，花瓣倒卵形，先端圆，基部狭、长6~7mm，被纤毛；雄蕊柱长约4mm，疏被硬毛。蒴果近圆球形，分果爿4~9，但通常为5~6，长约3.5mm，顶端具2短芒，果皮具网状皱纹。

凭证标本：深圳坝光，魏若宇(010)。

分布地：产台湾、福建、广东、广西和云南。常生于山坡灌丛间、路旁或荒坡。原产印度，分布于越南和老挝。

主要经济用途：其茎皮纤维供绳索料；根、叶作药用，有抗菌消炎之功效。

桐棉 锦葵科 Malvaceae 桐棉属

别名：杨叶肖槿

Thespesia populnea(Linn.)Soland. ex Corr. in Ann. Mus. Hist. Nat. Paris 9：290, t. 8, f. 2. 1807.

主要形态学特征：常绿乔木，高约6m；小枝具褐色盾形细鳞秕。叶卵状心形，长7~18cm，宽4.5~11cm，先端长尾状，基部心形，全缘，上面无毛，下面被稀疏鳞秕；叶柄长4~10cm，具鳞秕；托叶线状披针形，长约7mm。花单生于叶腋间；花梗长2.5~6cm，密被鳞秕；小苞片3~4，线状披针形，被鳞秕，长8~10mm，常早落；花萼杯状，截形，直径约15mm，具5尖齿，密被鳞秕；花冠钟形，黄色，内面基部具紫色块，长约5cm；雄蕊柱长约25mm；花柱棒状，端具5槽纹。蒴果梨形，直径约5cm；种子三角状卵形，长约9mm，被褐色纤毛，间有脉纹。

分布地：产台湾、广东、海南。常生于海边和海岸向阳处。分布于越南、柬埔寨、斯里兰卡、印度、泰国、菲律宾及非洲热带。

地桃花 锦葵科 Malvaceae 梵天花属

别名：肖梵天花、野棉花

Urena lobata Linn. Sp. Pl. 692. 1753; Cavan. Diss. 6: t. 185, f. 1. 1788; Lour. Fl. Cochinch. 416. 1790.

主要形态学特征：直立亚灌木状草本，高达1m，小枝被星状绒毛。茎下部的叶近圆形，长4~5cm，宽5~6cm，先端浅3裂，基部圆形或近心形，边缘具锯齿；中部的叶卵形，长5~7cm，3~6.5cm；上部的叶长圆形至披针形，长4~7cm，宽1.5~3cm；叶上面被柔毛，下面被灰白色星状绒毛；叶柄长1~4cm，被灰白色星状毛；托叶线形，长约2mm，早落。花腋生，单生或稍丛生，淡红色，直径约15mm；花梗长约3mm，被绵毛；小苞片5，长约6mm，基部1/3合生；花萼杯状，裂片5，较小苞片略短，两者均被星状柔毛；花瓣5，倒卵形，长约15mm，外面被星状柔毛；雄蕊柱长约15mm，无毛；花柱枝10，微被长硬毛。果扁球形，直径约1cm，分果爿被星状短柔毛和锚状刺。

特征差异研究：深圳坝光，叶长6.1~12.7cm，叶宽4.3~7.6cm，叶柄1.3~5.8cm。

凭证标本：深圳坝光，魏若宇(049)、赵顺(069)、温海洋(064)。

分布地：产长江以南各省区。分布于越南、柬埔寨、老挝、泰国、缅甸、印度和日本等地区。

主要经济用途：茎皮富含坚韧的纤维，供纺织和搓绳索，常用为麻类的代用品；根作药用，煎水点酒服可治疗白痢。

粘木 古柯科 Erythroxylaceae 粘木属

别名：华粘木、山子纣

Ixonanthes chinensis Champ. in Proc. Linn. Soc. 2: 100. 1850.

主要形态学特征：灌木或乔木，高4~20m；树皮干后褐色，嫩枝顶端压扁状。单叶互生，纸质，无毛，椭圆形或长圆形，长4~16cm，宽2~8cm，表面亮绿色，背面绿色，干后茶褐色或黑褐色，有时有光泽，顶部急尖为镰刀状或圆而微凹，基部圆或楔尖，表面中脉凹陷，侧脉5~12对，通常侧脉有间脉。纤细，干后两面均凸起；叶柄长1~3cm，有狭边。二歧或三歧聚伞花序，生于枝近顶部叶腋内，总花梗长于叶或与叶等长；花梗长5~7mm；花白色；萼片5，基部合生，卵状长圆形或三角形，长2~3mm，顶部钝，宿存；花瓣5，卵状椭圆形或阔圆形，比萼片长1~1.5倍；花盘杯状，有槽10；雄蕊10，花蕾期花丝内卷，包于花瓣内，花期伸出花冠外，长约2cm；子房近球形；花柱稍长于雄蕊，柱头头状。蒴果卵状圆锥形或长圆形，长2~3.5cm，宽1~1.7cm，顶部短锐尖，黑褐色，室间开裂为5果瓣，室背有较宽的纵纹凹陷。种子长圆形，长8~10mm，一端有膜质种翅，种翅长10~15mm。

特征差异研究：深圳坝光，叶长1.8~9cm，叶宽1~3.4cm，叶柄0.9~2cm，果实是蒴果，黑褐色，长2.1~2.4cm，直径1.2~1.4cm。

凭证标本：深圳坝光，廖栋耀(096)。

分布地：分布于福建、广东、广西、湖南、云南和贵州，尤以海南中部最常见。生于海拔30~750m的路旁、山谷、山顶、溪旁、沙地、丘陵和疏密林中。越南有分布。模式标本产于香港。为我国珍稀濒危植物。

主要经济用途：木材纹理通直，易加工，少开裂，不变形，适作房建、家具、农具等用材；粘木粉可用于香料制作。

铁苋菜 大戟科 Euphorbiaceae 铁苋菜属

别名：海蚌含珠、蚌壳草

Acalypha australis L. Sp. Pl. 1004. 1753; Forb. et Hemsl. in Journ. Soc. Bot. 26: 437. 1894.

主要形态学特征：一年生草本，高0.2~0.5m，小枝细长，被贴毛柔毛，毛逐渐稀疏。叶膜质，长卵形、近菱状卵形或阔披针形，长3~9cm，宽1~5cm，顶端短渐尖，基部楔形，稀圆钝，边缘具圆锯，上面无毛，下面沿中脉具柔毛；基出脉3条，侧脉3对；叶柄长2~6cm，具短柔毛；托叶披针形，长1.5~2mm，具短柔毛。雌雄花同序，花序腋生，稀顶生，长1.5~5cm，花序梗长0.5~3cm，花序轴具短毛，雌花苞片1~2(~4)枚，卵状心形，花后增大，长1.4~2.5cm，宽1~2cm，边缘具三角形齿，外面沿掌状脉具疏柔毛，苞腋具雌花1~3朵；花梗无；雄花生于花序上部，排列呈穗状或头状，雄花苞片卵形，长约0.5mm，苞腋具雄花5~7朵，簇生；花梗长0.5mm；雄花花蕾时近球形，无毛，花萼裂片4枚，卵形，长约0.5mm；雄蕊7~8枚；雌花萼片3枚，长卵形，长0.5~1mm，具疏毛；子房具疏毛，花柱3枚，长约2mm，撕裂5~7条。蒴果直径4mm，具3个分果爿，果皮具疏生毛和毛基变厚的小瘤体；种子近卵状，长1.5~2mm，种皮平滑，假种阜细长。

特征差异研究：叶长5.8~7.2cm，宽2.5~3.9cm，叶柄长0.2~0.4cm。

凭证标本：深圳坝光，邱小波(082)。

分布地：我国除西部高原或干燥地区外，大部分省区均产。生于海拔20~1200(~1900)m平原或山坡较湿润耕地和空旷草地，有时见于石灰岩山疏林下。俄罗斯远东地区、朝鲜、日本、菲律宾、越南、老挝也有分布。现逸生于印度和澳大利亚北部。

山麻杆 大戟科 Euphorbiaceae 山麻杆属

别名：荷包麻

Alchornea davidii Franch. Pl. David. 1: 264, t. 6. 1884.

主要形态学特征：落叶灌木，高1~4(~5)m；嫩枝被灰白色短绒毛，一年生小枝具微柔毛。叶薄纸质，阔卵形或近圆形，长8~15cm，宽7~14cm，顶端渐尖，基部心形、浅心形或近截平，边缘具粗锯齿或具细齿，齿端具腺体，上面沿叶脉具短柔毛，下面被短柔毛，基部具斑状腺体2或4个；基出脉3条；小托叶线状，长3~4mm，具短毛；叶柄长2~10cm，具短柔毛，托叶披针形，长6~8mm，基部宽1~1.5mm，具短毛，早落。雌雄异株，雄花序穗状，1~3个生于一年生枝已落叶腋部，长1.5~2.5(~3.5)cm，花序梗几无，呈柔荑花序状，苞片卵形，长约2mm，顶端近急尖，具柔毛，未开花时覆瓦状密生，雄花5~6朵簇生于苞腋，花梗长约2mm，无毛，基部具关节；小苞片长约2mm；雌花序总状，顶生，长4~8cm，具花4~7朵，各部均被短柔毛，苞片三角形，长3.5mm，小苞片披针形，长3.5mm；花梗短，长约5mm；雄花花萼花蕾时球形，无毛，直径约2mm，萼片3(~4)枚；雄蕊6~8枚；雌花萼片5枚，长三角形，长2.5~3mm，具短柔毛；子房球形，被绒毛，花柱3枚，线状，长10~12mm，合生部分长1.5~2mm。蒴果近球形，具3圆棱，直径1~1.2cm，密生柔毛；种子卵状三角形，长约6mm，种皮淡褐色或灰色。

分布地：产于陕西南部、四川东部和中部、云南东北部、贵州、广西北部、河南、湖北、湖南、江西、江苏、福建西部。生于海拔300~700(~1000)m沟谷或溪畔、河边的坡地灌丛中，或栽种于坡地。模式标本采自陕西。

主要经济用途：茎皮纤维为制纸原料；叶可作饲料。

红背山麻杆 大戟科 Euphorbiaceae 山麻杆属

别名：红背叶

Alchornea trewioides(Benth.)Muell. Arg. in Linnaea 34：168. 1865；et in DC. Prodr. 15(2)：901. 1866.

主要形态学特征：灌木，高1~2m；小枝被灰色微柔毛，后变无毛。叶薄纸质，阔卵形，长8~15cm，宽7~13cm，顶端急尖或渐尖，基部浅心形或近截平，边缘疏生具腺小齿，上面无毛，下面浅红色，仅沿脉被微柔毛，基部具斑状腺体4个；基出脉3条；小托叶披针形，长2~3.5mm；叶柄长7~12cm；托叶钻状，长3~5mm，具毛，凋落。雌雄异株，雄花序穗状，腋生或生于一年生小枝已落叶腋部，长7~15cm，具微柔毛，苞片三角形，长约1mm，雄花(3~5)11~15朵簇生于苞腋；花梗长约2mm，无毛，中部具关节；雌花序总状，顶生，长5~6cm，具花5~12朵，各部均被微柔毛，苞片狭三角形，长约4mm，基部具腺体2个，小苞片披针形，长约3mm；花梗长1mm；雄花花萼花蕾时球形，无毛，直径1.5mm，萼片4枚，长圆形；雄蕊(7~)8枚；雌花萼片5(~6)枚，披针形，长3~4mm，被短柔毛，其中1枚的基部具1个腺体；子房球形，被短绒毛，花柱3枚，线状，长12~15mm，合生部分长不及1mm。蒴果球形，具3圆棱，直径8~10mm，果皮平坦，被微柔毛；种子扁卵状，长6mm，种皮浅褐色。

凭证标本：深圳坝光，赖标汶(002)。

分布地：产于福建南部和西部、江西南部、湖南南部、广东、广西、海南。生于海拔15~400(~1000)m沿海平原或内陆山地矮灌丛中或疏林下或石灰岩山灌丛中。分布于泰国北部、越南北部、日本硫球群岛。模式标本采自香港。

主要经济用途：枝、叶煎水，外洗治风疹。

黄毛五月茶 大戟科 Euphorbiaceae 五月茶属

别名：唛毅怀、木味水

Antidesma forclii Hemsl. in Journ. Linn. Scot. Bot. 26：430. 1894.

主要形态学特征：小乔木，高达7m；枝条圆柱形；小枝、叶柄、托叶、花序轴被黄色绒毛，其余均被长柔毛或柔毛。叶片长圆形、椭圆形或倒卵形，长7~25cm，宽3~10.5cm，顶端短渐尖或尾状渐尖，基部近圆或钝，侧脉每边7~11条，在叶背凸起；叶柄长1~3mm；托叶卵状披针形，长达1cm。花序顶生或腋生，长8~13cm；苞片线形，长约1mm；雄花多朵组成分枝的穗状花序；花萼5裂；裂片宽卵形，长和宽约1mm；花盘5裂；雄蕊5，着生于花盘内面；退化雌蕊圆柱状；雌花多朵组成不分枝和少分枝的总状花序；花梗长1~3mm；花萼与雄花的相同；花盘杯状，无毛；子房椭圆形，长3mm，花柱3，顶生，柱头2深裂。核果纺锤形，长约7mm，直径4mm。

特征差异研究：深圳坝光，叶片13.5~21.5cm，叶宽7~11.3cm，叶柄1.3~2.4cm。

凭证标本：深圳坝光，洪继猛(089)。

分布地：产于福建、广东、海南、广西、云南，生于海拔300~1000m山地密林中。越南、老挝也有分布。模式标本采自广东博罗县罗浮山。

五月茶 大戟科 Euphorbiaceae 五月茶属

别名：五味子(南方)

Antidesma bunius(Linn.)Spreng. Syst. Veg. 1：826. 1825.

主要形态学特征：乔木，高达10m；小枝有明显皮孔；除叶背中脉、叶柄、花萼两面和退化雌蕊被短柔毛或柔毛外，其余均无毛。叶片纸质，长椭圆形、倒卵形或长倒卵形，长8~23cm，宽3~10cm，顶端急尖至圆，有短尖头，基部宽楔形或楔形，叶面深绿色，常有光泽，叶背绿色；侧脉每边7~11条，在叶面扁平，干后凸起，在叶背稍凸起；叶柄长3~10mm；托叶线形，早落。雄花序为顶生的穗状花序，长6~17cm；雄花花萼杯状，顶端3~4分裂，裂片卵状三角形；雄蕊3~4，长2.5mm，着生于花盘内面；花盘杯状，全缘或不规则分裂；退化雌蕊棒状；雌花序为顶生的总状花序，长5~18cm，雌花花萼和花盘与雄花的相同；雌蕊稍长于萼片，子房宽卵圆形，花柱顶生，柱头短而宽，顶端微凹缺。核果近球形或椭圆形，长8~10mm，直径8mm，成熟时红色；果梗长约4mm。

凭证标本：深圳坝光，廖栋耀(052，053)。

分布地：产于江西、福建、湖南、广东、海南、广西、贵州、云南和西藏等地。

主要经济用途：药用，主治食少泄泻，津伤口渴，跌打损伤，痈肿疮毒。

银柴

大戟科 Euphorbiaceae　银柴属

别名：大沙叶、甜糖木

Aporusa dioica(Roxb.)Muell. Arg. in DC. Pro dr. 15(2)：472. 1866.

主要形态学特征：乔木，高达9m，在次森林中常呈灌木状，高约2m；小枝被稀疏粗毛，老渐无毛。叶片革质，椭圆形、长椭圆形、倒卵形或倒披针形，长6~12cm，宽3.5~6cm，顶端圆至急尖，基部圆或楔形，全缘或具有稀疏的浅锯齿，上面无毛而有光泽，下面初时仅叶脉上被稀疏短柔毛，老渐无毛；侧脉每边5~7条，未达叶缘而弯拱连结；叶柄长5~12mm，被稀疏短柔毛，顶端两侧各具1个小腺体；托叶卵状披针形，长4~6mm。雄穗状花序长约2.5cm，宽约4mm；苞片卵状三角形，长约1mm，顶端钝，外面被短柔毛；雌穗状花序长4~12mm；雄花萼片通常4，长卵形；雄蕊2~4，长于萼片；雌花萼片4~6，三角形，顶端急尖，边缘有睫毛；子房卵圆形，密被短柔毛，2室，每室有胚珠2颗。蒴果椭圆状，长1~1.3cm，被短柔毛，内有种子2颗，种子近卵圆形，长约9mm，宽约5.5mm。

特征差异研究：深圳坝光，叶长6~12cm，叶宽2~4cm，叶柄0.3~1.5cm。

凭证标本：深圳坝光，黄启聪、余欣繁(048)，邱小波(051)，陈鸿辉(042)，廖栋耀(128)，叶蓁(048)，魏若宇(013，015，016)，王帆(030，074)。

分布地：产于广东、海南、广西、云南等省区，生于海拔1000m以下山地疏林中和林缘或山坡灌木丛中。分布于印度、缅甸、越南和马来西亚等。模式标本采自印度东部。

秋枫

大戟科 Euphorbiaceae　秋枫属

别名：万年青树、赤木

Bischofia javangca Bl. Bijdr. Fl. Nederl Ind. 1168. 1825.

主要形态学特征：常绿或半常绿大乔木，高达40m，胸径可达2.3m；树干圆满通直，但分枝低，主干较短；树皮灰褐色至棕褐色，厚约1cm，近平滑，老树皮粗糙，内皮纤维质，稍脆；砍伤树皮后流出汁液红色，干凝后变瘀血状；木材鲜时有酸味，干后无味，表面槽棱突起；小枝无毛。三出复叶，稀5小叶，总叶柄长8~20cm；小叶片纸质，卵形、椭圆形、倒卵形或椭圆状卵形，长7~15cm，宽4~8cm，顶端急尖或短尾状渐尖，基部宽楔形至钝，边缘有浅锯齿，每1cm长有2~3个，幼时仅叶脉上被疏短柔毛，老渐无毛；顶生小叶柄长2~5cm，侧生小叶柄长5~20mm；托叶膜质，披针形，长约8mm，早落。花小，雌雄异株，多朵组成腋生的圆锥花序；雄花序长8~13cm，被微柔毛至无毛；雌花序长15~27cm，下垂；雄花直径达2.5mm；萼片膜质，半圆形，内面凹成勺状，外面被疏微柔毛；花丝短；退化雌蕊小，盾状，被短柔毛；雌花萼片长圆状卵形，内面凹成勺状，外面被疏微柔毛，边缘膜质；子房光滑无毛，3~4室，花柱3~4，线形，顶端不分裂。果实浆果状，圆气球形或近圆球形，直径6~13mm，淡褐色；种子长圆形，长约5mm。

特征差异研究：深圳坝光，大叶长17.9~31.8cm，叶宽17.0~19cm，小叶长11.1~20.4cm；小叶宽6.5~10.4cm，叶柄0.9~5.9cm。三出复叶，稀5小叶，总叶柄长8~20cm；小叶片纸质，卵形、椭圆形、倒卵形或椭圆状卵形，顶端急尖或短尾状渐尖，基部宽楔形至钝，边缘有浅锯齿，每1cm长有2~3个。

凭证标本：深圳坝光，洪继猛(037)、赵顺(045)、陈志洁(099)、魏若宇(036，068)。

分布地：产于陕西、江苏、安徽、浙江、江西、福建、台湾、河南、湖北、湖南、广东、海南、广西、四川、贵州、云南等省区，常生于海拔800m以下山地潮湿沟谷林中或平原栽培，尤以河边堤岸或行道树为多。分布于印度、缅甸、泰国、老挝、柬寨埔、越南、马来西亚、印度尼西亚、菲律宾、日本、澳大利亚和波利尼西亚等。模式标本采自印度尼西亚爪哇。

主要经济用途：可供建筑、桥梁、车辆、造船、矿柱、枕木等用。果肉可酿酒。种子含油量30%~54%，供食用，也可作润滑油。树皮可提取红色染料。叶可作绿肥，也可治无名肿毒。根有祛风消肿作用，主治风湿骨痛、痢疾等。

重阳木

大戟科 Euphorbiaceae　秋枫属
别名：乌杨、茄冬树

Bischofia polycarpa(Levl.) Airy Shaw in Kew Bull. 27(2)：271. 1972.

主要形态学特征：落叶乔木，高达15m，胸径50cm，有时达1m；树皮褐色，厚6mm，纵裂；木材表面槽棱不显；树冠伞形，大枝斜展，当年生枝绿色，皮孔明显，灰白色，老枝变褐色，皮孔变锈褐色；芽小，顶端稍尖或钝，具有少数芽鳞；全株均无毛。三出复叶；叶柄长9~13.5cm；顶生小叶通常较两侧的大，小叶片纸质，卵形或椭圆状卵形，有时长圆状卵形，长5~9(~14)cm，宽3~6(~9)cm，顶端突尖或短渐尖，基部圆或浅心形，边缘具钝细锯齿，每1cm长4~5个；顶生小叶柄长1.5~4(~6)cm，侧生小叶柄长3~14mm；托叶小，早落。花雌雄异株，春季与叶同时开放，组成总状花序；花序通常着生于新枝的下部，花序轴纤细而下垂；雄花序长8~13cm；雌花序长3~12cm；雄花萼片半圆形，膜质，向外张开；花丝短；有明显的退化雌蕊；雌花萼片与雄花的相同，有白色膜质的边缘；子房3~4室，每室2胚珠，花柱2~3，顶端不分裂。果实浆果状，圆球形，直径5~7mm，成熟时褐红色。

凭证标本：深圳坝光，陈鸿辉(076)。

分布地：产于秦岭、淮河流域以南至福建和广东的北部，生于海拔1000m以下山地林中或平原栽培，在长江中下游平原或农村四旁常见，常栽培为行道树。模式标本采自贵州安顺。

主要经济用途：适于建筑、造船、车辆、家具等用材。果肉可酿酒。种子含油量30%，可供食用，也可作润滑油和肥皂油。

黑面神

大戟科 Euphorbiaceae　黑面神属
别名：狗脚刺、田中

Breynia fruticosa(Linn.) Hook. f. Fl. Brit. Ind. 5：331. 1887.

主要形态学特征：灌木，高1~3m；茎皮灰褐色；枝条上部常呈扁压状，紫红色；小枝绿色；全株均无毛。叶片革质，卵形、阔卵形或菱状卵形，长3~7cm，宽1.8~3.5cm，两端钝或急尖，上面深绿色，下面粉绿色，干后变黑色，具有小斑点；侧脉每边3~5条；叶柄长3~4mm；托叶三角状披针形，长约2mm。花小，单生或2~4朵簇生于叶腋内，雌花位于小枝上部，雄花则位于小枝的下部，有时生于不同的小枝上；雄花花梗长2~3mm；花萼陀螺状，长约2mm，厚，顶端6齿裂；雄蕊3，合生呈柱状；雌花花梗长约2mm；花萼钟状，6浅裂，直径约4mm，萼片近相等，顶端近截形，中间有突尖，结果时约增大1倍，上部辐射张开呈盘状；子房卵状，花柱3，顶端2裂，裂片外弯。蒴果圆球状，直径6~7mm。

特征差异研究：深圳坝光，叶互生，叶长2.6~5.8cm，宽1.3~2.8cm，叶柄0.2~0.4cm；果实直径5mm，果柄4mm。

凭证标本：深圳坝光，陈志洁(096)、李志伟(075)、廖栋耀(097)。

分布地：产于浙江、福建、广东、海南、广西、四川、贵州、云南等省区，散生于山坡、平地旷野灌木丛中或林缘。越南也有。模式标本采自我国南部。

主要经济用途：根、叶供药用，可治肠胃炎、咽喉肿痛、风湿骨痛、湿疹、高脂血症等；全株煲水外洗可治疮疖、皮炎等。

禾串树

大戟科 Euphorbiaceae　土蜜树属
别名：大叶逼迫子、禾串土蜜树

Bridelia insulana Hance in Journ. Bot. 15：337. 1877.

主要形态学特征：乔木，高达17m，树干通直，胸径达30cm，树皮黄褐色，近平滑，内皮褐红色；小枝具有凸起的皮孔，无毛。叶片近革质，椭圆形或长椭圆形，长5~25cm，宽1.5~7.5cm，顶端渐尖或尾状渐尖，基部钝，无毛或仅在背面被疏微柔毛，边缘反卷；侧脉每边5~11条；叶柄长4~14mm；托叶线状披针形，长约3mm，被黄色柔毛。花雌雄同序，密集成腋生的团伞花序；除萼片及花瓣被黄色柔毛外，其余无毛；雄花直径3~4mm，花梗极短；萼片三角形，长约2mm，宽1mm；花瓣匙形，长约为萼片的1/3；花丝基部合生，上部平展；花盘浅杯状；退化雌蕊卵状锥形；雌花直径4~5mm，花梗长约1mm；与雄花的相同；花瓣菱状圆形，长约为萼片之半；花盘坛状，全包子房，后期由于子房膨大而撕裂；子房卵圆形，花柱2，分离，长约1.5mm，顶端2裂，裂片线形。核果长卵形，直径约1cm，成熟时紫黑色，1室。

分布地：产于福建、台湾、广东、海南、广西、四川、贵州、云南等省区，生于海拔300~800m山地疏林或山谷密林中。分布于印度、泰国、越南、印度尼西亚、菲律宾和马来西亚等。本种模式标本采自越南富伐。

主要经济用途：可作建筑、家具、车辆、农具、器具等材料。树皮含鞣质，可提取栲胶。

土蜜树

大戟科 Euphorbiaceae　土蜜树属
别名：逼迫子、夹骨木

Bridelia tomentosa Bl. Bijdr：597. 1825；Benth. Fl. Hongkong. 309. 1861.

主要形态学特征：直立灌木或小乔木，通常高为2~5m，稀达12m；树皮深灰色；枝条细长；除幼枝、叶背、叶柄、托叶和雌花的萼片外面被柔毛或短柔毛外，其余均无毛。叶片纸质，长圆形、长椭圆形或倒卵状长圆形，稀近圆形，长3~9cm，宽1.5~4cm，顶端锐尖至钝，基部宽楔形至近圆，叶面粗涩，叶背浅绿色；侧脉每边9~12条，与支脉在叶面明显，在叶背凸起；叶柄长3~5mm；托叶线状披针形，长约7mm，顶端刚毛状渐尖，常早落。花雌雄同株或异株，簇生于叶腋；雄花花梗极短；萼片三角形，长约1.2mm，宽约1mm；花瓣倒卵形，膜质，顶端3~5齿裂；花丝下部与退化雌蕊贴生；花盘浅杯状；雌花几无花梗；通常3~5朵簇生；萼片三角形，长和宽约1mm；花瓣倒卵形或匙形，顶端全缘或有齿裂，比萼片短；花盘坛状，包围子房；子房卵圆形，花柱2深裂，裂片线形。核果近圆球形，直径4~7mm，2室；种子褐红色，长卵形，长3.5~4mm，宽约3mm，腹面压扁状，有纵槽，背面稍凸起，有纵条纹。

特征差异研究：深圳坝光，叶长2.2~7.7cm，宽1.3~3.7cm，叶柄长0.2~0.5cm；花绿白色，花冠直径1.5~2mm。

凭证标本：深圳坝光，赖标汶(007)、洪继猛(061，080)、温海洋(092，103，181)、邱小波(101)、陈鸿辉(053)、陈志洁(052)、吴凯涛(059，071)、叶蓁(005，009)、王帆(002，031)、廖栋耀(113)、魏若宇(011，057，060)。

分布地：产于福建、台湾、广东、海南、广西和云南，生于海拔100~1500m山地疏林中或平原灌木林中。分布于亚洲东南部，经印度尼西亚、马来西亚至澳大利亚。模式标本采自广州郊区。

主要经济用途：药用。叶治外伤出血、跌打损伤；根治感冒、神经衰弱、月经不调等。树皮可提取栲胶，含鞣质8.08%。

飞扬草 大戟科 Euphorbiaceae 大戟属

别名：乳籽草、飞相草

Euphorbia hirta Linn. Sp. Pl. 454. 1753; H. Keng in Taiwania 6: 44. 1955.

主要形态学特征：一年生草本。根纤细，长5~11cm，直径3~5mm，常不分枝，偶3~5分枝。茎单一，自中部向上分枝或不分枝，高30~60(~70)cm，直径约3mm，被褐色或黄褐色的多细胞粗硬毛。叶对生，披针状长圆形、长椭圆状卵形或卵状披针形，长1~5cm，宽5~13mm，先端极尖或钝，基部略偏斜；边缘于中部以上有细锯齿，中部以下较少或全缘；叶面绿色，叶背灰绿色，有时具紫色斑，两面均具柔毛，叶背面脉上的毛较密；叶柄极短，长1~2mm。花序多数，于叶腋处密集成头状，基部无梗或仅具极短的柄，变化较大，且具柔毛；总苞钟状，高与直径各约1mm，被柔毛，边缘5裂，裂片三角状卵形；蒴果三棱状，成熟时分裂为3个分果爿。

特征差异研究：叶长3.2~4.0cm，宽1~1.5cm，叶柄长0.1~0.3cm。

凭证标本：深圳坝光，温海洋(054)。

分布地：产于江西、湖南、福建、台湾、广东、广西、海南、四川、贵州和云南。生于路旁、草丛、灌丛及山坡，多见于砂质土。分布于世界热带和亚热带。模式标本采自印度。

主要经济用途：全草入药，可治痢疾、肠炎、皮肤湿疹、皮炎、疖肿等；鲜汁外用治癣类。

斑地锦 大戟科 Euphorbiaceae 大戟属

Euphorbia maculata Linn. Sp. Pl. 455. 1753; Boiss. in DC. Prodr. 15(2): 46. 1862.

主要形态学特征：一年生草本。根纤细，长4~7cm，直径约2mm。茎匍匐，长10~17cm，直径约1mm，被白色疏柔毛。叶对生，长椭圆形至肾状长圆形，长6~12mm，宽2~4mm，先端钝，基部偏斜，不对称，略呈渐圆形，边缘中部以下全缘，中部以上常具细小疏锯齿；叶面绿色，中部常具有一个长圆形的紫色斑点，叶背淡绿色或灰绿色，新鲜时可见紫色斑，干时不清楚，两面无毛；叶柄极短，长约1mm；托叶钻状，不分裂，边缘具睫毛。花序单生于叶腋，黄绿色，横椭圆形，边缘具白色附属物。雄花4~5，微伸出总苞外；雌花1，子房柄伸出总苞外，且被柔毛；子房被疏柔毛。蒴果三角状卵形，长约2mm，直径约2mm，被稀疏柔毛，成熟时易分裂为3个分果爿。

分布地：原产北美，归化于欧亚大陆；产于江苏、江西、浙江、湖北、河南、河北和台湾。生于平原或低山坡的路旁。

主要经济用途：止血，清湿热，通乳。治黄疸，泄泻，疳积，血痢，尿血，血崩，外伤出血，乳汁不多，痈肿疮毒。

千根草 大戟科 Euphorbiaceae 大戟属

别名：细叶地锦草、小飞扬

Euphorbia thymifolia Linn. Sp. Pl. 454. 1753; Boiss. in DC. Prod, 15(2): 47. 1862.

主要形态学特征：一年生草本。根纤细，长约10cm，具多数不定根。茎纤细，常呈匍匐状，自基部极多分枝，长可达10~20cm，直径仅1~2(~3)mm，被稀疏柔毛。叶对生，椭圆形、长圆形或倒卵形，长4~8mm，宽2~5mm，先端圆，基部偏斜，不对称，呈圆形或近心形，边缘有细锯齿，稀全缘，两面常被稀疏柔毛，稀无毛；叶柄极短，长约1mm，托叶披针形或线形，长1~1.5mm，易脱落。花序单生或数个簇生于叶腋，具短柄，长1~2mm，被稀疏柔毛；总苞狭钟状至陀螺状，高约1mm，直径约1mm，外部被稀疏的短柔毛，边缘5裂，裂片卵形。蒴果卵状三棱形，成熟时分裂为3个分果爿。

特征差异研究：叶长0.3~0.4cm，宽0.2~0.3cm，叶柄长0.1cm。

凭证标本：深圳坝光，邱小波(105)。

分布地：产于湖南、江苏、浙江、台湾、江西、福建、广东、广西、海南和云南。生于路旁、

屋旁、草丛、稀疏灌丛等，多见于砂质土，常见。广布于世界的热带和亚热带(除澳大利亚)。模式标本采自印度。

主要经济用途：全草入药，有清热利湿、收敛止痒的作用，主治菌痢、肠炎、腹泻等。

海漆 大戟科 Euphorbiaceae　海漆属

Excoecaria agallocha Linn. Syst. ed. 10. 1288. 1759; Muell. Arg. in DC. Prodr. 15: 1220. 1866.

主要形态学特征：常绿乔木，高2~3m，稀有更高；枝无毛，具多数皮孔。叶互生，厚，近革质，叶片椭圆形或阔椭圆形，少有卵状长圆形，长6~8cm，宽3~4.2cm，顶端短尖，尖头钝，基部钝圆或阔楔形，边全缘或有不明显的疏细齿，干时略背卷，两面均无毛，腹面光滑；中脉粗壮，在腹面凹入，背面显著凸起，侧脉约10对，纤细，斜伸，离缘2~5mm弯拱连接，网脉不明显；叶柄粗壮，长1.5~3cm，无毛，顶端有2圆形的腺体；托叶卵形，顶端尖，长1.5~2mm。花单性，雌雄异株，聚集成腋生、单生或双生的总状花序，雄花序长3~4.5cm，雌花序较短。雄花苞片阔卵形，肉质，长和宽近相等(约2mm)，顶端截平或略凸，每一苞片内含1朵花；小苞片2，披针形，长约2mm，宽约0.6mm，萼片3，线状渐尖，长约1.2mm。雌花苞片和小苞片与雄花的相同，花梗比雄花的略长；萼片阔卵形或三角形，顶端尖，基部稍连合，长约1.4mm，基部宽近1mm。蒴果球形，具3沟槽，分果爿尖卵形，顶端具喙。

特征差异研究：深圳坝光，叶长4.3~7.9cm，叶宽2~2.4cm，叶柄1.3~1.8cm。

凭证标本：深圳坝光，陈志洁(104)、李志伟(126)、魏若宇(019)。

分布地：分布于广西(东兴)、广东(南部及沿海各岛屿)和台湾(基隆、高雄、屏东)。生于滨海潮湿处。还分布于印度、斯里兰卡、泰国、柬埔寨、越南、菲律宾及大洋洲。为重要的红树植物。

毛果算盘子 大戟科 Euphorbiaceae　算盘子属

别名：漆大姑、磨子果

Glochidion eriocarpum Champ. ex Benth. in Hook. Journ. Bot. et Kew Gard. Misc. 6: 6. 1854; et Fl. Hongkong. 314. 1861; Merr. in Lingnan Sci. Journ. 6: 281. 1929.

主要形态学特征：灌木，高达5m，小枝密被淡黄色、扩展的长柔毛。叶片纸质，卵形、狭卵形或宽卵形，长4~8cm，宽1.5~3.5cm，顶端渐尖或急尖，基部钝、截形或圆形，两面均被长柔毛，下面毛被较密；侧脉每边4~5条；叶柄长1~2mm，被柔毛；托叶钻状，长3~4mm。花单生或2~4朵簇生于叶腋内；雌花生于小枝上部，雄花则生于下部；蒴果扁球状，直径8~10mm，具4~5条纵沟，密被长柔毛。

特征差异研究：深圳坝光，叶长6.4~9.9cm，叶宽2.8~3.2cm，叶柄0.2~0.3cm。

凭证标本：深圳坝光，魏若宇(053)。

分布地：产于江苏、福建、台湾、湖南、广东、海南、广西、贵州和云南等省区，生于海拔130~1600m山坡、山谷灌木丛中或林缘。越南也有。模式标本采自香港。

主要经济用途：全株或根、叶供药用，有解漆毒、收敛止泻、祛湿止痒的功效。治漆树过敏、剥脱性皮炎、麻疹、肠炎、痢疾、脱肛、牙痛、咽喉炎、乳腺炎、白带、月经过多、皮肤湿疹、稻田性皮炎等。

厚叶算盘子 大戟科 Euphorbiaceae　算盘子属

别名：赤血仔、大云药

Glochidion hirsutum (Roxb.) Voigt, Hort. Suburb. Calcutt. 153. 1845.

主要形态学特征：灌木或小乔木，高1~8m；小枝密被长柔毛。叶片革质，卵形、长卵形或长圆形，长7~15cm，宽4~7cm，顶端钝或急尖，基部浅心形、截形或圆形，两侧偏斜，上面疏被短柔毛，脉上毛被较密，老渐近无毛，下面密被柔毛；侧脉每边6~10条；叶柄长5~7mm，被柔毛；

托叶披针形，长3~4mm。聚伞花序通常腋上生；总花梗长5~7mm或短缩；雄花花梗长6~10mm；萼片6，长圆形或倒卵形，长3~4mm，其中3片较宽；雌花花梗长2~3mm；萼片6，卵形或阔卵形，其中3片较宽，外面被柔毛；蒴果扁球状，直径8~12mm，被柔毛。

特征差异研究：叶长11.8~13.4cm，宽5.5~7.0cm，叶柄长0.5~0.7cm。

凭证标本：深圳坝光，温海洋(101，152)。

分布地：产于福建、台湾、广东、海南、广西、云南和西藏等省区，生于海拔120~1800m山地林下或河边、沼地灌木丛中。印度也有。模式标本采自喜马拉雅山东部。

主要经济用途：根、叶供药用，有收敛固脱、祛风消肿的功效。根治跌打、风湿、脱肛、子宫下垂、白带、泄泻、肝炎。叶治牙痛等。木材坚硬，可供水轮木用料。

艾胶算盘子 大戟科 Euphorbiaceae 算盘子属

别名：大叶算盘子、艾胶树

Clochidion lanceolarium(Roxb.) Voigt, Hort. Suburb. Calcutt. 153. 1845.

主要形态学特征：常绿灌木或乔木，通常高1~3m，稀7~12m；除子房和蒴果外，全株均无毛。叶片革质，椭圆形、长圆形或长圆状披针形，长6~16cm，宽2.5~6cm，顶端钝或急尖，基部急尖或阔楔形而稍下延，两侧近相等，上面深绿色，下面淡绿色，干后黄绿色；侧脉每边5~7条；叶柄长3~5mm；托叶三角状披针形，长2.5~3mm。花簇生于叶腋内，雌雄花分别着生于不同的小枝上或雌花1~3朵生于雄花束内；雄花花梗长8~10mm；萼片6，倒卵形或长倒卵形，长约3mm，黄色；雌花花梗长2~4mm；萼片6，3片较大，3片较小，大的卵形，小的狭卵形，长2.5~3mm。蒴果近球状，直径12~18mm，高7~10mm，顶端常凹陷。

分布地：产于福建、广东、海南、广西和云南等省区，生于海拔500~1200m山地疏林中或溪旁灌木丛中。分布于印度、泰国、老挝、柬埔寨和越南等。模式标本采自印度东部。

香港算盘子 大戟科 Euphorbiaceae 算盘子属

别名：金龟树

Glochidion zeylanicum(Gaertn.) A. Juss. Tent. Euphorb. 107. 1824.

主要形态学特征：灌木或小乔木，高1~6m；全株无毛。叶片革质，长圆形、卵状长圆形或卵形，长6~18cm，宽4~6cm，顶端钝或圆形，基部浅心形、截形或圆形，两侧稍偏斜；侧脉每边5~7条；叶柄长约5mm。花簇生呈花束，或组成短小的腋上生聚伞花序；雌花及雄花分别生于小枝的上下部，或雌花序内具1~3朵雄花；雄花花梗长6~9mm；萼片6，卵形或阔卵形，长约3mm；雄蕊5~6，合生；雌花萼片与雄花的相同；子房圆球状，5~6室，花柱合生呈圆锥状，顶端截形。

特征差异研究：深圳坝光，叶长7.2~13.3cm，叶宽4~6.2cm，叶柄0.5~0.7cm。

凭证标本：深圳坝光，吴凯涛(031，037)。

分布地：产于福建、台湾、广东、海南、广西、云南等省区，生于低海拔山谷、平地潮湿处或溪边湿土上灌木丛中。分布于印度东部、斯里兰卡、越南、日本、印度尼西亚等。模式标本采自斯里兰卡。

主要经济用途：药用。根皮可治咳嗽、肝炎；茎、叶可治腹痛、衄血、跌打损伤。茎皮含鞣质6.43%，可提取栲胶。

鼎湖血桐 大戟科 Euphorbiaceae 血桐属

Macaranga sampsonii Hance in Journ. Bet. 9: 134. 1871.

主要形态学特征：灌木或小乔木，高2~7m；嫩枝、叶和花序均被黄褐色绒毛，小枝无毛，有时被白霜。叶薄革质，三角状卵形或卵圆形，长12~17cm，宽11~15cm，顶端骤长渐尖，基部近截平或阔楔形，浅的盾状着生，有时具斑状腺体2个，下面具柔毛和颗粒状腺体，叶缘波状或具腺的粗锯齿；掌状脉7~9条，侧脉约7对；叶柄长5~13cm，具疏柔毛或近无毛；托叶披针形，长7~10mm，宽2~3mm，具柔毛，早落。雄花序圆锥状，长8~12cm；苞片卵状披针形，长5~12mm，顶端尾状，苞腋具花5~6朵；雄花萼片3枚，长约1mm，具微柔毛。雌花序圆锥状，长7~11cm；苞片形状如同雄花序的苞片，长4~8mm；雌花萼片4(~3)枚，卵形，长1.5mm，具短柔毛；子房2室，花柱2枚。蒴果双球形，果梗长2~4mm。

分布地：产于福建西部和南部、广东、广西中部和南部。生于海拔200~500(~800)m山地或山谷常绿阔叶林中。越南北部也有分布。模式标本采自广东高要(鼎湖山)。

血桐 大戟科 Euphorbiaceae 血桐属

别名：流血桐、帐篷树

Macaranga tanarius(L.) Muell. Arg. in DC. Prodr. 15(2): 997. 1866.

主要形态学特征：乔木，高5~10m；嫩枝、嫩叶、托叶均被黄褐色柔毛或有时嫩叶无毛；小枝粗壮，无毛，被白霜。叶纸质或薄纸质，近圆形或卵圆形，长17~30cm，宽14~24cm，顶端渐尖，基部钝圆，盾状着生，全缘或叶缘具浅波状小齿，上面无毛，下面密生颗粒状腺体，沿脉序被柔毛；掌状脉9~11条，侧脉8~9对；叶柄长14~30cm；托叶膜质，长三角形或阔三角形，长1.5~3cm，宽0.7~2cm，稍后凋落。雄花序圆锥状，长5~14cm，花序轴无毛或被柔毛；苞片卵圆形，顶端渐尖，基部兜状，边缘流苏状，被柔毛，苞腋具花约11朵；雄花萼片3枚，具疏生柔毛；雄蕊(4~)5~6(~10)枚。雌花序圆锥状，长5~15cm，花序轴疏生柔毛；苞片卵形、叶状，基部骤狭呈柄状，边缘篦齿状条裂，被柔毛；雌花花萼长约2mm，2~3裂，被短柔毛；子房2~3室，花柱2~3枚，疏生小乳头。蒴果具2~3个分果爿，密被颗粒状腺体和数枚长约8mm的软刺，具微柔毛。

特征差异研究：叶长11~13.4cm，宽5.5~8.3cm，叶柄长2.6~3.2cm。

凭证标本：深圳坝光，陈鸿辉(072)。

分布地：产于台湾、广东(珠江口岛屿)。生于沿海低山灌木林或次生林中。分布于日本(琉球群岛)、越南、泰国、缅甸、马来西亚、印度尼西亚；澳大利亚北部。模式标本采自印度尼西亚(爪哇)。

主要经济用途：速生树种，木材可供建筑用材；现栽植于广东珠江口沿海地区作行道树或住宅旁遮阴树。

白背叶 大戟科 Euphorbiaceae 野桐属

别名：酒药子树、白背桐

Mallotus apelta(Lour.) Muell. Arg. in Linnaea 34: 189. 1865, et in DC. Prodr. 15(2): 963. 1866.

主要形态学特征：灌木或小乔木，高1~3(~4)m；小枝、叶柄和花序均密被淡黄色星状柔毛和散生橙黄色颗粒状腺体。叶互生，卵形或阔卵形，稀心形，长和宽均6~16(~25)cm，顶端急尖或渐尖，基部截平或稍心形，边缘具疏齿，上面干后黄绿色或暗绿色，无毛或被疏毛，下面被灰白色星状绒毛，散生橙黄色颗粒状腺体；基出脉5条，最下一对常不明显，侧脉6~7对；基部近叶柄处有褐色斑状腺体2个；叶柄长5~15cm。花雌雄异株，雄花序为开展的圆锥花序或穗状，长15~30cm，苞片卵形，长约1.5mm；雄花花蕾卵形或球形，长约2.5mm，花萼裂片4，卵形或卵状三角形，外面密生淡黄色星状毛；雄蕊50~75枚，长约3mm；雌花序穗状，长15~30cm，稀有分枝，花序梗长5~15cm，苞片近三角形，长约2mm；雌花花梗极短；花萼裂片3~5枚，卵形或近三角形，外面密生灰白色星状毛和颗粒状腺体。蒴果近球形，密生被灰白色星状毛的软刺，软刺线形，黄褐色或浅黄色。

特征差异研究：深圳坝光，叶长8.2~9.3cm，叶宽3.3~3.4cm，叶柄0.3~0.5cm。

凭证标本：深圳坝光，叶蓁(021，045)、李志伟(071)。

分布地：产于云南、广西、湖南、江西、福建、广东和海南。生于海拔30~1000m山坡或山谷灌丛中。分布于越南。模式标本采自广东。

主要经济用途：本种为撂荒地的先锋树种；茎皮可供编织；种子含油率达36%，含α-粗糠柴酸，可供制油漆，或作为合成大环香料、杀菌剂、润滑剂等原料。

白楸 大戟科 Euphorbiaceae　野桐属

别名：力树、黄背桐

Mallotus paniculatus(Lam.)Muell. Arg. in Linnaea 34：189. 1865. et in DC. Prodr. 15(2)：965. 1866.

主要形态学特征：乔木或灌木，高3~15m；树皮灰褐色，近平滑；小枝被褐色星状绒毛。叶互生，生于花序下部的叶常密生，卵形、卵状三角形或菱形，长5~15cm，宽3~10cm，顶端长渐尖，基部楔形或阔楔形，边缘波状或近全缘，上部有时具2裂片或粗齿；嫩叶两面均被灰黄色或灰白色星状绒毛，成熟叶上面无毛；基出脉5条，基部近叶柄处具斑状腺体2个，叶柄稍盾状着生，长2~15cm。花雌雄异株，总状花序或圆锥花序，分枝广展，顶生，雄花花梗长约2mm；花蕾卵形或球形；花萼裂片4~5，卵形；雄蕊50~60枚。雌花序长5~25cm；雌花花梗长约2mm；花萼裂片4~5，长卵形，长2~3mm，常不等大，外面密生星状毛；花柱3，基部稍合生，柱头长2~3mm，密生羽毛状突起。蒴果扁球形，具3个分果爿，被褐色星状绒毛和疏生钻形软刺，具毛。

分布地：产于云南、贵州、广西、广东、海南、福建和台湾。生于海拔50~1 300m林缘或灌丛中。分布于亚洲东南部各国。模式标本采自印度尼西亚(爪哇)。

主要经济用途：木材质地轻软；种子油可作工业用油。

红叶野桐 大戟科 Euphorbiaceae　野桐属

别名：山桐子

Mallotus paxii Pamp. Nuov. Giorn. Bot. Ital. 171414. 1910.

主要形态学特征：灌木，高1~3. 5m；嫩枝、叶柄和花序梗均被黄色星状短绒毛或间生星状长柔毛。叶互生，纸质，卵状三角形，稀卵形或心形，长6~12(~18)cm，宽5~12cm，顶端渐尖，基部圆形或截平，稀心形，边缘具不规则锯齿，上部常有1~2个裂片或粗齿，上面干后暗褐色或红褐色，疏生白色星状柔毛，下面被灰白色星状绒毛和散生橘红色颗粒状腺体；基出脉5条，近基部两条常纤细，侧脉4~6对；基部近叶柄外常具褐色斑状腺体2个；叶柄长8~10cm。花雌雄异株，花序总状，下部常分枝，雄花序顶生，长5~20cm；苞片钻形，长3~4mm，苞腋有雄花3~8朵；雄花花梗长达4mm；花萼裂片5，卵状披针形，长约3. 5mm，外面密被淡黄色星状毛和红色颗粒状腺体，内面无毛；雄蕊40~55枚，长约3mm。雌花序长5~16cm；苞片卵形或卵状披针形，长约3mm；苞腋有雌花1(~3)朵；雌花花梗长1~2mm；花萼裂片卵状披针形，被淡黄色星状毛和颗粒状腺体。蒴果球形，具3~4个分果爿，被星状毛，软刺紫红色或红棕色。

特征差异研究：深圳坝光，叶长15. 7~22. 2cm，叶宽6. 8~11. 5cm，叶柄7. 2~7. 3cm。

凭证标本：深圳坝光，陈鸿辉(059，060)。

分布地：产于陕西、四川、湖北、湖南、广西、广东、江苏、安徽、江西、福建和浙江。生于海拔100~1200m山坡、路旁灌丛中。模式标本采自湖北。

毛桐 大戟科 Euphorbiaceae　野桐属

Mallotus barbatus(Wall.)Muell. Arg. in Linnaea 34：184. 1865，et in DC. Prodr. 15(2)：957. 1866；Kurz，For. Fl. Brit. Burma 2：381. 1877.

主要形态学特征：小乔木，高3~4m；嫩枝、叶柄和花序均被黄棕色星状长绒毛。叶互生、纸质，卵状三角形或卵状菱形，长13~35cm，宽12~28cm，顶端渐尖，基部圆形或截形，边缘具锯齿或波状，上部有时具2裂片或粗齿，上面除叶脉外无毛，下面密被黄棕色星状长绒毛，散生黄色颗粒状腺体；掌状脉5~7条，侧脉4~6对，近叶柄着生处有时具黑色斑状腺体数个；叶柄离叶基部0.5~5cm处盾状着生，长5~22cm。花雌雄异株，总状花序顶生；雄花序长11~36cm，下部常多分枝；苞片线形；雄花花蕾球形或卵形；花梗长约4mm；花萼裂片4~5，卵形，外面密被星状毛；雄蕊75~85枚。雌花序长10~25cm；苞片线形；雌花花梗长约2.5mm；果时长达6mm；花萼裂片3~5，卵形，长4~5mm，顶端急尖；花柱3~5，基部稍合生，密生羽毛状突起。蒴果排列较稀疏，球形，密被淡黄色星状毛和紫红色、长约6mm的软刺。

分布地：产于云南、四川、贵州、湖南、广东和广西等。生于海拔400~1300m林缘或灌丛中。分布于亚洲东部和南部各国。模式标本采自印度。

主要经济用途：茎皮纤维可作制纸原料；木材质地轻软，可制器具；种子油可作工业用油。

野桐 大戟科 Euphorbiaceae 野桐属

Mallotus japonicus(Thunb.)Muell. Arg. var. *floccosus*(Muell. Arg.)S. M. Hwang in Acta Phytotax. Sin. 23: 299. 1985.

主要形态学特征：小乔木或灌木，高2~4m；树皮褐色。嫩枝具纵棱，枝、叶柄和花序轴均密被褐色星状毛。叶互生，稀小枝上部有时近对生，纸质，形状多变，卵形、卵圆形、卵状三角形、肾形或横长圆形，长5~17cm，宽3~11cm，顶端急尖、凸尖或急渐尖，基部圆形、楔形，稀心形，边全缘，不分裂或上部每侧具1裂片或粗齿，上面无毛，叶下面疏被星状粗毛，疏散橙红色腺点；基出脉3条；侧脉5~7对，近叶柄具黑色圆形腺体2颗；叶柄长5~17mm。花雌雄异株，雌花序总状，不分枝，长8~20cm；苞片钻形；雄花在每苞片内3~5朵；花蕾球形，顶端急尖；花萼裂片3~4，卵形，长约3mm，外面密被星状毛和腺点；雄蕊25~75，药隔稍宽；雌花序长8~15cm，开展；雌花在每苞片内1朵；花梗长约1mm，密被星状毛；花萼裂片4~5，披针形，长2.5~3mm，顶端急尖，外面密被星状绒毛；子房近球形，三棱状；花柱3~4，中部以下合生，柱头长约4mm。蒴果近扁球形，钝三棱形，密被有星状毛的软刺和红色腺点。

分布地：产于陕西、甘肃、安徽、河南、江苏、浙江、江西、福建、湖北、湖南、广东、广西、贵州、四川、云南和西藏。生于海拔800~1800m林中。分布于尼泊尔、印度、缅甸和不丹。模式标本采自印度。

主要经济用途：种子油可作制油漆、肥皂、润滑油原料。茎韧皮纤维可供纺织麻袋或作蜡纸及人造棉原料；叶可作猪饲料。

越南叶下珠 大戟科 Euphorbiaceae 叶下珠属

Phyllanthns cochinchinensis(Lour.)Spreng. Syst. Veg. 3: 21. 1826; Merr. et Chun in Sunyatsenia 5: 93. 1940.

主要形态学特征：灌木，高达3m；茎皮黄褐色或灰褐色；小枝具棱，长10~30cm，直径1~2mm，与叶柄幼时同被黄褐色短柔毛，老时变无毛。叶互生或3~5枚着生于小枝极短的凸起处，叶片革质，倒卵形、长倒卵形或匙形，长1~2cm，宽0.6~1.3cm，顶端钝或圆，少数凹缺，基部渐窄，边缘干后略背卷；中脉两面稍凸起，侧脉不明显；叶柄长1~2mm；托叶褐红色，卵状三角形，长约2mm，边缘有睫毛。花雌雄异株，1~5朵着生于叶腋垫状凸起处，凸起处的基部具有多数苞片；苞片干膜质，黄褐色，边缘撕裂状；雄花通常单生；花梗长约3mm；萼片6，倒卵形或匙形，长约1.3mm，宽1~1.2mm，不相等，边缘膜质；雌花单生或簇生，花梗长2~3mm；萼片6，外面3枚为卵形，内面3枚为卵状菱形，边缘均为膜质，基部增厚；花盘近坛状，包围子房约2/3，表面有蜂窝状小孔；子房圆球形，直径约1.2mm，3室，花柱3，长1.1mm，顶端2裂，裂片线形。蒴果圆球形，具3纵沟。

特征差异研究：深圳坝光，叶长1.5~1.8cm，叶宽0.7~0.9cm，叶柄0.1cm。

凭证标本：深圳坝光，陈志洁(112)。

分布地：产于福建、广东、海南、广西、四川、云南、西藏等省区，生于旷野、山坡灌丛、山谷疏林下或林缘。分布于印度、越南、柬埔寨和老挝等。

余甘子

大戟科 Euphorbiaceae　叶下珠属
别名：米含、油甘子

Phyllanthus emblica Linn. Sp. Pl. 982. 1753; Muell. Arg. in DC. Prodr. 15(2): 352. 1866.

主要形态学特征：乔木，高达23m，胸径50cm；树皮浅褐色；枝条具纵细条纹，被黄褐色短柔毛。叶片纸质至革质，二列，线状长圆形，长8~20mm，宽2~6mm，顶端截平或钝圆，有锐尖头或微凹，基部浅心形而稍偏斜，上面绿色，下面浅绿色，干后带红色或淡褐色，边缘略背卷；侧脉每边4~7条；叶柄长0.3~0.7mm；托叶三角形，长0.8~1.5mm，褐红色，边缘有睫毛。多朵雄花和1朵雌花或全为雄花组成腋生的聚伞花序；萼片6；雄花花梗长1~2.5mm；萼片膜质，黄色，长倒卵形或匙形，近相等，长1.2~2.5mm，宽0.5~1mm，顶端钝或圆，边缘全缘或有浅齿；雄蕊3，花丝合生成长0.3~0.7mm的柱；雌花花梗长约0.5mm；萼片长圆形或匙形，长1.6~2.5mm，宽0.7~1.3mm，顶端钝或圆，较厚，边缘膜质，多少具浅齿；花盘杯状，包藏子房达一半以上，边缘撕裂；子房卵圆形，长约1.5mm，3室，花柱3，长2.5~4mm，基部合生，顶端2裂。蒴果呈核果状，圆球形，外果皮肉质，绿白色或淡黄白色；种子略带红色。

特征差异研究：深圳坝光，叶长8.2~10.5cm，叶宽3.3~4.9cm，叶柄0.7~0.8cm。

凭证标本：深圳坝光，李志伟(053)，邱小波(053)，赵顺(052)，陈志洁、余欣繁(048)。

分布地：产于江西、福建、台湾、广东、海南、广西、四川、贵州和云南等省区，生于海拔200~2300m山地疏林、灌丛、荒地或山沟向阳处。分布于印度、斯里兰卡、中南半岛、印度尼西亚、马来西亚和菲律宾等，南美有栽培。

主要经济用途：可作产区荒山荒地酸性土造林的先锋树种。树姿优美，可作庭园风景树，亦可栽培为果树。果实含丰富的维生素C，供食用，可生津止渴，润肺化痰，治咳嗽、喉痛，解河豚中毒等。初食味酸涩，良久乃甘，故名“余甘子”。树根和叶供药用，能解热清毒，治皮炎、湿疹、风湿痛等。叶晒干供枕芯用料。种子含油量16%，供制肥皂。树皮、叶、幼果可提制栲胶。木材棕红褐色，坚硬，结构细致，有弹性，耐水湿，供农具和家具用材，又为优良的薪炭柴。

小果叶下珠

大戟科 Euphorbiaceae　叶下珠属
别名：龙眼睛、多花油柑

Phyllanthus reticulatus Poir. in Lam. Encycl. Meth. 5: 298. 1804; Muell. Arg. in DC. Prodr. 15(2): 344. 1866.

主要形态学特征：灌木，高达4m；枝条淡褐色；幼枝、叶和花梗均被淡黄色短柔毛或微毛。叶片膜质至纸质，椭圆形、卵形至圆形，长1~5cm，宽0.7~3cm，顶端急尖、钝至圆，基部钝至圆，下面有时灰白色；叶脉通常两面明显，侧脉每边5~7条；叶柄长2~5mm；托叶钻状三角形，长达1.7mm，干后变硬刺状，褐色。通常2~10朵雄花和1朵雌花簇生于叶腋，稀组成聚伞花序；雄花直径约2mm；萼片5~6，2轮，卵形或倒卵形，不等大，全缘；雄蕊5，直立，其中3枚较长，花丝合生；雌花花梗长4~8mm，纤细；萼片5~6，2轮，不等大，宽卵形，外面基部被微柔毛；子房圆球形，4~12室，花柱分离，顶端2裂。蒴果呈浆果状，球形或近球形，红色，干后灰黑色，不分裂。

特征差异研究：深圳坝光，叶长3.2~10.5cm，叶宽2~4.9cm，叶柄0.3~0.8cm。

凭证标本：深圳坝光，陈志洁(076)、洪继猛(092)、廖栋耀(132)。

分布地：产于江西、福建、台湾、湖南、广东、海南、广西、四川、贵州和云南等省区，生于海拔200~800m山地林下或灌木丛中。广布于热带西非至印度、斯里兰卡、中南半岛、印度尼西亚、菲律宾、马来西亚和澳大利亚。模式标本采自印度。

主要经济用途：根、叶供药用，驳骨、跌打。

叶下珠 大戟科 Euphorbiaceae 叶下珠属

别名：阴阳草、假油树

Phyllanthus urinaria Linn. Sp. Pl. 982. 1753；Muell. Arg. in DC. Prodr. 18(2)：364. 1866：Hook. f. Fl. Brit. Ind. 5：293. 1887.

主要形态学特征：一年生草本，高10~60cm，茎通常直立，基部多分枝，枝倾卧而后上升；枝具翅状纵棱，上部被一纵列疏短柔毛。叶片纸质，因叶柄扭转而呈羽状排列，长圆形或倒卵形，长4~10mm，宽2~5mm，顶端圆、钝或急尖而有小尖头，下面灰绿色，近边缘或边缘有1~3列短粗毛；侧脉每边4~5条，明显；叶柄极短；托叶卵状披针形，长约1.5mm。花雌雄同株，直径约4mm；雄花2~4朵簇生于叶腋，通常仅上面1朵开花，下面的很小；花梗长约0.5mm，基部有苞片1~2枚；萼片6，倒卵形，长约0.6mm，顶端钝；雄蕊3，花丝全部合生成柱状；花粉粒长球形，通常具5孔沟，少数3、4、6孔沟，内孔横长椭圆形；花盘腺体6，分离，与萼片互生；雌花单生于小枝中下部的叶腋内；花梗长约0.5mm；萼片6，近相等，卵状披针形，长约1mm，边缘膜质，黄白色；花盘圆盘状，边全缘；子房卵状，有鳞片状凸起，花柱分离，顶端2裂，裂片弯卷。蒴果圆球状，直径1~2mm，红色，表面具一小凸刺，有宿存的花柱和萼片，开裂后轴柱宿存；种子长1.2mm，橙黄色。

特征差异研究：深圳坝光，叶长0.7~1.3cm，叶宽0.3~0.6cm，叶柄0.1~0.3cm；蒴果圆球状，直径1~2mm，米白色。

凭证标本：深圳坝光，莫素祺(023)。

分布地：产于河北、山西、陕西、华东、华中、华南、西南等省区，通常生于海拔500m以下旷野平地、旱田、山地路旁或林缘，在云南海拔1100m的湿润山坡草地亦见有生长。分布于印度、斯里兰卡、中南半岛、日本、马来西亚、印度尼西亚至南美。模式标本采自斯里兰卡。

主要经济用途：药用，全草有解毒、消炎、清热止泻、利尿之效，可治赤目肿痛、肠炎腹泻、痢疾、肝炎、小儿疳积、肾炎水肿、尿路感染等。

蓖麻 大戟科 Euphorbiaceae 蓖麻属

别名：唐本草

Ricinus communis L. Sp. Pl. 1007. 1753；Benth. Fl. Hongk. 307. 1861.

主要形态学特征：一年生粗壮草本或草质灌木，高达5m；小枝、叶和花序通常被白霜，茎多液汁。叶轮廓近圆形，长和宽达40cm或更大，掌状7~11裂，裂缺几达中部，裂片卵状长圆形或披针形，顶端急尖或渐尖，边缘具锯齿；掌状脉7~11条。网脉明显；叶柄粗壮，中空，长可达40cm，顶端具2枚盘状腺体，基部具盘状腺体；托叶长三角形，长2~3cm，早落。总状花序或圆锥花序，长15~30cm或更长；苞片阔三角形，膜质，早落；雄花花萼裂片卵状三角形，长7~10mm；雄蕊束众多；雌花萼片卵状披针形，长5~8mm，凋落；子房卵状，直径约5mm，密生软刺或无刺，花柱红色，长约4mm，顶部2裂，密生乳头状突起。蒴果卵球形或近球形，长1.5~2.5cm，果皮具软刺或平滑；种子椭圆形，微扁平，长8~18mm，平滑，斑纹淡褐色或灰白色；种阜大。

特征差异研究：深圳坝光，叶片长4~12.7cm，叶宽8~15.5cm，叶柄3~11cm；掌状七裂叶，果长1.8cm，直径1.5cm，果柄长3cm。

凭证标本：深圳坝光，洪继猛(079)。

分布地：原产地可能在非洲东北部的肯尼亚或索马里；现广布于全世界热带地区或栽培于热带至温暖带各国。我国作油脂作物栽培的为一年生草本；华南和西南地区，海拔20~500m(云南海拔2 300m)村旁疏林或河流两岸冲积地常有逸为野生，呈多年生灌木。

主要经济用途：蓖麻油在工业上用途广，在医药上作缓泻剂；种子含蓖麻毒蛋白(ricin)及蓖麻碱(ricinine)，不可食用。

山乌桕 大戟科 Euphorbiaceae 乌桕属

别名：山乌桕、红心乌桕

Sapium discolor(Champ. ex Benth.) Muell. Arg. in Linnaea 32：121. 1863.

主要形态学特征：乔木或灌木，高3~12m，罕有达20m者，各部均无毛；小枝灰褐色，有皮孔。叶互生，纸质，嫩时呈淡红色，叶片椭圆形或长卵形，长4~10cm，宽2.5~5cm，顶端钝或短渐尖，基部短狭或楔形，背面近缘常有数个圆形的腺体；中脉在两面均凸起，于背面尤著，侧脉纤细，8~12对，互生或有时近对生，略呈弧状上升；叶柄纤细，长2~7.5cm，顶端具2毗连的腺体；托叶小，近卵形，长约1mm，易脱落。花单性，雌雄同株，密集成长4~9cm的顶生总状花序，雌花生于花序轴下部，雄花生于花序轴上部或有时整个花序全为雄花。雄花花梗丝状，每一苞片内有5~7朵花；小苞片小，狭，长1~1.2mm；花萼杯状，具不整齐的裂齿。雌花花梗粗壮，圆柱形，长约5mm；苞片几与雄花的相似，每一苞片内仅有1朵花；花萼3深裂几达基部，裂片三角形；子房卵形，3室，花柱粗壮，柱头3，外反。蒴果。

特征差异研究：深圳坝光，叶互生，叶长5~11.3cm，叶宽2~3.4cm，叶柄0.8~3.2cm；果实球形，暗绿色，直径1~1.2cm；种子黑色，3粒，卵圆形，长5mm，直径3mm。

凭证标本：深圳坝光，李志伟(062，103)、李佳婷(020)、陈志洁(080)、廖栋耀(090)、魏若宇(002)。

分布地：广布于云南、四川、贵州、湖南、广西、广东、江西、安徽、福建、浙江、台湾等省区。生于山谷或山坡混交林中。印度、缅甸、老挝、越南、马来西亚及印度尼西亚也有。模式标本采自广东南部。

主要经济用途：木材可制火柴枝和茶箱。根皮及叶药用，治跌打扭伤、痈疮、毒蛇咬伤及便秘等。种子油可制肥皂。

乌桕 大戟科 Euphorbiaceae 乌桕属

别名：腊子树、桕子树

Sapium sebiferum(Linn.) Roxb. Fl. Ind. 3：693. 1832；Hook. f. Fl. Brit. Ind. 5：470. 1888.

主要形态学特征：乔木，高可达15m许，各部均无毛而具乳状汁液；树皮暗灰色，有纵裂纹；枝广展，具皮孔。叶互生，纸质，叶片菱形、菱状卵形或稀有菱状倒卵形，长3~8cm，宽3~9cm，顶端骤然紧缩具长短不等的尖头，基部阔楔形或钝，全缘；中脉两面微凸起，侧脉6~10对，纤细，斜上升，离缘2~5mm弯拱网结，网状脉明显；叶柄纤细，长2.5~6cm，顶端具2腺体；托叶顶端钝，长约1mm。花单性，雌雄同株，聚集成顶生、长6~12cm的总状花序，雌花通常生于花序轴最下部或罕有在雌花下部亦有少数雄花着生，雄花生于花序轴上部或有时整个花序全为雄花。雄花：花梗纤细，长1~3mm，向上渐粗；苞片阔卵形，长和宽近相等(约2mm)，顶端略尖，基部两侧各具一近肾形的腺体，每一苞片内具10~15朵花；小苞片3，不等大，边缘撕裂状；花萼杯状，3浅裂，裂片钝，具不规则的细齿；雄蕊2枚，罕有3枚，伸出于花萼之外，花丝分离，与球状花药近等长。雌花：花梗粗壮，长3~3.5mm；苞片深3裂，裂片渐尖，基部两侧的腺体与雄花的相同，每一苞片内仅1朵雌花，间有1雌花和数雄花同聚生于苞腋内；花萼3深裂，裂片卵形至卵头披针形，顶端短尖至渐尖；子房卵球形，平滑，3室，花柱3，基部合生，柱头外卷。蒴果梨状球形，成熟时黑色，直径1~1.5cm。具3种子，分果爿脱落后中轴宿存；种子扁球形，黑色，长约8mm，宽6~7mm，外被白色、蜡质的假种皮。

特征差异研究：深圳坝光，叶长10.3~13.8cm，叶宽5.7~6.8cm，叶柄4.3~4.9cm。

凭证标本：深圳坝光，赖标汶(005)、温海洋(091)、叶蓁(017)。

分布地：在我国主要分布于黄河以南各省区，北达陕西、甘肃。生于旷野、塘边或疏林中。日本、越南、印度也有；此外，欧洲、美洲和非洲亦有栽培。模式标本采自广州近郊。

主要经济用途：木材白色，坚硬，纹理细致，用途广。叶为黑色染料，可染衣物。根皮治毒蛇咬伤。白色之蜡质层(假种皮)溶解后可制肥皂、蜡烛；种子油适于涂料，可涂油纸、油伞等。

油桐 大戟科 Euphorbiaceae 油桐属
别名：桐油树、桐子树

Vernicia fordii(Hemsl.) Airy Shaw in Kew Bull. 20：394. 1966.

主要形态学特征：落叶乔木，高达10m；树皮灰色，近光滑；枝条粗壮，无毛，具明显皮孔。叶卵圆形，长8~18cm，宽6~15cm，顶端短尖，基部截平至浅心形，全缘，稀1~3浅裂，嫩叶上面被很快脱落微柔毛，下面被渐脱落棕褐色微柔毛，成熟叶上面深绿色，无毛，下面灰绿色，被贴伏微柔毛；掌状脉5(~7)条；叶柄与叶片近等长，几无毛，顶端有2枚扁平、无柄腺体。花雌雄同株，先叶或与叶同时开放；花萼长约1cm，2(~3)裂，外面密被棕褐色微柔毛；花瓣白色，有淡红色脉纹，倒卵形，顶端圆形，基部爪状；雄花雄蕊8~12枚，2轮；雌花子房密被柔毛，3~5(~8)室，每室有1颗胚珠，花柱与子房室同数，2裂。核果近球状，果皮光滑。

特征差异研究：深圳坝光，叶片长31.3~39.6cm，叶宽11.5~17.2cm，叶柄19.8~23.0cm；叶序为交互互生，掌状叶，叶边缘为浅裂或全缘，叶表面与枝条无绒毛。

凭证标本：深圳坝光，洪继猛(047)。

分布地：产于陕西、河南、江苏、安徽、浙江、江西、福建、湖南、湖北、广东、海南、广西、四川、贵州、云南等省区。通常栽培于海拔1000m以下丘陵山地。越南也有分布。模式标本采自湖北宜昌。

主要经济用途：本种是我国重要的工业油料植物；桐油是我国的外贸商品；此外，其果皮可制活性炭或提取碳酸钾。

木油桐 大戟科 Euphorbiaceae 油桐属
别名：千年桐、皱果桐

Vernicia montana Lour. Fl. Cochinch. 586. 1790.

主要形态学特征：落叶乔木，高达20m。枝条无毛，散生突起皮孔。叶阔卵形，长8~20cm，宽6~18cm，顶端短尖至渐尖，基部心形至截平，全缘或2~5裂。裂缺常有杯状腺体，两面初被短柔毛，成熟叶仅下面基部沿脉被短柔毛，掌状脉5条；叶柄长7~17cm。花序生于当年生已发叶的枝条上，雌雄异株或有时同株异序；花萼无毛，长约1cm，2~3裂；花瓣白色或基部紫红色且有紫红色脉纹，倒卵形，基部爪状，雄花雄蕊8~10枚，花丝被毛；雌花子房密被棕褐色柔毛，3室。核果卵球状，具3条纵棱，棱间有粗疏网状皱纹。

特征差异研究：深圳坝光，叶长16~23.8cm，叶宽8.6~9.5cm，叶柄6~10.6cm；核果卵球状，直径约4cm。

凭证标本：深圳坝光，廖栋耀(078)。

分布地：分布于浙江、江西、福建、台湾、湖南、广东、海南、广西、贵州、云南等省区。生于海拔1300m以下的疏林中。越南、泰国、缅甸也有分布。

主要经济用途：本种是我国重要的工业油料植物；桐油是我国的外贸商品；此外，其果皮可制活性炭或提取碳酸钾。

火棘 蔷薇科 Rosaceae 火棘属
别名：火把果、救兵粮

Pyracantha fortuneana(Maxim.) Li in Journ. Arn. Arb. 25：420. 1944.

主要形态学特征：常绿灌木，高达3m；侧枝短，先端呈刺状，嫩枝外被锈色短柔毛，老枝暗褐色，无毛；芽小，外被短柔毛。叶片倒卵形或倒卵状长圆形，长1.5~6cm，宽0.5~2cm，先端圆钝或微凹，有时具短尖头，基部楔形，下延连于叶柄，边缘有钝锯齿，齿尖向内弯，近基部全缘，两面皆无毛；叶柄短，无毛或嫩时有柔毛。花集成复伞房花序，直径3~4cm，花梗和总花梗近于无毛，萼筒钟状，无毛；花瓣白色，近圆形，长约4mm，宽约3mm；雄蕊20；子房上部密生白色柔毛。果实近球形，橘红色或深红色。

特征差异研究：深圳坝光，叶长3.4~5.4cm，叶宽2.0~2.5cm，叶柄0.1~0.3cm。

凭证标本：深圳坝光，陈志洁(078)。

分布地：产陕西、河南、江苏、浙江、福建、湖北、湖南、广西、贵州、云南、四川、西藏。生于山地、丘陵地阳坡灌丛草地及河沟路旁，海拔500~2800m。模式标本采自福建厦门。

主要经济用途：我国西南各省区田边常见栽培作绿篱，果实磨粉可作代食品。

石斑木 蔷薇科 Rosaceae　石斑木属

别名：车轮梅、山花木

Raphiolepis indica(L.) Lindl. in Bot. Reg. 6: t. 468. 1820; et in Trans. Linn. Soc. 13: 105. 1822.

主要形态学特征：常绿灌木，稀小乔木，高可达4m；幼枝初被褐色绒毛，以后逐渐脱落近于无毛。叶片集生于枝顶，卵形、长圆形，稀倒卵形或长圆披针形，长(2~)4~8cm，宽1.5~4cm，先端圆钝，急尖、渐尖或长尾尖，基部渐狭连于叶柄，边缘具细钝锯齿，上面光亮，平滑无毛，网脉不显明或显明下陷，下面色淡，无毛或被稀疏绒毛，叶脉稍凸起，网脉明显；叶柄长5~18mm，近于无毛；托叶钻形，长3~4mm，脱落。顶生圆锥花序或总状花序，总花梗和花梗被锈色绒毛，花梗长5~15mm；苞片及小苞片狭披针形；花直径1~1.3cm；萼筒筒状，边缘及内外面有褐色绒毛，或无毛；萼片5，三角披针形至线形，长4.5~6mm，先端急尖，两面被疏绒毛或无毛；花瓣5，白色或淡红色，倒卵形或披针形，长5~7mm，宽4~5mm，先端圆钝，基部具柔毛；雄蕊15。果实球形，紫黑色，果梗短粗，长5~10mm。

特征差异研究：深圳坝光，叶片长2.8~10.7cm，叶宽1.3~4.3cm，叶柄0.3~0.6cm；球状果长0.5cm，直径0.5cm。

凭证标本：深圳坝光，赖标汶(025)、陈志洁(061，063)、姜林林(012，013，018)、李志伟(068)、万小丽(008)、周婉敏(008)、邓素妮(002)、洪继猛(069)、赖标汶(012)、魏若宇(007)。

分布地：产安徽、浙江、江西、湖南、贵州、云南、福建、广东、广西、台湾。生于山坡、路边或溪边灌木林中，海拔150~1600m。日本、老挝、越南、柬埔寨、泰国和印度尼西亚也有分布。

主要经济用途：木材带红色，质重坚韧，可作器物；果实可食。

柳叶石斑木 蔷薇科 Rosaceae　石斑木属

Raphiolepis salicifolia Lindl. Collect. Bot. in nota, sub t. 3. 1821.

主要形态学特征：常绿灌木或小乔木，高达2.5~6m；小枝细瘦，圆柱形，灰褐色或褐黑色，幼时带红色，具短柔毛。叶片披针形、长圆披针形，稀倒卵状长圆形，长6~9cm，宽1.5~2.5cm，先端渐尖，稀急尖，基部狭楔形，下延连于叶柄，边缘具稀疏不整齐的浅钝锯齿，有时中部以下至基部近于全缘，上面光亮，中脉在两面突起；叶柄长5~10mm，无毛。顶生圆锥花序，具多数或少数花朵，总花梗和花梗均具短柔毛；花梗长3~5mm；花直径约1cm；萼筒筒状，外面具短柔毛；萼片三角披针形或椭圆披针形，外面几无毛，内面有柔毛；花瓣白色，椭圆形或倒卵状椭圆形，先端稍急尖；雄蕊20；花柱2，几与雄蕊等长或稍长。

特征差异研究：深圳坝光，叶长7.9~9.9cm，叶宽2.6~3.0cm，叶柄0.6~0.7cm。

凭证标本：深圳坝光，洪继猛(84)、李志伟(123)。

分布地：产广东、广西、福建。生于山坡林缘或山顶疏林下。分布越南。

白花悬钩子 蔷薇科 Rosaceae 悬钩子属

Rubus leucanthus Hance in Walp. Ann. Bot. Syst. 2: 468. 1852.

主要形态学特征：攀缘灌木，高1~3m；枝紫褐色，无毛，疏生钩状皮刺。小叶3枚，生于枝上部或花序基部的有时为单叶，革质，卵形或椭圆形，顶生小叶比侧生者稍长大或几相等，长4~8cm，宽2~4cm，顶端渐尖或尾尖，基部圆形，两面无毛，侧脉5~8对，或上面稍具柔毛，边缘有粗单锯齿；叶柄长2~6cm，顶生小叶柄长1.5~2cm，侧生小叶具短柄，均无毛，具钩状小皮刺；托叶钻形，无毛。花3~8朵形成伞房状花序，生于侧枝顶端，稀单花腋生；苞片与托叶相似；花直径1~1.5cm；萼片卵形；花瓣长卵形或近圆形，白色，基部微具柔毛，具爪，与萼片等长或稍长；雄蕊多数，花丝较宽扁；雌蕊通常70~80，有时达100或更多。果实近球形，红色，无毛。

特征差异研究：三出复叶，顶生叶长4.2~5.7cm，宽1.9~3.0cm，叶柄长0.3~0.5cm，侧生叶长2.5~4.1cm，宽1.4~2.4cm，叶柄长0.2~0.4cm。。

凭证标本：深圳坝光，余欣繁(397，398)。

分布地：产湖南、福建、广东、广西、贵州、云南。在低海拔至中海拔疏林中或旷野常见。越南、老挝、柬埔寨、泰国也有分布。

主要经济用途：果可供食用；根治腹泻、赤痢。

锈毛莓 蔷薇科 Rosaceae 悬钩子属

别名：蛇包勒、大叶蛇勒

Rubus reflexus Ker in Bot. Reg. 6: 461. 1820; DC. Prodr. 2: 566. 1825.

主要形态学特征：攀缘灌木，高达2m。枝被锈色绒毛状毛，有稀疏小皮刺。单叶，心状长卵形，长7~14cm，宽5~11cm，上面无毛或沿叶脉疏生柔毛，有明显皱纹，下面密被锈色绒毛，沿叶脉有长柔毛，边缘3~5裂，有不整齐的粗锯齿或重锯齿，基部心形，顶生裂片长大，披针形或卵状披针形，比侧生裂片长很多，裂片顶端钝或近急尖；叶柄长2.5~5cm，被绒毛并有稀疏小皮刺。花数朵团集生于叶腋或成顶生短总状花序；总花梗和花梗密被锈色长柔毛；花萼外密被锈色长柔毛和绒毛；萼片卵圆形，外萼片顶端常掌状分裂，裂片披针形，内萼片常全缘；花瓣长圆形至近圆形，白色；雄蕊短，花丝宽扁；雌蕊无毛。果实近球形，深红色。

分布地：产江西、湖南、浙江、福建、台湾、广东、广西。生山坡、山谷灌丛或疏林中，海拔300~1000m。

主要经济用途：果可食；根入药，有祛风湿、强筋骨之效。

绣线菊 蔷薇科 Rosaceae 绣线菊属

别名：柳叶绣线菊、珍珠梅

Spiraea salicifolia L. Sp. Pl. 489. 1753; Kom. in Acta Hort. Petrop. 22: 454. 1904.

主要形态学特征：直立灌木，高1~2m；枝条密集，小枝稍有棱角，黄褐色，嫩枝具短柔毛，老时脱落；冬芽卵形或长圆卵形，先端急尖，有数个褐色外露鳞片，外被稀疏细短柔毛。叶片长圆披针形至披针形，长4~8cm，宽1~2.5cm，先端急尖或渐尖，基部楔形，边缘密生锐锯齿，有时为重锯齿，两面无毛；叶柄长1~4mm，无毛。花序为长圆形或金字塔形的圆锥花序，花朵密集；花梗长4~7mm；苞片披针形至线状披针形，全缘或有少数锯齿，微被细短柔毛；花直径5~7mm；萼筒钟状；萼片三角形，内面微被短柔毛；花瓣卵形，先端通常圆钝，粉红色；雄蕊50，约长于花瓣2倍；子房有稀疏短柔毛，花柱短于雄蕊。膏葖果直立，无毛或沿腹缝有短柔毛，花柱顶生，倾斜开展。

特征差异研究：深圳坝光，叶长8.6~13.9cm，叶宽3.5~5.9cm，叶柄1.3~1.5cm。

凭证标本：深圳坝光，温海洋(180，209)、李志伟(085，131)、赖标汶(027，030，031)。

分布地：产黑龙江、吉林、辽宁、内蒙古、河北。生长于河流沿岸、湿草原、空旷地和山沟中，海拔200~900m。蒙古、日本、朝鲜、俄罗斯西伯利亚以及欧洲东南部均有分布。

主要经济用途：夏季盛开粉红色鲜艳花朵，栽培供观赏用，又为蜜源植物。

大叶相思 豆科 Leguminosae　金合欢属

别名：耳叶相思

Acacia auriculiformis A. Cunn. ex Benth. in London Journ. Bot. 1：377. 1842.

主要形态学特征：常绿乔木，枝条下垂，树皮平滑，灰白色；小枝无毛，皮孔显著。叶状柄镰状长圆形，长10~20cm，宽1.5~4(~6)cm，两端渐狭，比较显著的主脉有3~7条。穗状花序长3.5~8cm，1至数枝簇生于叶腋或枝顶；花橙黄色；花萼长0.5~1mm，顶端浅齿裂；花瓣长圆形，长1.5~2mm；花丝长2.5~4mm。荚果成熟时旋卷，长5~8cm，宽8~12mm，果瓣木质，每一果内有种子约12颗；种子黑色，围以折叠的珠柄。

分布地：广东、广西、福建有引种。原产澳大利亚北部及新西兰。

主要经济用途：材用或绿化树种。

台湾相思 豆科 Leguminosae　金合欢属

别名：相思树、台湾柳

Acacia confusa Merr. in Philipp. Journ. Sci. Bot. 5：27. 1910.

主要形态学特征：常绿乔木，高6~15m，无毛；枝灰色或褐色，无刺，小枝纤细。苗期第一片真叶为羽状复叶，长大后小叶退化，叶柄变为叶状柄，叶状柄革质，披针形，长6~10cm，宽5~13mm，直或微呈弯镰状，两端渐狭，先端略钝，两面无毛，有明显的纵脉3~5(~8)条。头状花序球形，单生或2~3个簇生于叶腋，直径约1cm；总花梗纤弱，长8~10mm；花金黄色，有微香；花萼长约为花冠之半；花瓣淡绿色，长约2mm；雄蕊多数，明显超出花冠之外；子房被黄褐色柔毛，花柱长约4mm。荚果扁平，于种子间微缢缩，顶端钝而有凸头，基部楔形。

分布地：产我国台湾、福建、广东、广西、云南；野生或栽培。菲律宾、印度尼西亚、斐济亦有分布。

主要经济用途：本种生长迅速，耐干旱，为华南地区荒山造林、水土保持和沿海防护林的重要树种。材质坚硬，可为车轮、桨橹及农具等用；树皮含单宁；花含芳香油，可作调香原料。

海红豆 豆科 Leguminosae　海红豆属

别名：红豆、孔雀豆

Adenanthera pavonina Linn. var. *microsperma*(Teijsm. et Binnend.)Nielsen in Adansonia ser. 2，19(3)：341. 1980；et in Aubrev. Fl. Camb. Laos Vietn. 19：15. 1981.

主要形态学特征：落叶乔木，高5~20m；嫩枝被微柔毛。二回羽状复叶；叶柄和叶轴被微柔毛，无腺体；羽片3~5对，小叶4~7对，互生，长圆形或卵形，长2.5~3.5cm，宽1.5~2.5cm，两端圆钝，两面均被微柔毛，具短柄。总状花序单生于叶腋或在枝顶排成圆锥花序，被短柔毛；花小，白色或黄色，有香味，具短梗；花萼长不足1mm，与花梗同被金黄色柔毛；花瓣披针形，长2.5~3mm，基部稍合生；雄蕊10枚；子房被柔毛，几无柄，花柱丝状，柱头小。荚果狭长圆形，盘旋，开裂后果瓣旋卷。

特征差异研究：深圳坝光，叶长3.2~21.7cm，叶宽1.7~7.8cm，叶柄0.1~0.2cm。

凭证标本：深圳坝光，莫素祺(013)、吴凯涛(043)、李志伟(083，084)。

分布地：产云南、贵州、广西、广东、福建和台湾。多生于山沟、溪边、林中或栽培于园庭。缅甸、柬埔寨、老挝、越南、马来西亚、印度尼西亚也有分布。

主要经济用途：心材暗褐色，质坚而耐腐，可为支柱、船舶、建筑用材和箱板；种子鲜红色而光亮，甚为美丽，可作装饰品。

天香藤 豆科 Leguminosae　合欢属
别名：刺藤、藤山丝

Albizia corniculata(Lour.)Druce in Rept. Bot. Exch. Club Brit. Isles 4：603. 1917.

主要形态学特征：攀缘灌木或藤本，长 20 余 m；幼枝稍被柔毛，在叶柄下常有 1 枚下弯的粗短刺。托叶小，脱落。二回羽状复叶，羽片 2~6 对；总叶柄近基部有压扁的腺体 1 枚；小叶 4~10 对，长圆形或倒卵形，长 12~25mm，宽 7~15mm，顶端极钝或有时微缺，或具硬细尖，基部偏斜，上面无毛，下面疏被微柔毛；中脉居中。头状花序有花 6~12 朵，再排成顶生或腋生的圆锥花序；总花梗柔弱，疏被短柔毛；花无梗；花萼长不及 1mm，与花冠同被微柔毛；花冠白色，管长约 4mm，裂片长 2mm。荚果带状，长 10~20cm，宽 3~4cm，扁平，无毛。

特征差异研究：深圳坝光，二回偶数羽状复叶，叶长 12~14cm，叶宽 9~10cm，叶柄 2.5~4cm，小叶 2~6 对，小叶长 0.9~2cm，叶宽 0.6~1.2cm，小叶柄 0.2cm。

凭证标本：深圳坝光，吴凯涛(049)。

分布地：产广东、广西、福建。生于旷野或山地疏林中，常攀附于树上。越南、老挝、柬埔寨亦有分布。

主要经济用途：可用作园景树、行道树、风景区造景树、滨水绿化树、工厂绿化树和生态保护树等。

龙须藤 豆科 Leguminosae　羊蹄甲属
别名：菊花木、五花血藤

Bauhinia championii(Benth.)Benth. Fl. Hongk. 99. 1861.

主要形态学特征：藤本，有卷须；嫩枝和花序薄被紧贴的小柔毛。叶纸质，卵形或心形，长 3~10cm，宽 2.5~6.5(~9)cm，先端锐渐尖、圆钝、微凹或 2 裂，裂片长度不一，基部截形、微凹或心形，上面无毛，下面被紧贴的短柔毛，渐变无毛或近无毛，干时粉白褐色；基出脉 5~7 条；叶柄长 1~2.5cm，纤细，略被毛。总状花序狭长，腋生，有时与叶对生或数个聚生于枝顶而成复总状花序，长 7~20cm，被灰褐色小柔毛；苞片与小苞片小，锥尖；花直径约 8mm；花梗纤细，长 10~15mm；花托漏斗形，长约 2mm；萼片披针形，长约 3mm；花瓣白色，瓣片匙形，长约 4mm，外面中部疏被丝毛；能育雄蕊 3，花丝长约 6mm；退化雄蕊 2；子房具短柄，仅沿两缝线被毛，花柱短，柱头小。荚果倒卵状长圆形或带状，扁平，长 7~12cm，宽 2.5~3cm，无毛，果瓣革质；种子 2~5 颗，圆形，扁平。

特征差异研究：深圳坝光，叶长 6.9~12.3cm，叶宽 4.3~6.1cm，叶柄 2.0~3.2cm。

凭证标本：深圳坝光，陈志洁(097)、李志伟(095)。

分布地：产浙江、台湾、福建、广东、广西、江西、湖南、湖北和贵州。生于低海拔至中海拔的丘陵灌丛或山地疏林和密林中。印度、越南和印度尼西亚有分布。模式标本采自香港。

主要经济用途：适宜长江流域以南作为绿篱、墙垣、棚架、假山等处攀缘、悬垂绿化材料。该种木材茶褐色，纹理细，横断面木质部与韧皮部交错呈菊花状，称为“菊花木”，可制作手杖、茶具等。

首冠藤 豆科 Leguminosae　羊蹄甲属
别名：深裂叶羊蹄甲

Bauhinia corymbosa Roxb. ex DC. in Mem. Leg. (Mem. 13)：487，fig. 70. 1825，et Prodr. 2：515. 1825.

主要形态学特征：木质藤本；嫩枝、花序和卷须的一面被红棕色小粗毛；枝纤细，无毛；卷须单生或成对。叶纸质，近圆形，长和宽2~3(~4)cm，或宽度略超于长度，自先端深裂达叶长的3/4，裂片先端圆，基部近截平或浅心形，两面无毛或下面基部和脉上被红棕色小粗毛；基出脉7条；叶柄纤细，长1~2cm。伞房花序式的总状花序顶生于侧枝上，长约5cm，多花，具短的总花梗；苞片和小苞片锥尖，长约3mm；花芳香；萼片长约6mm，外面被毛，开花时反折；花瓣白色，有粉红色脉纹，阔匙形或近圆形，长8~11mm，宽6~8mm，外面中部被丝质长柔毛，边缘皱曲，具短瓣柄；能育雄蕊3枚，花丝淡红色，长约1cm；退化雄蕊2~5枚；子房具柄，无毛，柱头阔，截形。荚果带状长圆形，扁平，直或弯曲，长10~16(~25)cm，宽1.5~2.5cm，具果颈，果瓣厚革质；种子10余颗，长圆形，长8mm，褐色。

特征差异研究：深圳坝光，叶长8.5~12.1cm，叶宽5.8~5.3cm，叶柄5.3~5.7cm。

凭证标本：深圳坝光，陈鸿辉(031)。

分布地：产广东(阳春)、海南。生于山谷疏林中或山坡阳处。

主要经济用途：栽培供观赏。

华南云实 豆科 Leguminosae 云实属

别名：假老虎簕

Caesalpinia crista Linn. Sp. Pl. 380. 1753, pro parte, excl. syn. Pluk. et Breyn..

主要形态学特征：木质藤本，长可达10m以上；树皮黑色，有少数倒钩刺。二回羽状复叶长20~30cm；叶轴上有黑色倒钩刺；羽片2~3对，有时4对，对生；小叶4~6对，对生，具短柄，革质，卵形或椭圆形，长3~6cm，宽1.5~3cm，先端圆钝，有时微缺，很少急尖，基部阔楔形或钝，两面无毛，上面有光泽。总状花序长10~20cm，复排列成顶生、疏松的大型圆锥花序；花芳香；花梗纤细，长5~15mm；萼片5，披针形，长约6mm，无毛；花瓣5，不相等，其中4片黄色，卵形，无毛，瓣柄短，稍明显，上面一片具红色斑纹，向瓣柄渐狭，内面中部有毛；雄蕊略伸出，花丝基部膨大，被毛；子房被毛，有胚珠2颗。荚果斜阔卵形，革质，长3~4cm，宽2~3cm，肿胀，具网脉，先端有喙；种子1颗，扁平。花期4~7月；果期7~12月。

特征差异研究：深圳坝光，叶长3.1~3.9cm，叶宽1.5~1.6cm，叶柄0.2~0.3cm。

凭证标本：深圳坝光，陈志洁(111)。

分布地：产云南、贵州、四川、湖北、湖南、广西、广东、福建和台湾。生于海拔400~1500m的山地林中。印度、斯里兰卡、缅甸、泰国、柬埔寨、越南、马来半岛和波利尼西亚群岛以及日本(琉球群岛)都有分布。

金凤花 豆科 Leguminosae 云实属

别名：洋金凤、蛱蝶花

Caesalpinia pulcherrima (Linn.) Sw. Obs. 166. 1791.

主要形态学特征：大灌木或小乔木；枝光滑，绿色或粉绿色，散生疏刺。二回羽状复叶长12~26cm；羽片4~8对，对生，长6~12cm；小叶7~11对，长圆形或倒卵形，长1~2cm，宽4~8mm，顶端凹缺，有时具短尖头，基部偏斜；小叶柄短。总状花序近伞房状，顶生或腋生，疏松，长达25cm；花梗长短不一，长4.5~7cm；花托凹陷成陀螺形，无毛；萼片5，无毛，最下一片长约14mm，其余的长约10mm；花瓣橙红色或黄色，圆形，长1~2.5cm，边缘皱波状，柄与瓣片几乎等长；花丝红色，远伸出于花瓣外，长5~6cm，基部粗，被毛；子房无毛，花柱长，橙黄色。荚果狭而薄，倒披针状长圆形，长6~10cm，宽1.5~2cm，无翅，先端有长喙，无毛，不开裂，成熟时黑褐色；种子6~9颗。

特征差异研究：深圳坝光，上有刺，二回偶数羽状复叶，一回长15.5~17cm、，叶柄长5.5~6cm，二回长3.5~5cm，叶柄0.2~0.6cm，小叶长0.8~1.7cm，宽0.4~0.9cm，叶柄长1mm，花色红色，花瓣10，大花瓣长1cm，宽1cm，小花瓣长0.8cm，宽0.4cm，花柄长3.6cm，花冠2.3cm，雄蕊10条，长5cm，雌蕊长1cm。

凭证标本：深圳坝光，廖栋耀(151)。

分布地：我国云南、广西、广东和台湾均有栽培。原产地可能是西印度群岛。

主要经济用途：为热带地区有价值的观赏树木之一。

小刀豆 豆科 Leguminosae 刀豆属

别名：野刀板豆

Canavalia cathartica Thou. in Desv. Journ. de Bot. l：81. 1813.

主要形态学特征：二年生、粗壮、草质藤本。茎、枝被稀疏的短柔毛。羽状复叶具3小叶；托叶小，胼胝体状；小托叶微小，极早落。小叶纸质，卵形，长6~10cm，宽4~9cm，先端急尖或圆，基部宽楔形、截平或圆，两面脉上被极疏的白色短柔毛；叶柄长3~8cm；小叶柄长5~6mm，被绒毛。花1~3朵生于花序轴的每一节上；花梗长1~2mm；萼近钟状，长约12mm，被短柔毛，上唇2裂齿阔而圆，远较萼管为短，下唇3裂齿较小；花冠粉红色或近紫色，长2~2.5cm，旗瓣圆形，长约2cm，宽约2.5cm，顶端凹入，近基部有2枚痂状附属体，无耳，具瓣柄，翼瓣与龙骨瓣弯曲，长约2cm；子房被绒毛，花柱无毛。荚果长圆形，长7~9cm，宽3.5~4.5cm，膨胀，顶端具喙尖；种子椭圆形，长约18mm，宽约12mm，种皮褐黑色，硬而光滑，种脐长13~14mm。

特征差异研究：深圳坝光，叶长3.3~6.7cm，宽2~5.5cm，叶柄长0.3~0.5cm；荚果，果皮绿色，长7.6~8.8cm，宽3~3.5cm，无果柄。

凭证标本：深圳坝光，吴凯涛(042)、邱小波(050)。

分布地：产我国广东、海南、台湾。生于海滨或河滨，攀缘于石壁或灌木上。热带亚洲广布，大洋洲及非洲的局部地区亦有。

狭刀豆 豆科 Leguminosae 刀豆属

Canavalia lineata(Thunb.)DC. Prodr. 2：404. 1825.

主要形态学特征：多年生缠绕草本。茎具线条，被极疏的短柔毛，后变无毛。羽状复叶具3小叶；托叶、小托叶小，早落。小叶硬纸质，卵形或倒卵形，先端圆或具小尖头，基部截平或楔形，长6~14cm，宽4~10cm，两面薄被短柔毛；叶柄较小叶略短；小叶柄长0.8~1cm。总状花序腋生；苞片及小苞片卵形，早落；花萼长约12mm，被短柔毛，上唇较萼管为短，2裂，裂齿顶端的背面具小尖头，下唇具3齿，齿长约2mm；花冠淡紫红色；旗瓣宽卵形，长约2.5cm，顶微凹，基部具2痂状附属体及2耳，翼瓣线状长圆形，稍呈镰状，上缘具痂状体，龙骨瓣倒卵状长圆形，基部截形。荚果长椭圆形，扁平，长6~10cm，宽2.5~3.5cm，厚约1cm，缝线增厚、离背缝线约3mm处具纵棱；种子2~3颗，卵形，长约1.7cm，宽约7mm，棕色，有斑点，种脐的长度约为种子周长的1/3。花期秋。

特征差异研究：深圳坝光，三出复叶，叶长5.7~8.9cm，叶柄长1.5~2cm，顶生小叶长4.6~6.2cm，宽2.9~3cm，叶柄长2~3mm，侧生小叶长1.2~5.6cm，宽0.9~2.5cm，叶柄长2~3mm；总状花序，花瓣紫色，蝶形花，旗瓣长1.2cm，宽1cm，翼瓣长1.5cm，宽0.3cm，龙骨瓣长1.7cm，宽0.4cm，龙骨瓣分开，雄蕊生长在一起，雌蕊长1.5cm；荚果长14.5cm，宽2.2cm，厚0.5cm，果柄1.4cm。

凭证标本：深圳坝光，廖栋耀(086)。

分布地：产我国浙江、福建、台湾、广东、广西。生于海滩、河岸或旷地。日本、朝鲜、菲律宾、越南至印度尼西亚亦有分布。

双荚决明 豆科 Leguminosae 决明属

Cassia bicapsularis Linn. Sp. Pl. 376. 1753.

主要形态学特征：直立灌木，多分枝，无毛。叶长7~12cm，有小叶3~4对；叶柄长2.5~4cm；小叶倒卵形或倒卵状长圆形，膜质，长2.5~3.5cm，宽约1.5cm，顶端圆钝，基部渐狭，偏斜，下面粉绿色，侧脉纤细，在近边缘处呈网结；在最下方的一对小叶间有黑褐色线形而钝头的腺体1枚。总状花序生于枝条顶端的叶腋间，常集成伞房花序状，长度约与叶相等，花鲜黄色，直径约2cm；雄蕊10枚，7枚能育，3枚退化而无花药，能育雄蕊中有3枚特大，高出于花瓣，4枚较小，短于花瓣。荚果圆柱状，膜质，直或微曲，长13~17cm，直径1.6cm，缝线狭窄；种子2列。

凭证标本：深圳坝光，温海洋(066)。

分布地：栽培于广东、广西等省区。原产美洲热带地区，现广布于全世界热带地区。

主要经济用途：本种可作绿肥、绿篱及观赏植物。

翅荚决明 豆科 Leguminosae 决明属 别名：有翅决明

Cassia alata Linn. Sp. Pl. 378. 1753; DC. Prodr. 2: 493. 1825.

主要形态学特征：直立灌木，高1.5~3m；枝粗壮，绿色。叶长30~60cm；在靠腹面的叶柄和叶轴上有2条纵棱条，有狭翅，托叶三角形；小叶6~12对，薄革质，倒卵状长圆形或长圆形，长8~15cm，宽3.5~7.5cm，顶端圆钝而有小短尖头，基部斜截形，下面叶脉明显凸起；小叶柄极短或近无柄。花序顶生和腋生，具长梗，单生或分枝，长10~50cm；花直径约2.5cm，芽时为长椭圆形、膜质的苞片所覆盖；花瓣黄色，有明显的紫色脉纹；位于上部的3枚雄蕊退化，7枚雄蕊发育，下面2枚的花药大，侧面的较小。荚果长带状，长10~20cm，宽1.2~1.5cm，每果瓣的中央顶部有直贯至基部的翅，翅纸质，具圆钝的齿；种子50~60颗，扁平，三角形。

特征差异研究：深圳坝光，叶长11.1~9.8cm，叶宽7.5~6.1cm，叶柄0.3~0.2cm；偶数羽状复叶，一般有22片小叶，全缘，倒卵圆形或者短圆形。花：总状花序，花瓣为黄色，花冠直径约为2.3cm；5片小花瓣，长约1cm，宽约0.5cm，5片主花瓣，长约2.3cm，宽约1cm。

凭证标本：深圳坝光，吴凯涛(024)、魏若宇(063)。

分布地：分布于广东和云南南部地区。生于疏林或较干旱的山坡上。原产美洲热带地区，现广布于全世界热带地区。

主要经济用途：本种常被用作缓泻剂，种子有驱蛔虫之效。

球果猪屎豆 豆科 Leguminosae 猪屎豆属 别名：钩状猪屎豆

Crotalaria uncinella Lamk. Encycl. Meth. 2: 200. 1786.

主要形态学特征：草本或亚灌木，高达1m；茎枝圆柱形，幼时被毛，后渐无毛。托叶卵状三角形，长1~1.5mm；叶三出，柄长1~2cm；小叶椭圆形，长1~2cm，宽1~1.5cm，先端钝，具短尖头或有时凹，基部略楔形，两面叶脉清晰，中脉在下面凸尖，上面秃净无毛，下面被短柔毛，顶生小叶较侧生小叶大；小叶柄长约1mm。总状花序顶生、腋生或与叶对生，有花10~30朵；苞片极小，卵状三角形，长约1mm，小苞片与苞片相似，生萼筒基部；花梗长2~3mm；花萼近钟形，长3~4mm，5裂，萼齿阔披针形，约与萼筒等长，密被短柔毛；花冠黄色，伸出萼外，旗瓣圆形或椭圆形，长约5mm，翼瓣长圆形，约与旗瓣等长，龙骨瓣长于旗瓣，弯曲，具长喙，扭转；子房无柄，荚果卵球形，长约5mm，被短柔毛；种子2颗，成熟后朱红色。花果期8~12月。

凭证标本： 深圳坝光，姜林林(003，016)、何思宜(012)、周婉敏(006)。

分布地： 产广东、海南、广西。生山地路旁。海拔 50~1100m。分布到非洲、亚洲热带、亚热带地区。模式标本采自印度洋的留尼汪岛。

藤黄檀

豆科 Leguminosae　黄檀属
别名：藤檀、橙果藤

Dalbergia hancei Benth. in Journ. Linn. Soc. Bot. 4：（Sappl.）：44. 1860；et Fl. Hongk. 93. 1861.

主要形态学特征： 藤本。枝纤细，幼枝略被柔毛，小枝有时变钩状或旋扭。羽状复叶长 5~8cm；托叶膜质，披针形，早落；小叶 3~6 对，较小，狭长圆或倒卵状长圆形，长 10~20mm，宽 5~10mm，先端钝或圆，微缺，基部圆或阔楔形，嫩时两面被伏贴疏柔毛，成长时上面无毛。总状花序远较复叶短，幼时包藏于舟状、覆瓦状排列、早落的苞片内，数个总状花序常再集成腋生短圆锥花序；花梗长 1~2mm，与花萼和小苞片同被褐色短茸毛；基生小苞片卵形，副萼状小苞片披针形，均早落；花萼阔钟状，长约 3mm，萼齿短，阔三角形，除最下 1 枚先端急尖外，其余的均钝或圆，具缘毛；花冠绿白色，芳香，长约 6mm，各瓣均具长柄，旗瓣椭圆形，基部两侧稍呈截形，具耳，中间渐狭下延而成一瓣柄，翼瓣与龙骨瓣长圆形；雄蕊 9，单体，有时 10 枚，其中 1 枚对着旗瓣；子房线形，除腹缝略具缘毛外，其余无毛，具短的子房柄，花柱稍长，柱头小。荚果扁平，长圆形或带状，无毛，长 3~7cm，宽 8~14mm，基部收缩为一细果颈，通常有 1 粒种子，稀 2~4 粒；种子肾形，极扁平，长约 8mm，宽约 5mm。

特征差异研究： 深圳坝光，叶互生，叶长 1.3~2.4cm，宽 0.6~1.2cm，叶柄长 1.5~2.5cm；荚果长 2.8~6cm，宽 1.1~2cm。

凭证标本： 深圳坝光，廖栋耀(087)、洪继猛(064)。

分布地： 产安徽、浙江、江西、福建、广东、海南、广西、四川、贵州。生于山坡灌丛中或山谷溪旁。模式标本采自香港。

主要经济用途： 茎皮含单宁；纤维供编织；根、茎入药，能舒筋活络，用于治风湿痛，有理气止痛、破积之效。

凤凰木

豆科 Leguminosae　凤凰木属
别名：凤凰花、红花楹

Delonix regia(Boj.)Raf. Fl. Tellur. 2：92. 1836.

主要形态学特征： 高大落叶乔木，无刺，高达 20 余 m，胸径可达 1m；树皮粗糙，灰褐色；树冠扁圆形，分枝多而开展；小枝常被短柔毛并有明显的皮孔。叶为二回偶数羽状复叶，长 20~60cm，具托叶；下部的托叶明显地羽状分裂，上部的成刚毛状；叶柄长 7~12cm，光滑至被短柔毛，上面具槽，基部膨大呈垫状；羽片对生，15~20 对，长达 5~10cm；小叶 25 对，密集对生，长圆形，长 4~8mm，宽 3~4mm，两面被绢毛，先端钝，基部偏斜，边全缘；中脉明显；小叶柄短。伞房状总状花序顶生或腋生；花大而美丽，直径 7~10cm，鲜红至橙红色，具 4~10cm 长的花梗；萼片 5，里面红色，边缘绿黄色；花瓣 5，匙形，红色，具黄及白色花斑，长 5~7cm，宽 3.7~4cm，开花后向花萼反卷，瓣柄细长，长约 2cm；雄蕊 10 枚；红色，长短不等，长 3~6cm，向上弯，花丝粗，下半部被绵毛，花药红色，长约 5mm；子房长约 1.3cm，黄色，被柔毛，无柄或具短柄，花柱长 3~4cm，柱头小，截形。荚果带形，扁平，长 30~60cm，宽 3.5~5cm，稍弯曲，暗红褐色，成熟时黑褐色，顶端有宿存花柱。

分布地： 原产马达加斯加，世界热带地区常栽种。我国云南、广西、广东、福建、台湾等省栽培。

主要经济用途： 作为观赏树或行道树。树脂能溶于水，用于手工艺；木材轻软，富有弹性和特殊木纹，可作小型家具和工艺原料。种子有毒，忌食。

白花鱼藤 豆科 Leguminosae　鱼藤属

Derris albo-rubra Hemsl. in Curtis's Bot. Mag. 4：t. 8008. 1905.

主要形态学特征：常绿木质藤本，长6~7m。羽状复叶；叶柄基部增厚，上面有沟槽，长2.5~3.5cm；小叶2对，有时1对，革质，椭圆形、长圆形或倒卵状长圆形，长5~8(~15)cm，宽2~5(~7)cm，先端钝，微凹缺，基部阔楔形或圆形，无毛；小叶柄长2~3mm，无毛。圆锥花序顶生或腋生，狭窄，长15~30cm，花序轴和花梗薄被微柔毛；花萼红色，斜钟状，长3~4mm，萼齿5，最下1齿较长，被黄褐色短柔毛；花冠白色，长10~12mm，先端被微柔毛，旗瓣近圆形，先端微凹陷，基部无附属体，翼瓣基部有2耳；雄蕊单体；子房无柄，被黄色柔毛。荚果革质，斜卵形或斜长椭圆形，长2~5cm，宽2.2~2.5cm，扁平，无毛，腹缝翅宽3~4mm，背缝翅宽约1mm，通常有种子1~2粒。

特征差异研究：深圳坝光，奇数羽状，复叶长5.5~21cm，叶柄1.3~5.5cm，小叶5片，顶生小叶，叶长3~10cm，宽1.2~4.4cm，叶柄约3mm。侧生叶长1.2~7.6cm，宽0.9~3.6cm，叶柄约3mm。

凭证标本：深圳坝光，吴凯涛(048，070)。

分布地：产广东、广西。生于山地疏林或灌木丛中。越南也有分布。模式标本采自香港。

异叶山蚂蝗 豆科 Leguminosae　山蚂蝗属

别名：异叶山绿豆、变叶山蚂蝗

Desmodium heterophyllum(Willd.)DC. Prodr. 2：334. 1825.

主要形态学特征：平卧或上升草本，高10~70cm。茎纤细，多分枝，除幼嫩部分被开展柔毛外近无毛。叶为羽状三出复叶，小叶3，在茎下部有时为单小叶；托叶卵形，长3~6mm，被缘毛；叶柄长5~15mm，上面具沟槽，疏生长柔毛；小叶纸质，顶生小叶宽椭圆形或宽椭圆状倒卵形，长(0.5~)1~3cm，宽0.8~1.5cm，侧生小叶长椭圆形、椭圆形或倒卵状长椭圆形，长1~2cm，有时更小，先端圆或近截平，常微凹入，基部钝，上面无毛或两面均被疏毛，侧脉每边4~5条，不甚明显，不达叶缘，全缘；小托叶狭三角形，长约1mm；小叶柄长2~5mm，疏生长柔毛。花单生或成对生于腋内，不组成花序，或2~3朵散生于总梗上；苞片卵形；花梗长10~25mm，无毛或仅于顶部有少数钩状毛；花萼宽钟形，长约3mm，被长柔毛和小钩状毛，5深裂，裂片披针形，较萼筒长；花冠紫红色至白色，长约5mm，旗瓣宽倒卵形，翼瓣倒卵形或长椭圆形，具短耳，龙骨瓣稍弯曲，具短瓣柄；雄蕊二体，长约4mm；雌蕊长约5mm，子房被贴伏柔毛。荚果长12~18mm，宽约3mm，窄长圆形，直或略弯曲，腹缝线劲直，背缝线深波状，有荚节3~5，扁平，荚节宽长圆形或正方形，长3.5~4mm，老时近无毛，有网脉。

凭证标本：深圳坝光，魏若宇(070)。

分布地：产安徽、福建、江西、广东、海南、广西、云南及台湾。生于河边、田边、路旁、草地，海拔250~480m。印度、尼泊尔、斯里兰卡、缅甸、泰国、越南、太平洋群岛和大洋洲也有分布。

三叶木蓝 豆科 Leguminosae　木蓝属

Indigofera trifoliata Linn. Cent. Pl. 2：29. 1756.

主要形态学特征：多年生草本。茎平卧或近直立，基部木质化，具细长分枝，初期被毛，后变无毛。三出羽状或掌状复叶；叶柄长6~10mm，纤细；托叶微小；小叶膜质，倒卵状长椭圆形或倒披针形，长1~2.5cm，宽4~7mm，先端圆，基部楔形，上面灰绿色，下面淡绿色，有暗褐色或红色腺点，两面被柔毛，中脉上面凹入，侧脉不明显；小叶柄长0.5~1mm。总状花序近头状，远较复叶短，花小，通常6~12朵，密集；总花梗长约2.5mm，密生长硬毛；花萼钟状，长约2.5mm，萼齿刚毛状，长达2mm；花冠红色，旗瓣倒卵形，长约6mm，被毛，翼瓣长圆形，无毛，龙骨瓣镰形，外面密被毛；花药圆形；子房无毛。荚果长1~1.5cm，下垂，背腹两缝线有明显的棱脊，有种子6~8粒。

特征差异研究：叶长2.2~3.5cm，宽0.5~0.6cm，小叶柄长0.5~1mm。

凭证标本：深圳坝光，魏若宇(004，023)。

分布地：产广东(广州)、海南、广西(融水)、四川(德昌、会理)、云南(宾川、蒙自、昆明)。生于山坡草地及田边草地，海拔1700m以下。越南、缅甸、印度尼西亚、菲律宾、尼泊尔、斯里兰卡、印度、巴基斯坦及澳大利亚也有分布。

主要经济用途：清热消肿。主治发热头痛、咽喉肿痛、痄腮、乳痈、痈肿疮毒等多种热炽毒盛。

截叶铁扫帚 豆科 Leguminosae 胡枝子属 别名：夜关门

Lespedeza cuneata(Dum. -Cours.)G. Don, Gen. Syst. 2: 307. 1832.

主要形态学特征：小灌木，高达1m。茎直立或斜升，被毛，上部分枝；分枝斜上举。叶密集，柄短；小叶楔形或线状楔形，长1~3cm，宽2~5(~7)mm，先端截形或近截形，具小刺尖，基部楔形，上面近无毛，下面密被伏毛。总状花序腋生，具2~4朵花；总花梗极短；小苞片卵形或狭卵形，长1~1.5mm，先端渐尖，背面被白色伏毛，边具缘毛；花萼狭钟形，密被伏毛，5深裂，裂片披针形；花冠淡黄色或白色，旗瓣基部有紫斑，有时龙骨瓣先端带紫色，冀瓣与旗瓣近等长，龙骨瓣稍长；闭锁花簇生于叶腋。荚果宽卵形或近球形，被伏毛，长2.5~3.5mm，宽约2.5mm。

特征差异研究：三出复叶，顶生叶长1.5~2cm，宽0.5~0.7cm，叶柄长0.3~0.4cm，侧生叶长0.9~1cm，宽0.2~0.3cm，叶柄长0.1cm。

凭证标本：深圳坝光，邱小波(070)。

分布地：产陕西、甘肃、山东、台湾、河南、湖北、湖南、广东、四川、云南、西藏等省区。生于海拔2500m以下的山坡路旁。朝鲜、日本、印度、巴基斯坦、阿富汗及澳大利亚也有分布。

银合欢 豆科 Leguminosae 银合欢属 别名：白合欢

Leucaena leucocephala(Lam.)de Wit in Taxon 10: 54. 1961.

主要形态学特征：灌木或小乔木，高2~6m；幼枝被短柔毛，老枝无毛，具褐色皮孔，无刺；托叶三角形，小。羽片4~8对，长5~9(~16)cm，叶轴被柔毛，在最下一对羽片着生处有黑色腺体1枚；小叶5~15对，线状长圆形，长7~13mm，宽1.5~3mm，先端急尖，基部楔形，边缘被短柔毛，中脉偏向小叶上缘，两侧不等宽。头状花序通常1~2个腋生，直径2~3cm；苞片紧贴，被毛，早落；总花梗长2~4cm；花白色；花萼长约3mm，顶端具5细齿，外面被柔毛；花瓣狭倒披针形，长约5mm，背被疏柔毛；雄蕊10枚，通常被疏柔毛，长约7mm；子房具短柄，上部被柔毛，柱头凹下呈杯状。荚果带状，长10~18cm，宽1.4~2cm，顶端凸尖，基部有柄，纵裂，被微柔毛；种子6~25颗，卵形，长约7.5mm，褐色，扁平，光亮。

特征差异研究：深圳坝光，叶长0.9cm，叶宽0.2cm。

凭证标本：深圳坝光，陈志洁(056)、邱小波(061)。

分布地：产台湾、福建、广东、广西和云南。生于低海拔的荒地或疏林中。原产热带美洲，现广布于各热带地区。

主要经济用途：本种耐旱力强，适为荒山造林树种，亦可作咖啡或可可的荫蔽树种或植作绿篱；木质坚硬，为良好的薪炭材。叶可作绿肥及家畜饲料，但因含含羞草素(mimosine)、α-氨基酸(alpha-amino acid)，马、驴、骡及阉猪等不宜大量饲喂。

香花崖豆藤 豆科 Leguminosae 崖豆藤属

别名：山鸡血藤

Millettia dielsiana Harms in Bot. Jahrb. 29：412. 1900.

主要形态学特征：攀缘灌木，长2~5m。茎皮灰褐色，剥裂，羽状复叶有小叶2对，小叶纸质，披针形、长圆形至狭长圆形，先端极尖至渐尖，基部钝圆。圆锥花序顶生，宽大，花枝伸展；花冠紫红色，旗瓣阔卵形至倒阔卵形，密被银色绢毛。荚果线形至长圆形，扁平；种子长圆形凸镜形。花期5~9月；果期6~11月。

特征差异研究：深圳坝光，一回奇数羽状复叶，小叶5~7瓣，叶长4.8~11cm，叶柄长0.5~3cm，顶生小叶片长3.2~5.5cm；宽1.8~2.5cm；叶柄0.3cm；侧生小叶叶长2~4.2cm，宽1.2~2.4cm，叶柄长0.3cm；花紫白色，蝶形花；旗瓣长1.8cm，宽1.3cm，翼瓣长1.3cm，宽0.3cm，龙骨瓣长0.7cm，宽0.4cm，龙骨瓣分开。二体雄蕊，长1.6cm，雌蕊长1.6cm。

凭证标本：深圳坝光，陈志洁(055)、洪继猛(094)。

分布地：产江西、福建、广东、广西、贵州。生于山坡杂木林缘或灌丛中。

美丽崖豆藤 豆科 Leguminosae 崖豆藤属

别名：牛大力藤、山莲藕

Millettia speciosa Champ. in Kew Journ. Bot. Misc. 4：73. 1852.

主要形态学特征：藤本，树皮褐色。小枝圆柱形，初被褐色绒毛，后渐脱落。羽状复叶长15~25cm；叶柄长3~4cm，叶轴被毛，上面有沟；托叶披针形，长3~5mm，宿存；小叶通常6对，间隔1.5~2cm，硬纸质，长圆状披针形或椭圆状披针形，长4~8cm，宽2~3cm，先端钝圆，短尖，基部钝圆。边缘略反卷，上面无毛，干后粉绿色，光亮，下面被锈色柔毛或无毛，干后红褐色，侧脉5~6对，二次环结，细脉网状，上面平坦，下面略隆起；小叶柄长1~2mm，密被绒毛；小托叶针刺状，长2~3mm，宿存。圆锥花序腋生，常聚集枝梢成带叶的大型花序，长达30cm，密被黄褐色绒毛，花1~2朵并生或单生密集于花序轴上部呈长尾状；苞片披针状卵形，长4~5mm，脱落；小苞片卵形，长约4mm，离萼生；花大，长2.5~3.5cm，有香气；花梗长8~12mm，与花萼、花序轴同被黄褐色绒毛；花萼钟状，长约1.2cm，宽约1.2cm；萼齿钝圆，短于萼筒；花冠白色、米黄色至淡红色，花瓣近等长，旗瓣无毛，圆形，径约2cm，基部略呈心形，具2枚胼胝体，翼瓣长圆形，基部具钩状耳，龙骨瓣镰形；雄蕊二体，旗瓣的1枚离生；花盘筒状，深1~2mm；子房线形，密被绒毛，具柄，花柱向上旋卷，柱头下指。荚果线状，伸长，长10~15cm，宽1~2cm，扁平，顶端狭尖，具喙，基部具短颈，密被褐色绒毛，果瓣木质，开裂，有种子4~6粒；种子卵形。

特征差异研究：深圳坝光，叶长11.3~12.3cm，叶宽2.8~3.9cm，叶柄0.3cm。

凭证标本：深圳坝光，陈鸿辉(056)。

分布地：产福建、湖南、广东、海南、广西、贵州、云南。生于灌丛、疏林和旷野，海拔1500m以下。越南也有分布，模式标本采自香港。

主要经济用途：根含淀粉甚丰富，既可酿酒，又可入药，有通经活络、补虚润肺和健脾的功效。

含羞草 豆科 Leguminosae 含羞草属

别名：知羞草、怕丑草

Mimosa pudica Linn. Sp. Pl. 518. 1753；DC. Prodr. 2：426. 1825.

主要形态学特征：披散、亚灌木状草本，高可达1m；茎圆柱状，具分枝，有散生、下弯的钩刺及倒生刺毛。托叶披针形，长5~10mm，有刚毛。羽片和小叶触之即闭合而下垂；羽片通常2

对，指状排列于总叶柄之顶端，长3~8cm；小叶10~20对，线状长圆形，长8~13mm，宽1.5~2.5mm，先端急尖，边缘具刚毛。头状花序圆球形，直径约1cm，具长总花梗，单生或2~3个生于叶腋；花小，淡红色，多数；苞片线形；花萼极小；花冠钟状，裂片4，外面被短柔毛；雄蕊4枚，伸出于花冠之外；子房有短柄，无毛；胚珠3~4颗，花柱丝状，柱头小。荚果长圆形，长1~2cm，宽约5mm，扁平，稍弯曲，荚缘波状，具刺毛，成熟时荚节脱落，荚缘宿存；种子卵形，长3.5mm。

分布地：产台湾、福建、广东、广西、云南等地。生于旷野荒地、灌木丛中，长江流域常有栽培供观赏。原产热带美洲，现广布于世界热带地区。

主要经济用途：全草供药用，有安神镇静的功效，鲜叶捣烂外敷治带状疱疹。

光荚含羞草 豆科 Leguminosae 含羞草属

Mimosa sepiaria Benth. in London Journ. Bot. 4：395. 1845.

主要形态学特征：落叶灌木，高3~6m；小枝无刺，密被黄色茸毛。二回羽状复叶，羽片6~7对，长2~6cm，叶轴无刺，被短柔毛，小叶12~16对，线形，长5~7mm，宽1~1.5mm，革质，先端具小尖头，除边缘疏具缘毛外，余无毛，中脉略偏上缘。头状花序球形；花白色；花萼杯状，极小；花瓣长圆形，长约2mm，仅基部连合；雄蕊8枚，花丝长4~5mm。荚果带状，劲直，长3.5~4.5cm，宽约6mm，无刺毛，褐色，通常有5~7个荚节，成熟时荚节脱落而残留荚缘。

特征差异研究：深圳坝光，二回偶数羽状复叶，一回叶长3.4~12.5cm，叶柄长0.2~1.5cm，二回叶长2.6~6.1cm，小叶长7~8mm，宽1.5~2mm，无叶柄，果实为荚果，长6~6.5cm，宽0.6~0.7cm，厚度约1mm。

凭证标本：深圳坝光，李志伟(069)、吴凯涛(053)

分布地：产广东南部沿海地区。逸生于疏林下。原产热带美洲。

白花油麻 豆科 Leguminosae 藤黧豆属

别名：大兰布麻、禾雀花

Mucuna birdwoodiana Tutch. in Journ. Linn. Soc. Bot. 37：65. 1904.

主要形态学特征：常绿、大型木质藤本。老茎外皮灰褐色，断面淡红褐色，有3~4偏心的同心圆圈，断面先流白汁，2~3min后有血红色汁液形成；幼茎具纵沟槽，皮孔褐色，凸起，无毛或节间被伏贴毛。羽状复叶具3小叶，叶长17~30cm；托叶早落；叶柄长8~20cm；叶轴长2~4cm；小叶近革质，顶生小叶椭圆形、卵形或略呈倒卵形，通常较长而狭，长9~16cm，宽2~6cm，先端具长达1.3~2cm的渐尖头，基部圆形或稍楔形，侧生小叶偏斜，长9~16cm，两面无毛或散生短毛，侧脉3~5，中脉、侧脉、网脉在两面凸起；无小托叶；小叶柄长4~8mm，具稀疏短毛。总状花序生于老枝上或生于叶腋，长20~38cm，有花20~30朵，常呈束状；苞片卵形，长约2mm，早落；花梗长1~1.5cm，具稀疏或密生的暗褐色伏贴毛；小苞片早落；花萼内面与外面密被浅褐色伏贴毛，外面被红褐色脱落的粗刺毛，萼筒宽杯形，长1~1.5cm，宽1.5~2.5cm，2侧齿三角形，长5~8mm，最下齿狭三角形，长5~15mm，上唇宽三角形，常与侧齿等长；花冠白色或带绿白色，旗瓣长3.5~4.5cm，先端圆，基部耳长4mm，翼瓣长6.2~7.1cm，先端圆，瓣柄长约8mm，密被浅褐色短毛，耳长约5mm，龙骨瓣长7.5~8.7cm，基部瓣柄长7~8mm，耳长不过1mm，密被褐色短毛；雄蕊管长5.5~6.5cm；子房密被直立暗褐色短毛。果木质，带形，长30~45cm，宽3.5~4.5cm，厚1~1.5cm，近念珠状，密被红褐色短绒毛，幼果常被红褐色脱落的刚毛，沿背、腹缝线各具宽3~5mm的木质狭翅，有纵沟，内部在种子之间有木质隔膜，厚达4mm；种子5~13颗，深紫黑色，近肾形，长约2.8cm，宽约2cm，厚8~10mm，常有光泽，种脐为种子周长的1/2~3/4。

分布地：产江西、福建、广东、广西、贵州、四川等省区。生于海拔800~2500m的山地阳处、路旁、溪边，常攀缘在乔、灌木上。模式标本采自香港。

主要经济用途：民间将本种用作通经络、强筋骨草药。种子含淀粉，有毒，不宜食用。

排钱树

豆科 Leguminosae　排钱树属

别名：圆叶小槐花、龙鳞草

Phyllodium pulchellum(Linn.) Desv. in Journ. de Bot. ser. 2. 1: 124. t. 5. f. 24. 1815.

主要形态学特征：灌木，高0.5~2m。小枝被白色或灰色短柔毛。托叶三角形，长约5mm，基部宽2mm；叶柄长5~7mm，密被灰黄色柔毛；小叶革质，顶生小叶卵形、椭圆形或倒卵形，长6~10cm，宽2.5~4.5cm，侧生小叶约比顶生小叶小1倍，先端钝或急尖，基部圆或钝，侧生小叶基部偏斜，边缘稍呈浅波状，上面近无毛，下面疏被短柔毛，侧脉每边6~10条，在叶缘处相连接，下面网脉明显；小托叶钻形，长1mm；小叶柄长1mm，密被黄色柔毛。伞形花序有花5~6朵，藏于叶状苞片内，叶状苞片排列成总状圆锥花序状，长8~30cm或更长；叶状苞片圆形，直径1~1.5cm，两面略被短柔毛及缘毛，具羽状脉；花梗长2~3mm，被短柔毛；花萼长约2mm，被短柔毛；花冠白色或淡黄色，旗瓣长5~6mm，基部渐狭，具短宽的瓣柄，翼瓣长约5mm，宽约1mm，基部具耳，具瓣柄，龙骨瓣长约6mm，宽约2mm，基部无耳，但具瓣柄；雌蕊长6~7mm，花柱长4.5~5.5mm，近基部处有柔毛。荚果长6mm，宽2.5mm，腹、背两缝线均稍缢缩，通常有荚节2，成熟时无毛或有疏短柔毛及缘毛；种子宽椭圆形或近圆形，长2.2~2.8mm，宽2mm。

特征差异研究：深圳坝光，对生叶，三出复叶，顶生小叶，叶长2~7.2cm，宽2~2.8cm，叶柄长2~3mm；侧生小叶长3~3.8cm，宽1.5~1.7cm，小叶柄长2~3mm。

凭证标本：深圳坝光，陈志洁(082)、何思谊(009)、洪继猛(085)、姜林林(008)、李志伟(081)、万小丽(012)、周婉敏(010)。

分布地：产福建、江西南部、广东、海南、广西、云南南部及台湾。生于丘陵荒地、路旁或山坡疏林中，海拔160~2000m。印度、斯里兰卡、缅甸、泰国、越南、老挝、柬埔寨、马来西亚、澳大利亚北部也有分布。

主要经济用途：根、叶供药用，有解表清热、活血散瘀之效。

猴耳环

豆科 Leguminosae　猴耳环属

别名：围涎树、鸡心树

Pithecellobium clypearia(Jack) Benth. in London Journ. Bot. 3: 209. 1844.

主要形态学特征：乔木，高可达10m；小枝无刺，有明显的棱角，密被黄褐色绒毛。托叶早落；二回羽状复叶；羽片3~8对，通常4~5对；总叶柄具4棱，密被黄褐色柔毛，叶轴上及叶柄近基部处有腺体，最下部的羽片有小叶3~6对，最顶部的羽片有小叶10~12对，有时可达16对；小叶革质，斜菱形，长1~7cm，宽0.7~3cm，顶部的最大，往下渐小，上面光亮，两面稍被褐色短柔毛，基部极不等侧，近无柄。花具短梗，数朵聚成小头状花序，再排成顶生和腋生的圆锥花序；花萼钟状，长约2mm，5齿裂，与花冠同密被褐色柔毛；花冠白色或淡黄色，长4~5mm，中部以下合生，裂片披针形；雄蕊长约为花冠的2倍，下部合生；子房具短柄，有毛。荚果旋卷，宽1~1.5cm，边缘在种子间缢缩；种子4~10颗，椭圆形或阔椭圆形，长约1cm，黑色，种皮皱缩。

特征差异研究：羽片叶长3.3~4.0cm，宽1.6~1.9cm，叶柄长0.1cm。

凭证标本：深圳坝光，邱小波(047)、赵顺(046)。

分布地：产浙江、福建、台湾、广东、广西、云南。生于林中。热带亚洲广布。

主要经济用途：树皮含单宁，可提制栲胶。

亮叶猴耳环 豆科 Leguminosae 猴耳环属

别名：亮叶围诞树、雷公凿

Pithecellobium lucidum Benth. in London Journ. Bot. 3：207. 1844；et Fl. Hongk. 102. 1861.

主要形态学特征：乔木，高2~10m；小枝无刺，嫩枝、叶柄和花序均被褐色短茸毛。羽片1~2对；总叶柄近基部、每对羽片下和小叶片下的叶轴上均有圆形而凹陷的腺体，下部羽片通常具2~3对小叶，上部羽片具4~5对小叶；小叶斜卵形或长圆形，长5~9(~11)cm，宽2~4.5cm，顶生的一对最大，对生，余互生且较小，先端渐尖而具钝小尖头，基部略偏斜，两面无毛或仅在叶脉上有微毛，上面光亮，深绿色。头状花序球形，有花10~20朵，总花梗长不超过1.5cm，排成腋生或顶生的圆锥花序；花萼长不及2mm，与花冠同被褐色短茸毛；花瓣白色，长4~5mm，中部以下合生；子房具短柄，无毛。荚果旋卷成环状，宽2~3cm，边缘在种子间缢缩；种子黑色，长约1.5cm，宽约1cm。

分布地：产浙江、台湾、福建、广东、广西、云南、四川等省区。生于疏林或密林中或林缘灌木丛中。印度和越南亦有分布。

主要经济用途：木材用作薪炭；枝叶入药，能消肿祛湿；果有毒。

葛 豆科 Leguminosae 葛属

别名：野葛、葛藤

Pueraria lobata(Willd.)Ohwi in Bull. Tokyo Sci. Mus. 18：16. 1947.

主要形态学特征：粗壮藤本，长可达8m，全体被黄色长硬毛，茎基部木质，有粗厚的块状根。羽状复叶具3小叶；托叶背着，卵状长圆形，具线条；小托叶线状披针形，与小叶柄等长或较长；小叶3裂，偶尔全缘，顶生小叶宽卵形或斜卵形，长7~15(~19)cm，宽5~12(~18)cm，先端长渐尖，侧生小叶斜卵形，稍小，上面被淡黄色、平伏的疏柔毛，下面柔毛较密；小叶柄被黄褐色绒毛。总状花序长15~30cm，中部以上有颇密集的花；苞片线状披针形至线形，远比小苞片长，早落；小苞片卵形，长不及2mm；花2~3朵聚生于花序轴的节上；花萼钟形，长8~10mm，被黄褐色柔毛，裂片披针形，渐尖，比萼管略长；花冠长10~12mm，紫色，旗瓣倒卵形，基部有2耳及一黄色硬痂状附属体，具短瓣柄，翼瓣镰状，较龙骨瓣为狭，基部有线形、向下的耳，龙骨瓣镰状长圆形，基部有极小、急尖的耳；对旗瓣的1枚雄蕊仅上部离生；子房线形，被毛。荚果长椭圆形，长5~9cm，宽8~11mm，扁平。

特征差异研究：羽状复叶具3小叶，顶生叶长11~12.3cm，宽6.0~6.5cm，叶柄长2~2.4cm，侧生叶长8~8.5cm，宽5.8~6.5cm，叶柄长0.4~0.6cm。

凭证标本：深圳坝光，赵顺(071)。

分布地：产我国南北各地，除新疆、青海及西藏外，分布几遍全国。生于山地疏林或密林中。东南亚至澳大利亚亦有分布。

主要经济用途：根供药用，有解表退热、生津止渴、止泻的功效，并能改善高血压病人的头晕、头痛、耳鸣等症状。有效成分为黄豆苷元(daidzein)、黄苷(daidzin)及葛根素(puerarin)等。茎皮纤维供织布和造纸用。古代应用甚广，葛衣、葛巾均为平民服饰，葛纸、葛绳应用亦久，葛粉用于解酒。也是一种良好的水土保持植物。

马占相思 豆科 Leguminosae 金合欢属

Acaica mangium Willd.

主要形态学特征：常绿小乔木，高可达8m。幼枝具棱角。叶柄叶状，椭圆形至纺锤形，长12~15cm，互生，倒卵形或椭圆形，全缘，革质，中部宽，两端收窄，纵向平行脉4条，掌状脉，叶型宽大，枝叶朝天生长。花序穗状，下垂；花冠淡黄白色。荚果呈扁圆条状、扭曲。

分布地：原产于澳大利亚。我国南方地区有引种。

主要经济用途：株形优美，枝叶茂盛，为公园、庭园良好的绿荫树，也是荒山造林绿化的优良树种。

香港崖豆 豆科 Leguminosae　崖豆藤属

别名：香港崖豆藤(中国主要植物图说·豆科)

Millettia oraria Dunn in Journ. Linn. Soc. Bot. 41：149. 1912；中国主要植物图说·豆科，286. 1955.

主要形态学特征：直立灌木或小乔木；树皮光滑。小枝灰黑色，具纵棱，密被灰色绒毛，皮孔散布，凸起，裂口被白粉。羽状复叶长 15~20cm；叶柄长 3.5~4.5cm，叶轴密被黄色绒毛，上面有宽沟；托叶披针形，长 2~3mm，贴茎生；小叶(3~)4~6(~7)对，间隔 1~2cm，纸质，椭圆形或阔卵形，长 4~5.5cm，宽 2~3cm，先端圆钝，基部圆形或近心形，上面密被柔毛，但可见叶面，下面密被绒毛，侧脉 6~7 对，直达叶缘，细脉不明显；小叶柄长约 2mm，密被绒毛；小托叶针刺状，长约 2mm，被毛。总状圆锥花序腋生，聚集于枝梢，长 6~15cm，短于复叶，密被黄色绒毛，生花节短；花 1~3 朵着生节上；苞片、小苞片均小，披针形；花长 8~11mm；花梗长约 1cm；花萼钟状，长约 3mm，宽约 3mm，与花梗被同样绒毛，萼齿阔三角形，短于萼筒；花冠紫红色，旗瓣被细柔毛，近圆形，瓣柄短，翼瓣长圆状镰形，龙骨瓣阔卵形，基部截平；雄蕊二体；子房线形，密被绢毛，花柱短，向上弯曲，胚珠 2~4 粒。荚果线形，长 5~9cm，宽 1~1.5cm，扁平，密被褐色绒毛，渐稀疏，瓣裂，有种子 2~3 粒；种子橙黄色，扁圆形，种阜环绕珠柄，白色，薄片状。花期 5 月，果期 11 月。

凭证标本：深圳坝光，余欣繁(399)。

分布地：产广东、广西沿海地区。模式标本采自香港。

葛麻姆 豆科 Leguminosae　葛属

Pueraria montana (Loureiro) Merrill var. *montana* (Lour.) van der Maesen, op. cit. 53. 1985. ——*Glycine javanica* Linn. Sp. Pl. 754. 1753. non Pueraria, javanica(Benth.) Benth. vide Verdcourt, 1968.

主要形态学特征：粗壮藤本，长可达 8m，全体被黄色长硬毛，茎基部木质，有粗厚的块状根。羽状复叶具 3 小叶；托叶背着，卵状长圆形，具线条；小托叶线状披针形，与小叶柄等长或较长；小叶 3 裂，偶尔全缘，顶生小叶宽卵形，长大于宽，长 9~18cm，宽 6~12cm，先端渐尖，基部近圆形，通常全缘，侧生小叶略小而偏斜，两面均被长柔毛，下面毛较密；小叶柄被黄褐色绒毛。总状花序长 15~30cm，中部以上有颇密集的花；苞片线状披针形至线形，远比小苞片长，早落；小苞片卵形，长不及 2mm；花 2~3 朵聚生于花序轴的节上；花萼钟形，长 8~10mm，被黄褐色柔毛，裂片披针形，渐尖，比萼管略长；花冠长 12~15mm，旗瓣圆形，基部有 2 耳及一黄色硬痂状附属体，具短瓣柄，翼瓣镰状，较龙骨瓣为狭，基部有线形、向下的耳，龙骨瓣镰状长圆形，基部有极小、急尖的耳；对旗瓣的 1 枚雄蕊仅上部离生；子房线形，被毛。荚果长椭圆形，长 5~9cm，宽 8~11mm，扁平。

特征差异研究：深圳坝光，叶长 7.8~10.5cm，叶宽 2.6~3.8cm，叶柄 0.8~1cm。

凭证标本：深圳坝光，邱小波(067)、周婉敏(002)、廖栋耀(085)。

分布地：产云南、四川、贵州、湖北、浙江、江西、湖南、福建、广西、广东、海南和台湾。生于旷野灌丛中或山地疏林下。日本、越南、老挝、泰国和菲律宾有分布。

蔓茎葫芦茶 豆科 Leguminosae　葫芦茶属

别名：龙舌黄、一条根

Tadehagi pseudotriquetrum(DC.) Yang et Huang, comb. nov. ——*Desmodium pseudotriquetrum* DC. in Ann. Sci. Nat. Bot. 4：100 et Prodr. 2：326. 1825.

主要形态学特征：灌木，茎蔓生，长 30~60cm。幼枝三棱形，棱上疏被短硬毛，老时变无毛。叶仅具单小叶；托叶披针形，长达 1.5cm，有条纹；叶柄长 0.7~3.2cm，两侧有宽翅，翅宽 3~

7mm，与叶同质；小叶卵形，有时为卵圆形，长3~10cm，宽1.3~5.2cm，先端急尖，基部心形，上面无毛，下面沿脉疏被短柔毛，侧脉每边约8条，近叶缘处弧曲连结，网脉在下面明显。总状花序顶生和腋生，长达25cm，被贴伏丝状毛和小钩状毛；花通常2~3朵簇生于每节上；苞片狭三角形或披针形，长达10mm，花梗长约5mm，被丝状毛和小钩状毛；花萼长5mm，疏被柔毛，萼裂片披针形，稍长于萼筒；花冠紫红色，长7mm，伸出萼外；旗瓣近圆形，先端凹入，翼瓣倒卵形，基部具钝而向下的耳，龙骨瓣镰刀状，无耳，有瓣柄，瓣柄长略与瓣片相等；子房被毛，花柱无毛。荚果长2~4cm，宽约5mm，仅背腹缝线密被白色柔毛；果皮无毛，具网脉，腹缝线直，背缝线稍缢缩，有荚节5~8。

特征差异研究：深圳坝光，有豆荚，长4cm，宽5mm。荚果很薄，0.5cm。叶长3.4~13cm，叶宽1~3.8cm，叶柄0.6~3.3cm，叶翅宽0.15~0.8cm；紫色小花，蝶形花，旗瓣长0.6cm，宽0.3cm，翼瓣长0.5cm，宽0.2cm，龙骨瓣长0.6cm，宽0.5cm。

凭证标本：深圳坝光，邱小波(062)、吴凯涛(058，063)。

分布地：产江西南部、湖南、广东北部、广西、四川、贵州、云南和台湾。生于山地疏林下，海拔500~2000m。印度、尼泊尔、菲律宾也有分布。

娃儿藤 萝藦科 Asclepiadaceae 娃儿藤属

别名：白龙须、哮喘草

Tylophora ovata(Lindl.) Hook. ex Steud. Nomencl. ed. 2，2：726. 1841.

主要形态学特征：攀缘灌木；须根丛生；茎上部缠绕；茎、叶柄、叶的两面、花序梗、花梗及花萼外面均被锈黄色柔毛。叶卵形，长2.5~6cm，宽2~5.5cm，顶端急尖，具细尖头，基部浅心形；侧脉明显，每边约4条。聚伞花序伞房状，丛生于叶腋，通常不规则两歧，着花多朵；花小，淡黄色或黄绿色，直径5mm；花萼裂片卵形，有缘毛，内面基部无腺体；花冠辐状，裂片长圆状披针形，两面被微毛；副花冠裂片卵形，贴生于合蕊冠上，背部肉质隆肿，顶端高达花药一半；花药顶端有圆形薄膜片，内弯向柱头；花粉块每室1个，圆球状，平展；子房由2枚离生心皮组成，无毛；柱头五角状，顶端扁平。蓇葖双生，圆柱状披针形，长4~7cm，径0.7~1.2cm，无毛；种子卵形，长7mm，顶端截形，具白色绢质种毛；种毛长3cm。

分布地：产于云南、广西、广东、湖南和台湾。生长于海拔900m以下山地灌木丛中及山谷或向阳疏密杂树林中。分布于越南、老挝、缅甸、印度。模式标本采自广东。

主要经济用途：根及全株可药用，能祛风、止咳、化痰、催吐、散瘀；可治风湿腰痛、跌打损伤、胃痛、哮喘、毒蛇咬伤等。

狗骨柴 茜草科 Rubiaceae 狗骨柴属

别名：青凿树、三萼木

Diplospora dubia(Lindl.) Masam. in Trans. Nat. Hist. Soc. Formosa. 29：269. 1939.

主要形态学特征：灌木或乔木，高1~12m。叶革质，少为厚纸质，卵状长圆形、长圆形、椭圆形或披针形，长4~19.5cm，宽1.5~8cm，顶端短渐尖、骤然渐尖或短尖，尖端常钝，基部楔形或短尖、全缘而常稍背卷，有时两侧稍偏斜，两面无毛，干时常呈黄绿色而稍有光泽；侧脉纤细，5~11对，在两面稍明显或稀在下面稍凸起；叶柄长4~15mm；托叶长5~8mm，下部合生，顶端钻形，内面有白色柔毛。花腋生密集成束或组成具总花梗、稠密的聚伞花序；总花梗短，有短柔毛；花梗长约3mm，有短柔毛；萼管长约1mm，萼檐稍扩大，顶部4裂，有短柔毛；花冠白色或黄色，冠管长约3mm，花冠裂片长圆形，约与冠管等长，向外反卷；雄蕊4枚，花丝长2~4mm，与花药近等长；花柱长约3mm，柱头2分枝，线形，长约1mm。浆果近球形，直径4~9mm，有疏短柔毛或无毛，成熟时红色，顶部有萼檐残迹；果柄纤细，有短柔毛，长3~8mm；种子4~8颗，近卵形，暗红色，直径3~4mm，长5~6mm。

特征差异研究：叶长11.4~13.7cm，宽3.9~4.9，叶柄长1.6~1.8cm。

凭证标本：深圳坝光，陈鸿辉(065)。

分布地：产于江苏、安徽、浙江、江西、福建、台湾、湖南、广东、香港、广西、海南、四川、云南；生于海拔 40~1500m 处的山坡、山谷沟边、丘陵、旷野的林中或灌丛中。国外分布于日本、越南。模式标本采自我国，具体地点不详。

主要经济用途：木材致密强韧，加工容易，可为器具及雕刻细工用材。

栀子 茜草科 Rubiaceae 栀子属

别名：水横枝、黄果子

Gardenia jasminoides Ellis in Philos. Trans. 51(2)：935，t. 23. 1761.

主要形态学特征：灌木，高 0.3~3m；嫩枝常被短毛，枝圆柱形，灰色。叶对生，革质，稀为纸质，少为 3 枚轮生，叶形多样，通常为长圆状披针形、倒卵状长圆形、倒卵形或椭圆形，长 3~25cm，宽 1.5~8cm，顶端渐尖、骤然长渐尖或短尖而钝，基部楔形或短尖，两面常无毛，上面亮绿，下面色较暗；侧脉 8~15 对，在下面凸起，在上面平；叶柄长 0.2~1cm；托叶膜质。花芳香，通常单朵生于枝顶，花梗长 3~5mm；萼管倒圆锥形或卵形，长 8~25mm，有纵棱，萼檐管形，膨大，顶部 5~8 裂，通常 6 裂，裂片披针形或线状披针形，长 10~30mm，宽 1~4mm，结果时增长，宿存；花冠白色或乳黄色，高脚碟状，喉部有疏柔毛，冠管狭圆筒形，长 3~5cm，宽 4~6mm，顶部 5~8 裂，通常 6 裂，裂片广展，倒卵形或倒卵状长圆形，长 1.5~4cm，宽 0.6~2.8cm；花丝极短，花药长 1.5~2.2cm，伸出；花柱粗厚，长约 4.5cm，柱头纺锤形，伸出，长 1~1.5cm，宽 3~7mm，子房直径约 3mm，黄色，平滑。果卵形、近球形、椭圆形或长圆形，黄色或橙红色，长 1.5~7cm，直径 1.2~2cm，有翅状纵棱 5~9 条，顶部的宿存萼片长达 4cm，宽达 6mm；种子多数，扁，近圆形而稍有棱角，长约 3.5mm，宽约 3mm。

特征差异研究：叶长 3.8~5.3cm，宽 1.3~1.5cm，叶柄长 0.1~0.2cm。

凭证标本：深圳坝光，赖标汶(014)、黄启聪(103)。

分布地：产于山东、江苏、安徽、浙江、江西、福建、台湾、湖北、湖南、广东、香港、广西、海南、四川、贵州和云南，河北、陕西和甘肃有栽培；生于海拔 10~1500m 处的旷野、丘陵、山谷、山坡、溪边的灌丛或林中。国外分布于日本、朝鲜、越南、老挝、柬埔寨、印度、尼泊尔、巴基斯坦、太平洋岛屿和美洲北部，野生或栽培。模式标本采自我国，具体地点不详。

主要经济用途：本种作盆景植物，称“水横枝”；花大而美丽、芳香，广植于庭园供观赏。干燥成熟果实是常用中药，其主要化学成分有去羟栀子苷，又称京尼平苷(geniposide)、栀子苷(gardenoside)、黄酮类栀子素(gardenin)、山栀苷(Shanzhjside)等；能清热利尿、泻火除烦、凉血解毒、散瘀。叶、花、根亦可作药用。从成熟果实亦可提取栀子黄色素，在民间作染料应用，在化妆品等工业中用作天然着色剂原料，又是一种品质优良的天然食品色素，没有人工合成色素的副作用，且具有一定的医疗效果；着色力强，颜色鲜艳，具有耐光、耐热、耐酸碱性、无异味等，可广泛应用于糕点、糖果、饮料等食品的着色上。花可提制芳香浸膏，用于多种花香型化妆品和香皂香精的调合剂。

剑叶耳草 茜草科 Rubiaceae 耳草属

Hedyotis caudatifolia Merr. et Metcalf in Journ. Arn. Arb. 23：228. 1942.

主要形态学特征：直立灌木，全株无毛，高 30~90cm，基部木质；老枝干后灰色或灰白色，圆柱形，嫩枝绿色，具浅纵纹。叶对生，革质，通常披针形，上面绿色，下面灰白色，长 6~13cm，宽 1.5~3cm，顶部尾状渐尖，基部楔形或下延；叶柄长 10~15mm；侧脉每边 4 条，纤细，不明显；托叶阔卵形，短尖，长 2~3mm，全缘或具腺齿。聚伞花序排成疏散的圆锥花序式；苞片披针形或线状披针形，短尖；花 4 数，具短梗；萼管陀螺形，长约 3mm，萼檐裂片卵状三角形，与萼等长，短尖；花冠白色或粉红色，长 6~10mm，里面被长柔毛，冠管管形，喉部略扩大，长 4~8mm，裂

片披针形，无毛或里面被硬毛；花柱与花冠等长或稍长，伸出或内藏，无毛，柱头2，略被细小硬毛。蒴果长圆形或椭圆形，连宿存萼檐裂片长4mm，直径约2mm，光滑无毛，成熟时开裂为2果爿，果爿腹部直裂，内有种子数粒；种子小，近三角形，干后黑色。

凭证标本：深圳坝光，叶蓁(007)。

分布地：产于广东、广西、福建、江西、浙江(南部)、湖南等省区；常见于丛林下比较干旱的砂质土壤上或见于悬崖石壁上，有时亦见于黏质土壤的草地上。模式标本采自广东鼎湖山。

白花蛇舌草 茜草科 Rubiaceae　耳草属

Hedyotis diffusa Willd. Sp. Pl. 1：566. 1797；Backer in Backer et Bakh. Fl. Java 2：286. 1965.

主要形态学特征：一年生无毛纤细披散草本，高20~50cm；茎稍扁，从基部开始分枝。叶对生，无柄，膜质，线形，长1~3cm，宽1~3mm，顶端短尖，边缘干后常背卷，上面光滑，下面有时粗糙；中脉在上面下陷，侧脉不明显；托叶长1~2mm，基部合生，顶部芒尖。花4数，单生或双生于叶腋；花梗略粗壮，长2~5mm，罕无梗或偶有长达10mm的花梗；萼管球形，长1.5mm，萼檐裂片长圆状披针形，长1.5~2mm，顶部渐尖，具缘毛；花冠白色，管形，长3.5~4mm，冠管长1.5~2mm，喉部无毛，花冠裂片卵状长圆形，长约2mm，顶端钝；雄蕊生于冠管喉部，花丝长0.8~1mm，花药突出，长圆形，与花丝等长或略长；花柱长2~3mm，柱头2裂，裂片广展，有乳头状凸点。蒴果膜质，扁球形，直径2~2.5mm，宿存萼檐裂片长1.5~2mm，成熟时顶部室背开裂；种子每室约10粒，具棱，干后深褐色，有深而粗的窝孔。

分布地：产于广东、香港、广西、海南、安徽、云南等省区；多见于水田、田埂和湿润的旷地。国外分布于热带亚洲，西至尼泊尔，日本亦产。

主要经济用途：据《广西中药志》记载全草入药，内服治肿瘤、蛇咬伤、小儿疳积；外用主治疱疮、刀伤、跌打等症。

牛白藤 茜草科 Rubiaceae　耳草属

Hedyotis hedyotidea(DC.)Merr. in Lingnan Sci. Journ. 13：48. 1934.

主要形态学特征：藤状灌木，长3~5m，触之有粗糙感；嫩枝方柱形，被粉末状柔毛，老时圆柱形。叶对生，膜质，长卵形或卵形，长4~10cm，宽2.5~4cm，顶端短尖或短渐尖，基部楔形或钝，上面粗糙，下面被柔毛；侧脉每边4~5条，柔弱斜向上伸，在上面下陷，在下面微凸；叶柄长3~10mm，上面有槽；托叶长4~6mm，顶部截平，有4~6条刺状毛。花序腋生和顶生，由10~20朵花集聚而成一伞形花序；总花梗长2.5cm或稍过之，被微柔毛；花4数，有长约2mm的花梗；花萼被微柔毛，萼管陀螺形，长约1.5mm，萼檐裂片线状披针形，长约2.5mm，短尖，外反，在裂罅处常有2~3条不很明显的刺毛；花冠白色，管形，长10~15mm，裂片披针形，长4~4.5mm，外反，外面无毛，里面被疏长毛；雄蕊二型，内藏或伸出，在长柱花中内藏，在短柱花中突出；花丝基部具须毛，花药线形，基部2裂；柱头2裂，裂片长1mm，被毛。蒴果近球形，长约3mm，直径2mm，宿存萼檐裂片外反，成熟时室间开裂为2果爿，果爿腹部直裂，顶部高出萼檐裂片；种子数粒，微小，具棱。

特征差异研究：叶长9.2~10.8cm，宽2.5~3.1cm，叶柄长0.5~0.7cm。

凭证标本：深圳坝光，李志伟(060)。

分布地：产于广东、广西、云南、贵州、福建和台湾等地区；生于低海拔至中海拔沟谷灌丛或丘陵坡地。国外分布于越南。

主要经济用途：据《广东药用植物手册》记载，本种治疗风湿、感冒咳嗽和皮肤湿疹等疾病有一定疗效。

鸡眼藤

茜草科 Rubiaceae　巴戟天属

别名：小叶羊角藤(广州植物志)，细叶巴戟天(海南植物志)，百眼藤(中国高等植物图鉴)，土藤、糠藤(海南)

Morinda parvifolia Bartl. ex DC. Prodr. 4：499. 1830；Merr. in Philip. Journ. Sci. 3(Bot. 438)：160. 1908.

主要形态学特征：攀缘、缠绕或平卧藤本；嫩枝密被短粗毛，老枝棕色或稍紫蓝色，具细棱。叶形多变，生旱阳裸地者叶为倒卵形，具大、小二型叶，生疏阴旱裸地者叶为线状倒披针形或近披针形，攀缘于灌木者叶为倒卵状倒披针形、倒披针形、倒卵状长圆形，长2~5(~7)cm，宽0.3~3cm，顶端急尖、渐尖或具小短尖，基部楔形，边全缘或具疏缘毛，上面初时被稍密粗毛，后变被疏粒状短粗毛(糙毛)或无毛，中脉通常被粒状短毛，下面初时被柔毛，后变无毛，中脉通常被短硬毛；侧脉在上面不明显，下面明显，每边3~4(~6)条，脉腋有毛；叶柄长3~8mm，被短粗毛；托叶筒状，干膜质，长2~4mm，顶端截平，每侧常具刚毛状伸出物1~2，花序(2~)3~9伞状排列于枝顶；花序梗长0.6~2.5cm，被短细毛，基部常具钻形或线形总苞片1枚；头状花序近球形或稍呈圆锥状，罕呈柱状，直径5~8mm，具花3~15(~17)朵；花4~5基数，无花梗；花萼下部各花彼此合生，上部环状，顶截平，常具1~3针状或波状齿，有时无齿，背面常具毛状或钻状苞片1枚；花冠白色，长6~7mm，管部长约2mm，直径2~3mm，略呈4~5棱形，棱处具裂缝，顶部稍收狭，内面无毛，檐部4~5裂，裂片长圆形，顶部向外隆出和向内钩状弯折，内面中部以下至喉部密被髯毛；雄蕊与花冠裂片同数，着生于裂片侧基部，花药长圆形，长1.5~2mm，外露，花丝长1.8~3mm；花柱外伸，柱头长圆形，二裂，外反，或无花柱，柱头圆锥状，二裂或不裂，直接着生于子房顶或其凹洞内，子房下部与花萼合生，2~4室，每室胚珠1颗；胚珠扁长圆形，着生子房隔侧基部。聚花核果近球形，直径6~10(~15)mm，熟时橙红至橘红色；核果具分核2~4；分核三棱形，外侧弯拱，具种子1颗。种子与分核同形，角质，无毛。

分布地：产江西、福建、台湾、广东、香港、海南、广西等省区。生于平原路旁、沟边等灌丛中或平卧于裸地上；丘陵地的灌丛中或疏林下亦常见，但通常不分布至山地林内。分布于菲律宾和越南。

主要经济用途：据载全株药用，有清热利湿、化痰止咳等药效。

玉叶金花

茜草科 Rubiaceae　玉叶金花属

别名：野白纸扇(广州)、良口茶(广东)

Mussaenda pubescens Ait. f. Hort. Kew. ed. 2，1：372. 1810；DC. Prodr. 4：371. 1830.

主要形态学特征：攀缘灌木，嫩枝被贴伏短柔毛。叶对生或轮生，膜质或薄纸质，卵状长圆形或卵状披针形，长5~8cm，宽2~2.5cm，顶端渐尖，基部楔形，上面近无毛或疏被毛，下面密被短柔毛；叶柄长3~8mm，被柔毛；托叶三角形，长5~7mm，深2裂，裂片钻形，长4~6mm。聚伞花序顶生，密花；苞片线形，有硬毛，长约4mm；花梗极短或无梗；花萼管陀螺形，长3~4mm，被柔毛，萼裂片线形，通常比花萼管长2倍以上，基部密被柔毛，向上毛渐稀疏；花叶阔椭圆形，长2.5~5cm，宽2~3.5cm，有纵脉5~7条，顶端钝或短尖，基部狭窄，柄长1~2.8cm，两面被柔毛；花冠黄色，花冠管长约2cm，外面被贴伏短柔毛，内面喉部密被棒形毛，花冠裂片长圆状披针形，长约4mm，渐尖，内面密生金黄色小疣突；花柱短，内藏。浆果近球形，长8~10mm，直径6~7.5mm，疏被柔毛，顶部有萼檐脱落后的环状疤痕，干时黑色，果柄长4~5mm，疏被毛。

特征差异研究：叶长6.7~9.2cm，宽2.7~3.4cm，叶柄长0.3~0.5cm。

凭证标本：深圳坝光，温海洋(100)。

分布地：产于广东、香港、海南、广西、福建、湖南、江西、浙江和台湾。生于灌丛、溪谷、山坡或村旁。模式标本采自我国南部，具体地点不详。

主要经济用途：茎叶味甘、性凉，有清凉消暑、清热疏风的功效，供药用或晒干代茶叶饮用。

鸡爪簕

茜草科 Rubiaceae　鸡爪簕属
别名：鸡槌簕(广州)、猫簕、凉粉木

Oxyceros sinensis Lour. Fl. Cochinch. 151. 1790, ed. Willd. 187. 1793.

主要形态学特征：有刺灌木或小乔木，有时攀缘状，多分枝，高1~7m；枝粗壮，灰白色，小枝被黄褐色短硬毛或柔毛；刺腋生，成对或单生，劲直或稍弯，长4~15mm。叶对生，纸质，卵状椭圆形、长圆形或卵形，长2~21cm，宽1.5~9.5cm，顶端锐短尖或短渐尖，稀稍钝，基部楔形或稍圆形，两面无毛，或下面密或疏被柔毛，或仅沿中脉和侧脉或脉腋内被柔毛；侧脉6~8对，在下面凸起，在上面平或稍凸起；叶柄长5~15mm，有黄褐色短硬毛或变无毛；托叶三角形，顶端长尖，被柔毛，长3~5mm，脱落。聚伞花序顶生或生于上部叶腋，多花而稠密，呈伞形状，长2.5~4cm，宽3~4.5cm，总花梗长约5mm或极短，密被黄褐色短硬毛；花梗长1~1.5mm或近无花梗，被黄褐色短硬毛；花萼外面被黄褐色短硬毛，萼管杯形，长4~6mm，宽3~4mm，檐部稍扩大，顶端5裂，裂片狭三角形或卵状三角形，长1~4mm，顶端尖；花冠白色或黄色，高脚碟状，冠管细长，长12~24mm，宽1~4mm，喉部被柔毛，花冠裂片5，长圆形，长5~9mm，宽约4mm，开放时反折；雄蕊5枚，花丝极短，花药伸出，线状长圆形，长4~5.5mm；子房2室，每室有胚珠数颗，花柱长12~18mm，柱头纺锤形，长3~5.5mm，顶端短2裂，伸出。浆果球形，直径8~12mm，黑色，有疏柔毛或无毛，顶部有环状的萼檐残迹，常多个聚生成球状，果柄长不及5mm；种子约9颗。

特征差异研究：叶长7.5~8.5cm，宽2.8~5cm，叶柄长1.1~2.3cm，小叶长0.5cm，宽0.1cm。

凭证标本：深圳坝光，李志伟(101)、邱小波(044，080)、魏若宇(009)。

分布地：产于福建、台湾、广东、香港、广西、海南、云南；生于海拔20~1200m处的旷野、丘陵、山地的林中、林缘或灌丛。国外分布于越南、日本。模式标本采自广东广州。

主要经济用途：常栽植作绿篱。

臭鸡矢藤

茜草科 Rubiaceae　鸡矢藤属

Paederia foetida Linn. Mant. Pl. 1: 52. 1767; DC. Prodr. 4: 471. 1830.

主要形态学特征：藤状灌木，无毛或被柔毛。叶对生，膜质，卵形或披针形，长5~10cm，宽2~4cm，顶端短尖或削尖，基部浑圆，有时心状形，叶上面无毛，在下面脉上被微毛；侧脉每边4~5条，在上面柔弱，在下面突起；叶柄长1~3cm；托叶卵状披针形，长2~3mm，顶部2裂。圆锥花序腋生或顶生，长6~18cm，扩展；小苞片微小，卵形或锥形，有小睫毛；花有小梗，生于柔弱的三歧常作蝎尾状的聚伞花序上；花萼钟形，萼檐裂片钝齿形；花冠紫蓝色，长12~16mm，通常被绒毛，裂片短。果阔椭圆形，压扁，长和宽6~8mm，光亮，顶部冠以圆锥形的花盘和微小宿存的萼檐裂片；小坚果浅黑色，具1阔翅。

特征差异研究：叶长5.4~6.2cm，宽1.7~2.6cm，叶柄长0.4~1.0cm。

凭证标本：深圳坝光，万小丽(013)、李佳婷(006)。

分布地：产福建、广东等省。生于低海拔的疏林内。分布于越南和印度。

鸡矢藤

茜草科 Rubiaceae　鸡矢藤属
别名：牛皮冻(植物名实图考)、女青(本草纲目)、解暑藤(福建)、鸡屎藤

Paederia scandens(Lour.) Merr. in Contr. Arn. Arb. 8: 163. 1934.

主要形态学特征：藤本，茎长3~5m，无毛或近无毛。叶对生，纸质或近革质，形状变化很大，卵形、卵状长圆形至披针形，长5~9(~15)cm，宽1~4(~6)cm，顶端急尖或渐尖，基部楔形或近圆或截平，有时浅心形，两面无毛或近无毛，有时下面脉腋内有束毛；侧脉每边4~6条，纤细；叶柄长1.5~7cm；托叶长3~5mm，无毛。圆锥花序式的聚伞花序腋生和顶生，扩展，分枝对生，末

次分枝上着生的花常呈蝎尾状排列；小苞片披针形，长约 2mm；花具短梗或无；萼管陀螺形，长 1~1.2mm，萼檐裂片 5，裂片三角形，长 0.8~1mm；花冠浅紫色，管长 7~10mm，外面被粉末状柔毛，里面被绒毛，顶部 5 裂，裂片长 1~2mm，顶端急尖而直，花药背着，花丝长短不齐。果球形，成熟时近黄色，有光泽，平滑，直径 5~7mm，顶冠以宿存的萼檐裂片和花盘；小坚果无翅，浅黑色。

特征差异研究：叶长 4~5.4cm，宽 1.5~2.6cm，叶柄长 1.2~1.6cm。

凭证标本：深圳坝光，莫素祺(025)、李志伟(049)、李佳婷(006)、邱小波(084)。

分布地：产陕西、甘肃、山东、江苏、安徽、江西、浙江、福建、台湾、河南、湖南、广东、香港、海南、广西、四川、贵州、云南。生于海拔 200~2000m 的山坡、林中、林缘、沟谷边灌丛中或缠绕在灌木上。分布于朝鲜、日本、印度、缅甸、泰国、越南、老挝、柬埔寨、马来西亚、印度尼西亚。

主要经济用途：根据中草药汇编，本种主治风湿筋骨痛、跌打损伤、外伤性疼痛、肝胆及胃肠绞痛、黄疸型肝炎、肠炎、痢疾、消化不良、小儿疳积、肺结核咯血、支气管炎、放射反应引起的白细胞减少症、农药中毒；外用治皮炎、湿疹、疮疡肿毒。

香港大沙叶

茜草科 Rubiaceae　大沙叶属
别名：茜木(香港)、满天星(中国高等植物图鉴)

Pavetta hongkongensis Bremek. in Fedde, Repert Sp. Nov. 37: 104. 1934.

主要形态学特征：灌木或小乔木，高 1~4m；叶对生，膜质，长圆形至椭圆状倒卵形，长 8~15cm，宽 3~6.5cm，顶端渐尖，基部楔形，上面无毛，下面近无毛或沿中脉上和脉腋内被短柔毛；侧脉每边约 7 条，在叶片上面平坦，在下面凸起；叶柄长 1~2cm；托叶阔卵状三角形，长约 3mm，外面无毛，里面有白色长毛，顶端急尖。花序生于侧枝顶部，多花，长 7~9cm，直径 7~15cm；花具梗，梗长 3~6mm；萼管钟形，长约 1mm，萼檐扩大，在顶部不明显的 4 裂，裂片三角形；花冠白色，冠管长约 15mm 或长些，外面无毛，里面基部被疏柔毛；花丝极短，花药突出，线形，长约 4mm，花开时部分旋扭；花柱长约 35mm，柱头棒形，全缘。果球形，直径约 6mm。

特征差异研究：叶长 8.5~12.5cm，宽 2.9~3.8cm，叶柄长 1~1.2cm。

凭证标本：深圳坝光，李佳婷(037)。

分布地：产广东、香港、海南、广西、云南等省区。生于海拔 200~1300m 的灌木丛中。分布于越南。模式标本采自香港。

主要经济用途：全株入药，有清热解毒、活血去瘀之效，又能治感冒发热、中暑、肝炎、跌打刀伤。本种的叶表面有固氮菌所形成的菌瘤，满布叶上呈点状，故民间称“满天星”。

九节

茜草科 Rubiaceae　九节属
别名：山打大刀、大丹叶、暗山公(生草药性备要)，暗山香、山大颜、吹筒管(岭南采药录)，刀伤木(常用中草药手册)，牛屎乌、青龙吐雾(台湾植物志)，九节木(广东)

Psychotria rubra(Lour.) Poir. in Lam. Encycl. Suppl. 4: 597. 1816.

主要形态学特征：灌木或小乔木，高 0.5~5m。叶对生，纸质或革质，长圆形、椭圆状长圆形或倒披针状长圆形，稀长圆状倒卵形，有时稍歪斜，长 5~23.5cm，宽 2~9cm，顶端渐尖、急渐尖或短尖而尖头常钝，基部楔形，全缘，鲜时稍光亮，干时常暗红色或在下面褐红色而上面淡绿色，中脉和侧脉在上面凹下，在下面凸起，脉腋内常有束毛，侧脉 5~15 对，弯拱向上；叶柄长 0.7~5cm，无毛或极稀有极短的柔毛；托叶膜质。聚伞花序通常顶生，无毛或极稀有极短的柔毛，多花，总花梗常极短，近基部三分歧，常成伞房状或圆锥状，长 2~10cm，宽 3~15cm；花梗长 1~2.5mm；萼管杯状，长约 2mm，宽约 2.5mm，檐部扩大，近截平或不明显地 5 齿裂；花冠白色，冠管长 2~3mm，宽约 2.5mm，喉部被白色长柔毛，花冠裂片近三角形，长 2~2.5mm，宽约 1.5mm，开放时反折；雄蕊与花冠裂片互生，花药长圆形，伸出，花丝长1~2mm；柱头2裂。核果球形或宽椭圆形，长5~8mm，直径4~7mm，有纵棱，红色。

特征差异研究：叶长14.3~22.3cm，宽4~5.8cm，叶柄长1.2~2.7cm。

凭证标本：深圳坝光，温海洋(102)，陈鸿辉、余欣繁(027)，何思宜(005)，魏若宇(031，038，069)。

分布地：产浙江、福建、台湾、湖南、广东、香港、海南、广西、贵州、云南。生于平地、丘陵、山坡、山谷溪边的灌丛或林中，海拔20~1500m。分布于日本、越南、老挝、柬埔寨、马来西亚、印度等地。

主要经济用途：嫩枝、叶、根可作药用，功能清热解毒、消肿拔毒、祛风除湿；治扁桃体炎、白喉、疮疡肿毒、风湿疼痛、跌打损伤、感冒发热、咽喉肿痛、胃痛、痢疾、痔疮等。

蔓九节

茜草科 Rubiaceae　九节属

别名：拎壁龙、风不动藤(台湾植物志)，穿根藤(潮州志)，蜈蚣藤(海南儋县)，崧筋藤，上树龙

Psychotria serpens Linn. Mant. 204. 1771; DC. Prodr. 4: 519. 1830.

主要形态学特征：多分枝、攀缘或匍匐藤本，常以气根攀附于树干或岩石上，长可达6m或更长；嫩枝稍扁，无毛或有粃糠状短柔毛，有细直纹，老枝圆柱形，近木质，攀附枝有一列短而密的气根。叶对生，纸质或革质，叶形变化很大，年幼植株的叶多呈卵形或倒卵形，年老植株的叶多呈椭圆形、披针形、倒披针形或倒卵状长圆形，长0.7~9cm，宽0.5~3.8cm，顶端短尖、钝或锐渐尖，基部楔形或稍圆，边全缘而有时稍反卷，干时苍绿色或暗红褐色，下面色较淡，侧脉4~10对，纤细，不明显或在下面稍明显；叶柄长1~10mm，无毛或有粃糠状短柔毛；托叶膜质，短鞘状，顶端不裂，长2~3mm，宽2~5mm，脱落。聚伞花序顶生，有时被秕糠状短柔毛，常三歧分枝，圆锥状或伞房状，长1.5~5cm，宽1~5.5cm，总花梗长达3cm，少至多花；苞片和小苞片线状披针形，苞片长达2mm，小苞片长约0.7mm，常对生；花梗长0.5~1.5mm；花萼倒圆锥形，长约2.5mm，与花冠外面有时被秕糠状短柔毛，檐部扩大，顶端5浅裂，裂片三角形，长约0.5mm；花冠白色，冠管与花冠裂片近等长，长1.5~3mm，花冠裂片长圆形，喉部被白色长柔毛；花丝长约1mm，花药长圆形，长约0.8mm。浆果状核果球形或椭圆形，具纵棱，常呈白色，长4~7mm，直径2.5~6mm；果柄长1.5~5mm；小核背面凸起，具纵棱，腹面平而光滑。

特征差异研究：叶长1.9~4.6cm，宽0.8~2.2cm，叶柄长0.1~1cm；果实绿白色，长0.5cm，直径0.4cm。

凭证标本：深圳坝光，洪继猛(066，067)、姜林林(007)、吴凯涛(047)、郭秀冰(001，003)。

分布地：产浙江、福建、台湾、广东、香港、海南、广西。生于平地、丘陵、山地、山谷水旁的灌丛或林中，海拔70~1360m。分布于日本、朝鲜、越南、柬埔寨、老挝、泰国。模式标本采于广州。

主要经济用途：全株药用，舒筋活络、壮筋骨、祛风止痛、凉血消肿；治风湿痹痛、坐骨神经痛、痈疮肿毒、咽喉肿痛。

白花苦灯笼

茜草科 Rubiaceae　乌口树属

别名：乌口树(植物名实图考)、密毛乌口树(海南植物志)、小肠枫(广东梅县)、青作树(广东曲江)、乌木(广西陆川)、鸡公辣(福建龙岩)、黑虎(福建)、白青乌心(浙江平阳)、密毛蒿香(浙江)

Tarenna mollissima(Hook. et Arn.)Rob. in Proc. Amer. Acad. 45: 405. 1910.

主要形态学特征：灌木或小乔木，高1~6m，全株密被灰色或褐色柔毛或短绒毛，但老枝毛渐脱落。叶纸质，披针形、长圆状披针形或卵状椭圆形，长4.5~25cm，宽1~10cm，顶端渐尖或长渐

尖，基部楔尖、短尖或钝圆，干后变黑褐色；侧脉 8～12 对；叶柄长 0.4～2.5cm；托叶长 5～8mm，卵状三角形，顶端尖。伞房状的聚伞花序顶生，长 4～8cm，多花；苞片和小苞片线形；花梗长 3～6mm；萼管近钟形，长约 2mm，裂片 5，三角形，长约 0.5mm；花冠白色，长约 1.2cm，喉部密被长柔毛，裂片 4 或 5，长圆形，与冠管近等长或稍长，开放时外反；雄蕊 4 或 5 枚，花丝长 1～1.2mm，花药线形，长约 5mm；花柱中部被长柔毛，柱头伸出，胚珠每室多颗。果近球形，直径 5～7mm，被柔毛，黑色，有种子 7～30 颗。

分布地：产于浙江、江西、福建、湖南、广东、香港、广西、海南、贵州、云南；生于海拔 200～1100m 处的山地、丘陵、沟边的林中或灌丛中。国外分布于越南。模式标本采自我国，具体地点不详。

主要经济用途：根和叶入药，有清热解毒、消肿止痛之功效；治肺结核咯血、感冒发热、咳嗽、热性胃痛、急性扁桃体炎等。

珊瑚树

忍冬科 Caprifoliaceae　荚蒾属
别名：极香、荚蒾(拉汉种子植物名称)、早禾树(广东惠阳、广州)

Viburnum odoratissimum Ker-Gawl. in Bot. Reg. 6：t. 456. 1820.

主要形态学特征：常绿灌木或小乔木，高达 10(～15)m；枝灰色或灰褐色，有凸起的小瘤状皮孔，无毛或有时稍被褐色簇状毛。冬芽有 1～2 对卵状披针形的鳞片。叶革质，椭圆形至矩圆形或矩圆状倒卵形至倒卵形，有时近圆形，长 7～20cm，顶端短尖至渐尖而钝头，有时钝形至近圆形，基部宽楔形，稀圆形，边缘上部有不规则浅波状锯齿或近全缘，上面深绿色有光泽，两面无毛或脉上散生簇状微毛，下面有时散生暗红色微腺点，脉腋常有集聚簇状毛和趾蹼状小孔，侧脉 5～6 对，弧形，近缘前互相网结，连同中脉下面凸起而显著；叶柄长 1～2(～3)cm，无毛或被簇状微毛。圆锥花序顶生或生于侧生短枝上，宽尖塔形，长(3.5～)6～13.5cm，宽(3～)4.5～6cm，无毛或散生簇状毛，总花梗长可达 10cm，扁，有淡黄色小瘤状突起；苞片长不足 1cm，宽不及 2mm；花芳香，通常生于序轴的第二至第三级分枝上，无梗或有短梗；萼筒筒状钟形，长 2～2.5mm，无毛，萼檐碟状，齿宽三角形；花冠白色，后变黄白色，有时微红，辐状，直径约 7mm，筒长约 2mm，裂片反折，圆卵形，顶端圆，长 2～3mm；雄蕊略超出花冠裂片，花药黄色，矩圆形，长近 2mm；柱头头状，不高出萼齿。果实先红色后变黑色，卵圆形或卵状椭圆形，长约 8mm，直径 5～6mm；核卵状椭圆形，浑圆，长约 7mm，直径约 4mm，有 1 条深腹沟。

特征差异研究：叶长 5.2～18cm，宽 2.2～7cm，叶柄长 0.2～2.1cm。

凭证标本：深圳坝光，赖标汶(001，013，015，028)，黄启聪、黄玉源(055)，温海洋(081，188，193)，洪继猛(081，096)，黄启聪(055)，吴凯涛(067，073)，叶蓁(004，005，038，039)，魏若宇(012，030)，廖栋耀(125，126，133，142)，王帆(006，007，070)。

分布地：产福建东南部、湖南南部、广东、海南和广西。生于山谷密林中溪涧旁庇荫处、疏林中向阳地或平地灌丛中，海拔 200～1300m。也常有栽培。印度东部、缅甸北部、泰国和越南也有分布。

主要经济用途：为一常见栽培的绿化树种，木材可供细工的原料。根和叶入药，广东民间以鲜叶捣烂外敷治跌打肿痛和骨折；亦作兽药，治牛、猪感冒发热和跌打损伤。

锯叶合耳

菊科 Asteraceae　菊合耳菊属
别名：锯叶千里光

Synotis nagensium(C. B. Clarke)C. Jeffrey et Y. L. Chen in Kew Bull. 39(2)：321. 1984.

主要形态学特征：多年生灌木状草本或亚灌木。茎直立，高达 150cm，不分枝或上部具花序枝，被密白色绒毛或黄褐色绒毛，下部在花期无叶。叶具短柄，倒卵状椭圆形、倒披针状椭圆形或椭圆形，长 7～23cm，宽 2.5～8.5cm，顶端短渐尖，基部楔形或楔状狭成短柄，边缘具细至粗小尖锯齿或重锯齿，纸质，上面绿色，被疏蛛丝状绒毛及贴生短柔毛，下面被密白色绒毛或黄褐色绒毛及沿脉被褐色短硬毛，羽状脉，侧脉 10~13，稀 15 对，弧状上弯，叶脉在下面明显；叶柄长 5~25mm，被密绒毛，常杂有红褐色短硬毛；上部及分枝上叶较小，狭椭圆形或披针形，具短柄。头状花序具异形小花，盘状或不明显辐射状，多数，排成不分枝至开展的顶生及上部腋生狭圆锥状聚伞花序；花序梗长 5~12mm，被密绒毛，有时杂有锈褐色短硬毛，具线形苞片。总苞倒锥状钟形，长 7~8mm，宽 4~6mm，具外层苞片；苞片约 8，通常线形，与总苞片等长，或有时叶状，明显长于总苞片；总苞片 13~15，线形，宽 1~1.5mm，顶端尖，草质，边缘狭干膜质，外面被极密绒毛；边缘小花 12~13，花冠黄色，丝状或具细舌，长约 6mm，具 3 细齿，或有时具有 3 细齿的舌片；管状花 12~20，花冠黄色，长约 6mm，管部长 3mm，檐部漏斗状；裂片卵状披针形，长 1.5mm，尖。花药长 3mm；花药尾部长约为颈部的 0.75~2 倍；附片卵状长圆形，颈部柱状，较长而狭，向基部略膨大。花柱分枝长 1.5mm，顶端截形，具短乳头状毛，中央的毛不明显。瘦果圆柱形，长 1.7mm，被疏柔毛；冠毛白色，长约 5mm。

特征差异研究：叶长 3.7~12.1cm，宽 3.2~4.6cm，叶柄长 2.1~2.2cm。

凭证标本：深圳坝光，陈鸿辉(029)。

分布地：产西藏、四川(灌县、峨眉山、乐山、城口、南川)、云南(昆明、富民、弥勒、腾冲、玉溪)、贵州(安顺、清镇、贵阳、湄潭、石阡、江口、普安、安龙、平塘、荔波)、湖北(恩施)、湖南(武岗、江华)、甘肃(文县)、广东(怀集)。生于森林、灌丛及草地，海拔 100~2000m。印度东北部(阿萨姆)及缅甸北部也有。模式标本采自印度(Mampur)。

黄鹌菜 菊科 Asteraceae 黄鹌菜属

Youngia japonica(L.)DC., Prodr. 7: 194. 1838.

主要形态学特征：一年生草本，高 10~100cm。根垂直直伸，生多数须根。茎直立，单生或少数茎成簇生，粗壮或细，顶端伞房花序状分枝或下部有长分枝，下部被稀疏的皱波状长或短毛。基生叶全形倒披针形、椭圆形、长椭圆形或宽线形，长 2.5~13cm，宽 1~4.5cm，大头羽状深裂或全裂，极少有不裂的，叶柄长 1~7cm，有狭或宽翼或无翼，顶裂片卵形、倒卵形或卵状披针形，顶端圆形或急尖，边缘有锯齿或几全缘，侧裂片 3~7 对，椭圆形，向下渐小，最下方的侧裂片耳状，全部侧裂片边缘有锯齿或细锯齿或边缘有小尖头，极少边缘全缘；无茎叶或极少有 1~(2)枚茎生叶，且与基生叶同形并等样分裂；全部叶及叶柄被皱波状长或短柔毛。头状花序含 10~20 枚舌状小花，少数或多数在茎枝顶端排成伞房花序，花序梗细。总苞圆柱状，长 4~5mm，极少长 3.5~4mm；总苞片 4 层，外层及最外层极短，宽卵形或宽形，长宽不足 0.6mm，顶端急尖，内层及最内层长，长 4~5mm，极少长 3.5~4mm，宽 1~1.3mm，披针形，顶端急尖，边缘白色宽膜质，内面有贴伏的短糙毛；全部总苞片外面无毛。舌状小花黄色，花冠管外面有短柔毛。瘦果纺锤形，压扁，褐色或红褐色，长 1.5~2mm，向顶端有收缢，顶端无喙，有 11~13 条粗细不等的纵肋，肋上有小刺毛。冠毛长 2.5~3.5mm，糙毛状。

特征差异研究：叶长 7.5~10.7cm，宽 1.8~3.7cm，叶柄长 1.6~2.9cm。

凭证标本：深圳坝光，邱小波(068)。

分布地：分布北京、陕西(洋县)、甘肃(西固)、山东(烟台)、江苏(宜兴)、安徽(歙县)、浙江(昌化、丽水、临海)、江西(萍乡、兴国)、福建(顺昌)、河南(商城)、湖北(宣恩、巴东)、湖南(新宁、龙山)、广东(翁源、乳源、信宜)、广西(百色)、四川(天全、峨眉、康定、泸定、石棉、攀枝花)、云南(大理、昆明)、西藏(聂拉木、林芝)等地。生于山坡、山谷及山沟林缘、林下、林间草地及潮湿地、河边沼泽地、田间与荒地上。日本、中南半岛、印度、菲律宾、马来半岛、朝鲜有分布。模式标本采自日本。

藿香蓟

菊科 Asteraceae　藿香蓟属
别名：胜红蓟

Ageratum conyzoides L., Sp. Pl. 839, 1753; Kitam., in Act. Phytotax. Geobot. 10: 71. 1941.

主要形态学特征：一年生草本，高50~100cm，有时又不足10cm。无明显主根。茎粗壮，基部径4mm，或少有纤细的(基部径不足1mm)，不分枝或自基部或自中部以上分枝，或下基部平卧而节常生不定根。全部茎枝淡红色，或上部绿色，被白色尘状短柔毛或上部被稠密开展的长绒毛。叶对生，有时上部互生，常有腋生的不发育的叶芽。中部茎叶卵形或椭圆形或长圆形，长3~8cm，宽2~5cm；自中部叶向上向下及腋生小枝上的叶渐小或小，卵形或长圆形，有时植株全部叶小形，长仅1cm，宽仅达0.6mm。全部叶基部钝或宽楔形，基出三脉或不明显五出脉，顶端急尖，边缘圆锯齿，有长1~3cm的叶柄，两面被白色稀疏的短柔毛且有黄色腺点，上面沿脉处及叶下面的毛稍多，有时下面近无毛，上部叶的叶柄或腋生幼枝及腋生枝上小叶的叶柄通常被白色稠密开展的长柔毛。头状花序4~18个在茎顶排成通常紧密的伞房状花序；花序径1.5~3cm，少有排成松散伞房花序的。花梗长0.5~1.5cm，被柔毛。总苞钟状或半球形，宽5mm。总苞片2层，长圆形或披针状长圆形，长3~4mm，外面无毛，边缘撕裂。花冠长1.5~2.5mm，外面无毛或顶端有尘状微柔毛，檐部5裂，淡紫色。瘦果黑褐色，5棱，长1.2~1.7mm，有白色稀疏细柔毛。冠毛膜片5或6个，长圆形，顶端急狭或渐狭成长或短芒状，或部分膜片顶端截形而无芒状渐尖；全部冠毛膜片长1.5~3mm。

特征差异研究：叶长5.2~7.0cm，宽3.5~4.0cm，叶柄长1~1.4cm。

凭证标本：深圳坝光，万小丽(001)。

分布地：原产中南美洲。作为杂草已广泛分布于非洲全境、印度、印度尼西亚、老挝、柬埔寨、越南等地。由低海拔到2800m的地区都有分布。我国广东、广西、云南、贵州、四川、江西、福建等地有栽培，也有归化野生分布的；生山谷、山坡林下或林缘、河边或山坡草地、田边或荒地上。在浙江和河北只见栽培。

主要经济用途：在非洲、美洲居民中，该植物全草作清热解毒用和消炎止血用。在南美洲，当地居民用该植物全草治妇女非子宫性阴道出血，有极高评价。我国民间用全草治感冒发热、疔疮湿疹、外伤出血、烧烫伤等。

熊耳草

菊科 Asteraceae　藿香蓟属

Ageratum houstonianum Miller, Gard, Dict. ed. 8. 1768.

主要形态学特征：一年生草本，高30~70cm或有时达1m。无明显主根。茎直立，不分枝，或自中上部或自下部分枝而分枝斜升，或下部茎枝平卧而节生不定根。茎基部径达6mm。全部茎枝淡红色或绿色或麦秆黄色，被白色绒毛或薄棉毛，茎枝上部及腋生小枝上的毛常稠密，开展。叶对生，有时上部的叶近互生，宽或长卵形，或三角状卵形，中部茎叶长2~6cm，宽1.5~3.5cm，或长宽相等。自中部向上及向下和腋生的叶渐小或小。全部叶有叶柄，柄长0.7~3cm，边缘有规则的圆锯齿，齿大或小，或密或稀，顶端圆形或急尖，基部心形或平截，三出基脉或不明显五出脉，两面被稀疏或稠密的白色柔毛，下面及脉上的毛较密，上部叶的叶柄、腋生幼枝及幼枝叶的叶柄通常被开展的白色长绒毛。头状花序5~15或更多在茎枝顶端排成直径2~4cm的伞房或复伞房花序；花序梗被密柔毛或尘状柔毛。总苞钟状，径6~7mm；总苞片2层，狭披针形，长4~5mm，全缘，顶端长渐尖，外面被较多的腺质柔毛。花冠长2.5~3.5mm，檐部淡紫色，5裂，裂片外面被柔毛。瘦果黑色，有5纵棱，长1.5~1.7mm。冠毛膜片状，5个，分离，膜片长圆形或披针形，全长2~3mm，顶端芒状长渐尖，有时冠毛膜片顶端截形，而无芒状渐尖，长仅0.1~0.15mm。花果期全年。

特征差异研究：叶长2.3~3.8cm，宽1~2.2cm，叶柄长0.6~0.8cm；花冠直径1cm。

凭证标本：深圳坝光，李佳婷(021)。

分布地：原产墨西哥及毗邻地区。引种栽培有150年的历史。有许多园艺品种。目前，非洲、亚洲(印度、老挝、柬埔寨、越南等)、欧洲都广有分布。全系栽培或栽培逸生种。我国广东、广西、云南、四川、江苏、山东、黑龙江都有栽培或栽培逸生的。

主要经济用途：全草药用，性味微苦、凉，有清热解毒之效。在美洲(危地马拉)居民中，用全草以消炎，治咽喉痛。

鬼针草

菊科 Asteraceae　鬼针草属

别名：三叶鬼针草、虾钳草、蟹钳草(广东、广西)，对叉草、粘人草、粘连子(云南)，一包针、引线包(江苏、浙江)，豆渣草、豆渣菜(四川、陕西)，盲肠草(福建、广东、广西)

Bidens pilosa L., Sp. Pl. 832. 1753; Hook. f. Fl. Brit. Ind. 3: 309. 1881.

主要形态学特征：一年生草本，茎直立，高30~100cm，钝四棱形，无毛或上部被极稀疏的柔毛，基部直径可达6mm。茎下部叶较小，3裂或不分裂，通常在开花前枯萎，中部叶具长1.5~5cm无翅的柄，三出，小叶3枚，很少为具5(~7)小叶的羽状复叶，两侧小叶椭圆形或卵状椭圆形，长2~4.5cm，宽1.5~2.5cm，先端锐尖，基部近圆形或阔楔形，有时偏斜，不对称，具短柄，边缘有锯齿、顶生小叶较大，长椭圆形或卵状长圆形，长3.5~7cm，先端渐尖，基部渐狭或近圆形，具长1~2cm的柄，边缘有锯齿，无毛或被极稀疏的短柔毛，上部叶小，3裂或不分裂，条状披针形。头状花序直径8~9mm，有长1~6cm(果时长3~10cm)的花序梗。总苞基部被短柔毛，苞片7~8枚，条状匙形，上部稍宽，开花时长3~4mm，果时长至5mm，草质，边缘疏被短柔毛或几无毛，外层托片披针形，果时长5~6mm，干膜质，背面褐色，具黄色边缘，内层较狭，条状披针形。无舌状花，盘花筒状，长约4.5mm，冠檐5齿裂。瘦果黑色，条形，略扁，具棱，长7~13mm，宽约1mm，上部具稀疏瘤状突起及刚毛，顶端芒刺3~4枚，长1.5~2.5mm，具倒刺毛。

特征差异研究：顶生叶长5.5~8cm，宽2.0~2.4cm，叶柄长0.5~1.2cm，侧生叶长2.7~4.3cm，宽1.0~1.8cm，叶柄长0.1~0.2cm。。

凭证标本：深圳坝光，温海洋(057)、赵顺(048，097，106)、邱小波(097)。

分布地：产华东、华中、华南、西南各省区。生于村旁、路边及荒地中。广布于亚洲和美洲的热带和亚热带地区。

主要经济用途：我国民间常用草药，有清热解毒、散瘀活血的功效，主治上呼吸道感染、咽喉肿痛、急性阑尾炎、急性黄疸型肝炎、胃肠炎、风湿关节疼痛、疟疾，外用治疮疖、毒蛇咬伤、跌打肿痛。

小蓬草

菊科 Asteraceae　白酒草属

别名：加拿大蓬、飞蓬、小飞蓬

Conyza canadensis(L.) Cronq. in Bull. Torrey Bot. Club. 70: 632. 1943. ——*Erigeron canadensis* L., Sp. Pl. ed. 2: 863. 1753.

主要形态学特征：一年生草本，根纺锤状，具纤维状根。茎直立，高50~100cm或更高，圆柱状，多少具棱，有条纹，被疏长硬毛，上部多分枝。叶密集，基部叶花期常枯萎，下部叶倒披针形，长6~10cm，宽1~1.5cm，顶端尖或渐尖，基部渐狭成柄，边缘具疏锯齿或全缘，中部和上部叶较小，线状披针形或线形，近无柄或无柄，全缘或少有具1~2个齿，两面或仅上面被疏短毛，边缘常被上弯的硬缘毛。头状花序多数，小，径3~4mm，排列成顶生多分枝的大圆锥花序；花序梗细，长5~10mm，总苞近圆柱状，长2.5~4mm；总苞片2~3层，淡绿色，线状披针形或线形，顶端渐尖，外层约短于内层之半背面被疏毛，内层长3~3.5mm，宽约0.3mm，边缘干膜质，无毛；花托平，径2~2.5mm，具不明显的突起；雌花多数，舌状，白色，长2.5~3.5mm，舌片小，稍超出花盘，线形，顶端具2个钝小齿；两性花淡黄色，花冠管状，长2.5~3mm，上端具4或5个齿裂，管部上部被疏微毛；瘦果线状披针形，长1.2~1.5mm，稍扁压，被贴微毛；冠毛污白色，1

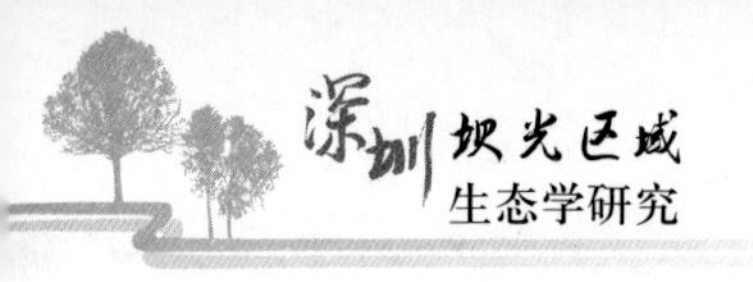

层，糙毛状，长2.5~3mm。花期5~9月。

特征差异研究：叶长8.3~11.5cm，宽1.0~1.4cm，无叶柄。

凭证标本：深圳坝光，赵顺(042)。

分布地：我国南北各省区均有分布。原产北美洲，现在各地广泛分布。常生长于旷野、荒地、田边和路旁，为一种常见的杂草。

主要经济用途：嫩茎、叶可作猪饲料；全草入药消炎止血、祛风湿，治血尿、水肿、肝炎、胆囊炎、小儿头疮等症。据国外文献记载，北美洲用于治痢疾、腹泻、创伤以及驱蠕虫；中部欧洲常用新鲜的植株作止血药，但其液汁和捣碎的叶有刺激皮肤的作用。

野茼蒿

菊科 Asteraceae　野茼蒿属
别名：草命菜

Crassocephalum crepidioides(Benth.)S. Moore in Journ. Bot. Btit. For. 50：211. 1912.

主要形态学特征：直立草本，高20~120cm，茎有纵条棱，无毛叶膜质，椭圆形或长圆状椭圆形，长7~12cm，宽4~5cm，顶端渐尖，基部楔形，边缘有不规则锯齿或重锯齿，或有时基部羽状裂，两面无或近无毛；叶柄长2~2.5cm。头状花序数个在茎端排成伞房状，直径约3cm，总苞钟状，长1~1.2cm，基部截形，有数枚不等长的线形小苞片；总苞片1层，线状披针形，等长，宽约1.5mm，具狭膜质边缘，顶端有簇状毛，小花全部管状，两性，花冠红褐色或橙红色，檐部5齿裂，花柱基部呈小球状，分枝，顶端尖，被乳头状毛。瘦果狭圆柱形，赤红色，有肋，被毛；冠毛极多数，白色，绢毛状，易脱落。花期7~12月。

特征差异研究：叶长8.4~15.2cm，宽3.8~4.8cm，叶柄长2.5~3.0cm。

凭证标本：深圳坝光，李志伟(043)。

分布地：产江西、福建、湖南、湖北、广东、广西、贵州、云南、四川、西藏。山坡路旁、水边、灌丛中常见，海拔300~1800m。泰国、东南亚和非洲也有。是一种在泛热带广泛分布的杂草。

主要经济用途：全草入药，有健脾、消肿之功效，治消化不良、脾虚浮肿等症。嫩叶是一种味美的野菜。

地胆草

菊科 Asteraceae　地胆草属
别名：苦地胆(本草纲目拾遗)，地胆头、磨地胆(广州)，鹿耳草(海南)

Elephantopus scaber L. Sl. Pl. 814. 1753.

主要形态学特征：根状茎平卧或斜升，具多数纤维状根；茎直立，高20~60cm，基部径2~4mm，常多少二歧分枝，稍粗糙，密被白色贴生长硬毛；基部叶花期生存，莲座状，匙形或倒披针状匙形，长5~18cm，宽2~4cm，顶端圆钝，或具短尖，基部渐狭成宽短柄，边缘具圆齿状锯齿；茎叶少数而小，倒披针形或长圆状披针形，向上渐小，全部叶上面被疏长糙毛，下面密被长硬毛和腺点；头状花序多数，在茎或枝端束生的团球状的复头状花序，基部被3个叶状苞片所包围；苞片绿色，草质，宽卵形或长圆状卵形，长1~1.5cm，宽0.8~1cm，顶端渐尖，具明显凸起的脉，被长糙毛和腺点；总苞狭，长8~10mm，宽约2mm；总苞片绿色或上端紫红色，长圆状披针形，顶端渐尖而具刺尖，具1或3脉，被短糙毛和腺点，外层长4~5mm，内层长约10mm；花4个，淡紫色或粉红色，花冠长7~9mm，管部长4~5mm；瘦果长圆状线形，长约4mm，顶端截形，基部缩小，具棱，被短柔毛；冠毛污白色，具5稀6条硬刚毛，长4~5mm，基部宽扁。花期7~11月。

特征差异研究：叶长9.6~13.6cm，宽2.7~2.9cm，无叶柄。

凭证标本：深圳坝光，李佳婷(003)。

分布地：产于浙江、江西、福建、台湾、湖南、广东、广西、贵州及云南等省区。美洲、亚洲、非洲各热带地区广泛分布。常生于开旷山坡、路旁或山谷林缘。

主要经济用途：全草入药，有清热解毒、消肿利尿之功效，治感冒、菌痢、胃肠炎、扁桃体炎、咽喉炎、肾炎水肿、结膜炎、疖肿等症。

一点红

菊科 Asteraceae　一点红属

别名：红背叶、羊蹄草、野木耳菜、花古帽(贵州)，牛奶奶、红头草(云南)，叶下红、片红青、红背果(海南)，紫背叶(台湾)

Emilia sonchifolia(L.)DC. in Wight, Contr. Ind. Bot. 24. 1834, et Prodr. 6: 302. 1838.

主要形态学特征：一年生草本，根垂直。茎直立或斜升，高25~40cm，稍弯，通常自基部分枝，灰绿色，无毛或被疏短毛。叶质较厚，下部叶密集，大头羽状分裂，长5~10cm，宽2.5~6.5cm，顶生裂片大，宽卵状三角形，顶端钝或近圆形，具不规则的齿，侧生裂片通常1对，长圆形或长圆状披针形，顶端钝或尖，具波状齿，上面深绿色，下面常变紫色，两面被短卷毛；中部茎叶疏生，较小，卵状披针形或长圆状披针形，无柄，基部箭状抱茎，顶端急尖，全缘或有不规则细齿；上部叶少数，线形。头状花序长8mm，后伸长达14mm，在开花前下垂，花后直立，通常2~5，在枝端排列成疏伞房状；花序梗细，长2.5~5cm，无苞片，总苞圆柱形，长8~14mm，宽5~8mm，基部无小苞片；总苞片1层，8~9，长圆状线形或线形，黄绿色，约与小花等长，顶端渐尖，边缘窄膜质，背面无毛。小花粉红色或紫色，长约9mm，管部细长，檐部渐扩大，具5深裂瘦果圆柱形，长3~4mm，具5棱，肋间被微毛；冠毛丰富，白色，细软。花果期7~10月。

分布地：产云南(昆明、大姚、楚雄、广通、开远、峨山、玉溪、易门)、贵州(绥阳、兴义、安龙、册亨、赤水)、四川、湖北、湖南、江苏(宜兴)、浙江(杭州、宁波)、安徽(舒城、霍山、金寨及皖南山区)、广东(汕头、广州)、海南(儋县、安定、崖县、陵水、琼中)、福建、台湾。常生于山坡荒地、田埂、路旁，海拔800~2100m。北京栽培，逸生。亚洲热带、亚热带和非洲广布。模式标本采自斯里兰卡。

主要经济用途：全草药用，消炎，止痢，主治腮腺炎、乳腺炎、小儿疳积、皮肤湿疹等症。

飞蓬

菊科 Asteraceae　飞蓬属

Erigeron acer L., Sp. Pl. 863. 1753; DC., Prodr. 5: 290. 1836.

主要形态学特征：二年生草本。茎单生，稀数个，高5~60cm，基部径1~4mm，直立，上部或少有下部有分枝，绿色或有时紫色，具明显的条纹，被较密而开展的硬长毛，杂有疏贴短毛，在头状花序下部常被具柄腺毛，或有时近无毛，节间长0.5~2.5cm；基部叶较密集，花期绒毛常生存，倒披针形，长1.5~10cm，宽0.3~1.2cm，顶端钝或尖，基部渐狭成长柄，全缘或极少具1至数个小尖齿，具不明显的3脉，中部和上部叶披针形，无柄，长0.5~8cm，宽0.1~0.8cm，顶端急尖，最上部和枝上的叶极小，线形，具1脉，全部叶两面被较密或疏开展的硬长毛；头状花序多数，在茎枝端排列成密而窄或少有疏而宽的圆锥花序，或有时头状花序较少数，伞房状排列，长6~10mm，宽11~21mm；总苞半球形，总苞片3层，线状披针形，绿色或稀紫色，顶端尖，背面被密或较密的开展的长硬毛，杂有具柄的腺毛，内层常短于花盘，长5~7mm，宽0.5~0.8mm，边缘膜质，外层几短于内层的1/2；雌花外层舌状，长5~7mm，管部长2.5~3.5mm，舌片淡红紫色，少有白色，宽约0.25mm，较内层的细管状，无色，长3~3.5mm，花柱与舌片同色，伸出管部1~1.5mm；中央的两性花管状，黄色，长4~5mm，管部长1.5~2mm，上部被疏贴微毛，檐部圆柱形，裂片无毛；瘦果长圆披针形，长约1.8mm，宽0.4mm，压扁，被疏贴短毛；冠毛2层，白色，刚毛状，外层极短，内层长5~6mm。花期7~9月。

分布地：产于新疆、内蒙古、吉林、辽宁、河北、山西、陕西、甘肃、宁夏、青海、四川和西藏等省区。俄罗斯高加索、中亚、西伯利亚地区以及蒙古、日本、北美洲也有分布。常生于山坡草地、牧场及林缘，海拔1400~3500m。

假泽兰 菊科 Asteraceae 假泽兰属

别名：薇甘菊、米甘草

Mikania cordata(Burm. f.)B. L. Robinson in Contr. Gray Herb. 104：65. 1934.

主要形态学特征：攀缘草本。茎细长，多分枝，有稀疏的短柔毛或几无毛。中部茎叶三角状卵形、卵形，长4~10cm，宽2~7cm，基部心形，全缘或浅波状圆锯齿，两面有稀疏的短柔毛，花期脱毛或无毛，叶柄长2.5~6cm。上部的叶渐小，三角形或披针形，基部平截或楔形，叶柄短。头状花序多数在枝端排成伞房花序或复伞房花序，全株有多数伞房或复伞房花序。各级花序梗纤细，被柔毛或无毛，有线状披针形的小苞叶。总苞片4个，狭长椭圆形，长5~7mm，有明显的三脉，顶端钝或稍尖，外面有稀柔毛和腺点。花冠长3.5~5mm，檐部钟状，5齿裂，管部细，被稀疏短柔毛。瘦果长椭圆形，有4纵棱，长3.5mm，有腺点。冠毛污白色或微红色，长3.5~4mm。

分布地：产于台湾和海南岛、云南东南部(屏边)。生于山坡灌木林下。海拔80~100m。印度尼西亚爪哇、老挝、柬埔寨、越南也有分布。

千里光 菊科 Asteraceae 千里光属

别名：九里明(植物名实图考)、蔓黄菀(台湾植物志)

Senecio scandens Buch. -Ham. ex D. Don，Prodr. Fl. Nepal. 178. 1825.

主要形态学特征：多年生攀缘草本，根状茎木质，粗，径达1.5cm。茎伸长，弯曲，长2~5m，多分枝，被柔毛或无毛，老时变木质，皮淡色。叶具柄，叶片卵状披针形至长三角形，长2.5~12cm，宽2~4.5cm，顶端渐尖，基部宽楔形、截形、戟形或稀心形，通常具浅或深齿，稀全缘，有时具细裂或羽状浅裂，至少向基部具1~3对较小的侧裂片，两面被短柔毛至无毛；羽状脉，侧脉7~9对，弧状，叶脉明显；叶柄长0.5~1(~2)cm，具柔毛或近无毛，无耳或基部有小耳；上部叶变小，披针形或线状披针形，长渐尖。头状花序有舌状花，多数，在茎枝端排列成顶生复聚伞圆锥花序；分枝和花序梗被密至疏短柔毛；花序梗长1~2cm，具苞片，小苞片通常1~10，线状钻形。总苞圆柱状钟形，长5~8mm，宽3~6mm，具外层苞片；苞片约8，线状钻形，长2~3mm。总苞片12~13，线状披针形，渐尖，上端和上部边缘有缘毛状短柔毛，草质，边缘宽干膜质，背面有短柔毛或无毛，具3脉。舌状花8~10，管部长4.5mm；舌片黄色，长圆形，长9~10mm，宽2mm，钝，具3细齿，具4脉；管状花多数；花冠黄色，长7.5mm，管部长3.5mm，檐部漏斗状；裂片卵状长圆形，尖，上端有乳头状毛。花药长2.3mm，基部有钝耳；耳长约为花药颈部1/7；附片卵状披针形；花药颈部伸长，向基部略膨大；花柱分枝长1.8mm，顶端截形，有乳头状毛。瘦果圆柱形，长3mm，被柔毛；冠毛白色，长7.5mm。

分布地：产西藏、陕西、湖北、四川、贵州、云南、安徽、浙江、江西、福建、湖南、广东、广西、台湾等省区。常生于森林、灌丛中，攀缘于灌木、岩石上或溪边，海拔50~3200m。印度、尼泊尔、不丹、缅甸、泰国、中南半岛、菲律宾和日本也有。模式标本采自尼泊尔。

长裂苦苣菜 菊科 Asteraceae 苦苣菜属

Sonchus brachyotus DC.，Prodr. 7(1)：186. 1838.

主要形态学特征：一年生草本，高50~100cm。根垂直直伸，生多数须根。茎直立，有纵条纹，基部直径达1.2mm，上部有伞房状花序分枝，分枝长或短或极短，全部茎枝光滑无毛。基生叶与下部茎叶全为卵形、长椭圆形或倒披针形，长6~19cm，宽1.5~11cm，羽状深裂、半裂或浅裂，极少不裂，向下渐狭，无柄或有长1~2cm的短翼柄，基部圆耳状扩大，半抱茎，侧裂片3~5对或奇数，对生或部分互生或偏斜互生，线状长椭圆形、长三角形或三角形，极少半圆形，顶裂片披针形，全部裂片边缘全缘，有缘毛或无缘毛或缘毛状微齿，顶端急尖或钝或圆形；中上部茎叶与基生叶和下部茎叶同形并等样分裂，但较小；最上部茎叶宽线形或宽线状披针形，接花序下部的叶常钻形；全部叶两面光滑无毛。头状花序少数在茎枝顶端排成伞房状花序。总苞钟状，长1.5~2cm，宽1~1.5cm；总苞片4~5层，最外层卵形，长6mm，宽3mm，中层长三角形至披针形，长9~13mm，宽(2~)3~5mm，内层长披针形，长1.5cm，宽2mm，全部总苞片顶端急尖，外面光滑无毛。舌状小花多数，黄色。瘦果长椭圆状，褐色，稍压扁，长约3mm，宽约1.5mm，每面有5条高起的纵肋，肋间有横皱纹。冠毛白色，纤细，柔软，纠缠，单毛状，长1.2cm。花果期6~9月。

特征差异研究：叶长19~29cm，宽8.7~10cm，无叶柄。

凭证标本：深圳坝光，莫素祺(017)。

分布地：分布黑龙江(具体地点不详)、吉林(安图、通余)、内蒙古(海拉尔、包头)、河北(内丘、石家庄、张家口)、山西(交城、榆次、宁武、垣曲)、陕西(商县、榆林、延安)、山东(济南)。生于山地草坡、河边或碱地，海拔350~2260m。日本、蒙古、俄罗斯远东地区有分布。模式标本采自俄罗斯。

金腰箭 菊科 Asteraceae 金腰箭属

Synedrella nodiflora(L.)Gaertn., Eruct. Sem. Plant. 2: 456. t. 171, fig. 7. 1791.

主要形态学特征：一年生草本。茎直立，高0.5~1m，基部径约5mm，二歧分枝，被贴生的粗毛或后脱毛，节间长6~22cm，通常长约10cm。下部和上部叶具柄，阔卵形至卵状披针形，连叶柄长7~12cm，宽3.5~6.5cm，基部下延成2~5mm宽的翅状宽柄，顶端短渐尖或有时钝，两面被贴生、基部为疣状的糙毛，在下面的毛较密，近基三出主脉，在上面明显，在下面稍凸起，有时两侧的1对基部外向分枝而似5主脉，中脉中上部常有1~4对细弱的侧脉，网脉明显或仅在下面一对明显。头状花序径4~5mm，长约10mm，无或有短花序梗，常2~6簇生于叶腋，或在顶端成扁球状，稀单生；小花黄色；总苞卵形或长圆形；苞片数个，外层总苞片绿色，叶状，卵状长圆形或披针形，长10~20mm，背面被贴生的糙毛，顶端钝或稍尖，基部有时渐狭，内层总苞片干膜质，鳞片状，长圆形至线形，长4~8mm，背面被疏糙毛或无毛。托片线形，长6~8mm，宽0.5~1mm。舌状花连管部长约10mm，舌片椭圆形，顶端2浅裂；管状花向上渐扩大，长约10mm，檐部4浅裂，裂片卵状或三角状渐尖。雌花瘦果倒卵状长圆形，扁平，深黑色，长约5mm，宽约2.5mm，边缘有增厚、污白色宽翅，翅缘各有6~8个长硬尖刺；冠毛2，挺直，刚刺状，长约2mm，向基部粗厚，顶端锐尖；两性花瘦果倒锥形或倒卵状圆柱形，长4~5mm，宽约1mm，黑色，有纵棱，腹面压扁，两面有疣状突起，腹面突起粗密；冠毛2~5，叉开，刚刺状，等长或不等长，基部略粗肿，顶端锐尖。花期6~10月。

分布地：产我国东南至西南部各省区，东起台湾，西至云南。生于旷野、耕地、路旁及宅旁，繁殖力极强。原产美洲，现广布于世界热带和亚热带地区。

蟛蜞菊 菊科 Asteraceae 蟛蜞菊属

Wedelia chinensis(Osbeck.)Merr. in Philip. Journ. Sci. Bot. 12: 111. 1917.

主要形态学特征：多年生草本。茎匍匐，上部近直立，基部各节生出不定根，长15~50cm，基部径约2mm，分枝，有阔沟纹，疏被贴生的短糙毛或下部脱毛。叶无柄，椭圆形、长圆形或线形，长3~7cm，宽7~13mm，基部狭，顶端短尖或钝，全缘或有1~3对疏粗齿，两面疏被贴生的短糙毛，中脉在上面明显或有时不明显，在下面稍凸起，侧脉1~2对，通常仅有下部离基发出的1对较明显，无网状脉。头状花序少数，径15~20mm，单生于枝顶或叶腋内；花序梗长3~10cm，被贴生短粗毛；总苞钟形，宽约1cm，长约12mm；总苞2层，外层叶质，绿色，椭圆形，长10~12mm，顶端钝或浑圆，背面疏被贴生短糙毛，内层较小，长圆形，长6~7mm，顶端尖，上半部有缘毛；托片折叠成线形，长约6mm，无毛，顶端渐尖，有时具3浅裂。舌状花1层，黄色，舌片卵状长圆形，长约8mm，顶端2~3深裂，管部细短，长为舌片的1/5。管状花较多，黄色，长约5mm，花冠近钟形，向上渐扩大，檐部5裂，裂片卵形，钝。瘦果倒卵形，长约4mm，多疣状突起，顶端稍收缩，舌状花的瘦果具3边，边缘增厚。无冠毛，而有具细齿的冠毛环。花期3~9月。

分布地：广产我国东北部(辽宁)、东部和南部各省区及其沿海岛屿。生于路旁、田边、沟边或湿润草地上。也分布于印度、中南半岛、印度尼西亚、菲律宾至日本。模式标本采自广东。

胭脂花 报春花科 Primulaceae　报春花属

Primula maximowiczii Regel in Act. Hort. Petrop. 3：139. 1874.

主要形态学特征：多年生草本，全株无粉。根状茎短，具多数长根。叶丛基部无鳞片。叶倒卵状椭圆形、狭椭圆形至倒披针形，连柄长(3~)5~20(~27)cm，宽1.5~3(~4)cm，先端钝圆或稍锐尖，基部渐狭窄，边缘具三角形小牙齿，稀近全缘，中肋稍宽，侧脉纤细，不明显；叶柄具膜质宽翅，通常甚短，有时与叶柄近等长。花莛稍粗壮，高20~45(~70)cm；伞形花序1~3轮，几每轮6~10(~20)花；苞片披针形，长3~7mm，先端渐尖，基部互相连合；花梗长1~3(~4)cm；花萼狭钟状，长6~10mm，分裂达全长的1/3，裂片三角形，边缘具腺状小缘毛；花冠暗朱红色，冠筒管状，裂片狭矩圆形，长4~8mm，宽2.5~3mm，全缘，通常反折贴于冠筒上；长花柱花冠筒长11~13mm，雄蕊着生于冠筒中下部，距基部4~5mm，花柱长近达冠筒口；短花柱花冠筒长4~19mm，雄蕊着生于冠筒上部，花药顶端距筒口约2mm，花柱长3~4mm。蒴果。

特征差异研究：叶长5.3~14cm，宽3.0~6cm，叶柄长0.4~4.5cm。

凭证标本：深圳坝光，莫素祺(014，015)，陈志洁、余欣繁(045)。

分布地：产于吉林、内蒙古、河北、山西、陕西。生长于林下和林缘湿润处，垂直分布上限可达2900m。模式标本采自北京附近山区。

主要经济用途：庭院绿化的观赏花卉。

牛耳枫 虎皮楠科 Daphniphyllaceae　虎皮楠属
别名：南岭虎皮楠

Daphniphyllum calycinum Benth. Fl. Hongk. 316. 1861.

主要形态学特征：灌木，高1.5~4m；小枝灰褐色，径3~5mm，具稀疏皮孔。叶纸质，阔椭圆形或倒卵形，长12~16cm，宽4~9cm，先端钝或圆形，具短尖头，基部阔楔形，全缘，略反卷，干后两面绿色，叶面具光泽，叶背多少被白粉，具细小乳突体，侧脉8~11对，在叶面清晰，叶背突起；叶柄长4~8cm，上面平或略具槽，径约2mm。总状花序腋生，长2~3cm，雄花花梗长8~10mm；花萼盘状，径约4mm，3~4浅裂，裂片阔三角形；雄蕊9~10枚，长约3mm，花药长圆形，侧向压扁，药隔发达伸长，先端内弯，花丝极短；雌花花梗长5~6mm；苞片卵形，长约3mm；萼片3~4，阔三角形，长约1.5mm；子房椭圆形，长1.5~2mm，花柱短，柱头2，直立，先端外弯。果序长4~5cm，密集排列；果卵圆形，较小，长约7mm，被白粉，具小疣状突起，先端具宿存柱头。

特征差异研究：叶长3.5~18.3cm，宽1.4~5.7cm，叶柄长0.3~7cm。

凭证标本：深圳坝光，赖标汶(008，026)、洪继猛(109)、吴凯涛(086)、廖栋耀(150)。

分布地：产广西、广东、福建、江西等省区；生于海拔(60~)250~700m的疏林或灌丛中。分布于越南和日本。模式标本采自广东沿海岛屿。

主要经济用途：种子榨油可制肥皂或作润滑油。根和叶入药，有清热解毒、活血散瘀之效。

海桐 海桐科 Pittosporaceae　海桐花属
别名：海桐花

Pittosporum tobira(Thunb.)Ait. in Hort. Kew. ed 2，2：37. 1811.

主要形态学特征：常绿灌木或小乔木，高达6m，嫩枝被褐色柔毛，有皮孔。叶聚生于枝顶，二年生，革质，嫩时上下两面有柔毛，以后变秃净，倒卵形或倒卵状披针形，长4~9cm，宽1.5~4cm，上面深绿色，发亮，干后暗晦无光，先端圆形或钝，常微凹入或为微心形，基部窄楔形，侧脉6~8对，在靠近边缘处相结合，有时因侧脉间的支脉较明显而呈多脉状，网脉稍明显，网眼细小，全缘，干后反卷，叶柄长达2cm。伞形花序或伞房状伞形花序顶生或近顶生，密被黄褐色柔毛，花梗长1~2cm；苞片披针形，长4~5mm；小苞片长2~3mm，均被褐毛。花白色，有芳香，后变黄色；萼片卵形，长3~4mm，被柔毛；花瓣倒披针形，长1~1.2cm，离生；雄蕊2型，退化雄蕊的花丝长2~3mm，花药近于不育；正常雄蕊的花丝长5~6mm，花药长圆形，长2mm，黄色；子房长卵形，密被柔毛，侧膜胎座3个，胚珠多数，2列着生于胎座中段。蒴果圆球形，有棱或呈三角形，直径12mm，多少有毛，子房柄长1~2mm，3片裂开，果片木质，厚1.5mm，内侧黄褐色，有光泽，具横格；种子多数，长4mm，多角形，红色，种柄长约2mm。

特征差异研究：叶长6.0~7.6cm，宽1.7~2.0cm，叶柄长0.4~1.1cm。

凭证标本：深圳坝光，赵顺(124，125)、邱小波(124)。

分布地：分布于长江以南滨海各省；亦见于日本及朝鲜。

主要经济用途：园林观赏。根、叶和种子均入药，根能祛风活络、散瘀止痛，叶能解毒、止血；种子能涩肠、固精。

平车前 车前科 Plantaginaceae 车前属

Plantago depressa Willd., Enum. Pl. Hort. Berol. Suppl. 8. 1813.

主要形态学特征：一年生或二年生草本。直根长，具多数侧根，多少肉质。根茎短。叶基生呈莲座状，平卧、斜展或直立；叶片纸质，椭圆形、椭圆状披针形或卵状披针形，长3~12cm，宽1~3.5cm，先端急尖或微钝，边缘具浅波状钝齿、不规则锯齿或牙齿，基部宽楔形至狭楔形，下延至叶柄，脉5~7条，上面略凹陷，于背面明显隆起，两面疏生白色短柔毛；叶柄长2~6cm，基部扩大成鞘状。花序3~10余个；花序梗长5~18cm，有纵条纹，疏生白色短柔毛；穗状花序细圆柱状，上部密集，基部常间断，长6~12cm；苞片三角状卵形，长2~3.5mm，内凹，无毛，龙骨突宽厚，宽于两侧片，不延至或延至顶端。花萼长2~2.5mm，无毛，龙骨突宽厚，不延至顶端，前对萼片狭倒卵状椭圆形至宽椭圆形，后对萼片倒卵状椭圆形至宽椭圆形。花冠白色，无毛，冠筒等长或略长于萼片，裂片极小，椭圆形或卵形，长0.5~1mm，于花后反折。雄蕊着生于冠筒内面近顶端，同花柱明显外伸，花药卵状椭圆形或宽椭圆形，长0.6~1.1mm，先端具宽三角状小突起，新鲜时白色或绿白色，干后变淡褐色。胚珠5。蒴果卵状椭圆形至圆锥状卵形，长4~5mm，于基部上方周裂。种子4~5，椭圆形，腹面平坦，长1.2~1.8mm，黄褐色至黑色；子叶背腹向排列。花期5~7月，果期7~9月。

分布地：产黑龙江、吉林、辽宁、内蒙古、河北、山西、陕西、宁夏、甘肃、青海、新疆、山东、江苏、河南、安徽、江西、湖北、四川、云南、西藏。生于草地、河滩、沟边、草甸、田间及路旁，海拔5~4500m。朝鲜、俄罗斯(西伯利亚至远东)、哈萨克斯坦、阿富汗、蒙古、巴基斯坦、克什米尔、印度也有分布。模式标本为德国柏林植物园栽培植物。

南烛 越橘科 Vacciniaceae 越橘属

别名：染菽(古名)，乌饭树(江苏、浙江、江西)，米饭树、乌饭叶、康菊紫(浙江)，饭筒树、乌饭子、零丁子、大禾子(江西)，称杆树、米碎子木(广西)，苞越橘(江苏植物名录)，米饭花(台湾植物志)

Vaccinium bracteatum Thunb. Fl. Jap. 156. 1784.

主要形态学特征：常绿灌木或小乔木，高2~6(~9)m；分枝多，幼枝被短柔毛或无毛，老枝紫褐色，无毛。叶片薄革质，椭圆形、菱状椭圆形、披针状椭圆形至披针形，长4~9cm，宽2~4cm，顶端锐尖、渐尖，稀长渐尖，基部楔形、宽楔形，稀钝圆，边缘有细锯齿，表面平坦有光泽，两面无毛，侧脉5~7对，斜伸至边缘以内网结，与中脉、网脉在表面和背面均稍微突起；叶柄长2~

8mm，通常无毛或被微毛。总状花序顶生和腋生，长 4~10cm，有多数花，序轴密被短柔毛，稀无毛；苞片叶状，披针形，长 0.5~2cm，两面沿脉被微毛或两面近无毛，边缘有锯齿，宿存或脱落，小苞片 2，线形或卵形，长 1~3mm，密被微毛或无毛；花梗短，长 1~4mm，密被短毛或近无毛；萼筒密被短柔毛或茸毛，稀近无毛，萼齿短小，三角形，长 1mm 左右，密被短毛或无毛；花冠白色，筒状，有时略呈坛状，长 5~7mm，外面密被短柔毛，稀近无毛，内面有疏柔毛，口部裂片短小，三角形，外折；雄蕊内藏，长 4~5mm，花丝细长，长 2~2.5mm，密被疏柔毛，药室背部无距，药管长为药室的 2~2.5 倍；花盘密生短柔毛。浆果直径 5~8mm，熟时紫黑色，外面通常被短柔毛，稀无毛。花期 6~7 月，果期 8~10 月。

分布地：产台湾及华东、华中、华南至西南。生于丘陵地带或海拔 400~1400m 的山地，常见于山坡林内或灌丛中。分布朝鲜、日本(南部)，南至中南半岛、马来半岛、印度尼西亚。模式标本采自日本。

主要经济用途：果实成熟后酸甜，可食；采摘枝、叶渍汁浸米，煮成“乌饭”，江南一带民间在寒食节(农历四月)有煮食“乌饭”的习惯；果实入药，名“南烛子”，有强筋益气、固精之效；江西民间草医用叶捣烂治刀斧砍伤。

草海桐 草海桐科 Goodeniaceae 草海桐属

Scaevola sericea Vahl，Symb. Bot. 2：37. 1791.

主要形态学特征：直立或铺散灌木，有时枝上生根，或为小乔木，高可达 7m，枝直径 0.5~1cm，中空，通常无毛，但叶腋里密生一簇白色须毛。叶螺旋状排列，大部分集中于分枝顶端，颇像海桐花，无柄或具短柄，匙形至倒卵形，长 10~22cm，宽 4~8cm，基部楔形，顶端圆钝，平截或微凹，全缘，或边缘波状，无毛或背面有疏柔毛，稍肉质。聚伞花序腋生，长 1.5~3cm。苞片和小苞片小，腋间有一簇长须毛；花梗与花之间有关节；花萼无毛，筒部倒卵状，裂片条状披针形，长 2.5mm；花冠白色或淡黄色，长约 2cm，筒部细长，后方开裂至基部，内面密被白色长毛，檐部开展，裂片中间厚，披针形，中部以上每边有宽而膜质的翅，翅常内叠，边缘疏生缘毛；花药在花蕾中围着花柱上部，和集粉杯下部粘成一管，花开放后分离，药隔超出药室，顶端成片状。核果卵球状，白色而无毛或有柔毛，直径 7~10mm，有两条径向沟槽将果分为两爿，每爿有 4 条棱，2 室，每室有一颗种子。花果期 4~12 月。

特征差异研究：叶长 14.3~18.8cm，宽 4.3~5.4cm。

凭证标本：深圳坝光，陈志洁、黄玉源(103，125)。

分布地：产台湾、福建、广东、广西。生于海边，通常在开旷的海边沙地上或海岸峭壁上。日本(琉球群岛)、东南亚、马达加斯加、大洋洲热带、密克罗尼西亚以及夏威夷也有植物。

主要经济用途：可作海岸防风林、行道树、庭园美化植物。

颠茄 茄科 Solanaceae 颠茄属

Atropa belladonna L.，Sp. Pl. 181. 1753.

主要形态学特征：多年生草本，或栽培为一年生，高 0.5~2m。根粗壮，圆柱形。茎下部单一，带紫色，上部叉状分枝，嫩枝绿色，多腺毛，老时逐渐脱落。叶互生或在枝上部大小不等 2 叶双生，叶柄长达 4cm，幼时生腺毛；叶片卵形、卵状椭圆形或椭圆形，长 7~25cm，宽 3~12cm，顶端渐尖或急尖，基部楔形并下延到叶柄，上面暗绿色或绿色，下面淡绿色，两面沿叶脉有柔毛。花俯垂，花梗长 2~3cm，密生白色腺毛；花萼长约为花冠之半，裂片三角形，长 1~1.5cm，顶端渐尖，生腺毛，花后稍增大，果时成星芒状向外开展；花冠筒状钟形，下部黄绿色，上部淡紫色，长 2.5~3cm，直径约 1.5cm，筒中部稍膨大，5 浅裂，裂片顶端钝，花开放时向外反折，外面纵脉隆起，被腺毛，内面筒基部有毛；花丝下端生柔毛，上端向下弓曲，长约1.7cm，花药椭圆形，黄色；花盘绕生于子房基部；花柱长约2cm，柱头带绿色。浆果球状，直径1.5~2cm，成熟后紫黑色，光滑，汁液紫色。种子扁肾脏形，褐色，长1.5~2mm，宽1.2~1.8mm。花果期6~9月。

凭证标本：深圳坝光，李志伟(045)。

分布地：原产欧洲中部、西部和南部。我国南北药物种植场有引种栽培。药用，根和叶含有莨菪碱(hyoscyamine)、阿托品(atropine)、东莨菪碱(scopolamine)、颠茄碱(belladonin)等。

主要经济用途：叶作镇痉及镇痛药；根治盗汗，并有散瞳的功效。

红丝线 茄科 Solanaceae 红丝线属

Lycianthes biflora (Lour.) Bitter in Abh. Naturw Ver. Bremen 25: 461. 1919——*Solanum biflorum* Lour., Fl. Cochin. 1: 129. 1790, et 159. 1793; Dunal, Hist. Sol. 177. 1813, et in DC. Prodr. 13(1): 178. 1852.

主要形态学特征：灌木或亚灌木，高0.5~1.5m，小枝、叶下面、叶柄、花梗及萼的外面密被淡黄色的单毛及1~2分枝或树枝状分枝的绒毛。上部叶常假双生，大小不相等；大叶片椭圆状卵形，偏斜，先端渐尖，基部楔形渐窄至叶柄而成窄翅，长(9~)13~15cm，宽(3.5~)5~7cm；叶柄长2~4cm；小叶片宽卵形，先端短渐尖，基部宽圆形而后骤窄下延至柄而成窄翅，长2.5~4cm，宽2~3cm；叶柄长0.5~1cm，两种叶均膜质，全缘，上面绿色，被简单具节分散的短柔毛；下面灰绿色。花序无柄，通常2~3朵(少4~5朵)花着生于叶腋内；花梗短，5~8mm；萼杯状，长约3mm，直径约3.5mm，萼齿10，钻状线形，长约2mm，两面均被有与萼外面相同的毛被；花冠淡紫色或白色，星形，直径10~12mm，顶端深5裂，裂片披针形，端尖，长约6mm，宽约1.5mm，外面在中上部及边缘被有平伏的短而尖的单毛；花冠筒隐于萼内，长约1.5mm，冠檐长约7.5mm，基部具深色(干时黑色)的斑点，花丝长约1mm，光滑，花药近椭圆形，长约3mm，宽约1mm，在内面常被微柔毛，顶孔向内，偏斜。子房卵形，长约2mm，宽约1.8mm，光滑，花柱纤细，长约8mm，光滑，柱头头状。果柄长1~1.5cm，浆果球形，直径6~8mm，成熟果绯红色，宿萼盘形，萼齿长4~5mm，与果柄同样被有与小枝相似的毛被；种子多数，淡黄色，近卵形至近三角形，水平压扁，约长2mm，宽1.5mm，外面具凸起的网纹。花期5~8月，果期7~11月。

特征差异研究：叶长6.7~19.6cm，宽3.8~7cm，叶柄长1.6~1.7cm。

凭证标本：深圳坝光，莫素祺(031)。

分布地：产云南、四川南部、广西、广东、江西、福建、台湾诸省份。生长于荒野阴湿地、林下、路旁、水边及山谷中，海拔150~2000m。分布于印度、马来西亚、印度尼西亚的爪哇至日本琉球群岛。

主要经济用途：药用。

水茄

茄科 Solanaceae 茄属

别名：山颠茄(广东宝安)，金衫扣(两广)，野茄子(云南金平、河口)，刺茄(金平)，西好、青茄(河口)，乌凉(云南思茅)，木哈蒿(傣语)，天茄子(贵州兴义)，刺番茄(贵州独山)

Solanum torvum Swartz, Prodr. Fl. Ind. Occ. 47. 1788, et Fl. Ind. Occ. 1: 456. 1787.

主要形态学特征：灌木，高1~2~(3)m，小枝、叶下面、叶柄及花序柄均被具长柄、短柄或无柄稍不等长5~9分枝的尘土色星状毛。小枝疏具基部宽扁的皮刺，皮刺淡黄色，基部疏被星状毛，长2.5~10mm，宽2~10mm，尖端略弯曲。叶单生或双生，卵形至椭圆形，长6~12(~19)cm，宽4~9(~13)cm，先端尖，基部心脏形或楔形，两边不相等，边缘半裂或波状，裂片通常5~7，上面绿色，毛被较下面薄，分枝少(5~7分枝)的无柄的星状毛较多，分枝多的有柄的星状毛较少，下面灰绿，密被分枝多而具柄的星状毛；中脉在下面少刺或无刺，侧脉每边3~5条，有刺或无刺。叶柄长2~4cm，具1~2枚皮刺或不具。伞房花序腋外生，2~3歧，毛被厚，总花梗长1~1.5cm，具1细直刺或无，花梗长5~10mm，被腺毛及星状毛；花白色；萼杯状，长约4mm，外面被星状毛及腺毛，端5裂，裂片卵状长圆形，长约2mm，先端骤尖；花冠辐形，直径约1.5cm，筒部隐于萼内，长约1.5mm，冠檐长约1.5cm，端5裂，裂片卵状披针形，先端渐尖，长0.8~1cm，外面被星状毛；花丝长约1mm，花药长为花丝长度的4~7倍，顶孔向上；子房卵形，光滑，不孕花的花柱短于花药，能孕花的花柱较长于花药；柱头截形；浆果黄色，光滑无毛，圆球形，直径1~1.5cm，宿萼外面被稀疏的星状毛，果柄长约1.5cm，上部膨大；种子盘状，直径1.5~2mm。全年均开花结果。

特征差异研究：叶长11.5~20.2cm，宽6.2~12cm，叶柄长2~2.7cm；果实球形，直径1.2cm，果实绿色。

凭证标本：深圳坝光，黄启聪、黄玉源(047)，洪继猛(032，033)，周婉敏(003)。

分布地：产云南(东南部、南部及西南部)、广西、广东、台湾。喜生长于热带地方的路旁，荒地，灌木丛中，沟谷及村庄附近等潮湿地方，海拔200~1650m。普遍分布于热带印度，东经缅甸、泰国，南至菲律宾、马来亚，也分布于热带美洲。

主要经济用途：果实可明目，叶可治疮毒，嫩果煮熟可供蔬食。

番薯

旋花科 Convolvulaceae　番薯属

别名：甘储、甘薯、朱薯、金薯、番薯、番茹(本草纲目拾遗)，红山药、朱薯、唐薯(农政全书等)，玉枕薯(台湾府志)，山芋(江苏、浙江)，地瓜(辽宁、山东)，山药(河北)，甜薯、红薯(山西、河南)，红苕(四川、贵州)，白薯(北京、天津)，阿鹅(云南彝语)

Ipomoea batatas(Linn.) Lam. Tabl. Encycl. 1: 465. 1791.

主要形态学特征：一年生草本，地下部分具圆形、椭圆形或纺锤形的块根，块根的形状、皮色和肉色因品种或土壤不同而异。茎平卧或上升，偶有缠绕，多分枝，圆柱形或具棱，绿或紫色，被疏柔毛或无毛，茎节易生不定根。叶片形状、颜色常因品种不同而异，也有时在同一植株上具有不同叶形，通常为宽卵形，长4~13cm，宽3~13cm，全缘或3~5(~7)裂，裂片宽卵形、三角状卵形或线状披针形，叶片基部心形或近于平截，顶端渐尖，两面被疏柔毛或近于无毛，叶色有浓绿、黄绿、紫绿等，顶叶的颜色为品种的特征之一；叶柄长短不一，长2.5~20cm，被疏柔毛或无毛。聚伞花序腋生，由1~3(~7)朵花聚集成伞形，花序梗长2~10.5cm，稍粗壮，无毛或有时被疏柔毛；苞片小，披针形，长2~4mm，顶端芒尖或骤尖，早落；花梗长2~10mm；萼片长圆形或椭圆形，不等长，外萼片长7~10mm，内萼片长8~11mm，顶端骤然成芒尖状，无毛或疏生缘毛；花冠粉红色、白色、淡紫色或紫色，钟状或漏斗状，长3~4cm，外面无毛；雄蕊及花柱内藏，花丝基部被毛；子房2~4室，被毛或有时无毛。开花习性随品种和生长条件而不同，有的品种容易开花，有的品种在气候干旱时会开花，在气温高、日照短的地区常见开花，在温度较低的地区很少开花。蒴果卵形或扁圆形，有假隔膜分为4室。种子1~4粒，通常2粒，无毛。异花授粉，自花授粉常不结实，所以有时只见开花不见结果。

分布地：原产南美洲及大、小安的列斯群岛，现已广泛栽培在全世界的热带、亚热带地区(主产于40°N以南)，但在一些较北的地区如黑龙江省也已栽种成功。我国大多数地区都普遍栽培。

主要经济用途：是一种高产而适应性强的粮食作物，与工农业生产和人民生活关系密切。块根除作主粮外，也是食品加工、淀粉和酒精制造工业的重要原料，根、茎、叶是优良的饲料。

五爪金龙

旋花科 Convolvulaceae　番薯属

别名：五爪龙、上竹龙、牵牛藤、黑牵牛、假土瓜藤(广西)

Ipomoea cairica(Linn.) Sweet, Hort. Brit. ed. 1. 287. 1826.

主要形态学特征：多年生缠绕草本，全体无毛，老时根上具块根。茎细长，有细棱，有时有小疣状突起。叶掌状5深裂或全裂，裂片卵状披针形、卵形或椭圆形，中裂片较大，长4~5cm，宽2~2.5cm，两侧裂片稍小，顶端渐尖或稍钝，具小短尖头，基部楔形渐狭，全缘或不规则微波状，基部1对裂片通常再2裂；叶柄长2~8cm，基部具小的掌状5裂的假托叶(腋生短枝的叶片)。聚伞

花序腋生，花序梗长2~8cm，具1~3花，或偶有3朵以上；苞片及小苞片均小，鳞片状，早落；花梗长0.5~2cm，有时具小疣状突起；萼片稍不等长，外方2片较短，卵形，长5~6mm，外面有时有小疣状突起，内萼片稍宽，长7~9mm，萼片边缘干膜质，顶端钝圆或具不明显的小短尖头；花冠紫红色、紫色或淡红色，偶有白色，漏斗状，长5~7cm；雄蕊不等长，花丝基部稍扩大下延贴生于花冠管基部以上，被毛；子房无毛，花柱纤细，长于雄蕊，柱头2、球形。蒴果近球形，高约1cm，2室，4瓣裂。种子黑色，长约5mm，边缘被褐色柔毛。

凭证标本：深圳坝光，温海洋(297)、叶蓁(137)、蒋呈曦(036，037)。

分布地：产台湾、福建、广东及其沿海岛屿、广西、云南。生于海拔90~610m的平地或山地路边灌丛，生长于向阳处。通常作观赏植物栽培。本种原产热带亚洲或非洲，现已广泛栽培或归化于全热带。

主要经济用途：块根供药用，外敷治热毒疮，有清热解毒之效。广西用叶治痈疮，果治跌打损伤。

老鼠簕 爵床科 Acanthaceae　老鼠簕属

Acanthus ilicifolius L. Sp. Pl. 639. 1753.

主要形态学特征：直立灌木，高达2m。茎粗壮，径达9mm，圆柱状，上部有分枝，无毛。托叶成刺状，叶柄长3~6mm；叶片长圆形至长圆状披针形，长6~14cm，宽2~5cm，先端急尖，基部楔形，边缘4~5羽状浅裂，近革质，两面无毛，主脉在上面凹下，主侧脉在背面明显凸起，侧脉每侧4~5，自裂片顶端突出为尖锐硬刺。穗状花序顶生；苞片对生，宽卵形，长7~8mm，无刺，早落；小苞片卵形，长约5mm，革质；花萼裂片4，外方的1对宽卵形，长10~13mm，顶端微缺，边缘质薄，有时成皱波状，具缘毛，内方的1对卵形，长约10mm，全缘。花冠白色，长3~4cm，花冠管长约6mm，上唇退化，下唇倒卵形，长约3cm，薄革质，顶端3裂，外面被柔毛，内面上部两侧各有1条3~4mm宽的被毛带；雄蕊4，近等长，花药1室，纵裂，裂缝两侧各有1列髯毛，花丝粗厚，长1.5cm，最宽处约2mm，近软骨质；子房顶部软骨质，花柱有纵纹，长2.2cm；柱头2裂。蒴果椭圆形，长2.5~3cm，有种子4颗。种子扁平，圆肾形，淡黄色。

特征差异研究：叶长9.2~10.9cm，宽3.4~4cm，叶柄长0.4~0.6cm；花冠直径5.3cm。

凭证标本：深圳坝光，洪继猛(048)，李志伟(104)，温海洋(106)，陈志洁、黄玉源(050)。

分布地：产海南、广东、福建。

主要经济用途：生于我国南部海岸及潮汐能至的滨海地带，为红树林重要组成之一。据记载，根可入药，有凉血清热、散痰积、解毒止痛功效。

假杜鹃 爵床科 Acanthaceae　假杜鹃属

Barleria cristata L., Sp. Pl. 636. 1753.

主要形态学特征：小灌木，高达2m。茎圆柱状，被柔毛，有分枝。长枝叶柄长3~6mm，叶片纸质，椭圆形、长椭圆形或卵形，长3~10cm，宽1.3~4cm，先端急尖，有时有渐尖头，基部楔形，下延，两面被长柔毛，脉上较密，全缘，侧脉4~5(~7)对，长枝叶常早落；腋生短枝的叶小，具短柄，叶片椭圆形或卵形，长2~4cm，宽1.5~2.3cm，叶腋内通常着生2朵花。短枝有分枝，花在短枝上密集。花的苞片叶形，无柄，小苞片披针形或线形，长10~15mm，宽约1.5mm，先端渐尖，具锐尖头，(3~)5~7脉，主脉明显，边缘被贴伏或开展的糙伏毛，有时有小锯齿，齿端具尖刺。有时花退化而只有2枚不孕的小苞片；外2萼片卵形至披针形，长1.2~2cm，前萼片较后萼片稍短，先端急尖具刺尖，基部圆，边缘有小点，齿端具刺尖，脉纹甚显著，内2萼片线形或披针形，长6~7mm，1脉，有缘毛，花冠蓝紫色或白色，2唇形，通常长3.5~5cm，有时可长达7.5mm，花冠管圆筒状，喉部渐大，冠檐5裂，裂片近相等，长圆形；能育雄蕊4，2长2短，着生于喉基部，长雄蕊花药2室并生，短雄蕊花药顶端相连，下面叉开，不育雄蕊1，所有花丝均被疏柔毛，向下部较密；子房扁，长椭圆形，无毛，花盘杯状，包被子房下部，花柱线状无毛，柱头略膨大。蒴果长圆形，长1.2~1.8cm，两端急尖，无毛。花期11~12月。

特征差异研究：叶长3.5~6.7cm，宽2.5~3.1cm，叶柄长1.3~1.9cm。

凭证标本：深圳坝光，莫素祺(032)。

分布地：产台湾、福建、广东、海南、广西、四川、贵州、云南和西藏等省区。生于海拔700~1100m的山坡、路旁或疏林下阴处，也可生于干燥草坡或岩石中。中南半岛、印度和印度洋一些岛屿也有分布。已在热带地区逸生，并栽培供观赏。

主要经济用途：药用全草，通筋活络，解毒消肿。

山牵牛

爵床科 Acanthaceae　山牵牛属

别名：大花山牵牛(中国高等植物图鉴)、大花老鸦嘴(广州常见经济植物)

Thunbergia grandiflora (Rottl. ex Willd.) Roxb. in Lodd., Bot. Cab. t. 324. 1819, et in Bot. Reg. t. 495. 1820, et Fl. Ind. 3: 34. 1832; Sims in Bot. Mag. t. 2366. 1822.

主要形态学特征：攀缘灌木，分枝较多，可攀缘很高，匍枝漫爬，小枝条稍4棱形，后逐渐复圆形，初密被柔毛，主节下有黑色巢状腺体及稀疏多细胞长毛。叶具柄，叶柄长达8cm，被侧生柔毛；叶片卵形、宽卵形至心形，长4~9(~15)cm，宽3~7.5cm，先端急尖至锐尖，有时有短尖头或钝，边缘有(2~)4~6(~8)宽三角形裂片，两面干时棕褐色，背面较浅，上面被柔毛，毛基部常膨大而使叶面呈粗糙状，背面密被柔毛。通常5~7脉。花在叶腋单生或成顶生总状花序，苞片小，卵形，先端具短尖头；花梗长2~4cm，被短柔毛，花梗上部连同小苞片下部有巢状腺形；小苞片2，长圆卵形，长1.5~3cm，宽1~2cm，先端渐尖，外面及内面先端被短柔毛，边缘甚密，内面无毛，远轴面粘合在一起；花冠管长5~7mm，连同喉白色；喉22~25mm，自花冠管以上膨大；冠檐蓝紫色，裂片圆形或宽卵形，长2.1~3mm，先端常微缺；雄蕊4，花丝下面逐渐变宽，长8~10mm，无毛，花药不外露，药隔突出成一锐尖头，药室不等大，不包括刺长7和9mm，基部具弯曲长刺，长2.5~3.0mm，另2花药仅1药室，具刺，长2.5mm，在缝处有髯毛；花粉粒直径86μm。子房近无毛，花柱无毛，长17~24mm，柱头近相等，2裂，对折，下方的抱着上方的，不外露。蒴果被短柔毛，带种子部分直径13mm，高18mm，喙长20mm，基部宽7mm。

分布地：产广西、广东、海南、福建鼓浪屿。生于山地灌丛。印度及中南半岛也有分布。世界热带地区植物园栽培。

主要经济用途：根皮可用于治疗跌打损伤、枪炮伤、骨折、经期腹痛、腰肌劳损，消肿拔毒，排脓生肌。

海榄雌

马鞭草科 Verbenaceae　海榄雌属

别名：咸水矮让木(广东)、白骨壤

Avicennia marina (Forsk.) Vierh. in Denkschr. Akad. Wissensch. 71: 435. 1907.

主要形态学特征：灌木，高1.5~6m；枝条有隆起条纹，小枝四方形，光滑无毛。叶片近无柄，革质，卵形至倒卵形、椭圆形，长2~7cm，宽1~3.5cm，顶端钝圆，基部楔形，表面无毛，有光泽，背面有细短毛，主脉明显，侧脉4~6对。聚伞花序紧密成头状，花序梗长1~2.5cm；花小，直径约5mm；苞片5枚，长约2.5mm，宽约3mm，有内外2层，外层密生绒毛，内层较光滑，黑褐色；花萼顶端5裂，长约3mm，宽2~3mm，外面有绒毛；花冠黄褐色，顶端4裂，裂片长约2mm，外被绒毛，花冠管长约2mm；雄蕊4，着生于花冠管内喉部而与裂片互生，花丝极短，花药2室，纵裂；子房上部密生绒毛。果近球形，直径约1.5cm，有毛。花果期7~10月。

特征差异研究：叶长 2.7~3.8cm，宽 1.8~2.0cm，叶柄长 0.3~0.4cm。

凭证标本：深圳坝光，李志伟(128)。

分布地：产福建、台湾、广东。生长于海边和盐沼地带，通常为组成海岸红树林的植物种类之一。非洲东部至印度、马来西亚、澳大利亚、新西兰也有分布。

主要经济用途：果实浸泡去涩后可炒食，也可作饲料，还可治痢疾。

枇杷叶紫珠

马鞭草科 Verbenaceae　紫珠属

别名：劳来氏紫珠(植物分类学报)，长叶紫珠(中国树木分类学)，野枇杷、山枇杷(中国高等植物图鉴)

Callicarpa kochiana Makino in Bot. Mag. Tokyo 28：181. 1914.

主要形态学特征：灌木，高 1~4m；小枝、叶柄与花序密生黄褐色分枝茸毛。叶片长椭圆形、卵状椭圆形或长椭圆状披针形，长 12~22cm，宽 4~8cm，顶端渐尖或锐尖，基部楔形，边缘有锯齿，表面无毛或疏被毛，通常脉上较密，背面密生黄褐色星状毛和分枝茸毛，两面被不明显的黄色腺点，侧脉 10~18 对，在叶背隆起；叶柄长 1~3cm。聚伞花序宽 3~6cm，3~5 次分歧；花序梗长 1~2cm；花近无柄，密集于分枝的顶端；花萼管状，被茸毛，萼齿线形或为锐尖狭长三角形. 齿长 2~2.5mm；花冠淡红色或紫红色，裂片密被茸毛；雄蕊伸出花冠管外，花丝长约 3.5mm，花药卵圆形，长约 1mm；花柱长于雄蕊，柱头膨大。果实圆球形，径约 1.5mm，几全部包藏于宿存的花萼内。花期 7~8 月，果期 9~12 月。

特征差异研究：叶长 8~10.3cm，宽 3~3.8cm，叶柄长 0.1~0.3cm；花冠直径 0.4~0.6cm，花梗 0.2~0.5cm。

凭证标本：深圳坝光，姜林林(011)、何思宜(001)、周婉敏(014)、万小丽(005)。

分布地：产台湾、福建、广东、浙江、江西、湖南、河南南部。生于海拔 100~850m 的山坡或谷地溪旁林中和灌丛中。越南也有分布。

主要经济用途：根治慢性风湿性关节炎及肌肉风湿症，叶可作外伤止血药并治风寒咳嗽、头痛，又可提取芳香油。

白花灯笼

马鞭草科 Verbenaceae　大青属

别名：灯笼草(中国高等植物图鉴)，鬼灯笼(广东)，苦灯笼(广西)

Clerodendrum fortunatum Linn. Sp. Pl. ed. 2. 889. 1753.

主要形态学特征：灌木，高可达 2.5m；嫩枝密被黄褐色短柔毛，小枝暗棕褐色，髓疏松，干后不中空。叶纸质，长椭圆形或倒卵状披针形，少为卵状椭圆形，长 5~17.5cm，宽 1.5~5cm，顶端渐尖，基部楔形或宽楔形，全缘或波状，表面被疏生短柔毛，背面密生细小黄色腺点，沿脉被短柔毛；叶柄长 0.5~3cm，少可达 4cm，密被黄褐色短柔毛。聚伞花序腋生，较叶短，1~3 次分歧，具花 3~9 朵，花序梗长 1~4cm，密被棕褐色短柔毛；苞片线形，密被棕褐色短柔毛；花萼红紫色，具 5 棱，膨大形似灯笼，长 1~1.3cm，外面被短柔毛，内面无毛，基部连合，顶端 5 深裂，裂片宽卵形，渐尖；花冠淡红色或白色稍带紫色，外面被毛，花冠管与花萼等长或稍长，顶端 5 裂，裂片长圆形，长约 6mm；雄蕊 4，与花柱同伸出花冠外，柱头 2 裂，顶端尖。核果近球形，径约 5mm，熟时深蓝绿色，藏于宿萼内。花果期 6~11 月。

凭证标本：深圳坝光，魏若宇(043，047)。

分布地：产江西南部、福建、广东、广西；其他各地温室有栽培。生于海拔 1000m 以下的丘陵、山坡、路边、村旁和旷野。模式标本采自中国南部。

主要经济用途：根或全株入药，有清热降火、消炎解毒、止咳镇痛的功效；用鲜叶捣烂或干根研粉调剂外敷可散瘀、消肿、止痛。

重瓣臭茉莉 马鞭草科 Verbenaceae 大青属

别名：大髻婆(云南植物志)、臭牡丹(云南)

Clerodendrum philippinum Schauer in DC. Prodr. 11：666. 1847.

主要形态学特征：灌木，高 50~120cm；小枝钝四棱形或近圆形，幼枝被柔毛。叶片宽卵形或近于心形，长 9~22cm，宽 8~21cm，顶端渐尖，基部截形、宽楔形或浅心形，边缘疏生粗齿，表面密被刚伏毛，背面密被柔毛，沿脉更密或有时两面毛较少，基部三出脉，脉腋有数个盘状腺体，叶片揉之有臭味；叶柄长 3~17cm，被短柔毛，有时密似绒毛。伞房状聚伞花序紧密，顶生，花序梗被绒毛；苞片披针形，长 1.5~3cm，被短柔毛并有少数疣状和盘状腺体；花萼钟状，长 1.5~1.7cm，被短柔毛和少数疣状或盘状腺体，萼裂片线状披针形，长 0.7~1cm；花冠红色、淡红色或白色，有香味，花冠管短，裂片卵圆形，雄蕊常变成花瓣而使花成重瓣。

特征差异研究：叶长 15~24.3cm，宽 9.3~12.5cm，叶柄长 4~7.3cm；花冠呈白色，花瓣多数，花瓣长约为 1.1cm，宽约为 0.8cm，花序为伞房花序，花冠直径约为 2.6cm。

凭证标本：深圳坝光，洪继猛(031)。

分布地：产福建、台湾、广东、广西、云南。老挝、泰国、柬埔寨以至亚洲热带地区常见栽培或逸生，毛里求斯、夏威夷等地也有归化。

主要经济用途：多栽培供观赏。根用药，主治风湿。

花叶假连翘 马鞭草科 Verbenaceae 假连翘属

Duranta repens L. ‘Variegata’；中国园林网，https：//www.yuanlin.com/flora/HTML/Info/2006-5/Yuanlin_Flora_1693.HTML

主要形态学特征：常绿灌木或小乔木。株高 1~3m，枝下垂或平展，茎四棱形，绿色至灰褐色。叶对生，有黄色或白色斑，具短柄，卵状椭圆形或倒卵形，有彩色斑纹，具锯齿。长 2~6cm，中部以上有粗刺，纸质，绿色。总状花序排列成松散圆锥状，顶生；花小且通常着生在中轴的一侧，高脚碟状；花冠蓝紫色或白色，总状花序顶生或腋生；核果肉质，卵形，金黄色，成串包在萼片内，有光泽。果实熟时橘黄色。

特征差异研究：叶长 5.8~8.8cm，宽 2.3~2.6cm，叶柄长 0.3~0.7cm。

凭证标本：深圳坝光，万小丽(002)。

分布地：原产巴西和墨西哥，我国南方地区引种栽培。

主要经济用途：可以盆栽观赏。

马缨丹 马鞭草科 Verbenaceae 马缨丹属

别名：五色梅(华北)，五彩花(福建)，臭草、如意草(广东、广西、福建)，七变花(华北经济植物志要)

Lantana camara Linn. Sp. Pl. 627. 1753.

主要形态学特征：直立或蔓性的灌木，高 1~2m，有时藤状，长达 4m；茎枝均呈四方形，有短柔毛，通常有短而倒钩状刺。单叶对生，揉烂后有强烈的气味，叶片卵形至卵状长圆形，长 3~8.5cm，宽 1.5~5cm，顶端急尖或渐尖，基部心形或楔形，边缘有钝齿，表面有粗糙的皱纹和短柔毛，背面有小刚毛，侧脉约 5 对；叶柄长约 1cm。花序直径 1.5~2.5cm；花序梗粗壮，长于叶柄；苞片披针形，长为花萼的 1~3 倍，外部有粗毛；花萼管状，膜质，长约 1.5mm，顶端有极短的齿；花冠黄色或橙黄色，开花后不久转为深红色，花冠管长约 1cm，两面有细短毛，直径 4~6mm；子房无毛。果圆球形，直径约 4mm，成熟时紫黑色。全年开花。

特征差异研究：叶长 8.2~9.4cm，宽 3.8~4.5cm，叶柄长 1.2~1.5cm。

凭证标本：深圳坝光，邱小波(049)。

分布地：原产美洲热带地区，在我国台湾、福建、广东、广西见有逸生。常生长于海拔 80~

1500m 的海边沙滩和空旷地区。世界热带地区均有分布。

主要经济用途：花美丽，我国各地庭园常栽培供观赏。根、叶、花作药用，有清热解毒、散结止痛、祛风止痒之效；可治疟疾、肺结核、颈淋巴结核、腮腺炎、胃痛、风湿骨痛等。

长序臭黄荆 马鞭草科 Verbenaceae 豆腐柴属

Premna fordii Dunn et Tutch. in Kew Bull. Add. Ser. 10：203. 1912.

主要形态学特征：直立或攀缘灌木，全体密生长柔毛。叶片坚纸质，卵形或卵状长圆形，长4~8.5cm，宽3~4.5cm，顶端长渐尖，基部截形或微呈心形，全缘或在中部以上有不明显的疏齿，侧脉4~5对，基部近三出脉，背面有暗黄色腺点；有长0.5~2cm的柄。聚伞花序组成顶生狭长圆锥花序，花序长2.5~10cm，宽2~5cm；花萼杯状，外被柔毛和细小黄色腺点，长1~2mm，顶端稍不规则的5浅裂，裂齿三角形，顶端钝；花冠白色或淡黄色，长3~8mm，外面有茸毛和黄色腺点，内面除喉部有白色柔毛外，余几无毛，顶端4裂成二唇形，上唇明显短于下唇，长约为花冠管的1/8；雄蕊4，2长2短，花丝无毛；子房无毛，顶端密生黄色腺点；花柱长约5.5mm。果实近球形，直径约4mm，无毛，顶端疏生黄色腺点。花果期5~7月。

分布地：产广东、广西。生于海拔1000~1200m的溪边或林中。模式标本采自广东西江北段。

黄荆 马鞭草科 Verbenaceae 牡荆属

Vitex negundo Linn. Sp. Pl. 638. 1753.

主要形态学特征：灌木或小乔木；小枝四棱形，密生灰白色绒毛。掌状复叶，小叶5，少有3；小叶片长圆状披针形至披针形，顶端渐尖，基部楔形，全缘或每边有少数粗锯齿，表面绿色，背面密生灰白色绒毛；中间小叶长4~13cm，宽1~4cm，两侧小叶依次递小，若具5小叶，中间3片小叶有柄，最外侧的2片小叶无柄或近于无柄。聚伞花序排成圆锥花序式，顶生，长10~27cm，花序梗密生灰白色绒毛；花萼钟状，顶端有5裂齿，外有灰白色绒毛；花冠淡紫色，外有微柔毛，顶端5裂，二唇形；雄蕊伸出花冠管外；子房近无毛。核果近球形，径约2mm；宿萼接近果实的长度。花期4~6月，果期7~10月。

特征差异研究：叶长12.5~15.3cm，宽8.2~9.9cm，小叶长5.8~10.4cm，宽2.3~3.0cm，叶柄1.1~1.4cm。

凭证标本：深圳坝光，陈志洁(075)、温海洋(162，184)。

分布地：主要产长江以南各省，北达秦岭淮河。生于山坡路旁或灌木丛中。非洲东部经马达加斯加、亚洲东南部及南美洲的玻利维亚也有分布。

主要经济用途：茎皮可造纸及制人造棉；茎叶治久痢；种子为清凉性镇静、镇痛药；根可以驱烧虫；花和枝叶可提取芳香油。

牡荆 马鞭草科 Verbenaceae 牡荆属

Vitex negundo L. var. *cannabifolia*(Sieb. et Zucc.) Hand. -Mazz. in Act. Hort. Gotoburg. 9：67. 1934.

主要形态学特征：落叶灌木或小乔木；小枝四棱形。叶对生，掌状复叶，小叶5，少有3；小叶片披针形或椭圆状披针形，顶端渐尖，基部楔形，边缘有粗锯齿，表面绿色，背面淡绿色，通常被柔毛。圆锥花序顶生，长10~20cm；花冠淡紫色。果实近球形，黑色。花期6~7月，果期8~11月。

特征差异研究：顶生叶长10.2~11cm，宽2.6~2.8cm，叶柄长1.2~1.5cm；侧生叶长5~6.2cm，宽1.5~1.9cm，叶柄长0.1~0.3cm。。

凭证标本：深圳坝光，李佳婷(029，031)、何思宜(011)、姜林林(019)、周婉敏(012)、魏若宇(054)。

分布地：产华东各省及河北、湖南、湖北、广东、广西、四川、贵州、云南。生于山坡路边灌丛中。日本也有分布。

主要经济用途：树姿优美，老桩苍古奇特，可用于观赏。新鲜叶入药，具有祛风解表、除湿杀虫、止痛除菌的功效，对风寒感冒、痧气腹痛吐泻、痢疾、风湿痛、脚气、足癣等症有治疗作用。

单叶蔓荆

马鞭草科 Verbenaceae　牡荆属

别名：白叶、水稔子(广东)、三叶蔓荆(云南植物志)

Vitex trifolia Linn. Sp. Pl. 638. 1753.

主要形态学特征：落叶灌木，罕为小乔木，高 1.5~5m，有香味；小枝四棱形，密生细柔毛。通常三出复叶，有时在侧枝上可有单叶，叶柄长 1~3cm；小叶片卵形、倒卵形或倒卵状长圆形，长 2.5~9cm，宽 1~3cm，顶端钝或短尖，基部楔形，全缘，表面绿色，无毛或被微柔毛，背面密被灰白色绒毛，侧脉约 8 对，两面稍隆起，小叶无柄或有时中间小叶基部下延成短柄。圆锥花序顶生，长 3~15cm，花序梗密被灰白色绒毛；花萼钟形，顶端 5 浅裂，外面有绒毛；花冠淡紫色或蓝紫色，长 6~10mm，外面及喉部有毛，花冠管内有较密的长柔毛，顶端 5 裂，二唇形，下唇中间裂片较大；雄蕊 4，伸出花冠外；子房无毛，密生腺点；花柱无毛，柱头 2 裂。核果近圆形，径约 5mm，成熟时黑色；果萼宿存，外被灰白色绒毛。花期 7 月，果期 9~11 月。

特征差异研究：叶长 3.6~4.3cm，宽 1.8~2.1cm，叶柄长 0.6~1cm。

凭证标本：深圳坝光，陈志洁(106)。

分布地：产福建、台湾、广东、广西、云南。生于平原、河滩、疏林及村寨附近。印度、越南、菲律宾、澳大利亚也有分布。

主要经济用途：果实入药，治感冒、风热、神经性头痛、风湿骨痛；茎叶可提取芳香油。

藿香

唇形科 Labiatae　海藿香属

别名：合香(陕西周至，湖北利川)，藿香(陕西洋县)，苍告(陕西丹凤)，山茴香、山灰香(河北内邱)，红花小茴香、家茴香(河北内邱)，香薷(河北蔚县)，香荆芥花(河北)，把蒿、猫巴蒿(辽宁)，猫巴虎(辽宁东部及南部)，猫尾巴香、山猫巴(辽宁本溪、北镇)，仁丹草、野苏子(辽宁庄河)，拉拉香(辽宁新宾)，八蒿(吉林饶河)，白荷(江西虔南)，薄荷(江西寻乌)，土藿香(江苏太苍、徐州，重庆)，大叶薄荷(浙江龙泉)，山薄荷(浙江临安)，野薄荷(浙江东阳)，野藿香(浙江江山)，小薄荷(湖北均县)，鱼子苏(湖北平江)，杏仁花(湖南新化)，叶藿香、苏藿香、大薄荷、鸡苏(重庆)，白薄荷(四川峨眉)，鱼香(四川米易)，紫苏草(四川康定)，水蔴叶(四川茂汶)，青茎薄荷(广西)，排香草、兜娄婆香(中国药用植物志)

Agastache rugosa(Fisch. et Mey.) O. Ktze. Rev. Gen. Pl. 2: 511. 1891.

主要形态学特征：多年生草本。茎直立，高 0.5~1.5m，四棱形，粗达 7~8mm，上部被极短的细毛，下部无毛，在上部具能育的分枝。叶心状卵形至长圆状披针形，长 4.5~11cm，宽 3~6.5cm，向上渐小，先端尾状长渐尖，基部心形，稀截形，边缘具粗齿，纸质，上面橄榄绿色，近无毛，下面略淡，被微柔毛及点状腺体；叶柄长 1.5~3.5cm。轮伞花序多花，在主茎或侧枝上组成顶生密集的圆筒形穗状花序，穗状花序长 2.5~12cm，直径 1.8~2.5cm；花序基部的苞叶长不超过 5mm，宽 1~2mm，披针状线形，长渐尖，苞片形状与之相似，较小，长 2~3mm；轮伞花序具短梗，总梗长约 3mm，被腺微柔毛。花萼管状倒圆锥形，长约 6mm，宽约 2mm，被腺微柔毛及黄色小腺体，多少染成浅紫色或紫红色，喉部微斜，萼齿三角状披针形，后 3 齿长约 2.2mm，前 2 齿稍短。花冠淡紫蓝色，长约 8mm，外被微柔毛，冠筒基部宽约 1.2mm，微超出于萼，向上渐宽，至喉部宽约 3mm，冠檐二唇形，上唇直伸，先端微缺，下唇 3 裂，中裂片较宽大，长约 2mm，宽约 3.5mm，平展，边缘波状，基部宽，侧裂片半圆形。雄蕊伸出花冠，花丝细。花柱与雄蕊近等长，丝状，先端相等的 2 裂。花盘厚环状。子房裂片顶部具绒毛。成熟小坚果卵状长圆形，长约 1.8mm，宽约 1.1mm，腹面具棱，先端具短硬毛，褐色。花期 6~9 月，果期 9~11 月。

凭证标本：深圳坝光，万小丽(001)。

分布地：各地广泛分布，常见栽培，供药用。俄罗斯、朝鲜、日本及北美洲有分布。

主要经济用途：全草入药，有止呕吐、治霍乱腹痛、驱逐肠胃充气、清暑等效；果可作香料；叶及茎均富含挥发性芳香油，有浓郁的香味，为芳香油原料。

活血丹

唇形科 Labiatae　活血丹属

别名：铵儿草、佛耳草(本草纲目拾遗、引百草镜)，连钱草(江苏至湖北)，金钱草(本草纲目拾遗，浙江)，连金钱(江西)，方梗金钱草(江西)，遍地金钱(本草纲目拾遗)，大金钱草(江西)，对叶金钱草(浙江)，大叶金钱(草)(浙江、江西)，金钱薄荷(浙江)，金钱菊(陕西)，金钱艾(广东)，破金钱(浙江)，破铜钱(陕西、湖北)，铜钱玉带(江西)，小毛铜钱菜(贵州榕江)，铜钱草(上海、浙江至湖北)，十八缺(贵州兴义)，十八额(浙江青田)，蟹壳草(浙江)，蛇壳草(上海)，马蹄筋骨草(四川)，马蹄草(浙江)，四方雷公根(广西)，遍地香(江苏)，窜地香(江西)，野荆芥(四川)，土荆芥(贵州)，团经药(贵州贵阳、广西隆林)，咳嗽药(四川)，肺风草(湖南、福建)，胎济草(浙江)，疳取草(湖南)，穿墙草(湖南)，过墙风(四川)，小过桥风(四川)，赶山鞭(湖北)，钻地风(广西)，风灯盏(广西)，透骨消(华北至陕西，广西，贵州，云南)，驳骨消、接骨消(广西)，通骨消、苴口烧(广东)，透骨草(陕西、江西)，退骨草(贵州)，特巩消(贵州剑河侗语)

Glechoma longituba(Nakai)Kupr Bot. Zhurn. S. S. S. R. 33：236，pl. l. f. 4. 1948.

主要形态学特征：多年生草本，具匍匐茎，上升，逐节生根。茎高10~20(~30)cm，四棱形，基部通常呈淡紫红色，几无毛，幼嫩部分被疏长柔毛。叶草质，下部者较小，叶片心形或近肾形，叶柄长为叶片的1~2倍；上部者较大，叶片心形，长1.8~2.6cm，宽2~3cm，先端急尖或钝三角形，基部心形，边缘具圆齿或粗锯齿状圆齿，上面被疏粗伏毛或微柔毛，叶脉不明显，下面常带紫色，被疏柔毛或长硬毛，常仅限于脉上，脉隆起，叶柄长为叶片的1.5倍，被长柔毛。轮伞花序通常2花，稀具4~6花；苞片及小苞片线形，长达4mm，被缘毛。花萼管状，长9~11mm，外面被长柔毛，尤沿肋上为多，内面多少被微柔毛，齿5，上唇3齿，较长，下唇2齿，略短，齿卵状三角形，长为萼长1/2，先端芒状，边缘具缘毛。花冠淡蓝、蓝至紫色，下唇具深色斑点，冠筒直立，上部渐膨大成钟形，有长筒与短筒两型，长筒者长1.7~2.2cm，短筒者通常藏于花萼内，长1~1.4cm，外面多少被长柔毛及微柔毛，内面仅下唇喉部被疏柔毛或几无毛，冠檐二唇形。上唇直立，2裂，裂片近肾形，下唇伸长，斜展，3裂，中裂片最大，肾形，较上唇片大1~2倍，先端凹入，两侧裂片长圆形，宽为中裂片之半。雄蕊4，内藏，无毛，后对着生于上唇下，较长，前对着生于两侧裂片下方花冠筒中部，较短；花药2室，略叉开。子房4裂，无毛。花盘杯状，微斜，前方呈指状膨大。花柱细长，无毛，略伸出，先端近相等2裂。成熟小坚果深褐色，长圆状卵形，长约1.5mm，宽约1mm，顶端圆，基部略成三棱形，无毛，果脐不明显。花期4~5月，果期5~6月。

分布地：除青海、甘肃、新疆及西藏外，全国各地均产；生于林缘、疏林下、草地中、溪边等阴湿处，海拔50~2000m。俄罗斯远东地区、朝鲜也有。模式标本采自朝鲜。

主要经济用途：民间广泛用全草或茎叶入药，治膀胱结石或尿路结石有效，外敷治跌打损伤、骨折、外伤出血、疮疖痈肿、丹毒、风癣，内服亦治伤风咳嗽、流感、吐血、咳血、衄血、下血、尿血、痢疾、疟疾、妇女月经不调、痛经、红崩、白带、产后血虚头晕、小儿支气管炎、口疮、胎毒、惊风、子痫子肿、疳积、黄疸、肺结核、糖尿病及风湿性关节炎等症。叶汁治小儿惊痫、慢性肺炎。

鸭跖草

鸭跖草科 Commelinaceae　鸭跖草属

Commelina communis Linn.，Sp. Pl. 1：40. 1753.

主要形态学特征：一年生披散草本。茎匍匐生根，多分枝，长可达1m，下部无毛，上部被短毛。叶披针形至卵状披针形，长3~9cm，宽1.5~2cm。总苞片佛焰苞状，有1.5~4cm的柄，与叶对生，折叠状，展开后为心形，顶端短急尖，基部心形，长1.2~2.5cm，边缘常有硬毛；聚伞花序，下面一枝仅有花1朵，具长8mm的梗，不孕；上面一枝具花3~4朵，具短梗，几乎不伸出佛焰苞。花梗花期长仅3mm，果期弯曲，长不过6mm；萼片膜质，长约5mm，内面2枚常靠近或合生；花瓣深蓝色；内面2枚具爪，长近1cm。蒴果椭圆形，长5~7mm，2室，2爿裂，有种子4颗。种子长2~3mm，棕黄色，一端平截、腹面平，有不规则窝孔。

特征差异研究：叶长7.2~11.3cm，宽2~3cm，叶柄长1.4~2.6cm。

凭证标本：深圳坝光，邱小波(086)。

分布地：产云南、四川、甘肃以东的南北各省区。常见，生于湿地。越南、朝鲜、日本、俄罗斯远东地区以及北美也有分布，模式标本采自北美。

主要经济用途：药用，为消肿利尿、清热解毒之良药，此外，对麦粒肿、咽炎、扁桃体炎、宫颈糜烂、腹蛇咬伤有良好疗效。

芭蕉

芭蕉科 Musaceae　芭蕉属

别名：甘蕉(植物名实图考)，天苴、板蕉、牙蕉(福建)，大叶芭蕉(江西)，大头芭蕉、芭蕉头(四川)，芭苴(古称)

Musa basjoo Sieb. et Zucc. in Verh. Batav. Gen. 12：18. 1830.

主要形态学特征：植株高2.5~4m。叶片长圆形，长2~3m，宽25~30cm，先端钝，基部圆形或不对称，叶面鲜绿色，有光泽；叶柄粗壮，长达30cm。花序顶生，下垂；苞片红褐色或紫色；雄花生于花序上部，雌花生于花序下部；雌花在每一苞片内10~16朵，排成2列；合生花被片长4~4.5cm，具5(3+2)齿裂，离生花被片几与合生花被片等长，顶端具小尖头。浆果三棱状，长圆形，长5~7cm，具3~5棱，近无柄，肉质，内具多数种子。种子黑色，具疣突及不规则棱角，宽6~8mm。

分布地：原产日本琉球群岛，我国台湾可能有野生，秦岭淮河以南可以露地栽培，多栽培于庭园及农舍附近。

主要经济用途：叶纤维为芭蕉布(称蕉葛)的原料，亦为造纸原料，假茎煎服功能解热，假茎、叶利尿(治水肿、肛胀)，花干燥后煎服治脑溢血，根与生姜、甘草一起煎服，可治淋症及消渴症，根治感冒、胃痛及腹痛。

香蕉

芭蕉科 Musaceae　芭蕉属

别名：龙溪蕉、天宝蕉(福建)，芎蕉(广东潮汕)，矮脚盾地雷、中脚盾地雷、矮把蕉、高把蕉、高脚牙蕉、油蕉、梅花蕉(广东)，矮脚香蕉、开远香蕉、高脚香蕉(云南)，桂母息(云南德宏州傣语)，桂衣店、桂尖(云南西双版纳州傣语)，中国矮蕉(国外统称)

Musa nana Lour., Fl. Cochinch. 644. 1790. ——*M. cavendishii* Lamb. in Paxt. Mag. Bot. 3：51. 1837，cum Icone.

主要形态学特征：植株丛生，具匐匍茎，矮型的高3.5m以下，一般高不及2m，高型的高4~5m，假茎均浓绿而带黑斑，被白粉，尤以上部为多。叶片长圆形，长(1.5~)2~2.2(~2.5)m，宽60~70(~85)cm，先端钝圆，基部近圆形，两侧对称，叶面深绿色，无白粉，叶背浅绿色，被白粉；叶柄短粗，通常长在30cm以下，叶翼显著，张开，边缘褐红色或鲜红色。穗状花序下垂，花序轴密被褐色绒毛，苞片外面紫红色，被白粉，内面深红色，但基部略淡，具光泽，雄花苞片不脱落，每苞片内有花2列。花乳白色或略带浅紫色，离生花被片近圆形，全缘，先端有锥状急尖，合生花被片的中间2枚侧生小裂片长，长约为中央裂片的1/2。最大的果丛有果360个之多，重可达32kg，一般的果丛有果8~10段，有果150~200个。果身弯曲，略为浅弓形，幼果向上，直立，成熟后逐渐趋于平伸，长(10~)12~30cm，直径3.4~3.8cm，果棱明显，有4~5棱，先端渐狭，非显著缩小，果柄短，果皮青绿色，在高温下催熟，果皮呈绿色带黄，在低温下催熟，果皮则由青变为黄色，并且生麻黑点(即“梅花点”)，果肉松软，黄白色，味甜，无种子，香味特浓。剑头芽(即慈姑芽或竹笋芽)假茎高约50cm，基部粗壮，肉红色，上部细小，呈带灰绿的紫红色，黑斑大而显著，叶片狭长上举，叶背被有厚层的白粉。

分布地：原产我国南部。台湾、福建南部、广东(英德以南)、广西南部以及云南南部均有栽培，其中尤以广东栽培最盛。

主要经济用途：果树。

草豆蔻 姜科 Zingiberaceae 山姜属
别名：豆蔻

Alpinia katsumadai Hayata，Ic. Pl. Formos. 5：224. 1915.

主要形态学特征：株高达3m。叶片线状披针形，长50~65cm，宽6~9cm，顶端渐尖，并有一短尖头，基部渐狭，两边不对称，边缘被毛，两面均无毛或稀可于叶背被极疏的粗毛；叶柄长1.5~2cm；叶舌长5~8mm，外被粗毛。总状花序顶生，直立，长达20cm，花序轴淡绿色，被粗毛，小花梗长约3mm；小苞片乳白色，阔椭圆形，长约3.5cm，基部被粗毛，向上逐渐减少至无毛；花萼钟状，长2~2.5cm，顶端不规则齿裂，复又一侧开裂，具缘毛或无，外被毛；花冠管长约8mm，花冠裂片边缘稍内卷，具缘毛；无侧生退化雄蕊；唇瓣三角状卵形，长3.5~4cm，顶端微2裂，具自中央向边缘放射的彩色条纹；子房被毛，直径约5mm；腺体长1.5mm；花药室长1.2~1.5cm。果球形，直径约3cm，熟时金黄色。花期4~6月，果期5~8月。

特征差异研究：叶长10.9~27.8cm，宽1.8~3.0cm，叶柄长1.2~1.8cm。

凭证标本：深圳坝光，万小丽(006)、何思宜(007)、周婉敏(004)。

分布地：产广东、广西、海南；生于山地疏或密林中。模式标本采自海南。

主要经济用途：种子含挥发油约1%。所含山姜素(alpinetin)为7-羟基-5-甲氧基双氢黄酮，豆蔻素(cardamomin)为2′,4′-二羟基-6′-甲氧基查尔酮。

艳山姜 姜科 Zingiberaceae 山姜属

Alpinia zerumbet(Pers.)Burtt. et Smith in Not. R. B. G. Edinb. 31(2)：204. 1972.

主要形态学特征：株高2~3m。叶片披针形，长30~60cm，宽5~10cm，顶端渐尖而有一旋卷的小尖头，基部渐狭，边缘具短柔毛，两面均无毛；叶柄长1~1.5cm；叶舌长5~10mm，外被毛。圆锥花序呈总状花序式，下垂，长达30cm，花序轴紫红色，被绒毛，分枝极短，在每一分枝上有花1~2(~3)朵；小苞片椭圆形，长3~3.5cm，白色，顶端粉红色，蕾时包裹住花，无毛；小花梗极短；花萼近钟形，长约2cm，白色，顶粉红色，一侧开裂，顶端又齿裂；花冠管较花萼为短，裂片长圆形，长约3cm，后方的1枚较大，乳白色，顶端粉红色，侧生退化雄蕊钻状，长约2mm，唇瓣匙状宽卵形，长4~6cm，顶端皱波状，黄色而有紫红色纹彩；雄蕊长约2.5cm；子房被金黄色粗毛；腺体长约2.5mm。蒴果卵圆形，直径约2cm，被稀疏的粗毛，具显露的条纹，顶端常冠以宿萼，熟时朱红色；种子有棱角。花期4~6月，果期7~10月。

特征差异研究：叶长25.8~39.5cm，宽7.2~9.4cm，叶柄长2.6~7.6cm。

凭证标本：深圳坝光，温海洋、黄玉源(217)。

分布地：产我国东南部至西南部各省区。热带亚洲广布。

主要经济用途：花极美丽，常栽培于园庭供观赏。根茎和果实健脾暖胃，燥湿散寒；治消化不良、呕吐腹泻。叶鞘作纤维原料。

花叶艳山姜 姜科 Zingiberaceae 山姜属
别名：花叶良姜、彩叶姜、斑纹月桃

Alpinia zerumbet(Pers.)B. L. Burtt et R. M. Smith ‘Variegata’ in Not. R. B. G. Edinb. 31(2)：204. 1972.

主要形态学特征：多年生草本，发达的地上茎。植株高1~2m，具根茎。叶具鞘，长椭圆形，两端渐尖，叶长披针形，长约50cm，宽15~20cm，有金黄色纵斑纹，十分艳丽。圆锥花序呈总状花序式，花蕾包藏于总苞片中，花白色，边缘黄色，顶端红色，唇瓣广展，花大而美丽并具有香气。圆锥花序弯垂，花序轴紫红色，被绒毛，分枝极短，在每一分枝上有花1~2(~3)朵；小苞片椭圆形，白色，顶端粉红色，蕾时包裹住花，无毛；小花梗极短；花萼近钟形，白色，顶粉红色，一侧开裂，顶端又齿裂；花冠管较花萼为短，裂片长圆形，后方的1枚较大，乳白色，顶端粉红色，侧生退化雄蕊钻状，唇瓣匙状宽卵形，顶端皱波状，黄色而有紫红色纹彩；雄蕊长约2.5cm；子房被金黄色粗毛。

分布地：产于亚热带地区，我国东南部至南部均有栽培。

主要经济用途：为艳山姜的园艺栽培种。适宜厅堂、窗台、楼梯旁陈设，或室外栽培点缀庭院、池畔或墙角处。

天门冬

百合科 Liliaceae　天门冬属

别名：三百棒(湖南)、丝冬(海南岛)、老虎尾巴根(湖北)

Asparagus cochinchinensis(Lour.)Merr. in Philip. Journ. Sci. 15：230. 1919.

主要形态学特征：攀缘植物。根在中部或近末端成纺锤状膨大，膨大部分长3~5cm，粗1~2cm。茎平滑，常弯曲或扭曲，长可达1~2m，分枝具棱或狭翅。叶状枝通常每3枚成簇，扁平或由于中脉龙骨状而略呈锐三棱形，稍镰刀状，长0.5~8cm，宽1~2mm；茎上的鳞片状叶基部延伸为长2.5~3.5mm的硬刺，在分枝上的刺较短或不明显。花通常每2朵腋生，淡绿色；花梗长2~6mm，关节一般位于中部，有时位置有变化；雄花花被长2.5~3mm；花丝不贴生于花被片上；雌花大小与雄花相似。浆果直径6~7mm，熟时红色，有1颗种子。

特征差异研究：叶长3.5~6.7cm，宽0.1cm，无叶柄。

凭证标本：深圳坝光，赵顺(109)。

分布地：从河北、山西、陕西、甘肃等省的南部至华东、中南、西南各省区都有分布。生于海拔1750m以下的山坡、路旁、疏林下、山谷或荒地上。也见于朝鲜、日本、老挝和越南。

主要经济用途：块根是常用的中药，有滋阴润燥、清火止咳之效。

山菅

百合科 Liliaceae　天山菅属

别名：山菅兰、山交剪、老鼠砒

Dianella ensifolia(L.)DC. in Red. Lit. t. l. 1808.

主要形态学特征：植株高可达1~2m；根状茎圆柱状，横走，粗5~8mm。叶狭条状披针形，长30~80cm，宽1~2.5cm，基部稍收狭成鞘状，套迭或抱茎，边缘和背面中脉具锯齿。顶端圆锥花序长10~40cm，分枝疏散；花常多朵生于侧枝上端；花梗长7~20mm，常稍弯曲，苞片小；花被片条状披针形，长6~7mm，绿白色、淡黄色至青紫色，5脉；花药条形，比花丝略长或近等长，花丝上部膨大。浆果近球形，深蓝色，直径约6mm，具5~6颗种子。

特征差异研究：叶长49~90cm，宽1.5~2.5cm，无叶柄；成熟果实为紫黑色，长1.2~1.4cm，直径1cm，果柄长1cm。

凭证标本：深圳坝光，黄启聪(053)，李佳婷(022)，廖栋耀、黄玉源(135)。

分布地：产云南(漾濞、泸水以南)、四川(重庆、南川一带)、贵州东南部(榕江)、广西、广东南部、海南、江西南部(大庾)、浙江沿海地区(乐清、杭州)、福建和台湾。生于海拔1700m以下的林下、山坡或草丛中。也分布于亚洲热带地区至非洲的马达加斯加岛。

主要经济用途：有毒植物。根状茎磨干粉，调醋外敷，可治痈疮脓肿、癣、淋巴结炎等。

山麦冬

百合科 Liliaceae　山麦冬属

Liriope spicata(Thunb.)Lour., Fl. Cochinch. 201. 1790.

主要形态学特征：植株有时丛生；根稍粗，直径1~2mm，有时分枝多，近末端处常膨大成矩圆形、椭圆形或纺锤形的肉质小块根；根状茎短，木质，具地下走茎。叶长25~60cm，宽4~6(~

8)mm，先端急尖或钝，基部常包以褐色的叶鞘，上面深绿色，背面粉绿色，具5条脉，中脉比较明显，边缘具细锯齿。花莛通常长于或几等长于叶，少数稍短于叶，长25~65cm；总状花序长6~15(~20)cm，具多数花；花通常(2~)3~5朵簇生于苞片腋内；苞片小，披针形，最下面的长4~5mm，干膜质；花梗长约4mm，关节位于中部以上或近顶端；花被片矩圆形、矩圆状披针形，长4~5mm，先端钝圆，淡紫色或淡蓝色；花丝长约2mm；花药狭矩圆形，长约2mm；子房近球形，花柱长约2mm，稍弯，柱头不明显。种子近球形，直径约5mm。

凭证标本：深圳坝光，温海洋(216)。

分布地：除东北、内蒙古、青海、新疆、西藏各省区外，其他地区广泛分布和栽培。生于海拔50~1400m的山坡、山谷林下、路旁或湿地；为常见栽培的观赏植物。也分布于日本、越南。

主要经济用途：有养阴生津、润肺清心的功效，有治疗肺燥干咳、虚劳咳嗽、津伤口渴、心烦失眠、肠燥便秘的作用。

沿阶草 百合科 Liliaceae 沿阶草属

Ophiopogon bodinieri Levl., Liliac., etc. Chine 15. 1905.

主要形态学特征：根纤细，近末端处有时具膨大成纺锤形的小块根；地下横走茎长，直径1~2mm，节上具膜质的鞘。茎很短。叶基生成丛，禾叶状，长20~40cm，宽2~4mm，先端渐尖，具3~5条脉，边缘具细锯齿。花莛较叶稍短或几等长，总状花序长1~7cm，具几朵至十几朵花；花常单生或2朵簇生于苞片腋内；苞片条形或披针形，少数呈针形，稍带黄色，半透明，最下面的长约7mm，少数更长些；花梗长5~8mm，关节位于中部；花被片卵状披针形、披针形或近矩圆形，长4~6mm，内轮3片宽于外轮3片，白色或稍带紫色；花丝很短，长不及1mm；花药狭披针形，长约2.5mm，常呈绿黄色；花柱细，长4~5mm。种子近球形或椭圆形，直径5~6mm。

凭证标本：深圳坝光，李佳婷(004)。

分布地：产云南、贵州、四川、湖北、河南、陕西(秦岭以南)、甘肃(南部)、西藏和台湾。生于海拔600~3400m的山坡、山谷潮湿处、沟边、灌木丛下或林下。

主要经济用途：全株可入药，主治肺燥干咳、肺痈、阴虚劳嗽、津伤口渴、心烦失眠、咽喉疼痛、肠燥便秘、血热吐衄，具有滋阴润肺、益胃生津、清心除烦、消渴的功效。

麦冬 百合科 Liliaceae 天沿阶草属
别名：麦门冬、沿阶草

Ophiopogon japonicus(L. f.)Ker-Gawl. in Curtis's Bot. Mag. 27: t. 1063. 1807.

主要形态学特征：根较粗，中间或近末端常膨大成椭圆形或纺锤形的小块根；小块根长1~1.5cm，或更长些，宽5~10mm，淡褐黄色；地下走茎细长，直径1~2mm，节上具膜质的鞘。茎很短，叶基生成丛，禾叶状，长10~50cm，少数更长些，宽1.5~3.5mm，具3~7条脉，边缘具细锯齿。花莛长6~15(~27)cm，通常比叶短得多，总状花序长2~5cm，或有时更长些，具几朵至十几朵花；花单生或成对着生于苞片腋内；苞片披针形，先端渐尖，最下面的长可达7~8mm；花梗长3~4mm，关节位于中部以上或近中部；花被片常稍下垂而不展开，披针形，长约5mm，白色或淡紫色；花药三角状披针形，长2.5~3mm；花柱长约4mm，较粗，宽约1mm，基部宽阔，向上渐狭。种子球形，直径7~8mm。

特征差异研究：叶长19.9~36.2cm，宽0.4~0.6cm。

凭证标本：深圳坝光，李佳婷(004)、赵顺(096)。

分布地：产广东、广西、福建、台湾、浙江、江苏、江西、湖南、湖北、四川、云南、贵州、安徽、河南、陕西(南部)和河北(北京以南)。生于海拔2000m以下的山坡阴湿处、林下或溪旁；浙江、四川、广西等地均有栽培。也分布于日本、越南、印度。

主要经济用途：小块根是中药麦冬，有生津解渴、润肺止咳之效，栽培很广，历史悠久。

虎尾兰 百合科 Liliaceae 虎尾兰属

Sansevieria trifasciata Prain，Beng. Pl. 2：1054. 1903.

主要形态学特征：有横走根状茎。叶基生，常 1～2 枚，也有 3～6 枚成簇的，直立，硬革质，扁平，长条状披针形，长 30～70(～120)cm，宽 3～5(～8)cm，有白绿色不断的横带斑纹，边缘绿色，向下部渐狭成长短不等的、有槽的柄。花莛高 30～80cm，基部有淡褐色的膜质鞘；花淡绿色或白色，每 3～8 朵簇生，排成总状花序；花梗长 5～8mm，关节位于中部；花被长 1. 6～2. 8cm，花冠管与裂片长度约相等。浆果直径 7～8mm。

特征差异研究：叶长 11～13. 8cm，宽 2～2. 2cm，无叶柄。

凭证标本：深圳坝光，温海洋(080)。

分布地：原产非洲西部和亚洲南部，我国各地有栽培。

主要经济用途：供观赏。叶纤维强韧，可供编织用。

尖叶菝葜 百合科 Liliaceae 菝葜属

别名：三百棒(湖南)、丝冬(海南)、老虎尾巴根(湖北)

Smilax arisanensis Hay. in Journ. Coll. Sci. Univ. Tokyo 30：356. 1911；et Icon. Pl. Form. 5：234，f. 82. 1915；et 9：127，f. 42，1-6. 1920.

主要形态学特征：攀缘灌木，具粗短的根状茎。茎长可达 10m，无刺或具疏刺。叶纸质，矩圆形、矩圆状披针形或卵状披针形，长 7～10(～15)cm，宽 1. 5～3(～5)cm，先端渐尖或长渐尖，基部圆形，干后常带古铜色；叶柄长 7～20mm，常扭曲，约占全长的 1/2，具狭鞘，一般有卷须，脱落点位于近顶端。伞形花序或生于叶腋，或生于披针形苞片的腋部，前者总花梗基部常有一枚与叶柄相对的鳞片(先出叶)，较少不具；总花梗纤细，比叶柄长 3～5 倍；花序托几不膨大；花绿白色；雄花内外花被片相似，长 2. 5～3mm，宽约 1mm；雄蕊长约为花被片的 2/3；雌花比雄花小，花被片长约 1. 5mm，内花被片较狭，具 3 枚退化雄蕊。浆果直径约 8mm，熟时紫黑色。

特征差异研究：叶长 3～7. 2cm，宽 0. 55～1. 3cm，叶柄长 0. 4～1cm；果直径 3mm，长 2mm，果柄长 1. 8cm，约 20 个簇生在一起。

凭证标本：深圳坝光，吴凯涛(050)。

分布地：产江西(西南部)、浙江(南部)、福建、台湾、广东(中部至北部)、广西(东北部)、四川、贵州(中南部)和云南(东南部)。生于海拔 1500m 以下的林中、灌丛下或山谷溪边荫蔽处。也分布于越南。

菝葜 百合科 Liliaceae 天菝葜属

Smilax china L.，Sp. Pl. ed. 1，1029. 1753.

主要形态学特征：攀缘灌木；根状茎粗厚，坚硬，为不规则的块状，粗 2～3cm。茎长 1～3m，少数可达 5m，疏生刺。叶薄革质或坚纸质，干后通常红褐色或近古铜色，圆形、卵形或其他形状，长 3～10cm，宽 1. 5～6(～10)cm，下面通常淡绿色，较少苍白色；叶柄长 5～15mm，占全长的 1/2～2/3；具宽 0. 5～1mm(一侧)的鞘，几乎都有卷须，少有例外，脱落点位于靠近卷须处。伞形花序生于叶尚幼嫩的小枝上，具十几朵或更多的花，常呈球形；总花梗长 1～2cm；花序托稍膨大，近球形，较少稍延长，具小苞片；花绿黄色，外花被片长 3. 5～4. 5mm，宽 1. 5～2mm，内花被片稍狭；雄花中花药比花丝稍宽，常弯曲；雌花与雄花大小相似，有 6 枚退化雄蕊。浆果直径 6～15mm，熟时红色，有粉霜。花期 2～5 月，果期 9～11 月。

特征差异研究：叶长7.0~9.5cm，宽2.4~5.5cm，叶柄长0.3~1.6cm；果长0.8cm，直径1cm。

凭证标本：深圳坝光，黄启聪(015)、莫素祺(012)、李佳婷(001)、何思宜(003)、周婉敏(018)、吴凯涛(064)。

分布地：产山东(山东半岛)、江苏、浙江、福建、台湾、江西、安徽(南部)、河南、湖北、四川(中部至东部)、云南(南部)、贵州、湖南、广西和广东(海南岛除外)。生于海拔2000m以下的林下、灌丛中、路旁、河谷或山坡上。缅甸、越南、泰国、菲律宾也有分布。

主要经济用途：根状茎可以提取淀粉和栲胶，或用来酿酒。有些地区作土茯苓或萆薢混用，也有祛风活血作用。

黑果菝葜

百合科 Liliaceae　菝葜属
别名：金刚藤头

Smilax glauco-china Warb. in Bot. Jahrb. 29：255. 1900.

主要形态学特征：攀缘灌木，具粗短的根状茎。茎长0.5~4m，通常疏生刺。叶厚纸质，通常椭圆形，长5~8(~20)cm，宽2.5~5(~14)cm，先端微凸，基部圆形或宽楔形，下面苍白色，多少可以抹掉；叶柄长7~15(~25)mm，约占全长的一半具鞘，有卷须，脱落点位于上部。伞形花序通常生于叶稍幼嫩的小枝上，具几朵或10余朵花；总花梗长1~3cm；花序托稍膨大，具小苞片；花绿黄色；雄花花被片长5~6mm，宽2.5~3mm，内花被片宽1~1.5mm；雌花与雄花大小相似，具3枚退化雄蕊。浆果直径7~8mm，熟时黑色，具粉霜。花期3~5月，果期10~11月。

特征差异研究：叶长5.6~6.5cm，宽4~4.6cm，叶柄长0.5~0.7cm。

凭证标本：深圳坝光，李佳婷(001)。

分布地：产甘肃(南部)、陕西(秦岭以南)、山西(南部)、河南、四川(东部)、贵州、湖北、湖南、江苏(南部)、浙江、安徽、江西、广东(北部)和广西(东北部)。生于海拔1600m以下的林下、灌丛中或山坡上。

主要经济用途：本种根状茎富含淀粉，可以制糕点或加工食用。

海芋

天南星科 Araceae　海芋属
别名：羞天草(庚辛玉册)，隔河仙、天荷(本草纲目)，滴水芋、野芋(云南元江)，黑附子(云南富民)，麻芋头、野芋头(云南红河)，麻哈拉(哈尼族语)，大黑附子(云南景洪)，天合芋(云南文山)，大麻芋(云南思茅)，坡扣(傣族语)，天蒙、朴芋头(广西)，大虫楼、大虫芋(广西苍梧)，老虎芋(广西都安)，卜茹根(广西玉林)，野芋头(广西凌乐)，野芋头、痕芋头、广东狼毒(广东)，野山芋(广东海南)，尖尾野芋头(广东广州)，狼毒(广东、福建)，姑婆芋(福建)

Alocasia macrorrhiza(L.)Schott in Osterr. Bot. Wochenbl. 4：409. 1854.

主要形态学特征：大型常绿草本植物，具匍匐根茎，有直立的地上茎，随植株的年龄和人类活动干扰的程度不同，茎高有不到10cm的，也有高达3~5m的，粗10~30cm，基部长出不定芽条。叶多数，叶柄绿色或污紫色，螺状排列，粗厚，长可达1.5m，基部连鞘宽5~10cm，展开；叶片亚革质，草绿色，箭状卵形，边缘波状，长50~90cm，宽40~90cm，有的长宽都在1m以上，后裂片连合1/10~1/5，幼株叶片连合较多；前裂片三角状卵形，先端锐尖，长胜于宽，Ⅰ级侧脉9~12对，下部的粗如手指，向上渐狭；后裂片多少圆形，弯缺锐尖，有时几达叶柄，后基脉互交成直角或不及90°的锐角。叶柄和中肋变黑色、褐色或白色。花序柄2~3枚丛生，圆柱形，长12~60cm，通常绿色，有时污紫色。佛焰苞管部绿色，长3~5cm，粗3~4cm，卵形或短椭圆形；檐部蕾时绿色，花时黄绿色、绿白色，凋萎时变黄色、白色，舟状，长圆形，略下弯，先端喙状，长10~30cm，周围4~8cm。肉穗花序芳香，雌花序白色，长2~4cm，不育雄花序绿白色，长(2.5~)5~6cm，能育雄花序淡黄色，长3~7cm；附属器淡绿色至乳黄色，圆锥状，长3~5.5cm，粗1~2cm，嵌以不规则的槽纹。浆果红色，卵状，长8~10mm，粗5~8mm，种子1~2。

分布地：产江西、福建、台湾、湖南、广东、广西、四川、贵州、云南等地，海拔1700m以下，常成片生长于热带雨林林缘或河谷野芭蕉林下。国外自孟加拉、印度东北部至马来半岛、中南半岛以及菲律宾、印度尼西亚都有。也有栽培的。

主要经济用途：根茎供药用，对腹痛、霍乱、疝气等有良效。又可治肺结核、风湿关节炎、气管炎、流感、伤寒、风湿性心脏病；外用治疗疮肿毒、蛇虫咬伤、烫火伤。调煤油外用治神经性皮炎。兽医用以治牛伤风、猪丹毒。本品有毒，须久煎并换水2~3次后方能服用。鲜草汁液皮肤接触后搔痒，误入眼内可以引起失明；茎、叶误食后喉舌发痒、肿胀、流涎、肠胃烧痛、恶心、腹泻、惊厥，严重者窒息、心脏麻痹而死。民间用醋加生姜汁少许共煮，内服或含嗽以解毒。根茎富含淀粉，可作工业上代用品，但不能食用。

文殊兰 石蒜科 Amaryllidaceae　文殊兰属

别名：文珠兰(广州植物志)

Crinum asiaticum L. var. *sinicum*(Roxb. ex Herb.) Baker, Hands. Amaryll. 75. 1888.

主要形态学特征：多年生粗壮草本。鳞茎长柱形。叶20~30枚，多列，带状披针形，长可达1m，宽7~12cm或更宽，顶端渐尖，具1急尖的尖头，边缘波状，暗绿色。花茎直立，几与叶等长，伞形花序有花10~24朵，佛焰苞状总苞片披针形，长6~10cm，膜质，小苞片狭线形，长3~7cm；花梗长0.5~2.5cm；花高脚碟状，芳香；花被管纤细，伸直，长10cm，直径1.5~2mm，绿白色，花被裂片线形，长4.5~9cm，宽6~9mm，向顶端渐狭，白色；雄蕊淡红色，花丝长4~5cm，花药线形，顶端渐尖，长1.5cm或更长；子房纺锤形，长不及2cm。蒴果近球形，直径3~5cm；通常种子1枚。

分布地：分布于福建、台湾、广东、广西等省区。常生于海滨地区或河旁沙地，现栽培供观赏。模式标本可能采自香港。

主要经济用途：叶与鳞茎药用，有活血散瘀、消肿止痛之效，治跌打损伤、风热头痛、热毒疮肿等症。

薯莨 薯蓣科 Dioscoreaceae　薯蓣属

别名：三百棒(湖南)、丝冬(海南岛)、老虎尾巴根(湖北)

Dioscorea cirrhosa Lour. Fl. Cochinch. 625. 1790.

主要形态学特征：藤本，粗壮，长可达20m左右。块茎一般生长在表土层，为卵形、球形、长圆形或葫芦状，外皮黑褐色，凹凸不平，断面新鲜时红色，干后紫黑色，直径大的甚至可达20多cm。茎绿色，无毛，右旋，有分枝，下部有刺。单叶，在茎下部的互生，中部以上的对生；叶片革质或近革质，长椭圆状卵形至卵圆形，或为卵状披针形至狭披针形，长5~20cm，宽(1~)2~14cm，顶端渐尖或骤尖，基部圆形，有时呈三角状缺刻，全缘，两面无毛，表面深绿色，背面粉绿色，基出脉3~5，网脉明显；叶柄长2~6cm。雌雄异株。雄花序为穗状花序，长2~10cm，通常排列呈圆锥花序，长2~14cm或更长，有时穗状花序腋生；雄花的外轮花被片为宽卵形或卵圆形，长约2mm，内轮倒卵形，小；雄蕊6，稍短于花被片。雌花序为穗状花序，单生于叶腋，长达12cm；雌花的外轮花被片为卵形，厚，较内轮大。蒴果不反折，近三棱状扁圆形，长1.8~3.5cm，宽2.5~5.5cm；种子着生于每室中轴中部，四周有膜质翅。

特征差异研究：叶长13.4~15.8cm，宽7.8~8.2cm，叶柄长3.4~3.9cm。

凭证标本：深圳坝光，赵顺(080)。

分布地：分布于浙江南部、江西南部、福建、台湾、湖南、广东、广西、贵州、四川南部和西部、云南、西藏墨脱。生于海拔350~1500m的山坡、路旁、河谷边的杂木林中、阔叶林中、灌丛中或林边。越南也有分布。模式标本采自越南南部，但根据R. Knuth的意见，模式标本采自香港。

主要经济用途：块茎富含单宁，可提制栲胶，或用于染丝绸、棉布、鱼网；也可作酿酒的原

料；入药能活血、补血、收敛固涩，治跌打损伤、血瘀气滞、月经不调、妇女血崩、咳嗽咳血、半身麻木及风湿等症。

单叶省

棕榈科 Palmae　藤省属
别名：省藤（中国高等植物图鉴）

Calamus simplicifolius C. F. Wei in Guihaia 6：36. t. 111. 1986.

主要形态学特征：攀缘藤本，带鞘茎粗3~6cm。叶羽状全裂，长2~3m，基生叶无纤鞭，茎上部叶具粗的长纤鞭，长1~1.5m，其上具3~7个基部合生、半轮生的爪状刺；羽片不规则地单生或2~3片成组聚生（基生叶），狭披针形或披针形，长36~40cm，宽2~5cm，叶脉3~5条；叶轴中下部的周围具长短不等的直刺，中上部的背面具几个合生的或半轮生的爪；叶鞘具囊状凸起，被多数黄绿色、长2~4cm、基部宽5~8（~9）mm的狭三角形扁刺及小刺；托叶鞘紫色，无毛。雄花序圆锥状，直立或拱垂，三回分枝；一级和二级佛焰苞未见；三级佛焰苞管状漏斗形，长1.5~2.5cm，薄纸质，无刺；小佛焰苞近革质，兜状，顶端倾斜，具短纤毛；总苞杯状，顶端斜截；小穗状花序长2.5~4.5cm，有10~20朵排列紧密的花；雄花卵状长圆形，长7~7.5mm，顶端略尖；花萼钟形，长约4.5mm，顶端3裂，裂片卵形，具骤尖头；花冠约长于花萼2/3，基部与花丝基部合生成一柄；雄蕊6枚，花药卵状披针形，顶端渐尖成一短尖头；雌花序长45~60cm，直立，具二回分枝；一级佛焰苞管状漏斗形，长5~9cm，革质，具疏锐刺，顶端斜截，一侧延伸为尖的三角形；二级佛焰苞与一级佛焰苞同形，但较小，无刺；小佛焰苞漏斗形，长4~5mm，顶端具短纤毛，一侧延伸，总苞托为极浅漏斗形，基部与小穗轴合生，顶端倾斜，具二短三角形；总苞杯状，顶端倾斜，侧面具中性花的小窠；雌花未见。果被梗状，长约4mm；果实球形或近球形，全长2.8~3cm，宽2~2.3cm，顶端具长2~3mm的喙，鳞片约18纵列，黄白色，边缘褐色。种子球形或近球形，稍扁，长1.2~1.4cm，宽1.1~1.3cm，表面有多数小孔穴，种脊面有凹入的合点孔穴，胚乳嚼烂状，胚基生。

特征差异研究：叶长16.2~17.5cm，宽2.1~2.4cm，无叶柄。

凭证标本：深圳坝光，李佳婷（008）、邱小波（102）、赵顺（098）。

分布地：产海南及广西。模式标本采自海南琼中黎母岭。

棕竹

棕榈科 Palmae　棕竹属
别名：椶竹（十道志）、筋头竹（秘传花镜）、观音竹（中国树木分类学）、虎散竹（植物学大辞典）

Rhapis excelsa（Thunb.）Henry ex Rehd. in Journ. Arnold Arbor. 11：153. 1930.

主要形态学特征：丛生灌木，高2~3m，茎圆柱形，有节，直径1.5~3cm，上部被叶鞘，但分解成稍松散的马尾状淡黑色粗糙而硬的网状纤维。叶掌状深裂，裂片4~10，不均等，具2~5条肋脉，在基部（即叶柄顶端）1~4cm处连合，长20~32cm或更长，宽1.5~5cm，宽线形或线状椭圆形，先端宽，截状而具多对稍深裂的小裂片，边缘及肋脉上具稍锐利的锯齿，横小脉多而明显；叶柄两面凸起或上面稍平坦，边缘微粗糙，宽约4mm，顶端的小戟突略呈半圆形或钝三角形，被毛。花序长约30cm，总花序梗及分枝花序基部各有1枚佛焰苞包着，密被褐色弯卷绒毛；2~3个分枝花序，其上有1~2次分枝小花穗，花枝近无毛，花螺旋状着生于小花枝上。雄花在花蕾时为卵状长圆形，具顶尖，在成熟时花冠管伸长，在开花时为棍棒状长圆形，长5~6mm，花萼杯状，深3裂，裂片半卵形，花冠3裂，裂片三角形，花丝粗，上部膨大具龙骨突起，花药心形或心状长圆形，顶端钝或微缺；雌花短而粗，长4mm。果实球状倒卵形，直径8~10mm。种子球形，胚位于种脊对面近基部。

分布地：产我国南部至西南部。日本亦有分布。

主要经济用途：树形优美，是庭园绿化的好材料。根及叶鞘纤维入药。

王棕 棕榈科 Palmae 藤王棕属

别名：大王椰子

Roystonea regia(Kunth) O. F. Cook in Sci. Ser. 2. 12：479. 1900 et Bull. Torr. Bot. Cl. 28：531. 1901.

主要形态学特征：茎直立，乔木状，高10~20m；茎幼时基部膨大，老时近中部不规则地膨大，向上部渐狭。叶羽状全裂，弓形并常下垂，长4~5m，叶轴每侧的羽片多达250片，羽片呈4列排列，线状披针形，渐尖，顶端浅2裂，长90~100cm，宽3~5cm，顶部羽片较短而狭，在中脉的每侧具粗壮的叶脉。花序长达1.5m，多分枝，佛焰苞在开花前像1根垒球棒；花小，雌雄同株，雄花长6~7mm，雄蕊6，与花瓣等长，雌花长约为雄花之半。果实近球形至倒卵形，长约1.3cm，直径约1cm，暗红色至淡紫色。种子歪卵形，一侧压扁，胚乳均匀，胚近基生。

分布地：我国南部热区常见栽培，树形优美，广泛作行道树和庭园绿化树种。

主要经济用途：果实含油，可作猪饲料。

露兜草 露兜树科 Pandanaceae 露兜树属

Pandanus austrosinensis T. L. Wu. var. *austrosinensis* 海南植物志 . 4：535. 图 1076. 1977.

主要形态学特征：多年生常绿草本。地下茎横卧，分枝，生有许多不定根，地上茎短，不分枝。叶近革质，带状，长达2m，宽约4cm，先端渐尖成三棱形、具细齿的鞭状尾尖，基部折叠，边缘具向上的钩状锐刺，背面中脉隆起，疏生弯刺，除下部少数刺尖向下外，其余刺尖多向上，沿中脉两侧各有1条明显的纵向凹陷。花单性，雌雄异株；雄花序由若干穗状花序所组成，长达10cm；雄花的雄蕊多为6枚，花丝下部连合成束，长约3.2mm，着生在穗轴上，花丝上部离生，长约1mm，伞状排列，花药线形，长约3mm，基部着生，内向，2室，背面中肋呈龙骨状凸起，有密集细刺，心皮多数，上端分离，下端与邻近的心皮彼此粘合；子房上位，1室，胚珠1颗，花柱短，柱头分叉或不分叉，角质，向上斜钩。聚花果椭圆状圆柱形或近圆球形，长约10cm，直径约5cm，由多达250余个核果组成，成熟核果的果皮变为纤维，核果倒圆锥状，5~6棱，宿存柱头刺状，向上斜钩。

特征差异研究：叶长1.3~1.9cm，宽3.4~4.2cm，无叶柄。

凭证标本：深圳坝光，李志伟(044)。

分布地：产广东、海南、广西等省区。生于林中、溪边或路旁。

露兜树 露兜树科 Pandanaceae 露兜树属

别名：露兜簕

Pandanus tectorius Sol. var. *tectorius* in Journ. Voy. H. M. S. Endeav 46. 73.

主要形态学特征：常绿分枝灌木或小乔木，常左右扭曲，具多分枝或不分枝的气根。叶簇生于枝顶，3行紧密螺旋状排列，条形，长达80cm，宽4cm，先端渐狭成一长尾尖，叶缘和背面中脉均有粗壮的锐刺。雄花序由若干穗状花序组成，每一穗状花序长约5cm；佛焰苞长披针形，长10~26cm，宽1.5~4cm，近白色，先端渐尖，边缘和背面隆起的中脉上具细锯齿；雄花芳香，雄蕊常为10余枚，多可达25枚，着生于长达9mm的花丝束上，呈总状排列，分离花丝长约1mm，花药条形，长3mm，宽0.6mm，基着药，药基心形，药隔顶端延长的小尖头长1~1.5mm；雌花序头状，单生于枝顶，圆球形；佛焰苞多枚，乳白色，长15~30cm，宽1.4~2.5cm，边缘具疏密相间的细锯齿，心皮5~12枚合为一束，中下部连合，上部分离，子房上位，5~12室，每室有1颗胚珠。聚花果大，向下悬垂，由40~80个核果束组成，圆球形或长圆形，长达17cm，直径约15cm，幼果绿色，成熟时橘红色；核果束倒圆锥形，高约5cm，直径约3cm，宿存柱头稍凸起呈乳头状、耳状或马蹄状。花期1~5月。

分布地：产福建、台湾、广东、海南、广西、贵州和云南等省区。生于海边沙地或引种作绿篱。也分布于亚洲热带、澳大利亚南部。

主要经济用途：叶纤维可编制席、帽等工艺品；嫩芽可食；根与果实入药，有治感冒发热、肾炎、水肿、腰腿痛、疝气痛等功效；鲜花可提取芳香油。

香附子 莎草科 Cyperaceae　莎草属

别名：香头草(广州)

Cyperus rotundus Linn. Sp. Pl. ed. 1(1753)45 et ed. 2(1762)67.

主要形态学特征：匍匐根状茎长，具椭圆形块茎。秆稍细弱，高15~95cm，锐三棱形，平滑，基部呈块茎状。叶较多，短于秆，宽2~5mm，平张；鞘棕色，常裂成纤维状。叶状苞片2~3(~5)枚，常长于花序，或有时短于花序；长侧枝聚伞花序简单或复出，具(2~)3~10个辐射枝；辐射枝最长达12cm；穗状花序轮廓为陀螺形，稍疏松，具3~10个小穗；小穗斜展开，线形，长1~3cm，宽约1.5mm，具8~28朵花；小穗轴具较宽的、白色透明的翅；鳞片稍密地复瓦状排列，膜质，卵形或长圆状卵形，长约3mm，顶端急尖或钝，无短尖，中间绿色，两侧紫红色或红棕色，具5~7条脉；雄蕊3，花药长，线形，暗血红色，药隔突出于花药顶端；花柱长，柱头3，细长，伸出鳞片外。小坚果长圆状倒卵形，三棱形，长为鳞片的1/3~2/5，具细点。花果期5~11月。

特征差异研究：叶长3.5~28.7cm，宽0.1~0.3cm。

凭证标本：深圳坝光，莫素祺(011)、黄丽娟(003)。

分布地：产于陕西、甘肃、山西、河南、河北、山东、江苏、浙江、江西、安徽、云南、贵州、四川、福建、广东、广西、台湾等省区；生长于山坡荒地草丛中或水边潮湿处。广布于世界各地。

主要经济用途：其块茎名为香附子，可供药用，除能作健胃药外，还可以治疗妇科各症。

海南割鸡芒 莎草科 Cyperaceae　割鸡芒属

Hypolytrum hainanense(Merr.) Tang et Wang, comb. nov. ——*Mapania hainanensis* Merr. in Lingn. Sci. Journ. IX(1903)35——*Hypolytrum latifolium* Chunet How in Act. Phytotax. Sin. VII(1958)87, non L. C. Rich.(1805).

主要形态学特征：根状茎木质，具较坚硬而粗壮的须根。植株分营养苗和花苗；营养苗具基生叶，叶线形，向顶端渐狭，长约1m，宽10~18mm，厚纸质，无毛，边缘和背面中脉上具细锯齿，因而粗糙，平张，仅向基部稍对折而成叶鞘；叶鞘高达14cm，不闭合，微红色，边缘厚膜质，平滑无毛，稍有光泽；花苗具秆，秆三棱形，高30~40cm，基部具少数叶鞘，鞘以下为排列紧密的深褐色鳞片；叶鞘对折，近革质，边缘厚膜质。苞片叶状，2~3枚，稍长于花序，只最下的一片明显具鞘；穗状花序密聚成头状，头状花序长13~20mm，宽15~23mm，穗状花序长椭圆形，长6mm，宽3mm，至结果实时圆球形，直径约6mm，具多数鳞片和小穗；鳞片螺旋状复瓦式排列，长圆状倒卵形，顶端钝圆，长2.5~3mm，坚硬，黄褐色而有褐色细点，背脊稍具龙骨状突起，边缘白膜质，内具一个小穗；小穗两性，具2片小鳞片和3朵单性花；小鳞片对生，狭椭圆形，舟形，长2.5mm，内各具一朵雄花，褐色，膜质，背脊具龙骨状突起，沿龙骨状突起具细刺，在近轴的一面合生，在远轴的一面离生；雄花具1个雄蕊，稍高于小鳞片，药狭长圆形，长1.5mm，药隔不突出；雌蕊裸露，子房狭梭状，柱头2。小坚果宽倒卵形或卵形，顶端具圆锥状喙，长3mm，双凸状而有强烈凸起的两面，褐色，具微不规则的、隆起的纵皱纹。

分布地：产于海南(儋县水尾山、临高县莲花山)；生于山上干燥的地方。

水莎草 莎草科 Cyperaceae　水莎草属

Juncellus serotinus(Rottb.) C. B. Clarke in Hook. f. Fl. Brit. Ind. VI(1893)594 et in Journ. Linn. Soc. Bot. XXXVI(1903)208.

主要形态学特征：多年生草本，散生。根状茎长。秆高35~100cm，粗壮，扁三棱形，平滑。叶片少，短于秆或有时长于秆，宽3~10mm，平滑，基部折合，上面平张，背面中肋呈龙骨状突起。苞片常3枚，少4枚，叶状，较花序长1倍多，最宽至8mm；复出长侧枝聚伞花序具4~7个第一次辐射枝；辐射枝向外展开，长短不等，最长达16cm。每一辐射枝上具1~3个穗状花序，每一穗状花序具5~17个小穗；花序轴被疏的短硬毛；小穗排列稍松，近于平展，披针形或线状披针形，长8~20mm，宽约3mm，具10~34朵花；小穗轴具白色透明的翅；鳞片初期排列紧密，后期较松，纸质，宽卵形，顶端钝或圆，有时微缺，长2.5mm，背面中肋绿色，两侧红褐色或暗红褐色，边缘黄白色透明，具5~7条脉；雄蕊3，花药线形，药隔暗红色；花柱很短，柱头2，细长，具暗红色斑纹。小坚果椭圆形或倒卵形，平凸状，长约为鳞片的4/5，棕色，稍有光泽，具突起的细点。

特征差异研究：叶长19~28.6cm，宽0.1~0.2cm，无叶柄。

凭证标本：深圳坝光，李佳婷(005，015)、邱小波(059)、赵顺(059)。

分布地：广布于我国东北各省、内蒙古、甘肃、新疆、陕西、山西、山东、河北、河南、江苏、安徽、湖北、浙江、江西、福建、广东、台湾、贵州、云南；多生长于浅水中、水边沙土上，有时亦见于路旁。分布于喜马拉雅山西北部以及朝鲜、日本、欧洲中部、地中海地区。

主要经济用途：可入药，止咳化痰，主治慢性支气管炎。

单穗水蜈蚣 莎草科 Cyperaceae 水蜈蚣属

Kyllinga monocephala Rottb. Descr. et Ic.（1773）13，t.4，f.4，excl. synon. nonnullis；Hook. et Arn. Bot. Beech. Voy.(1836)224.

主要形态学特征：多年生草本，具匍匐根状茎。秆散生或疏丛生，细弱，扁锐三棱形，基部不膨大。叶通常短于秆，宽2.5~4.5mm，平张，柔弱，边缘具疏锯齿；叶鞘短，褐色，或具紫褐色斑点，最下面的叶鞘无叶片。苞片3~4枚，叶状，斜展，较花序长很多；穗状花序1个，少2~3个，圆卵形或球形，长5~9mm，宽5~7mm，具极多数小穗；小穗近于倒卵形或披针状长圆形，顶端渐尖，压扁，长2.5~3mm，具1朵花；鳞片膜质，舟状，长同于小穗，苍白色或麦秆黄色，具锈色斑点，两侧各具3~4条脉，背面龙骨状突起具翅，翅的下部狭，从中部至顶端较宽，且延伸出鳞片顶端呈稍外弯的短尖，翅边缘具缘毛状细刺；雄蕊3；花柱长，柱头2。小坚果长圆形或倒卵状长圆形，较扁，长约为鳞片的1/2，棕色，具密的细点，顶端具很短的短尖。花果期5~8月。

凭证标本：深圳坝光，邱小波(042)。

分布地：产于广东、广西、海南、云南；生长于山坡林下、沟边、田边近水处、旷野潮湿处。也分布于喜马拉雅山区、印度、缅甸、泰国、越南、马来亚、印度尼西亚、菲律宾、日本琉球群岛、澳洲以及美洲热带地区。

主要经济用途：药用，用于感冒发热，疟疾、痢疾，百日咳，跌打损伤，皮肤瘙痒，蛇虫咬伤等症。

三头水蜈蚣 莎草科 Cyperaceae 水蜈蚣属

Kyllinga triceps Rottb. Descr. et Ic.(1773)14，t.4，f.6(excl. tab. Rheediiet syn. cit.).

主要形态学特征：根状茎短。秆丛生，细弱，高8~25cm，扁三棱形，平滑，基部呈鳞茎状膨大，外面被复以棕色、疏散的叶鞘。叶短于秆，宽2~3mm，柔弱，折合或平张，边缘具疏刺。叶状苞片2~3枚，长于花序，极展开，后期常向下反折；穗状花序3个(少1个或4~5个)，排列紧密成团聚状，居中者宽圆卵形，较大，长5~6mm，侧生者球形，直径3~4mm，均具极多数小穗。小穗排列极密，辐射展开，长圆形，长2~2.5mm，具1朵花；鳞片膜质，卵形或卵状椭圆形，凹形，顶端具直的短尖，长2~2.5mm，淡绿黄色，具红褐色树脂状斑点，背面具龙骨状突起，脉7

条；雄蕊1~3个；花柱短，柱头2，长于花柱。小坚果长圆形，扁平凸状，长为鳞片的2/3~3/4，淡棕黄色，具微突起细点。

分布地：产于广东；也分布于喜马拉雅山区、非洲、印度南部、缅甸、越南以及澳洲。

圆秆珍珠茅 莎草科 Cyperaceae 珍珠茅属

Scleria harlandii Hance in Ann. Sci. Nat. Ser. 5, Ⅴ(1866) 248; C. B. Clarkein Journ. Linn. Soc. Bot. XXXVI(1903) 264——*Scleria purpurascens* Benth. Fl. Hongk. (1861) 400.

主要形态学特征：植株粗壮。秆近圆柱状，有时略呈钝三棱形，高可达1m以上，直径约6mm，无毛，有光泽。叶线形，向顶端渐狭，顶端呈尾状，长约30cm，宽6~8mm，薄革质，无毛，稍粗糙；叶鞘紧抱秆，长4~6cm，薄革质，金黄色而多少具紫色条纹，有时被长柔毛，无翅，在近秆上部的鞘常互相重迭；叶舌半圆形，紫色，具长约1mm的缘毛。圆锥花序由顶生和7~8个相距稍远的侧生枝圆锥花序组成，全长可达40cm，支圆锥花序呈金字塔状，长约5cm，花序轴常被微柔毛；小苞片刚毛状，几与小穗等长，基部有耳，耳上具髯毛；小穗单生或2个生在一起，长3~4mm，浅锈色或紫色，大部分单性；雄小穗长圆状卵形或披针形，顶端截形或急尖；鳞片膜质，长1.35~3mm，具锈色条纹，有时上端被疏柔毛，在下部的几片鳞片具龙骨状突起，通常具短尖，在上部的色浅而质薄；雌小穗通常生于分枝的基部，披针形，顶端渐尖；鳞片宽卵形或卵状披针形，多少具龙骨状突起，顶端具短尖，上端具缘毛；雄花具3个雄蕊，花药线形，长约1mm，药隔突出部分长为药的1/4~1/3；柱头3。小坚果近球形，钝三棱形，顶端具短尖，直径2.5mm，白色，平滑，光亮，仅顶部被稀疏的微硬毛；下位盘直径略较小坚果小，3裂，裂片三角形，顶端急尖或渐尖，或有2~3个齿，边缘反折，金黄色，具浅锈色条纹。

分布地：产于广东、海南；生长在山坡、山沟或山旁的疏林或密林中。

黑鳞珍珠茅 莎草科 Cyperaceae 珍珠茅属

Scleria hookeriana Bocklr. in Linnaea XXXVIII(1874) 498; C. B. Clarke inJourn. Linn. Soc. Bot. XXXVI(1903) 265.

主要形态学特征：匍匐根状茎短，木质，密被紫红色、长圆状卵形的鳞片。秆直立，三棱形，高60~100cm，直径2~4mm，有时被稀疏短柔毛，稍粗糙。叶线形，向顶端渐狭，顶端多少呈尾状，长4~35cm，宽4~8mm，纸质，无毛或多少被疏柔毛，稍粗糙；叶鞘纸质，长1~10cm，有时被疏柔毛，在近秆基部的鞘钝三棱形，紫红色或淡褐色，鞘口具约3个大小不等的三角形齿，在秆中部的鞘锐三棱形，绿色，很少具狭翅；叶舌半圆形，被紫色髯毛。圆锥花序顶生，很少具1个相距稍远的侧生枝圆锥花序，长4~7cm(连侧生枝圆锥花序在内可达11cm)，宽2~4cm，分枝斜立，密或疏，具多数小穗；小苞片刚毛状，基部有耳，耳上具髯毛；小穗通常2~4个紧密排列，很少单生，长约3mm，多数为单性，极少两性；雄小穗长圆状卵形，顶端截形或钝；鳞片卵状披针形或长圆状卵形，在下部的3~4片纸质，稍具龙骨状突起，背面上半部常被糙伏毛，有时具短尖，在小穗上部的质较薄而色浅；雌小穗通常生于分枝的基部，披针形或窄卵形，顶端渐尖，具较少鳞片；鳞片卵形、三角形或卵状披针形，色较深；雄花具3个雄蕊，花药线形，长2mm，药隔突出部分长为花药的1/4~1/5；子房被长柔毛，柱头3。小坚果卵珠形，钝三棱形，顶端具短尖，直径2mm，白色，表面有不明显的四至六角形网纹，部分横皱纹较明显，其上常常呈锈色并疏被微硬毛；下位盘直径稍小于小坚果，或多或少3裂，裂片半圆状三角形，顶端钝圆，边缘反折，淡黄色。花果期5~7月。

分布地：产于福建、湖南、湖北、贵州、四川、云南、广东、广西；生长在山坡、山沟、山脊灌木丛或草丛中，海拔450~2000m。也分布于东喜马拉雅山地区、越南。

毛果珍珠茅 莎草科 Cyperaceae 珍珠茅属

Scleria herbecarpa Nees in Wight, Contrib. (1834) 117.

主要形态学特征：匍匐根状茎木质，被紫色的鳞片。秆疏丛生或散生，三棱形，高 70~90cm，直径 3~5mm，被微柔毛，粗糙。叶线形，向顶端渐狭，长约 30cm，宽 7~10mm，无毛，粗糙；叶鞘纸质，长 1~8cm，无毛，茎的基部为褐色，无翅，鞘口具约 3 个大小不等的三角形齿，在秆中部以上的鞘绿色，具 1~3mm 宽的翅；叶舌近半圆形，稍短，具髯毛。圆锥花序由顶生和 1~2 个相距稍远的侧生枝圆锥花序组成；枝圆锥花序长 3~8cm，宽 1.5~3cm，花序轴与分枝或多或少被微柔毛，有棱，有时还具短翅；小苞片刚毛状，基部有耳，耳上具髯毛；小穗单生或 2 个生在一起，无柄，长 3mm，褐色，全部单性；雄小穗窄卵形或长圆状卵形，顶端斜截形；鳞片厚膜质，长 1.5~3mm，具稀疏缘毛，在下部的几片具龙骨状突起，顶端具短尖或芒，在上部的质较薄，色亦较浅；雌小穗通常生于分枝的基部，披针形或窄卵状披针形，顶端渐尖；鳞片长圆状卵形、宽卵形或卵状披针形，具龙骨状突起，具锈色短条纹，上端常有紫色边缘，多少具缘毛，顶端具芒或短尖；雄花具 3 个雄蕊，花药线形，长 1.3mm，药隔突出部分长为药的 1/3~1/2；柱头 3。小坚果球形或卵形，钝三棱形，顶端具短尖，直径约 2mm，白色，表面具隆起的横皱纹，略呈波状，其上或多或少被微硬毛；下位盘略较小坚果窄，3 深裂，裂片披针状三角形，少有卵状三角形，顶端急尖或具 2~3 个小齿，边缘反折，淡黄色。

分布地：产于浙江、湖南、贵州、四川、云南、广西、广东、海南、福建、台湾；生长在干燥处、山坡草地、密林下、潮湿灌木丛中，海拔 0~1500m。也分布于印度、斯里兰卡、马来亚、越南、日本、印度尼西亚和澳洲。

网果珍珠茅 莎草科 Cyperaceae 珍珠茅属

Scleria tessellata Willd. Sp. Pl. Ⅳ (1805) 315, excl. cit. Rumph.

主要形态学特征：无根状茎，具须根。秆近丛生，纤细，三棱形，高 30~40cm，无毛。叶秆生，线形，向顶端渐狭，顶端稍钝，宽 2.5~5.5mm，纸质，平滑，无毛，边缘粗糙；叶鞘三棱形，管状，几无翅，无毛，在近秆基部的鞘顶端具三角形齿；叶舌半圆形，被短柔毛。苞片叶状，具鞘，鞘口被棕色短柔毛；小苞片刚毛状，无鞘，较小穗长 1 倍或更长；圆锥花序由 2~3 个顶生和侧生枝花序所组成，枝花序互相远离，长 1.5~2.5cm，具多数小穗；小穗单生或 2 个簇生，披针形，长 3.5~4mm，多数为单性；雌小穗具 4~5 片鳞片和 1 朵雌花，雄小穗具 7~9 片鳞片或更多；鳞片卵形至披针形，向顶端渐狭，顶端急尖并具短尖，背面龙骨状突起绿色或与鳞片同色；雄花具雄蕊 2~3 个，花丝长短不一；子房倒卵形，密被柔毛，有极细致的网纹，花柱不详。小坚果近球形，顶端具紫色短尖，直径约 2mm，白色或淡黄色，微被褐色疏柔毛，表面具近方格状网纹；下位盘长约为小坚果之半，3 裂，裂片卵状三角形，基部最宽，顶端渐尖，稍有光泽，中部稍下具半月形隆起，其上麦秆黄色，其下褐色。花果期 8~9 月。

特征差异研究：叶长 6.2~18.5cm，宽 0.2~0.7cm，无叶柄。

凭证标本：深圳坝光，吴凯涛(034)。

分布地：产于台湾、广东、海南、云南；生长于荒地、田边或草场，海拔 1100~1800m。也分布于印度、越南、马来西亚、日本琉球群岛。

粉单竹 禾本科 Gramineae 簕竹属

Bambusa chungii McClure in Lingnan. Sci. Journ. 15 (4): 639. f. 28, 29. 1936.

主要形态学特征：竿直立，顶端微弯曲，高(3~)5~10(~18)m，直径 3~5(~7)cm；节间幼时被白色蜡粉，无毛，一般长30~45cm，唯最长者可达1m或更长，竿壁厚3~5mm；竿环平坦；箨环稍隆起，最初在节下方密生一圈向下的棕色刺毛环，以后则渐变无毛。捧鞘早落，质薄而硬，脱落后在箨环留存一圈窄的木栓环，幼时在背面被白蜡粉及稀疏贴生的小刺毛，以后刺毛脱落，致使箨鞘背面之上部变为无毛，但向基部则仍有宿存之暗色柔毛；箨耳呈窄带形，边缘生淡色縫毛，后者长而纤细，有光泽；箨舌高约1.5mm，先端截平或隆起，上缘具梳齿状裂刻或具长流苏状毛；箨片淡黄绿色，强烈外翻，脱落性，卵状披针形，先端渐尖而边缘内卷，基部呈圆形向内收窄，基底宽度约为箨鞘先端的1/5，背面多少有些密生小刺毛，腹面无毛而微糙涩；竿的分枝习性高，常自第八节开始，以数枝乃至多枝簇生，枝彼此粗细近相等，无毛，但被蜡粉；末级小枝大都具7叶；叶鞘无毛；叶耳及鞘口縫毛常甚发达，但有时亦可不很显著，当存在时其质脆，易早落；叶片质地较厚，披针形乃至线状披针形，大小有变化，一般长10~16(~20)cm，宽1~2(3~5)cm，上表面沿中脉基部渐粗糙，下表面起初被微毛，以后则渐变为无毛，先端渐尖，基部的两侧不对称，次脉5或6对。花枝极细长，无叶，通常每节仅生1或2枚假小穗，后者宽卵形，长可达2cm，无毛，先端渐尖，含4或5朵小花，后者形肿胀，最下方之1或2朵小花较大，上部的1或2朵则退化；具芽苞片1或2；颖1或2片；小穗轴节间无毛，甚短，但向上则逐渐较长，质柔，中空；外稃宽卵形，长9~12mm，先端钝但具细尖头，背面无毛，边缘被纤毛；内稃与外稃近等长，先端钝或截平，纵脉不明显，脊上无毛，边缘被纤毛；鳞被3，近相等，背面具粗硬小毛，顶端生纤毛；花药顶端具短细的芒状尖头；子房先端被粗硬毛，花柱长1~2mm，柱头3或2，呈疏稀羽毛状。未成熟果实的果皮在上部变硬，干后呈三角形，成熟颖果呈卵形，长8~9mm，深棕色，腹面有沟槽。

分布地：华南特产，分布湖南南部、福建(厦门)、广东、广西。模式标本采自广西宜山。

主要经济用途：竹材韧性强，节间长，节平，适合劈篾编织精巧竹器、绞制竹绳等，是广东、广西主要篾用竹种，亦是造纸业的上等原料。竹丛疏密适中，挺秀优姿，宜作为庭园绿化之用。

撑篙竹 禾本科 Gramineae 簕竹属

Bambusa pervariabilis McClure in Lingnan in Univ. Sci. Bull. No. 9：13. 1940.

主要形态学特征：竿高7~10m，直径4~5.5cm，尾梢近直立，下部挺直；节间通直，长30cm左右，幼时薄被白蜡粉或有糙硬毛，老时无粉也无毛，竿壁厚，基部数节间具黄绿色纵条纹；节处稍有隆起，竿基部数节于箨环之上下方各环生一圈灰白色绢毛；分枝常自竿基部第一节开始，坚挺，以数枝乃至多枝簇生，中央3枝较为粗长。箨鞘早落，薄革质，背面无毛或有时被糙硬毛，新鲜时具黄绿色纵条纹，干时纵肋稍隆起，先端向外侧一边下斜而呈不对称的拱形；箨耳不相等，具波状皱褶，边缘被波曲状细縫毛，大耳沿箨鞘顶端向下倾斜，其倾斜程度可达箨鞘全长的1/6~1/5，倒卵状长圆形至倒披针形，长3.5~4cm，宽约1cm，其末端渐狭，小耳近圆形或椭圆形，长约1.5cm，宽约8mm；箨舌高3~4mm，先端不规则齿裂，有时条裂并被短流苏状毛；箨片直立，易脱落，呈近于对称的狭卵形，幼时背面具黄绿色纵条纹，并疏生脱落性棕色贴伏刺毛，先端急尖而且锐利硬尖头，基部圆形收窄后向两侧外延而与箨耳相连，其相连部分为3~7mm；箨片基部宽度约为箨鞘先端宽的2/3。叶鞘背面通常无毛，边缘被短纤毛；叶耳倒卵形至倒卵状椭圆形，边缘具数条至多条直或弯的縫毛；叶舌高0.5mm；叶片线状披针形，通常长10~15cm，宽1~1.5cm，上表面无毛，下表面密生短柔毛，先端渐尖具粗糙的钻状尖头，基部近圆形或宽楔形。假小穗以数枚簇生于花枝各节，线形，长2~5cm；小穗含小花5~10朵，基部托具芽苞片2或3片；小穗轴节间长约4mm；颖仅1片，长圆形，长6mm，无毛，具9脉，先端急尖；外稃长圆状披针形，长12~14mm，无毛，具13~15脉，先端锐尖；内稃与其外稃近等长或稍短，具2脊，脊向顶端被短纤毛，脊间6脉，脊外每边各3脉；鳞被3，不相等，边缘被长纤毛，前方2片偏斜，长2.7mm，后方1片稍大，倒卵状长圆形，长3mm；花丝短，花药长5mm；子房长圆形，长约1mm，顶端被短硬毛，花柱长1mm，被短硬毛，柱头3，长3mm，被毛。颖果幼时宽卵球状，长1.5mm，顶端被短硬毛，并有残留花柱和柱头。

特征差异研究：叶长 7.3~16.5cm，宽 1.4~1.5cm，无叶柄。

凭证标本：深圳坝光，廖栋耀(056)。

分布地：产华南。多生于河溪两岸及村落附近，常见栽培。模式标本采自广州。

主要经济用途：竿材坚实而挺直，常用作建筑工程脚手架、撑竿、担竿、扁担、农具，以及制造竹家具、竹编制品等。竿表面刮制的“竹茹”可供药用。

薏苡

禾本科 Gramineae　薏苡属

别名：菩提子

Coix lacryma-jobi Linn. Sp. Pl. 972. 1753；Hook. f. Fl. Brit. Ind. 7：100. 1897.

主要形态学特征：一年生粗壮草本，须根黄白色，海绵质，直径约 3mm。秆直立丛生，高 1~2m，具 10 多节，节多分枝。叶鞘短于其节间，无毛；叶舌干膜质，长约 1mm；叶片扁平宽大，开展，长 10~40cm，宽 1.5~3cm，基部圆形或近心形，中脉粗厚，在下面隆起，边缘粗糙，通常无毛。总状花序腋生成束，长 4~10cm，直立或下垂，具长梗。雌小穗位于花序之下部，外面包以骨质念珠状之总苞，总苞卵圆形，长 7~10mm，直径 6~8mm，珐琅质，坚硬，有光泽；第一颖卵圆形，顶端渐尖呈喙状，具 10 余脉，包围着第二颖及第一外稃；第二外稃短于颖，具 3 脉，第二内稃较小；雄蕊常退化；雌蕊具细长之柱头，从总苞顶端伸出，颖果小，含淀粉少，常不饱满，雄小穗 2~3 对，着生于总状花序上部，长 1~2cm；无柄雄小穗长 6~7mm，第一颖草质，边缘内折成脊，具有不等宽之翼，顶端钝，具多数脉，第二颖舟形；外稃与内稃膜质；第一及第二小花常具雄蕊 3 枚，花药橘黄色，长 4~5mm；有柄雄小穗与无柄者相似，或较小而呈不同程度的退化。花果期 6~12 月。

特征差异研究：叶长 17.2~18.3cm，宽 1.8~3.2cm，无叶柄。

凭证标本：深圳坝光，吴凯涛(060)。

分布地：产于辽宁、河北、山西、山东、河南、陕西、江苏、安徽、浙江、江西、湖北、湖南、福建、台湾、广东、广西、海南、四川、贵州、云南等省区；多生于湿润的屋旁、池塘、河沟、山谷、溪涧或易受涝的农田等地方，海拔 200~2000m 处常见，野生或栽培。分布于亚洲东南部与太平洋岛屿，世界的热带、亚热带、非洲、美洲的热湿地带均有种植或逸生。

主要经济用途：种子为念佛串珠用的菩提珠子，总苞坚硬，美观，按压不破，有白、灰、蓝紫等各色，有光泽而平滑，基端之孔大，易于穿线成串，工艺价值大，但颖果小，质硬，淀粉少，遇碘呈蓝色，不能食用。

狗牙根

禾本科 Gramineae　狗牙根属

别名：绊根草(植物名实图考)、爬根草(江苏铜山)、咸沙草(海南)、铁线草(云南)

Cynodon dactylon(L.)Pers. Syn. Pl. 1：85. 1805.

主要形态学特征：低矮草本，具根茎。秆细而坚韧，下部匍匐地面蔓延甚长，节上常生不定根，直立部分高 10~30cm，直径 1~1.5mm，秆壁厚，光滑无毛，有时略两侧压扁。叶鞘微具脊，无毛或有疏柔毛，鞘口常具柔毛；叶舌仅为一轮纤毛；叶片线形，长 1~12cm，宽 1~3mm，通常两面无毛。穗状花序(2~)3~5(~6)枚，长 2~5(~6)cm；小穗灰绿色或带紫色，长 2~2.5mm，仅含 1 小花；颖长 1.5~2mm，第二颖稍长，均具 1 脉，背部成脊而边缘膜质；外稃舟形，具 3 脉，背部明显成脊，脊上被柔毛；内稃与外稃近等长，具 2 脉。鳞被上缘近截平；花药淡紫色；子房无毛，柱头紫红色。颖果长圆柱形。

分布地：广布于我国黄河以南各省，近年北京附近已有栽培；多生长于村庄附近、道旁河岸、荒地山坡。

主要经济用途：根茎蔓延力很强，广铺地面，为良好的固堤保土植物，常用以铺建草坪或球场；唯生长于果园或耕地时，则为难除灭的有害杂草。全世界温暖地区均有。模式标本采自南欧。根茎可喂猪，牛、马、兔、鸡等喜食其叶；全草可入药，有清血、解热、生肌之效。

马唐 禾本科 Gramineae 马唐属

Digitaria sanguinalis(L.) Scop. Fl. Carn. ed. 2，1：52. 1772；Roshev. in Kom. Fl. URSS，2：29. 1934.

主要形态学特征：一年生。秆直立或下部倾斜，膝曲上升，高10~80cm，直径2~3mm，无毛或节生柔毛。叶鞘短于节间，无毛或散生疣基柔毛；叶舌长1~3mm；叶片线状披针形，长5~15cm，宽4~12mm，基部圆形，边缘较厚，微粗糙，具柔毛或无毛。总状花序长5~18cm，4~12枚成指状着生于长1~2cm的主轴上；穗轴直伸或开展，两侧具宽翼，边缘粗糙；小穗椭圆状披针形，长3~3.5mm；第一颖小，短三角形，无脉；第二颖具3脉，披针形，长为小穗的1/2左右，脉间及边缘大多具柔毛；第一外稃等长于小穗，具7脉，中脉平滑，两侧的脉间距离较宽，无毛，边脉上具小刺状粗糙，脉间及边缘生柔毛；第二外稃近革质，灰绿色，顶端渐尖，等长于第一外稃；花药长约1mm。

分布地：产西藏、四川、新疆、陕西、甘肃、山西、河北、河南及安徽等地；生于路旁、田野，是一种优良牧草，但又是危害农田、果园的杂草。广布于南、北半球的温带和亚热带山地。模式标本采自欧洲。

牛筋草 禾本科 Gramineae 䅟属
别名：蟋蟀草

Eleusine indica(L.) Gaertn. Fruct. Sem. Pl. 1：8. 1788.

主要形态学特征：一年生草本。根系极发达。秆丛生，基部倾斜，高10~90cm。叶鞘两侧压扁而具脊，松弛，无毛或疏生疣毛；叶舌长约1mm；叶片平展，线形，长10~15cm，宽3~5mm，无毛或上面被疣基柔毛。穗状花序2~7个指状着生于秆顶，很少单生，长3~10cm，宽3~5mm；小穗长4~7mm，宽2~3mm，含3~6小花；颖披针形，具脊，脊粗糙；第一颖长1.5~2mm；第二颖长2~3mm；第一外稃长3~4mm，卵形，膜质，具脊，脊上有狭翼，内稃短于外稃，具2脊，脊上具狭翼。囊果卵形，长约1.5mm，基部下凹，具明显的波状皱纹。鳞被2，折叠，具5脉。

特征差异研究：叶长23~31cm，宽0.1~0.2cm，无叶柄。

凭证标本：深圳坝光，邱小波(046)。

分布地：产我国南北各省区；多生于荒芜之地及道路旁。分布于全世界温带和热带地区。模式标本采自印度。

主要经济用途：根系极发达，秆叶强韧，全株可作饲料，又为优良保土植物。全草煎水服，可防治乙型脑炎。

画眉草 禾本科 Gramineae 画眉草属

Eragrostis pilosa(L.) Beauv. Ess. Agrost. 162. 175. 1812.

主要形态学特征：一年生。秆丛生，直立或基部膝曲，高15~60cm，径1.5~2.5mm，通常具4节，光滑。叶鞘松裹茎，长于或短于节间，扁压，鞘缘近膜质，鞘口有长柔毛；叶舌为一圈纤毛，长约0.5mm；叶片线形扁平或卷缩，长6~20cm，宽2~3mm，无毛。圆锥花序开展或紧缩，长10~25cm，宽2~10cm，分枝单生、簇生或轮生，多直立向上，腋间有长柔毛，小穗具柄，长3~10mm，宽1~1.5mm，含4~14小花；颖为膜质，披针形，先端渐尖。第一颖长约1mm，无脉，第二颖长约1.5mm，具1脉；第一外稃长约1.8mm，广卵形，先端尖，具3脉；内稃长约1.5mm，稍作弓形弯曲，脊上有纤毛，迟落或宿存；雄蕊3枚，花药长约0.3mm。颖果长圆形，长约0.8mm。

特征差异研究：叶长5.1~5.9cm，宽0.4~0.5cm，无叶柄；花苞直径0.1cm。

凭证标本：深圳坝光，邱小波(065)、赵顺(065，073)。

分布地：产全国各地；多生于荒芜田野草地上。分布全世界温暖地区。模式标本采自意大利。

主要经济用途：为优良饲料；药用治跌打损伤。

淡竹叶 禾本科 Gramineae 淡竹叶属

Lophatherum gracile Brongn. in Duperr., Voy. Coq. Bot. 50, pl. 8. 1831.

主要形态学特征：多年生，具木质根头。须根中部膨大呈纺锤形小块根。秆直立，疏丛生，高40~80cm，具5~6节。叶鞘平滑或外侧边缘具纤毛；叶舌质硬，长0.5~1mm，褐色，背有糙毛；叶片披针形，长6~20cm，宽1.5~2.5cm，具横脉，有时被柔毛或疣基小刺毛，基部收窄成柄状。圆锥花序长12~25cm，分枝斜升或开展，长5~10cm；小穗线状披针形，长7~12mm，宽1.5~2mm，具极短柄；颖顶端钝，具5脉，边缘膜质，第一颖长3~4.5mm，第二颖长4.5~5mm；第一外稃长5~6.5mm，宽约3mm，具7脉，顶端具尖头，内稃较短，其后具长约3mm的小穗轴；不育外稃向上渐狭小，互相密集包卷，顶端具长约1.5mm的短芒；雄蕊2枚。颖果长椭圆形。

特征差异研究：叶长6.0~8.6cm，宽1.2~1.9cm，无叶柄。

凭证标本：深圳坝光，李佳婷(018)、赵顺(059，072)。

分布地：产江苏、安徽、浙江、江西、福建、台湾、湖南、广东、广西、四川、云南。生于山坡、林地或林缘、道旁荫蔽处。印度、斯里兰卡、缅甸、马来西亚、印度尼西亚、新几内亚岛及日本均有分布。模式标本采自印度尼西亚。

主要经济用途：叶为清凉解热药，小块根作药用。

莠竹 禾本科 Gramineae 莠竹属

Microstegium nodosum(Kom.)Tzvel. in Bot. Mat. (Leningrad) 21: 23. 1961. ——*Arthraxon nodosus* Kom. in Tr. Peterb. Bot. Sada 18: 448. 1901.

主要形态学特征：一年生蔓生草本。秆高80~120cm，节无毛，下部横卧地面于节处生根，向上抽出开花分枝。叶鞘短于其节间，稍压扁，边缘与鞘口具长纤毛；叶舌短；叶片线状披针形，长4~8cm，宽6~12mm，两面生柔毛，顶端渐尖，基部狭窄。总状花序着生于秆顶和上部叶鞘中，长3~5cm，2~6枚有间隔地互生于主轴上；总状花序轴节间长3~4mm，顶端稍膨大，边缘具纤毛或散生柔毛；无柄小穗长5~6mm，基盘微有短毛；第一颖披针形，草质，顶端稍尖，全缘或具二微齿，脊上部粗糙，稀具纤毛；背部有浅沟，脊间具2脉，脉在先端呈网状汇合；第二颖中脉成脊，具纤毛，无芒，第一小花微小或仅存内稃；第二外稃长约1mm，中脉延伸成扭曲之芒，芒伸出于小穗之外，长7~9mm；第二内稃不存在，花药长0.3~0.5mm。有柄小穗稍短于其无柄小穗。花果期8~11月。

特征差异研究：叶长6.4~7.9cm，宽1.5~1.6cm，无叶柄，叶鞘2.3~2.9cm。

凭证标本：深圳坝光，莫素祺(024)、赵顺(047)。

分布地：产于吉林、山西、陕西、江苏、广东、四川、云南等省；生于林地、河岸、沟边、田野路旁的阴湿地草丛中，海拔400~1200m。也分布于印度、朝鲜、日本、俄罗斯。

主要经济用途：用作饲料。

五节芒 禾本科 Gramineae 芒属

Miscanthus floridulus(Lab.)Warb. ex Schum. et Laut. Fl. Deutsch. Schutzg. Sudsee 166. 1901.

主要形态学特征：多年生草本，具发达根状茎。秆高大似竹，高2~4m，无毛，节下具白粉，叶鞘无毛，鞘节具微毛，长于或上部者稍短于其节间；叶舌长1~2mm，顶端具纤毛；叶片披针状线形，长25~60cm，宽1.5~3cm，扁平，基部渐窄或呈圆形，顶端长渐尖，中脉粗壮隆起，两面无毛，或上面基部有柔毛，边缘粗糙。圆锥花序大型，稠密，长30~50cm，主轴粗壮，延伸达花序的2/3以上，无毛；分枝较细弱，长15~20cm，通常10多枚簇生于基部各节，具2~3回小枝，腋间生柔毛；总状花序轴的节间长3~5mm，无毛，小穗柄无毛，顶端稍膨大，短柄长1~1.5mm，长柄向外弯曲，长2.5~3mm；小穗卵状披针形，长3~3.5mm，黄色，基盘具较长于小穗的丝状柔毛；第一颖无毛，顶端渐尖或有2微齿，侧脉内折呈2脊，脊间中脉不明显，上部及边缘粗糙；第二颖等长于第一颖，顶端渐尖，具3脉，中脉呈脊，粗糙，边缘具短纤毛，第一外稃长圆状披针形，稍短于颖，顶端钝圆，边缘具纤毛；第二外稃卵状披针形，长约2.5mm，顶端尖或具2微齿，无毛或下部边缘具少数短纤毛，芒长7~10mm，微粗糙，伸直或下部稍扭曲；内稃微小；雄蕊3枚，花药长1.2~1.5mm，橘黄色；花柱极短，柱头紫黑色，自小穗中部之两侧伸出。

分布地：产于江苏、浙江、福建、台湾、广东、海南、广西等省区；生于低海拔撂荒地与丘陵潮湿谷地和山坡或草地。也分布自亚洲东南部太平洋诸岛屿至波利尼西亚。模式标本采自新喀里多尼亚。

主要经济用途：幼叶作饲料，秆可作造纸原料。根状茎有利尿之效。

类芦 禾本科 Gramineae 类芦属

Neyraudia reynaudiana(Kunth) Keng ex Hitchc. in Amer. Journ. Bot. 21：131. 1934.

主要形态学特征：多年生，具木质根状茎，须根粗而坚硬。秆直立，高2~3m，径5~10mm，通常节具分枝，节间被白粉；叶鞘无毛，仅沿颈部具柔毛；叶舌密生柔毛；叶片长30~60cm，宽5~10mm，扁平或卷折，顶端长渐尖，无毛或上面生柔毛。圆锥花序长30~60cm，分枝细长，开展或下垂；小穗长6~8mm，含5~8小花，第一外稃不孕，无毛；颖片短小；长2~3mm；外稃长约4mm，边脉生有长约2mm的柔毛，顶端具长1~2mm向外反曲的短芒；内稃短于外稃。

特征差异研究：叶长54~83cm，宽1.8~2.4cm，无叶柄。

凭证标本：深圳坝光，邓素妮(003)。

分布地：产海南、广东、广西、贵州、云南、四川、湖北、湖南、江西、福建、台湾(高雄)、浙江、江苏。生于河边、山坡或砾石草地，海拔300~1500m。印度、缅甸至马来西亚、亚洲东南部均有分布。模式标本采自缅甸。

主要经济用途：解毒利湿，用于虫蛇咬伤、肾炎水肿、竹木刺入肉。

求米草 禾本科 Gramineae 求米草属

Oplismenus undulatifolius(Arduino) Beauv. Ess. Agrost. 54，168. 171. 1812 nom. nud.；Roem. et Schuit. Syst. Veg. 2：482. 1817.

主要形态学特征：秆纤细，基部平卧地面，节处生根，上升部分高20~50cm。叶鞘短于或上部者长于节间，密被疣基毛；叶舌膜质，短小，长约1mm；叶片扁平，披针形至卵状披针形，长2~8cm，宽5~18mm，先端尖，基部略圆形而稍不对称，通常具细毛。圆锥花序长2~10cm，主轴密被疣基长刺柔毛；分枝短缩，有时下部的分枝延伸长达2cm；小穗卵圆形，被硬刺毛，长3~4mm，簇生于主轴或部分孪生；颖草质，第一颖长约为小穗之半，顶端具长0.5~1(~1.5)cm硬直芒，具3~5脉；第二颖较长于第一颖，顶端芒长2~5mm，具5脉；第一外稃草质，与小穗等长，具7~9脉，顶端芒长1~2mm，第一内稃通常缺；第二外稃革质，长约3mm，平滑，结实时变硬，边缘包着同质的内稃；鳞被2，膜质；雄蕊3；花柱基分离。

凭证标本：深圳坝光，邱小波(099)。

分布地：广布我国南北各省区；生于疏林下阴湿处。分布于世界温带和亚热带。模式标本产意大利。

两耳草 禾本科 Gramineae 雀稗属

Paspalum conjugatum Berg. in Acta Helv. Phys. Math. 7：129. pl. 8. 1762.

主要形态学特征：多年生。植株具长达1m的匍匐茎，秆直立部分高30~60cm。叶鞘具脊，无毛或上部边缘及鞘口具柔毛；叶舌极短，与叶片交接处具长约1mm的一圈纤毛；叶片披针状线形，长5~20cm，宽5~10mm，质薄，无毛或边缘具柔毛。总状花序2枚，纤细，长6~12cm，开展；穗轴宽约0.8mm，边缘有锯齿；小穗柄长约0.5mm；小穗卵形，长1.5~1.8mm，宽约1.2mm，顶端稍尖，复瓦状排列成两行；第二颖与第一外稃质地较薄，无脉，第二颖边缘具长丝状柔毛，毛长与小穗近等。第二外稃变硬，背面略隆起，卵形，包卷同质的内稃。颖果长约1.2mm，胚长为颖果的1/3。

分布地：产台湾、云南、海南、广西；生于田野、林缘、潮湿草地上。全世界热带及温暖地区有分布。模式标本自拉丁美洲苏里南。

主要经济用途：为一有价值的牧草。

芦苇 禾本科 Gramineae 芦苇属

Phragmites australis(Cav.)Trin. ex Steud. Nom. Bot. ed. 2，2：324. 1841.

主要形态学特征：多年生，根状茎十分发达。秆直立，高1~3(~8)m，直径1~4cm，具20多节，基部和上部的节间较短，最长节间位于下部第4~6节，长20~25(~40)cm，节下被蜡粉。叶鞘下部者短于而上部者长于其节间；叶舌边缘密生一圈长约1mm的短纤毛，两侧缘毛长3~5mm，易脱落；叶片披针状线形，长30cm，宽2cm，无毛，顶端长渐尖成丝形。圆锥花序大型，长20~40cm，宽约10cm，分枝多数，长5~20cm，着生稠密下垂的小穗；小穗柄长2~4mm，无毛；小穗长约12mm，含4花；颖具3脉，第一颖长4mm；第二颖长约7mm；第一不孕外稃雄性，长约12mm，第二外稃长11mm，具3脉，顶端长渐尖，基盘延长，两侧密生等长于外稃的丝状柔毛，与无毛的小穗轴相连接处具明显关节，成熟后易自关节上脱落；内稃长约3mm，两脊粗糙；雄蕊3，花药长1.5~2mm，黄色；颖果长约1.5mm。

分布地：产全国各地。生于江河湖泽、池塘沟渠沿岸和低湿地。为全球广泛分布的多型种。除森林生境不生长外，各种有水源的空旷地带，常以其迅速扩展的繁殖能力形成连片的芦苇群落。模式标本采自澳大利亚。

主要经济用途：秆为造纸原料或作编席织帘及建棚材料，茎、叶嫩时为饲料；根状茎供药用，为固堤造陆先锋环保植物。

金丝草 禾本科 Gramineae 金发草属

Pogonatherum crinitum(Thunb.)Kunth，Enum. Pl. 1：478. 1833.

主要形态学特征：秆丛生，直立或基部稍倾斜，高10~30cm，径0.5~0.8mm，具纵条纹，粗糙，通常3~7节，少可在10节以上，节上被白色髯毛，少分枝。叶鞘短于或长于节间，向上部渐狭，稍不抱茎，边缘薄纸质，除鞘口或边缘被细毛外，余均无毛，有时下部的叶鞘被短毛；叶舌短，纤毛状；叶片线形，扁平，稀内卷或对折，长1.5~5cm，宽1~4mm，顶端渐尖，基部为叶鞘顶宽的1/3，两面均被微毛而粗糙。穗形总状花序单生于秆顶，长1.5~3cm(芒除外)，宽约1mm，细弱而微弯曲，乳黄色；总状花序轴节间与小穗柄均压扁，长为无柄小穗的1/3~2/3，两侧具长短不一的纤毛；无柄小穗长不及2mm，含1两性花，基盘的毛约与小穗等长或稍长；第一颖背腹扁平，长约1.5mm，先端截平，具流苏状纤毛，具不明显或明显的2脉，背面稍粗糙；第二颖与小穗等长，稍长于第一颖，舟形，具1脉而呈脊，沿脊粗糙，先端2裂，裂缘有纤毛，脉延伸成弯曲的芒，芒金黄色，长15~18mm，粗糙；第一小花完全退化或仅存一外稃；第二小花外稃稍短于第一颖，先端2裂，裂片为稃体长的1/3，裂齿间伸出细弱而弯曲的芒，芒长18~24mm，稍糙；内稃宽卵形，短于外稃，具2脉；雄蕊1枚，花药细小，长约1mm；花柱自基部分离为2枚；柱头帚刷状，长约1mm。颖果卵状长圆形，长约0.8mm。有柄小穗与无柄小穗同形同性，但较小。

分布地：产于安徽、浙江、江西、福建、台湾、湖南、湖北、广东、海南、广西、四川、贵州、云南诸省区；生于海拔2000m以下的田硬、山边、路旁、河、溪边、石缝瘠土或灌木下阴湿地。日本、中南半岛、印度等地也有分布。模式标本采自日本。

主要经济用途：味苦，寒，无毒。有止血作用，清热解毒。

葫芦草 禾本科 Gramineae 多裔草属

Polytoca massii(Bal.)Schenck，Meded. Rijks Herb. Leiden. 67：9. 1931.

主要形态学特征：一年生。秆具分枝，向上斜升，高30~50cm，具多数节，节密生白色髯毛。叶鞘松驰，具横脉，疏生疣基毛；叶舌膜质，长约1mm，顶端细裂；叶片披针形，长约20cm，宽8~14mm，两面疏生疣基毛或无毛，边缘软骨质，粗糙。总状花序2~4枚，位于主秆或分枝顶端，长2~8cm，通常具1~3枚雌小穗和2~3枚雄小穗。雌小穗无柄，长约1cm，小穗柄顶端膨大凹陷成喇叭形；第一颖革质，中部缢缩形似葫芦，具宽翼，顶端钝，无毛，中部具半月形内卷之边缘，拥抱序轴节间；第二颖嵌生于第一颖内，薄草质，顶端长渐尖，基部具一空腔；外稃厚膜质，卵状披针形，长约5mm，具5脉；内稃较窄小，雌蕊具2枚褐色细长柱头，自小穗顶端伸出。颖果宽卵形，长短于宽；种脐大，位于颖果底部；雌穗部分的有柄小穗退化仅存一长约4mm的颖。无柄雄小穗长4~5mm，含2小花；第一颖草质，具10脉及少数横脉，顶端钝或具2齿裂；第二颖具7脉；第一小花及第二小花之外稃与内稃均为膜质，先端尖，各含3雄蕊，花药长约1.5mm；有柄雄小穗大都发育，与无柄者相似。

分布地：标本采自我国海南福山农场，可能系由国外引入；分布于中南半岛。模式标本采自越南。

红毛草 禾本科 Gramineae 红毛草属

Rhynchelytrum repens(Willd.)Hubb. in Kew Bull. 1934：110. 1934.

主要形态学特征：多年生。根茎粗壮。秆直立，常分枝，高可达1m，节间常具疣毛，节具软毛。叶鞘松弛，大都短于节间，下部亦散生疣毛；叶舌为长约1mm的柔毛组成；叶片线形，长可达20cm，宽2~5mm。圆锥花序开展，长10~15cm，分枝纤细，长可达8cm；小穗柄纤细弯曲，顶端稍膨大，疏生长柔毛；小穗长约5mm，常被粉红色绢毛；第一颖小，长约为小穗的1/5，长圆形，具1脉，被短硬毛；第二颖和第一外稃被疣基长绢毛，顶端微裂，裂片间生1短芒；第一内稃膜质，具2脊，脊上有睫毛；第二外稃近软骨质，平滑光亮；有3雄蕊，花药长约2mm；花柱分离，柱头羽毛状；鳞被2，折叠，具5脉。

特征差异研究：叶长19~36cm，宽0.1~0.3cm，无叶柄。

凭证标本：深圳坝光，赵顺(061)、温海洋(212)。

分布地：原产南非；我国广东、台湾等省有引种，已归化。

主要经济用途：药用，清肺热，消肿毒。治肺热咳嗽吐血，乳痈，肿毒。

皱叶狗尾草 禾本科 Gramineae 狗尾草属 别名：风打草

Setaria plicata(Lam.)T. Cooke，Fl. Bomb. 2：919. 1908.

主要形态学特征：多年生。须根细而坚韧，少数具鳞芽。秆通常瘦弱，少数径可达6mm，直立或基部倾斜，高45~130cm，无毛或疏生毛；节和叶鞘与叶片交接处常具白色短毛。叶鞘背脉常呈脊，密或疏生较细疣毛或短毛，毛易脱落，边缘常密生纤毛或基部叶鞘边缘无毛而近膜质；叶舌边缘密生长 1~2mm 纤毛；叶片质薄，椭圆状披针形或线状披针形，长 4~43cm，宽 0.5~3cm，先端渐尖，基部渐狭呈柄状，具较浅的纵向皱折，两面或一面具疏疣毛，或具极短毛而粗糙，或光滑无毛，边缘无毛。圆锥花序狭长圆形或线形，长 15~33cm，分枝斜向上升，长 1~13cm，上部者排列紧密，下部者具分枝，排列疏松而开展，主轴具棱角，有极细短毛而粗糙；小穗着生小枝一侧，卵状披针形，绿色或微紫色，长 3~4mm，部分小穗下托以 1 枚细的刚毛，长 1~2cm 或有时不显著；颖薄纸质，第一颖宽卵形，顶端钝圆，边缘膜质，长为小穗的 1/4~1/3，具 3(~5)脉，第二颖长为小穗的 1/2~3/4，先端钝或尖，具 5~7 脉；第一小花通常中性或具 3 雄蕊，第一外稃与小穗等长或稍长，具 5 脉，内稃膜质，狭短或稍狭于外稃，边缘稍内卷，具 2 脉；第二小花两性，第二外稃等长或稍短于第一外稃，具明显的横皱纹；鳞被 2；花柱基部连合。颖果狭长卵形，先端具硬而小的尖头。叶表皮细胞同棕叶狗尾类型。

分布地：产江苏、浙江、安徽、江西、福建、台湾、湖北、湖南、广东、广西、四川、贵州、云南等省区；生于山坡林下、沟谷地阴湿处或路边杂草地上。印度、尼泊尔、斯里兰卡、马来西亚、马来群岛、日本南部也有分布。模式标本采自毛里求斯岛。

主要经济用途：果实成熟时，可供食用。

第 8 章　坝光区域植物名录及部分形态特征差异分析

卤　蕨

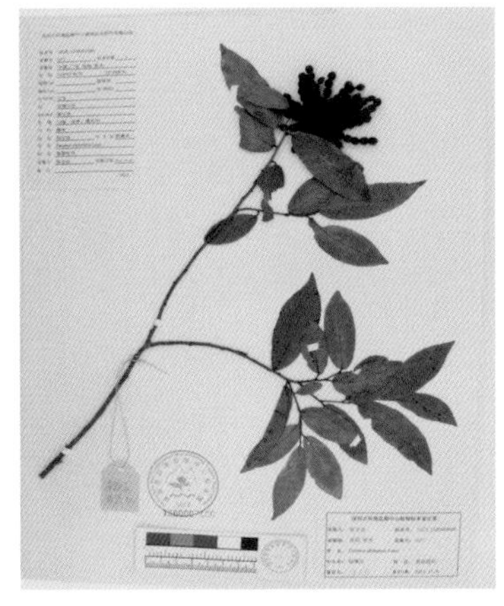

假鹰爪

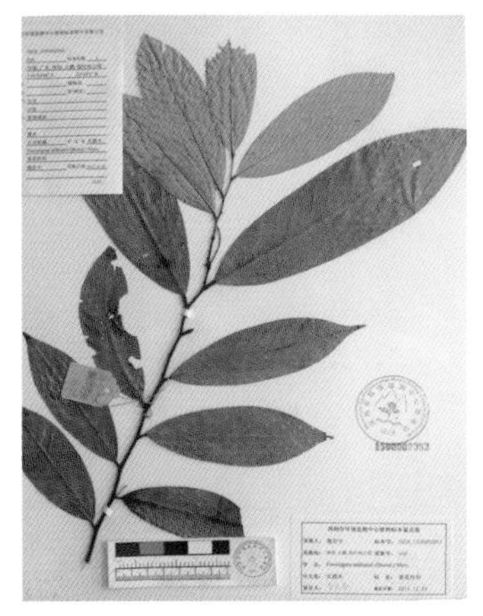

瓜馥木

紫玉盘

小叶乌药

假柿木姜子

草珊瑚

锡叶藤

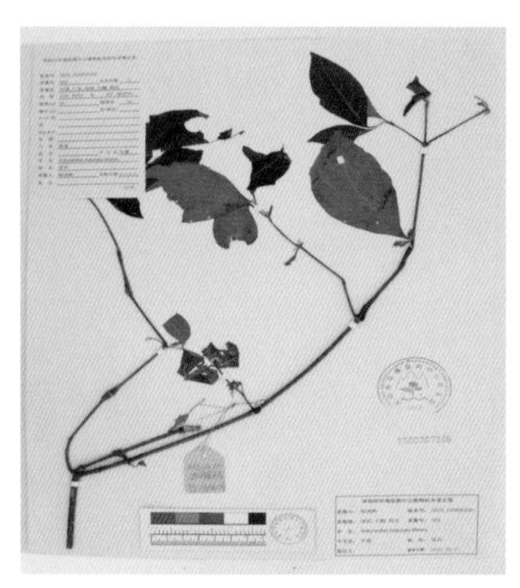

牛　膝

青　葙

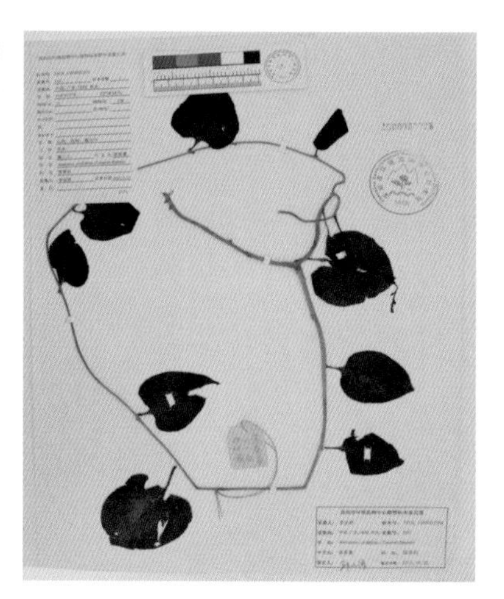

落　葵

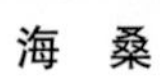

海　桑

土沉香

了哥王

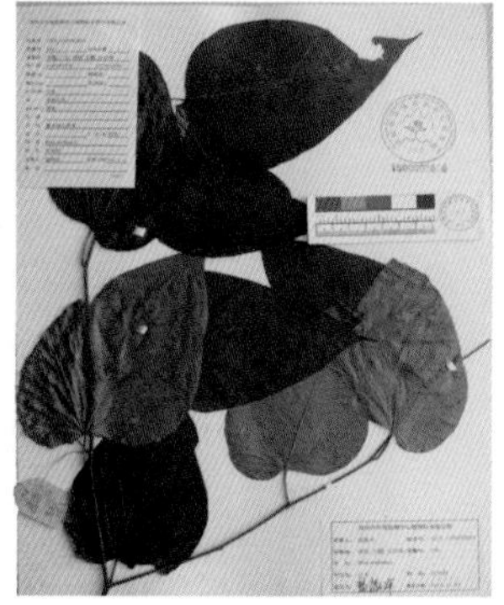

红　木

龙珠果

番木瓜

水 翁

赤 楠

蒲 桃

枫香树

栲

木麻黄

山黄麻

青江藤

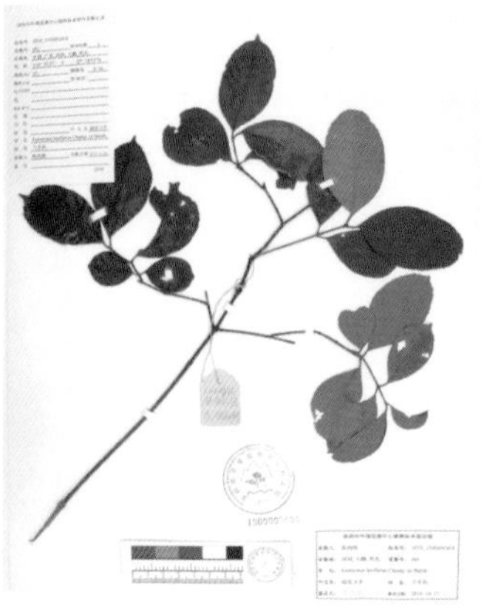

疏花卫矛

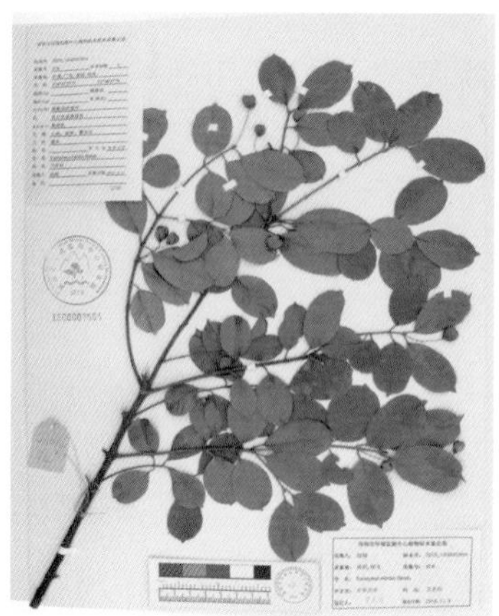

中华卫矛

马甲子

酒饼簕

簕欓花椒

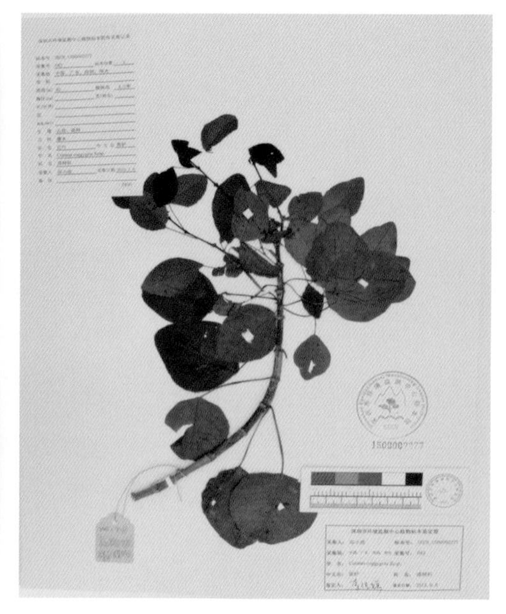

黄　栌

盐肤木

野　漆

八角枫

刺五加

异叶鹅掌柴

鹅掌柴

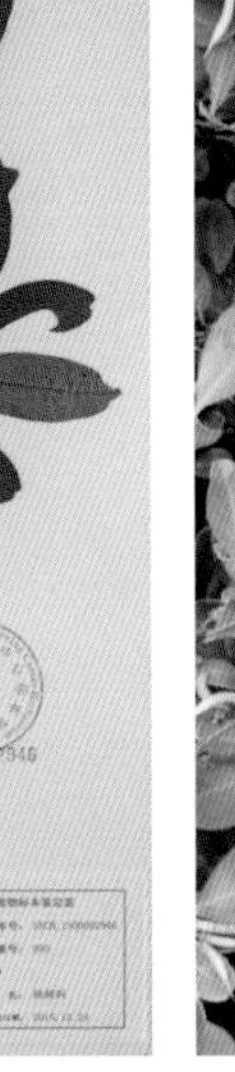

岭南柿

蜡烛果（桐花树）

杜茎山

华马钱

海杧果

羊角拗

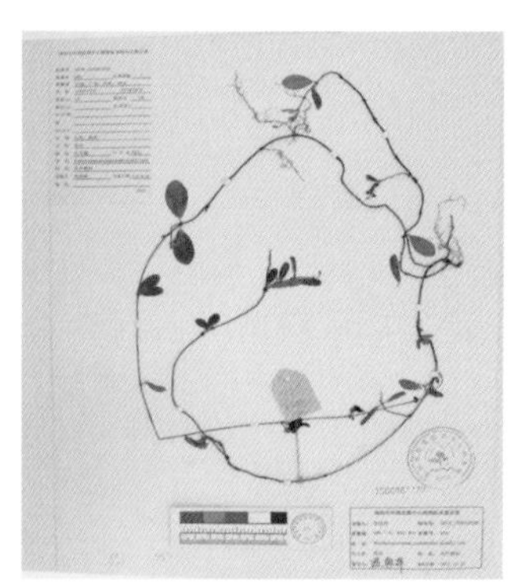
络 石

木 榄

秋 茄

黄牛木

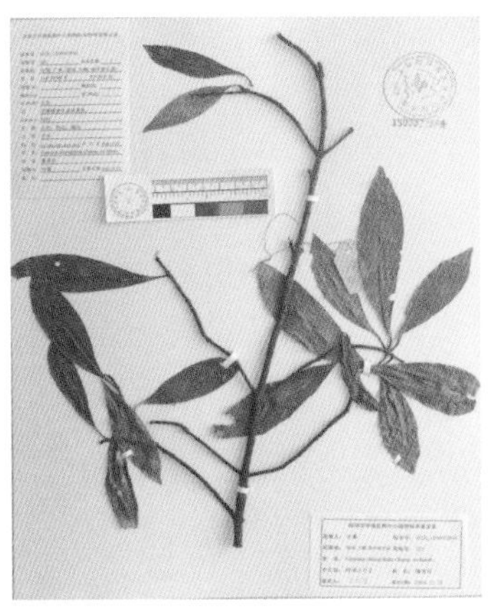

岭南山竹子

破布叶

山杜英

山芝麻

银叶树

翻白叶树

假苹婆

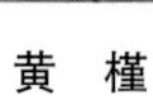

黄　槿

地桃花

山麻杆

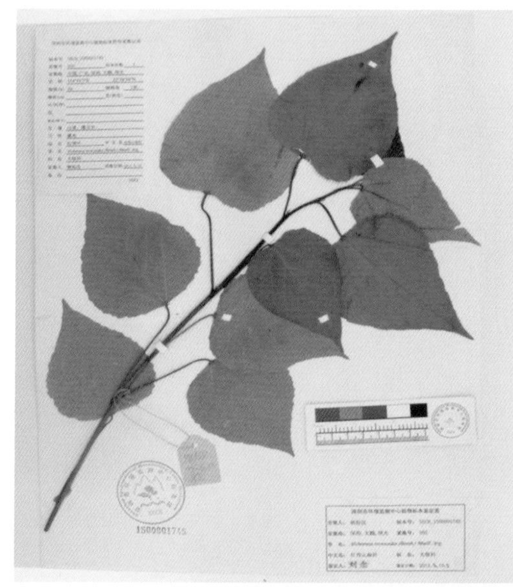

红背山麻杆

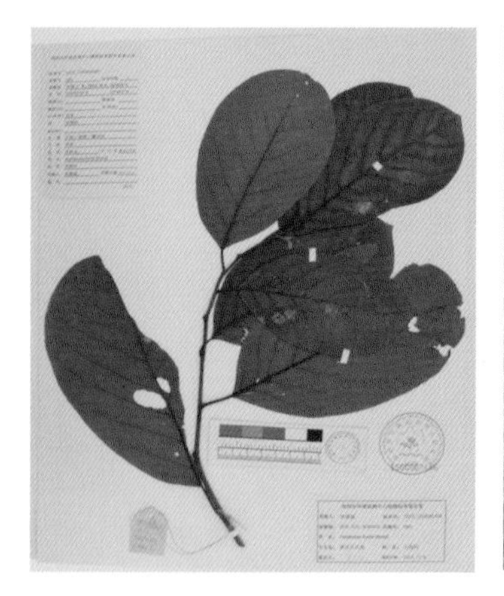

黄毛五月茶

五月茶

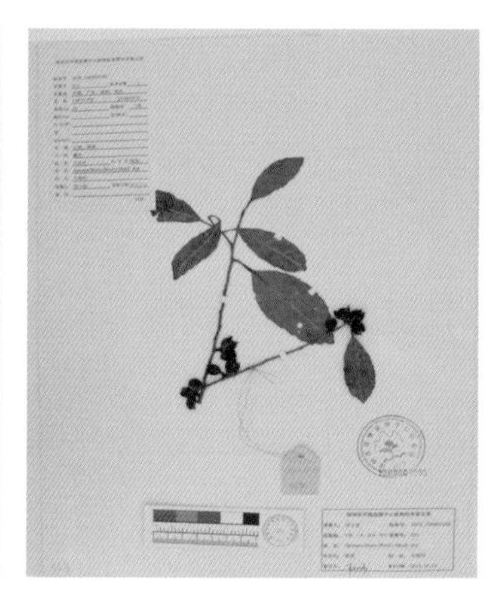

银　柴

土蜜树

海　漆

毛果算盘子

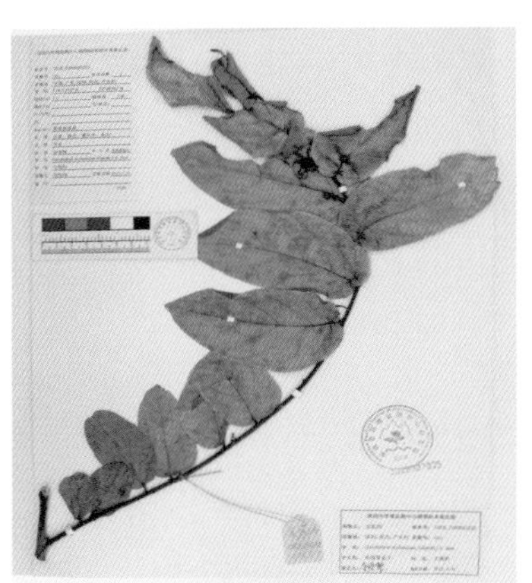

香港算盘子

血　桐

白背叶

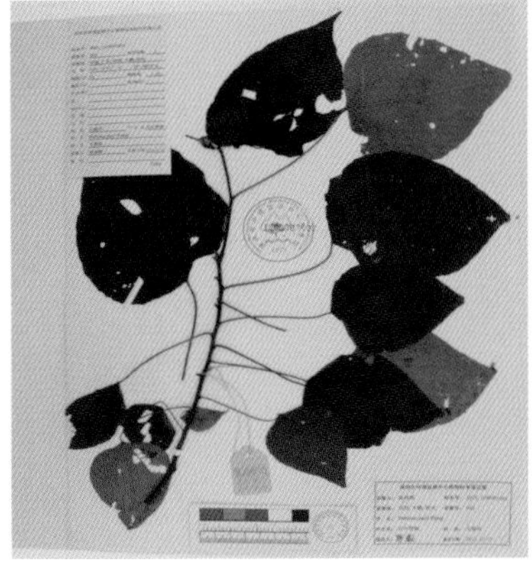

红叶野桐

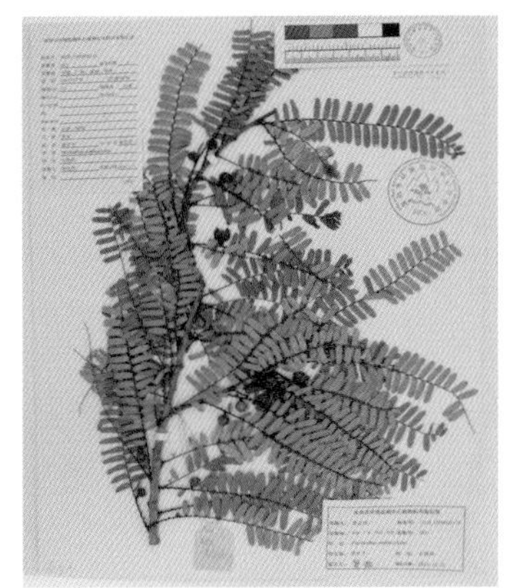

余甘子

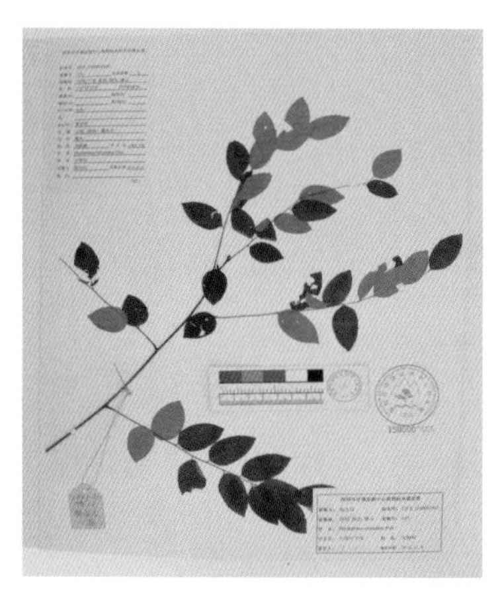
小果叶下珠

叶下珠

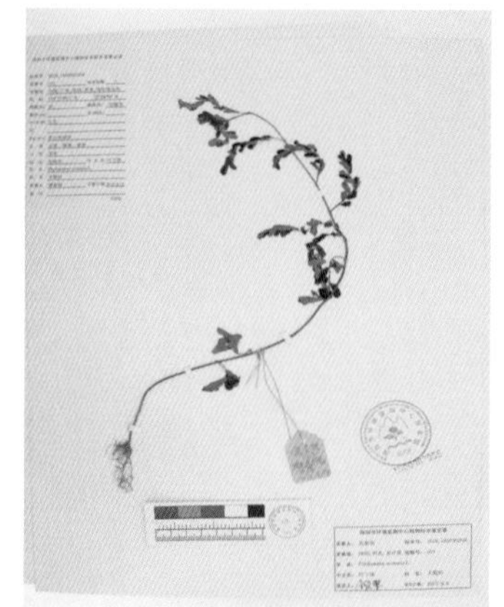
叶下珠

蓖　麻

山乌桕

乌　桕

油　桐

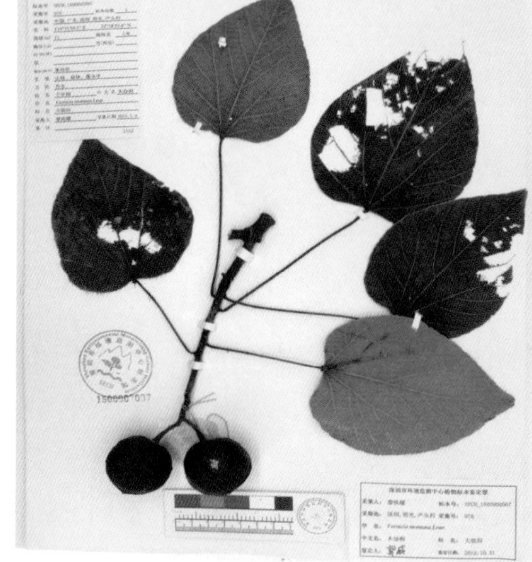
木油桐

石斑木

台湾相思

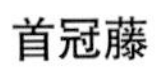

首冠藤

金凤花

翅荚决明

凤凰木

银合欢

含羞草

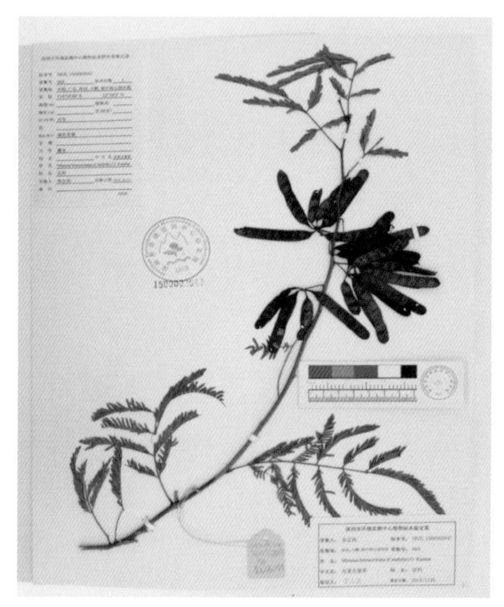

含羞草

排钱树

葛

牛白藤

九　节

蔓九节

珊瑚树

胭脂花

牛耳枫

海　桐

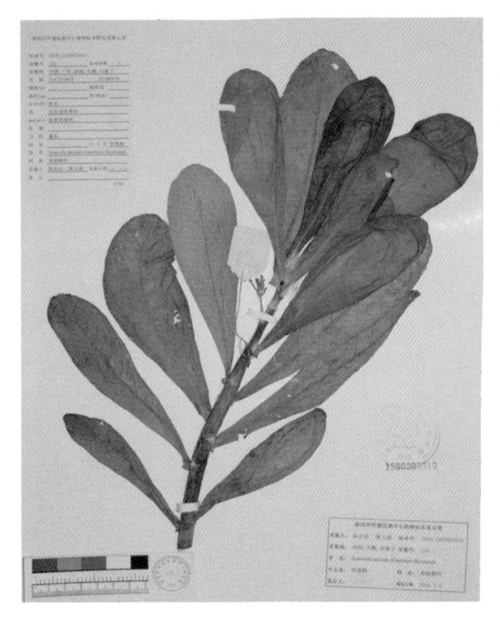

草海桐

红丝线

水　茄

老鼠簕

假杜鹃

枇杷叶紫珠

重瓣臭茉莉

花叶假连翘

马缨丹

黄荆

单叶蔓荆

山麦冬

菝　葜

文殊兰

薯 莨

露兜树

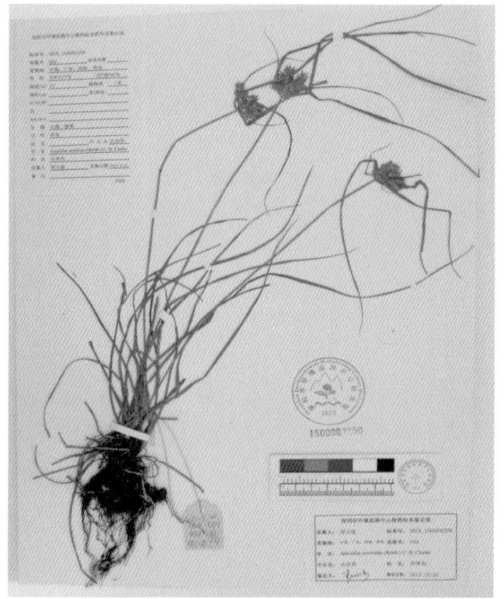

水莎草

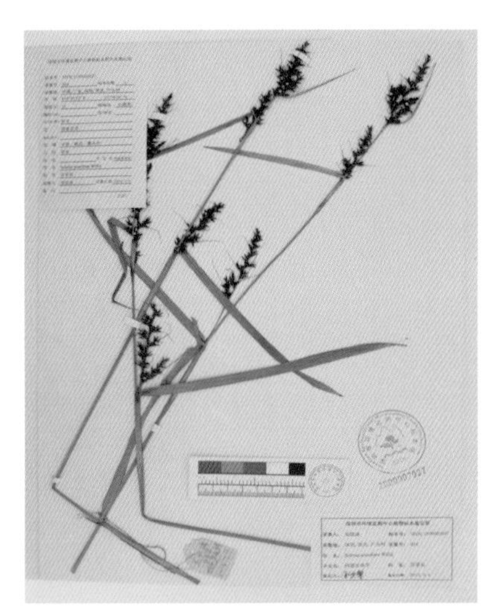

网果珍珠茅

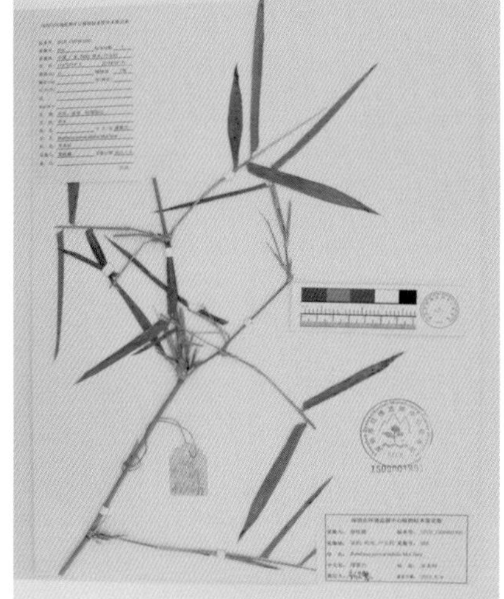

撑篙竹

薏 苡

第9章 坝光区域昆虫调查研究

9.1 研究地与方法

与上述第 1 章至第 3 章植物调查研究的 25 个群落地点相配合，对 16 个地点进行了昆虫的调查研究。研究时间与植物调查研究时间相同。在 2015 年的 10 月、11 月还增加了一些野外昆虫调查研究的工作。各调查研究地点见图 9.1。各捕虫点具体位置情况见表 9.1。

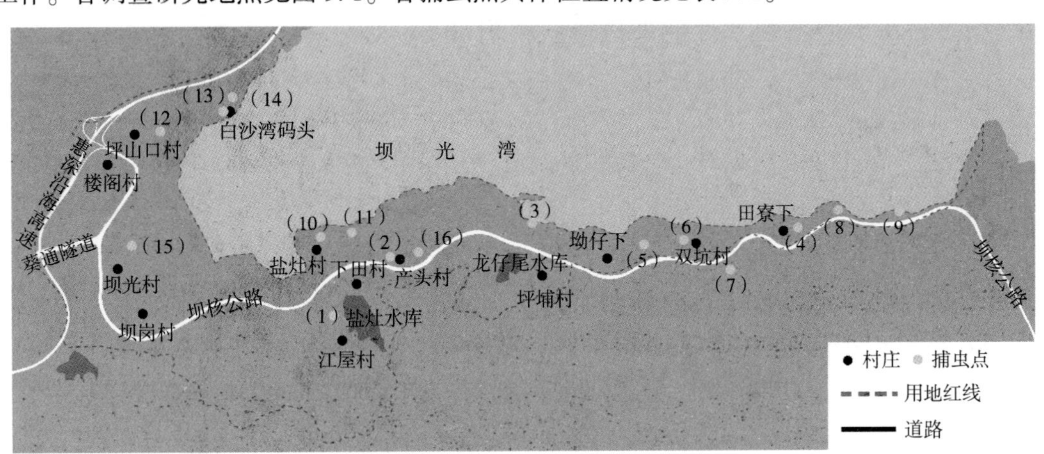

图 9.1　坝光区域昆虫调查研究地点

表 9.1　各捕虫点地理位置情况

样地	详细地理位置	经度	纬度
样地 1	盐灶水库旁	114°30′45″E	22°38′47″N
样地 2	产头村龙眼林	114°31′12″E	22°38′56″N
样地 3	坳仔下客运码头旁海边木麻黄林	114°32′25″E	22°38′57″N
样地 4	渔排码头旁龙眼林	114°37′33″E	22°44′2″N
样地 5	坳仔下旁荔枝林	114°32′25″E	22°38′57″N
样地 6	双坑村旁水翁林	114°32′48″E	22°38′59″N
样地 7	核坝公路对面山地荔枝林	114°32′56″E	22°38′53″N
样地 8	田寮下村旁野桐林	114°33′36″E	22°39′9″N

（续）

样地	详细地理位置	经度	纬度
样地 9	田寮下村东 2km 旁海杧果林	114°34′2″E	22°39′8″N
样地 10	盐灶村	114°30′48″E	22°39′2″N
样地 11	银叶树公园	114°30′50″E	22°39′3″N
样地 12	白沙湾旁水翁林	114°29′52″E	22°39′37″N
样地 13	白沙湾观景台	114°30′12″E	22°39′40″N
样地 14	白沙湾观景台 500m 山地	114°30′11″E	22°39′43″N
样地 15	坝光村西北面银叶树森林	114°29′38″E	22°38′49″N
样地 16	产头村周围草丛	114°31′15″E	22°38′55″N

注：样地即为捕虫点。

方法：用捕虫网对观测点的昆虫进行抓捕，对部分在树枝上和在地表枯枝落叶层的昆虫采用镊子捕抓，采用“五点取样法”调查统计单位面积（$1cm^2$）范围内昆虫的种类和数量。

把捕捉到的昆虫用含有乙醚的各类瓶子封口后迷倒，然后带回实验室，进行标本制作。对各地点调查捕获的昆虫进行鉴定，记录好地点、时间和采集者等数据资料。

β-多样性指数的计算方法同植物多样性研究方法。

9.2 结果与分析

9.2.1 各地点昆虫的主要分布种类及科、属数量

一个地区昆虫数量的多少，也是反映当地生物多样性的一个标志。昆虫种类少，则说明当地植物种类可能少，或者植物盖度低，或者植物的种类比较单一化。因为多数昆虫是以植物的叶、幼茎、花和果为食的。不同的植物所含的氮、磷、钾等多种元素的比例不同，糖、蛋白质、脂肪等各类有机物成分的含量也不同。因此，不同种类的昆虫会选择不同的植物为食。一个较好的生态系统里，昆虫为适当的多，但不是泛滥。因为昆虫种类虽多，但数量不能过多。原因是昆虫之间有些是食虫的益虫，以及当地的鸟类等动物以昆虫为食，便形成了一个食物网，构成了生态系统物质循环、能量流动的平衡的过程。本研究对坝光地区进行 16 个地点的调查研究，基本掌握了坝光区域主要的昆虫种类和数量。同时发现，当地植物很少有较多植物枝叶被昆虫较大面积危害的现象，而是植物生长发育很好。这就反映出上述的昆虫与植物间、昆虫与鸟类等动物之间保持一种协调和平衡的关系。

坝光区域各采样调查点昆虫科、属、种的情况见图 9.2。

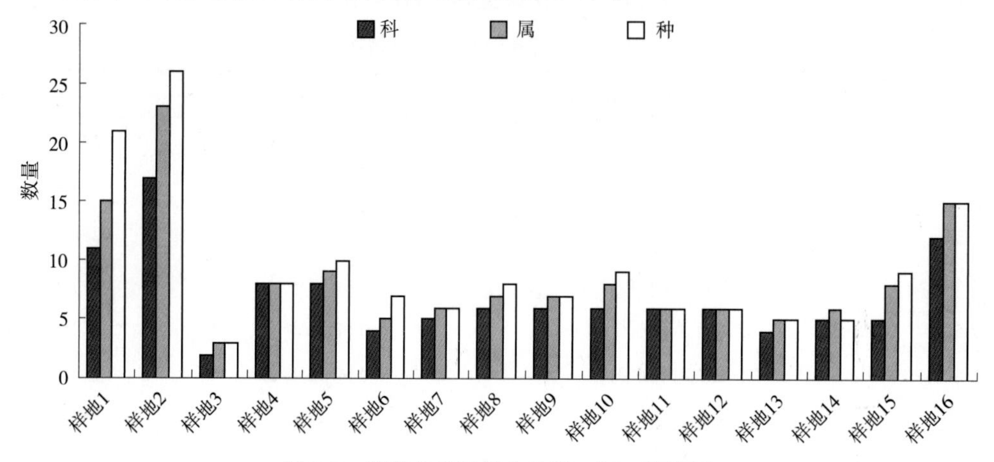

图 9.2　坝光各样地昆虫的科、属、种数量

从16个地点的调查数据看，样地1、样地2、样地4、样地5、样地10、样地15、样地16的昆虫种类及所属的科、属数量较多，尤其是样地1、样地2，是其他约80%地方的近2~3倍。样地1为盐灶水库旁的沿岸山地植被处，可能由于靠近水域，以及植物的层次和种类较多，因此昆虫的科、属和种类的丰富度都很高。样地2为产头村龙眼林处，这个样地昆虫的科、属和种类数是最多的。这个群落与植被群落2相对较近，仅隔一条路，植被组成很好，植物的种类数很多，而且旁边也有一条河溪。由此看来，昆虫的丰富度的高低与植物群落结构的优劣、物种多样性有着直接的关系，而且也与是否靠近水域是有关系的。

样地15为盐灶村的银叶树公园，那里高大的银叶树很多，加上还有许多真红树植物和半红树植物种类组成的红树林群落，以及其周围沿海的山地陆生植物群落，那里的植物多样性很高，而且既有海水，附近也有一些淡水的小河溪，因此那里的昆虫种类数也相当多。样地16为产头村的植物群落1附近的草丛处，由于产头村的几个植物群落的结构很好，植物多样性很高，加上附近有多条河溪，因此，这里的昆虫的丰富度也高。

各样地昆虫目的数量情况见表9.2。

表9.2　16个样地昆虫目的数量

昆虫的目	样地1	样地2	样地3	样地4	样地5	样地6	样地7	样地8	样地9	样地10	样地11	样地12	样地13	样地14	样地15	样地16
半翅目	1	9			2		2			2	2	2	3			1
蜚蠊目							1									1
鳞翅目	8	15	3	5	3	7	1	6	1	6	2	6	1	16	24	10
膜翅目	10	8		5	2	1			4		3	3	2		1	2
鞘翅目		2			1					1	1					4
蜻蜓目	3	3			1			1	2		2	1				7
螳螂目		1														
直翅目	2	3		2			2	1		2			4			3
竹节虫目		2								1						
同翅目		1		1	3	1										
蜘蛛目					2											
双翅目																2
合计	24	44	3	13	14	9	6	8	7	12	10	12	10	16	25	30

从表9.2可见，样地1、样地2、样地4、样地5、样地10、样地13、样地14、样地16的昆虫目较多。而其中产头村的两个点最多，其次为样地1的银叶树公园。

9.2.2　16个样地昆虫种类的相似性系数(β-多样性指数)

各样地昆虫物种相似性系数见表9.3

表9.3　各样地昆虫物种相似性系数

样地	样地1	样地2	样地3	样地4	样地5	样地6	样地7	样地8	样地9	样地10	样地11	样地12	样地13	样地14	样地15	样地16
样地1	1.0000															
样地2	0.7609	1.0000														

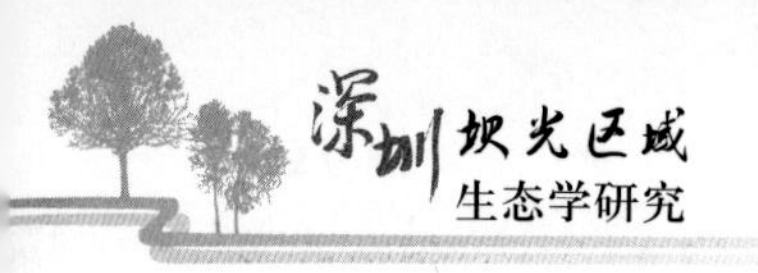

（续）

样地	样地1	样地2	样地3	样地4	样地5	样地6	样地7	样地8	样地9	样地10	样地11	样地12	样地13	样地14	样地15	样地16
样地3	0.7200	0.7353	1.0000													
样地4	0.6667	0.6571	0.5333	1.0000												
样地5	0.7931	0.8205	0.8333	0.6842	1.0000											
样地6	0.6429	0.7436	0.7368	0.6000	0.8261	1.0000										
样地7	1.0000	1.0000	1.0000	1.0000	0.9412	1.0000	1.0000									
样地8	0.6207	0.6579	0.6316	0.6364	0.8400	0.6667	1.0000	1.0000								
样地9	0.9667	0.9500	0.9375	0.9500	0.9474	1.0000	1.0000	0.9583	1.0000							
样地10	0.9677	0.8974	1.0000	0.9000	0.8947	0.9565	1.0000	0.9600	1.0000	1.0000						
样地11	0.9063	0.9302	0.8333	0.8636	0.9565	0.9200	1.0000	0.8846	1.0000	1.0000	1.0000					
样地12	1.0000	0.8889	0.7500	0.8125	1.0000	0.8947	0.9500	0.8500	0.9545	1.0000	0.9048	1.0000				
样地13	0.8333	0.9737	1.0000	1.0000	1.0000	1.0000	1.0000	1.0000	1.0000	1.0000	1.0000	0.9524	1.0000			
样地14	0.9630	0.9459	0.9231	0.9412	1.0000	1.0000	1.0000	0.9000	0.9524	1.0000	1.0000	0.9000	0.9524	1.0000		
样地15	0.8148	0.8974	0.8000	0.7778	0.8947	0.8571	1.0000	0.8182	0.9600	1.0000	0.9167	0.9167	1.0000	0.9600	1.0000	
样地16	0.8485	0.8864	0.9091	0.8800	0.9615	0.8889	1.0000	0.8571	1.0000	0.9677	0.9677	0.8966	0.9677	0.9333	0.8966	1.0000

从各群落的系数值看，大多数的样地之间物种相似性系数数值是较高或很高的，多数为0.8以上，少数为0.6的水平。说明昆虫在此区域飞行的范围较广，较多植物能适应更多种类的昆虫将其作为栖息地和食物，因此，构成了各地点的种类组成差异相对较小。

9.2.3 各地点昆虫的名录

坝光区域所调查的昆虫种类名录见表9.4.

表9.4 坝光区域昆虫种类名录

序号	中文种名	拉丁种名	中文科名	拉丁科名	中文目名	拉丁目名
1	苎麻珍蝶	*Acraea issoria*	蛱蝶科	Nymphalidae	鳞翅目	Lepidoptera
2	波蛱蝶	*Ariadne ariadne*	蛱蝶科	Nymphalidae	鳞翅目	Lepidoptera

（续）

序号	中文种名	拉丁种名	中文科名	拉丁科名	中文目名	拉丁目名
3	玄珠带蛱蝶	*Athyma perius*	蛱蝶科	Nymphalidae	鳞翅目	Lepidoptera
4	白带螯蛱蝶	*Charaxes bernardus*	蛱蝶科	Nymphalidae	鳞翅目	Lepidoptera
5	黄襟蛱蝶	*Cupha euymanthis*	蛱蝶科	Nymphalidae	鳞翅目	Lepidoptera
6	地图蝶	*Cyrestis thyodamas*	蛱蝶科	Nymphalidae	鳞翅目	Lepidoptera
7	黑脉桦斑蝶	*Danaus plexippus*	蛱蝶科	Nymphalidae	鳞翅目	Lepidoptera
8	红斑翠蛱蝶	*Euthalia lubentna*	蛱蝶科	Nymphalidae	鳞翅目	Lepidoptera
9	黄带翠蛱蝶	*Euthalia patala*	蛱蝶科	Nymphalidae	鳞翅目	Lepidoptera
10	尖翅翠蛱蝶	*Euthalia phemius*	蛱蝶科	Nymphalidae	鳞翅目	Lepidoptera
11	黑脉蛱蝶	*Hestina assimilis*	蛱蝶科	Nymphalidae	鳞翅目	Lepidoptera
12	红星斑蛱蝶	*Hestina assimilis*	蛱蝶科	Nymphalidae	鳞翅目	Lepidoptera
13	琉球紫蛱蝶	*Hypolimnas bolin*	蛱蝶科	Nymphalidae	鳞翅目	Lepidoptera
14	黄裳眼蛱蝶	*Junonia hierta*	蛱蝶科	Nymphalidae	鳞翅目	Lepidoptera
15	钩翅眼蛱蝶	*Junonia iphita*	蛱蝶科	Nymphalidae	鳞翅目	Lepidoptera
16	穆蛱蝶	*Moduza procris*	蛱蝶科	Nymphalidae	鳞翅目	Lepidoptera
17	弥环蛱蝶	*Neptis miah*	蛱蝶科	Nymphalidae	鳞翅目	Lepidoptera
18	中环蛱蝶	*Neptis hylas*	蛱蝶科	Nymphalidae	鳞翅目	Lepidoptera
19	柱菲蛱蝶	*Phaedyma columella*	蛱蝶科	Nymphalidae	鳞翅目	Lepidoptera
20	桦蛱蝶	*Polygonia vau-album*	蛱蝶科	Nymphalidae	鳞翅目	Lepidoptera
21	美目蛱蝶	*Precis almana*	蛱蝶科	Nymphalidae	鳞翅目	Lepidoptera
22	红蛱蝶	*Vanessa indica*	蛱蝶科	Nymphalidae	鳞翅目	Lepidoptera
23	小波纹蛇目蝶	*Ypthima formosana*	蛱蝶科	Nymphalidae	鳞翅目	Lepidoptera
24	宝镜翠凤蝶	*Achillides paris*	凤蝶科	Papilionidae	鳞翅目	Lepidoptera
25	麝凤蝶	*Byasa alcinous*	凤蝶科	Papilionidae	鳞翅目	Lepidoptera
26	斑凤蝶	*Chilasa clytia*	凤蝶科	Papilionidae	鳞翅目	Lepidoptera
27	小黑斑凤蝶	*Chilasa epycides*	凤蝶科	Papilionidae	鳞翅目	Lepidoptera
28	宽带青凤蝶	*Graphium cloanthus*	凤蝶科	Papilionidae	鳞翅目	Lepidoptera
29	木兰青凤蝶	*Graphium doson*	凤蝶科	Papilionidae	鳞翅目	Lepidoptera
30	统帅青凤蝶	*Graphium agamemnon*	凤蝶科	Papilionidae	鳞翅目	Lepidoptera
31	白纹凤蝶	*Papilio helenus*	凤蝶科	Papilionidae	鳞翅目	Lepidoptera
32	黑凤蝶	*Papilio protenor*	凤蝶科	Papilionidae	鳞翅目	Lepidoptera
33	红肩美凤蝶	*Papilio butlerianus*	凤蝶科	Papilionidae	鳞翅目	Lepidoptera
34	蓝凤蝶	*Papilio protenor*	凤蝶科	Papilionidae	鳞翅目	Lepidoptera
35	美凤蝶	*Papilio(Menelaides)memnon*	凤蝶科	Papilionidae	鳞翅目	Lepidoptera
36	玉斑凤蝶	*Papilio helenus*	凤蝶科	Papilionidae	鳞翅目	Lepidoptera
37	玉带凤蝶	*Papilio polytes*	凤蝶科	Papilionidae	鳞翅目	Lepidoptera
38	迁粉蝶	*Catopsilia pomona*	粉碟科	Pieridae	鳞翅目	Lepidoptera
39	水青粉蝶	*Catopsilia pyranthe*	粉碟科	Pieridae	鳞翅目	Lepidoptera
40	黑脉园粉蝶	*Cepora nerissa*	粉碟科	Pieridae	鳞翅目	Lepidoptera

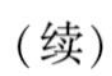
（续）

序号	中文种名	拉丁种名	中文科名	拉丁科名	中文目名	拉丁目名
41	报喜斑粉蝶	*Delias pasithoe*	粉碟科	Pieridae	鳞翅目	Lepidoptera
42	红肩粉蝶	*Delias pasithoe*	粉碟科	Pieridae	鳞翅目	Lepidoptera
43	黑框黄蝶	*Eurema brigitta*	粉碟科	Pieridae	鳞翅目	Lepidoptera
44	黄粉蝶	*Eurema blanda*	粉碟科	Pieridae	鳞翅目	Lepidoptera
45	宽边黄粉蝶	*Eurema hecabe*	粉碟科	Pieridae	鳞翅目	Lepidoptera
46	鹤顶粉蝶	*Hebomoia glaucippe*	粉碟科	Pieridae	鳞翅目	Lepidoptera
47	菜粉蝶	*Pieris rapae*	粉碟科	Pieridae	鳞翅目	Lepidoptera
48	钩粉蝶	*Gonepteryx rhamni*	粉蝶科	Pieridae	鳞翅目	Lepidoptera
49	檗黄粉蝶	*Eurema blanda*	粉蝶科	Pieridae	鳞翅目	Lepidoptera
50	小灰蝶	*Deudorix dpijarbas*	灰蝶科	Lycaenidae	鳞翅目	Lepidoptera
51	钮灰蝶	*Acytolepis puspa*	灰蝶科	Lycaenidae	鳞翅目	Lepidoptera
52	长尾琉璃小灰蝶	*Albulina orbitulus*	灰蝶科	Lycaenidae	鳞翅目	Lepidoptera
53	波色纹小灰蝶	*Lampides boeticus*	灰蝶科	Lycaenidae	鳞翅目	Lepidoptera
54	黑端青小灰蝶	*Megalopalpus zymna*	灰蝶科	Lycaenidae	鳞翅目	Lepidoptera
55	酢浆灰蝶	*Pseudozizeeria maha*	灰蝶科	Lycaenidae	鳞翅目	Lepidoptera
56	短尾褐小灰蝶	*Syntarucus pirithous*	灰蝶科	Lycaenidae	鳞翅目	Lepidoptera
57	角色纹小灰蝶	*Syntarucus plinius*	灰蝶科	Lycaenidae	鳞翅目	Lepidoptera
58	茶鹿蛾	*Amata germana*	灯蛾科	Arctiidae	鳞翅目	Lepidoptera
59	中华鹿蛾	*Amata sinensis*	灯蛾科	Arctiidae	鳞翅目	Lepidoptera
60	优雪苔蛾	*Barsine striata*	灯蛾科	Arctiidae	鳞翅目	Lepidoptera
61	伊贝鹿蛾	*Ceozv imaon*	灯蛾科	Arctiidae	鳞翅目	Lepidoptera
62	翠袖锯眼蝶	*Elymnias hypermnestra*	眼蝶科	Satyridae	鳞翅目	Lepidoptera
63	玉带黛眼蝶	*Lethe confusa*	眼蝶科	Satyridae	鳞翅目	Lepidoptera
64	平顶眼蝶	*Mycalesis zonata*	眼蝶科	Satyridae	鳞翅目	Lepidoptera
65	蒙链荫眼蝶	*Neope muirheadii*	眼蝶科	Satyridae	鳞翅目	Lepidoptera
66	蓝点紫斑蝶	*Euploea midamus*	斑蝶科	Danaidae	鳞翅目	Lepidoptera
67	异型紫斑蝶	*Euploea mulciber*	斑蝶科	Danaidae	鳞翅目	Lepidoptera
68	姬小纹青斑蝶	*Parantica aglea maghaba*	斑蝶科	Danaidae	鳞翅目	Lepidoptera
69	凤眼方环蝶	*Discophora sondaica*	环蝶科	Amathusiidae	鳞翅目	Lepidoptera
70	串珠环蝶	*Faunis eumeus*	环蝶科	Amathusiidae	鳞翅目	Lepidoptera
71	串珠环纹蝶	*Faunis eumeus*	环蝶科	Amathusiidae	鳞翅目	Lepidoptera
72	姜弄蝶	*Udaspes folus*	弄蝶科	Hesperiidae	鳞翅目	Lepidoptera
73	黄斑蕉弄蝶	*Erionota torus*	弄蝶科	Hesperiidae	鳞翅目	Lepidoptera
74	孔子黄室弄蝶	*Potanthus confucius*	弄蝶科	Hesperiidae	鳞翅目	Lepidoptera
75	椴六点天蛾	*Marumba dyrus*	天蛾科	Sphingidae	鳞翅目	Lepidoptera
76	白肩天蛾	*Rhagastis mongolian*	天蛾科	Sphingidae	鳞翅目	Lepidoptera
77	青背斜线天蛾	*Theretra nessus*	天蛾科	Sphingidae	鳞翅目	Lepidoptera
78	双斑辉尺蛾	*Luxiaria mitorrhaphes*	尺蛾科	Geometridae	鳞翅目	Lepidoptera

（续）

序号	中文种名	拉丁种名	中文科名	拉丁科名	中文目名	拉丁目名
79	长翅尺蛾	*Obeidia tigrata neglecta*	尺蛾科	Geometridae	鳞翅目	Lepidoptera
80	绿尾大蚕蛾	*Actias selene ningpoana*	天蚕蛾科	Saturniidae	鳞翅目	Lepidoptera
81	樗蚕蛾	*Philosamia cynthia*	天蚕蛾科	Saturniidae	鳞翅目	Lepidoptera
82	蛇目褐蚬蝶	*Abisara echerius*	蚬蝶科	Riodinidae	鳞翅目	Lepidoptera
83	黄角红颈斑蛾	*Arbudas leno*	斑蛾科	Zygaenidae	鳞翅目	Lepidoptera
84	赛纹枯叶蛾	*Euthrix isocyma*	枯叶蛾科	Lasiocampidae	鳞翅目	Lepidoptera
85	瓜绢螟	*Diaphania indica*	螟蛾科	Pyralidae	鳞翅目	Lepidoptera
86	圆翅单环蝶	*Mycalesis mineus*	蛇目蝶科	Satyridae	鳞翅目	Lepidoptera
87	大燕蛾	*Lyssa zampa*	燕蛾科	Uraniidae	鳞翅目	Lepidoptera
88	卷赏目夜蛾	*Erebus mactops*	夜蛾科	Noctuidae	鳞翅目	Lepidoptera
89	胡蜂	*Paper wasp*	胡蜂科	Vespidae	膜翅目	Hymenoptera
90	褐长脚蜂	*Polistes tenebricosus*	胡蜂科	Vespidae	膜翅目	Hymenoptera
91	黄长脚蜂	*Polistes rothneyi*	胡蜂科	Vespidae	膜翅目	Hymenoptera
92	长脚胡蜂	*Polistes okinawansis*	胡蜂科	Vespidae	膜翅目	Hymenoptera
93	棕马蜂	*Polistes gigas*	胡蜂科	Vespidae	膜翅目	Hymenoptera
94	蜾蠃	*Symmorphus hoozanensis*	胡蜂科	Vespidae	膜翅目	Hymenoptera
95	黑腹虎头蜂	*Vespa basalis*	胡蜂科	Vespidae	膜翅目	Hymenoptera
96	黄纹大胡蜂	*Vespa soror*	胡蜂科	Vespidae	膜翅目	Hymenoptera
97	黄腰胡蜂	*Vespa affinis*	胡蜂科	Vespidae	膜翅目	Hymenoptera
98	墨胸胡蜂	*Vespa velutina nigrithorax*	胡蜂科	Vespidae	膜翅目	Hymenoptera
99	青条花蜂	*Amegilla calceifera*	蜜蜂科	Apidae	膜翅目	Hymenoptera
100	东方蜜蜂	*Apis cerana*	蜜蜂科	Apidae	膜翅目	Hymenoptera
101	黑小蜜蜂	*Apis andreniformis*	蜜蜂科	Apidae	膜翅目	Hymenoptera
102	小蜜蜂	*Apis florea*	蜜蜂科	Apidae	膜翅目	Hymenoptera
103	红光熊蜂	*Bombus*(s. str.)*ignitus*	蜜蜂科	Apidae	膜翅目	Hymenoptera
104	黄色长脚蜂	*Polistes rothneyi*	胡峰科	Vespidae	膜翅目	Hymenoptera
105	黑盾胡蜂	*Vespa bicolor*	胡峰科	Vespidae	膜翅目	Hymenoptera
106	黑尾胡蜂	*Vespa ducalis*	胡峰科	Vespidae	膜翅目	Hymenoptera
107	金环胡蜂	*Vespa mandarinia*	胡峰科	Vespidae	膜翅目	Hymenoptera
108	黄蚂蚁	*Monomorium pharaonis*	蚁科	Formicidae	膜翅目	Hymenoptera
109	黄猄蚁	*Oecophylla smaragdina*	蚁科	Formicidae	膜翅目	Hymenoptera
110	渥氏山棘蚁	*Polyrhachis wolfi*	蚁科	Formicidae	膜翅目	Hymenoptera
111	杜鹃黑毛三节叶蜂	*Arge similes*	三节叶蜂科	Argidae	膜翅目	Hymenoptera
112	台湾蛛蜂	*Salius fenestratus*	蛛蜂科	Pompilidae	膜翅目	Hymenoptera
113	大稻缘蝽	*Leptocorisa acuta*	缘蝽科	Coreidae	半翅目	Hemioptera
114	大红姬缘蝽	*Mictis serina*	缘蝽科	Coreidae	半翅目	Hemioptera
115	黄胫侎缘蝽	*Mictis serina*	缘蝽科	Coreidae	半翅目	Hemioptera
116	点蜂缘蝽	*Riptortus pedestris*	缘蝽科	Coreidae	半翅目	Hemioptera

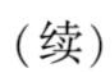
（续）

序号	中文种名	拉丁种名	中文科名	拉丁科名	中文目名	拉丁目名
117	碧蛾蜡蝉	*Geisha distinctissima*	蛾蜡蝉科	Fulgoridae	半翅目	Hemioptera
118	茶树白蛾蜡蝉	*Lawana lmitata*	蛾蜡蝉科	Flatidae	半翅目	Hemioptera
119	青蛾蜡蝉	*Salurnis marginella*	蛾蜡蝉科	Fulgoridae	半翅目	Hemioptera
120	眼纹疏广蜡蝉	*Euricania ocellus*	广翅蜡蝉科	Ricaniidae	半翅目	Hemioptera
121	八点广翅蜡蝉	*Ricania speculum*	广翅蜡蝉科	Ricaniidae	半翅目	Hemioptera
122	广翅蜡蝉	*Ricania speculum*	广翅蜡蝉科	Ricaniidae	半翅目	Hemioptera
123	联斑棉红蝽	*Dysdercus poecilus*	红蝽科	Pyrrhocoridae	半翅目	Hemioptera
124	四斑红蝽	*Physopelta quadriguttata*	红蝽科	Pyrrhocoridae	半翅目	Hemioptera
125	长鼻蜡蝉	*Fulgora candelaria*	蜡蝉科	Fulgoridae	半翅目	Hemioptera
126	荔枝蝽	*Tessaratoma papillosa*	蜡蝉科	Fulgoridae	半翅目	Hemioptera
127	姬赤星椿象	*Dysdercus poecilus*	星椿象科	Pentatomidae	半翅目	Hemioptera
128	珀蝽	*Plautia fimbriata*	蝽科	Pentatomidae	半翅目	Hemioptera
129	大虾壳椿象	*Megarrhamphus truncatus*	盾背蝽科	Scutelleridae	半翅目	Hemioptera
130	黄带犀猎蝽	*Sycanus croceovittatus*	猎蝽科	Reduviidae	半翅目	Hemioptera
131	东方丽沫蝉	*Cosmoscarta heros*	沫蝉科	Cercopidae	半翅目	Hemioptera
132	二点叶蝉	*Cicadulina bipunctella*	叶蝉科	Cicadellidae	半翅目	Hemioptera
133	瘤缘蝽象	*Acanthocoris sordidus*	缘蝽科	Coreidae	半翅目	Hemioptera
134	粗腰蜻蜓	*Acisoma panorpoides*	蜻科	Libellulidae	蜻蜓目	Odonata
135	双截蜻蜓	*Neurothemis tullia tullia*	蜻科	Libellulidae	蜻蜓目	Odonata
136	截斑脉蜻	*Neurothmis tullia*	蜻科	Libellulidae	蜻蜓目	Odonata
137	网脉蜻	*Neurothmis fulvia*	蜻科	Libellulidae	蜻蜓目	Odonata
138	异色灰蜻	*Oothetrum melania*	蜻科	Libellulidae	蜻蜓目	Odonata
139	华丽灰蜻	*Orthetrum chrysis*	蜻科	Libellulidae	蜻蜓目	Odonata
140	狭腹灰蜻	*Orthetrum sabina*	蜻科	Libellulidae	蜻蜓目	Odonata
141	线志灰蜻	*Orthetrum lineostigma*	蜻科	Libellulidae	蜻蜓目	Odonata
142	六斑曲缘蜻	*Palpopleura sex-maculata*	蜻科	Libellulidae	蜻蜓目	Odonata
143	黄蜻	*Pantala flavescens*	蜻科	Libellulidae	蜻蜓目	Odonata
144	湿地狭翅蜻	*Potamarcha congener*	蜻科	Libellulidae	蜻蜓目	Odonata
145	玉带蜻	*Pseudothemis zonata*	蜻科	Libellulidae	蜻蜓目	Odonata
146	姬赤蜻	*Sumpetrum parvulum*	蜻科	Libellulidae	蜻蜓目	Odonata
147	条斑赤蜻	*Sympetrum striolatum*	蜻科	Libellulidae	蜻蜓目	Odonata
148	华斜痣蜻	*Tramea virginia*	蜻科	Libellulidae	蜻蜓目	Odonata
149	庆褐蜻	*Trithemis festivate*	蜻科	Libellulidae	蜻蜓目	Odonata
150	赤斑曲斑钩脉蜻	*Urothemis signata*	蜻科	Libellulidae	蜻蜓目	Odonata
151	黄纹长腹扇蟌	*Coeliccia cyanomelas*	扇蟌科	Platycnemididae	蜻蜓目	Odonata
152	碧伟蜓	*Anax parthenope* julius	蜓科	Aeshnidae	蜻蜓目	Odonata
153	郁异伪蜻	*Idionyx claudia*	伪蜻科	Corduliidae	蜻蜓目	Odonata
154	方带溪蟌	*Euphaea decorata*	溪蟌科	Euphaeidae	蜻蜓目	Odonata
155	金斑虎甲	*Cicindela aurulenta*	虎甲科	Cicindelidae	鞘翅目	Coleoptera
156	中华虎甲	*Cicindela chinenesis*	虎甲科	Cicindelidae	鞘翅目	Coleoptera

（续）

序号	中文种名	拉丁种名	中文科名	拉丁科名	中文目名	拉丁目名
157	光端缺翅虎甲	*Tricondyla macrodera*	虎甲科	Cicindelidae	鞘翅目	Coleoptera
158	红纹瓢虫	*Lemnia circumsta*	瓢虫科	Coccinellidae	鞘翅目	Coleoptera
159	六条瓢虫	*Menochilus sexmaculatus*	瓢虫科	Coccinellidae	鞘翅目	Coleoptera
160	谷婪步甲	*Harpalus calceatus*	步甲科	Carabidae	鞘翅目	Coleoptera
161	红斑蕈甲	*Episcapha* sp.	大蕈甲科	Erotylidae	鞘翅目	Coleoptera
162	紫茎甲	*Sagra femorata*	负泥虫科	Crioceridae	鞘翅目	Coleoptera
163	绿奇花金龟	*Agestrata orichalca*	花金龟科	Cetoniidae	鞘翅目	Coleoptera
164	喙丽金龟	*Adoretus sinicus*	金龟科	Scarabaeidae	鞘翅目	Coleoptera
165	双叉犀金龟	*Allomyria dichotoma*	金龟子科	Scarabaeidae	鞘翅目	Coleoptera
166	金龟子	*Chrysina strasseni*	金龟子总科	Scarabaeoidae	鞘翅目	Coleoptera
167	樟红天牛	*Eupromus ruber*	天牛科	Cerambycidae	鞘翅目	Coleoptera
168	红艳天牛	*Dicelosternus corallinu*	天牛科	Cerambycidae	鞘翅目	Coleoptera
169	橡胶木犀金龟	*Xylotrupes gideon*	犀金龟科	Dynastidae	鞘翅目	Coleoptera
170	油葫芦	*Gryllus testaceus*	蟋蟀科	Gryllidae	直翅目	Orthoptera
171	南方油葫芦	*Teleogryllus mitratus*	蟋蟀科	Gryllidae	直翅目	Orthoptera
172	虎甲蛉蟋	*Trigonidium cicindeloides*	蟋蟀科	Gryllidae	直翅目	Orthoptera
173	细线斑腿蝗	*Stenocatantops splendens*	斑腿蝗科	Catantopidae	直翅目	Orthoptera
174	短角异斑腿蝗	*Xenocatantops brachycerus*	斑腿蝗科	Catantopidae	直翅目	Orthoptera
175	中华剑角蝗	*Acrida cinerea*	剑角蝗科	Acrididae	直翅目	Orthoptera
176	台湾佛蝗	*Phlaeoba formosana*	剑角蝗科	Acrididae	直翅目	Orthoptera
177	中华蚱蜢	*Acrida chinensis*	蝗科	Acrididae	直翅目	Orthoptera
178	中华露螽	*Phaneroptera sinensis*	露螽科	Phaneropteridae	直翅目	Orthoptera
179	青脊竹蝗	*Ceracris nigricornis*	网翅蝗科	Arcypteridae	直翅目	Orthoptera
180	短额负蝗	*Atractomorpha sinensis*	锥头蝗科	Pyrgomorphidae	直翅目	Orthoptera
181	斑翅蚜蝇	*Dideopsis aegrotus*	食蚜蝇科	Syrphidae	双翅目	Diptera
182	黑带食蚜蝇	*Episyrphus balteatus*	食蚜蝇科	Syrphidae	双翅目	Diptera
183	广东大蚊	*Nephrotoma* sp.	大蚊科	Tipuidae	双翅目	Diptera
184	丝光绿蝇	*Lucilia sericata*	丽蝇科	Calliphoridae	双翅目	Diptera
185	黑尾黑麻蝇	*Helicophagella melanur*	麻蝇科	Sarcophagidae	双翅目	Diptera
186	乌来森蠊	*Symploce striata wulaii*	姬蠊科	Phyllodromiidae	蜚蠊目	Blattaria
187	地鳖	*Eupolyphaga sinensis*	鳖蠊科	Corydidae	蜚蠊目	Blattaria
188	金边地鳖虫	*Eupolyphaga sinensis*	姬镰科	Phyllodromiidae	蜚蠊目	Blattaria
189	广腹螳螂	*Hierodula patellifera*	螳科	Mantidae	螳螂目	Mantodea
190	薄翅螳螂	*Mantis religiosa*	螳科	Mantidae	螳螂目	Mantodea
191	顶瑕螳	*Spilomantis occipitalis*	螳科	Mantidae	螳螂目	Mantodea
192	卡氏地蛛	*Atypus kirschi*	地蛛科	Atypidae	蜘蛛目	Araneida
193	斑络新妇	*Nephila pilipes*	肖蛸科	Tetragnathidae	蜘蛛目	Araneae
194	竹节虫	*Gongylopus adyposus*	竹节虫科	Phasmatidae	竹节虫目	Phasmida
195	棉杆竹节虫	*Sipyloidea sipylus*	竹节虫科	Phasmatidae	竹节虫目	Phasmida

9.3 讨论

经对坝光区域16个研究地的调查研究，对捕获到的昆虫进行标本鉴定，共归纳为11目67科154属195种。从16个地点的数据看，样地1、样地2的昆虫科、属和种的丰富度最高，样地15、样地16的昆虫科、属和种数量也较多。样地1为盐灶水库旁的沿岸山地植被处，可能靠近水域，以及植物的层次和种类较多的原因，因此昆虫的科、属和种类的丰富度都很高。样地2为产头村龙眼林下，这个样地昆虫的科、属和种类数是最多的。这个区域与植被群落2较近，仅隔一条路，植被组成很好，植物的种类数很多，而且旁边有一条河溪，周围的草本植物也很多。由此看来，昆虫丰富度的高低与植物群落的组成、结构的优劣、物种多样性的高低有着直接的关系(Schaffers et al，2008)，而且也与靠近水域有关系。

样地15为盐灶村的银叶树湿地公园处，那里有许多真红树植物和半红树植物种类组成的多个红树林群落，以及周围沿海的山地陆生植物群落，因此整个较大区域的植物多样性很高；而且其既有海水，附近也有一些淡水的小河溪，因此那里的昆虫种类数也相当多。样地16为产头村的植物群落1附近的草丛处，那里的几个植物群落的结构都很好，植物多样性很高，加上其附近有多条河溪，因此，那里的昆虫的丰富度也高。

在如此小的区域内，能有这么多科和种的分布，反映了该区域昆虫多样性是比较高的。如果与深圳地形复杂、海拔跨度很大，河溪、沟谷、森林等各类小环境很多的面积约为50 km^{2}的马峦山地区的调查相比，马峦山地区共调查到昆虫12目80科238属273种(廖文波等，2007)，其面积是坝光区域的1.6倍，仅多1个目，多13个科，种类也仅多出78种而已(即为坝光区域的约1.4倍)。当然，由于某个地区在大区域范围内昆虫种类的最高数量是相对稳定的，即便两个地方的植被等生态环境相差较大，也不能与昆虫的种类数直接成很对应的正线性关系。只能是在面积相对较小的地方，如果昆虫的数量在比例上相对地更多一些的话，则会反映出其环境更适合于昆虫的栖息和繁衍。因此也表明，坝光区域的植被结构及植物多样性水平比马峦山会更好，其生态条件更优越，生态系统的结构更好。而且坝光区域的昆虫每个属所具有的种类数并不多，说明各种类之间的遗传差异性还是比较大的，这在生物多样性的遗传多样性方面表现为更加丰富。

范喜顺等(2005)对河北省廊坊市不同林木类型中昆虫群落结构特征进行了调查研究，共调查到10目10科97种，指出在区域的植物多样性方面，由于形成了更多的组成不同的植物群落，对于提高昆虫的多样性具有重要的作用，也可增强植被对害虫的自然控制能力，同时增加了鸟类群落的多样性，从而很好发挥鸟类控制昆虫数量及其负面影响的作用。这与本研究的结果是相符的。李巧等(2007)对云南元谋区域多个不同组成的植物群落与昆虫多样性关系的研究表明，多树种混交林的群落中昆虫的多样性最高，而桉树林、桉树及其他少数本地树种组成的群落中昆虫的多样性最低，指出多树种混交林的恢复对昆虫多样性的提高有重要的促进作用。韩桂彪和张育平(2006)对不同类型园林植物中昆虫的多样性研究也表明，多种类的百花园、草坪及苗圃的昆虫多样性远多于单一种类的苗圃，而且百花园的昆虫多样性最高。这些均表明，结构丰富、组成好和多样性高的植物群落比结构简单、多样性低的植物群落的昆虫多样性高很多。

因为许多昆虫有隐蔽性，部分分布在土壤中、树皮内等处，而本研究主要是对在较广空间分布的而且是能够捕捉到的昆虫进行鉴定和分类，因此，还会有其他一些昆虫种类待今后进行深入的调查研究。而通过本研究的结果，已经能够把坝光区域主要的昆虫的目、科和种类的名称进行认识和把握。这对于掌握该区域的昆虫分布、多样性水平及其与植物的关系等方面提供了重要依据和参考。

第10章 坝光区域鸟类调查研究

10.1 研究地与方法

研究地在25个植物群落研究地及周围(参见图1.1、表1.1)，研究时间与植物调查研究的时间相同，即同时开展工作。

研究方法：主要采用观测方法，每个地点设3条样线，每条样线的长度约1km，适当隐蔽地靠近鸟类停留和栖息场所，同时观测飞行的鸟类；在数量方面，只记录往一个方向飞行的数量，而不记录反方向飞行的数量，以免重复记录。用高倍望远镜观测，并用相机拍摄照片，掌握各地点的鸟类种类及基本数量情况。丰富度指标采用$R=S$，S为种类数。对其分布地和珍稀程度等进行分析研究。

10.2 结果与分析

10.2.1 鸟类的种类及分布地

在坝光地区能够常见到的鸟类有25科29属47种，可能还有其他少部分迁徙的候鸟种类没能观测到，加上部分鸟类流动性比较大，因此，本研究主要记录和统计常在此区域停留和栖息、繁衍的鸟类，各鸟类的科、属和种类情况见表10.1。

表10.1 坝光区域主要鸟类种类及分布地

序号	科名	属名	中文种名	拉丁种名
1	鹰科 Accipitridae	鹰属	普通鵟	*Buteo buteo*
2	鹰科 Accipitridae	鹰属	蛇雕	*Spilornis cheela*
3	翠鸟科 Alcedinidae	翠鸟属	普通翠鸟	*Alcedo atthis*
4	翠鸟科 Alcedinidae	翠鸟属	白胸翡翠	*Halcyon smyrnensis*
5	翠鸟科 Alcedinidae	鱼狗属	斑鱼狗	*Ceryle rudis*
6	鸭科 Anatidae	鸭属	琵嘴鸭	*Anas clypeata*
7	鸭科 Anatidae	鸭属	赤颈鸭	*Anas penelope*
8	鹭科 Ardeidae	池鹭属	大白鹭	*Ardea alba*

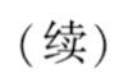
（续）

序号	科名	属名	中文种名	拉丁种名
9	鹭科 Ardeidae	池鹭属	池鹭	*Ardeola bacchus*
10	鹭科 Ardeidae	池鹭属	白鹭	*Egretta garzetta*
11	鹭科 Ardeidae	池鹭属	夜鹭	*Nycticorax nycticorax*
12	山椒鸟科 Campephagidae	山椒鸟属	赤红山椒鸟	*Pericrocotus flammeus*
13	鸠鸽科 Columbidae	斑鸠属	珠颈斑鸠	*Streptopelia chinensis*
14	鸦科 Corvidae	鸦属	大嘴乌鸦	*Corvus macrorhynchos*
15	鸦科 Corvidae	鸦属	喜鹊	*Pica pica*
16	鸦科 Corvidae	鸦属	红嘴蓝鹊	*Urocissa erythrorhyncha*
17	杜鹃科 Cuculidae	鸦鹃属	褐翅鸦鹃	*Centropus sinensis*
18	杜鹃科 Cuculidae	噪鹃属	噪鹃	*Eudynamys scolopacea*
19	燕科 Hirundinidae	燕属	金腰燕	*Hirundo daurica*
20	燕科 Hirundinidae	燕属	家燕	*Hirundo rustica*
21	伯劳科 Laniidae	伯劳属	棕背伯劳	*Lanius schach*
22	鹡鸰科 Motacillidae	鹨属	树鹨	*Anthus hodgsoni*
23	鹡鸰科 Motacillidae	鹨属	田鹨	*Anthus richardi*
24	鹡鸰科 Motacillidae	鹨属	白鹡鸰	*Motacilla alba*
25	鹟科 Muscicapidae	扇尾莺属	鹊鸲	*Copsychus sauilars*
26	太阳鸟科 Nectariniidae	太阳鸟属	叉尾太阳鸟	*Aethopyga christinae*
27	雀科 Passeridae	蜡嘴雀属	黑尾蜡嘴雀	*Eophona migratoria*
28	雀科 Passeridae	蜡嘴雀属	树麻雀	*Passer montanus*
29	鸬鹚科 Phalacrocoracidae	鸬鹚属	普通鸬鹚	*Phalacrocorax carbo*
30	文鸟科 Ploceidae	文鸟属	斑文鸟	*Lonchura punctulata*
31	文鸟科 Ploceidae	文鸟属	白腰文鸟	*Lonchura striata*
32	鹎科 Pycnonotidae	鹎属	红耳鹎	*Pycnonotus jocosus*
33	鹎科 Pycnonotidae	鹎属	白头鹎	*Pycnonotus sinensis*
34	秧鸡科 Rallidae	苦恶鸟属	白胸苦恶鸟	*Amaurornis phoenicurus*
35	反嘴鹬科 Recurvirostridea	长脚鹬属	黑翅长脚鹬	*Himantopus mexicanus*
36	反嘴鹬科 Recurvirostridea	长脚鹬属	反嘴鹬	*Recurvirostra avosetta*
37	鹬科 Scolopacidae	鹬属	矶鹬	*Actitis hypoleucos*
38	鹬科 Scolopacidae	鹬属	青脚鹬	*Tringa nebularia*
39	椋鸟科 Sturnidae	八哥属	八哥	*Acridotheres cristatellus*
40	椋鸟科 Sturnidae	椋鸟属	灰背椋鸟	*Sturnus sinensis*
41	莺科 Sylviidae	缝叶莺属	长尾缝叶莺	*Orthotomus sutorius*
42	莺科 Sylviidae	柳莺属	黄眉柳莺	*Phylloscopus inornatus*
43	莺科 Sylviidae	柳莺属	黄腰柳莺	*Phylloscopus proregulus*
44	鹮科 Threskiorothidae	琵鹭属	黑脸琵鹭	*Platalea minor*

（续）

序号	科名	属名	中文种名	拉丁种名
45	画眉科 Timaliidae	噪鹛属	黑脸噪鹛	*Garrulax perspicillatus*
46	画眉科 Timaliidae	噪鹛属	画眉	*Garrulax canorus*
47	鸫科 Turdidae	扇尾莺属	北红尾鸲	*Phoenicurus auroreus*

从鸟类的种类看，涉及的科、属还是较多的，而且同一个科和属内的种类很少，这是生物多样性的一个重要指标，说明它们之间在组成上的差异更多。本研究观测到的鸟类各种类的数量还是较多的，表现出小型鸟类的数量很多，一般在一个林内会有几十只，而且在其他林内也会有分布，而如斑鸠等较大型鸟类则相对数量少些。但海鸟类则不同，虽然体型较大，但是群居性强，数量较多。海鸟类在一些近海滩的地方较多，尤其是银叶树湿地公园、坝光村以西北 350m 的河溪出海口附近及其周围的红树林内。

这些鸟类的分布地的特点为：在乔木高大，灌木层、草本层层次丰富，植物多样性高的植物群落，鸟的种类多，而且个体数多；而上述特征差的植物群落，则鸟类分布少。而且，在此基础上，越靠近海边的树林，鸟类种类越多。因此，在盐造村的银叶树公园、产头村的银叶树林、白沙湾、龙仔尾水库、坝光村、产头村高大的龙眼林、鱼排码头、坳仔下、双坑村等地的群落结构好、植物多样性高的森林里鸟类最多；而部分鸟类有时可见在草丛中，但这些鸟类依然是依托那些高大、茂密的树林为主要栖息地，只是有时在草丛里觅食而已。

研究表明，许多鸟类在阔叶树林觅食和栖息为多，但在荔枝林内则很少，而在桉树林内基本极难见到鸟类。这也提示人们必须重视人工林尤其是桉树林等对植物多样性的负面影响，以及对鸟类多样性的影响。

10.2.2 部分主要鸟类的习性、各地分布区与生境特点

了解坝光区域的鸟类主要习性、在其他省份及其他国家的分布特点和生境特点，对于掌握这些鸟类的共同分布环境及特点，掌握其大致的数量特征及珍稀程度，并进一步采取更好措施保护坝光地区的鸟类具有重要的意义。

本章的各鸟类的生态习性、分布地和食性内容为参照段文科和张正旺（2017）及钱燕文（1995）的文献。坝光区域主要鸟类的习性、在各地区分布与生境状况如下。

普通鵟 鹰科 Accipitridae *Buteo japonicus*

生态习性：部分迁徙，部分留鸟。在我国大小兴安岭及其以北地区繁殖的种群为夏候鸟，在吉林省长白山地区部分夏候鸟、部分留鸟，辽宁、河北及其以南地区部分为冬候鸟、部分旅鸟。春季迁徙时间 3~4 月，秋季 10~11 月。常见在开阔平原、荒漠、旷野、开垦的耕作区、林缘草地和村庄上空盘旋翱翔。多单独活动，有时亦见 2~4 只在天空盘旋。活动主要在白天。

分布：分布于欧亚大陆，往东到远东、朝鲜和日本；在繁殖地南部越冬，最南可到南非和马来半岛。

食性：属肉食性动物。以森林鼠类为食，食量甚大，曾在 1 只胃中发现 6 只老鼠。除啮齿类外，也吃蛙、蜥蜴、蛇、野兔、小鸟和大型昆虫等动物性食物，有时亦到村庄捕食鸡等家禽。

蛇雕 鹰科 Accipitridae *Spilornis cheela*

生态习性：此鸟为留鸟、迷鸟。多成对活动。栖居于深山高大密林中，喜在林地及林缘活动，

在高空盘旋飞翔，发出似啸声的鸣叫。用树枝筑巢于高大树上。每年3~5月繁殖，产卵1枚。营巢于高树上，用树枝搭成平台式的巢，内铺绿叶。

分布：分布于泰国、缅甸、印度、巴基斯坦、菲律宾、马来西亚、印度尼西亚和中国。

食性：肉食性鸟类，以小型两栖类、爬行类如蛇、蛙、蜥蜴等为食，也吃鼠和鸟类、蟹及其他甲壳动物。

普通翠鸟 翠鸟科 Alcedinidae *Alcedo atthis*

生态习性：常单独活动，栖息于疏林或河边。

分布：国外分布于欧亚大陆、东南亚等。国内各地均可见。

白胸翡翠 翠鸟科 Alcedinidae *Halcyon smyrnensis*

生态习性：常单独行动，通常沿河流、稻田中的沟渠、稀疏丛林、城市花园、鱼塘和海滩狩猎。

分布：国外分布于中东、印度、菲律宾等，国内分布于南方。

斑鱼狗 翠鸟科 Alcedinidae *Ceryle rudis*

生态习性：其为留鸟。主要栖息于低山和平原溪流、河流、湖泊、运河等开阔水域岸边，成对或结群活动于较大水体及红树林，喜嘈杂，是唯一常盘桓水面寻食的鱼狗。

分布：分布于欧亚大陆及非洲北部、非洲中南部、印度次大陆、中南半岛，及中国的西南和东南沿海地区。

食性：食物以小鱼为主，兼吃甲壳类和多种水生昆虫及其幼虫，也啄食小型蛙类和少量水生植物。

琵嘴鸭 鸭科 Anatidae *Anas clypeata*

生态习性：迁徙性鸟类。常成对或成3~5只的小群，也见有单只活动的，在迁徙季节亦集成较大的群体。多在有烂泥的水塘和浅水处活动和觅食。常漫游在水边浅水处，行动极为谨慎小心，若发现人，则立即停止活动，伸头观望四方。若有危险，立刻向远处游去或者突然从水面起飞。飞行力不强。游泳时后部高、前面低，嘴常常触到水面，速度不甚快但很轻盈。有时也在岸边地上或浅水处行走，但行动笨拙而迟缓。主要以螺、软体动物、甲壳类、水生昆虫、鱼、蛙等动物性食物为食，也食水藻、草籽等植物性食物。既能边游边觅食，也能边走边觅食。游泳时嘴在水表面左右来回摆动，并能通过在水面滤水的方法收集食物。但多数时候是将头颈伸入水中，在浅水处泥底挖掘食物，有时甚至尾朝上在水中竖直起来，将头伸入水底觅食。觅食主要在白天进行，休息时多集中在紧靠觅食水域的岸边或岸上。

分布：广泛分布于整个北半球。繁殖在英国、欧洲大陆、中亚、西伯利亚、蒙古、中国东北和西北，一直到堪察加半岛，然后越过白令海到美国阿拉斯加，往南到加利福尼亚，往东到大西洋沿岸。越冬在欧洲南部、亚洲南部、菲律宾、日本、非洲北部和东部、北美南部及墨西哥，也有少数在加里曼丹北部和夏威夷越冬。在中国，繁殖主要在新疆西部及东北部，以及黑龙江省和吉林省。越冬在西藏南部、云南、贵州、四川、长江中下游和东南沿海各省份及台湾，迁徙时经过辽宁、内蒙古、华北等省份。

赤颈鸭 鸭科 Anatidae *Anas penelope*

生态习性：栖息于江河、湖泊、水塘、河口、海湾、沼泽等各类水域中，尤其喜欢在富有水生植物的开阔水域中活动。除繁殖期外，常成群活动，也和其他鸭类混群。善游泳和潜水。高兴时常将尾翘起，头弯到胸部。飞行快而有力。有危险时能直接从水中或地上冲起，并发出叫声，响亮清脆。雄鸟发出悦耳哨笛声“whee-oo”，雌鸟为短急的鸭叫。

分布：分布于欧亚大陆北部。越冬在欧洲南部、非洲东北部和西北部、埃及北部、中南半岛。偶见于格陵兰、北美、安的列斯群岛和加里曼丹。

食性：杂食性。主要以植物性食物为食。常成群在水边浅水处水草丛中或沼泽地上觅食眼子菜、藻类和其他水生植物的根、茎、叶和果实。也常到岸上或农田觅食青草、杂草种子和农作物，也吃少量动物性食物。

大白鹭 鹭科 Ardeidae *Ardea alba*

生态习性：常单只或小群活动，主要在水边浅水处觅食，也常在水域附近草地上慢慢行走。营巢于大树或芦苇丛中。

分布：全球性分布。在我国，繁殖于东北、华北北部，越冬于华南地区。

池鹭 鹭科 Ardeidae *Ardeola bacchus*

生态习性：栖息于沼泽、池塘、稻田、小溪。常单独或分散成小群进食鱼、虾和蛙类。与其他鹭类混群营巢于树林或竹林。

分布：国外分布于孟加拉国至东南亚地区。国内除黑龙江、宁夏外，分布于各省份。

白鹭 鹭科 Ardeidae *Egretta garzetta*

生态习性：喜集群栖息于稻田、湖滩、河岸及海滩等浅水处。主要取食鱼、虾等水生动物。

分布：国外分布于欧亚大陆、非洲和澳洲温暖湿地环境。国内常见留鸟，除西藏、东北部外，分布于各地。

夜鹭 鹭科 Ardeidae *Nycticorax nycticorax*

生态习性：喜结群，常栖息和活动于低山或者平原的江河、湖泊等地，有黄昏取食、白天休息的习惯。

分布：除大洋洲外，广泛分布于全世界。国内除西藏外，多处都有分布。

赤红山椒鸟（雄） 山椒鸟科 Campephagidae *Pericrocotus speciosus*

生态习性：留鸟。除繁殖期成对活动外，其他时候多成群活动，冬季有时集成数十只的大群，有时亦见与灰喉山椒鸟、粉红山椒鸟混群活动。性活泼，常成群分散活动在树冠层，很少停息。叫声单调尖细。在树冠层枝叶间或树枝上觅食，也在空中飞翔捕食。

分布：在中国主要分布于西藏东南部，往东经云南、贵州、广西、广东、福建、江西、湖南南部和海南岛等地。国外主要分布于印度、斯里兰卡、孟加拉国、缅甸、越南、老挝、泰国、马来西亚、菲律宾和印度尼西亚等地。

食性：属杂食性动物。主要以昆虫为食，所吃食物主要为甲虫、蝗虫、铜绿金龟甲、蝽、蝉等昆虫，偶尔也吃少量植物种子。

赤红山椒鸟（雌） 山椒鸟科 Campephagidae *Pericrocotusspeciosus*

生态习性：留鸟。除繁殖期成对活动外，其他时候多成群活动，冬季有时集成数十只的大群，有时亦见与灰喉山椒鸟、粉红山椒鸟混群活动。性活泼，常成群分散活动在树冠层，很少停息。当从一树向另一树转移时，常由一鸟领头先飞，其余相继跟着飞走，常边飞边叫，叫声单调尖细。觅食在树冠层枝叶间或树枝上，也在空中飞翔捕食。

分布：主要分布于印度、斯里兰卡、孟加拉国、缅甸、越南、老挝、泰国、马来西亚、菲律宾和印度尼西亚等地。在中国主要分布于西藏东南部，往东经云南、贵州、广西、广东、福建、江西和湖南南部和海南岛等地。

食性：属杂食性动物。主要以昆虫为食，所吃食物亦主要为昆虫，偶尔也吃少量植物种子。

珠颈斑鸠 鸠鸽科 Columbidae *Streptopelia chinensis*

生态习性：常成小群活动，生活在开阔林或疏林中。

分布：国外分布于南亚、东南亚地区。国内分布于华北以南。

大嘴乌鸦 鸦科 Corvidae *Corvus macrorhynchos*

生态习性：对生活环境不挑剔，无论山区还是平原均可见到，喜结群活动于城市、郊区等适宜的环境。栖息于低山、平原和山地阔叶林、针阔叶混交林、针叶林、次生杂木林、人工林等各种森林类型中。喜欢在林间路旁、河谷、海岸、农田、沼泽和草地上活动，有时甚至出现在山顶灌丛和高山苔原地带。

分布：主要分布于亚洲东部地区，中国全境可见。

食性：杂食性鸟类。主要以蝗虫、金龟甲、金针虫、蝼蛄、蛴螬等昆虫的幼虫和蛹为食。

喜鹊 鸦科 Corvidae *Pica pica*

生态习性：适应性强，结小群活动。多从地面取食，食谱广。

分布：除南美洲、大洋洲与南极洲外，几乎遍布世界各大陆。中国有 4 个亚种，见于除草原和荒漠地区外的全国各地。

食性：杂食性。在旷野和田间觅食，繁殖期捕食昆虫、蛙类等小型动物，也盗食其他鸟类的卵和雏鸟，兼食瓜果、谷物、植物种子等。

红嘴蓝鹊 鸦科 Corvidae *Urocissa erythrorhyncha*

生态习性：性喧闹，结小群活动。常在地面取食。

分布：喜马拉雅山脉、印度东北部、中国、缅甸及中南半岛均有分布。

食性：肉食性。以果实、小型鸟类及卵、昆虫和动物尸体为食，常在地面取食。主动围攻猛禽。

褐翅鸦鹃 杜鹃科 Cuculidae *Centropus sinensis*

生态习性：留鸟。喜欢单个或成对活动，很少成群。平时多在地面活动，休息时也栖息于小树枝桠，或在芦苇顶上晒太阳，尤其在雨后。它善于隐蔽，遇到干扰或有危险的时候就很快藏在地上草丛或灌丛中，也善于在地面行走，跳跃取食，行动十分迅速，还常把尾、翅展成扇形，上下急扭。它的鸣声连续不断，从单调低沉到响亮，其声似“hum-hum”声，好像远处的狗吠声，数千米之外都能听见，尤以早晨和傍晚鸣叫频繁。

分布：分布于孟加拉国、不丹、文莱、柬埔寨、中国、印度、印度尼西亚、老挝、马来西亚、缅甸、尼泊尔、巴基斯坦、菲律宾、新加坡、斯里兰卡、泰国、越南。在中国分布于浙江、福建、广西、广东、云南、贵州南部和海南岛。

食性：属杂食性动物。主要以毛虫、蝗虫、蚱蜢、象甲、蜚蠊、蚁和蜂等昆虫为食，也吃蜈蚣、蟹、螺、蚯蚓、甲壳类、软体动物等其他无脊椎动物，以及蛇、蜥蜴、鼠类、鸟卵和雏鸟等脊椎动物，有时还吃一些杂草种子和果实等植物性食物。

噪鹃 杜鹃科 Cuculidae *Eudynamys scolopacea*

生态习性：其为留鸟。噪鹃华南亚种为中国35°N以南大多数地区的夏季繁殖鸟；噪鹃海南亚种为海南岛的留鸟。多单独活动。常隐蔽于大树顶层茂盛的枝叶丛中，一般仅能听其声而不见影。若不鸣叫，一般很难发现。鸣声嘈杂，清脆而响亮，通常越叫越高、越快，至最高时又突然停止。鸣声似“Ko—el”声，双音节，常不断反复重复鸣叫，雌鸟则发出类似的“kuil，kuil，kuil，kuil”声。若有干扰，立刻飞走至另一棵树上再叫。

分布：分布于孟加拉国、不丹、文莱、柬埔寨、中国、印度、印度尼西亚、老挝、马来西亚、马尔代夫、缅甸、尼泊尔、阿曼、巴基斯坦、菲律宾、新加坡、斯里兰卡、泰国、越南。在伊朗伊斯兰共和国、阿拉伯联合酋长国、也门为旅鸟。原产地不确定。

食性：属杂食性动物。主要以榕树、芭蕉和无花果等植物果实、种子为食，也吃毛虫、蚱蜢、甲虫等昆虫和昆虫幼虫。它的食性明显较杜鹃杂。

金腰燕 燕科 Hirundinidae *Hirundo daurica*

生态习性：金腰燕在中国主要为夏候鸟，每年迁来中国的时间随地区而不同。南方较早，北方较晚。秋季南迁的时间多在9月末至10月初，少数迟至11月末才迁走。主要栖于低丘陵和平原，常成群活动，少者几只、十余只，多者数十只，迁徙期间有时集成数百只的大群。性极活跃，喜欢飞翔，整天大部分时间几乎都在村庄和附近田野及水面上空飞翔。飞行轻盈而悠闲，有时也能像鹰一样在天空翱翔和滑翔，有时又像闪电一样掠水而过，飞行极为迅速而灵巧。休息时多停歇在房顶、屋檐、房前屋后湿地上和电线上，并常发出“唧唧”的叫声。

分布：分布于西伯利亚、蒙古、朝鲜、日本、中南半岛、印度、尼泊尔及中国。

食性：肉食性鸟类。以昆虫为食，而且主要吃飞行性昆虫，主要有蚊、虻、蝇、蚁、胡蜂、蜂、蝽象、甲虫等双翅目、膜翅目、半翅目和鳞翅目等昆虫。

家燕 燕科 Hirundinidae *Hirundo rustica*

生态习性：常见于城市及乡村的低地，喜水域附近。非繁殖期常集大群活动。

分布：世界性分布，是爱沙尼亚和奥地利的国鸟。

食性：肉食性。主要以昆虫为食。

棕背伯劳 伯劳科 Laniidae *Lanius schach*

生态习性：多在灌丛中活动。

分布：国外分布于哈萨克斯坦到喜马拉雅山脉及东南亚。国内分布于除东北以外的地区。

树鹨 鹡鸰科 Motacillidae *Anthus hodgsoni*

生态习性：在中国为夏候鸟或冬候鸟。每年4月初开始迁来东北繁殖地，秋季于10月下旬开始南迁，迁徙时常集成松散的小群。常成对或成3~5只的小群活动，迁徙期间亦集成较大的群。多在地上奔跑觅食。性机警，受惊后立刻飞到附近树上，边飞边发出"chi-chi-chi"的叫声，声音尖细。站立时尾常上下摆动。

分布：分布于孟加拉国、不丹、柬埔寨、中国、印度、日本、韩国、朝鲜、科威特、老挝人民民主共和国、马来西亚、蒙古、缅甸、尼泊尔、阿曼、菲律宾、泰国、阿拉伯联合酋长国、越南。旅鸟：巴林、文莱、丹麦、法罗群岛、芬兰、法国、德国、伊朗伊斯兰共和国、爱尔兰、以色列、约旦、哈萨克斯坦、马耳他、墨西哥、荷兰、挪威、巴基斯坦、波兰、葡萄牙、西班牙、斯里兰卡、瑞典、土耳其、英国、美国。产地不确定：阿富汗。中国分布于黑龙江、吉林、辽宁、内蒙古东北部大兴安岭、河北、甘肃、四川、青海、西藏和云南等地（夏候鸟或旅鸟），于长江流域以南、东南沿海、云南、西藏南部、台湾和海南岛等地越冬。

食性：属杂食性动物。食物主要为昆虫，也吃蜘蛛、蜗牛等小型无脊椎动物。此外，还吃苔藓、谷粒、杂草种子等植物性食物。冬季食物主要为步行虫、象甲、金花虫、蝇、蚊、蚂蚁、毛虫、隐翅虫等昆虫和大量杂草种子。

田鹨 鹡鸰科 Motacillidae *Anthus richardi*

生态习性：在中国主要为夏候鸟，部分在南方为冬候鸟或留鸟。通常在4月中下旬迁到北方繁殖地，10月中下旬开始南迁。常单独或成对活动，迁徙季节亦成群。有时也和云雀混杂在一起在地上觅食。多栖于地上或小灌木上。飞行呈波浪式，多贴地面飞行。鸟鸣起伏飞行时重复发出"chew-ii，chew-ii"或"chip-chip-chip"及细弱的"chup-chup"叫声。

分布：分布于中国、西伯利亚南部、俄罗斯远东、朝鲜、日本、外贝加尔、蒙古、中亚、巴基斯坦、尼泊尔、印度、泰国、越南、缅甸、老挝、斯里兰卡、马来西亚、印度尼西亚、菲律宾、新几内亚、澳大利亚、新西兰和非洲，有时也出现在欧洲。

食性：主要以昆虫为食，常见种类有鞘翅目甲虫、直翅目蝗虫、膜翅目蚂蚁以及鳞翅目成虫幼虫等。在蝗虫危害一带，食蝗虫为主，是消灭蝗虫的天然助手。多在地上奔跑觅食。夏季食昆虫，秋、冬吃草籽。

白鹡鸰 鹡鸰科 Motacillidae *Anthus richardi*

生态习性：常单独成对或呈3~5只的小群活动。迁徙期间也见10~20只的大群。多栖于地上或岩石上，有时也栖于小灌木或树上，多在水边或水域附近的草地、农田、荒坡或路边活动，或是在地上慢步行走，或是跑动捕食。遇人则斜着起飞，边飞边鸣。鸣声似"jilin-jilin-"，声音清脆响亮，飞行姿式呈波浪式，有时也较长时间地站在一个地方，尾不停地上下摆动。

分布：分布于世界许多国家。在中国为中北部广大地区的夏候鸟，华南地区为留鸟，在海南越冬。

食性：杂食性动物。主要以昆虫为食。此外，也吃蜘蛛等其他无脊椎动物，偶尔也吃植物种子、浆果等植物性食物。

鹊鸲 鹟科 Muscicapidae *Copsychus saularis*

生态习性：适应各种生境，喜站高处鸣唱。

分布：在中国广泛分布于长江流域及其以南地区，南达海南、广东、香港、广西、福建，北至陕西、河南、山东、山西和甘肃东南部，西至四川、贵州、云南等省份。

食性：肉食性鸟类。主要以昆虫为食。

叉尾太阳鸟 太阳鸟科 Nectariniidae *Aethopyga christinae*

生态习性：常出现于城镇花园、林地和森林的开花灌丛及乔木。

分布：国外分布于老挝和越南。国内分布于南方。

黑尾蜡嘴 雀科 *Passeridae* *Eophona migratoria*

生态习性：夏候鸟或留鸟。每年4月初从南方迁来东北繁殖，10月中下旬开始迁回。繁殖期间单独或成对活动，非繁殖期成群活动，有时集成数十只的大群。树栖性，频繁地在树冠层枝叶间跳跃或来回飞翔，或从一棵树飞至另一棵树，飞行迅速，两翅鼓动有力，在林内常一闪即逝。性活泼而大胆，不甚怕人。平时较少鸣叫，叫声是一种单调的"tek、tek"声，繁殖期间鸣叫频繁。鸣声高亢，悠扬而婉转，很远即能听到。

分布：分布于中国、日本、韩国、朝鲜、老挝人民民主共和国、缅甸、泰国和越南。在我国分布于黑龙江、吉林、辽宁、河北、北京、内蒙古东北部和东南部、河南、山东，往南至陕西、安徽、浙江、江苏、湖北、四川、贵州、云南、广西、广东、香港、福建和台湾等省份。在我国东北至华北地区为夏候鸟，在西南、华南沿海及台湾越冬。数量较多。

食性：主要以种子、果实、草籽、嫩叶、嫩芽等植物性食物为食，也吃部分昆虫，所吃食物有甲虫、膜翅目、鞘翅目等昆虫和小螺蛳等小型无脊椎动物，植物性食物有蔷薇种子、高粱、槐树种子、豆类、红花子和嫩芽。

麻雀 雀科 *Passeridae* *Passer montanus*

生态习性：性喜成群，除繁殖期外，常成群活动，特别是秋、冬季，集群多达数百只甚至上千只。一般在房舍及其周围地区，尤其喜欢在房檐、屋顶、以及房前屋后的小树和灌丛上，有时也到邻近的农田地上活动和觅食。每个栖息地都有较为固定的觅食场所，如场院、猪圈、牲口棚和邻近的农田地区，活动范围多在1~2km内。在屋檐洞穴或瓦片下的缝隙中过夜，也有在房舍或村旁附近的岩穴、土洞和树上过夜和休息的。性活泼，频繁地在地上奔跑，并发出叽叽喳喳的叫声，显得较为嘈杂。若有惊扰，立刻成群飞至房顶或树上，一般飞行不远，也不高飞。飞行时两翅扇动有力，速度甚快，大群飞行时常常发出较大的声响。性大胆，不甚怕人，也很机警，在地上发现食物时，常常先向四周观看，无危险时才跑去啄食，或先去几只试探，然后才有更多的鸟陆续飞去。稍有声响，立刻成群惊飞。树麻雀的两翅与其身体相比较，相当短小，故不能远飞，往往仅在短距离内活动。飞行时速度不超过 8～10m/s，高度一般在 10～20m，而且飞行不能持续到 4min。

分布：原产地范围广，为阿富汗、阿尔巴尼亚、安道尔、亚美尼亚、奥地利、阿塞拜疆、白俄罗斯、比利时、不丹、波斯尼亚和黑塞哥维那、文莱达鲁萨兰国、保加利亚、柬埔寨、加拿大、中国、圣诞岛、克罗地亚、塞浦路斯、捷克共和国、丹麦、爱沙尼亚、法罗群岛、芬兰、法国、格鲁吉亚、德国、希腊、匈牙利、印度尼西亚、伊朗伊斯兰共和国、伊拉克、爱尔兰、意大利、日本、哈萨克斯坦、朝鲜、韩国、吉尔吉斯斯坦、老挝人民民主共和国、拉脱维亚、列支敦士登、立陶宛、卢森堡、马其顿、马来西亚、马耳他、摩尔多瓦、蒙古、黑山、缅甸、尼泊尔、荷兰、挪威、波兰、葡萄牙、罗马尼亚、塞尔维亚、新加坡、斯洛伐克、斯洛文尼亚、西班牙(加那利群岛)、瑞典、瑞士、阿拉伯叙利亚共和国、塔吉克斯坦、泰国、土耳其、土库曼斯坦、乌克兰、英国、乌兹别克斯坦、越南。引进：澳大利亚、关岛、马绍尔群岛、密克罗尼西亚联邦、北马里亚纳群岛、帕劳、菲律宾、东帝汶、美国。旅鸟：阿尔及利亚、埃及、直布罗陀、冰岛、以色列、黎巴嫩、摩洛哥、突尼斯、阿拉伯联合酋长国。

食性：食性较杂，主要以谷粒、草籽、种子、果实等植物性食物为食，繁殖期间也吃大量昆虫，特别是雏鸟，几全以昆虫和昆虫幼虫为食。

普通鸬鹚 鸬鹚科 *Phalacrocoracidae* *Phalacrocorax carbo*

生态习性：常成群栖息在水边岩石上或者水中，善潜水捕食，常列队飞行。以各种鱼类为食。

分布：国外分布于除南极和南美以外的所有大陆。国内各省份适宜环境都有分布。

斑文鸟 文鸟科 Ploceidae *Lonchura punctulata*

生态习性：栖息于耕地、稻田、花园及次生灌丛等环境的开阔多草地块。成对或与其他文鸟混成小群。

分布：国外分布于南亚、东南亚等地。国内分布于西南、华南、华东等南方大部分地区。

食性：以谷粒等农作物为食，也吃草籽和其他野生植物果实与种子，繁殖期间也吃部分昆虫。

白腰文鸟 文鸟科 Ploceidae *Lonchura striata*

生态习性：好结群活动，栖息于低山、丘陵和山脚等地。

分布：国外分布于南亚、东南亚等地。国内分布于西南、陕南以及南方大部分地区。

红耳鹎 鹎科 Pycnonotidae *Pycnonotus jocosus*

生态习性：为留鸟，喜群栖，常站在小树的最高点鸣唱，喜开阔的林区、林缘、次生植被及村庄。

分布：国外分布于印度到中南半岛，引种至澳大利亚及其他地区。国内分布于西南、华南地区。

食性：主要以植物性食物为主，尤其是榕树、棠李等果实。

白头鹎 鹎科 Pycnonotidae *Pycnonotus sinensis*

生态习性：性活泼，结群于果树上活动。杂食性，善鸣叫。其为留鸟，属杂食性动物。

分布：国外分布于越南北部、东亚等国。国内除新疆、西藏、东北北部外，分布于各省份。

白胸苦恶鸟 秧鸡科 Rallidae *Amaurornis phoenicurus*

生态习性：翅短圆，不善长距离飞行。善奔走，在芦苇或水草丛中潜行，亦稍能游泳，偶做短距离飞翔，以昆虫、小型水生动物以及植物种子为食。在繁殖期间雄鸟晨昏激烈鸣叫，音似“苦恶”，故称“苦恶鸟”。

分布：国外分布于印度次大陆、东南亚。国内见于西南和东部地区。

黑翅长脚鹬 反嘴鹬科 Recurvirostridea *Himantopus mexicanus*

生态习性：春季于4月初至5月初迁来中国北方繁殖地，秋季于9~10月离开北方繁殖地往南迁徙。常成群迁徙。常单独、成对或成小群在浅水中或沼泽地上活动，非繁殖期也常集成较大的群。行走缓慢，步履稳健、轻盈，姿态优美，但奔跑和在有风时显得笨拙。性胆小而机警，当有干扰者接近时，常不断点头示威，然后飞走。常在水边浅水处、小水塘、沼泽地带以及水边泥地上觅食。觅食方式主要是边走边在地面或水面啄食。或通过疾速奔跑追捕食物。有时也将嘴插入泥中探觅食物。有时甚至进到齐腹深的水中将头也浸入水中觅食。

分布：在中国于新疆、青海、内蒙古、辽宁、吉林和黑龙江繁殖，迁徙期间经过河北、山东、河南、山西、四川、云南、西藏、江苏、福建、广东、香港和台湾。部分留在广东、香港和台湾越冬。

食性：主要以软体动物、虾、甲壳类、环节动物、昆虫、昆虫幼虫以及小鱼和蝌蚪等动物性食物为食。

矶鹬 鹬科 Scolopacidae *Actitis hypoleucos*

生态习性：中国北部为夏候鸟，南部为冬候鸟。春季于3月末至4月初即有个体迁到长白山繁殖地，大量迁徒在4月中下旬。秋季于9~10月迁离繁殖地南迁。常单独、成对或成小群迁徙。常单独或成对活动，非繁殖期亦成小群。常活动在多沙石的浅水河滩和水中沙滩或江心小岛上，停息时多栖于水边岩石、河中石头和其他凸出物上，有时也栖于水边树上，停息时尾不断上下摆动。性机警，行走时步履缓慢轻盈，显得不慌不忙，同时频频地上下点头，有时亦常沿水边跑跑停停。受惊后立刻起飞，通常沿水面低飞，飞行时两翅朝下扇动，身体呈弓形。也能滑翔，特别是下落时。常边飞边叫，叫声似“矶-矶-矶-”声。常在湖泊、水塘及河边浅水处觅食，有时亦见在草地和路边觅食。

分布：分布于中国北京(密云、延庆、怀柔、房山)、天津(大港)、河北(石臼坨、北戴河、滦南、平泉、衡水)、山西(方山)、内蒙古(达赉湖、扎兰屯、海拉尔、莫力达瓦旗、赤峰、达里诺尔、乌梁素海、东胜)、辽宁(朝阳、锦州、康平、盖县、大连、旅顺、本溪、宽甸、丹东、鸭绿江口)、吉林(长白山、延吉、图们江)、黑龙江(大兴安岭、呼玛、小兴安岭、带岭、哈尔滨、嫩江、镜泊湖、兴凯湖、饶河)、西藏(日土、班公湖、波密、噶尔、改则、当雄、米林、拉萨、喜马拉雅山地区)、陕西(周至、洋县、汉中、佛坪、西乡、陕北)、甘肃(黑河流域、兰州、天水、武都)、青海(共和、门源、祁连、刚察、青海湖、玛多、称多、玉树、格尔木、柴达木盆地)、宁夏(六盘山、中卫)、新疆(帕米尔高原、昆仑山、天山、伊犁河、阿尔泰山)，繁殖鸟、旅鸟；山东(黄河口)、河南(孟津)、安徽、江苏(盐城、射阳、高邮、太湖、常熟、苏州)、上海(崇明、奉贤、九段沙、佘山)，旅鸟；长江流域及以南地区，湖北(武汉)、湖南(沅江、长沙、岳阳)、浙江(杭州、宁波、鄞县、象山、宁海、仙居、台州、温州、江山)、福建(霞浦、宁德、福州、福清、长乐、惠安、泉州、厦门、金门、龙海)、江西(婺源、抚州、鄱阳湖),西至四川(成都、南充、万源、南江、宜宾、乐山、峨眉、美姑、雷波、峨边、雅安、汉源、宝兴、西昌、会东、米易、道孚、松潘)、重庆(万县、巫山、南川、秀山),南至云南(昆明、嵩明、宜良、昭通、江川、通海、元江、景东、永德、个旧、宁蒗、景洪、勐腊、大理、丽江)、贵州(赤水、清镇、兴义、金沙、罗甸、贵阳)、广西(资源、桂林、宁明、梧州、北海、横县)、广东(肇庆、阳春、佛山、鼎湖、珠江口、深圳、高要、澄海、揭阳、三水、潮安、海丰、陆丰、硇洲岛)、海南(琼山、坝王岭、白沙、文昌、乐东、琼海、屯昌、陵水、琼中、东方)、东沙群岛(东沙岛)、西沙群岛(珊瑚岛)、南沙群岛、台湾、(兰屿)及澎湖列岛、香港、澳门,旅鸟、冬候鸟,偶见留鸟。于西北及东北繁殖,冬季在南部沿海、河流及湿地越冬,迁徙时大部分地区可见。

食性: 肉食性鸟类,以鞘翅目、直翅目、夜蛾、蝼蛄、甲虫等昆虫为食,也吃螺、蠕虫等无脊椎动物和小鱼以及蝌蚪等小型脊椎动物。

青脚鹬 鹬科 Scolopacidae *Tringa nebularia*

生态习性: 在中国主要为旅鸟和冬候鸟。秋季迁来中国的时间在9~10月。在东北地区最早于8月末即见有迁来,最晚于11月初还有个体未迁走。春季迁离中国的时间在4~5月。多喜欢在河口沙洲、沿海沙滩和平坦的泥泞地和潮涧地带活动和觅食。常单独、成对或成小群活动。多在水边或浅水处走走停停,步履矫健、轻盈,也能在地上急速奔跑和突然停止。常单独或成对在水边浅水处涉水觅食,有时也进到齐腹深的深水中。能通过突然急速奔跑冲向鱼群的方式巧妙地追捕鱼群,也善于成群围捕鱼群。

分布: 繁殖于欧洲北部、俄罗斯,往东一直到西伯利亚,往北到北极附近,往南至爱沙尼亚、贝加尔湖和黑龙江下游。越冬于地中海、波斯湾、非洲、阿拉伯、伊朗、印度、斯里兰卡、新几内亚、澳大利亚、新西兰、菲律宾、中南半岛,以及我国台湾、海南岛、东南沿海和长江流域,西达西藏南部。迁徙时经过我国黑龙江、吉林、辽宁,西至青海、新疆,南至长江流域。

食性: 主要以虾、蟹、小鱼、螺、水生昆虫和昆虫幼虫为食。

八哥 椋鸟科 Sturnidae *Acridotheres cristatellus*

生态习性: 均为留鸟。结小群生活,一般见于旷野地面或城镇花园。

分布: 国外分布于老挝、越南。国内分布在四川东部、陕西南部、甘肃及南方各省份。

食性: 属于杂食性鸟类。以蝗虫、蚱蜢、金龟子、蛇、毛虫、地老虎、蝇、虱等昆虫和昆虫幼虫为食,也吃谷粒、植物果实和种子等植物性食物。

灰背椋鸟 椋鸟科 Sturnidae *Sturnus sinensis*

生态习性: 主要栖息于空旷地树上以及营巢于天然树洞、墙洞或裂缝中。吵嚷成群地在旷野及花园食无花果并取食于其他花期和结果期的树木。群聚性强,活泼好动,常与其他椋鸟、八哥混群,并在傍晚前聚集于树枝、屋顶或电线等明显目标上,然后进入树林一起夜栖。叫声沙哑和尖厉。

分布: 繁殖于中国南方及越南北部,冬季迁至东南亚、菲律宾及婆罗洲。在中国主要繁殖于华南及东南、台湾。部分性候鸟,在台湾及海南岛有越冬群体。

食性: 多半在地面觅食,也到树上采食浆果,杂食性。

长尾缝叶莺 莺科 Sylviidae *Orthotomus sutorius*

生态习性：常见于人居环境周围。性格活泼，不停地运动或者发出刺耳的尖叫声。

分布：国外分布于巴基斯坦、印度、中南半岛、印度尼西亚。国内分布于云南、湖南、江西、华南、贵州等地。

黄眉柳莺 莺科 Sylviidae *Phylloscopus inornatus*

生态习性：常单独或三五成群活动，很少见其集成大群活动，但迁徙期间可见集大群。很少落地，晨昏为活动高峰期。觅食各种树上的蚜虫及小型昆虫，尤其在水边的树上更常见。常飞落在树的下方，再窜跃向上，几乎从不停歇，动作轻巧、灵活、敏捷地在树上觅食。若不受干扰，可在树枝间长时间逗留，不停顿窜上窜下忙于觅食。由于体轻，甚至可在细枝和叶柄啄食叶上昆虫。捕到较大而无法吞下的昆虫时，常用嘴衔着虫子在树上摔打弄碎后再吞食之。飞行迅速，觅食时，只在树与树间窜飞，离去时则高飞。此鸟有一种特殊的动态，常在树上以两足为中心，左右摆动身体，不断地变动着身体的角度，以求在更大视野范围内寻得食物。

鸣声有两种：一种为清脆细软的鸣叫，通常为单声“ju”、三声“ju-ju-yi”或四声“ju-ju-yi-zhi”一度。不安时发单声的“ju”，常在单独、受惊、雨中听见。两三只一起在树上觅食物时，当由栖枝飞至另一树枝或另一株树上时，发“ju-jue-yi-zhi”四声一度的鸣声，具有召唤作用。树上有虫，在搜觅啄食时，伴随身体摆动发“ju-jue-yi-zhi”四声一度的鸣叫。初摆叫“ju”，再摆叫“jue-yi”，三摆叫“zhi”，为食物引起的鸣叫，阴天、雨过天晴时，由于觅食活动频繁，不时听到。另一种为声音高亢的鸣啭，甚为悦耳。

分布：主要分布于中国，在俄罗斯、朝鲜、蒙古、印度、不丹、缅甸、泰国北部、中南半岛、马来半岛等地繁殖或越冬。

食性：为肉食性鸟类。主要以昆虫为食，未见飞捕。所食均为树上枝叶间的小虫。99.12%为动物性食物，其中昆虫占97.4%，以鞘翅目昆虫最多。主要有金龟甲、叶甲、蟓甲等害虫，其次是鳞翅目昆虫。此外，还有蝽、夜跳蝉、蚂蚁、蚊蝇及蜂类等昆虫以及蜘蛛。

黄腰柳莺 莺科 Sylviidae *Phylloscopus proregulus*

生态习性：此鸟为夏候鸟。单独或成对活动在高大的树冠层中。性活泼，行动敏捷，常在树顶枝叶间跳来跳去寻觅食物，或站在高大的针叶林树顶枝间鸣叫，鸣声清脆、洪亮，数十米外即能听到，似“tivi-tivi-tivi…”连续不断地反复鸣叫，有点像蝉鸣。由于个体较小，站得又高，加之茂密树叶的遮挡，通常很难发现。常与黄眉柳莺和戴菊混群活动。

分布：原产地为中国、朝鲜、韩国、老挝、蒙古、俄罗斯联邦、泰国、越南。旅鸟：奥地利、比利时、保加利亚、捷克共和国、丹麦、爱沙尼亚、法罗群岛、芬兰、法国、德国、匈牙利、爱尔兰、以色列、意大利、日本、哈萨克斯坦、拉脱维亚、卢森堡、马耳他、摩洛哥、荷兰、挪威、波兰、葡萄牙、西班牙、瑞典、突尼斯、乌克兰、英国。在我国：新疆(阿尔泰、哈密)、陕西(北部神木、中部秦岭山区)、甘肃(南部康县、文县)、青海(北部祁连山、西部玉树)、宁夏(中卫、泾源、贺兰山)、西藏(南部波密、昌都地区北部和西南部)、云南(西部腾冲、北部丽江、南部绿春)、内蒙古、黑龙江(东部佳木斯、南部牡丹江地区、西部齐齐哈尔、大庆)、吉林(东部长白山、延边、西部四平)、迁徙期间或越冬于辽宁、贵州、四川、河北、北京、浙江、福建、广西、广东、海南和香港等地。

食性：食物主要为昆虫，属于肉食性鸟类。最喜食双翅目蝇类昆虫。也吃其他昆虫，包括各种鞘翅目、鳞翅目的成虫和幼虫，以及膜翅目蚂蚁、鼻虫、小蠹虫、蚊子、尺蠖、卷叶蛾和螟蛾幼虫等。其中以双翅目蝇类最多，共占 59.09%；其次为鞘翅目象甲科，占 36.36%；最少为同翅目昆虫，占 4.55%。

黑脸琵鹭 鹮科 Threskiorothidae *Platalea minor*

生态习性：常单独或呈小群在海边潮间地带及红树林和内陆水域岸边浅水处活动。性沉着机警，人难以接近。一般栖息于内陆湖泊、水塘、河口、芦苇沼泽、水稻田以及沿海岛屿和海滨沼泽地带等湿地环境。喜欢群居，每群为三四只到十几只不等，更多的时候是与大白鹭、小白鹭、苍鹭、白琵鹭、白鹮等涉禽混杂在一起。性情比较安静，常常悠闲地在海边潮间带、红树林以及咸淡水交汇的基围(即虾塘)及滩涂上觅食，中午前后栖息在虾塘的土堤上或稀疏的红树林中。飞行时姿态优美而平缓，颈部和腿部伸直，有节奏地缓慢拍打着翅膀。性情温顺，不太好斗，从不主动攻击其他鸟类。

分布：繁殖于中国辽宁省大连市庄河市。冬季迁徙至中国南部。迁徙时见于中国东北，在辽东半岛东侧的小岛上有繁殖记录。春季在内蒙古东部曾有记录。冬季南迁至江西、贵州、福建、广东、香港、海南及台湾。

食性：主要以小鱼、虾、蟹、昆虫幼虫以及软体动物和甲壳类动物为食。单独或成小群觅食。觅食活动主要在白天，多在水边浅水处觅食。觅食的方法通常是用小铲子一样的长喙插进水中，半张着嘴，在浅水中一边涉水前进一边左右晃动头部扫荡，通过触觉捕捉到水底层的鱼、虾、蟹、软体动物、水生昆虫和水生植物等各种生物，捕到后就把长喙提到水面外边，将食物吞吃。

黑脸噪鹛 画眉科 Timaliidae *Garrulax perspicillatus*

生态习性：此鸟为留鸟。常成对或成小群活动，特别是秋、冬季集群较大，可达 10~20 余只，有时和白颊噪鹛混群。常在荆棘丛或灌丛下层跳跃穿梭，或在灌丛间飞来飞去。飞行姿态笨拙，不进行长距离飞行，多数时候是在地面或灌丛间跳跃前进。性活跃，活动时常喋喋不休地鸣叫，显得甚为嘈杂，所以俗称为“嘈杂鸫”“噪林鹛”或“七姊妹”等。夏季鸣叫更为频繁，鸣声响亮，单调而粗涩，听后让人难忘，其声似“diu-diu”或“ju-diao，ji-dia”。常常一只鸟鸣引起整群甚至其他群的鸟亦跟着鸣叫不息。

分布：国外分布于老挝、越南北部。在我国分布于陕西南部秦岭、山西南部、河南、安徽、长江流域及其以南广大地区，东至江苏、浙江、福建，南至广东、香港、广西，西至四川、贵州和云南东部。

食性：属于杂食性鸟类，但主要以昆主为主，也吃其他无脊椎动物、植物果实、种子和部分农作物。所吃昆虫主要有象甲、金龟甲、甲虫、蝗虫、蝽、金花虫、蚂蚁、瓢虫等鞘翅目、鳞翅目、直翅目、半翅目、膜翅目、异翅目等昆虫和昆虫幼虫。植物性食物主要有植物果实、种子以及玉米、稻谷、麦粒等农作物，也吃荸荠、甘薯和水果。植物性食物多发现在冬季所采集的胃中，夏季则主要以昆虫等动物性食物为食。

画眉 画眉科 Timaliidae *Garrulax canorus*

生态习性：留鸟，生活在山林地区，常单独或成对活动，偶尔也结成小群。性胆怯而机敏，平时多隐匿于茂密的灌木丛和杂草丛中，喜在灌丛中穿飞和栖息，不时地上到树枝间跳跃、飞翔。如遇惊扰，立刻下到灌丛中，然后再沿地面逃至他处，紧迫时也直接起飞，而且飞行迅速，但飞不多远又落下，飞行不持久，一般也不远飞。常在林下的草丛中觅食，不善做远距离飞翔。善鸣唱，从早到晚几乎唱个不停，鸣声婉转动听。特别是繁殖季节，雄鸟尤为善唱，鸣声亦更加悠扬婉转，悦耳动听和富有变化，尾音略似“mo-gi-yiu-”，因而古人称其叫声为“如意如意”。

分布：主要分布于东亚地区，老挝、越南北部，以及中国甘肃、陕西和河南以南至长江流域及其以南的广大地区，东至江苏、浙江、福建和台湾，西至四川、贵州和云南，南至广东、香港、广西和海南、华南及沿海一带。

食性：属于杂食性鸟类。但全年食物以昆虫为主，尤其在繁殖季节，其中大部分是农林害虫，包括蝗虫、椿象、松毛虫、金龟甲、鳞翅目的天社蛾幼虫和其他蛾类的幼虫等，都是它的捕捉对象。植物性食物主要为种子、果实、草籽、野果、草莓等。在繁殖季节，亲鸟为了喂养雏鸟，大量捕捉昆虫。在非繁殖季节，“立秋”之后，昆虫渐少，就以各种植物果实、杂草种子或嫩菜为食。在山区，霜雪天气来临之前，还将采集来的果实、种子收藏于地洞或山石岩边的地下，作为越冬的粮食。

北红尾鸲(雌) 鸫科 Turdidae *Phoenicurus auroreus*

生态习性：通常活动于森林和灌丛，冬季向低地迁移。

分布：夏候鸟和部分冬候鸟，见于东北亚及中国，迁徙至日本、中国南方、喜马拉雅山脉、缅甸及中南半岛北部。

食性：肉食性鸟类，主要以昆虫为食。

北红尾鸲(雄) 鸫科 Turdidae *Phoenicurus auroreus*

生态习性：通常活动于森林和灌丛，冬季向低地迁移。

分布：为留鸟，见于东北亚及中国，迁徙至日本、中国南方、喜马拉雅山脉、缅甸及中南半岛北部。

食性：肉食性鸟类，食性主要以昆虫为食。

以上各种类中部分以捕食鱼、虾等水生动物为生的主要分布在坝光区域海边的滩涂及河溪周围，但是其栖息地则为水域周围茂密的树林为主；部分以昆虫、植物的果实等为生的则主要分布在坝光区域多层次的树林之中。

10.3 讨论

一个区域鸟类的多少，反映了其植被的组成及结构的优劣情况。一般植物群落的组成种类多，乔木、灌木和草本植物各层次的种类丰富，盖度大，植株高大，而且区域内各群落之间的相似性较小的情况下，鸟类的栖息环境好，适合于各种鸟类的食物更多，而且如上所述，植物的群落结构好、多样性高的条件下，昆虫的科、属和种的多样性高，且数量多，因此，当地的鸟类的多样性会更高而且数量相对会较多。Jiménez-Alfaro 等(2016)对多个国家的植被多样性、气候因子、生境异质性等多个因素与熊、鸟类、蛙类和多个昆虫类群的多样性关系进行了分析研究，结果表明，在诸多因素中，植被的多样性与上述各类群动物的多样性关系是最为明显和直接的。即当地植被系统的组成中，各群落的种类差异较大，构成了大区域的植物多样性高，则当地的鸟类及上述其他动物的多样性就会明显或较明显地提高。Zhao 等(2006)对我国很多个自然保护区的研究表明，维管植物的丰富度与陆栖脊椎动物的多样性成显著的正相关关系。

一个区域的鸟类种类较多，则说明其生物多样性高。如果每个种的数量也较多，则说明当地的植物、昆虫等可提供食物的量足够丰富，则当地生态系统处于良好状态。昆虫可以帮助植物传播花粉，帮助其繁殖，而鸟类则食虫，控制昆虫数量防止其危害植物正常生长和发育，同时食部分植物的果实等并帮助植物传播其种子。这样生态系统的运行就达到一个良好的状态。坝光地区的鸟类种类还是较多的，这与当地植被发育很好是有关系的。今后需要进一步加强对各地点植物群落的保护工作，进而也实现保护更多鸟类的栖息和繁衍的场所。

本研究共调查到坝光区域鸟类47种，隶属于25科，可见基本上每个种类属于不同的科，其遗传差异性是很大的。徐良(2019)对浙江江温岭部分无居民的海岛开展鸟类调查和植被调查，各岛屿的研究区域共有乔木17种、灌木68种和草本138种，共77科166属223种，明显少于坝光区域的植物种类。该调查中各海岛的鸟类为8目27科49种，科的数量与坝光区域相近，仅多2个科，而种类多2种。那些海岛的面积合计比坝光区域要小，但由于其每个岛四面环海，因此各海岛的合计海岸线则比后者长；另一方面，这些海岛都无人居住，几十年乃至上百年无任何的人为干扰和影响，鸟类的分布、取食、建窝、繁衍等均为纯自由和自然条件下进行的，这样各种鸟类的密度会增加，即单位面积下的种类数会增加。而坝光虽然人为保护植被等方面做得很好，生态环境很好，但是那里毕竟居住着18个村的居民，他们在进行着各种经营活动，还有较多慕名去旅游的游客。因此，对当地鸟类的种类数会产生影响。但在其研究中也表明：常绿-落叶阔叶混交、常绿阔叶林较多，常绿针叶林和草丛鸟类多样性较低。而且指出：原因为前者生境中树龄差异较大，垂直结构复杂，灌木层和草本层发达，为鸟类提供了丰富的食源、良好的隐蔽所和适宜的巢址。即植物多样性高、结构复杂的植物群落其鸟类的多样性高。同时指出：就不同无居民海岛而言，海岛鸟类多样性与岛屿生境类型的破碎化、蔓延度和多样性有密切关系。即在多个海岛中，由于存在着许多各式各样不同的小生境，因而也能较明显地增加鸟类的多样性。这些与上述对坝光区域的比较评价是一致的。

由于鸟类是可飞行的，因此，某地区鸟类的丰富度与所调查的面积是比植物更容易明显成正比关系的。坝光区域的鸟类与其他一些地区的有所不同，在于其为沿海地区，有海岸带的鸟类，也有陆地的鸟类，加上坝光有10多条入海的河溪，因此，部分为喜欢靠近淡水的鸟类。这里涉及鸟类不同种类的居群的数量所需栖息地空间及食物的争夺的问题，即不仅与所调查区域的植被生态学特征有直接的关系，也与研究地的面积范围有很大的关系。如在福建的明溪县全县范围内选择有代表性的10多个行政村及水库周围进行调查，共记录到鸟类分属15目42科121种(郭宁和肖书平，2015)。罗子君等(2012)对阜阳市4个国家级和省级湿地保护区(面积总和为290.66km^2)进行调查，共调查到鸟类11目25科43种，其中水鸟较多，占种类数的47.8%。其面积为坝光区域的9.32倍，但鸟类种类却少于后者。可见，坝光区域鸟类种类的丰富度还是相对较高的。

从坝光的鸟类的丰富度情况看，其生物多样性是较高的。即在不是很大的面积里，由于具备海边、咸淡水与淡水河溪，以及许多高大、茂密的森林及以其为依托而构成的少部分灌丛及自然发育的草丛等良好的生态环境，因此，鸟类的种类是较多的，而且科、属的遗传差异性是比较大的。这是坝光区域复杂的地形、地貌和良好的生态环境所构成的。

如上所述，各种鸟类均依托大树、老树构成的森林，或以其为前提条件的少部分附属的灌丛及自然发育的草丛为栖息、繁衍和取食的环境条件，因此，要保护好当地的这鸟类，必须要保护好本研究中的这些植物群落。由于部分鸟类可能在整个坝光区域是飞行觅食，而巢穴则在那些很好或较好的植物群落里及其周围，因此，必须同时保护好坝光区域的其他地点的植物群落，以及那些大树、老树和以其为依托构成的良好的生态环境。因此，保护各区域的植被及其良好的结构是维护当地良好生态系统结构的关键和主要策略，也是保护好该区域各种鸟类等高等动物的关键和主要措施。这样，才能保障当地植物的和谐共生、维系良好的生态系统功能的运行，保护当地的生物多样性，进而也可进一步优化当地的生态系统，使该区域能够保持其优美的景色和良好的生态环境，建成生态与经济协调发展的生态型经济园区。

第 10 章　坝光区域鸟类调查研究

普通鵟

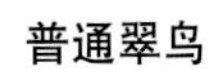

普通翠鸟

白胸翡翠

斑鱼狗

琵嘴鸭

赤颈鸭

大白鹭

池 鹭

白 鹭

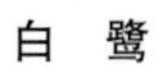

夜 鹭

赤红山椒鸟（雄）

赤红山椒鸟（雌）

珠颈斑鸠

大嘴乌鸦

喜　鹊　　红嘴蓝鹊　　褐翅鸦鹃

噪　鹃　　家　燕　　棕背伯劳

树　鹨　　鹊　鸲　　叉尾太阳鸟

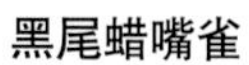

黑尾蜡嘴雀

麻　雀

普通鸬鹚

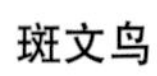

斑文鸟

白腰文鸟

红耳鹎

白头鹎

白胸苦恶鸟

黑翅长脚鹬

矶　鹬

青脚鹬

八　哥

长尾缝叶莺

黄眉柳莺

黑脸琵鹭

画　眉

黄腰柳莺

北红尾鸲（雌）

北红尾鸲（雄）

第11章 坝光区域微生物调查研究

土壤微生物的数量是一个地区生态系统结构状况优劣的表征，凡植被繁茂的区域，土壤的枯枝落叶多，因而有机质多，供微生物活动和繁衍的条件就会好，而微生物的作用，又把这些土壤表层及更深一些层面的大分子有机物分解为小分子物质，甚至是离子态，供植物根系吸收利用(樊盛菊等，2006；关统伟，2006)，形成了生态系统的良好的物质循环。反之，在植被很少或极少的区域，如荒漠等区域，土壤微生物的数量也会较少或很少。放线菌和真菌两类微生物是与植物关系最为密切的，真菌的大部分种类具有对大分子有机物的分解、肥力的释放的作用，以及能与根系形成菌根，有固氮等作用等，对植物的生长发育有很大的益处；放线菌的极大多数对植物的肥力供应及其生长发育和抗病等方面是有益的(章家恩等，2002；樊盛菊等，2006；关统伟，2006；周玮等，2017)。因此，本章主要研究和分析坝光区域的这两类微生物的数量特征。

11.1 研究地与方法

11.1.1 研究地

从2015年11月至2016年3月对坝光区域进行土壤微生物的调查研究工作；各研究地的微生物的各采样地点及样地小环境概况见表11.1。

表11.1 各采样地点、时间及小环境概况

样地	地理位置及特点	经、纬度
样地1	地点：深圳坝光银叶树湿地公园 样地特点：①海水、海浪冲击及冲刷；②小石块、贝壳多；③银叶树根多；④主要植被为银叶树	114°30′13″E，22°39′53″N
样地2	地点：深圳坝光银叶树湿地公园银叶树和桐花树下 样地特点：①土壤肥沃；②没有海浪冲刷，水比较缓和；③根很多，细根特别多；④距样地1大概100m	114°30′13″E，22°39′53″N
样地3	地点：深圳坝光桉树下(半山腰上)(盐灶水库旁，公路对面为银叶树湿地公园入口) 样地特点：①人工桉树；②桉树在山上分布较为稀疏	114°30′46″E，22°38′47″N
样地4	地点：深圳坝光村入海口、咸淡水河岸地 样地特点：①河边有水鸟停驻；②河溪靠近出海口约650m	114°29′41″E，22°38′59″N

（续）

样地	地理位置及特点	经、纬度
样地 5	地点：深圳坝光村银叶树下和海漆树下 样地特点：①地上很多碎玻璃；②海漆和银叶树相邻；③海漆树下土壤非常湿润	114°29′37″E，22°38′52″N
样地 6	地点：深圳坝光社区产头东面	114°31′33″E，22°40′29″N
样地 7	地点：深圳坝光社区产头东面往东 350～380m 代表植物：台湾相思、茅草（多，密）、银合欢、蟛蜞菊	114°32′23″E，22°40′29″N
样地 8	地点：华润楠林 代表植物：华润楠（大戟科，树龄约 165 年）、五月茶（樟科，树龄约 115 年）、翻白叶树（梧桐科，树龄约 135 年）、白车（桃金娘科，树龄约 215 年）、假苹婆（梧桐科，树龄约 125 年）、海红豆（含羞草科，树龄约 215 年）	114°30′32″E，22°38′55″N
样地 9	地点：华润楠林往东 300～400m 代表植物：野桐（大戟科）、木麻黄、台湾相思	114°31′10″E，22°38′54″N
样地 10	地点：耕海生态园往东北 1km 多（双坑村） 代表植物：小乔木、灌木丛；假苹婆（梧桐科）	114°32′40″E，22°38′59″N
样地 11	地点：双坑村的水翁林 代表植物：水翁林（桃金娘科，树龄约 165 年等，较多老树和古树）	114°32′48″E，22°39′0″N

注：样地序号按取样时间先后排序；各样地采样基本为植物根际范围，即土壤中会有植物的根系，而非远离植物的地点。

11.1.2　研究方法

对上述研究地的树叶、土壤表层的微生物进行野外调查，观测部分可见的菌群，如明显的菌丝和子实体等，同时采集草本植物根部附近的样品，在实验室配制培养基，在培养皿中进行组织培养。

（1）PDA 培养基配置

马铃薯 200g，葡萄糖 20g，琼脂 20g，水 1L，自然 pH。

①称量和熬煮　按培养基配方逐一称取去皮马铃薯。将马铃薯切成小块放入锅中，加水，在加热器上加热至沸腾，维持 20～30min，用 4 层纱布趁热在量杯上过滤，滤渣弃去。

②加热溶解　在滤液中加入葡萄糖 20g、琼脂 20g，小火加热，并用玻璃棒不断搅拌，以防琼脂糊底或溢出。待琼脂完全溶解后，再补充水分至所需量。一般不需要调 pH，分装后 121℃高压灭菌 20min。待冷却至 55～60℃，加入氯霉素，加入量为 0.2g/L 培养基。

（2）对微生物菌群密度和数量等指标进行统计

①先计算相同稀释度的平均菌落数，如果其中一个平板有较大片状菌苔生长，则不应采取，而应以无片状菌苔生长的平板作为该稀释度的平均菌落数。如果片状菌苔的大小不到平板的一半，而其余的一半菌落分布又很均匀，则可以将此一半的菌落数乘 2 以代表全平板的菌落数，然后再计算该稀释度的平均菌落数。

②选择平均菌落数在 30～300 之间的，当只有一个稀释度在此范围时，则以该平均菌落数乘以稀释倍数即为该土样的总菌数。

③若有两个稀释度的平均菌落数在 30～300 之间，则按两者总菌落数之比来决定。若其比值小于 2，则取二者的平均数；若大于 2，则取其中较小的菌落总数。

④若所有稀释度的平均菌落数都大于300，则取总菌落数最多者。

⑤若所有稀释度的平均菌落数都小于30，则取总菌落数最少者。

⑥若所有稀释度的平均菌落数都不在30~300之间，则以最近300或30的平均菌落数乘以稀释倍数。

公式：1g土样总菌数=同一稀释度几次重复的菌落平均数×10×稀释倍数。

11.2 结果与分析

各样地菌群的个体数统计情况见表11.2。

表11.2 各样地微生物数量情况

样地	pH	土壤放线菌数(个/g)	土壤真菌数(个/g)
样地1	7	9.47×10^{6}	4.06×10^{5}
样地2	5	1.67×10^{4}	1.1×10^{3}
样地3	4	4.03×10^{6}	3.03×10^{5}
样地4	7	1.70×10^{6}	1.0×10^{4}
样地5	6	5.37×10^{6}	3.45×10^{6}
样地6	6	1.27×10^{6}	6.7×10^{4}
样地7	6	1.75×10^{6}	5.4×10^{5}
样地8	5	1.59×10^{6}	4.5×10^{5}
样地9	6	1.62×10^{6}	4.5×10^{4}
样地10	6	7.93×10^{5}	1.27×10^{5}
样地11	7	4.37×10^{6}	1.03×10^{5}

从表11.2可见，各样地的土壤pH情况是相当好的，大多数在6~7之间，样地2、样地3、样地8 pH较低，偏酸。这也说明坝光区域由于植被保护很好，因此，其土壤的酸碱度情况也好或较好。

从放线菌的情况看，菌株数的大致顺序为：样地1>样地5>样地11>样地3>样地7>样地4>样地9>样地8>样地6>样地10>样地2。

从真菌的数量看，样地5、样地7、样地8的菌株数量比较多，其中，菌株数量最多的是样地5，其次为样地7；然后是样地8、样地1；顺序大小顺序为样地5>样地7>样地8>样地1>样地3>样地10>样地11>样地6>样地9>样地4>样地2。

在11个样地里，样地5的放线菌和真菌数量都是最多或排在前列的，样地3都处在中间的位置，最小的都为样地2。当然，其他多个样地两类群菌株的数量顺序相差还是较多的。各样地的情况均为放线菌的数量要较明显地高于真菌的数量，这与其他地方的一些研究情况相似(章家恩等，2002；樊盛菊等，2006)。

11.3 讨论

土壤中菌落数和单位面积的菌株数是反映当地土壤的氮、磷、钾等大量元素，微量元素，土壤腐殖质，以及有机质含量多少的重要标志之一。当一个地方植被茂盛、土壤表层枯枝落叶层较厚的情况下，土壤的营养成分高。而土壤的微生物作为分解者，参与到生态系统的物质循环和能量流动的运行过程中，加快分解这些大分子的有机化合物，使之成为腐殖质等有机物，再进一步分解为其他的小分子化合物，以及氮、磷、钾等各类大量元素及钼、硒、硼等微量元素，供植物吸收利用。因此，当每个地方的土壤微生物数量高时，则是当地土壤生态系统以及地面生态系统状况较好的表征(孙福军等，2006；张成林等，2007；樊盛菊等，2006；关统伟，2006)。

从各样地的放线菌和真菌数量来看，有的与其他一些地方的相近或高于后者(孙福军等，2006；张成林等，2007)，而前文的样地主要为长期施用农家肥或各类肥料的农用地，也有枯枝落叶进入田内被菌类分解的状态(张成林等，2007)，甚至也可能运用绿肥和秸秆还田等情况。因此，那些地方的养地和用地结合做得怎样，会直接构成土地放线菌和真菌数有较大的差异。而本研究与其他一些南亚热带地方的多个林地相比，则放线菌和真菌较普遍地高于后者(章家恩等，2002)，与贵阳地区的多个林地及一些沿海滩涂盐生植物根际的放线菌和真菌数量相比(樊盛菊等，2006，周玮等，2017)，大多数的样地均明显高于后者。

样地 5 位于坝光村的银叶树群落内，即在植物群落 3 内，此处常有潮汐涨水进入，加上红树植物及一些陆生植物的混合生长，使得了地面枯枝落叶较多，土壤肥沃，因此，其真菌和放线菌的数量都很高。而样地 7 为较长时期无人为影响的林地，林下的灌丛、草丛很密集，因而其菌群的株数也多。样地 8 位于植物群落 17 所在的地方，在茂盛和高大的乔木林内，郁闭度很高，林下灌木层和草本层植物茂盛，土壤比较肥厚，因此，其真菌和放线菌的菌株数量也较多。

样地 1 为银叶树湿地公园内，在植物群落 7 附近，是一个靠近山边的受到海潮涨落影响，但是又有树根、草丛的地方，因此，其放线菌数量最高，真菌数量也处在靠前的位置。这里值得思考的是，样地 3 为桉树林群落，其放线菌和真菌数量排在中间的位置，此群落处于群落 16 的盐灶水库旁的山地，该群落的乔木层只有 3 种植物，而灌木层和草本层的植物还是比较多的，这可能是由于经过较长时间的植被恢复，土壤的营养成分慢慢地增加了的原因。但这个样地的 pH 是最低的，仅为 4，为较强的酸性，说明人工种植了桉树后的林地，其土壤的肥力下降，酸性增强。因此，不仅桉树林的植物多样性在所有研究的群落里是最低的，而且其土壤的酸性也是最强的。因此，各地必须少种这类经济林，需要种植的话，必须很少面积地与当地自然林或其他的人工林间隔地种植，而且不能采用大片砍伐当地原来自然林或半自然林后，大片地种植速生桉的方式。此外，桉树在某个山坡与其他当地的树林适当混合种植的过程也不能连续较长的地段如此，必须间隔较长的地段后再有部分山地这样种植(黄玉源等，2007)。以保障以当地的树种为主，或者部分为其他能保持当地水土、与本土植物协调共生的少数人工种植的树种为林地的优势种，保障当地的生态系统能得以恢复和改善。

样地 1 和样地 2 都为银叶树公园处，两个取样点相隔逾 100m，中间相隔一个小坝，坝中有一个涵洞，海水涨潮到了一定的高度后，可以进入到坝的内侧，达到样地 2 的一带的位置，而样地 2 恰好位于此涵洞的附近；但两个样地土壤的放线菌和真菌数量则相差较多，样地 1 明显多于样地 2。可能与海水涌入和退出涵洞的过程流速较快，造成对两个样地的冲刷程度有所差异有关。样地 11 为双坑村的河边水翁林，那里老树、古树较多，只是取样为路边的草丛，虽然受到一些人为因素的影响，但是其土壤中两类微生物的数量也是比较多的。

第12章 坝光国际生物谷生态保护对策

上述各章对深圳坝光区域开展的大量系统的调查测定研究所掌握的生态学特征表明，坝光区域各地方的植物群落结构都是很好的，少部分地方是较好的，植物多样性水平高或很高，古老、高大的树木很多，陆地、河溪及海域的植物资源很丰富，因而构成了逾 $30km^2$ 的大面积景观丰富多彩、优美迷人、动物种类很丰富、环境舒适宜人的优良生态环境和优美的景色。如此优良的生态系统结构和空间格局，在国内除了少部分边远山区外(很多边远山区同样是树林较少，乱开发索取现象严重或较严重)，大部分沿海地区和大多数省份是极少有的，就连许多保护了几十年的国家级和省级自然保护区里的很多地方，也没有那样好的植被特征及令人感叹和兴奋的景象。这是当地民众几百年来一直保持着爱护植被，与自然相互依存、和谐共生的良好习惯和传统，以及不懈地付诸实施所形成的。因此，在深圳国际生物谷对坝光区域进行建设施工及使用的过程中，必须注重对当地生态环境的保护。要把经济运行与当地生态系统的保护同时高效、有机地结合起来，进而使坝光区域成为深圳的经济运行与生态系统保护和优化能够同步、高效、协调运行，建设生态文明的示范区。在此特提出以下一些建议。

12.1　把4～5个区域建成休闲观光生态公园

深圳坝光区域内大树、老树、古树很多，种类也丰富，林下灌木和草本层植物种类也丰富，生物多样性高，这是该区域生态系统优良的重要支撑和依托。因此，在国际生物谷建设的规划、设计过程中，应该重点把部分重要的区域进行封闭式保护，不能建设任何经济运作、经贸、科研等办公用房。为使保护和利用同步进行，这些地方可以建设为国际生物谷里小型的生态旅游、休闲、观光的公园。

12.1.1　坝光村银叶树群落区域

即坝光村银叶树林，本研究植物群落3所在的地方，以及沿河溪周围的桐花树、海漆、老鼠簕、海莲和黄槿等红树林植物，同时结合村内的许多冠幅很大的老树、古树的分布范围，建设成为海边潮间带湿地公园。虽然这个地区大多数的林地已经被施工方按照不符合规定、失误的规划施工而砍伐了，但是必须逐渐恢复当地的植被和红树林。由于此村落内还有许多高大、树龄在100年以上的国家二级重点保护的榕树、龙眼和樟树等，因此，此处建成公园是具备较好条件的。

这里距离银叶树湿地公园较远，约3km，而按照森林城市的国家标准，必须在500m范围内见到一个公园(广州在几年前已经实现这个目标)，因此，坝光地区方圆 $31.9km^2$，长度约10km，宽度约 3. 5km，要实现这个国家森林城市、生态城市和生态社区建设的基本标准，仅仅靠一个盐灶村的银叶树湿地公园是非常不足的，相差很远。因此，在坝光村利用其如此好的高大、古老的银叶树和红树林以及村周边陆生的高大乔木林自然景观和很好的生态系统结构，建设成为另一个生态旅游和观光游览的公园是必要的，也是必须的。同时，国际生物谷里的工作人员也可以有相对较近的放松和游憩、观光的去处，把对工作的热情与在大自然美好生态景色的人居环境的心灵陶冶和享受相结合，进而更加努力地在该园区工作。

12. 1. 2　盐灶村银叶树湿地公园区域

这个公园因为原来大鹏新区城市管理局在那里建有保护小区，因此已经被纳入规划建设当中，这是很好的计划，必须进行很好的建设和运作。

12. 1. 3　产头村及以北到沿河溪木麻黄、银叶树林区域

在这个区域建设第三个公园。此处为植物群落 1 和群落 12 所在的地方，这里河溪较多，许多老树、大树、古树，一些已经由城区城市管理局挂上国家三级保护古树的牌子。而且这里范围比较宽，有河水且通往大海。这里的灌木层和草本层的植被多样性都相当高，是一个很好的把生态保护和旅游、休闲相结合的地方。如上所述，可惜在河溪两旁的许多高大的银叶树林已经被施工方破坏，但是此处应继续恢复植被，结合植物群落 1 和群落 2 两个地点的植物群落，建成一个小型森林公园。

12. 1. 4　白沙湾观景平台及周围水翁林区域

此处位于坝光区域的西北面，距离盐灶村公园达到 4. 6km，距离需要建设的坝光银叶树的公园（暂称坝光红树林公园）也有 2. 5km 以上，是“500m”距离的 4 倍多。因此，在此处必须建设一个公园，可以暂称为白沙湾公园。这里原来市政部门在海边建设了一个较宽的亲水观海平台——白沙湾观海平台，同时一条比较高标准的绿道从此经过，周围的两条河溪旁是高大的水翁林，林内还有许多其他种类的树木，构成造型古朴典雅的生态观光、旅游、学习生态学知识的好场所。此处还需要把附近的山地森林植被包括进来，即乔木、灌木和草本植物丰富的群落 4，这样很好地把沿海的植物、近水乔木及山地植物连接起来，形成生物多样性高、景观丰富的区域，使游客和社区工作人员能够领略和经常欣赏到这些属于很多科、属的形态各异、优美的森林植物景观。这里是可以很好地进行规划和建设的。尤其是把两条河溪两岸的群落 5、群落 6 的植被与自然地形和水资源很好地利用起来，形成一个连接海边滩涂红树林的呈过渡梯度的森林海滨公园。

12. 1. 5　靠近坳仔下的海滨区域

此区域距离最近的一个需要建设的公园——产头村及附近区域的公园约有 3. 7km，距离已经很远，必需建设一个公园。因此，可以把植物群落 19 所在处即坳仔下客运码头处建设为一个公园。此处可以见到大海，稍远处有红树林植物分布。这也是与保护沿海红树林有机结合的一个措施。

12. 2　在国际生物谷内建设大型工业废水处理厂

对坝光区域的植物、动物、微生物的生态调查研究表明，坝光区域由于 100 多年来乃至更加久远以前，当地人们注重对生态环境的保护，各个村落及周围地方各种高大树木、老树、古树很多，形成了高大的森林植被系统，而且空气清新，水、土壤没有污染。因而被广大的深圳市民和来自外地的游客亲切地誉为“深圳的九寨沟”“深圳最美的乡村”，许多媒体和网站均有报道和评述。这不仅是广大市民对坝光区域实际情况的赞誉，也反映了市民和广大外地民众对美好生态系统和景致的

珍爱和期盼。因此，今后此区域建设国际生物谷的过程中，必须依据生态工业园建设的原理和技术策略进行各企业的物料和产品相互对接和利用的连锁关系而组建(黄玉源等，2000，2003)，而且必须事先规划建设1~2座大型的工业废水处理厂，不允许任何单位和部门把生活污水排入坝光区域的任何一条清澈的河溪。并且，生活污水处理的原理是利用过筛、渗透和微生物为主的分解、沉淀法，任何生物化学、化工等工业类的废水不能进入。否则一旦进入，则起主要处理污水作用的微生物菌群便会很快彻底被摧毁，而使得此污水处理厂报废。

由于坝光区域建设为国际生物谷之后，会有众多的与生物制品、生物化工相关的企业和研究机构进驻和运作，这些部门必须要运用大量的化学制剂。即便开展生物技术和科学的研究，也要使用这些试剂。而企业生产过程中排放的这些含有各类无机、有机化合物的废水及科研机构进行实验研究的废水会经过下水道排出。由于目前作为科研企业的所谓试验制剂废水车辆接收外运后处理，操作十分烦琐，占用大量人力、物力和财力，因此，许多这类单位没有履行此程序。造成较多废水与生活污水一起排入河流等。而且作为国际生物谷，许多的生物制剂、制品等企业的运作，其产生的各类废水的量是很大的，不可能采用车辆进入区域一个个厂回收的做法(还阻塞交通)，而且与其如此长距离运输到其他远处处理(由于监督不容易到位，因此常常造成这些运出去的许多废水不能确保其合理有效地处理，而造成环境污染)，还不如学习其他工业园区，在园区内建设大型工业废水处理厂，各类企业和科研型单位的所有废水可以直接排入专门建设好的废水管网，进而直接进入到园区内的大型工业废水处理厂进行集中处理。工业废水处理厂针对含不同类型化学成分等物质的废水，分不同的小区，采用不同的工艺进行专门的处理，达到出水标准后，再排到一个大的植物深度净化处理池，利用各类水生植物的根、茎、叶及附于其上的微生物进行进一步的分解、吸收、净化处理，达到一个好的地表水排放标准后(一般要求最好能达到Ⅲ类水及以上标准)才能向外排放。

这样一方面节省了平时每天收集、贮藏废水，以及交送、运输等大量的人力、物力和财力，而且还提高了国际生物谷各类企业和事业单位的工作效率，又很有效地把大量的工业废水进行了处理和净化，同时，大型工业废水处理厂集中进行这些废水的分区专业化处理，其处理的效果会要好很多倍。可以确保坝光社区良好的河溪、沿海水域的水系统不因建设和运行了生物类企业园而导致污染，进而能确保区域各河溪及海洋的植物和动物不受到污染和受害，各地点的植被系统和结构也能继续得到很好的发育。

当然，园区内不允许有明显排烟、构成空气污染的设施建设和运行，而且对于各企事业单位的固体废物也必须做好回收和安全存放场所的设计与规划，做到不给园区造成废渣、垃圾等的污染。

12.3 对河溪的保护对策

(1)应尽量对现存15条河溪的河道进行原样保护

由于河溪中的红树植物主要沿河床及河岸两侧分布，对河溪河道的任何修改基本都会对河溪中的红树植物的生长产生恶劣影响。因此，15条河溪的走向、河床及两岸5~8m(少数河道岸边大树、老树较多的还需放宽此范围)都应尽可能原样保护，即保持其原有的自然地理条件不动，以便保护各河溪内的红树植物以及其他水生植物。同时，保护河岸的乔木、灌木和草本植物等植被，以形成河岸及河溪和谐统一、相互依托的良好生态系统。

(2) 最大限度地减少或禁止对河溪底部及其周边铺设水泥等人工硬底设施及构件

坝光区域滨海河溪内及其周边环境都十分适合红树植物及其他水生植物的生长，而硬质铺装既会阻碍红树植物等水生植物的生长，也会对河溪内其他物种产生较为恶劣的影响。应最大限度地减少在河溪底部及河岸两侧边坡铺设和装饰硬性建筑材料。保持河溪内的底泥及两旁的自然状态，以保持各河溪内红树植物及其他水生植物的生长、发育，以及鱼虾、贝类等水生动物的繁衍，以保护河溪良好的水生生态系统。

(3)可将河溪作为园区内的生态景观和休闲游憩的重要场所

在河溪中的水生植物和动物能够构建一个良好的生态系统的前提下，对于好的和比较好的景观处，结合两岸的陆地植被，配以在岸边极少的小道及座椅等设施的构建，可将15条河溪营造成为具有生态教育意义的休闲场所和景观长廊，使其成为坝光区域良好生态系统及"生态宜居绿色社区"的重要组成部分，也是该区域生态环境的一个重要组成部分。

(4)应尽可能保证河水的入海与海水的正常回潮

由于红树植物必须生长于海水能够浸淹到的区域，因此保证海水在河溪中的正常回潮非常重要。严格实施好这些措施，以便保证能涵养河内的红树林植被及其他水生动植物。因此，有道路需跨过河道时，应修建桥梁，或者建设较大的涵道(管道)。

(5)滩涂的保护

为了保证坝光区域较长的海岸的生态学特征，以及湿地和海陆过渡区生态系统的特色，让人们能更多地接触沿海滩涂植被和海水，形成观光和游憩的较广的区域，因此，多数海岸区域还是应该以保持较多滩涂区域为主；部分必须修建堤坝的区域，也应该是保证堤外在海水涨潮时能有2~5m滩涂的行走空间，在海堤的一定的距离处，需要建设能走下滩涂的阶梯。这样，一方面能最大限度地保护沿岸滩涂的红树林；另一方面，游人可沿海堤进入海边，以便园区内和来观光的人们亲海和游览。

在低潮段海滩红树林湿地区设计栈道，沿栈道人们能够步行进入红树林游览观光，了解红树林的生长环境和生态作用，宣传保护红树林。由于红树林生长于热带和亚热带，并拥有丰富的鸟类食物资源，所以红树林区是候鸟的越冬场和迁徙中转站，更是各种海鸟觅食栖息、生产繁殖的场所。各种鸟类聚集于此，有的在滩涂踱步，有的在枝头休憩，有的在湿地觅食，构成景观，因此可在林中适当位置设计观鸟屋供游人观鸟。

12.4 对区域内所有零星分布的高大或珍稀树木进行全方位保护

坝光区域之所以能构成这么好的生态系统，主要在于其各处高大、古老的树木和小树共同良好地发育形成了一个庞大的森林植被系统。而一个地区的生态系统结构和功能状况如何，关键是当地植被系统的结构和功能与效益的作用如何，植被是当地生态系统的支撑和维系其良好运行的保障。其中的昆虫、鸟类和爬行类等动物及微生物均依托其发育、发展，它们的状态怎样直接由植被系统的状态所决定。动物等只是促进系统更便捷、高效运行的辅助者。即在生态系统里起决定作用和主导作用的是植被系统。因此，在建设上述5个森林型生态公园的同时，必须保证把坝光区域所有地方零星分布的比较高大的树木尤其是古树和老树，以及那些林下的树苗和小树进行很好的保护，确保这些植物群落的生物多样性能够得到持续、良好的发育和发展。

必须由市、区级环境保护部门、城市管理局、林业部门等进行监督和指导，对各地方的这些植物群落实施有效的保护，使其在自然的、不进行人为干扰和修剪等状态下发育和发展，使其结构能够得到更加优化和繁茂。

绝不允许任何人以施工为名，扰动甚至损坏树木，不可对这些大树、古树和老树(含所调查的各个植物群落里的大树、古树和老树)进行任何的修枝和剪枝，而是保持其自然的树形和让其自然地发育，这样才能形成各个树种自然优美的形态特点，形成古朴典雅的植物景观和给人予自然和谐、优美的生态环境与意境。

工程规划和设计需要以保护当地植被系统为优先原则，以避开大树、对违反者必须予以严惩。老树和其他比较茂密和较为高大的乔木构成的植被群落为原则，可以在低小的灌丛和草丛区域进行。对违反者必须予以严惩。

12.5 对坝光区域已经调查研究的50多个较好的陆地植物群落必须进行整个群落的保护

在坝光国际生物谷规划和建设过程中，必须对该区域上述进行的生态本底调查研究报告中所列出的25个植物群落进行整个群落的整体保护，因为在第一个研究项目中所调查的这25个植物群落中，23个是选择了最好的自然和半自然林的植物群落进行的研究，另2个为人工林作为对比研究，也可以保留下来作为继续的对比观测。

在第二个项目的研究报告，即《深圳市坝光国际生物谷生态本底补充调查研究报告》中，共开展了坝光区域所有的16条河溪的水生植物尤其是红树林以及沿岸的许多植物群落的研究，对于这些河溪的植被系统必须进行很好的保护。

对本研究第6章的13个滨海植物群落中，对于乔木、灌木和草本植物种类较多，生物多样性各指标值较高，以及结构特征如高度、密度、胸径和盖度等指标都较好的群落，也应该进行整个群落的保护。

在笔者对整个区域的研究中及后续补充的研究中所调查的很好和较好植物群落的主要分布情况见彩图12.1。坝光需要这些森林植被，正好可以节省许多其他植被差和少的区域采用人工绿化所需的大量经费。而且由这些群落里的大树、老树及许多小树和灌木、草本植物共同构成的丰富的植被系统里，其释放氧气、吸收净化大气污染物、增加大气湿度、调节和降低夏季气温等生态效益方面比其他低小树木构成的林地要好许多倍，构建起很好的生态系统，同时保证区域内具有很好的植物和鸟类、昆虫等动物的生物多样性。因此，房屋和道路的规划设计以及建设的地点应该是极大部分避开上述那些好的植物群落，即围绕着它们进行建设。除少部分主要干道外，不必让较多的道路过于笔直，道路可以较多的适当弯曲，可增加其景观的情趣性。这样，能够使得进驻国际生物谷的各企业及研究部门等能够在上述很好的植被系统中开展业务，处在一个空气质量和温湿度好、景观优美的环境中。这就正好达到了人们能够在园区内欣赏到美丽自然景色，具有很好的景观效益，同时又有很好的生态效益的目的。

在我国进行生态文明建设，实施生态经济战略，走可持续发展道路的新形势下，深圳市建设坝光国际生物谷必须与国家这些新的重大的发展战略和要求紧密结合，而且要做到在建设发展的过程中起到积极的带头作用；不辜负深圳市民和全国各地民众对保住坝光这个自然生态环境如此优美地方的良好生态系统的心愿，为把深圳国际生物谷坝光核心启动区建设成为在全国走经济和生态协调发展道路，生态系统和经济系统和谐高效运行，两者能相互促进、相得益彰，而且能够不断地提升和获得良好发展，经济效益、生态效益和社会效益都能得到全面提高的生态文明示范区而做出应有的贡献。

参考文献

陈国贵，戴聪杰，李元跃，等，2016. 福建各地区红树植物形态特征比较[J]. 安徽农业科学(19)：178-182.

陈克林，1994. 湿地保护与合理利用指南[M]. 北京：中国林业出版社.

陈美高，1998. 福建三明天然米储林与米储人工林群落学特征的比较研究[J]. 武汉植物研究，16(2)：124-130.

陈姝，2006. 深圳将建第二个自然保护区[N/OL]. 深圳商报. http：//news. sina. com. cn/o/2006-07-06/05299383924s. shtml.

陈晓霞，李瑜，茹正忠，等，2015. 深圳坝光银叶树群落结构与多样性[J]. 生态学杂志(6)：1487-1498.

陈勇，孙冰，廖绍波，等，2013. 深圳市主要植被群落类型划分及物种多样性研究[J]. 林业科学研究，26(5)：636-642.

陈远生，甘先华，吴中亨，等，2001. 广东省沿海红树林现状和发展[J]. 广东林业科技，1(1)：20-26.

董超文，2011. 坝光精细化工园项目下马了[N/OL]深圳商报. http：//finance. ifeng. com/roll/20110115/3210487. shtml.

董超文，2011. 坝光目前已不需要填海[N]深圳商报. 1. 17

段文科，张正旺，2017. 中国鸟类图志上下卷　雀形目+非雀形目　全 2 册[M]. 北京：中国林业出版社.

范喜顺，陈合志，胡德夫，等，2005. 华北平原耕作区不同林木类型昆虫群落结构研究[J]. 石河子大学学报：自然科学版，23(5)：576-579.

方精云，王襄平，沈泽昊，等，2009. 植物群落清查的主要内容、方法和技术规范[J]. 生物多样性(6)：533-548.

高婷. 2015. 深圳坝光生命科学小城低碳交通规划研究[C]//协同发展与交通实践——2015 年中国城市交通规划年会暨第 28 次学术研讨会论文集.

郭宁，肖书平，2015. 明溪县鸟类生物多样性分析及保护对策研究[J]. 生态科学，34(5)：196-204.

韩桂彪，张育平，2006. 不同园林植物类型昆虫群落的比较研究[J]. 安徽农业科学，34(21)：5572-5573.

何东进，洪滔，胡海清，等，2007. 武夷山风景名胜区不同森林景观物种多样性特征研究[J]. 中国农业生态学报，15(2)：9-13.

何柳静，黄玉源，2012. 城市植物群落结构及其与环境效益关系分析[J]. 中国城市林业，10(4)：13-16.

何友均，梁星云，覃林，等，2013. 南亚热带人工针叶纯林近自然改造早期对群落特征和土壤性质的影响[J]. 生态学报, 33(8): 2484-2495.

胡传伟, 孙冰, 陈勇, 等, 2009. 深圳次生林群落结构与植物多样性[J]. 南京林业大学学报: 自然科学版, 33(5): 21-26.

黄丹, 惠晓萍, 韩玉洁, 等, 2012. 不同强度间伐对奉贤区水源涵养林及其林下植物多样性的影响[J]. 上海交通大学学报: 农业科学版, 30(6): 41-46.

黄金燕, 周世强, 谭迎春, 等, 2007. 卧龙自然保护区大熊猫栖息地植物群落多样性研究: 丰富度、物种多样性指数和均匀度[J]. 林业科学, 43(3): 73-78.

黄柳菁, 张荣京, 王发国, 等. 2010, 澳门青洲山白楸+假苹婆+破布叶群落特征研究[J]. 植物科学学报, 28(1): 81-89.

黄玉源, 陈志荣, 李秋霞, 2004. 全面推进我国生态工业建设步伐势在必行[J]. 广西大学学报: 自然科学版, 29(1): 65-69.

黄玉源, 许斌, 梁鸿, 等, 2017. 深圳坝光国际生物谷规划区域生态状况与保护策略研究Ⅲ——坝光全区域保护策略[J]. 环境与可持续发展, 42(3): 21-26.

黄玉源, 余欣繁, 梁鸿, 等, 2016a. 深圳莲花山植被组成及植物多样性研究[J]. 农业研究与应用(2): 18-34.

黄玉源, 余欣繁, 招康赛, 等, 2016b. 深圳小南山与应人石山地植物多样性比较研究[J]. 广西植物, 36(5): 12-18.

黄玉源, 招康赛, 杨立君, 等, 2017. 深圳山地植物群落结构与植物多样性[M]. 北京: 科学出版社.

黄玉源, 钟晓青, 2000. 城市工业布局必须以生态经济学理论为指导[J]. 广西农业生物科学, 19(2): 131-137.

黄玉源, 钟晓青, 王佳卓, 等, 2007. 我国发展桉树纸业应注意的生态经济问题[J]. 生态经济(8): 38-41, 45.

黄志霖, 田耀武, 王俊青, 等, 2011. 人工干扰对三峡库区柏木人工林下植物物种多样性的影响[J]. 水土保持研究, 18(4): 132-139.

江小蕾, 张卫国, 杨振宇, 等, 2003. 不同干扰类型对高寒草甸群落结构和植物多样性的影响[J]. 西北植物学报, 23(9): 1479-1485.

江晓蚕, 彭晨, 2011. 坝光未来: 发展保护并重[N/OL]. 深圳商报. http: //roll. sohu. com/20110223/n303487727. shtml.

蒋呈曦, 2018. 深圳杨梅坑风景区滨海植物群落结构及景观评价研究[D]. 广州: 仲恺农业工程学院.

蒋志刚, 马克平, 蒋兴国, 等, 1997. 保护生物学[M]. 杭州: 浙江科学技术出版社.

金红喜, 2002. 生态恢复建植林(FPER)中植物物种多样性和生产力研究[D]. 兰州: 兰州大学.

李安彦, 2009. 广西山口红树林自然保护区红树林群落景观及园林应用研究[D]. 长沙: 中南林业科技大学.

李海生, 2006. 深圳龙岗的红树林[J]. 广东教育学院学报(3): 67-69.

李皓宇, 彭逸生, 刘嘉健, 等, 2016. 粤东沿海红树林物种组成与群落特征[J]. 生态学报(1): 252-260.

李丽凤, 刘文爱, 莫竹承, 2013. 广西钦州湾红树林群落特征及其物种多样性[J]. 林业科技开发(6): 21-25.

李明顺, 蓝崇钰, 陈桂珠, 等, 1994. 深圳福田红树林的群落学研究Ⅱ多样性与种群格局[J]. 生态科学(1): 81-83.

李楠, 王友绍, 林立, 等, 2010. 湛江特呈岛红树植物群落结构特征[J]. 生态科学(1): 8-13.

李巧, 陈又清, 刘方炎, 等, 2007. 元谋干热河谷不同人工林中鞘翅目甲虫多样性比较[J]. 生态学杂志, 26(1): 46-50.

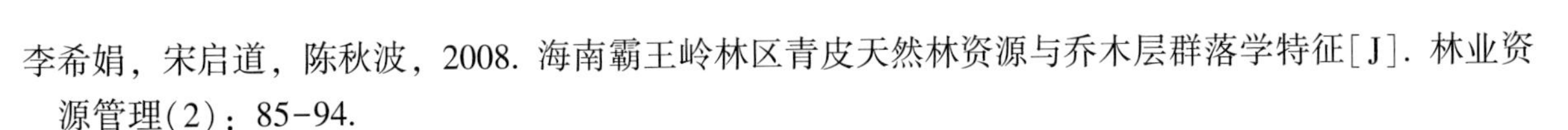

李希娟，宋启道，陈秋波，2008. 海南霸王岭林区青皮天然林资源与乔木层群落学特征[J]. 林业资源管理(2)：85-94.
李兴华 . 2006. 深圳精细化工产业园区完成规划[EB/OL]. 04. 12. http：//www. szlh. gov. cn/main/xwzx/bkzy/33392. shtml.
李秀芹，张国斌，曹健康，2007. 安徽岭南森林群落物种多样性的研究[J]. 江苏林业科技，24(1)：28-31.
梁鸿，许斌，温海洋，等，2017. 深圳坝光国际生物谷规划区域生态状况与保护策略研究Ⅰ——坝光区域陆地植被生态学特征[J]. 环境与可持续发展，42(3)：7-14.
梁士楚，2000. 广西红树植物群落特征的初步研究[J]. 广西科学，7(3)：210-216.
廖宝文，郑德璋，郑松发，等，2000. 海南岛清澜港红树林群落演替系列的物种多样性特征[J]. 生态科学，19(3)：17-22.
廖文波，叶常镜，王晓明，等 . 2007. 深圳马峦山郊野公园生物多样性及其可持续发展研究[M]. 北京：科学出版社 .
林益明，林鹏，2001. 中国红树林生态系统的植物种类、多样性、功能及其保护[J]. 海洋湖沼通报(3)：8-16.
刘静，马克明，曲来叶，2016. 广东湛江红树林国家级自然保护区优势乔木群落的物种组成及结构特征[J]. 生态科学(3)：1-7.
鲁绍伟，王雄宾，余新晓，等，2008. 封育对人工针叶林林下植物多样性恢复的影响[J]. 东北林业大学学报，30(S2)：121-126.
罗子君，周立志，顾长明，2012. 阜阳市重要湿地夏季鸟类多样性研究[J]. 生态科学，31(5)：530-537.
毛志宏，朱教君，2006. 干扰对植物群落物种组成及多样性的影响[J]. 生态学报，26(8)：2696-2701.
欧阳志云，李振新，刘建国，2002. 卧龙自然保护区大熊猫生境恢复过程研究[J]. 生态学报，22(11)：1842-1849.
钱燕文，1995. 中国鸟类图鉴[M]. 郑州：河南科学技术出版社 .
屈宏伟，2013. 坝光将打造国际生物谷[N/OL]. 深圳商报 . http：//news. sina. com. cn/o/2013-09-25/072028294102. shtml.
深圳市城市管理局，2007. 深圳市植物名录[M]. 北京：中国林业出版社 .
深圳市城市管理局，2010. 深圳市自然保护区的情况简介[EB/OL]. http：//www. sz. gov. cn/szzt2010/cgbmfw/gyfw/gygg/201606/t20160620_3710352. htm.
深圳市客家文化研究会 . 2016. 即将逝去的客家村落——深圳坝光村[EB/OL]. 2016. 03. 08. http：//www. 360doc. com/content/16/0308/10/13888283_540427425. shtml.
深圳市人居环境委员会 . 2014 年度深圳市环境状况公报 . 深圳市人居环境网，http：//www. szhec. gov. cn/xxgk/xxgkml/xxgk_7/xxgk_7_1/201503/t20150326_93804. html，2015. 3. 26.
宋永昌，2001. 植被生态学[M]. 上海：华东师范大学出版社 .
孙福军，丁青坡，韩春兰，等，2006. 沈阳市城市表土中微生物区系变化的初步研究[J]. 土壤通报，37(4)：768-711.
谭建伟 . 深圳精细化工产业园项目下马[EB/OL]. 2011. 01. 15. http：//sztqb. sznews. com/html/2011-01/15/content_1407771. htm.
汪殿蓓，暨淑仪，陈飞鹏，等，2003. 深圳市南山区天然森林群落多样性及演替现状[J]. 生态学报，23(7)：1415-1422.
魏若宇，2017. 深圳大南山和小南山郊野公园植物群落调查与植物景观评价研究[D]. 广州：仲恺农业工程学院.
王震，陈卫军，管伟，等，2017. 珠海市淇澳岛主要红树林群落特征研究[J]. 中南林业科技大学学报，37(4)：86-91.
王芸，欧阳志云，郑华，2013. 南方红壤区3种典型森林恢复方式对植物群落多样性的影响[J]. 生态学报，33(4)：1204-1211.
吴征镒，秦仁昌，朱维明，等，2004. 中国植物志(全册)[M]. 北京：科学出版社.
韦博良，陈云，许宁，等，2015. 小秦岭国家级自然保护区维管植物群落结构与组成[J]. 河南农业大学学报，49(3)：335-342.
韦萍萍，昝欣，李瑜，等，2015. 深圳东涌红树林海漆群落特征分析[J]. 沈阳农业大学学报，46(4)：424-432.
辛欣，宋希强，雷金睿，等，2016. 海南红树林植物资源现状及其保护策略[J]. 热带生物学报(4)：477-483.
徐良，2019. 浙江无居民海岛鸟类多样性与植被特征关系的研究[D]. 上海：上海师范大学.
许彬，张金屯，杨洪晓，等，2007. 百花山植物群落物种多样性研究[J]. 植物研究，27(1)：112-118.
许斌，梁鸿，王帆，等，2017. 深圳坝光国际生物谷规划区域生态状况与保护策略研究Ⅱ——坝光淡水水域生态学特征[J]. 环境与可持续发展，42(3)：15-20.
颜鹏，张金平，徐雅乔. 深圳坝光被曝百余棵银叶树被砍 志愿者称不敢相信[EB/OL]. 2016. 08. 08. http：//gd. sina. com. cn/news/sz/2016-08-08/detail-ifxutfpf1482077. shtml.
杨慧纳，2018. 深圳鹿咀山庄风景区植物群落特征调查与景观评价研究[D]. 广州：仲恺农业工程学院.
杨众养，薛杨，宿少锋，等，2017. 文昌市八门湾红树林区植物群落特征调查[J]. 热带农业科学(1)：48-52.
姚少慧，孙妮，苗莉，等，2013. 惠州红树林保护区红树植物群落结构特征[J]. 广东农业科学(17)：153-157.
于立忠，朱教君，孔祥文，等，2006. 人为干扰(间伐)对红松人工林林下植物多样性的影响[J]. 生态学报，26(11)：3757-3764.
张成林，蔡鸿杰，温春红，等，2007. 蒙古国农场与天津郭村耕层土壤性质及微生物数量分布初探[J]. 天津师范大学学报：自然科学版，27(1)：39-42.
张峰，张金屯，2009. 历山自然保护区猪尾沟森林群落植被格局及环境解释[J]. 四川林业科技，30(4)：23-27.
张宏达，张超常，王伯荪，1957. 雷州半島的紅樹植物群落[J]. 中山大学学报：自然科学版(1)：122-145.
张磊，吴莺，王菲，等，2014. 红树林植物的研究进展[J]. 海峡药学(4)：8-12.
张晓君，管伟，廖宝文，等，2014. 珠海人工红树林与天然红树林群落特征比较研究[J]. 生态科学(2)：321-326.
张永夏，陈红锋，秦新生，等，2007. 深圳大鹏半岛“风水林”香蒲桃群落特征及物种多样性研究[J]. 广西植物，27(4)：596-603.
张永夏，王艳枝，王伟，等，2017. 东江虎门入海口红树林的群落特征及生态恢复[J]. 江西农业学报(2)：40-44.
赵正阶，2001. 中国鸟类志(上下卷)[M]. 长春：吉林科学技术出版社.
郑德璋，廖宝文，1989. 海南岛清澜港和东寨港红树林及其生境的调查研究[J]. 林业科学研究(5)：433-441.
中国红树林保育联盟，阿拉善SEE生态协会. 深圳坝光盐灶村古银叶树保护小区生物多样性研究报

告[EB/OL]. 2009. 03. 08. https: //max. book118. com/html/2019/0305/6051013102002013. shtm.

朱彪，陈安平，刘增力，等，2004. 广西猫儿山植物群落物种组成、群落结构及树种多样性的垂直分布格局[J]. 生物多样性，12(1)：44-52.

朱珠，包维楷，庞学勇，等，2006. 旅游干扰对九寨沟冷杉林下植物种类组成及多样性的影响[J]. 生物多样性，14(4)：284-291.

Burton M L, Samuelson L J, Pan S, 2005. Riparian woody plant diversity and forest structure along an urban-rural gradient[J]. Urban Ecosystems, 8: 93-106.

Costanza R, D'Arge R, Groot R D, et al, 1998. The value of the world's ecosystem services and natural capital[J]. Ecological Economics, 25(1): 3-15.

Jiménez-Alfaro B, Chytrý M, Mucina L, et al, 2016. Disentangling vegetation diversity from climate-energy and habitat heterogeneity for explaining animal geographic patterns[J]. Ecology and Evolution, 6(5): 1515-1526.

Karki U, Goodman M S, Sladden S E. 2013. Plant-community characteristics of bahiagrass pasture during conversion to longleaf-pine silvopasture[J]. Agroforest Syst, 87: 611-619.

Liang H, Huang Y Y, Lin S Z, et al, 2016. Study on Plant Diversity of Mountain Areas of Yangmeikeng and Chiao, Shenzhen, China[J]. American Journal of Plant Sciences, 7(17): 2527-2552.

Lloyd M, 1968. On the reptile and amphibian species in a Bomean rain forest[J]. Amer. Natur., 102: 497-515.

Majumdar K, Shankar U, Datta B K, 2012. Tree species diversity and stand structure along major community types in lowland primary and secondary moist deciduous forests in Tripura, Northeast India[J]. Journal of Forestry Research, 23(4): 553-568.

Mishra B P, Tripathi O P, Tripathi R S, et al, 2004. Effects of anthropogenic disturbance on plant diversity and community structure of a sacred grove in Meghalaya, northeast India[J]. Biodiversity and Conservation(3): 421-436.

Pielou P C. 1975. Ecological diversity[M]. John Wiley & Sons Inc.

Schaffers A P S, Raemakers I P, Kora K V S, et al, 2008. Arthropod assemblages are best predicted by plant species composition[J]. Ecology, 89(3): 782-794.

Zhao S Q, Fang J Y, Peng C H, et al, 2006. Relationships between species richness of vascular plants and terrestrial vertebrates in China: analyses based on data of nature reserves[J]. Diversity and Distributions(Diversity Distrib.), 12: 189-194.

附 录

深圳坝光区域植物名录

科序号	科中文名	科拉丁名	属序号	属中文名	属拉丁名	种序号	种中文名	种拉丁名
1	槭树科	Aceraceae	1	槭属	*Acer*	1	鸡爪槭	*Acer palmatum*
2	卤蕨科	Acrostichaceae	2	卤蕨属	*Acrostichum*	2	卤蕨	*Acrostichum aureum*
3	猕猴桃科	Actinidiaceae	3	水东哥属	*Saurauia*	3	水东哥	*Saurauia tristyla*
4	铁线蕨科	Adiantaceae	4	铁线蕨属	*Adiantum*	4	团羽铁线蕨	*Adiantum capillus-junonis*
						5	铁线蕨	*Adiantum capillus-veneris*
5	番杏科	Aizoaceae	5	海马齿属	*Sesuvium*	6	海马齿	*Sesuvium portulacastrum*
6	八角枫科	Alangiaceae	6	八角枫属	*Alangium*	7	八角枫	*Alangium chinense*
7	苋科	Amaranthaceae	7	牛膝属	*Achyranthes*	8	土牛膝	*Achyranthes aspera*
						9	牛膝	*Achyranthes bidentata*
			8	虾钳菜属	*Altemanthera*	10	红龙草	*Alternanthera brasiliana* 'Ruliginosa'
			9	青葙属	*Celosia*	11	青葙	*Celosia argentea*
8	石蒜科	Amaryllidaceae	10	文殊兰属	*Crinum*	12	文殊兰	*Crinum asiaticum* var. *sinicum*
9	漆树科	Anacardiaceae	11	黄栌属	*Cotinus*	13	黄栌	*Cotinus coggygria*
			12	杧果属	*Mangifera*	14	杧果	*Mangifera indica*
			13	盐肤木属	*Rhus*	15	盐肤木	*Rhus chinensis*
			14	漆属	*Toxicodendron*	16	野漆	*Toxicodendron succedaneum*
10	番荔枝科	Annonaceae	15	假鹰爪属	*Desmos*	17	假鹰爪	*Desmos chinensis*
			16	瓜馥木属	*Fissistigma*	18	瓜馥木	*Fissistigma oldhamii*
			17	紫玉盘属	*Uvaria*	19	紫玉盘	*Uvaria microcarpa*
11	爵床科	Acanthaceae	18	老鼠簕属	*Acanthus*	20	老鼠簕	*Acanthus ilicifolius*
			19	假杜鹃属	*Barleria*	21	假杜鹃	*Barleria cristata* var. *cristata*
			20	山牵牛属	*Thunbergia*	22	山牵牛	*Thunbergia grandiflora*

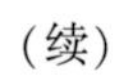
（续）

科序号	科中文名	科拉丁名	属序号	属中文名	属拉丁名	种序号	种中文名	种拉丁名
12	夹竹桃科	Apocynaceae	21	链珠藤属	*Alyxia*	23	链珠藤	*Alyxia sinensis*
			22	海杧果属	*Cerbera*	24	海杧果	*Cerbera manghas*
			23	鸡蛋花属	*Plumeria*	25	鸡蛋花	*Plumeria rubra* ‘Acutifolia’
			24	羊角拗属	*Strophanthus*	26	羊角拗	*Strophanthus divaricatus*
			25	络石属	*Trachelospermum*	27	络石	*Trachelospermum jasminoides*
13	冬青科	Aquifoliaceae	26	冬青属	*Ilex*	28	秤星树	*Ilex asprella*
						29	小果冬青	*Ilex micrococca*
						30	毛冬青	*Ilex pubescens*
						31	铁冬青	*Ilex rotunda*
14	天南星科	Araceae	27	海芋属	*Alocasia*	32	海芋	*Alocasia macrorrhiza*
15	五加科	Araliaceae	28	五加属	*Acanthopanax*	33	白簕	*Acanthopanax trifoliatus*
			29	幌伞枫属	*Heteropanax*	34	幌伞枫	*Heteropanax fragrans*
			30	人参属	*Panax*	35	三七	*Panax pseudoginseng* var. *notoginseng*
			31	鹅掌柴属	*Schefflera*	36	异叶鹅掌柴	*Schefflera diversifoliolata*
						37	鹅掌柴	*Schefflera octophylla*
16	萝藦科	Asclepiadaceae	32	鹅绒藤属	*Cynanchum*	38	牛皮消	*Cynanchum auriculatum*
			33	弓果藤属	*Toxocarpus*	39	弓果藤	*Toxocarpus wightianus*
			34	娃儿藤属	*Tylophora*	40	娃儿藤	*Tylophora ovata*
17	叉蕨科	Aspidiaceae	35	叉蕨属	*Tectaria*	41	三叉蕨	*Tectaria subtriphylla*
18	菊科	Asteraceae	36	下田菊属	*Adenostemma*	42	下田菊	*Adenostemma lavenia*
			37	藿香蓟属	*Ageratum*	43	藿香蓟	*Ageratum conyzoides*
						44	熊耳草	*Ageratum houstonianum*
			38	蒿属	*Artemisia*	45	五月艾	*Artemisia indica*
			39	紫菀属	*Aster*	46	钻叶紫菀	*Aster subulatus*
			40	鬼针草属	*Bidens*	47	三叶鬼针草	*Bidens pilosa*
			41	艾纳香属	*Blumea*	48	艾纳香	*Blumea balsamifera*
			42	白酒草属	*Conyza*	49	小蓬草	*Conyza canadensis*
			43	野茼蒿属	*Crassocephalum*	50	野茼蒿	*Crassocephalum crepidioides*
			44	假还阳参属	*Crepidiastrum*	51	假还阳参	*Crepidiastrum lanceolatum*
			45	鳢肠属	*Eclipta*	52	鳢肠	*Eclipta prostrata*
			46	地胆草属	*Elephantopus*	53	地胆草	*Elephantopus scaber*
			47	一点红属	*Emilia*	54	一点红	*Emilia sonchifolia*
			48	飞蓬属	*Erigeron*	55	飞蓬	*Erigeron acer*
			49	假泽兰属	*Mikania*	56	薇甘菊	*Mikania micrantha*
						57	假泽兰	*Mikania cordata*
			50	泽兰属	*Praxelis*	58	假臭草	*Praxelis clematidea*

（续）

科序号	科中文名	科拉丁名	属序号	属中文名	属拉丁名	种序号	种中文名	种拉丁名
18	菊科	Asteraceae	51	千里光属	*Senecio*	59	千里光	*Senecio scandens*
			52	豨莶属	*Siegesbeckia*	60	豨莶	*Siegesbeckia orientalis*
			53	金腰箭属	*Synedrella*	61	金腰箭	*Synedrella nodiflora*
			54	苦苣菜属	*Sonchus*	62	长裂苦苣菜	*Sonchus brachyotus*
						63	苦苣菜	*Sonchus oleraceus*
			55	合耳菊属	*Synotis*	64	锯叶合耳菊	*Synotis nagensium*
			56	苍耳属	*Xanthium*	65	苍耳	*Xanthium sibiricum*
			57	蟛蜞菊属	*Wedelia*	66	蟛蜞菊	*Wedelia chinensis*
						67	南美蟛蜞菊	*Wedelia trilobata*
			58	黄鹌菜属	*Youngia*	68	黄鹌菜	*Youngia japonica*
19	蹄盖蕨科	Athyriaceae	59	短肠蕨属	*Allantodia*	69	中华短肠蕨	*Allantodia chinensis*
			60	双盖蕨属	*Diplazium*	70	单叶双盖蕨	*Diplazium subsinuatum*
20	落葵科	Basellaceae	61	落葵薯属	*Anredera*	71	落葵薯	*Anredera cordifolia*
			62	落葵属	*Basella*	72	落葵	*Basella alba*
21	红木科	Bixaceae	63	红木属	*Bixa*	73	红木	*Bixa orellana*
22	乌毛蕨科	Blechnaceae	64	乌毛蕨属	*Blechnum*	74	乌毛蕨	*Blechnum orientale*
			65	苏铁蕨属	*Brainea*	75	苏铁蕨	*Brainea insignis*
23	伯乐树科	Bretschneideraceae	66	伯乐树属	*Bretschneidera*	76	伯乐树	*Bretschneidera sinensis*
24	使君子科	Combretaceae	67	使君子属	*Quisqualis*	77	使君子	*Quisqualis indica*
25	忍冬科	Caprifoliaceae	68	荚蒾属	*Viburnum*	78	珊瑚树	*Viburnum odoratissimum*
26	番木瓜科	Caricaceae	69	番木瓜属	*Carica*	79	番木瓜	*Carica papaya*
27	木麻黄科	Casuarinaceae	70	木麻黄属	*Casuarina*	80	木麻黄	*Casuarina equisetifolia*
28	卫矛科	Celastraceae	71	南蛇藤属	*Celastrus*	81	青江藤	*Celastrus hindsii*
			72	卫矛属	*Euonymus*	82	长叶卫矛	*Euonymus kwangtungensis*
						83	疏花卫矛	*Euonymus laxiflorus*
						84	中华卫矛	*Euonymus nitidus*
29	藜科	Chenopodiaceae	73	碱蓬属	*Suaeda*	85	南方碱蓬	*Suaeda australis*
			74	藜属	*Chenopodium*	86	藜	*Chenopodium album*
						87	土荆芥	*Chenopodium ambrosioides*
30	金粟兰科	Chloranthaceae	75	草珊瑚属	*Sarcandra*	88	草珊瑚	*Sarcandra glabra*
31	鸭跖草科	Commelinaceae	76	鸭跖草属	*Commelina*	89	鸭跖草	*Commelina communis*
32	牛栓藤科	Connaraceae	77	牛栓藤属	*Connarus*	90	牛栓藤	*Connarus paniculatus*
			78	红叶藤属	*Rourea*	91	小叶红叶藤	*Rourea microphylla*
33	旋花科	Convolvulaceae	79	番薯属	*Ipomoea*	92	番薯	*Ipomoea batatas*
						93	五爪金龙	*Ipomoea cairica*
						94	厚藤	*Ipomoea pescaprae*

（续）

科序号	科中文名	科拉丁名	属序号	属中文名	属拉丁名	种序号	种中文名	种拉丁名
34	景天科	Crassulaceae	80	落地生根属	*Bryophyllum*	95	落地生根	*Bryophyllum pinnatum*
35	莎草科	Cyperaceae	81	莎草属	*Cyperus*	96	香附子	*Cyperus rotundus*
			82	割鸡芒属	*Hypolytrum*	97	海南割鸡芒	*Hypolytrum hainanense*
			83	水莎草属	*Juncellus*	98	水莎草	*Juncellus serotinus*
			84	水蜈蚣属	*Kyllinga*	99	水蜈蚣	*Kyllinga brevifolia*
						100	单穗水蜈蚣	*Kyllinga monocephala*
						101	三头水蜈蚣	*Kyllinga triceps*
			85	珍珠茅属	*Scleria*	102	圆秆珍珠茅	*Scleria harlandii*
						103	黑鳞珍珠茅	*Scleria hookeriana*
						104	毛果珍珠茅	*Scleria herbecarpa*
						105	网果珍珠茅	*Scleria tessellata*
36	虎皮楠科	Daphniphyllaceae	86	虎皮楠属	*Daphniphyllum*	106	牛耳枫	*Daphniphyllum calycinum*
37	五桠果科	Dilleniaceae	87	锡叶藤属	*Tetracera*	107	锡叶藤	*Tetracera asiatica*
38	薯蓣科	Dioscoreaceae	88	薯蓣属	*Dioscorea*	108	薯莨	*Dioscorea cirrhosa*
39	柿科	Ebenaceae	89	柿属	*Diospyros*	109	岭南柿	*Diospyros tutcheri*
40	胡颓子科	Elaeagnaceae	90	胡颓子属	*Elaeagnus*	110	胡颓子	*Elaeagnus pungens*
41	杜英科	Elaeocarpaceae	91	杜英属	*Elaeocarpus*	111	长芒杜英	*Elaeocarpus apiculatus*
						112	水石榕	*Elaeocarpus hainanensis*
						113	山杜英	*Elaeocarpus sylvestris*
42	古柯科	Erythroxylaceae	92	粘木属	*Ixonanthes*	114	粘木	*Ixonanthes chinensis*
43	大戟科	Euphorbiaceae	93	铁苋菜属	*Acalypha*	115	铁苋菜	*Acalypha australis*
			94	山麻杆属	*Alchornea*	116	山麻杆	*Alchornea davidii*
						117	红背山麻杆	*Alchornea trewioides*
			95	五月茶属	*Antidesma*	118	黄毛五月茶	*Antidesma fordii*
						119	五月茶	*Antidesma bunius*
			96	银柴属	*Aporusa*	120	银柴	*Aporusa dioica*
			97	秋枫属	*Bischofia*	121	秋枫	*Bischofia javanica*
						122	重阳木	*Bischofia polycarpa*
			98	黑面神属	*Breynia*	123	黑面神	*Breynia fruticosa*
			99	土蜜树属	*Bridelia*	124	土蜜树	*Bridelia tomentosa*
						125	禾串树	*Bridelia insulana*
			100	大戟属	*Euphorbia*	126	飞扬草	*Euphorbia hirta*
						127	斑地锦	*Euphorbia maculata*
						128	千根草	*Euphorbia thymifolia*
						129	光叶小飞扬	*Euphorbia hypericifolia*
			101	海漆属	*Excoecaria*	130	海漆	*Excoecaria agallocha*

（续）

科序号	科中文名	科拉丁名	属序号	属中文名	属拉丁名	种序号	种中文名	种拉丁名
43	大戟科	Euphorbiaceae	102	算盘子属	*Glochidion*	131	毛果算盘子	*Glochidion eriocarpum*
						132	厚叶算盘子	*Glochidion hirsutum*
						133	艾胶算盘子	*Glochidion lanceolarium*
						134	香港算盘子	*Glochidion zeylanicum*
			103	麻疯树属	*Jatropha*	135	琴叶珊瑚	*Jatropha integerrima*
			104	血桐属	*Macaranga*	136	鼎湖血桐	*Macaranga sampsonii*
						137	血桐	*Macaranga tanarius* var. *tomentosa*
			105	野桐属	*Mallotus*	138	红叶野桐	*Mallotus paxii*
						139	白背叶	*Mallotus apelta*
						140	白楸	*Mallotus paniculatus*
						141	毛桐	*Mallotus barbatus*
						142	野桐	*Mallotus japonicus* var. *floccosus*
			106	地锦属	*Parthenocissus*	143	地锦	*Parthenocissus tricuspidata*
			107	叶下珠属	*Phyllanthus*	144	余甘子	*Phyllanthus emblica*
						145	越南叶下珠	*Phyllanthus cochinchinensis*
						146	小果叶下珠	*Phyllanthus reticulatus*
						147	叶下珠	*Phyllanthus urinaria*
			108	蓖麻属	*Ricinus*	148	蓖麻	*Ricinus communis*
			109	乌桕属	*Sapium*	149	山乌桕	*Sapium discolor*
						150	乌桕	*Sapium sebiferum*
			110	油桐属	*Vernicia*	151	油桐	*Vernicia fordii*
						152	木油桐	*Vernicia montana*
44	壳斗科	Fagaceae	111	锥属	*Castanopsis*	153	栲	*Castanopsis fargesii*
						154	黧蒴锥	*Castanopsis fissa*
45	里白科	Gleicheniaceae	112	芒萁属	*Dicranopteris*	155	芒萁	*Dicranopteris dichotoma*
46	买麻藤科	Gnetaceae	113	买麻藤属	*Gnetum*	156	罗浮买麻藤	*Gnetum lofuense*
						157	买麻藤	*Gnetum montanum*
47	草海桐科	Goodeniaceae	114	草海桐属	*Scaevola*	158	草海桐	*Scaevola sericea*
48	禾本科	Gramineae	115	芦竹属	*Arundo*	159	芦竹	*Arundo donax*
			116	簕竹属	*Bambusa*	160	粉单竹	*Bambusa chungii*
						161	撑篙竹	*Bambusa pervariabilis*
			117	箬竹属	*Indocalamus*	162	箬竹	*Indocalamus tessellatus*
			118	薏苡属	*Coix*	163	薏苡	*Coix lacryma-jobi*
			119	狗牙根属	*Cynodon*	164	狗牙根	*Cynodon dactylon*
			120	香茅属	*Cymbopogon*	165	橘草	*Cymbopogon goeringii*
			121	弓果黍属	*Cyrtococcum*	166	弓果黍	*Cyrtococcum patens*

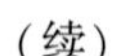
（续）

科序号	科中文名	科拉丁名	属序号	属中文名	属拉丁名	种序号	种中文名	种拉丁名
48	禾本科	Gramineae	122	蒺藜草属	*Dactyloctenium*	167	龙爪茅	*Dactyloctenium aegyptium*
			123	马唐属	*Digitaria*	168	马唐	*Digitaria sanguinalis*
			124	穇属	*Eleusine*	169	牛筋草	*Eleusine indica*
			125	画眉草属	*Eragrostis*	170	画眉草	*Eragrostis pilosa*
			126	淡竹叶属	*Lophatherum*	171	淡竹叶	*Lophatherum gracile*
			127	莠竹属	*Microstegium*	172	莠竹	*Microstegium nodosum*
			128	芒属	*Miscanthus*	173	五节芒	*Miscanthus floridulus*
			129	类芦属	*Neyraudia*	174	类芦	*Neyraudia reynaudiana*
			130	求米草属	*Oplismenus*	175	求米草	*Oplismenus undulatifolius*
			131	雀稗属	*Paspalum*	176	两耳草	*Paspalum conjugatum*
			132	芦苇属	*Phragmites*	177	芦苇	*Phragmites australis*
			133	金发草属	*Pogonatherum*	178	金丝草	*Pogonatherum crinitum*
			134	多裔草属	*Polytoca*	179	葫芦草	*Polytoca massii*
			135	黍属	*Panicum*	180	铺地黍	*Panicum repens*
			136	红毛草属	*Rhynchelytrum*	181	红毛草	*Rhynchelytrum repens*
			137	珍珠茅属	*Scleria*	182	高秆珍珠茅	*Scleria elata*
			138	狗尾草属	*Setaria*	183	皱叶狗尾草	*Setaria plicata*
						184	狗尾草	*Setaria viridis*
			139	粽叶芦属	*Thysanolaena*	185	粽叶芦	*Thysanolaena maxima*
49	藤黄科	Guttiferae	140	黄牛木属	*Cratoxylum*	186	黄牛木	*Cratoxylum cochinchinense*
			141	藤黄属	*Garcinia*	187	岭南山竹子	*Garcinia oblongifolia*
						188	菲岛福木	*Garcinia subelliptica*
50	金缕梅科	Hamamelidaceae	142	枫香树属	*Liquidambar*	189	枫香树	*Liquidambar formosana*
			143	檵木属	*Loropetalum*	190	红花檵木	*Loropetalum chinense* var. *rubrum*
						191	檵木	*Loropetalum chinensis*
51	莲叶桐科	Hernandiaceae	144	青藤属	*Illigera*	192	三叶青藤	*Illigera trifoliata*
52	七叶树科	Hippocastanaceae	145	七叶树属	*Aesculus*	193	七叶树	*Aesculus chinensis*
53	仙茅科	Hypoxidaceae	146	仙茅属	*Curculigo*	194	仙茅	*Curculigo orchioides*
54	灯心草科	Juncaceae	147	灯心草属	*Juncus*	195	灯芯草	*Juncus effusus*
55	唇形科	Labiatae	148	藿香属	*Agastache*	196	藿香	*Agastache rugosa*
			149	活血丹属	*Glechoma*	197	活血丹	*Glechoma longituba*
			150	鼠尾草属	*Salvia*	198	一串红	*Salvia splendens*
56	樟科	Lauraceae	151	樟属	*Cinnamomum*	199	樟	*Cinnamomum camphora*
						200	阴香	*Cinnamomum burmanni*
						201	八角樟	*Cinnamomum ilicioides*
						202	少花桂	*Cinnamomum pauciflorum*

（续）

科序号	科中文名	科拉丁名	属序号	属中文名	属拉丁名	种序号	种中文名	种拉丁名
56	樟科	Lauraceae	152	山胡椒属	*Lindera*	203	小叶乌药	*Lindera aggregata* var. *playfairii*
						204	香叶树	*Lindera communis*
						205	陈氏钓樟	*Lindera chunii*
			153	木姜子属	*Litsea*	206	潺槁木姜子	*Litsea glutinosa*
						207	山鸡椒	*Litsea cubeba*
						208	假柿木姜子	*Litsea monopetala*
						209	豺皮樟	*Litsea rotundifolia* var. *oblongifolia*
			154	润楠属	*Machilus*	210	浙江润楠	*Machilus chekiangensis*
						211	华润楠	*Machilus chinensis*
						212	宜昌润楠	*Machilus ichangensis*
						213	绒毛润楠	*Machilus velutina*
			155	相思子属	*Abrus*	214	相思子	*Abrus precatorius*
57	豆科	Leguminosae	156	金合欢属	*Acacia*	215	大叶相思	*Acacia auriculiformis*
						216	台湾相思	*Acacia confusa*
						217	马占相思	*Acacia mangium*
			157	海红豆属	*Adenanthera*	218	海红豆	*Adenanthera pavonina* var. *microsperma*
			158	合欢属	*Albizia*	219	天香藤	*Albizia corniculata*
			159	莲子草属	*Alternanthera*	220	水花生	*Alternanthera philoxeroides*
			160	链荚豆属	*Alysicarpus*	221	链荚豆	*Alysicarpus vaginalis*
			161	羊蹄甲属	*Bauhinia*	222	首冠藤	*Bauhinia corymbosa*
						223	龙须藤	*Bauhinia championii*
			162	云实属	*Caesalpinia*	224	华南云实	*Caesalpinia crista*
						225	金凤花	*Caesalpinia pulcherrima*
						226	刺果苏木	*Caesalpinia bonduc*
			163	刀豆属	*Canavalia*	227	小刀豆	*Canavalia cathartica*
						228	海刀豆	*Canavalia maritima*
						229	狭刀豆	*Canavalia lineata*
			164	决明属	*Cassia*	230	翅荚决明	*Cassia alata*
						231	双荚决明	*Cassia bicapsularis*
						232	黄槐	*Cassia surattensis*
			165	猪屎豆属	*Crotalaria*	233	球果猪屎豆	*Crotalaria uncinella*
			166	黄檀属	*Dalbergia*	234	藤黄檀	*Dalbergia hancei*
						235	黄檀	*Dalbergia hupeana*
			167	凤凰木属	*Delonix*	236	凤凰木	*Delonix regia*
			168	鱼藤属	*Derris*	237	白花鱼藤	*Derris alborubra*

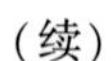

科序号	科中文名	科拉丁名	属序号	属中文名	属拉丁名	种序号	种中文名	种拉丁名
57	豆科	Leguminosae	169	山蚂蝗属	*Desmodium*	238	山蚂蟥	*Desmodium racemosum*
						239	葫芦茶	*Desmodium triquetrum*
						240	异叶山蚂蝗	*Desmodium heterophyllum*
			170	木蓝属	*Indigofera*	241	三叶木蓝	*Indigofera trifoliata*
			171	鸡眼草属	*Kummerowia*	242	鸡眼草	*Kummerowia striata*
			172	胡枝子属	*Lespedeza*	243	胡枝子	*Lespedeza bicolor*
						244	截叶铁扫帚	*Lespedeza cuneata*
			173	银合欢属	*Leucaena*	245	银合欢	*Leucaena leucocephala*
			174	崖豆藤属	*Millettia*	246	美丽崖豆藤	*Millettia speciosa*
						247	香花崖豆藤	*Millettia dielsiana*
						248	香港崖豆	*Millettia oraria*
						249	鸡血藤	*Millettia reticulata*
			175	含羞草属	*Mimosa*	250	含羞草	*Mimosa pudica*
						251	光荚含羞草	*Mimosa sepiaria*
			176	黧豆属	*Mucuna*	252	白花油麻藤	*Mucuna birdwoodiana*
			177	排钱树属	*Phyllodium*	253	排钱树	*Phyllodium pulchellum*
			178	猴耳环属	*Pithecellobium*	254	猴耳环	*Pithecellobium clypearia*
						255	亮叶猴耳环	*Pithecellobium lucidum*
			179	葛属	*Pueraria*	256	葛	*Pueraria lobata*
						257	葛麻姆	*Pueraria montana* var. *lobata*
			180	鹿藿属	*Rhynchosia*	258	鹿藿	*Rhynchosia volubilis*
			181	葫芦茶属	*Tadehagi*	259	蔓茎葫芦茶	*Tadehagi pseudotriquetrum*
			182	田菁属	*Sesbania*	260	田菁	*Sesbania cannabina*
			183	狸尾豆属	*Uraria*	261	猫尾草	*Uraria crinita*
58	百合科	Liliaceae	184	天门冬属	*Asparagus*	262	天门冬	*Asparagus cochinchinensis*
			185	山菅属	*Dianella*	263	山菅	*Dianella ensifolia*
			186	山麦冬属	*Liriope*	264	山麦冬	*Liriope spicata*
			187	沿阶草属	*Ophiopogon*	265	沿阶草	*Ophiopogon bodinieri*
						266	麦冬	*Ophiopogon japonicus*
			188	虎尾兰属	*Sansevieria*	267	虎尾兰	*Sansevieria trifasciata*
			189	菝葜属	*Smilax*	268	菝葜	*Smilax china*
						269	尖叶菝葜	*Smilax arisanensis*
						270	黑果菝葜	*Smilax glaucochina*
						271	粉背菝葜	*Smilax hypoglauca*
59	陵齿蕨科	Lindsaeaceae	190	陵齿蕨属	*Lindsaea*	272	陵齿蕨	*Lindsaea cultrata*
						273	团叶陵齿蕨	*Lindsaea orbiculata*
			191	乌蕨属	*Stenoloma*	274	乌蕨	*Stenoloma chusanum*

（续）

科序号	科中文名	科拉丁名	属序号	属中文名	属拉丁名	种序号	种中文名	种拉丁名
60	马钱科	Loganiaceae	192	钩吻属	*Gelsemium*	275	钩吻	*Gelsemium elegans*
			193	马钱属	*Strychnos*	276	华马钱	*Strychnos cathayensis*
			194	灰莉属	*Fagraea*	277	灰莉	*Fagraea ceilanica*
61	桑寄生科	Loranthaceae	195	钝果寄生属	*Taxillus*	278	桑寄生	*Taxillus sutchuenensis*
62	石松科	Lycopodiaceae	196	垂穗石松属	*Palhinhaea*	279	垂穗石松	*Palhinhaea cernua*
63	海金沙科	Lygodiaceae	197	海金沙属	*Lygodium*	280	海金沙	*Lygodium japonicum*
						281	小叶海金沙	*Lygodium scandens*
64	千屈菜科	Lythraceae	198	萼距花属	*Cuphea*	282	萼距花	*Cuphea hookeriana*
			199	紫薇属	*Lagerstroemia*	283	大花紫薇	*Lagerstroemia speciosa*
65	木兰科	Magnoliaceae	200	含笑属	*Michelia*	284	白兰	*Michelia alba*
			201	五味子属	*Schisandra*	285	五味子	*Schisandra chinensis*
66	锦葵科	Malvaceae	202	木槿属	*Hibiscus*	286	黄槿	*Hibiscus tiliaceus*
			203	木槿属	*Hibiscus*	287	朱槿	*Hibiscus rosa-sinensis*
			204	赛葵属	*Malvastrum*	288	赛葵	*Malvastrum coromandelianum*
			205	黄花稔属	*Sida*	289	黄花稔	*Sida acuta*
						290	榛叶黄花稔	*Sida subcordata*
			206	桐棉属	*Thespesia*	291	桐棉	*Thespesia populnea*
			207	梵天花属	*Urena*	292	地桃花	*Urena lobata* var. *lobata*
67	野牡丹科	Melastomataceae	208	野牡丹属	*Melastoma*	293	野牡丹	*Melastoma candidum*
						294	毛菍	*Melastoma sanguineum*
			209	谷木属	*Memecylon*	295	谷木	*Memecylon ligustrifolium*
68	楝科	Meliaceae	210	米仔兰属	*Aglaia*	296	米仔兰	*Aglaia odorata*
			211	麻楝属	*Chukrasia*	297	麻楝	*Chukrasia tabularis*
			212	楝属	*Melia*	298	楝	*Melia azedarach*
69	防己科	Menispermaceae	213	木防己属	*Cocculus*	299	木防己	*Cocculus orbiculatus*
			214	细圆藤属	*Pericampylus*	300	细圆藤	*Pericampylus glaucus*
			215	青牛胆属	*Tinospora*	301	海南青牛胆	*Tinospora hainanensis*
						302	青牛胆	*Tinospora sagittata*
70	桑科	Moraceae	216	波罗蜜属	*Artocarpus*	303	波罗蜜	*Artocarpus heterophyllus*
						304	白桂木	*Artocarpus hypargyreus*
			217	榕属	*Ficus*	305	水同木	*Ficus fistulosa*
						306	亚里垂榕	*Ficus binnendijkii* ‘Alii’
						307	粗叶榕	*Ficus hirta*
						308	对叶榕	*Ficus hispida*
						309	薜荔	*Ficus pumila*
						310	舶梨榕	*Ficus pyriformis*

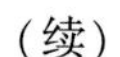
（续）

科序号	科中文名	科拉丁名	属序号	属中文名	属拉丁名	种序号	种中文名	种拉丁名
70	桑科	Moraceae	217	榕属	*Ficus*	311	斜叶榕	*Ficus tinctoria*
						312	小叶榕	*Ficus concinna*
						313	青果榕	*Ficus variegata* var. *chlorocarpa*
						314	变叶榕	*Ficus variolosa*
						315	垂叶榕	*Ficus benjamina*
						316	雅榕	*Ficus concinna*
						317	五指毛桃	*Ficus hirta*
71	芭蕉科	Musaceae	218	葎草属	*Humulus*	318	葎草	*Humulus scandens*
			219	芭蕉属	*Musa*	319	芭蕉	*Musa basjoo*
						320	香蕉	*Musa nana*
72	紫金牛科	Myrsinaceae	220	蜡烛果属	*Aegiceras*	321	蜡烛果	*Aegiceras corniculatum*
			221	紫金牛属	*Ardisia*	322	硃砂根	*Ardisia crenata*
						323	大罗伞树	*Ardisia hanceana*
						324	罗伞树	*Ardisia quinquegona*
			222	杜茎山属	*Maesa*	325	杜茎山	*Maesa japonica*
						326	鲫鱼胆	*Maesa perlarius*
73	桃金娘科	Myrtaceae	223	肖蒲桃属	*Acmena*	327	肖蒲桃	*Acmena acuminatissima*
			224	岗松属	*Baeckea*	328	岗松	*Baeckea frutescens*
			225	水翁属	*Cleistocalyx*	329	水翁	*Cleistocalyx operculatus*
			226	桉属	*Eucalyptus*	330	窿缘桉	*Eucalyptus exserta*
						331	大叶桉	*Eucalyptus robusta*
						332	柳叶桉	*Eucalyptus saligna*
						333	细叶桉	*Eucalyptus tereticornis*
			227	玫瑰木属	*Rhodamnia*	334	山蒲桃	*Syzygium levinei*
			228	桃金娘属	*Rhodomyrtus*	335	桃金娘	*Rhodomyrtus tomentosa*
			229	蒲桃属	*Syzygium*	336	赤楠	*Syzygium buxifolium*
						337	海南蒲桃	*Syzygium hainanense*
						338	红鳞蒲桃	*Syzygium hancei*
						339	水蒲桃	*Syzygium jambos*
						340	香蒲桃	*Syzygium odoratum*
						341	红枝蒲桃	*Syzygium rehderianum*
						342	洋蒲桃	*Syzygium samarangense*
						343	红鳞蒲桃	*Syzygium hancei*
74	肾蕨科	Nephrolepidaceae	230	肾蕨属	*Nephrolepis*	344	肾蕨	*Nephrolepis auriculata*
75	紫茉莉科	Nyctaginaceae	231	叶子花属	*Bougainvillea*	345	勒杜鹃	*Bougainvillea glabra*
			232	紫茉莉属	*Mirabilis*	346	紫茉莉	*Mirabilis jalapa*

（续）

科序号	科中文名	科拉丁名	属序号	属中文名	属拉丁名	种序号	种中文名	种拉丁名
76	木犀科	Oleaceae	233	女贞属	*Ligustrum*	347	尖叶女贞	*Ligustrum lucidum*
						348	小叶女贞	*Ligustrum quihoui*
77	紫萁科	Osmundaceae	234	紫萁属	*Osmunda*	349	紫萁	*Osmunda japonica*
78	酢浆草科	Oxalidaceae	235	阳桃属	*Averrhoa*	350	阳桃	*Averrhoa carambola*
			236	酢浆草属	*Oxalis*	351	酢浆草	*Oxalis corniculata*
						352	黄花酢浆草	*Oxalis pescaprae*
79	棕榈科	Palmae	237	省藤属	*Calamus*	353	单叶省藤	*Calamus simplicifolius*
			238	假槟榔属	*Archontophoenix*	354	假槟榔	*Archontophoenix alexandrae*
			239	刺葵属	*Phoenix*	355	针葵	*Phoenix roebelenii*
			240	棕竹属	*Rhapis*	356	棕竹	*Rhapis excelsa*
			241	王棕属	*Roystonea*	357	王棕	*Roystonea regia*
80	露兜树科	Pandanaceae	242	露兜树属	*Pandanus*	358	露兜草	*Pandanus austrosinensis*
						359	露兜树	*Pandanus tectorius*
81	西番莲科	Passifloraceae	243	西番莲属	*Passiflora*	360	龙珠果	*Passiflora foetida*
82	松科	Pinaceae	244	松属	*Pinus*	361	马尾松	*Pinus massoniana*
83	海桐科	Pittosporaceae	245	海桐花属	*Pittosporum*	362	海桐	*Pittosporum tobira*
84	车前科	Plantaginaceae	246	车前属	*Plantago*	363	平车前	*Plantago depressa*
			247	补血草属	*Limonium*	364	补血草	*Limonium sinense*
85	白花丹科	Plumbaginaceae	248	白花丹属	*Plumbago*	365	白花丹	*Plumbago zeylanica*
86	罗汉松科	Podocarpaceae	249	罗汉松属	*Podocarpus*	366	小叶罗汉松	*Podocarous wangii*
						367	罗汉松	*Podocarpus macrophyllus*
87	蓼科	Polygonaceae	250	蓼属	*Polygonum*	368	火炭母	*Polygonum chinense*
88	水龙骨科	Polypodiaceae	251	线蕨属	*Colysis*	369	线蕨	*Colysis elliptica*
89	马齿苋科	Portulacaceae	252	马齿苋属	*Portulaca*	370	马齿苋	*Portulaca oleracea*
90	报春花科	Primulaceae	253	报春花属	*Primula*	371	胭脂花	*Primula maximowiczii*
91	凤尾蕨科	Pteridaceae	254	凤尾蕨属	*Pteris*	372	凤尾蕨	*Pteris cretica* var. *nervosa*
						373	狭眼凤尾蕨	*Pteris biaurita*
						374	剑叶凤尾蕨	*Pteris ensiformis* var. *ensiformis*
						375	傅氏凤尾蕨	*Pteris fauriei*
						376	半边旗	*Pteris semipinnata*
						377	蜈蚣草	*Pteris vittata*
92	鼠李科	Rhamnaceae	255	勾儿茶属	*Berchemia*	378	多花勾儿茶	*Berchemia floribunda*
						379	铁包金	*Berchemia lineata*
			256	马甲子属	*Paliurus*	380	马甲子	*Paliurus ramosissimus*
			257	鼠李属	*Rhamnus*	381	冻绿	*Rhamnus utilis*
			258	雀梅藤属	*Sageretia*	382	雀梅藤	*Sageretia thea*

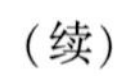
（续）

科序号	科中文名	科拉丁名	属序号	属中文名	属拉丁名	种序号	种中文名	种拉丁名
93	红树科	Rhizophoraceae	259	木榄属	*Bruguiera*	383	木榄	*Bruguiera gymnorrhiza*
			260	竹节树属	*Carallia*	384	竹节树	*Carallia brachiata*
			261	秋茄树科	*Kandelia*	385	秋茄	*Kandelia obovata*
			262	红树属	*Rhizophora*	386	红海榄	*Rhizophora stylosa*
94	蔷薇科	Rosaceae	263	枇杷属	*Eriobotrya*	387	枇杷	*Eriobotrya japonica*
			264	火棘属	*Pyracantha*	388	火棘	*Pyracantha fortuneana*
			265	石斑木属	*Rhaphiolepis*	389	石斑木	*Rhaphiolepis indica*
						390	柳叶石斑木	*Rhaphiolepis salicifolia*
			266	悬钩子属	*Rubus*	391	白花悬钩子	*Rubus leucanthus*
						392	锈毛莓	*Rubus reflexus*
			267	绣线菊属	*Spiraea*	393	绣线菊	*Spiraea salicifolia*
95	茜草科	Rubiaceae	268	狗骨柴属	*Diplospora*	394	狗骨柴	*Diplospora dubia*
			269	栀子属	*Gardenia*	395	栀子	*Gardenia jasminoides*
			270	耳草属	*Hedyotis*	396	剑叶耳草	*Hedyotis caudatifolia*
						397	白花蛇舌草	*Hedyotis diffusa*
						398	牛白藤	*Hedyotis hedyotidea*
			271	龙船花属	*Ixora*	399	龙船花	*Ixora chinensis*
			272	巴戟天属	*Morinda*	400	鸡眼藤	*Morinda parvifolia*
			273	玉叶金花属	*Mussaenda*	401	玉叶金花	*Mussaenda pubescens*
			274	鸡爪簕属	*Oxyceros*	402	鸡爪簕	*Oxyceros sinensis*
			275	鸡矢藤属	*Paederia*	403	臭鸡矢藤	*Paederia foetida*
						404	鸡矢藤	*Paederia scandens*
			276	大沙叶属	*Pavetta*	405	香港大沙叶	*Pavetta hongkongensis*
			277	九节属	*Psychotria*	406	九节	*Psychotria rubra*
						407	蔓九节	*Psychotria serpens*
			278	乌口树属	*Tarenna*	408	白花苦灯笼	*Tarenna mollissima*
96	芸香科	Rutaceae	279	山油柑属	*Acronychia*	409	山油柑	*Acronychia pedunculata*
			280	酒饼簕属	*Atalantia*	410	酒饼簕	*Atalantia buxifolia*
			281	柑橘属	*Citrus*	411	柚	*Citrus maxima*
						412	柑橘	*Citrus reticulata*
			282	黄皮属	*Clausena*	413	山黄皮	*Clausena dentata*
						414	黄皮	*Clausena lansium*
			283	吴茱萸属	*Evodia*	415	楝叶吴萸	*Evodia glabrifolia*
						416	三桠苦	*Evodia lepta*
			284	山小桔属	*Glycosmis*	417	小花山小橘	*Glycosmis parviflora*
						418	山小橘	*Glycosmis pentaphylla*
						419	爬山虎	*Toddalia asiatica*

（续）

科序号	科中文名	科拉丁名	属序号	属中文名	属拉丁名	种序号	种中文名	种拉丁名
96	芸香科	Rutaceae	285	女贞属	*Ligustrum*	420	小叶女贞	*Ligustrum quihoui*
			286	九里香属	*Murraya*	421	九里香	*Murraya exotica*
			287	飞龙掌血属	*Toddalia*	422	飞龙掌血	*Toddalia asiatica*
			288	花椒属	*Zanthoxylum*	423	椿叶花椒	*Zanthoxylum ailanthoides*
						424	岭南花椒	*Zanthoxylum austrosinense*
						425	簕欓花椒	*Zanthoxylum avicennae*
97	清风藤科	Sabiaceae	289	泡花树属	*Meliosma*	426	泡花树	*Meliosma cuneifolia*
98	杨柳科	Salicaceae	290	柳属	*Salix*	427	水柳	*Salix warburgii*
99	檀香科	Santalaccac	291	寄生藤属	*Dendrotrophe*	428	寄生藤	*Dendrotrophe frutescens*
100	天料木科	Samydaceae	292	天料木	*Homalium*	429	天料木	*Homalium cochinchinense*
101	无患子科	Sapindaceae	293	龙眼属	*Dimocarpus*	430	龙眼	*Dimocarpus longan*
			294	荔枝属	*Litchi*	431	荔枝	*Litchi chinensis*
102	山榄科	Sapotaceae	295	铁榄属	*Sinosideroxylon*	432	铁榄	*Sinosideroxylon pedunculatum*
103	苦木科	Simaroubaceae	296	鸦胆子属	*Brucea*	433	鸦胆子	*Brucea javanica*
			297	臭椿属	*Ailanthus*	434	臭椿	*Ailanthus altissima*
104	茄科	Solanaceae	298	颠茄属	*Atropa*	435	颠茄	*Atropa belladonna*
			299	红丝线属	*Lycianthes*	436	红丝线	*Lycianthes biflora*
			300	茄属	*Solanum*	437	水茄	*Solanum torvum*
						438	龙葵	*Solanum nigrum*
105	海桑科	Sonneratiaceae	301	海桑属	*Sonneratia*	439	海桑	*Sonneratia caseolaris*
						440	无瓣海桑	*Sonneratia apetala*
106	梧桐科	Sterculiaceae	302	刺果藤属	*Byttneria*	441	刺果藤	*Byttneria aspera*
			303	山芝麻属	*Helicteres*	442	山芝麻	*Helicteres angustifolia*
			304	银叶树属	*Heritiera*	443	银叶树	*Heritiera littoralis*
			305	翅子树属	*Pterospermum*	444	翻白叶树	*Pterospermum heterophyllum*
			306	苹婆属	*Sterculia*	445	假苹婆	*Sterculia lanceolata*
			307	苹婆属	*Sterculia*	446	苹婆	*Sterculia nobilis*
107	安息香科	Styracaceae	308	木瓜红属	*Rehderodendron*	447	广东木瓜红	*Rehderodendron kwangtungense*
108	山矾科	Symplocaceae	309	山矾属	*Symplocos*	448	老鼠矢	*Symplocos stellaris*
109	杉科	Taxodiaceae	310	杉木属	*Cunninghamia*	449	杉木	*Cunninghamia lanceolata*
110	山茶科	Theaceae	311	杨桐属	*Adinandra*	450	杨桐	*Adinandra millettii*
			312	柃木属	*Eurya*	451	尾尖叶柃	*Eurya acuminata*
						452	米碎花	*Eurya chinensis*
			313	大头茶属	*Gordonia*	453	大头茶	*Gordonia axillaris*
111	金星蕨科	Thelypteridaceae	314	毛蕨属	*Cyclosorus*	454	华南毛蕨	*Cyclosorus parasiticus*

（续）

科序号	科中文名	科拉丁名	属序号	属中文名	属拉丁名	种序号	种中文名	种拉丁名
112	瑞香科	Thymelaeaceae	315	沉香属	*Aquilaria*	455	土沉香	*Aquilaria sinensis*
			316	荛花属	*Wikstroemia*	456	了哥王	*Wikstroemia indica*
113	椴树科	Tiliaceae	317	扁担杆属	*Grewia*	457	扁担杆	*Grewia biloba*
			318	破布叶属	*Microcos*	458	破布叶	*Microcos paniculata*
114	榆科	Ulmaceae	319	朴属	*Celtis*	459	朴树	*Celtis sinensis*
			320	山黄麻属	*Trema*	460	光叶山黄麻	*Trema cannabina*
						461	山黄麻	*Trema tomentosa*
115	越橘科	Vacciniaceae	321	越橘属	*Vaccinium*	462	南烛	*Vaccinium bracteatum*
116	马鞭草科	Verbenaceae	322	海榄雌属	*Avicennia*	463	海榄雌	*Avicennia marina*
			323	紫珠属	*Callicarpa*	464	枇杷叶紫珠	*Callicarpa kochiana*
			324	大青属	*Clerodendrum*	465	白花灯笼	*Clerodendrum fortunatum*
						466	许树	*Clerodendrum inerme*
						467	重瓣臭茉莉	*Clerodendrum philippinum*
			325	假连翘属	*Duranta*	468	假连翘	*Duranta repens*
						469	花叶假连翘	*Duranta repens* 'Variegata'
			326	马缨丹属	*Lantana*	470	马缨丹	*Lantana camara*
			327	豆腐柴属	*Premna*	471	长序臭黄荆	*Premna fordii*
			328	牡荆属	*Vitex*	472	黄荆	*Vitex negundo*
			329	牡荆属	*Vitex*	473	牡荆	*Vitex negundo* var. *cannabifolia*
						474	单叶蔓荆	*Vitex trifolia* var. *simplicifolia*
117	葡萄科	Vitaceae	330	乌蔹莓属	*Cayratia*	475	乌蔹莓	*Cayratia japonica*
			331	崖爬藤属	*Tetrastigma*	476	三叶崖爬藤	*Tetrastigma hemsleyanum*
			332	葡萄属	*Vitis*	477	葡萄	*Vitis vinifera*
118	姜科	Zingiberaceae	333	山姜属	*Alpinia*	478	草豆蔻	*Alpinia katsumadai*
						479	艳山姜	*Alpinia zerumbet*
						480	花叶艳山姜	*Alpinia zerumbet* 'Variegata'